KB084343

집짓기 바이블 2.0

집짓기 바이블 2.0

김호정 최이수 임태병 정수진 조남호 전은필

건축주, 건축가, 시공자가 털어놓는 모든 것

마티

CONTENTS

건축주 서문 015 집에 관해, 우리는 무엇이 궁금할까?

건축가 서문 019 좋은 집이 갖춰야 할 마지노선

1부 관계자 삼자대면

1 급변한 환경 속 내 집 짓기의 가능성은?

026 『집짓기 바이블』 초판 출간 후 10년

028 나는 왜 아파트가 아닌 집을 선택하려는 걸까?

032 급격하게 오른 시공비, 시장의 현실

037 10년을 사는 임대주택 기획하기

042 20년을 준비한 상가주택의 예

047 좋은 땅, 나쁜 땅

050 다세대주택과 단독주택의 대차대조표를 작성해보다

053 가로주택정비사업이란?

059 주택 보급에 공공이 개입하는 방식들

063 코하우징, 가능한 대안일까?

066 건축주, 건축가를 만날 때

071 POINT 설계의 단계

078 Q&A 설계 의뢰에 관한 질문들

2 예비 건축주, 건축가 찾기

088 세 입장, 세 역할
094 꼭 건축가를 만나야 할까?
100 설계의 범위
107 '도면은 상세할수록 좋다'는 명제의 숨은 뜻
113 건축가와 시공사의 전문성
115 좋은 시공사가 일하는 방식

122 POINT 1 용도와 허가에 대해 알기
127 POINT 2 대지 정리
129 Q&A 대지에 관한 질문들

3 시공사를 선택하는 기준

134 사라진 숙련공들
136 단독주택을 짓는 시공사의 규모
139 새건축사협의회의 명장 제도
144 현장소장에게 주어지는 책임
150 최악의 시공사를 피하는 방법
155 시공사의 마진율

162 POINT 1 집짓기의 전체적인 흐름
168 POINT 2 단독주택 시공 단계별 요약

2부 전문가와 경험자의 마스터클래스

도시는 거대한 주택

건축가 조남호

420 안내서를 통해 얻을 것들
421 집의 특수성과 보편성
421 주거권, 쾌적한 주거에 살 권리
426 주택 산업의 해법
428 게릴라 주거, 중정형 주거, 중성적 공간
430 지속가능한 집의 세계
433 모든 집은 다름을 짓는다

유연하고 다양한 집을 향한 건축가의 궁리

건축가 임태병

436 매매와 임대 사이에 드러나는 틈
436 가족이 달라지니 집이 달라질밖에
438 지속가능성과 수익 창출이라는 두 갈래 꿈
441 어쩌다 가게
443 성장을 멈춘 지속가능성, 디앤디파트먼트
444 롱 라이프 디자인
446 지역의 정체성을 직조하는 일
449 유연한 제도가 필요
450 같이 사는 방식: 셰어 가나자와
451 프루이트 아이고, 공동주택의 슬럼화
453 집과 동네의 접점: 모리야마 하우스
454 따로 또 함께: 대중목욕탕, 센토
456 중간 주거
464 만추 빌라

건축가
정수진

완벽한 집은 지을 수 없습니다

466 집을 짓기로 결심했다면
466 알면서도 놓치는 각자의 역할
467 단계마다 가장 중요한 포인트
480 솔직함이 최고의 지름길
482 건축과 인테리어는 따로 구분되지 않습니다
483 도면의 완성도는 설계 변경의 부담과 반비례합니다
484 공사는 검증된 방법과 자재가 우선적으로 선택되어야 합니다
484 비싼 재료보다는 정밀한 시공이 중요합니다
485 마지막 고집은 접어 건축가의 자리를 남겨두길
487 마당에는 반드시 작은 나무 한 그루라도 심으세요
487 "왜 그렇게까지 하세요?"라는 질문을 받으며
489 잘 지어진 집은

건축주
최이수

내가 집을 지어 살려는 이유

492 전셋집 2014년
492 교토, 철학의 길
493 집주인이 되다, 2016년
493 1993년 사용승인, 연와조 다가구주택
495 지하도 없고 임차인도 없는 1가구 단독주택으로
495 왜 아파트에 안 들어가고?
496 건축가와의 만남
496 꿈에 부풀다
497 가로주택정비사업
498 다양한 가능성을 열어두기: 매매, 임대, 용도변경 등
500 적정 수준의 빚
500 사는 공간을 두고 경쟁하지 않기
501 치솟는 공사비
501 새로 짓는 집에서 고쳐 쓰는 집으로
502 리노베이션으로 선회하다
502 리노베이션의 장점
503 건축가와 시공사에게 기대다
505 신축할까, 리노베이션할까?
510 진정 갖고 싶었던 것

건축주

김호정

필요한 거의 모든 서류와 계약

땅 매입

512 ㄴ땅 조사 / 체크리스트

515 ㄴ확인할 서류들

516 ㄴ땅 매입 / 소유권 이전 / 용도변경

공부

519 ㄴ건축가 찾기 / 집에 대해 공부하기

설계 과정

524 ㄴ건축가·시공사와 미팅

착공 전

531 ㄴ경계측량

532 ㄴ지질조사

540 ㄴ착공허가

시공 과정

541 ㄴ토목·골조 공사

549 ㄴ계단·내부 마감 / 인테리어

552 ㄴ단열·창호·배관공사

556 ㄴ방통·지붕공사

557 ㄴ외부 마감·부대공사

558 ㄴ전기·통신·소방공사

560 ㄴ사용승인

565 **대략의 공사 과정 정리**

566 **조경**

568 **마지막 확인 사항 정리**

569 **입주 후 단상**

시공자
전은필

시공사를 향한 질문들, 그 속에 숨은 오해들

질문들

574 ㄴ 좋은 시공사를 알아보는 법
574 ㄴ 시공사 결정 기준
575 ㄴ 시공사가 설계를 좌우할 때
576 ㄴ 건물 규모와 시공사의 규모
577 ㄴ 견적서 살피는 법
580 ㄴ 시공계약서 살피는 법
580 ㄴ 시공비 지불
580 ㄴ 현장소장의 역할
581 ㄴ 현장소장이 여러 현장을 동시에 관리하는 경우
582 ㄴ 시공사가 대행하지 않는 업무
582 ㄴ 지혜로운 민원 해결

오해들

582 ㄴ 견적 흥정
583 ㄴ 감리자의 역할
583 ㄴ 건축주와 현장소장의 관계
584 ㄴ 사후 관리
584 ㄴ 신뢰의 다른 말, 계약

요령들

585 ㄴ 다 된다 vs. 안 된다
586 ㄴ 조경은?
586 ㄴ 현장에서 반기는 건축주
587 ㄴ 전문 용어들
590 **시공사를 운영하며**

건축주 서문

집에 관해,
우리는 무엇이 궁금할까?

아파트가 아닌 주택을 고집하는 독특한 사람들이 있다. 새로 지어진 고층 아파트 대단지를 볼 때는 마음의 동요가 없는데, 오래되었어도 단정하게 가꿔진 벽돌집을 만나면 자꾸만 눈길이 가고 마음이 설레는 그런 이들. 브랜드아파트의 값비싼 소나무 조경에는 별 감흥이 없어도 골목에서 오래 자리를 지킨 어느 집 감나무, 대추나무가 자꾸만 부러운 사람들. 우리 부부가 그랬다. 우리는 대규모 집합주택이 아닌 작은 단독주택에 살고 싶었고, 남이 지은 집이 아닌 우리의 생활과 취향을 담은 소박한 집을 짓고 싶었다. 아니, 어쩌면 우리는 집이 아니라 '우리 동네'를 갖고 싶었던 것일지도 모르겠다. 정붙이고 오래도록 뿌리 내릴 동네에서 변화와 역사를 기억하고 나누며, 갓난아기부터 할머니, 할아버지까지 다양한 이웃과 교제하며 우리도 누군가의 오랜 이웃이 되는 경험을 쌓고 싶었다.

망원동에서 전세로 살던 10여 년 전에도 우리는 이웃들과 정말 살갑게 지냈다. 이리저리 얽힌 골목 사이를 헤매다 길고양이들과 친해졌고, 매일매일 시장에 들러 상인들과 안부를 나누었다. 주말에 단골 가게에 가면 가까워진 가게 주인과 오가며 알고 지낸 이웃들도 반갑게 만날 수 있었다. 그러던 중 불과 2년 만에 보증금이 큰 폭으로 올라 우리뿐 아니라 이웃들도 점차 뿔뿔이 흩어져야 했다. 이사가 문제가 아니었다. 낯선 동네로 터전을 옮기는 것이 우리에겐 그렇게 아쉽고 허전할 수가 없었다.

그렇게 은평구를 만났다. 지은 지 30년이 훌쩍 넘은 다가구주택이었고 두 개 층에 세입자가 살고 있어 보증금도 있었기 때문에 크게 빚을 내지 않고 살 수 있었다. 집을 구하러 간 그날 바로 매매 계약서에 사인을 했다. 얼마나 무모하고 호전적이었는지…. 아내와 어떤 집,

어떤 동네에 살고 싶은지 일목요연하게 정리해본 적은 없지만 불광천변을 걸으며 좁은 골목들을 구경하며 '아! 이 동네에 자리 잡으면 좋겠다'라고 둘 다 마음이 기울어졌던 것 같다. 2016년 3월이었다.

그 후에 일어난 일들은 1부의 대화 중간중간에 속속 드러난다. 사계절 내내 물이 새거나 차오르는 와중에 쓸고 닦고 칠하는 갖은 정성을 기울이면서 우리 부부는 알뜰하게 저축해 신축할 그날을 손꼽아 기다렸다. 조금 아껴 벽돌 한 장 사고, 한 번 더 아껴 시멘트 한 포대, 꾹 한 번 참으면 페인트 한 통 산다는 마음으로 절약하며 지내는 동안에도 온통 마음이 부풀고 즐거웠다. 그리고 드디어 2021년 봄! 골목 하나 건너 사시는 이웃 건축가 임태병 소장님을 만나 설계 상담을 청하기에 이르렀다. 자산이랄 것도 없고 사업을 하는 것도 아닌, 우리처럼 평범한 30~40대 직장인 부부가 건축가를 만나 설계 상담을 받는다니?! 애초에 말이 되는 일인가 우리 스스로도 갸우뚱하며 건축사 사무소의 문을 두드렸다.

그렇게 설레는 마음으로 설계를 이어가던 어느 날, 소장님이 책을 만드는 기획에 참여해보겠냐는 제안을 주셨다. 맙소사, 서너 차례나 반복해서 읽었던 『집짓기 바이블』의 새로운 버전이라니! SNS나 유튜브, 다큐멘터리 등을 통해 조금씩 정보를 얻고 있었는데, 전문가와 유경험자 사이에 앉아서 질문을 자유롭게 할 수 있다니 마다할 이유가 없었다. 아니, 방청객으로 조용히 앉아 있게만이라도 해달라고 청탁이라도 하고 싶던 시기였다.

『집짓기 바이블』 초판 이래 12년이 지났다고 했다. 그사이 세 차례의 개정판이 출간되었는데, 내가 보관 중인 책이 2018년 개정 3판이다. 이미 여러 차례 책을 읽었으니 달라진 건축법, 시공법 등 실용적인 정보 위주로 질문을 해야겠다는 나의 계획은, 첫 번째 대담부터 길을 잃었다. 그 후 2년 반 정도 대담이 이어지는 동안 정말 많은 생각을 품게 되었다.

대담을 시작한 즈음, 건축·시공 전문가들과 대담을 한다고 소문을 냈더니 여기저기서 질문이 쏟아졌다. 그런데 각자 생각하는 집의 세계가 달라도 너무 달랐다. 그저 먹고 살고 쉬는 집일진데, 집은 희한한 방식으로 치환되고 있었다. 이를테면, 같은 동네 신축 브랜드아파트 동일 평수와 비교해 자산 가치가 있는가, 환금성도 있겠는가, 임대 수익의 기대치는 얼마인가 등등. 평당 얼마나 드는지, 설계비는 얼마인지 묻는 질문이 외려 반가웠다. 집짓기를 걱정하며 아파트로 이사할 것을 권하는 분도 계셨다. 주위의 여러 우려에도 불구하고 우리는 아파트라는 선택지로 고개를 돌리지 않았다. 무엇보다 설계를 진행하며 내가 나에게 던진 질문에 대한 답을 찾고 싶었다. "나에게 집은 무엇일까? 내가 바라고 원하는 일상은 무엇일까? 내가 바라는 사회와 내가 만들어가는 사회가 같은 모습일까?"

그럼에도 지인들의 걱정은 아주 유의미했다. 2021년 가을 이후 코로나가 잦아들자 전 세계적으로 원자재 값이 폭등하기 시작했다. 자재값, 인건비 상승 등으로 크고 작은 현장들이 공사를 중단하거나 갈등에 휩싸였다. 비단 비용 상승의 문제만이 아니다. 우리 부부도 그 파고를 피하지 못했고, 영원히 답이 나오지 않을 듯한 고통스러운 시간을 견뎌야 했다. 집짓기를 꿈꾸며 설계 상담을 받던 초반 '온 우주가 우리는 돕는 것 같아'라고 콧노래를 부르던 때가 생각나 고개가 땅속으로 파고들었다. 그 이유가 시공법을 몰라서도 아니고 설계가 잘못되어서도 아니었다. 어째서 나는 그런 일을 겪었을까? (이 이야기는 2부에 상세히 소개한다.) 모든 일이 해결된 지금 돌아보니, 나의 경험은 한국사회의 보편에 가까웠다. 그런 일을 경험할 수밖에 없던 시대적 상황, 구조적 환경, 현실들이 즐비했던 것이다. 여러 겹의 아귀가 어쩌다 맞물려 벌어진 우연이 아니라, 거의 대다수가 넘어질 수밖에 없는 지형이었다는 생각이 든다. 상황이 이러하니, 당연히 대담의 범위와 내용 또한 이전의 『집짓기 바이블』과 많은 부분 달라질 수밖에 없었다.

구체적인 시공법과 개정된 건축법에 대한 내용은 물론 지난 10년 사이 주택 시장을 둘러싸고 급변한 환경에 대해서까지 대화의 폭이 넓고 깊어졌다. 무엇보다 우리는 '도대체 집은 무엇인가'라고 거듭 묻지 않을 수 없었다. 이 궁극적이고 커다란 질문이 집짓기 실제 사례들과 어떻게 접목되는지 1부 여섯 개의 장을 통해 천천히 세밀하게 드러난다. 대담자가 바뀌었을 뿐만 아니라 집을 짓는 데 필요한 최신 정보를 정리하고, 변화한 주거 시장과 정책 속에서 집을 어떻게 생각할 것인지 새롭게 짚어보았다. 그래서 우리는 이 책의 제목을 개정판이 아닌 '2.0'이라 부르기로 했다.

2021년 완공해 입주한 지 1년을 맞았다는 김호정 선생님의 경험은 더할 나위 없이 생생했고, 집짓기 너머 더 넓고 고유한 세계에 대한 호기심을 조남호 소장님이 일깨워주었다. 정수진 소장님의 단호하고 엄격한 건축적 질서에 감탄하면서도, 우리가 가진 작은 땅을 한 뼘까지 아껴가며 아름다운 집을 고민해주신 임태병 소장님과의 설계는 평생 잊지 못할 추억이 되었다. 전은필 대표님의 현장 꿀팁들에 크나큰 도움을 받았다.

독자들이 이 책을 통해 그저 집짓기가 아닌 집과 일상, 일상을 너머 삶을 관통하는 가치를 깊게 들여다볼 수 있었으면 좋겠다. 게다가, 우리 부부의 집짓기 이야기에는 큰 반전이 있으니 끝까지 호기심을 놓지 말고 즐겨주시길 바란다.

응암동 이미집 건축주 최이수

건축가 서문

좋은 집이 갖춰야 할 마지노선

나의 첫 주택 설계는 2009년이었다. 그 무렵부터 주택에 관한 관심이 높아지면서 신도시를 중심으로 주택단지 조성의 바람이 불기 시작했던 것 같다. 아파트 일색이던 주거에 새롭고 반가운 조짐이었다. 그러나 십수 년이 지난 지금에 와 돌아보니 그저 조짐이었을 뿐, '아파트 공화국'이라는 진단에서 '단지 공화국'이라는 연구와 비평으로 심화될 만큼 아파트 획일화는 멈추지 않고 확장되고 있다. 아파트단지 내부의 조경과 커뮤니티 시설이 화려해져 일면 아파트가 진화했는가 싶지만 실제로는 그렇지 않다. 무엇보다 대규모 단지는 지역성, 공동체성을 일순간에 소거하며 단지 안을 균일화하고 단지 밖과의 격차를 부추긴다. 예컨대, 신규 아파트단지가 곧 마을이 되면 지역의 행정은 얼마나 축소되는가. 동시에 단지가 아닌 '남은 집들'은 마을회관도 경로당도 놀이터도 심지어 가로수도 아파트단지에 빼앗기며 골목의 행정력을 잃는다. 그렇게 한국사회는 국민도 시민도 주민도 아닌, 입주민만을 원하게 되었다.

『집짓기 바이블 2.0』은 좋은 집을, 잘 짓는 방법을 얘기한다. 그렇지만 어떻게 잘 지을 수 있을지만을 말하지는 않는다. 지난 10여 년 사이 한국사회가 주거에 대한 고민의 여지조차를 잃고 '집'이 사회 문제의 처음이자 끝이 되어버렸기 때문이다. 집짓기 얘기를 어디서부터 시작해야 할지 참으로 난망했다. 그렇기에 자연스럽게, 다양한 주거에 대한 경험과 소개, 그리고 제안으로 1장을 시작하게 되었다.

이미 집을 지어 살고 있는 두 건축주는 현실적인 상황과 경험을 보여주었고, 시공자와 건축가들은 보편적인 상황을 전제로 다양한 선택지를 제시하고 보다 근원적인 질문과 답을 구하려 애썼다. '집'은 좋은 주거, 바라는 일상, 꿈꾸는 사회를 구체적으로 그려가는 데 부족함이 없는 주제였다.

나와 함께했던 김호정 건축주는 성수동에 상가주택을 완공해 입주했다. 땅 조사부터 약 15년의 준비를 거쳐 훌륭한 시공사와 무사히 작업을 마쳤음에도 불구하고 백점 자평을 하지 않는다. '내가 지금 알고 있는 것을 그때 알았더라면' 하는 아쉬움이 커 누군가에게는 도움이 되리라는 기대로 참여했다고 한다.

코로나를 시작으로 최근 몇 년 사이 자재비와 인건비 상승 및 대출 규제 등으로 집을 짓고자 하는 수많은 의도가 좌절되고 있다. 건축주로 참여한 최이수 씨 또한 정확히 그 한복판에 서 있었다. 철저한 준비와 완벽한 설계로 대담 내내 '건축주의 교과서'로 불렸음에도 불구하고 예상치 못한 현실이 부부의 발목을 낚아챘다. 그 지난한 과정과 흥미로운 반전이 독자들에게는 오히려 큰 도움이 될 것이다.

임태병 건축가의 경험과 주장을 통해 나 또한 건축가의 역할에 대해 재고해볼 수 있었다. 특히 '공유와 공용'을 얘기하는 관점이 낯설면서 도전적이었는데, 1인 가구가 전체 가구 수의 절반을 차지하는 서울과 같은 대도시에서 주거 문제를 해결할 하나의 대안이 아닐까 싶어 더 많은 이야기가 또 다른 장에서 이어지기를 기다리게 되었다. 이 주제는 조남호 건축가가 꺼낸 의문 '집은 누구의 것인가?'와 연결되기도 하는데, 재건축과 재개발에 몰입된 이 사회에 가장 절실한 질문이 아닐까 하는 생각이 들었다. 섬유, 패션, 자동차, 식재료가공 등등 모든 산업 분야가 쓰레기와 탄소 배출 문제를 갖고 머리를 싸매는데, 건설폐기물에 대해서는 왜 아무도 언급하지 않을까? 단군 이래 최대 규모라는 둔촌주공아파트 재개발 현장에서 나온 폐기물은 과연 얼마나 될까? 자못 궁금해진다.

2년 6개월이 넘는 기간 동안 대담에 참여하며 그간의 시간과 작업 과정들이 주마등처럼 지나갔다. 내가 건축사사무소를 열 때만 해도 '건축가'라는 호칭도, 설계와 시공이 다른 분야라는 인식도 희미했다. 우리나라의 현대 건축 역사는 유독 짧다. 도시는 단기간에 급성장했고, 건축가나 시공사의 역량도 서구사회와 비교해 차이가 있는 것이 사실이다. 1970년대를 배경으로 하는 영화 「강남」은 그 시절의 도시와 건축으로 사회적 분위기를 잘 묘사하고 있다. 현금을 가득 담은 사과상자, 부실시공으로 무너진 교량과 고층 건물들, 해석의 여지가 무궁

한 애매한 건축법, 그 법을 교묘하게 이용하는 권력자들. 이른바 '노가다'라 평가절하하면서(혹은 평가절하된 모습을 가면으로 쓰고) 부를 축적했던 건설·건축업 주체는 반세기가 흐른 지금까지도 경제 발전의 주인공임을 자칭하면서도 사회적 책임으로부터 여전히 멀다. 그 결과 우리 사회가 건설, 건축에 대한 전문성을 갖추는 데 서두르지도 않고, 또 인정하지도 않게 된 것이 아닐까?

물론 미디어의 발달로 누구나 조금만 관심을 기울이면 건축에 관한 지식을 쌓을 수 있고, 건축가라는 직군과 시공이라는 업역에 대한 시선도 과거에 비해 많이 깊어졌다. 그럼에도 건축의 사회적 역할이나 전문성에 관한 인식은 여전히 좁고 피상적이다. 건축은 사회의 기본적이고 필수적인 요소이자 한 사회와 시대의 문화에 마침표를 찍는 예술이다. 시대상도 유행도 사람들의 가치관도 변하지만, 또 사회구조에 따라 주거의 형식도 달라지겠지만, 주거가 갖추어야 할 지속적인 가치는 분명하다. '인간과 환경이 덜 훼손되도록 짓고, 오래도록 폐기하지 않을, 혹은 폐기하지 못할 이유를 갖는 건축물.' 이것이 현대건축이 지녀야 할 덕목 중 최후의 마지노선일 것이다. 그저 한 명의 건축가로서 너무 거창한 꿈을 꾸고 있는 걸까?

아닌 게 아니라 나는 '주택 전문가'로 제법 오래 불렸다. 주거에 관련된 작업을 오래 많이 하다 보니 유독 그 부분에 관한 경험치가 남달라 많은 분들이 상담을 청하신다. 그들과 마주해 소소한 일상을 듣다 보면 그들이 원하는 집과 희망에 찬 기대가 전해져 막중한 책임감을 느끼곤 한다. 아무리 많은 집을 지어도 한 채의 집을 지어 완공할 때마다 매번 새롭게 벅차고 버겁고 뜻깊다. 한 번도 같은 감정인 적도 같은 결과인 적도 없다(솔직히 매번 발생하는 문제적 상황이나 갈등 또한 그렇다). 그럼에도 주택 작업은 얼마나 중독성이 강한지, 행복하게 살아가는 건축주 가족의 뒷이야기는 그다음 작업을 또 한없이 기대하게 만든다. 이것이 내가 이 대담에 참여하게 된 가장 큰 이유인 것 같다. 좋은 집에서 원하는 만큼 오래 살아가는 이야기는 모두를 중독시킨다. 모두가 행복해지기를 바라는 마음으로 이야기를 나누었다. 참여한 여섯의 대담자가 같은 마음이었으리라.

에스아이(SIE) 건축사사무소 대표 건축가 정수진

1부

관계자 삼자대면

급변한 환경 속 내 집 짓기의 가능성은?

건축주

'풍년빌라'와 '모여가' 사례를 보면, 나도 아파트가 아닌 다른 방식의 주거를 도모할 수 있겠구나 싶어요.

건축가

공동체나 조합 설립이 어렵게 느껴지는 이유는, 순서가 잘못됐기 때문이 아닐까요? 저는 거꾸로 했어요. 같이 살고 싶은 사람들이 먼저 모인 거예요. 말하자면, 임차인이 임대인을 구한 거죠.

『집짓기 바이블』 초판 출간 후 10년

기획자 안녕하세요. 반갑습니다. 지난 10년간 한국 주거 상황은 이전의 수십 년에 비견할 대단한 변화를 겪고 있는 것 같습니다. 『집짓기 바이블』은 그간 많은 독자의 사랑을 받아왔습니다. 독자들의 피드백 가운데 실용적인 정보뿐 아니라 어떤 삶의 방식을 택하고 어디에 가치의 초점을 맞출 것인가를 고민할 수 있게 해줘서 고맙다는 메일이 인상 깊게 남아 있습니다. 조남호 소장님께서는 초판 때부터 함께였는데 이 길고 어려운 과정에 다시 참여해주셔서 고맙습니다.

조남호(건축가)
(주)솔토지빈 건축사사무소 대표 건축가. 보편적인 집들이 만들어내는 그 지역 고유의 풍경, 정체성과 장소성을 담지한 마을을 꿈꾼다. 보편성과 품격을 함께 갖춘 집이 건강한 도시를 만든다는 믿음을 갖고 있다.

조남호(건축가) 『집짓기 바이블』을 만드는 과정은 저에게 큰 즐거움이었습니다. 광범위하면서도 한편으로는 매우 첨예한 고민의 지점까지 닿을 수 있었습니다. 대담에 참여하면서 개인과 가족, 집과 주거 방식, 그리고 바람직한 사회의 지향에 대해 좀 더 깊게 고민하게 되었습니다.

정수진(건축가)
에스아이(SIE) 건축사사무소 대표 건축가. 건축주에게 솔직함, 성실함, 올곧음 같은 단어로 기억되는, 대의를 내세우기보다 도의를 지키는 것부터 시작하자고 생각하는 건축가. 경기도 건축문화상, 엄덕문건축상 등 대부분 주택으로 다수의 건축상을 수상했다. 용도의 적확함, 준공 이후의 항상성, 무엇보다 건축의 내적 질서를 중시한다.

정수진(건축가) '아파트'가 모든 사회 갈등과 이슈의 주인공인 듯한 상황은 여전합니다. 여기 계신 분들이 공감하고 우려하듯, 한 종류의 주거 형태는 여러 측면에서 건강하지도 안전하지도 못합니다. 『집짓기 바이블』이 처음 출간되던 10년 전에 비해 많은 환경이 달라지고 그 가운데 긍정적이지 못한 변화도 분명 있겠지만, 그럼에도 많은 분들이 더 다양한 삶의 방식을 만날 수 있도록 우리의 이야기가 조금이나마 도움이 되었으면 좋겠습니다.

임태병(건축가)
문도호제(文圖戶製) 대표로 건축가이자 기획자이며 운영자이다. 문도호제는 짓기와 만들기를 넘어 조율하기까지를 건축가의 영역으로 확장하고 싶어 하는 사무실로 이를 위해 일반적인 건축설계사무소의 시스템이 아닌 인테리어, 시공, 그래픽, F&B, 부동산 운영 등을 담당하는 각각의 팀과 네트워크를 구성하는 방식으로 프로젝트를 진행한다.

임태병(건축가) 요사이 저를 찾아오는 건축주의 사례가 무척 다양해지고 있어요. 제 사무실이 서울 은평구 응암동에 있으니 신도시 주택 필지 같은 일률적인 조건이 아니어서 더 그렇겠지만, 땅의 조건과 주택의 형태뿐만 아니라 건축주들의 동거구성원, 연령, 취향이 점점 더 다채로워지고 있다는 생각이 들어요. 이런 다양한 변화들이 어쩌면 사회 전반을 아우르는 가치 체계의 변화가 아닐까 싶고 저는 매우 긍정적으로 느껴져요.

최이수(건축주) 저는 은평구 응암동에서 다가구주택을 허물고 단독주택 신축을 계획하고 있습니다. 현재 임태병 소장님께 설계를 의뢰하고 건축 허가를 기다리는 중이지요. 이전에는 마포구 망원동에 살았어요. 2014년과 15년 사이에, 2년 만에 전세 보증금을 1억 올려달라

최이수(건축주)
서울 은평구 응암동의 오래된 다가구 주택을 매입, 주택을 관리하며 임차인들과 5년간 살다가 2021년부터 집짓기를 위한 본격적인 준비를 시작했다. 운 좋게도 동네에서 골목 하나를 마주하고 사는 건축가를 만나 설계와 공사 과정 내내 막대한 도움을 받았다.

기에 이런 식으로 2년마다 이사를 다닐 수는 없겠다 싶어서 지금의 동네로 이사했어요. 이사를 준비하고 새로운 동네를 다니면서부터 내 집을 지어야겠다, 맘 편하게 살고 싶다는 생각이 강해졌어요. 아파트값으로 세상이 시끄러워도 거기 휩쓸리기 싫었어요. 갖고 있던 예금에 기존의 보증금, 대출, 가족에게도 빌리는 등 여러 방법으로 다가구주택을 구입했고, 그 집에서 기존에 거주하던 분들과 몇 년을 같이 살았어요.

집짓기 관련 책을 여러 권 샀는데, 처음에는 읽기가 어렵더라고요. 용어도 낯설고. 얇고 그림도 많은 『주거해부도감』도 보고, 『전원 속의 내집』 같은 잡지들도 많이 봤지요. 용어나 개념에 좀 익숙해져야겠다 싶어서요. 『집짓기 바이블』은 그 후에 보았어요. 텔레비전 프로그램 중에서는 「건축탐구 집」을 즐겨 봐요. 다른 집들을 직접 보거나 얘기를 들을 수 있는 기회가 많지 않으니까, 때로 유튜브를 검색하기도 하고요.

김호정(건축주) 저는 '윤슬빌딩'에 입주하기 전까지 무려 열한 번의 이사를 하며 우리 가족이 원하는 공간을 꿈꿨어요. 저도 『아파트와 바꾼 집』이랑 『집짓기 바이블』을 인상적으로 봤고요. 그 책에서 조남호 선생님을 알게 됐고, 무척 흥미로웠어요.

↓ 최이수 씨가 사는 동네 풍경

기획자 음… 조남호 소장님 작업들을 흥미롭게 보시고 정수진 소장님께 설계를 의뢰하셨단 말씀이지요? (일동 웃음)

김호정(건축주)
서울 성동구 성수동의 작은 필지를 2014년 매입, 상가주택을 짓기 위해 2018년부터 본격적인 준비를 시작해 2019년 12월 착공, 2021년 3월에 입주했다. 집짓기가 진행되는 동안 '이 일을 먼저 경험한 선배를 단 한 명만이라도 만날 수 있다면 얼마나 좋을까' 소원했다. 그래서 선뜻 이 자리에 참여했다.

김호정 정수진 건축가님이, 저에겐 정말 강렬했어요. 만나자마자 '아! 이분하고 작업하면 되겠구나' 싶었어요.

최이수 김호정 님께서는 근 10년 이상을 준비하셨다고 들었어요.

김호정 계획을 세운 시기부터 따지면 20년도 넘을 거예요. 남편이 은퇴가 빠른 직업이었기 때문에 살아가기 위한 방편을 계획해야 했어요. 10년 전에 『집짓기 바이블』을 봤어요. 최근엔 이 분야 책들이 많을지 몰라도 제가 10년 전에 찾아 헤맬 때는 정말 이 책밖에 없었어요. 이 책과 땅콩집 열풍을 일으켰던 『두 남자의 집짓기』가 생각나네요.

전은필(시공자)
2017년에 지음재를 창업했다. 단독주택, 상가주택, 유니버셜 디자인 사회주택 등 다양한 규모와 설계를 시공했다. 관리자가 아닌, 기술자로서 완성도 높은 디자인하우스를 추구한다.

전은필(시공자) 그랬었죠. 집을 짓는다는 주제로는 '내가 직접 짓는 집' 같은 주제의 책들이 있었을걸요? 흙집이나 농가 주택을 중심으로요.

조남호 우리가 『집짓기 바이블』 초판 이후로 왜 이렇게 다시 모여 완전히 새로운 책을 꾸리고자 하는가, 동기가 명확하게 뭘까요? 비용, 공사 순서, 시공의 문제점, 하자의 가능성 등에 관한 실용적인 정보서들은 『집짓기 바이블』 첫 출간 이후로 꽤 많이 출간이 되었고 그 밖에 미디어를 통해 확인할 수 있을 겁니다. 이 책 또한 현실적인 부분을 간과하지는 않겠지만, 그럼에도 우리 이야기의 중심에 놓아둘 가치는 분명 다를 거라 봅니다.

나는 왜 아파트가 아닌 집을 선택하려는 걸까?

최이수 제가 집을 지으려고 마음먹었던 큰 동기가 『집짓기 바이블』이었어요. 그런데 지금 이 자리에 앉아 인사를 나누다 보니 정말 많은 지점들이 10년 전과 달라진 것 같아요, 특히 건축주들이 선택한 필지가 많이 다르네요. 10년 전에는 아파트값 붕괴의 신호가 사회 전체에 퍼지던 때여서 꼭 도심이 아니더라도 신도시 택지에 필지를 구입해 마당 있는 집에 살고자 하는 꿈을 이루었던 것 같아요.

↗ 『두 남자의 집짓기』 표지와 『집짓기 바이블』 초판, 개정증보판, 개정3판 표지

김호정 제가 꽤 오래 집짓기 준비를 하면서 책도 잡지도 많이 보고 공부를 많이 한 편이에요. 최근에는 책뿐 아니라 유튜브 같은 개인 방송을 통해 시공 정보를 쉽게 찾을 수 있긴 하죠. 그럼에도 불구하고 해소되지 않는 갈급증이 있었어요. '이런 거 말고… 더 깊숙한 고민에 대한 답이 필요한데…' 하는 마음이 내내 가시지 않았고요. 그런데 『집짓기 바이블』에는 그 고민을 향한 질문들이 있었어요. 말하자면, "왜 내가 이걸 하려고 하는 거지? 정말 나는 수익만 잘 나오는 상가가 꿈이었나?"에 대한 깊은 의문, 스스로를 향한 질문이었어요.

최이수 전국 방방곡곡에 빠짐없이 있는 게 아파트인데, 왜 나는 적당한 금액의 아파트를 선택하지 않고 고생스럽게 집을 짓거나 고치거나 해서 아파트가 아닌 집에 살고 싶은 걸까. 설계와 시공에 대한 정보를 많이 갖고 있었던 것도 아닌데 말이죠. 그 고민을 함께 시작하는 가이드가 필요했고, 『집짓기 바이블』로 도움을 얻었기에 제가 이 작업에 참여하고 싶었던 거예요.

정수진 지역 혹은 동네의 공적 이슈 등을 논하지 않는 아파트값 등락 지표들도 놀랍지만 가족 구성이 과거와 거의 완전히 달라지고 있는데도 여전히 3인, 4인 가구를 중심으로 주거 정책과 공급을 결정하는 것이 앞으로 얼마나 효과적일까 의문이 들어요. 아파트는 이미 거주의 기능을 생각지 않는 투자 상품이 되어버렸어요.

최이수 아파트값이 정말 심하게 비현실적이어서 그런가 봅니다. 그리고 '집'이 물리적인 공간뿐 아니라 사회적 공간, 어울리고 연결되는 기반이자 끈이라는 생각을 하지 않는 것 같아요. 말씀하셨듯, 어디가

ⓘ 『아파트 공화국』
(발레리 줄레조 지음, 길혜연 옮김, 후마니타스, 2007)
한국 아파트 단지의 경이로울 정도의 규모, 절대적인 선호도에 놀란 한 지리학자가 한국 사회와 한국의 아파트 단지를 연구, 분석한 책이다. 단행본으로 씌어지기 전 2004년에 고려대 아세아문제연구소에 먼저 발표되었으니 근 20여 년이 지난 셈이다. 시간이 흘렀지만 아파트는 여전히 대한민국의 화두이다. 아파트는 가계 부채의 가장 큰 원인이자 국민총소득을 대변하는 지표가 되었다.

ⓘ 『아파트와 바꾼 집』
(박인석·박철수 지음, 동녘, 2011)
두 건축학과 교수가 건축가에게 설계를 의뢰해 보통 수준의 공사비로 단독주택을 지은 이야기. 대담에 참여하는 조남호 건축가가 설계했다.

비싸져서 어디로 옮긴다, 집값을 키운다, 떨어져서 되판다, 이런 교환 가치로만 여겨지니까요. 교환 가치로만 환원이 되니 집을 중심으로 지역, 마을 공동체가 매우 허약해질 수밖에 없을 테고요.

김호정 저는 집을 지으면 아주 오래 머무길 원했기 때문에 땅을 구하는 데 시간을 많이 썼어요. 지금에 와서는 대단한 투자처럼 비춰지는데, 사실 성수동이 이렇게 상업지구로 각광을 받게 될지는 꿈에도 몰랐지요.

최이수 지난 10년간, 주택을 둘러싸고 가장 달라진 점은 무엇일까요? 문득, 주택 인허가 수가 얼마나 어떻게 증가, 감소했는지 궁금해지네요.

전은필 아파트와 아파트 이외의 주택 공급은 지난 10여 년간 대략 65% 대 35% 비율을 나타냅니다. 통계청 자료를 보면, 대규모 재개발, 재건축의 영향으로 조금씩 차이는 있지만 아파트가 적을 때는 35~40만 세대, 많을 때는 50~70만 세대가 공급되어왔어요. 2014년부터 2017년까지 꾸준히 늘고 2018년에 다소 줄어들지만, 인구가 집중적으로 밀집한 서울과 수도권 공급만 보면 10여 년간 큰 격변 없이 공급이 이루어졌다고 볼 수 있습니다. 그러니 아파트값이 갑작스럽게 폭등을 한다든지, "아파트 불패 신화가 끝났다"라며 절망을 하는 상황은 자연스러운 흐름이라기보다 투기에 몰려 벌어진 현상이었다고밖에 할 수 없겠지요. 어느 방향이든 가장 큰 책임은 정부의 정책 실패였겠지요. 의도가 어떻든 간에 결과적으로는요. 아무튼 2011년에서 12년 사이에는 그래도 희망이 좀 있었어요. 아파트에 지친 젊은 세대가 '마당 있는 단독주택'을 실현할 수 있다는.

정수진 아파트를 팔아 서울 근교에 마당 있는 집을 지은 건축주들이 주인공이었지요. 『두 남자의 집짓기』에서 지어진 땅콩집 붐이 일으킨 반향이기도 했고요. 그런데 지금은 관심이 주춤하고 있어요. 요즘은 시공 전문가들도 예측하기 힘들 정도로 하루가 다르게 비용이 오르고 있다고 해요.

➡ '22년 주택유형별 주택건설 인허가 실적

⬇ '12-22년 아파트 공급 수 그래프(전국/수도권/서울)

구분	합계 (세대)	단독				다세대	연립	아파트
		소계	단독	다가구				
				동수	가구수			
전국	521,791	48,283	44,244	4,039	26,510	33,397	12,461	427,650
수도권	190,833	14,180	12,577	1,603	9,087	30,110	6,128	140,415
서울	42,724	1,230	930	300	1,340	14,946	1,211	25,337
인천	18,701	1,330	1,293	37	150	1,136	1,189	15,046
경기	129,408	11,620	10,354	1,266	7,597	14,028	3,728	100,032
부산	39,858	265	219	46	227	1,250	169	38,174
대구	28,135	362	225	137	911	92	21	27,660
광주	9,688	369	228	141	1,649	57	507	8,755
대전	21,927	914	669	245	2,523	109	60	20,844
울산	14,752	599	526	73	222	43	22	14,088
세종	4,014	346	337	9	66	33	43	3,592
강원	18,512	4,317	4,162	155	957	260	370	13,565
충북	29,359	3,539	3,314	225	1,677	130	156	25,534
충남	42,716	4,652	4,267	385	3,251	173	381	37,510
전북	23,244	2,494	2,317	177	1,355	26	175	20,549
전남	22,761	4,212	4,067	145	1,003	151	1,522	16,876
경북	38,660	4,659	4,435	224	1,327	151	574	33,276
경남	27,120	4,005	3,734	271	1,536	109	267	22,739
제주	10,212	3,370	3,167	203	719	703	2,066	4,073

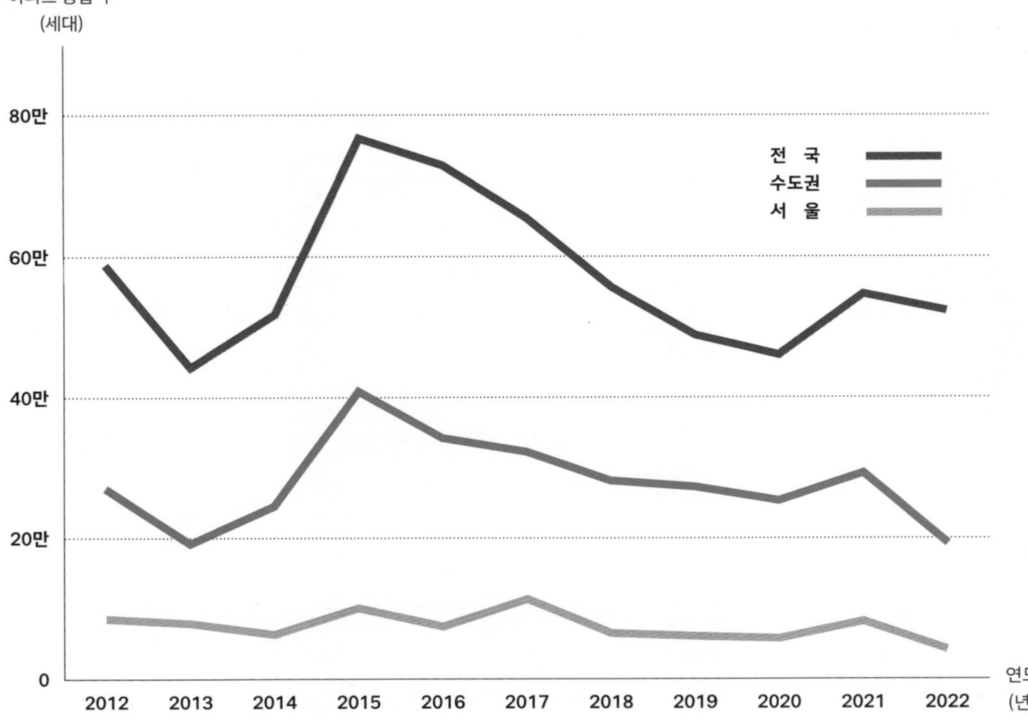

허가방
디자인 단계를 거치지 않고 법에 맞춘 10장 이내의 도면으로 '허가'를 받아내는 것에만 신경을 쓰는 설계사무실을 지칭하는 속어. 주로 관청 근처에 많고, 이 사무실들은 시공사와 유착 관계에 있는 경우가 많다.

전은필 평균 평당 공사 단가가 일본과 크게 다르지 않아요. 허가방에서 받는 도면이라 하더라도(안전한 시공을 전제한다면) 비용이 큰 폭으로 달라지지 않을 겁니다. 평균적으로 건설비는 매년 5% 정도 오르는데요, 2021년 폭등은 예외적인 상황이라고 볼 수 있지요. 코로나 팬데믹이 야기한 원자재 생산 부족, 물류 대란과 이후 이어진 우크라이나 전쟁으로 인한 원자재 수급 불안이 가장 직접적인 원인 같습니다. 제 소견으로는, 건축법 강화 또한 영향을 미치는 요소라고 봅니다. 각 공정별로 강화된 규정에 의해 이전보다 훨씬 높은 비용이 소요되는 경우가 많습니다. 철거, 토목, 내진 구조에 따른 철근 소요량, 레미콘 강도, 소방 관련 재료의 변경 등등…. 심의부터 시작해, 작업 방식과 과정의 변화에 따른 공사 원가와 공사기간이 변동하는 요인이 되고 있습니다. 인건비와 건설회사의 간접비에 큰 영향을 미칠 수밖에 없는 요소들이지요.

급격하게 오른 시공비, 시장의 현실

최이수 시공비가 현실적으로 어느 정도 올랐나요?

정수진 제가 2년 전에 받았던 견적과 지금(2022년 가을) 착공을 앞두고 받은 견적 내용을 비교하면, 똑같은 구조와 자재, 마감재를 기입했음에도 불구하고 1.5배 이상 차이가 납니다.

임태병 이런 급격한 상승의 가장 큰 원인은 뭘까요?

건설업 표준 임금 실태에 관해서는 '대한전문건설협회' 홈페이지(www.kosca.or.kr)에서 '정보 광장 > 적산 시준 > 임금 실태' 참고.

전은필 21년도 후반기부터 시작된 폭등 때문에 어려움을 겪는 현장들이 많아져 저도 여러 자료를 찾아보았는데, 팬데믹 상황, 미국의 유동성 극대화, 미·중·러 간의 지정학적 갈등, 그리고 러시아-우크라이나의 전쟁까지 불확실성이 극대화되어 벌어진 충격에 대한 반응인 듯싶습니다. 주요 건설자재 상승률을 보면 인건비 대비 원자재 가격의 상승폭이 얼마나 높은지 알 수 있어요.

최이수 1가구 1주택이 아직 먼 현실에서 부동산에 '투자'라는 말을 붙이는 현 상황이 저는 몹시 못마땅합니다. 주거 수단을 대상으로 투자와 투기를 구분할 수 있나요? 투자라는 가면을 쓴 투기가 '집'에 붙는 한 지금의 부동산 문제를 해결할 수 없다고 봐요.

➔ '22년 2분기 주요 건설자재 가격 및 상승률

구분	주요 건설자재					평균 건설 노임 단가 (1일)
	철근(t)	레미콘(m^3)	시멘트(t)	파일(본)	유리(m^2)	
가격	1,190	79	105	220	34	218
상승률	31%	13%	27%	10%	12%	4.9%

정수진 이런 현실의 한편에서는 많은 이들이 아파트가 아닌 상가주택이나 다가구주택 등 '다양한 주택 방식'을 노후를 대비하는 프로젝트로 염두에 두고 있습니다. 저는 그런 노후 대책이 그 자체로 나쁘다고 생각지는 않아요. 다만 사회 전체가 아파트 이외의 다른 주거 방식을 거의 모색하지 않기 때문에, 이른바 '집장사'라 불리는 이들의 건물들이 아파트가 들어서지 못한 모든 구석을 허술하게 메우고 있는 것이죠.

가장 어려운 문제는 주택을 짓기 위한 대출이 지나치게 어렵다는 점입니다. 모든 금융의 기준이 아파트를 중심으로 움직여요. 집을 짓고자 하는 사람들 대부분은 대출에 의존할 수밖에 없는데, 금융권이 이런 다양한 경우들을 투기로 간주하는 경향이 있어요. 사실상 한국 사회에서 부동산 투기의 대상은 아파트가 가장 일반적인데 말이죠. 제도적으로 아파트 이외의 다른 주거를 위한 방안이 마련되어야 하고 그에 따른 대책도 시급합니다.

조남호 그럼에도 불구하고, 우리는 집을 짓고 사는 것, 그게 어떤 형태든 방법이든, 부동산의 가치로 환원되는 집이 아니라, 이웃과 동네와 나란히 사는 방법, 우리 가족이 살던 집에 다른 누군가가 와서도 오래오래 이웃들과 동네, 지역 사회와 더 큰 사회와 유기적으로 관계를 맺고 살아가는 것에 대한 이야기를 나누잖아요.

김호정 멀리서 보면 어쩌면 미약하고 연약한 대응책처럼 보일 것 같아요. 그런데 그걸 해나가는 저 같은 한 개인의 의지는 굉장히 강력하고 역동적이에요. 집을 짓기로 하고 오래 준비를 하면서, 고민하고 꿈꾸고 내 가족의 반경과 내 삶의 가치를 자꾸 생각하게 돼요. 말로 설명하기 굉장히 버거운 경험이었어요.

기획자 김호정 님처럼 땅을 오래전에 미리 사두기란 참 어렵습니다. 그렇게 꼼꼼하고 철저하게 계획을 세우기 어려운 형편이 훨씬 일반적인데, 다른 방법은 없을까요?

임태병 세 팀이나 네 팀이 모여서 공동으로 할 수 있다면 좋지요. 그럼 땅도 땅이지만 공사비를 많이 절약할 수 있고요. 시공비가 이렇게 급작스럽게 자꾸만 오르는 이유는 어쩌면 당연해요. 수요가 없으니까. 주택에 필요한 시제품이 몽땅 아파트에 필요한 것들만 생산되는 거예요. 한 예로, 제가 종로구에 작은 공동주택을 지으면서 공동현관에 호출폰을 못 구했어요. 소규모 공동주택은 5~6가구가 사니까, 중앙현관에 호수를 누르는 제품이 필요하거든요. 유럽이나 미국 영화를 보면, 손님이 아래에서 "미스터 스미스", "미세스 캐롤라인" 이름표 보고 누르는 초인종 말예요. 건축주가 그걸 달고 싶어 하는 거예요. 호수 말고 이름 보고 누르는 호출폰을. 그런데 한국에는 아예 그 제품이 없어요. 진짜 사소한 것 같은데 그렇지가 않은 게, 이게 전자제품이기 때문에 배선과 전력 등이 호환되지 않는 유럽 제품은 수월하게 연결이 안 되거든요.

전은필 서울뿐만 아니라, 한국의 상황이 얼마나 기이한가는 통계를 보면 될 거예요. 총 2,200만 가구수 가운데 51.9%가 아파트에 거주해요. 대도시, 거점 도시만을 가린 것이 아닌 총가구수 대비 거주율이니 굉장히 높은 수치입니다. 절반 이상의 사회 기반 시설, 그러니까 도시 녹지, 조경, 놀이터, 어린이집, 경로당 등의 공동체 시설, 뿐만 아니라 가로등과 도로 정비 등등 사회가 투자하고 설비해야 하는 어마어마한 몫이 아파트를 분양받고 구입하는 개인의 몫으로 감당이 되는 거예요. 거대한 부추김이 있었던 것이지요. 70~80년대 경제 부흥기 시절에 갑작스러운 대도시 인구를 감당하기 위해 정책으로 내걸었던 '주택 100만 호 건설' 같은 발상들이 출생률이 0.7 이하로 떨어지는 현 시점에서도 똑같이 유효하게 사회를 지탱하는 힘으로 작용한다는 것은 굉장한 위험 요소예요. 사회가 이 기반들에 돈을 쓰지 않는다는 거예요.

전국 가구수 대비 아파트 거주 가구 비율은 51.9%, 평균 가구원 수는 2.29명. 평균 주거용 연면적은 아파트 기준 74.6m². 1~2인 가구 비율 61.7% (2022년 통계청)

최이수 상가주택이든 다세대주택이든 여럿이 같이 짓는 주택이 커다란 흐름을 차지하면 어떨까요?

임태병 다양한 주거 방식 가운데 좋은 한 가지 방법일 수 있지요. 제

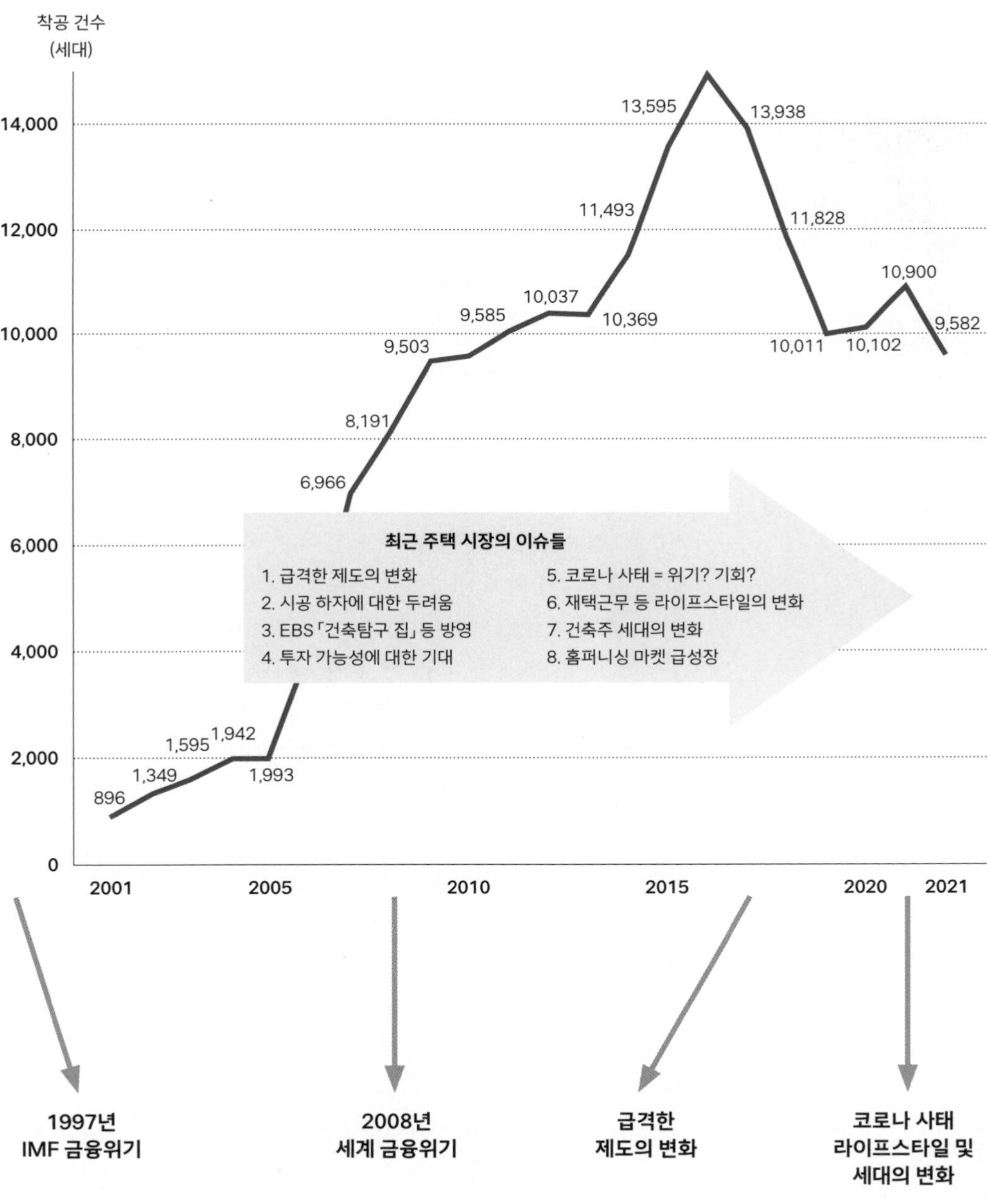

2000년 이후 착공 건수 및 이슈 코로나 이후 주택 시장에 큰 호황이 왔고 이로 인해 2016년 이후 하락만 하던 시장이 반등했다. 하지만 2021년 이후 신축 착공은 10,000세대 밑으로 하락 중이다(NS홈 제공).

아무리 아파트 천국이라 해도 지금도 빌라와 다가구주택이 도심에서 차지하는 비중은 높아요. 그런데 다만 환경이 좋지 않다는 인식이 강해서 확장성을 갖지 못하는 것이죠.

성산동에 고(故) 이일훈 건축가가 전체적인 설계와 기획을 해주셨던 성산동 코하우징 주택은 호평을 받았고, 당시 인터넷 카페도 개설되고 여러 다른 동네에서 비슷한 움직임이 일었어요. 그런데 땅값이 과하게 치솟고 금융권뿐만 아니라 지자체에서 그 어떤 신용도 보조도 지원해주지 않으니 추진하기가 어려워졌지요. 더 많은 주체들이 참여하고 지역 사회의 다양한 활동과 연계하는 더 좋은 예가 될 수 있었을 텐데, 많이 아쉽지요.

『우리는 다른 집에 산다』 (소행주·박종숙 지음, 현암사, 2013)

'소행주' 프로젝트는 한 동네에서 오래 함께 살아온 이웃들이 모여 땅을 매입하고 어떻게 함께 살아갈지 오랜 기간 생각을 나누며 기획, 설계한 지역 프로젝트였다.

조남호 강북구 같은 서울의 도심에서 조금 벗어난 곳에는 빈집들이 생기고 있어요. 주인이 없지는 않지만 아무도 살고 있지 않은 집들인 거죠. 개발이 어려우니 슬럼화되기 쉽죠. 서울시가 빈집을 사서 공원도 만들고 실험적인 새로운 프로그램을 적용한 시도도 있습니다. 이제는 지역 간 격차를 해소하기 위해 구체적으로 고민하고 지원해야 합니다.

전은필 얼마든지 유연해질 수도 있어요. 일반적으로 개발업자가 나서면 비슷한 평형에 비슷한 설계로 여러 세대를 그냥 찍어내듯 만드는데, 어떤 사람은 예산이 좀 적고 또 어떤 이는 가족구성원이 적고. 누구는 15평, 누구는 30평. 한 땅에서 서로 다른 규모를 시도할 수 있고. 금융권에서 또 제도적으로 이런 것을 지원하고 신용하는 모델들이 나와야 한다고 봅니다. 그러니까 경제적인 측면과 집의 유형을 어떻게 접목하느냐, 이게 중요한 관점이 되겠네요.

조남호 지금의 불균형을 조금이나마 타파할 수 있는 유일한 방법은 초대형 단지, 대규모 단지 개발을 억제하는 것이 아닐까 싶습니다. 단위가 커지면서 수익의 구조가 커지고 대형 건설사의 주된 타깃이 되니까요. 그러니 개발 단위만이라도 줄여놓으면 그렇게 큰 이익이 순식간에 발생하기 어려우니, 수많은 문제들의 규모도 좀 줄지 않을까 싶은데, 그게 또 쉽게 그러지 못하는 거예요. 왜냐면, 모두 알다시피 대형 건설사와 정치권이 거대한 수익구조를 양산하고 지탱하는 방식으로 서로를 떠받치고 있으니까요. 개개인의 욕망은 그 거대 구조 안에서 재빠르게 움직이고 진화할 따름이지요. 개인의 욕망을 시정하거나 개선할 제도적 대상으로 봐서는 이 공고한 구조를 무너뜨릴 수가 없어요. 더 바람직하기로는, 작은 개발로도 건강한 수익 모델이 만들어져야 합니다. 그래야 건설사든 시행사든 건강한 개발 방식을 의식할 수밖에 없을 테니까요.

최이수 제가 애초에는 살던 다가구를 조금 리모델링할 작정이었는데, 임태병 소장님이 사시는 '풍년빌라'(190~195쪽 참조)를 만나고 꿈을 키웠어요.

김호정 저도 '풍년빌라'를 많이 찾아봤어요. 구글링으로 내부까지 싹 다 염탐을 했지요. 정말 많은 곳에서 소개를 해서…. 지금 '풍년빌라'에 살고 계신 거죠?

임태병 네네, 살고 있죠. '풍년빌라'는 되게 독특한 경우예요. 그 빌라에 저희 식구를 포함해 세 가족이 살아요. 그런데 그 빌라의 건축주는 따로 있어요.

기획자 네에? 같이 사시는 분들의 공동 등기가 아니라고요?

정수진 공동 소유도 아니고, 한마디로 집주인이 따로 있단 말씀이지요? 선생님께서 애초에 설계하고 들어가 살고 계시는데…?

임태병 저는 임대가 아니라, 이 형태를 '점유'라고 표현하는데요.

최이수 와아. 멋있어요. 간혹 기사를 통해 보는 유럽의 사례 같기도 하고요.

조남호 점거 아니에요? (일동 웃음)

10년을 사는 임대주택 기획하기

임태병 돈을 내니까 점거는 아니지요. (웃음) 저는 주택이 공급되는 방식을 조금 바꿔보고 싶다는 생각을 꽤 오래 해왔어요. 땅을 산 사람이 직접 건물까지 지어서 수익구조를 창출한다는 게 사실 쉽지가 않다고 봐요. 아예 개발지구나 도심 상가 지역이 아닌 이상 말이죠. 그런데 왜 땅을 갖고 있는 많은 사람이 직접 건물까지 짓고 임대까지 하려고 하나, 이 과정을 한 개인이 통합해서 하지 말고, 좀 나누면 어떨까 하는 고민을 했어요. 그래서 처음 시도한 모델은 '땅만 빌려줘' 하는 방식이었죠. 토지임대부랑 비슷해요. 땅만 빌려줘, 땅에 대한 이자는 우리가 낼게. 대신 그 땅에 건물을 짓든 아니면 리모델링을 하든 그건 우리가, 그러니까 들어갈 사람이 결정할게, 했던 거예요. 같이 살 사람을 모아 놓고 궁리를 하니, 우리는 땅이 없어 집을 못 짓는구나, 그럼 땅을 빌려줄 사람을 찾자. 이렇게 일반적인 순서와 반대로 진행이 된 거죠. 저는 땅도 없이 같이 살 사람부터 만들었어요.

어쨌든, 그렇게 하게 된 제안이, 만약에 리모델링이면 5년간 우리가 점유할게, 대신 5년을 점유하는 동안 땅에 대한 사용료를 지불할게. 리모델링이 아니라 우리가 건물을 신축하면 비용도 많이 들고 기간도 오래 걸리니 10년 점유를 하겠다고 약속이 됐어요. 그 기간만큼, 즉 우리가 점유하는 동안 땅에 대한 비용, 즉 이자를 지불하고 계약 기간이 끝나면 우리도 다른 거처로 나간다는 약속이죠. 그리고 10년이나 20년 후에 우리가 이사를 나갈 즈음에는 땅값은 반드시 오를 테니 그에 대한 시세 차익을 땅 주인이 가져가게 된다는, 그런 모델을 설정했던 거예요.

김호정 굉장히 색다르고 이례적인 접근 같아요.

임태병 네에, 아직 흔한 모델은 아니죠. 아무튼 이런 모델을 우리가 먼저 설정하고 그 다음에 클라이언트를 섭외한 거예요.

최이수 지금 땅 주인을 '클라이언트'라고 명명하신 부분이 새로워요. 한마디로, 그 사업 자체를 기획하고 코디한 것은 임태병 소장님을 비롯한 입주자들이었다는 말씀이잖아요.

임태병 네, 맞아요. 제가 사업을 설계했고, 이 모델을 구입할 클라이언트를 만나게 된 거죠. 그런데 '풍년빌라'의 경우, 결국엔 클라이언트가 건물까지 짓게 되었어요. 땅도 사고 건물까지 본인이 짓게 되었죠(438~459쪽에 상세 참조). '풍년빌라'의 계약은 일단 10년간 점유를 하고 10년 후에 돌려주는 것인데요. 지금 이 상황에 클라이언트가 흡족해하고 있어서 기간이 좀 더 연장될지도 모르겠어요. 아직 정확하진 않아요.

김호정 입주하신 지는 얼마나 되셨어요?

임태병 24년 5월이면 5년이 돼요.

최이수 설계는 소장님이 직접? 그럼 설계비는 어떻게 하셨어요?

임태병 조금 특이하다고 생각하겠지만, 저는 그 집을 설계하지 않았어요. 저는 그 프로젝트에서 건축주 대행 역할을 했어요. 건축주가 따로 있긴 했지만 그 건축주를 대신해서 건축주의 역할을 한 거예요.

조남호 아, 코디네이터 역할을 하셨군요.

임태병 맞습니다. 저는 그 건물에 대해서 코디네이터였어요. '풍년빌라' 프로젝트가 마음에 들었는지 클라이언트가 두 번째 건물을 진행하고 싶어 해서 그건 제가 설계를 하게 됐어요. 제가 운영하는 사무실이 여기에 들어갔고요.

조남호 거의 정확히 미래형 건축가의 모습이네요. 앞으로 설계는 AI가 상당 부분 해결할 거고 건축가는 어쩌면 이런 방식의 코디네이터여야 하지 않나. 완전히 미래형 건축가네요.

임태병 일단 핵심은 땅값이 싼 데를 찾는 거예요. 상업 활동이 두드러지는 도심지는 땅값이 비싸다 보니, 주택가가 중심인 응암동 주변을 찾게 됐어요. 그중에서도 건축가가 아니면 도저히 풀 수 없는 땅. 그런 특이하고 조건이 상당히 까다로운 땅을 찾는 거죠. 그 땅에 좋은 건물을 짓잖아요, 그럼 시간이 지나면 가치가 올라가요. 한두 채 좋은 집이 올라가고 좋은 환경이 조성되면 여러 측면의 가치가 올라가고 자연히 땅값이 상승하게 돼요. 땅값을 상승시켜서 돌려줄 테니, 우리가 점유하는 동안에는 월세로 수익을 낼 생각을 하지 말라는 것이 저의 의도였어요. 엄밀히 말하면 건축주가 건축가를 찾은 게 아니라 혹은 건축주가 임차인을 찾은 게 아니라, 임차인이 모여서 집주인을 찾은 거예요.

조남호 이런 사례는 지역 개발의 좋은 모델이 될 수 있을 것 같아요. 지역의 특성을 잘 알고 경제적인 구조도 분석해서, 그 지역의 가치를 높이면서 거주 환경도 좋아지게 만들 수 있죠.

전은필 사회주택 모델과 거의 유사한 것 같아요. 땅은 LH에서 공급하고 사회적 기업이 그 땅을 임대해서….

임태병 네에, 비슷하다고 볼 수 있어요. 여기 계신 김호정 님의 경우에는 땅을 아주 오래전에 사시고 건물을 지어서 직접 거주를 하시니까 좀 다른 케이스인데요. 사실 예전처럼 땅 사고 건물 사서 수익 모델을 창출하기에는 지금 거의 불가능한 상황이거든요. 냉철하게 분석해서 지금 상황에서 부동산으로 수익을 얻을 수 있는 구조는 딱 하나밖에 없어요. 그건 지가(地價) 상승밖에 없어요. 제가 하는 프로젝트는 여기에 방점이 찍혀 있어요.

조남호 서울이 전체적으로 주거비가 너무 급격하고 가파르게 올라서 이제 대책이 없는 것처럼 보이지만 사실 강북구 같은 곳들에는 빈 집들이 생겨나고 있어요. 앞서 얘기하신 사회주택 모델은 개인과 민간이 토지 수익 모델을 스스로 창출하지 못하니까 공공이 개입해서 공공의 비용을 투입하는 거잖아요. 그에 반해, 임태병 소장님의 경우는 순전히 민간 자치 모델이군요!

임태병 네에, 완전히 자발적인.

조남호 굉장한 상상력과 실행력을 필요로 하는 일인 거예요.

정수진 조직이 따로 있었나요?

임태병 처음에는 공공 영역으로 풀어보려고 네트워크를 만들었어요. 일종의 조합 형태로요. 그런데 모르는 사람들을 불러모아 조합을 만드는 게 아니라, 예전부터 동네에서 알고 지냈던 사람들, 계속 같이 있어 보니(실제로 몇 명하고 한집에서 살기도 했었어요.) 같이 집을 지어 살 수 있겠구나 싶은 생각이 드는 한동네 사람들을 모았어요. 그래서 테스트를 해본 거죠. 10년 넘게 알고 지낸 14~15명이 조합을 만들었어요. 주택협동조합을 만들고 나서 공공의 협조를 받아서 뭔가 지어보려고 했는데, 정말 쉽지가 않더라고요. 계속 시간은 흐르고 빨리 뭔가를 해보고 싶으니 그럼 민간을 알아보자. 돈 있는 자본가한테 접근하면 오히려 가능하지 않을까 해서 알아보기 시작했고, 운이 좋게도 한번 해보겠다 하는 분이 있어 착수할 수 있었죠. 아직 사례가 많지 않아서 널리 알리지는 않았는데, 하나의 방법이 될 수 있을 것 같다는 생각은 계속 들어요.

김호정 젊은 사람들이 좋아할 것 같아요. 집에 대해 고민이 많은 젊은 세대일수록 이 모델을 들으면 굉장히 큰 관심을 가질 것 같아요.

조남호 시장 아니면 공공이 내놓은 선택지에서 하나를 고를 수밖에 없다고 생각하는데, 그 사이에서 방법을 찾아갈 수 있다는 가능성을 보여준 모델인 것 같아요.

최이수 철저한 자본의 논리와 공공의 주도. 그 사이에 길이 있을 수도 있네요.

임태병 제법 시행착오가 많았어요.

조남호 물론 그랬을 것 같아요. 많은 시간이 투여됐겠죠. 그럼에도 이 모델은, 좀 더 다양한 형식으로 진화가 되면 좋겠다는 생각이 듭니다.

임태병 저는 이 방법이 더 규모가 확대되면 좋겠어요. '풍년빌라'도 세 가족이 살고, 제가 사무실로 사용하는 건물에도 세 집이 사는데요. 이렇게 단출한 규모 말고 더 큰 범위로 확대되면 더 이상적일 것 같아요.

조남호 임태병 소장님의 경험처럼, 한국 사회에서 현 시점에서 대량 공급된 형태가 아닌, 애정을 갖고 있는 동네에서 이웃과 마주하며, 동네에서 편하게 마주치는 건축가에게 설계를 의뢰하는 건축주라니,

참 멋지고 좋은 예라는 생각이 드네요. 더 확대되려면 소집단의 노력과 공공의 협력이 더해지는 지점에서 가능할 것입니다.

20년을 준비한 상가주택의 예

전은필 여기 계신 두 건축주께서 어떤 계기로 집짓기에 착수하게 되었는지 듣다 보면 최근 몇 년간의 변화도 체감해볼 수 있고, 또 어떻게 시작할 수 있을까 상상할 수 있을 것 같아요.

김호정 저는 땅만 사면, 내가 짓고 싶을 때, 딱 짓고 싶은 만큼, (깊은 한숨) 지을 수 있을 줄 알았어요. 정말 오래 고민했고 찾아다녔고 거의 직업처럼 많은 시간을 쏟아부었어요. 2021년 3월에 입주를 한 순간을, 정말 어떻게 말로는 할 수가 없어요. 그 많은 감정들을…. 오랜 시간을 공들이고 애쓰고 원하고, 때로 버겁고 고통스러웠던 그 공간에 들어온 거예요. 처음 계획을 하고 거의 20년 만에. 저는 너무나도 지금 만족하는데, 제가 해보니, 사람들이 시도를 안 하는 이유가 있구나 싶기도 해요….

전은필 땅을 언제쯤 사두셨던 거예요? 그 시점이 궁금하네요. 저는 땅을 잘못 구입해서 애를 먹는 예를 너무나 많이 봐서 반드시 땅을 계약하기 전에 건축가에게 보여주고 결정을 하라고 권하는 편이에요.

김호정 남편의 직업이 불안정해 일찍 은퇴할 가능성이 높아 보였어요. 50대 중반이 되어 재취업을 해야 한다면 어려워질 수 있겠다 싶었죠. 그런 생각을 하다 보니, 당연하게 수익을 창출하는 방법이어야 한다는 결론이 났어요. 그때부터 제 목표가 아파트가 아니었어요. 30대 초반부터 그냥 슬슬 걸어다니면서 땅을 찾았어요. 시간이 될 때마다 서울 시내, 외곽, 가릴 것 없이. 그래서 저는 땅을 사기까지가 가장 힘들었어요. 제가 갖고 있는 아파트를 이용해서 땅을 사려니, 대출도 받아야 하고 자금도 부족하니 공부를 시작했어요. 누구에게나 좋아 보이는 땅을 제가 가진 자금으로 살 수가 없는 거예요. 그러니 아무도 안 사는 땅, 아무도 안 사서 남아 있는 땅을 사야 하는 거예요. 그래서 정말 수년간 샅샅이 다녔어요. 상가주택 많이 지어진 데도 가보고, 후미진 골목도 가보고, 오래된 주택가도 돌아다니고. 여기 이 동네는 어떨까, 내가 노후를 보낼 만한 곳일까, 그런 상상을 하면서요.

↗ 김호정 씨가 대지와 건축물을 답사하며 작성한 노트와 메모

최이수 대단하시네요. 30대 초반에 은퇴 시기를 고민하시다니.

김호정 너무나 많은 땅을 보러 다니니까 어느 시점이 되니 눈에 들어와요. 아, 이 땅은 집짓기에 어떻겠구나 싶은 생각이 들고. 무엇보다, 이 동네에 비해서 저 동네나 저 골목이 조금 싸구나, 여긴 조금 비싼데, 이렇게 시세가 그려지고요. 그러다가 한 동네에 가게 되었는데, 동네가 정말 조용하고 예뻐서 마음이 쏙 빠져들었어요. 제가 자연이 좋아서 공원이나 숲 근처를 유독 많이 찾아다녔는데, 거기가 서울숲 근처였어요. 저희가 땅을 사기 전에 이사를 많이 다녔더라고요. 돌아보니, 대체로 아파트라 하더라도 숲과 공원이 인접한 곳에서 우리 식구들이 더 즐겁고 좋았던 것 같아요.

그래서 무조건 이 동네에서 찾아봐야겠다 싶었어요. 어느 평일 저녁이었는데, 한 부동산에 들어가 매물로 나와 있는 땅을 찾았더니, 제일 싼 곳 하나가 있다면서 보여줬어요. 나온 지 1년이 넘었는데 아무도 안 산다고. 가서 봤는데 제 눈에는 너무 좋은 거예요.

최이수 몇 평 정도 되는 규모였나요?

지구단위계획
지구단위계획은 평면적인 일반 도시계획보다 구체적이고 상세한 도시계획으로 용도지역지구제로는 정할 수 없는 사항인 '개별필지'들에 대해 각각 차등을 두어 건폐율, 용적률, 건축물의 용도, 건축선, 건축물의 형태, 색채 등을 정해 해당 지역을 체계적이고 계획적으로 관리하기 위해 수립하는 도시관리 계획이다.

김호정 70평짜리였어요. 나중에 보니, 당연히 문제가 있는 땅이었죠. 지은 지 50년쯤 된 단층집이 있었는데, 그 건물의 절반이 불법 건축물이었고 땅은 당시에 지구단위로 묶여서 신축이 불가능한 상황이었어요. 그러니까 그 집을 리모델링을 하게 되면 기존에 가지고 있는 건축물 면적의 몇 퍼센트만 허용을 하니까 경제성이 전혀 없는 거예요. 땅의 조건이 이러니 1년이 넘도록 아무도 안 샀던 거죠, 신축이 불가능하니까. 위치가 괜찮기는 한데 신축이 안 되는 땅이었고, 50년 가까이 된 단층집은 그대로 살기가 어려워 보였고요. 심지어 불법건축물이 포함된. 저희 부부는 그런 조건을 몰랐었죠. 딱 위치하고 모양만 봤어요. 가격을 물어보니 처음에는 얼마에 나왔는데 지금은 평당 1천만 원이 떨어져서 동네에서 제일 싸다는 거예요.

당시 강북의 산 중턱에 있는 땅이랑 금액이 같았어요. 마음이 넘어갔지요. 강북의 산 중턱에 있는 땅이랑 서울숲 평지에 있는 예쁘고 조용한 동네의 위치 좋은 땅이었으니. 그런데 알고 보니 이 집만 도시가스 인입이 안 되어 있었어요. 서울 시내인데 도시가스가 안 들어간다니! 그래서 도시가스 인입비 1천만 원을 깎아서 계약했어요.

매입을 한 다음, 지구단위계획이 해제될 때까지 그 집을 리모델링을 해서 임대를 주고, 그 사이에 집을 지을 자금을 마련해보기로 했어요.

최이수 현실적으로 느껴지지 않을 만큼 치밀한 계획입니다.

김호정 뒤돌아서 보면 그런데, 당시에는 아주 조금씩만 진전이 있으니, 지루한 계획이면서 동시에 매번 해결해야 할 과제로 힘들고 바빴던 것 같아요. 2014년(착공하기 4~5년 전)에 땅을 일단 사놓고, 그다음은 건축비를 모으기 위해 애썼어요. 당시 40평대 아파트에 살다가 20평짜리 아파트 월세로 옮겼지요. 짐이 들어갈 자리가 없으니 거의 모든 짐을 버리고 이사를 했던 기억이 나요. 일단 땅을 샀는데, 대출을 받았으니 이자를 갚아야 하잖아요. 그런데 신축을 못 하는 땅이니 우선은 리모델링으로 뭐라도 해서 이자라도 갚아야겠다 싶었어요. 그때 설계하는 분을 만나 계획을 세우다가 알게 됐어요. 불법건축물이 있다는 사실을.

최이수 계약한 부동산에서 정보를 안 줬나 봐요?

김호정 정확히 기억이 나지 않지만 중개인이 얘길 해줬는데 제가 귀담아듣지 않았을 거라고 생각해요. 땅에 홀딱 넘어가서 대수롭지 않게 여겼을 거예요. 나중에 정신 차리고 보니 팔리지 않았던 이유가 있었던 거죠. 집의 절반이 불법건축물이라 간단한 철거로는 해결이 안 되고 대수선을 해야만 했어요. 그땐 건축가라는 직업에 대해서 정확하게 몰라서 그저 디자인하시는 분들로만 생각했어요.

정수진 저희는 지적도나 법규 등을 보면 어느 정도 알 수 있죠. 그래서 땅 때문에 초반에 너무 고생하시는 분들 보면 안타까워요. 집을 짓기 위해 땅을 매입한다면 반드시 건축가에게 자문을 받고 계약하길 추천합니다.

김호정 그즈음부터 슬슬 성수동이 핫플레이스가 되기 시작했던 것 같아요. 몇몇 사회적 기업이 들어오고 상업 시설들이 조금씩 생겨나고요. 고즈넉하고 정적인 동네였는데…. 매일 가서 몇 시간씩 그 일대를 돌아보니, 작은 한식당이 들어오면 그 임대료로 땅을 살 때 빌린 대출금에 대한 이자를 낼 수 있겠다는 판단이 섰어요. 집을 예쁘게 고쳐 놓으면 골목 일대가 좀 더 좋아지지 않을까 싶었고요.

정수진 몇 년도였죠?

김호정 2014년에서 15년 사이?

최이수 그리 오래된 얘기는 아니네요. 하긴 성수동이 핫플레이스가 된 게 얼마 전이니까….

김호정 제가 생전 처음 리모델링을 하면서 큰 고비를 경험했어요. 그 시기에 『집짓기 바이블』을 통해 건축가의 역할, 디자인의 중요성까지는 알게 되었는데, 시공 쪽은 미처 생각을 못 했던 거예요. 그 근방에 다른 작업을 하던 젊은 건축가를 알게 되어 그분이 설계를 하고 소개한 시공사에 다 맡기고 작업을 시작했는데….

최이수 뭔가 일이 생겼군요?

김호정 난리가 난 거예요. 디자인은 예쁘게 잘됐는데, 24평이 채 안 되는 리모델링이 6개월이 넘게 걸렸으니까요. 건축가도 시공사가 그런 곳인 줄 몰랐다고 하고.

최이수 어떤 문제가 있었던 거예요?

김호정 현장에 가보면 아무도 없어요. 일을 하는 사람이.

모두 네에? 그게 무슨…? (일동 놀람)

김호정 지금에 와서야 현장이 작아서 그럴 수도 있겠다 싶은데, 당시에는 납득하기가 어려웠지요. 오늘 한다 그래 놓고 안 나타나고, 또 내일 가보면 현장에 아무도 없고. 시공사 사장님한테 전화하면 "곧 갈 거예요" 하면서 몇 시간이 지나도 안 오고.

전은필 아하, 짬짬이로 일한 현장이었나 보네요. 그 근처에 두세 군데를 동시에 하면서 잠깐 틈이 날 때 들러서 일을 하는 현장이 된 거죠. (일동 탄식)

김호정 결국 하도 일이 진행이 안 되니, 내용증명을 보내고 소송을 하겠다는 소리까지 나오고. 간신히 간신히 마무리는 했는데, 그조차도 엉망으로 해서 제가 다른 사람을 다시 찾아서 결국 이리저리 구멍을 메꾸면서 마무리를 했어요. 혹독한 수업료를 일찌감치 치른 거죠. 그때 절실하게 알게 됐어요. 디자인도 중요하지만, 어떻게 할 수 없는 쪽이 시공이구나. 이건 뭐 하자가 크게 나면 평생 짊어지고 가야 하는구나. 시공사 선택은 일생일대의 선택이란 걸요.

정수진 그때 크게 배우셔서, 오히려 이번 신축 때는 정말 한번 지어본 분처럼 하신 것 같아요.

김호정 근데, 시공사는 정말 모르겠더라고요. 다시 선택하라 해도 어려울 것 같아요. 도대체 어떻게 해야 좋은 시공사를 찾아요? 새건축사협의회에 '명장'이라는 제도가 있긴 한데, 그게요, 현실적으로는 굉장히 어려워요. 예산이 매우 큰 곳만 하는 곳도 많고, 잘하는 곳은 일정을 몇 년 앞까지 내다보고 잡아야 하고…. 과연 그분들이 내 집처럼 조그마한 곳을 해줄까 의문이 들고. 저는 지금은 막 완공을 해서 이사를 하고 한숨을 돌리는 상황인데, 제가 이 자리에 참여하게 된 동기는 크게 두 가지인 것 같아요.

하나는 제가 겪은 고민들을 나누어서 집을 짓고 가꾸려는 분들이 조금이라도 덜 고생하도록, 덜 고생하는 데 보탬이 되어야겠다 싶었고요. 다른 하나는, 아직도 궁금한 것들이 있어요. 이왕 해본 작업이니,

이왕 공부를 시작한 김에, 이런 의문들을 아예 해결해보자는 마음도 있었고요.

최이수 저도 책을 좀 보고 땅을 건축가에게 보이고 상담을 받을 수 있다는 점을 알게 되긴 했는데, 그렇더라도, 전혀 연이 없는 건축가에게 대뜸 연락해서 땅을 좀 봐주세요, 할 수는 없는 노릇이잖아요. 애매하더라고요.

좋은 땅, 나쁜 땅

정수진 땅을 매입하려는 분들의 전화가 자주 와요. 물론 설계까지 인연이 이어지는 분들도 있죠. 대부분 두세 필지를 두고 고민하다 연락하시는데 저의 조언이 도움이 되는 경우가 꽤 있어요. 가끔 땅을 사려고 계획 중이라며 첫 단계부터 연락하시는 분들도 있어요. 이런 분들 가운데 종종 저의 조언을 너무 당연하게 요구하는 분들이 있어요. 열댓 개가 넘는 필지를 몇 달에 걸쳐 검토를 해달라고 하고, 설계에 대해서도 이런저런 상담을 받은 뒤 땅을 매입하고 나면 연락두절하는 분들.

조남호 아아, 그런 분이면 땅 매매한 후라도 인연이 안 되는 편이 다행이 아닌가 싶기도 한데요.

대지 관련 검토 사이트
www.spacewalk.tech

정수진 대지를 구매하기 위한 검토는 가설계나 규모 검토와는 달라요. 저는 그 점을 먼저 정확히 얘기하고 가설계나 규모 검토는 하지 않는다고 해요. 집 지을 땅에 관한 모든 법적인 문제나 조건 여부를 간단한 상담만으로 완벽히 파악한다는 건 거의 불가능하지만, 그럼에도 적어도 김호정 님의 경우처럼 불법건축물이 있는지, 어떤 용도로만 사용이 가능한지 등의 여부는 알 수 있죠.

최이수 건축사협회도 있고 새건축사협의회도 있고, 그런 단체들에서 상담비의 범위를 언급하거나 제시한 예가 있으면 좋겠어요. 변호사에게 받는 법률 상담비도 얼마간 정해져 있는 걸 소비자들이 알고 접근하니까요. 제시되는 범위와 조건이 있으면 클라이언트 입장에서도 더 편할 것 같아요.

정수진 중개소에서 알면서도 얘기 안 하는 건지, 몰라서 얘기 안 하는 건지 모르겠는데, 땅을 고르는 건 정말 너무너무 중요해요. 제가 설계를 해보면 어떤 80평 땅은 60평 노릇을 해요. 반면에 60평인데 80평 노릇을 하는 땅들도 있어요. 좋은 땅은 설계하는 사람이 제일 잘 알지요. 생김새도 그래요. 네모반듯하면 좋다고 생각하기 쉬운데, 네모반듯해도 잘 안 풀리는 땅이 있어요. 어떤 설계를 해도 애매하고 채광, 환기 등이 오히려 쉽지 않고. 반면에 삐뚤빼뚤 못생긴 땅인데 술술 풀리는 땅이 있어요. 다른 분들은 어떨지 모르겠는데, 저는 땅 계약 전이라고 하면 섬세하게 봐드리려고 애써요. 너무나 중요한 판단이니까.

임태병 저도 여러 가지 케이스를 만나요. 땅을 아예 산 후에 어느 정도 생각을 가지고 오시는 분이 있고, 한두 개 정도 고민 중인 땅을 좀 봐줄 수 있냐는 분도 있고요. 함께 작업할 의향이 있는데 땅부터 찾고 싶습니다 하는 분들도 꽤 돼요. 그러면 땅을 저랑 같이 찾아보기도 해요. 그럴 때는 정식으로 그 비용을 청구해요.

기획자 소장님께서 땅도 찾아주세요? 굉장히 솔깃한 걸요. (일동 웃음)

임태병 저희 동네에 한해서요. 저는 홍대 부근과 불광천 인근에 오래 살았으니까. 제가 잘 알고 정확하게 아는 동네는 그럴 수 있으니까요.

조남호 그 동네에서는 가능하겠네요. 모범적이고 이상적인 사례이지요.

김호정 비용을 지불하더라도 반드시 건축가를 통해 검토를 한 후 땅을 매입하시라고 권하고 싶어요. 정말 정말 중요한 것 같아요.

임태병 지금 저희 사무실 건물('여인숙')은 폭이 꽤 좁고 깊어요. 사실 채광도 잘 안 돼요. 근데 그런 문제는 디자인으로 풀 수 있는데, 앞에 주차를 하게 되면 1층에 공간이 나오지 않잖아요. 그래서 그 땅을 제가 처음 봤을 때 이 땅은 건축가가 고민을 엄청나게 해서 치밀하게 설계하지 않으면 절대로 좋은 집이 나오지 않는다, 집장사 하는 사람들

'여인숙' 자리의 옛 건물

이 덤비면 큰일나는 땅이다, 라고 생각했지요. 실제로 아주 오랫동안 아무도 손을 못 대고, 결국은 저희 클라이언트한테 제안을 했더니 그 땅을 구입하시더라고요(왼쪽 사진 참조). 건축가를 통해 검토 과정을 거치는 건 굉장히 중요해요.

정수진 맞아요. 대부분 남향의 네모반듯한 땅이면 좋은 줄 알거든요. 2017년에 순천에 설계한 한 주택도, 건축주가 전원주택 단지 내 남향의 직사각형 대지인데 계약 전에 한번 봐 줄 수 있겠냐고 전화를 했었어요. 요즘은 인터넷으로 바로 개략적인 위치나 컨디션을 볼 수 있잖아요. 그래서 좀 못생겨도 좋으니 제일 끝에 볼거리가 많은 땅으로 더 찾아보라고 했더니 두어 달 뒤에 다시 연락이 왔어요. 단지 제일 끝의 반달 모양 땅인데, 모양이 이형이라 시세보다 저렴하게 샀다고 하더라고요(50쪽 지적도).

최이수 문득 이런 생각이 드네요. 제가 산 땅을 건축가 분들께 보여드리고 사도 되겠냐고 물었으면 사라고 했을까요?

임태병 저라면 사라고 했을 거예요. 무척 재미있는 땅이에요.

전은필 김호정 님처럼 아주 오래오래 계획하고 수년간 땅을 보러 다닐 형편이 못 된다면, 동네를 먼저 결정해야 한다고 생각해요. 특히 주택을 짓고자 한다면. 가족구성원 모두가 자리 잡고 오래 마음을 붙이고 살아갈 동네를 선택하는 게 먼저가 아닐까 싶어요. 임태병 소장님처럼 그 동네와 지역을 기반으로 활동하는 건축가를 알게 된다면 그야말로 최고의 인연이고 선물인데요. 그렇지 못하더라도 동네를 먼저 선택하고 땅이든 오래된 주택이든 범위를 좁혀본 다음, 건축가를 만나는 순서를 추천합니다.

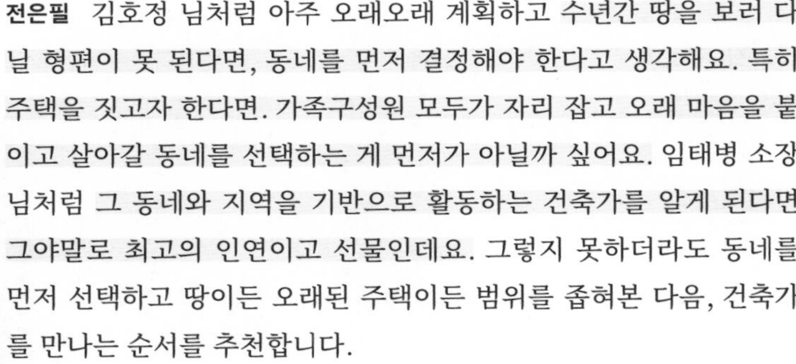

신축 후 모습
사진: 김동규

조남호 제 소견으로는, 일반적으로 가려내는 좋은 땅 나쁜 땅의 기준이 허상에 불과한 경우가 적지 않다고 봅니다. 법적으로 문제가 있다면 다른 차원의 문제이지만, '집을 짓기에 좋은 땅이다, 나쁜 땅이다'라는 관점은 건축가에게 그리 유효하지는 않아요. 땅의 조건이 절대적이라고 생각하는 건축가라면 설계의 의미를 매우 작게 보는 사람일 겁니다.

➔ 일반적으로 좋은 땅으로 여겨지는 15번 필지가 아닌, 건축가의 추천으로 69번 필지를 더 낮은 가격으로 매입. 반듯한 모양의 필지가 아니지만 건축가는 건축주의 바람을 실현하기에 더 적합하다고 판단해 추천했다.

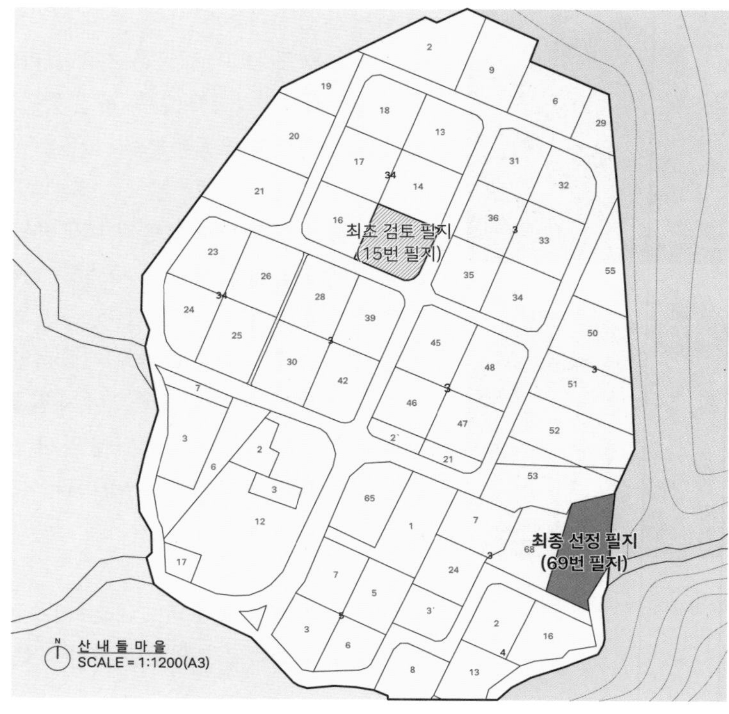

다세대주택과 단독주택의 대차대조표를 작성해보다

최이수 저는 건축가의 역할을 대강 알고 나서도 좀 막연하게 느껴졌어요. 그러다 「건축탐구 집」(EBS1)이라는 프로그램을 열성적으로 보기 시작했죠.

조남호 「건축탐구 집」은 꽤 진지한 프로그램이더라고요. 작가들이 정확히 이해하고 구성하려고 노력하는 것 같아요. 한 채의 집에 대해 여러 차례 자료와 인터뷰를 요청하는데, 건축가는 잘 드러나지 않는 게 특징이에요. 건축주들의 이야기를 중심으로 구성되는데, 처음에는 좀 의아했는데 몇 편 시청해보니 오히려 그게 더 좋은 것 같아요. 주거에만 집중한다는 특징이 두드러지고요. 다양한 맥락에서 보는데 건축가의 작품 같은 집도 당연히 있지만 작품성과는 별개로 건축주한테 특별한 의미를 갖는 집들도 자주 소개됩니다. 객관적으로 보려고 하는 지점이 느껴져서 건축가를 중심으로 소개하지 않는 게 훨씬 더 좋구나 싶었어요.

최이수 그 프로그램을 보며 마음에 드는 집은 따로 찾아보기도 했어요.

임태병 많이들 그 프로그램을 참고해서 검색하시는 것 같아요. 찾아보면 어느 건축가가 작업했는지 대체로 흔적이 남아 있지요. 대부분의 건축사무소가 홈페이지나 SNS를 운영하니까.

김호정 이수 씨는 애초에 단독주택을 계획하셨나요? 어떤 계기였는지 그 시작이 궁금해요.

최이수 처음엔 다가구로 지으려고 했어요. 현실적으로 땅을 매입하는 것도 부담이었는데 건축비까지 조달하기가 버거웠어요. 그래서 일부를 임대주택으로 만들어 임대 세대와 함께 이른바 공동체 생활을 해보려고 했어요. 이러저러한 경험을 거쳐, 지금은 3층짜리 단독주택이 되었지만요.

정수진 건축면적이 어떻게 돼요?

최이수 18평이요. 연면적은 36.7평 정도예요(498~510쪽 참조).

김호정 모형을 보니 굉장히 커 보이던데… 의외네요.

최이수 임태병 소장님이 커 보이게 설계하는 재주가 좋으셔서…. (일동 웃음) 그리고 실제로도 넉넉하죠. 부부 두 명이 사는데 세 개 층을 쓰니까.

임태병 용적률을 꽉 채워서 최대의 면적으로 짓지 않아도 된다는 점이 좋았어요. 훨씬 더 크게 지을 수 있는데도 말이죠. 제가 건축면적을 정했다기보다, 본인들이 적정 면적을 미리 확보를 해 왔어요. 그 범위에서 자유롭게 할 수 있어서 설계에는 여지가 많았어요.

그래서 커 보인다는 게, 층고도 조금 높일 수 있고 매스나 이런 요소들을 마음대로 만질 수 있어서 좋았어요.

최이수 저희 땅이 삼각형이에요. 맘속으로, 뾰족한 부분이 동그랗게 표현됐으면 좋겠다는 생각을 했었어요. 그런데 말씀은 안 드렸죠. 그저 마음속으로 생각만 했는데, 근데 소장님이 설계를 그렇게 해주신 거예요. 그 부분이 너무 마음에 드는 포인트예요. 집에 올 때 늘 바라보게 되는 부분이라서 더욱. 용적률은 딱 처음부터 정한 게 아니에요. 지난한 과정이 있었어요. 외부적 요인이 있었죠.

임태병 이 동네의 경우 용적률이 200%인데요, 이수 씨 부부가 2016년부터 이미 이 집에 거주를 하셨던 거예요. 한 4~5년 살면서 필요한 면적이 어느 정도일지, 어떤 공간들이 필요한지, 그리고 동네를 꾸준히 관찰한 거예요. 시뮬레이션을 했던 거지요. 그 부분이 재미있는 거예요. 오래 경험하고 살아보고 동네를 파악하고, 어떤 집을 지었을 때 어떤 일이 벌어질까, 어떤 점이 불편하고 또 어떻게 하면 편리할까를 경험했다는 것이.

최이수 저희도 처음에는 현실적인 고민을 했어요. 아파트에는 살기 싫고 마당이 있는 내 집, 내 집다운 곳에서 살고 싶은데, 건축비도 크고 그 대출을 빨리 갚기 위해서는 전세 보증금이 필요하니, 임대를 할 수 있게 지을까 아니면 셰어하우스를 할까, 1층에 상가를 둘까. 이런 고민을 되게 많이 했어요.

저는 장난감을 좋아하고 아내는 출판 분야에서 일을 하니, 1층은 나중에 우리가 은퇴를 하면 책방이나 카페를 할 수 있지 않을까, 상상도 했고요. 어쨌든 다가구주택을 구입하고 5년 정도 살면서 아파트와는 또 다른 공동 주거를 경험한 거죠. 그 시기의 경험이 지금의 집 형태를 결정하는 데에 크게 작용했어요.

김호정 몇 세대가 살았어요?

최이수 반지하랑 1.5층에 세대가 있었고, 저희 부부가 2.5층에 살았는데, 그분들이 우리를 원해서 만난 게 아니라 우리가 계약을 하기 전부터 그 집에 살았던 분들인 거예요. 그래서인지 너무 안 맞는 거예요. 기본적인 위생부터 시작해서 라이프스타일 전반이 안 맞고, 저희가 맨 위에 사는데도 불구하고 층간소음 문제가 되게 컸어요. 새로 이사를 왔는데, 그 집 주인으로 이사를 온 셈이니 어쨌든 집을 관리하는 책무가 저에게 주어졌어요. 이걸 해보니, 정말, 쉽지 않더라고요. 모든 게 쉽지 않았어요. 그때 우리가 공동생활에 대해 너무 안일하게 생각한 게 아닌가 하는 회의가 들었어요. 그렇게 5년을 넘게 살아보니, 아, 그냥 단독주택을 짓자. 이렇게 정하게 됐어요. 약간 특이한 점이라면, 허물고 신축을 지을 때 보통은 기존의 건물보다 높아지는데, 저는 그냥 이전 건물과 같은 높이로 짓고 싶었어요.

보통 그런 빼곡한 주택가에 신축을 하면 옆에 필지랑 합쳐서 근린생활시설을 짓거나 도시형생활주택이 들어서는데, 저희는 그냥 재미있고 즐겁게 살 수 있는 우리 집을 짓자고 마음먹었어요. 어딘지 남들과 다르게 우리가 원하는 대로 사는구나, 약간 자부심이라고 해야 할까요. 실행에 옮기면서 정말 그렇게 변화되는 것 같아 기분이 좀 이상하더라고요. 이런 우여곡절 끝에 임태병 소장님을 처음 찾아갔던 게 2년 전, 2020년이었어요. 애초에는 2층으로만 설계를 했는데, 소장님이 다락방 제안을 해주셨고, 그러다가 가로주택정비사업 때문에 3층이 되었지요.

건축법상 다가구주택은 단독주택으로 분류, 다세대주택은 공동주택으로 분류된다.

다가구(단독주택)
- 1인 소유
- 호수별 구분해 소유가 불가능하고, 개별 매매 불가능.

다세대(공동주택)
- 여러 명 소유
- 호수별 구분해 소유가 가능하고, 개별 매매 가능.
- 아파트, 연립, 도시형 생활주택은 모두 다세대주택.

정수진 다가구주택을 매매해서 기존에 살던 세대와 함께 몇 년을 생활하면서 또 그 동네에 익숙해지면서 어떤 집을 지을지 고민했던 몇 년간의 이야기는 굉장히 모범적인 예인 것 같아요. 훌륭한 사례이고, 그렇게 하기가 여러 모로 쉽지가 않지요.

최이수 그즈음 '가로주택정비사업' 이야기가 동네에 돌면서 점점 더 불안해지는 거예요.

가로주택정비사업이란?

기획자 가로주택정비사업 단어는 많이 들어봤는데, 정확히 어떤 내용인지 모르겠어요.

최이수 재개발이 큰 면적을 대상으로 하니 너무 오래 걸리고 동의도 얻기 힘들어서 시행이 빨리 안 되니까 가로재정비라는 이름으로 정부에서 허가를 내주는 거예요. 여러 규제를 완화해서 빨리 할 수 있도록.

임태병 재개발을 하려면 시행사에서 사업성 검토를 먼저 해요. 사업성에 대한 적정성을 판단하고 나면 시공사가 선정되고 계획안이 나오죠. 대강의 큰 그림을 그린 다음에 그걸 지역 주민에게 보여주고 동의를 얻게 되니까 동의율이 좀 높을 수밖에 없는데 시간이 무척 오래 걸리죠. 일반적인 재개발, 대규모일 경우에요. 그래서 조금 더 소규모 단지에서 할 수 있도록 제시한 방법이 '가로주택정비사업'이에요. 도시 환경과 주거민의 생활만족도, 편의성을 높이기 위해 재정비하도록 허가하는데, 작은 규모, 그러니까 몇 블록 단위로도 원하면 할 수 있게 하겠다는 거죠. 이 사업은 시행사라든가 건설사라든가 계획안이 전혀 필요 없어요. 토지 등 소유자의 80% 이상의 동의를 얻으면 바로 지정할 수 있어요.

기획자 어떤 집들을 재정비할 것인가를 정하는 건가요?

조남호 아뇨, 개별 집이 단위가 아니라 가로(街路)에 면한 '작은 블록'을 단위로 정합니다.

임태병 문제는, 그렇게 주민들이 동의를 해서 재정비구역으로 지정이 됐는데, 그 후에 사업성 판단을 해보니 사업성이 떨어진다는 결론에 이르면 상황이 복잡해지죠. 사업성이 낮으니 참여할 시행사도, 건설사도 없는 거예요. 한마디로 주민이 원해서 정부가 지정을 했는데, 실제로는 일을 할 사업체가 나타나질 않는 거죠. 그런데 더 문제는, 지정이 되고 나면 여기에서는 어떤 건축 행위도 할 수가 없어요.

최이수 팔 수도 없고, 살 수도 없고, 신축도 안 돼요. 시쳇말로, 물린다고들 하죠.

정수진 매매도 안 되나요?

최이수 매매도 안 돼요. 표면적으로 이 사업은 정부에서 주도하는 것이 아니에요. 주체는 어디까지나 주민이죠. 그런데, 그렇지만, 사실상 구청에서 좀 부추기는 구석이 커요.

기획자 이유가 뭘까요?

최이수 노후주택들에서 발생하는 민원이 많으니까요. 침수를 비롯해 여러 재해도 그렇고 기타 사건도 많고. 그러니 그런 블록들이 재개발되면 행정 업무가 편해지는 거예요. 민원도 훨씬 줄겠죠. 그러니까 암묵적으로는 시행사를 실은 구청에서 연결해 놓고 공식적으로 확인하면은 절대 아니라고 하는 거예요, 외관상으로는 주민들이 재개발을 주도하는 형식이니까. 그렇지만 사업성을 끌어내기가 만만찮아요. 주민들을 개별적으로 상대해야 하니 웬만큼 사업성이 있지 않는 한 시행사가 붙을 리도 없고요. 저희 동네도 처음에 얘기가 나왔을 때 조감도 같은 걸 누군가가 단톡방에다 올렸는데, 아… 엉망인 거죠. 제대로 된 아파트 형상도 아니고. 누가 봐도 이런 건물이 동네에 생기면 동네가 망가지겠구나 싶은 거예요. 지정이 되지는 않겠구나 싶으면서도 불안하더라고요.

정수진 혹여나 동의율 기준치만 넘으면 지정이 되는 거니까….

최이수 그렇죠. 만에 하나 언젠가는 재개발이 될 수도 있다는 가정하에 알아보니, 전용면적 120m²를 넘어가면 재개발할 때 25평 아파트 두 개를 받을 수 있대요. 아니면 분담금이 적어진다든지. 120m² 이하면 한 채를 받거나 분담금이 더해지거나 이런 기준이 있어요. 그래서 전용면적 120m²를 채우기 위해서 3층을 올리게 됐어요.

임태병 원래 다락방을 추천했던 이유는, 두 분이 쓰시기에는 두 개 층으로 충분한데, 지금 다가구 옥탑방 문을 열면 수집한 장난감이 가득한데 그것들을 한곳으로 정리하면 좋겠다 싶었어요. 비용 부담을 좀 줄일 겸 다락방을 만들면 재미있겠다고 생각했는데, 재정비사업 이슈 때문에 그럼 아예 한 층을 더 짓자 해서 3층이 되었지요.

기획자 마음고생을 많이 하셨겠네요.

임태병 그 시점에서 건축가가 할 수 있는 일이 없더라고요. 저도 이모저모 어떤 여지가 있는지 알아봤는데, 제가 할 수 있는 일이 없어서 그 부분이 제일 안타깝고…. 서울시에서 100곳이 넘게 추진이 되었는데 실제로 지정이 된 사례는 불과 몇 곳이 안 돼요. 요사이는 주민들이 이 분야 관련 정보력과 지식을 잘 갖추고 있기 때문에 본인들이 사업성 검토를 해보면 스스로 아는 거예요. 사업성 나오게 하기가 쉽지가 않다는 것을….

최이수 그래서 주민들이 처음에는 솔깃해하다가 점점 더 이걸 왜 하는가, 회의에 빠지면서… 상대적으로 빌라에 사시는 분들은 하고 싶어 하죠. 반대로 저희 동네는 다가구주택이 많은데, 그런 분들은….

조남호 가로주택정비사업은 노후·불량 건축물이 밀집한 지역의 주거환경을 개선하기 위한 사업입니다. 재개발과 구별점이라면, 종전의 가로체계를 그대로 유지하고 비교적 소규모 개발을 한다는 것입니다. 대규모 재개발은 기존의 도시조직을 왜곡시키고, 소위 게이티드 커뮤니티(gated community), 즉 주변과 단절된 거대한 주거단지를 만든다는 점에서 반도시적입니다. 사업 기간도 굉장히 길고, 지역의 특성을 반영하거나 주민들의 요구에 반응하기 어렵지요.

상대적으로, 가로주택정비사업은 기존의 도시조직을 유지하면서 그 지역 거주자들의 요구에 반응해 재정착율을 높이는 데 도움이 되는 제도라고 할 수 있습니다. 최근 모아타운, 모아주택 제도까지 더해져 활성화를 위한 노력을 하고 있습니다. 모아타운은 층수 용적률 등 추가 혜택과 더불어 조합 운영 비용 절감 등을 위해 인접 조합 간에 통합사무실을 운영하는 등 활성 방안을 모색하는 중입니다.

그럼에도 이해관계가 얽힌 복잡한 도시에서 다양성을 존중하는 개발은 어려울 수밖에 없습니다. 거주 공간이기에 앞서 부동산으로 인식하는 문화 속에서 성숙한 합의 과정을 기대하기는 매우 어렵습니다. 많은 장점에도 불구하고 대규모 재건축에 비해 사업성이 떨어질 수밖에 없지요. 이 부분에서 공공의 개입이 필요하다고 봅니다. 용적률을 높여 적당한 비중의 공공 임대주거를 포함한다면 사업성도 좋아지고, 자연스러운 소셜믹스도 가능해집니다. 이 과정에 갈등을 조절할 수 있고 좋은 주거지를 만드는 데 역량을 갖춘 전문가들의 참여가 필수적이겠지요.

최이수 실제로 대다수의 주민들은 그렇게 진지하게 생각지 않아요. 선동하는 몇몇은 있을 수 있는데, 결론적으로 “그래서 구청에서 뭘

지산돌집 지산돌집은 광주 시내에서 무등산으로 이어지는 평범한 가로에 면해 지어진 도시형 단독주택의 한 유형으로서 분명한 성취를 보여준다. 건축물이 하나의 유형으로 인식된다는 것은 추상적 보편성과 개별적 구체성을 갖고 있다는 의미다. 가로에 면한 4층 높이의 단정한 입면과 균형 잡힌 자연스러운 개구부는 건강한 도시건축으로서 부족함이 없다. 저층부 60mm 두께의 파주석 마감이 풍요로움과 함께 거주공간의 감각을 대변한다. 1층에 마련된 작은 주방은 외식업을 하는 주인의 새로운 레시피 개발공간이다. 일과 거주가 복합된 코로나 이후의 새로운 도시주거의 탁월한 예라고 할 수 있다. 2023년 건축문화대상 주거 부분 본상(국무총리상) 수상작이다.

광주광역시, 건축가: 임태형, 사진: 윤준환

왕복 2차선 도로에 맞닿아 있는 삼각형 형태의 대지로 건축면적 62.7m²였다. 하단부 외장재인 파주석은 자연석으로, 건축주가 원했던 심리적 안정감을 확보하는 동시에 자연스럽게 다른 가로주택들과도 조화를 이룬다.

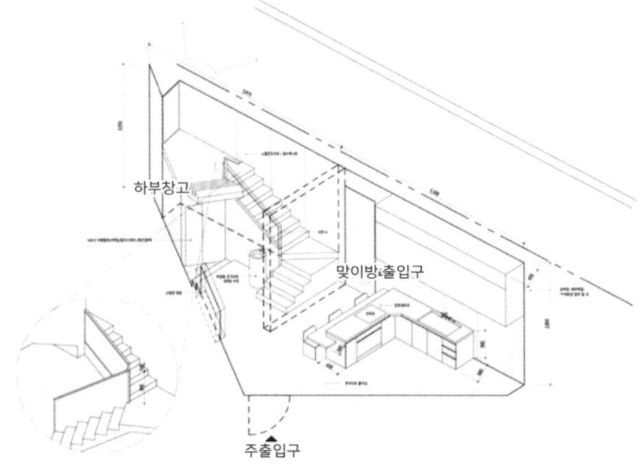

지산돌집 실내
1층은 업무와 손님맞이가 자유로운 공간이고, 2~4층은 주거 공간이다. 도로에 면해 있는 삼각형 협소 대지라는 약점을 훌륭하게 활용해 사생활이 보장되면서도 주변에 개방적으로 열려 있는 단독주택이 되었다.

해주는 거야?"라는 질문으로 끝나지요. 그런데 공공이 전혀 개입하지 않으니까, 다들 금방 시들어요, 관심이. 왜냐하면 노후됐든 작든 크든 어쨌든 집은 가계의 전 재산이잖아요. 그러니 도박을 하고 싶지는 않은 거예요. 분담금이 얼마나 나올지도 전혀 예측할 수 없고요. 몇 분이 적극적으로 투시도도 올리고 했는데, 사업성만 고려한 조감도를 보기도 했어요.

기획자 공공이 그렇게 아예 개입을 안 하는지 몰랐어요.

임태병 저도 당시의 조감도를 갖고 있어요. 그걸 보면 도시를 재생시킨다고 보기는 어렵지요. (일동 웃음) 다가구주택들이 갖고 있는 수많은 기능 요소를 그냥 뭉쳐서 위로 올린 거예요.

조남호 서울시가 관여해 본보기가 될 만한 좋은 선례를 만들어야 합니다. 유형별로 두세 개의 파일럿 프로젝트를 선정해 그간의 제도, 관례, 예산을 넘어 차별화된 디자인을 더해 이제까지와는 구별되는 새로운 주거지를 만드는 데 집중하는 거죠. 이런 프로젝트가 반드시 필요합니다. 좋은 본보기가 될 뿐만 아니라 진행 과정에서 개선되어야 할 점들을 명확히 알게 해주기 때문입니다.

임태병 잘못 쓰이고 있는 것 같아요, 지금은. 애초에는 좋은 방향이었는데….

최이수 제가 구청에 전화도 여러 차례 해봤어요. 자기들은 할 수 있는 게 없다고 얘기하는데, 알고 보면 구청에서 연결시켜주더라고요. 건설 관련해서도…. 그러니까 시행사나 건설사가 처음에 가이드를 하는 거예요. 물론 조금 시작하다가 어느 순간 빠지더라고요. 그걸 보고 느끼긴 했어요. 사업성이 없구나, 사업성이 있었으면 붙었을 텐데, 그때는 좀 안심을 했죠.

주택 보급에 공공이 개입하는 방식들

조남호 공공이 개입한다는 의미가 절차의 공정성, 합리성, 공공성을 높이는 일도 있지만, 사업성이 떨어지거나 혹은 분양이 잘 안 될 것 같은 상황일 때 공공 임대주택 같은 방식으로 공공의 비용을 지원하며 참여하는 거죠. 이런 유형들이 좀 필요한데, 초반에만 이런 식으로 구상되다가 결국 복잡한 길을 피해 민간에 그냥 맡겨버린 거예요. 대규모 아파트단지 개발에 비해 당연히 사업성이 떨어질 수밖에 없죠.

임태병 청년주택이라든가 도시형 생활주택 가운데서도 SH나 LH에서 하는 경우도 있긴 한데…. SH에서는 토지임대부라고 땅만 빌려주는 걸 많이 해요.

사회주택
사회경제적 약자를 대상으로 주거 관련 사회적 경제 주체에 의해 공급되는 임대주택 등을 말한다(서울특별시 사회주택 활성화 지원 등에 관한 조례 제2조(정의) 제1항).
토지임대인(주식회사 서울사회주택토지지원위탁관리부동산투자회사[약칭 토지지원리츠], 주택도시기금 현금출자 66.6%, SH서울주택도시공사 현금출자 33.3%)이, 토지임차인(주거 관련 사회적 경제 주체[사회적 기업, 협동조합 등]과 계약한다. 청년, 신혼부부 등이 안정적으로 장기간 거주할 수 있는 임대주택을 시세 80% 이하의 저렴한 임대료로 공급하는 것이 계약의 목적이다. 임차인은 가구당 월평균 소득을 기준으로 자격을 제한하고, 최장 10년간 거주가 가능하다.

전은필 대개 그래요. 저희가 얼마 전에 유니버셜디자인하우스에서 시행하고 설계한 공동주택을 수의동에 지었어요. 흔히 사회적 기업이라고 하죠. 그런 기업들이 땅을 찾아요. 적당한 땅을 찾아서 사업성 검토를 한 다음에 제시해요. 그 사회적 기업에서 제안한 땅을 SH에서 구매를 대행해주고 그에 대한 운영권을 30년 정도 주는 거예요.

임태병 구매도 해주는군요.

전은필 예. 땅을 대신 구매해주기도 해요. 그러면 기업에서 건설비를 제공하고 10년 정도 운영하면서 수익이 나면 일부 받는데 그 수익이 아주 적어요.

임태병 토지임대부는 SH에서 원래 가지고 있던 땅을 그렇게 사업 공모를 받는 거예요. 선정이 되면 50년인가 60년 동안 임대를 해요.

전은필 주변 시세보다 80% 정도 낮게 책정이 되니까요. 저희가 이번에 지은 것은 상당히 호응이 좋았어요. 목조건축협회에서 상도 받고요. 사회적 기업이다 보니까 SH에서 구매해서 짓는 집의 수준하고는 좀 달라요. 이번 수의동 작업의 경우, 사회적기업이니까, 게다가 청년 공공주택이니까 더 좋게 지어보자고 뜻을 모으기도 했고요. 공공에서 짓는다고 싸구려라는 선입견을 이어가면 안 된다고. 조금 더 좋은 자재, 좋은 환경이 될 수 있도록 지어보자는 취지에서 저희 회사도 참여했던 거지요. 목구조와 콘크리트를 결합한 방식이었고, 약자가 건물에 접근하는 방식에 편리성을 더하는 유디화(유니버셜디자인)를 실현했어요. 결과가 무척 좋았어요.

기획자 몇 세대나 되는 규모였나요?

전은필 원룸, 투룸이 섞여 있었는데 18세대 정도. 그리고 지금 추진 중인 것은 28~30세대입니다.

정수진 서울·소셜·스탠다드(삼시옷) 김하나 대표. 그분이 초기에 그 사업을 시작하셨던 것으로 기억해요. 종로 청운동이었나, 제가 가보았는데 건물도 잘 지었고 운용도 잘하시더라고요.

임태병 네에. 청운동 맞아요. 바로 토지임대부예요. 30년 기본에 10년을 추가해 장기 임대할 수 있고, 그 땅에 대한 이자는 은행 이자 정도로 지불하고 자기 공사비를 투입하는데 사실은 시공비도 거의 주택도시보증공사(HUG)에서 지원을 받아서 실제로 들어간 자기 자본은 매우 적다고 봐야죠.

최이수 그런 경우에는 시행사가 사업을 신청하는 건가요?

임태병 네에. 그런데 단순히 시행뿐만 아니라 전반적인 기획을 모두 맡아서 사업을 꾸리죠. 운용할 콘텐츠까지. 그런 다음에 30~40년간 운영하는 거예요. 다만 주변 시세 대비 80% 이상 못 받게 돼 있어요. 장기임대니까. 김하나 대표한테 듣기로는 대략 15년이면 손익분기점을 넘긴다고. 그러니 그전에 회사가 없어지면 안 된다고. 흥미롭고 재미있는 사례 같아요.

입주 신청 절차

1. 입주자 모집 공고: 사업 주체, 지자체 홈페이지 등을 통해 공고
2. 신청: 입주 희망자는 사업 주체가 정한 방법으로 신청서 작성 및 관련 서류 제출(인터넷 접수 또는 방문 접수)
3. 입주자 선정 및 확인: 서울주택도시공사가 무주택 여부, 소득 및 자산 충족 여부 등 확인, 사업 주체의 홈페이지 등을 통해 당첨자 명단 발표, 모집 호수의 일정 비율을 예비입주자로 선정
4. 임대차 계약 체결: 입주가 확정된 세대는 사업 주체가 지정한 장소에서 임대차계약 체결(예비입주자는 입주 예정자의 미계약 또는 해약 시 순위에 따라 계약 체결)
5. 입주: 잔금납부 후 입주 가능

서울·소셜·스탠다드 홈페이지

www.3siot.org

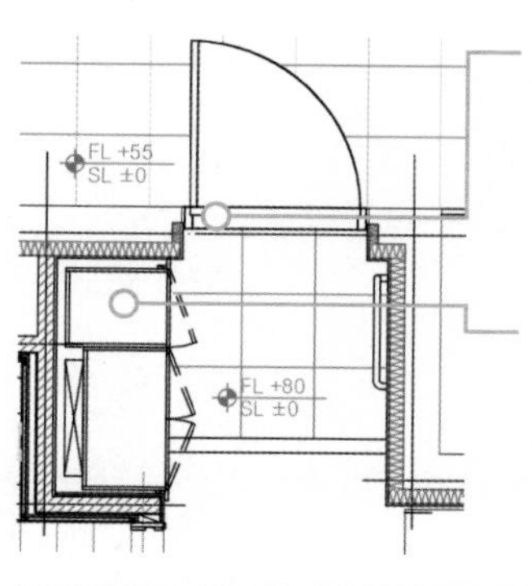

문의 종류

- 휠체어 이용자를 고려한다면 900mm 이상 문의 폭을 확보해야 한다.
- 근력이 저하된 노인이 쉽게 열고 닫을 수 있도록 문의 재질이 지나치게 무거워서는 안 된다.

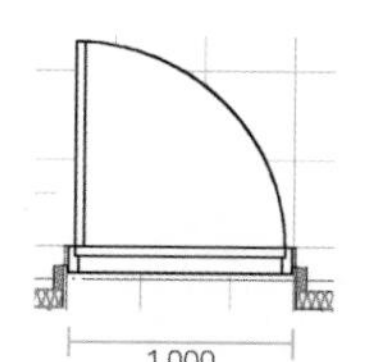

휠체어 보관함

- 신발 수납공간은 1200×540mm로 접이식 휠체어를 보관할 수 있는 칸을 제공해야 한다.
- 접이용 휠체어가 접혔을 때 350mm 내외이므로 최소 400mm 이상 확보해야 한다.

유니버설 디자인

제품, 시설, 서비스 등을 이용하는 사람이 성별, 나이, 장애, 언어 등으로 제약을 받지 않도록 설계하는 것. '보편적인, 공통의 디자인'이라는 뜻으로 제품, 건축, 환경, 서비스까지를 포괄한다. 성별, 연령, 장애에 상관없이 사용하기 편리한 디자인, 개인의 능력(경험, 지식, 언어, 집중도)과 신체 크기, 자세, 이동성의 차이를 수용할 수 있는 직관적인 디자인, 부주의, 의도치 않은 작동 등 사용자의 실수로 인한 위험이나 역효과가 최소화되도록 디자인하는 방식이다.

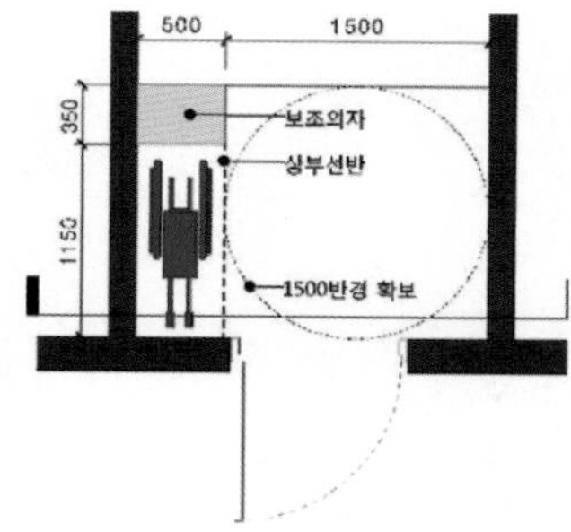

단차

- 휠체어가 올라갈 수 있는 높이는 20mm이다. '복도(+55)-현관(+80)-실내(+110)'의 단 차이는 25mm, 30mm이다. 이는 고령자들의 보행 상황을 고려했을 때 극복해야 할 단차로 일부분에 완만한 경사의 슬로프를 설치해야 한다.

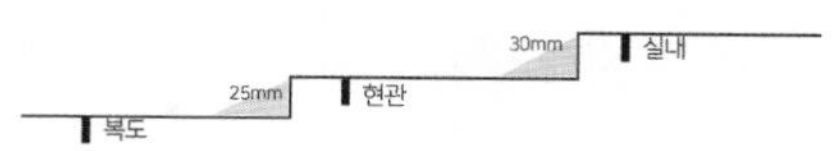

단차를 단면으로 나타낸 다이어그램

콘센트 및 스위치

- 바닥에서 35cm~1.2m 높이에 설치하며 모든 스위치의 높이는 일정하게 한다.
- 일반적으로 콘센트는 30cm 이하에 설치하지만, 휠체어 사용자의 하부 도달 범위를 고려하면 40cm 이하에는 설치하지 않는 것이 좋다.
- 잘 보이고 조작이 간편한 크기와 모양을 선택한다.

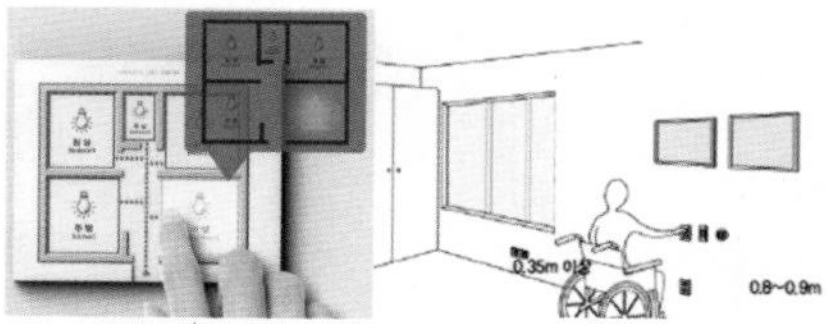

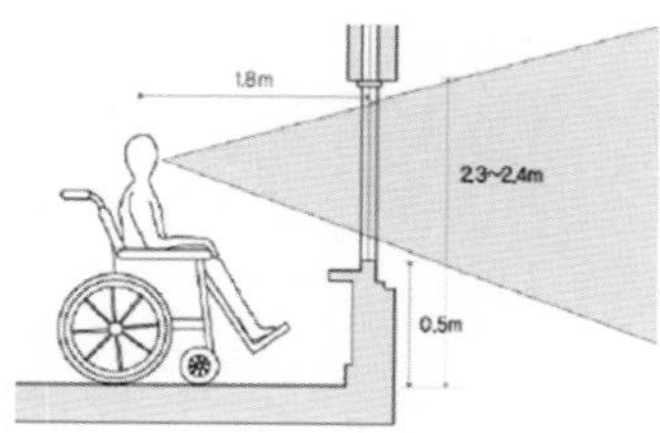

창문

- 창문의 여닫이 손잡이 설치 높이가 1.2m를 넘어가지 않도록 한다.
- 외부 조망이 잘 보이는 곳에 창을 두고 내부에서 외부의 조경을 느낄 수 있게 한다.

전은필 그런 좋은 사업들이 대부분 박원순 서울시장 임기 때 크게 확대하고 추천됐던 내용들이었지요. 어쨌든 이런 영역은 정부의 지속적인 관심과 정책 지원이 필요하다고 생각해요.

임태병 최근 오세훈 시장은 가로정비사업을 좀 더 적극적으로 추진하는 듯 보입니다.

최이수 전에는 몰랐어요. 제 집을 제 마음대로 짓고 살 수 있을 줄 알았고.

임태병 그런 걸 보면, 역시 집은 공공재구나 하는 지점이 있지요.

최이수 블록을 설정할 때 노후도도 중요하기 때문에 모서리 쪽에 큰 도로변에 낀 데는 지은 지 얼마 안 된 오피스텔이면 블록을 사자고 할 때 그 오피스텔 빼고 정해요. 노후도 점수를 확 깎아버리니까, 신축은. 그래서 저희가 먼저 신축을 지어버리면 그 블록 전체의 노후도 평균이 4% 이상 낮아지는 거예요. 간당간당한데, 이러는 사이에 집 한 채만 바꾸거나 다시 지어도 가로정비사업이 영영 가망이 없어지는 거예요.

기획자 거의 알박기인데요.

조남호 알박기는 알박기인데 추가 이득이 전혀 없는 알박기네요. (일동 웃음)

기획자 그런 정보를 땅을 매매하기 전에 모르셨어요?

최이수 사실 너무 서둘러 땅을 사기도 했어요. 아는 분이 응암동이 좋으니 한번 와보라고 해서 동네 구경 갔다가 바로 그날 계약을 해버렸어요.

김호정 네에? 그날요?

최이수 네에. "맙소사" 소리가 절로 나오시죠? (일동 웃음) 이 집을 이 가격에 가질 수 있단 말이야? 하면서, 대뜸, 정말. 그때는 좀 저렴하기도 했고요. 무엇보다, 집의 상태를 몰랐지요. 그 집이 어떤 하자를 갖고 있는지를 전혀 모른 채 결정했거든요. 물론 지금에서야 망원동 그 집주인이 고마워요. 그렇게까지 많이 올리자고 말 안 했으면 그때 그런 결심을 하지 못했을 거예요.

전은필 그래요, 잘 몰라야 일을 저지르죠. 여기 계시는 분들, 저를 비롯해서, 그 순간에 그 집을 샀을까요? 집의 노후도 생각하고 여러 가지를 따져보고 아마 계약 못 했을걸요.

최이수 근데 살다 보니까 관리가 너무 힘들어요. 직장 다니면서, 임대주택을 관리한다는 것이 정말….

조남호 단독주택은 아파트가 아닌 다양한 대안적 방법들 중 하나일 수 있습니다. 입지와 규모, 예산 등을 고려하다 보면 요구에 맞는 대상지를 고르기가 어려워서 결과적으로 포기하게 되기도 합니다. 이때 생각할 수 있는 방법이, 비슷한 조건의 사람들 간 연대를 통해 해결하는 방법일 텐데 한 부지에 여러 가구가 여러 채의 집을 짓되 공유 부분을 만들 수도 있고, 온전히 독립적인 가구들을 투자 비율에 따라 다양한 크기로 개성 있게 지을 수도 있겠지요. 부산에 라움 건축이 설계한 '모여가'가 좋은 예라 할 수 있습니다.

코하우징, 가능한 대안일까?

정수진 사무실을 공유한다는 것과 주거를 공유한다는 것이 완전히 다른 문제라고 봐요. 지금처럼 땅값, 건설비가 치솟는 상황에서는 집을 지으면서 조금이라도 수익구조를 만들어야 한다는 생각을 누구나 가져요. 그런데 그걸 포기하고 단독으로 가는 이유는 딱 하나인 거죠. 편히 살고 싶은데, 마음 놓고 쉴 수 있어야 하는 공간이 집인데 이 집에서조차 스트레스를 받으면 내 경계가 침범당한다는 느낌이죠. 어떤 큰 테두리의 보호 장치가 없는 속에서, 서로 모르는 사람들이 모여서 같이 산다는 것이 현실적으로 가능할까요? 코하우징 방식의 좋은 건축물은 얼마든지 지을 수 있는데, 함께 산다는 것이 굉장히 어렵지 않을까요?

임태병 만약에 집을 먼저 짓고 같이 살 사람들을 찾았다면 저희 집도 불가능했을 거예요. 세 가구가 함께 사는데, 같이 살고 싶은 사람들이 모여서, 아니죠, 굉장히 오래 알고 지내온 사람들이 집을 같이 짓자고 마음을 모은 거죠.

거주자들, 그러니까 같이 오순도순 살면 좋겠다 싶은 사람들이 먼저 모였고 그 다음에 집을 짓자고 뜻을 모았어요. 이런 시작이 현실화하기 가장 좋은 조건이죠(190~196쪽 상세 참조).

기획자 서울 성산동 '소행주'의 경우에는 1호가 2011년에 입주한 이래로 현재 성산동에만 8호까지 생겼어요. 성미산 마을이 갖고 있는 공동체의 활력이 '소행주'를 통해서도 느껴지지요. 그 후로 성미산뿐만 아니라 전국 곳곳에서 다양한 공동체주택 사업으로 변화되고 있는 듯한데, 1호 입주자이자 이 일을 시작했던 한 분이 건설사(자담건설)를 만들어 사업을 주도적으로 이끄는 듯했어요. 건축 명장에도 여러 차례 선정이 되었더라고요.

저도 소행주 프로젝트에 관심이 많아서 자주 찾아보고는 하는데 아쉬운 점이 있어요. 건설사가 주도하는 프로젝트라서가 아니라, 설계에 대한 가이드가, 설계에 대한 생각이 섬세하게 보이지 않더라고요. 1호 때는 『우리는 다른 집에 산다』라는 책을 통해서 이웃들이 어떻게 만나서 의기투합을 했는지, 어떤 집을 지어 함께 살고자 했는지가 잘 느껴졌는데, 그 뒤로는 건설사가 땅을 매입하고 분양한 다음에 다세대 주택으로 짓는, 기존의 다세대주택이 지어지는 루틴과 크게 다를 바가 없지 않나 싶어요. 주택 안에 공유 공간을 하나씩 배치한다는 측면 말고는 공동체 주택의, 혹은 그 집에서 함께 살고자 하는 분들의 지향이 거의 드러나지 않아서 아쉬웠어요. 애초에는 좀 더 열린 형태의 움직임이었을 듯한데, 한 건설사가 주도하고 사업적 성격을 강하게 띠면서 그렇게 되어간 것이 아닌가 싶어요. 소행주 5호에 살고 있는 저의 친구는 물론 집 자체에 대해서는 만족해요. 소위 빌라업자들이 지은 집보다 훨씬 튼튼하고 단열도 잘되고, 함께 입주한 사람들끼리 서로 편하게 잘 지내는 편이고, 물론 그 뒤로 매매도 일어나고 절반 정도는 다른 곳으로 이사를 나가기도 했는데 여전히 첫 취지를 잃지 않고 서로 사이좋게 살고 있다는 얘길 들었어요. 다만, 1호처럼 공동체 활동에 모두 적극적이지는 않고 별도로 모임을 꾸려서 활동하지는 않는다고 하더라고요.

'모여가'의 모습

'모여가'는 8세대가 함께 지은 공동주택으로, 세대당 평균 약 30평 안팎의 규모다. 놀이터 겸 수영장, 놀이방 등 여러 공용 공간이 있다.

설계: (주)라움건축사사무소 오신욱 건축가

사진: 윤준환

정수진 정말 쉬운 일이 아니에요. 가족 간이나 오랜 친구끼리 살 주택도 설계하다 보면, 진짜 어려워요. (웃음과 한숨) 어떤 경우에는 각각 따로 만나야 해요. 서로 설계를 보여주지 말라고 해요. (일동 웃음) 제가 다세대주택을 여러 채 설계했는데, 건축주들은 대체로 각자 자기에게 맞는 방식을, 공간 구성을 어떻게 해야 될지 고민하지 못해요. 집을 짓는다는 것에 대해 처음에 너무 막연해서 고민도 못 하는 거예요. 예를 들면, 어떤 건축주의 생활 얘기를 듣고 부엌을 ㄱ자로 했어요. 그런데 옆집은 11자로 했네요. 분명 전화가 와요. 왜 저 집은 저렇게 하고 우리 집은…. 놀랍지 않게도, 옆집도 똑같은 내용으로 전화가 와요. 온갖 미디어, 방송 등을 통해 집에 대한 이상향이 굉장히 편향되어 있어요. 비슷한 조건으로 같은 동네에 함께 모여 집을 짓는다고 모두 같은 평형을 짓지 않아도 되는 거예요. 그런데 소수점까지 똑같이 나누는 거죠. 한 평도, 한 뼘도 양보가 어려워요. 실은 이게 불공평이지요. 어떤 분은 상황상 조금 더 넓게 쓸 수도 있고 어떤 분은 조금 작아도 괜찮은 거예요. 삶의 스타일이 다르니까. 같이 살 만큼 친해서 같이 집을 짓기로 결정했으면서, 되게 친한데도, 아니 형제도 그게 용납이 안 돼요. 동호인 주택이 정말 어려워요, 그래서. 그걸 훌륭하게 수행해서 끝내는 건축가는 정말 강인한 정신력의 소유자다, 라는 생각…. (일동 웃음)

건축주, 건축가를 만날 때

임태병 저는 젊은 세대에게 협소주택을 의뢰받는 경우가 잦은데, 미디어의 영향은 노소에 상관이 없는 것 같아요. 콘텐츠가 없는 이미지만을 꾸려 오는 경우가 많아요. 핀터레스트 작업들을 쏟아내며, 이런저런 이미지로 해달라고 하지요. 그런데 이야길 들어보면 본인의 라이프스타일은 그 이미지랑 많이 달라요.

조남호 저는 어떤 종류의 이미지를 가져오든 경계하지 않는 편입니다. 설계가 시작되기 전에는 서로 분명하게 의사 표현을 하기가 쉽지 않기 때문에 무엇인가에 의존해 의사 전달을 하는 것이 자연스러우니까요. 반대로, 가족의 의견을 종합해 평균화된 내용으로 정리해 오면 우려가 됩니다. 모순이 생겨도 각자의 이야기를 전해달라고 하죠. 건축가가 알고 싶은 것은 누구도 원하는 방향이 아닌 채 평균화된 내용이 아니라 가족구성원 각자의 생각이기 때문입니다.

최이수 제가 자산이 풍족하지 않다 보니, 그냥 집주인이 된 것 자체가 너무 좋은 거예요. 근데 집을 사고 나서 너무 고생을 했어요. 애초에는 새로 지을 생각은 아니었어요. 돈이 없으니까. 리모델링해서 살자, 했었죠. 다가구주택은 망원동에 살 때부터 익숙하고 그래서. 섀시나 간단한 것들만 손보면 되겠지 싶었어요. 그런데 제가 매해 여름마다 얼마나 물을 퍼냈는지….

기획자 물? 침수요?

최이수 네에. 그 동네가 상습 침수지역이에요. 불광천이 옆에 있고 반지하가 많거든요. 제가 이사할 때 살고 계셨던 분부터 이후로 세 분이 이사를 왔다가 나가셨는데, 여름이 되면 비가 너무나도 무서워요. 비가 올 것 같기만 해도 잠을 잘 못 자고. 하루는 퇴근해서 전철역에서 내려 집까지 언덕을 걸어 올라가는데 언덕 저 위쪽이 온통 붉은 거예요.

기획자 화재??

최이수 그게 온통 소방차 불빛이었어요. 2018년도에 증산동이 심하게 침수가 돼서, 동네 어르신이 20년간 살면서 처음 보는 광경이라고 하더라고요. 암튼 게릴라성 폭우가 말도 못 하게 쏟아지는데 집집마다 난리가 난 거예요. 그래서 우리 집도 물을 퍼내야 하니까 제가 걸어가면서 소방서에 전화를 했더니, 하시는 말씀이, 서울시 강북 네 개 구 거의 모든 소방차가 지금 거기 가 있으니 소방관 아무나 붙잡고 데려가라고. 그래서 아무나 붙잡고 집으로 뛰어가니까, 반지하층에 사시던 분이 개를 키웠는데, 그 개가 집에서 헤엄을 치고 있더라고요. 아….

기획자 (일동 웃음) 웃을 일은 아닌데. 지난 일이니 이렇게 얘기하시는 거지 당시에는 많이 힘드셨겠어요. 듣고 보니, 그 동네에서 가로정비사업 얘기가 나올 만하겠구나 싶네요.

최이수 그래서 제가 두 분 정도 월세를 받다가 그냥 비워두자고 가족을 설득했어요. 반지하는 사람이 살면 안 되는 곳이다. 이런 곳에 세를 주고 임대료를 받을 수 없다고요.

임태병 최이수 씨 첫 요구가, 지상 레벨 아래로 땅을 파지 않는다는 것이었어요. 지하에는 아무것도 하지 않겠다고. 사실, 저희 집 현관에서 최이수 씨 댁까지 딱 40초 걸려요. 저희 집을 19년에 완공했으니까, 그 침수 대란 때 저희 집은 괜찮았거든요. 지하로 1.2m 정도 내려가서 1층 공간을 확보했는데, 그 비가 퍼부을 때도 멀쩡했어요. 그래서 제가 기술적으로 충분히 해결할 수 있다고 했는데도 완강하게 그것만은 안 하고 싶다고. (일동 웃음)

최이수 네에. 그 공간 아깝지 않아요. 그리고, 침수 이외에, 그보다 더 심각한 하자가 없다고 생각해요. (일동 웃음)

조남호 선행 학습을 잘하셔서, 누수 정도야 뭐 아무것도 아니지, 이렇게 생각하실 것 같은….

최이수 네, 큰일을 여러 번 겪고 나니, 뭐 사소한 문제야…. 저희 부부는 이 집을 부수고 지상부터 뭔가를 지을 수 있다면 그것으로 행복이다, 싶었어요. 양수기 모터도 여러 번 갈아보고. 그걸 한 번에 두 개를 모두 갈아야 하더라고요.

전은필 네에. 그건 한 번에 동시에…. (일동 웃음)

최이수 하도 오래 집 때문에 고생을 하니까 저절로 공부를 하게 돼요. 그래서 『집짓기 바이블』 열심히 보고, 건축가를 만나야지 하면서 찾았어요. 강남에도 가보고. 그런데 건축가를 만나보면 느낌이 있어요. 내 얘기에 별 관심이 없구나 하는 분도 있고, 얘기가 겉돌기도 했고, 어떤 상담에는 공사비가 많이 오르겠구나 하는 느낌이 들기도 하고요. 거꾸로 연남동에 작업을 많이 하신 한 건축가를 만났을 때는 그간 알아본 바와는 많이 차이가 날 정도로 시공비를 낮게 책정하시더라고요. 몇 군데에서 얘기를 들어보면 대강 과정을 알게 되니까 현실적인 금액도 어느 정도 파악이 되는데 그렇게 너무 낮으면 걱정스럽죠. 열심히 알아보다가, 아직 우린 지을 때가 아닌가 보다, 건축가를 만나 작업하는 건 너무 높은 산인가, 하면서 잠시 쉬는 중에 동네에서 '풍년빌라'라는 이름의 건물이 공사를 시작한 거예요. 바로 알아봤죠. 건물 첫인상부터 어딘가 남달랐어요. 그래서 어떤 건축가인지 찾아보고, 꼼꼼히 봤어요.

임태병 아, 그랬어요? 찾아봤어요?

기획자 찾아보신 소감 같은 걸 여태 말씀을 안 하셨구나. (모두 웃음)

최이수 네, 다 봤지요. 그러고 '풍년빌라'를 매일 갔어요. 매일 가서 얼마나 지어졌나 보고, 두리번거리고. 하루는 거의 완공될 즈음이었는데 비계가 걷혀 있는 거예요. 옳다구나 싶어서, 안을 구경해도 되냐고 현장에 계신 분들께 양해를 구해서 들어가서 봤어요. 콘크리트 마감도, 내부 마감도 보고요. 꼼꼼하게 되게 잘하셨다고 생각했고, 공사기간도 적절해 보였고. 강하게 확신하게 됐어요. 이분이다!

기획자 최이수 님은, 솔직히 굉장히 드문 좋은 사례인 것 같아요. 집주인으로서 관리의 어려움도 다 경험하고, 동네 건축가를 만났고 (40초 거리라니!), 바로 참고로 삼을 모델하우스의 처음과 끝을 구경했고.

최이수 집을 사고 난 이후부터는 일본에 여행을 자주 갔어요. 관광지 말고, 협소주택 많은 주택가. 요요기 공원 근처 같은 곳. 가서 보고 마당을 어떻게 쓰는지 섀시는 뭔지 자세히 들여다보고요.

조남호 아, 이분은 건축주의 교과서인 것 같아요.

최이수 '풍년빌라'의 완공을 지켜보면서 정확히 일본 스타일은 아니지만 재미, 즐거움이 느껴졌고 완성도에서 일본 집들과 비슷한 느낌이 들었어요. 완공 이후에 1층에 '매점'이라는 카페가 생긴 거예요. 그 카페를 참새 방앗간 드나들 듯했지요. 『집짓기 바이블』을 보고, "건축가를 잘 찾아야 고생을 안 한다"는 한 문장을 얻었어요. 건축가와 시공사를 잘 만나야 이게 재밌는 일이 될 수 있겠구나. 저는 집을 짓는 게 고생이 아니었으면 좋겠어요.

임태병 집짓기는 일생에 한 번 경험해볼 수 있는 축제지요.

최이수 네에, 건축가는 기본적으로 예술가이기도 한데, 좋은 예술가를 만나면 축제를 즐길 수 있잖아요. 공사 과정을 예습하려고 책을 보다가도, 아니 믿을 수 있는 파트너를 만나면 믿고 맡겨야지, 내가 지켜보면서 잘됐네 안 됐네 감독을 하려들면 집이 제대로 지어질까 싶었어요.

저의 직업도 디자인 관련 쪽인데, 좋은 작가를 섭외하면 제가 매번 어떤 그림을 어떻게 그려 오라고 하지 않아도 잘 그려 오거든요. 제가 임태병 소장님을 선택한 이유는 소장님은 아티스트고, 소장님의 스타일이 제 마음에 좋았던 것. 소장님의 디자인 세계가 있고, 저는 그저 제가 필요한 공간, 취향만 알려드리고 나머지는 소장님 작품이니까 설계를 기다려보자고 생각했어요.

김호정 알아서 하시겠지…, 하면서요?

최이수 네에. 알아서 하시겠지. 게다가 눈 뜨면 바로 볼 수 있는 집이니까. 못 그리면 당신이 못 그린 작업을 내도록 보셔야 하니, 얼마나 힘들겠어요. (일동 웃음)

설계의 단계

설계의 단계와 기간은 규모와 난이도에 따라 달라집니다. 세 개 층 정도의 소규모 근린생활시설이나 일반적인(연면적 50평형대의 2층, 1세대) 주택을 기준으로 본다면 전체적인 설계의 기간은 약 5~6개월 정도(계약에서 허가 완료까지)가 소요되며 통상 다음과 같은 세 단계로 진행됩니다.

1. 계획설계

계획설계 단계에서는 건축주의 '요구조건'(니즈 분석)을 바탕으로 '토지이용계획'(대지 분석)과 '동선 계획'에 주안점을 두고 구상을 시작합니다. 토지이용계획은 대지를 어떻게 효율적으로 사용할 것인지를 검토하고 건축주의 요구에 따른 기능별 조닝을 하는 것이 중요한 과제입니다. 이 단계에서 함께 고려되어야 할 중요한 항목이 동선인데 땅과 건축물, 그리고 사람과의 관계를 정리하여 수평 또는 수직으로 공간의 얼개를 만드는 과정이기 때문입니다.

인접 대지나 주변도로가 계획 대지에 어떤 영향을 미치며, 사람과 차량은 어떻게 진입하는지, 건축물 내의 기능적 연결과 순환이 어떻게 되는지 등의 상당히 물리적이고 실질적인 접근이 필요합니다. 동시에 이 단계에서 면밀히 검토되어야 하는 항목이 '관련 법규'와 '규모'입니다. 이렇게 다각도로 분석된 객관적인 데이터를 토대로 건축가는 창의성을 발휘하여 건축물을 상상하며 디자인을 시작합니다.

계획설계 3D 렌더링

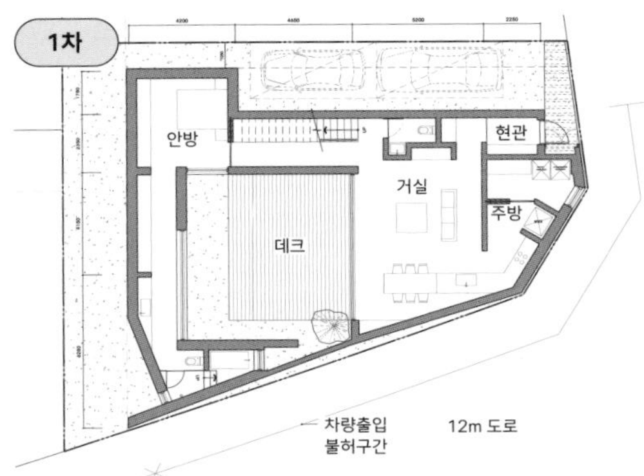

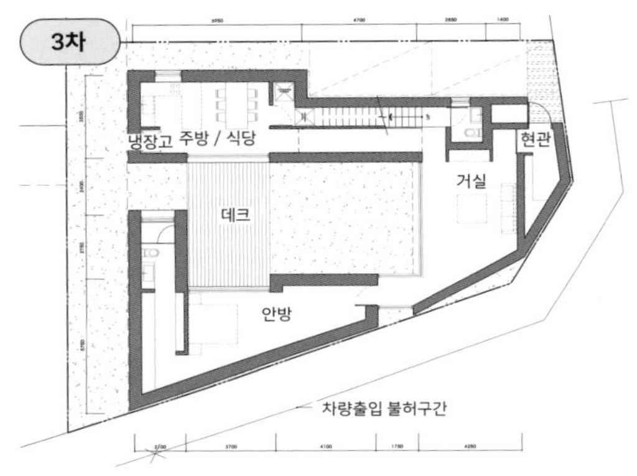

각 실의 위치가 수정되면서 전체적인 동선이 정리되어간다. 건축주의 이해를 돕기 위해 3D이미지, 모형 등 다양한 방법을 활용한다.

설계의 단계를 '노란돌집'을 예로 과정을 보자

용도	단독주택 (애칭: 노란돌집)
위치	경기도 성남시 분당구 판교동
지역 지구	주거 지역
대지면적	264.8m²
건축규모	지상 2층
건물 높이	6.80m
건축면적	132.12m²
연면적	191.92m²
건폐율	49.89%
용적률	72.48%
주차대수	2대
구조	철근콘크리트조
재료	외부-막스민스톤 (사암) 내부-석고보드 위 VP / 자작나무합판
구조설계	EN 구조
전기 & 기계 설계	성도 ENG
거주 구성원	부부 + 자녀 2명

↑ 계획설계 1층 평면도 1~3차
↓ 계획설계 2층 평면도 1차

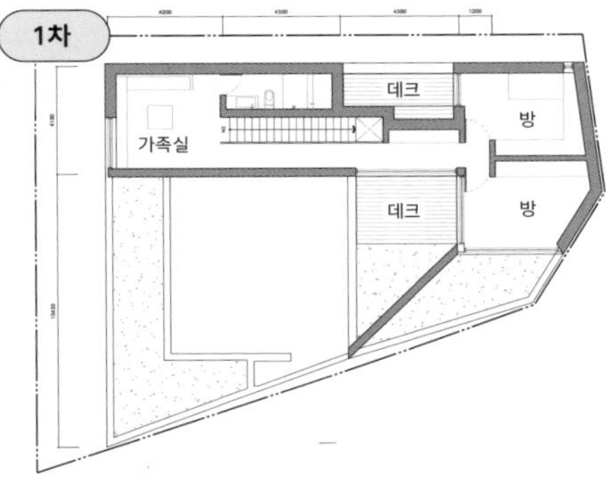

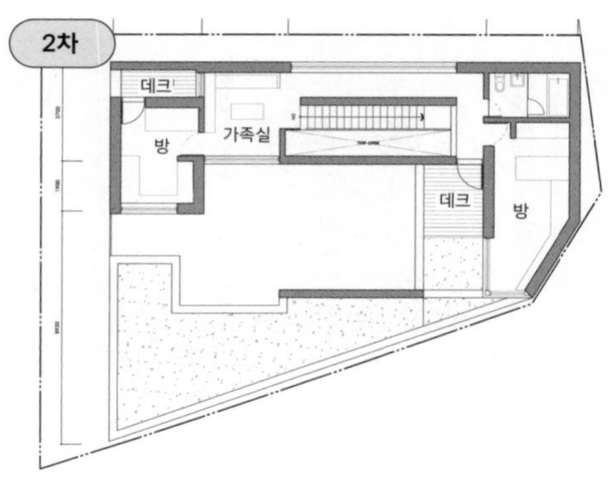

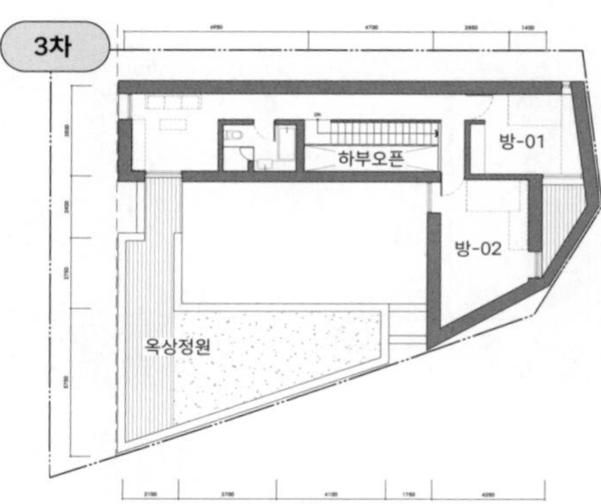

계획설계 2층 평면도 2, 3차

계획설계 기간: 설계 용역 계약 이후 1개월

건축주의 요구사항을 정리 > 법규 및 대지 분석 > 규모 검토 및 디자인 방향을 설정

2. 기본설계

이 단계는 계획설계에서 정리된 생각들이 도면으로 구체화되는 단계입니다. 계획설계의 결과물들은 상당히 포괄적이고 개념적이기에 건축가는 기본설계를 하면서 건축물을 세밀하게 디자인하기 시작합니다. 구체적인 공간의 기능, 크기, 형태 등과 더불어 구조적인 안정성을 체크하는 동시에 사용할 재료들에 대한 고민을 함께 합니다. 건축가와 건축주의 커뮤니케이션이 실질적으로 구현되기 시작하면서 조율을 반복하며 디자인을 완성시키는 가장 중요한 시기가 바로 기본설계 단계입니다. 건축주는 구체화된 도면, 모형이나 이미지 등 설계사무실에서 제공하는 여러 자료로 공간을 이해하고 상상하면서 자신의 의견을 결정하거나 추가적인 요구를 하게 되고, 건축가는 그런 의견을 취합하여 수정을 반복합니다.

이 단계가 끝날 무렵이면 구체적인 건축물의 형태와 주된 재료, 공간의 구성이나 크기 등 설계에 관련된 대부분이 결정된다고 볼 수 있습니다.

⬆ 기본설계 3D 렌더링

⬇ 기본설계 평면도

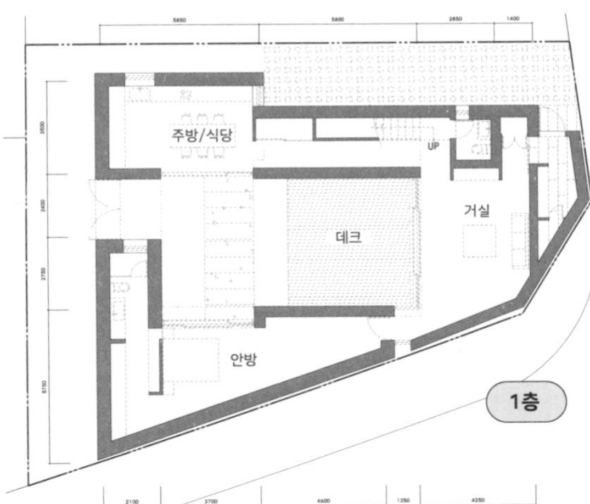

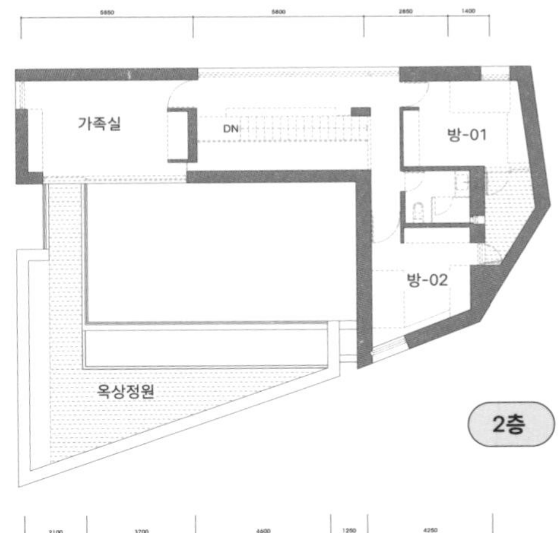

기본설계 기간: 2~3개월

계획설계의 발전 및 디자인 확정 > 건축주와 미팅: 3~5회

3. 실시설계

실시설계는 기본설계에서 완성된 디자인을 실제 건축물로 시공하기 위한 기술적인 도면을 만드는 단계입니다. 건축물을 짓기 위해서는 구조, 토목, 전기, 통신, 설비, 소방, 시공 등 다양한 협력업체와의 기술적 협업이 필요합니다. 따라서 이런 관련 분야의 전문가들은 건축가와 기술적 협의를 반복 수정하여 그 결과를 토대로 시공을 위한 도서를 작성합니다.

건축가에 의해 총괄적으로 정리되는 실시설계는 건축물의 디자인적 완결성과 시공의 안정성 및 경제성 등 모든 문제점을 고려하여 작성되는, 시공에 관련된 모든 정보가 담긴 건물을 짓기 위한 설계도서입니다. 실시설계가 완성되면 건축허가를 진행하고, 시공사에 완성된 도서를 제공하여 예상 공사비(견적서)를 제안받게 됩니다.

실시설계 평면도, 단면도

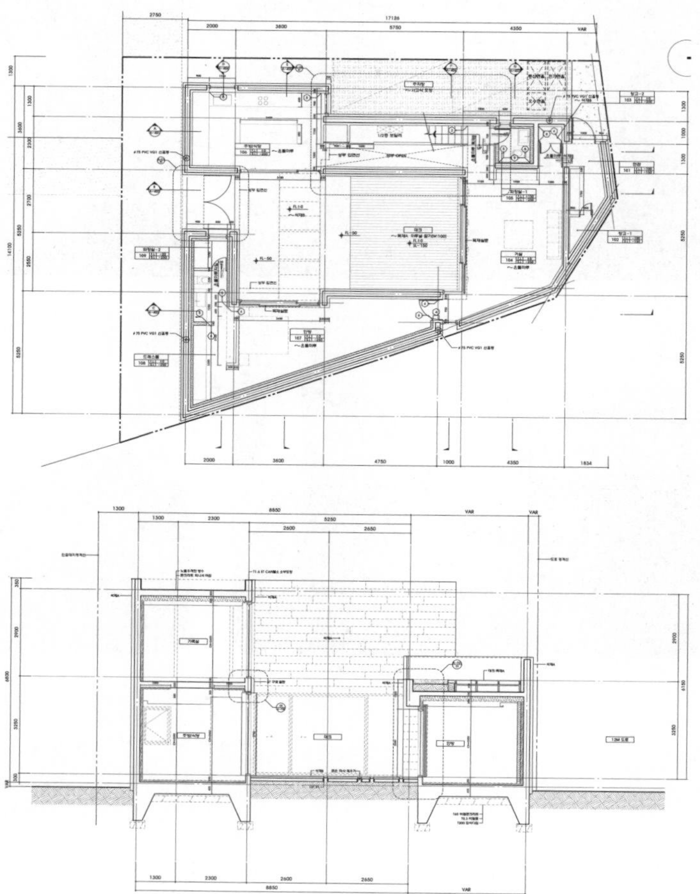

➔ 실시설계 상세도
⬇ 준공 사진

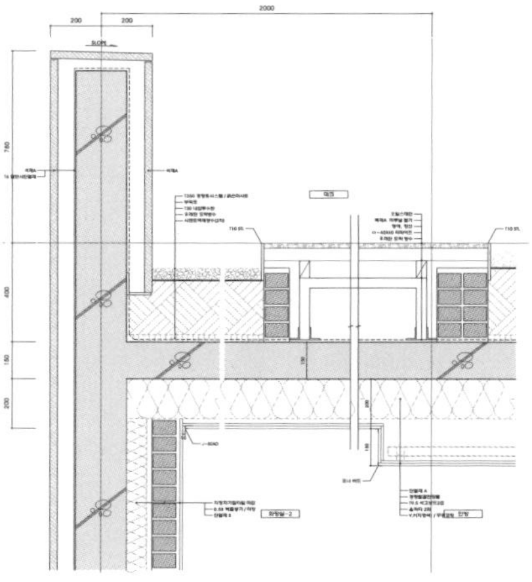

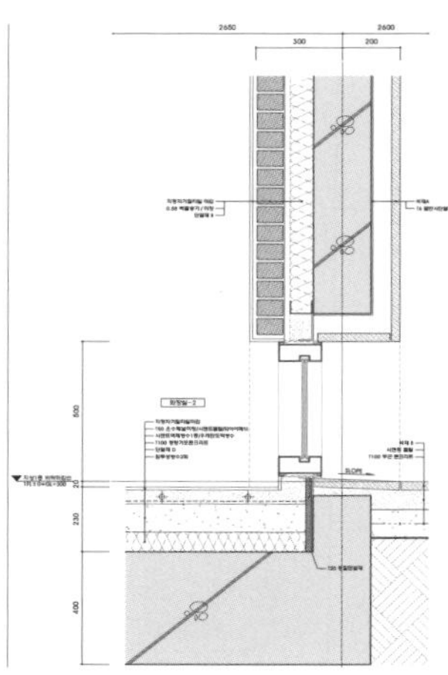

거실

2층 복도 겸 서재

테라스

외관

실시설계 및 인허가 기간: 2-3개월

협력 업체 협의 > 허가 및 시공도서 작성 > 대관업무(인허가권자와 협의)

견적 기간: 2-3주

설계용역비의 산출에 관하여

관공서에서 발주하는 관급 공사의 설계용역비는 총공사비 또는 실비정산가산식으로 공식화되어 있습니다.

- 인건비는 건축사, 특급기술자, 고급기술자, 중급기술자, 초급기술자로 구분
- 투입인원 수, 업무투입 일수에 노임단가를 곱하여 적용
- 직접경비는 여비, 특수자료비, 인쇄물제작, 운영경비 등을 적용
- 제경비는 직접인건비의 110~120% 범위에서 산정
- 기술료는 직접인건비+제경비의 20~40% 범위에서 산정

총공사비 방식은 총공사비에 대가요율을 곱하여 산정하는 방식으로 난이도와 공사비를 기준으로 요율을 곱하여 산정하는 방법입니다.

실비정산가산식은 방법은 인건비, 경비, 제경비, 기술료 등에 따라 업무대가를 산정하는 방식을 말합니다. 투입 인원의 기술 정도와 업무 일수, 그 외에 경비들을 비율로 추가 산정하여 총액을 내는 방법입니다.

이 두 방식은 규모가 크거나 공사의 정도가 보편적일 경우 사용되는 방법으로, 규모가 작고 개인의 취향에 민감한 주택이나 근린생활시설과 같은 설계는 위의 산정방식을 따르기보다는 공사의 정도와 공사비를 감안한 건축가의 기준이 반영된 용역비가 제시되는 것이 일반적입니다. 일반적인 소규모 설계의 경우, 설계비는 업무의 범위, 건축가 개인의 역량, 공사 규모와 난이도에 따라 크게 차이가 날 수밖에 없습니다. 계약 시 건축사무소 '업무의 범위'를 꼼꼼하게 상담하길 권합니다.

건축설계 대가요율

공사비	종 별	제 3 종(복잡)			제 2 종(보통)			제 1 종(단순)		
	도서의 양	상급	중급	기본	상급	중급	기본	상급	중급	기본
5000만원 이하		12.55	10.46	8.36	11.41	9.51	7.61	10.22	8.51	6.81
1억원		11.48	9.56	7.65	10.43	8.69	6.95	9.38	7.82	6.25
2억원		9.99	8.33	6.66	9.08	7.57	6.05	8.16	6.80	5.44
3억원		8.68	7.23	5.78	7.88	6.57	5.26	7.08	5.90	4.72
5억원		7.90	6.58	5.26	7.18	5.98	4.79	6.46	5.38	4.30
10억원		7.03	5.86	4.68	6.39	5.32	4.26	5.75	4.79	3.83
20억원		6.22	5.19	4.15	5.66	4.72	3.77	5.09	4.24	3.40
30억원		5.91	4.93	3.94	5.38	4.48	3.58	4.84	4.03	3.23
50억원		5.72	4.76	3.81	5.20	4.33	3.46	4.68	3.90	3.12
100억원		5.58	4.65	3.72	5.07	4.22	3.38	4.56	3.80	3.04
200억원		5.42	4.51	3.61	4.92	4.10	3.28	4.43	3.69	2.96
300억원		5.32	4.44	3.55	4.84	4.03	3.23	4.36	3.63	2.91
500억원		5.25	4.38	3.50	4.77	3.98	3.18	4.30	3.58	2.87
1,000억원		5.14	4.29	3.43	4.68	3.90	3.12	4.21	3.50	2.80
2,000억원		5.06	4.22	3.38	4.60	3.84	3.07	4.14	3.45	2.76
3,000억원		5.01	4.17	3.34	4.55	3.79	3.03	4.10	3.42	2.73
5,000억원		4.93	4.11	3.28	4.48	3.73	2.99	4.03	3.36	2.69

- 용도에 따라 종별(난이도)을 구분: 제1종(단순), 제2종(보통), 제3종(복잡)
- 도서의 양에 따라 기본, 중급, 상급으로 구분

Q&A 설계 의뢰에 관한 질문들

Q1

주위에서 상가를 짓든, 다세대를 짓든, 단독주택을 짓든 건축가에게 설계를 의뢰하는 사람을 보지 못했습니다. 건축가에게 설계를 의뢰해야 하는 가장 큰 이유가 무엇인가요?

A1

전문성과 신뢰의 문제가 크다고 생각합니다. 허가만을 목적으로 하는 소위 '허가방'은 땅이 가지는 특성보다는 규모의 일반적인 상황에 맞춰 설계를 하는 경우가 많습니다. 건축물은 땅의 특성을 넘어 동네, 나아가 도시적인 상황도 고려되어야 합니다. 단지 허가를 받아 건물을 짓는 것을 중시하기보다, 지어진 이후 내 건축물이 동네 안에서 어떤 역할을 할지, 어떻게 보일지 등에 대해서도 고민해야 합니다. 건축가들은 이런 층위의 고민을 하는 전문가입니다.

Q2

일반적인 설계사무실, 그러니까 구청 앞에 가면 '건축사사무소' 간판이 많은데, 그런 사무소를 찾아가 설계를 받고 그 도면으로 시공을 하면 문제가 발생할까요? 나에게 맞는 건축가를 굳이 찾아야 하나요?

A2

건축사사무소마다, 혹은 건축가마다, 혹은 설계 계약의 범위에 따라 결국 시공사의 업무 범위도 달라지겠지요. 도면의 성실함은 좋은 시공으로 이어질 가능성이 높습니다. 설계 변경 사항들은 견적 초기에 받은 금액을 변동시키는 요인이 되겠지요. 구청 앞에 즐비한 건축사사무소들 가운데 물론 잘 맞고 설계를 잘하는 곳이 있을 수도 있습니다. 다만 '허가방'이라고 부르는, 통상 비하의 뉘앙스가 느껴지는 그런 사무소라면 한 건축주를 위해 시간과 노력을 들여 제반사항과 건축주의 특정 상황을 복합적으로 다각도로 분석한 설계를 하지 않을 가능성이 높습니다. 물론 비용도 낮을 테지요. 첫 번째 질문과 답을 상기하세요.

Q3

건축가는 상담 비용을 받지 않나요? 최근에 무료 상담을 해주거나 무료 설계를 해주겠다는 시공사도 많다고 합니다.

A3

무료 상담은 있을 수 있지만 무료 설계는 없다고 봅니다. 겉으로는 무료라고 하지만 시공비에 어느 정도 포함이 되겠지요. 준전문가 이상의 노력과 시간이 투여되는 결과물을 공짜로 받으려는 생각이 비현실적이라고 볼 수 있습니다. 시공사에서 설계를 한다면 그 또한 여러 차원에서 고민과 비교가 필요할 겁니다. 건축주가 평소 갖고 있던 생각과 지식을 기준으로 판단할 수밖에 없는 사안입니다

Q4

요즘은 설계를 의뢰하기 전에 미디어를 통해 건축가를 먼저 탐색하는 경우가 많은데 어떤 장점이 있을까요?

A4

많은 설계사무실 중 나의 이상을 가장 잘 실현해줄 곳을 찾을 기준을 잡을 수 있어요. '주택'이라는 단어를 검색하면 셀 수 없이 많은 이미지가 검색되고, 관련된 건축가들의 작업과 자료들로 접근이 가능하지요. 이런 데이터들을 추리다 보면 막연하던 생각이 정리되는 것은 물론이고 구조, 외관, 공간 구성 등의 특징을 기준으로 건축가들을 그룹 지을 수 있어요. 요즘은 대부분의 건축가들이 홈페이지나 블로그, 다양한 SNS로 자신을 알리고 있으니 시간을 투자할 필요가 있다고 봐요. 물론 대중매체에 알려지지 않은 좋은 건축가들도 많을 겁니다. 그런 분들도 어떤 식으로든 검증은 필요해요. 대면 상담이 어렵다면 전화 상담 또는 이메일 문의도 좋은 방법일 듯합니다.

Q5

건축가의 설계비가 편차가 크다고 들었습니다. 어떤 기준으로 건축가를 선정해야 할까요?

A5

설계비를 정하는 기준이 있긴 하지만, 규모에 비해 신경 써야 할 사안이 무척 많은 주택 프로젝트는 모두 같은 기준을 적용하기에 어려움이 있습니다. 그래서 건축가가 정해놓은 설계비를 따를 수밖에 없지요. 설계비는 주로 설계의 정도, 건축가의 능력과 경험에 따라 달라집니다. 같은 땅이라도 설계에 따라 건물의 효율이 완전히 달라질 수 있고, 시공비가 같아도 건축가의 능력에 따라 건축물의 가치가 달라질 수 있기 때문입니다. 주택에 관한 경험이 축적된 건축가라면 그간의 노하우로 심각한 시공비의 상승이나 시공 중 발생하는 문제들에 좀 더 유연하게 대처할 수 있겠지요. 상식적으로 높은 설계비를 받으면 제공하는 서비스의 범위가 다를 수 있겠지요. 그러나 설계비가 높다고 반드시 좋은 설계를 제공받을 수 있다는 보장이 되는 것이 아니니, 역시 어려운 결정이긴 합니다. 그래서 건축가를 결정하는 과정이 곧 집을 구체화하는 과정입니다. 건축주와 잘 맞는 건축가를 찾으면 가장 큰 산을 넘은 것이죠.

Q6

일본의 경우 단독주택이 일반화되어 있다고 하는데요. 일본의 설계비와 설계 수준은 어느 정도인가요?

A6

일본은 단독주택이 잘 발달되어 있습니다. 규모 또한 아주 작은 콤팩트 형부터 대형 주택까지 다양합니다. 설계 수준도 높아서 젊은 건축가들의 경우 단독주택을 건축가로서의 등용문으로 여깁니다. 많은 건축가가 책임감을 갖고 다양한 주택 작품을 선보이죠. 동시에 건축주들의 기대치와 수준도 높습니다. 당연히 설계비도 우리나라의 경우보다는 일정 수준 이상으로 책정이 됩니다.

우리나라와 제도적으로 가장 큰 차이점은, 일본의 경우 건축사 자격증이 1급과 2급, 목조건축사로 나뉩니다.

1급은 우리나라의 건축사 제도와 같이 규모의 제한 없이 모든 건축물을 설계할 수 있는 자격이고, 2급 건축사는 철근콘크리트구조나 철골조의 건물일 경우 300m² 미만의 규모를 설계할 수 있습니다.

Q7

건축가에게 설계를 의뢰하면 시공사와의 갈등은 전혀 걱정할 필요가 없나요?

A7

건축가에게 설계를 의뢰하고 공사가 시작되면(단독주택 정도의 규모라면), 일반적으로 건축가는 설계와 감리 업무를 수행합니다. 물론 설계계약과 감리계약은 별도로 진행합니다. 시공사와의 갈등이 전혀 없지는 않겠지만, 적어도 건축주는 건축가를 통해 갈등을 해결할 수 있습니다. 어떤 부분을 어떻게 요구할지, 요구와 수정이 타당한지 등 건축주가 판단하기 어려운 사안들에 대해서 건축가가 조율할 수 있습니다.

Q8

건축가의 역할은 어디까지인가요?

A8

건축가의 설계 업무 범위는 시공을 위한 도서를 총괄 작성하고 건축주를 대행하여 건축허가를 받는 것까지입니다. 건축허가와 사용승인을 동일하게 알고 있는데 전혀 다른 것입니다. 설계사무실에서 하는 건축가의 업무 범위를 엄격하게 정하면, 건축허가를 받고 도면을 납품하면 사실상 설계 계약관계가 종료된다고 볼 수 있습니다. 건축가가 하는 또 다른 역할이 감리인데, 작성된 도면에 의거해 공사가 진행되는지를 감독하고 공사 중에 발생하는 상황을 시공사와 함께 조정하는 일입니다. 감리 계약은 설계 계약과는 별개로 그 종류나 방법이 다양하니 잘 검토한 후 감리 계약을 체결해야 합니다.

Q9

건축가를 처음 만나면 어떤 대화를 나누나요?

A9

자신이 그리는 집의 모습에 관해 포괄적으로, 동시에 세부적으로 상담을 하게 되겠지요. 집의 어떤 점을 중시한다든가, 꼭 있어야 하는 공간들이 무엇인지, 또 불편함을 느끼는 집의 요소들은 무엇인지 대화합니다. 가족 가운데 몸이 불편하거나 연세가 많은 분이 있는지, 향후 2~3년 안에 가족계획이 어떤지도 중요하겠지요. 얼마나 오랫동안 고민했는지, 진실한 내용인지, 상담하는 과정에서 건축주의 생각도 스스로 정리될 겁니다. 중요한 점은 몇 차례 상담을 하든 처음의 취지와 마음을 잃지 말아야 한다는 것입니다. 욕심이 커지고 자꾸 다양한 예들이 눈에 들어오기 시작하면, 집 한 채에 세상의 모든 디자인적 요소를 넣고 싶어 하는 경우가 많습니다. 여러 미술품의 장점을 흉내 낸다고 최상의 작품이 되지 않듯이, 지나친 디자인적 요소는 오히려 집의 장점을 축소하고 불균형하게 만들기 쉽습니다. 진지하고 신중한 상담을 통해 '우리 가족이 원하는 집'에 관한 철학이 무엇인지 찾아나가는 일이 무엇보다 중요하겠지요.

Q10

설계자가 직접 감리를 하는 경우와 허가권자 지정 감리를 하는 경우는 어떤 상황인가요?

A10

감리자 지정에 관해서는 건축물의 용도나 규모에 따라 다릅니다. 감리법이 바뀌어 몇몇 예외적인 경우를 제외하고는, 거의 모든 건축물에 대해 감리를 받아야 합니다. '법정 감리'는 건축주 지정 감리, 허가권자 지정 감리로 나뉩니다. 단일세대 단독주택의 경우는 규모에 상관없이 건축주 지정 감리가 가능합니다. 다세대주택이거나 주택 외 용도를 지닐 경우는 건설업 면허자의 시공 여부에 따라, 또 규모에 따라 감리의 방식이 다를 수 있습니다. 규모에 따라, 용도에 따라, 시공자에 따라 다를 수 있으니 관할청이나 건축가와 상의하시기 바랍니다.

Q11

건축가에게 기대할 수 있는 부분이 어디까지일까요? 건축에 관련된 법률 상담까지 가능할까요?

A11

설계와 건축법이 따로 떨어져 있지 않습니다. 건축법의 해석은 설계에 아주 큰 영향을 미칠 수 있습니다. 당연히 건축가와 작업을 원한다면, 건축가에게 땅을 보여주고 상담을 받는 것이 가장 좋습니다. 그 과정에서 구청 등에 허가 또는 신고할 법적인 사항과 기간이 대략적으로 가늠됩니다.

Q12

설계비의 범위가 각각 다르다고 들었습니다. '평균'이라고 제시할 수 없을 정도로 제각각인가요? 설계비에 관해 알 수 없으니 상담받기가 꺼려집니다.

A12

집을 짓기 전에는 모두 설계비를 두려워합니다. 특별히 예술적인(?) 집을 지을 것도 아닌데 건축가에게 의뢰할 필요가 있나 자문하는 분이 많습니다. 건축가의 입장에서도 "반드시 건축가와 집을 지어야 한다"고 강요할 수는 없습니다. 공시 가격이 있거나 건축가별로 평당 설계비를 정해놓은 것도 아니어서 쉽게 다가가기 어렵겠지요. 건축가의 작업 특성에 따라 각기 다른 설계비를 책정합니다. 그렇지만 절대적인 기준은 아니므로 건축가를 신뢰해주기만 한다면 건축주의 경제적 상황에 맞는 효과적인 방법을 찾을 것입니다. 어떤 건축가의 기존 작업들이 무척 마음에 들었지만 설계비가 걱정된다면, 예산을 최대한 효율적으로 써서 절약된 부분을 설계비에 쓸 의향이 있는지 곰곰이 따져보고 건축가를 만날지 고민해보세요. 일단 만나보는 일이 우선일 듯합니다. 그 건축가를 통해 적합한 다른 건축가를 소개받을 수도 있습니다.

건축가를 만나는 길이 묘연하거나 경제적 부담이 크다고 여겨 시공업자를 먼저 찾는 경우도 있습니다. 물론, 건축가의 경우 설계비는 결코 저렴하지 않습니다. 건축가와 건물 평수에 따라 차이가 있지만, 일반적인 규모와 사양의 단독주택이라면 보통 3,000만 원에서 5,000만 원, 때로는 1억 원을 상회하기도 합니다. 이 정도의 정교함이 필요한 작업 과정을 시공사에 전가한다고 보고 장단점을 정리해보길 권합니다.

Q13

평면도를 보고 실제 공간을 상상하기가 어렵습니다. 건축을 잘 모르는 일반인이 건축가로부터 1차 설계안을 받았을 때, 무엇무엇을 고려해야 하나요?

A13

평면도를 보고 공간감을 금방 파악하기는 어렵습니다. 보통 건축가는 설계안을 건축주에게 그냥 제시하지 않습니다. 여러 프로그램을 통해 건축주가 지어진 집을 실감할 수 있도록 도와줍니다. 모형을 만들어 설명하기도 하고 3D 프로그램으로 가상 체험을 제공합니다. 도면이 잘 이해되지 않는다면 건축가에게 묻고 상의하세요. 좀 더 구체적으로 계획을 하고 싶다면, 현재 살고 있는 집에서 꼭 갖고 가야 할 가구들의 사이즈를 재서 도면에 표시를 해보는 방법도 있습니다. 책장이나 책상, 테이블, 가전제품 등이 예가 되겠지요. 이 부분도 건축가와 상의하면 좋습니다. 침대와 책상을 놓는 위치까지 건축가와 함께 고려하면, 좀 더 창의적인 공간 연출을 할 수 있습니다.

Q14

준공검사, 허가 등은 건축주가 직접 하나요?

A14

원칙적으로 모든 인허가는 건축주 명의로 하는 것입니다. 다만 각 공정별로 건축가 혹은 시공사가 대행을 해줍니다. 최근에는 세움터라고 하는 인터넷 기반의 인허가 서비스가 구축되어 있어서 건축가가 대행을 하고 건축주는 인증을 하도록 되어 있습니다. 설계 혹은 시공에 대한 위임장을 작성해 건축주 공인인증을 생략하기도 합니다.

Q15

시공사의 견적을 비교할 때 주안점이 무엇일까요?

A15

견적을 여러 곳에서 많이 받는다고 좋은 것이 아닙니다. 비슷한 조건의 업체 세 곳 정도를 비교하는 것이 적정하다고 생각합니다. 시공사도 규모나 능력에 차이가 있기 마련이며 그에 따라 금액의 기준도 상당히 달라지니 비슷한 조건의 회사들이라야 합리적으로 가격과 물량을 비교, 검토할 수 있습니다. 견적은 시간과 노력을 많이 필요로 하는 작업이니 시공사에서 '당연히 해주는 절차'라고 생각하면 안 됩니다. 견적전문사무소에서는 견적 한 건당 최소 수백만 원을 받습니다. 시공사가 꼼꼼한 견적서를 만들려면 시간과 노력이 많이 필요하다는 걸 꼭 알아두세요.

Q16

집을 지을 때 드는 비용은 크게 어떤 것들이 있나요?

A16

집을 지을 때 드는 비용은 크게 토지매입비, 설계 및 감리비, 시공비, 각종 세금 등으로 분류할 수 있습니다. 시공비를 건축물(집)을 짓는 비용으로만 생각하기 쉬운데, 대지가 커서 정리해야 할 땅이 넓다거나 지대의 형태나 형질, 위치에 따라 토목공사의 내용이 복잡해지면 건물(집)을 짓는 데 드는 비용만큼 혹은 그 이상 추가 비용이 들 수도 있습니다. 그렇기 때문에 설계 초기부터 대지의 상황, 그리고 대지와 건축물의 관계에 대해 정확하게 파악하고, 설계 범위를 구체적으로 정해야 합니다. 한마디로 시공비의 영역을 확실히 하고 시작하는 것이 좋습니다. 세금 관련 사항은 세무사와 상의하는 것이 가장 정확합니다. 건축가나 시공자에게 세금 관계를 묻는 경우가 많은데, 개인의 신용도, 처분할 자산, 또 신축하는 건축물(집)의 등기와 상속 문제 등 얽힌 법규들이 많을 수 있기 때문에 건축물에 관련한 세금만 조사해서는 안 됩니다. 예산을 세우는 시기에, 어쩌면 가장 먼저 세무사와의 상담을 통해 예상되는 세금의 액수까지 예산에 포함해두는 것이 바람직합니다.

Q17

2022년부터 시공비가 폭등했다고 들었습니다. 폭등 시기에는 공사를 미루는 것이 낫지 않을까요?

A17

한번 오른 가격은 쉬이 내려가지 않습니다. 나날이 자재의 단가가 오르고 있고 가격이 내린다 하더라도 만족할 만큼 큰 폭으로 내리지는 않겠지요. 한국의 건설 현장에서 또 중요한 변수는 숙련공을 만나기 너무나 어렵다는 점입니다. 인력 수급이 좀처럼 개선되지 않고 앞으로도 개선될 여지가 크지 않아 보입니다. 물가 상승에 비례에 인건비가 계속 오를 거라는 예상에 전문숙련공이 가파르게 사라지고 있는 현실이 상황을 더 어렵게 합니다. 반드시 건축을 해야 할 상황이라면, 이미 세운 계획을 미루는 것은 그다지 좋은 전략이 아닌 것 같습니다.

Q18

건축가와 계약할 때 유의사항에 대해 알려주세요.

A18

전체 일정을 고려하여 설계 기간을 정해야 합니다. 일정 지연 시 어떻게 처리할 것인지에 대한 부분도 논의하는 것이 좋습니다. 또한 건축주가 설계를 변경하는 일이 발생할 경우 추가되는 작업과 시간에 대한 정확한 비용과 처리 기준을 어느 정도는 상의하면 좋습니다. 가급적 계약서에 대략의 사항을 명기하면 좋겠지만 모든 내용을 계약서에 적기는 어렵습니다. 설계의 범위도 명시합니다. 특수한 공간이 있다면 언급하고, 지하, 조경 부분에 관한 내용도 명시합니다. 설계도면 외에 산출물과 부수되는 업무 내용(허가, 모형, 투시도나 3D 등)도 구체적으로 상의할수록 좋습니다. 설계 계약뿐 아니라 감리 계약도 해야 합니다. 설계 계약과 감리 계약은 분리되어 있으니 꼭 확인하셔야 합니다. 감리는 설계 완료 후에 시공 과정에 대한 관리 및 감독 업무이기 때문에 매우 중요합니다. 설계 계약서에는 감리에 대한 내용이 없기 때문에 따로 계약을 체결할지의 여부를 정해야 합니다.

두 개 층의 50평 주택을 기준으로 보자면 설계는 평균 약 5개월, 시공은 약 8~10개월이 소요됩니다.

Q19

일반적인 단독주택을 지을 때, 건축가에게 설계를 의뢰한 경우라도 인테리어 전문가 또는 조경 디자이너와 따로 계약을 해야 하나요?

A19

계약을 할 때 범위를 정하게 됩니다. 대형 프로젝트가 아닌 일반적인 단독주택의 경우 건축가가 설계를 한다면 인테리어를 따로 의뢰하는 경우는 흔치 않습니다. 조경도 마당이 무척 넓거나 건축주가 조경에 깊은 취향을 갖고 있어 특별한 전문적인 식견이 필요하지 않은 경우라면 건축가가 기본적인 상담이나 설계를 합니다. 다만, 구조나 설비와 마찬가지로 전문적인 식견이 필요한 분야이기에 설계사무실에 협력 업체로서 함께 일하는 파트너가 있을 겁니다. 아주 간혹, 인테리어 업체를 먼저 정하고 건축가를 찾아오는 경우도 있는데, 건축가의 입장에서는 작업하기가 더 어렵습니다. 내외부가 하나의 집이고 동선과 공간이 모두 연결되는 요소인데 따로 분리해 내부를 먼저 정하면 전체적인 설계를 할 때 제약이 많기 때문이지요.

Q20

3~4인 가족이라고 상정했을 때, 집을 지을 수 있는 땅의 최소 면적은 어느 정도라고 보시는지요?

A20

보통 3~4인 가족의 최소 주거 면적은 25~30평입니다. 가장 일반적인 2종일반주거지역일 경우 건폐율 60%, 용적률 200%이므로 30평의 연면적을 얻기 위해서 최소 필요한 대지 면적은 주차장을 감안하여 30~35평이라고 할 수 있습니다. 그러나 솜씨 좋은 건축가라면 땅을 가리지 않습니다. 10평의 땅이라도, 또 변형이 심한 땅이라도 집을 지을 수 없을 정도의 법적 제약만 없다면 얼마든지 설계를 통해 약점을 보완할 수 있습니다.

Q21

건축가의 입장에서, 좋은 설계를 위해 건축주에게 바라는 점이 있다면 무엇일까요?

A21

일단 좋은 설계를 위해서는 자신이 선택한 건축가를 향한 믿음이 필요합니다. 설계 과정과 시공을 거치는 동안 건축가와 많은 대화를 나누면서 요구사항과 궁금한 점을 건축가와 상의하는 것이 좋습니다. 그리고 무엇보다 기본 설계 기간을 충분히 가져야 합니다. 급하게 허가를 받고 공사 중에 설계를 변경하는 경우가 있는데 가능한 한 이런 방식은 지양해야 합니다.

예비 건축주, 건축가 찾기

건축가

도면은 일종의 '가이드라인'입니다. 공사비 산정의 기준이면서 건축가의 의도를 시공자에게 설명해주는 매개체이지요. 디테일을 아무리 정확하게 그린다 하더라도 현장은 도면과 똑같을 수 없어요.

건축주

제가 집을 지어보니, 건축주가 알아야 할 것은 시시콜콜한 건축법이나 시공법이 아니에요. 각자의 역할, 각자의 책임 범위와 역량을 직시하는 거예요. 그리고 서로의 역할이 겹치는 지점을 공유하는 거예요.

세 입장, 세 역할

김호정 처음엔 저도 건축가 리스트를 만들어서 많이 만났어요. 벽돌 건물 설계 경험이 많고 상가주택 설계를 해본 건축가를 찾아보았죠. 리스트 중간 즈음에 정수진 건축가를 만난 거예요. 만난 이후로는 리스트가 지워졌지요. 어떻게 하면 이분이랑 할 수 있을까만 생각했어요. 느낌 그대로를 솔직히 말하자면, '아, 이 사람 굉장히 깐깐하겠구나. 스스로 만족하지 않으면 넘어가지 않는 성격이겠다' 싶었어요. 건축가 뒤에만 있으면 되겠다, 시공사와 조율하는 문제에서도 무책임하거나 모르쇠 않겠다는 느낌이 들었고요. 건축가의 역할을 분명하게 알고 나니, 건축가가 작업한 건축물들을 보면 '아, 이게 다 이유가 있구나. 여기 선이 있는 게 다 이유가 있는 거구나' 하면서 뭔가 보이더라고요. 그렇게 알아가는 재미가 쏠쏠했어요. 그래서 설계를 하면서도 얼마나 질문을 많이 했는지…. 사실 제 마음은 이미 설득당할 준비가 되어 있었어요. 다만, 납득하지 못하는데 그냥 넘어가는 건축주도 아니었어요. 제가 쉬운 건축주는 아니었을 것 같아요.

한편으로 이런 기대가 있었어요. 깐깐한 사람이니까 내가 이 정도 질문하고 이해하려고 애쓰는 것도 이해해주시겠지.

정수진 김호정 씨는 보통 아침 일찍, 출근 전에 전화를 해요. 제가 새벽형이라 고요한 새벽에 일어나 작업하는 걸 즐기는데, 작업에 몰두할 만하면 꼭 전화를….

김호정 출근해서 다른 일들로 부산해지기 전에, 내 일부터 해결해버리면 편하시겠지 싶어서….

조남호 요사이 건축주들의 인식과 이해의 범위가 굉장히 폭넓고 깊어졌어요. 필요와 과정, 역할과 일의 범위 등을 설명해서 이해시키고 넘어간다는 예전 방식과는 많이 달라졌어요. 건축주들이 거의 마음의 준비, 기본적인 지식을 갖추고 건축가를 찾아오는 것 같아요. 그런 지점들이 흥미로워요.

정수진 저는요, 역시 건축주의 역할이 제일 중요한 것 같아요. 결과적으로 보면 좋은 집은 좋은 건축주의 생각에서 탄생하는 것 같아요. 그리고 어쩌면, 좋은 건축가도 좋은 건축주가 만드는 걸지도 모르겠어요. 좋은 건축주가 꼭 돈이 많다고 되는 것도 아니고, 또 꼭 많은 정보를 안다고 되는 것도 아니더라고요.

조남호 건축은 본래 다양한 영역에 걸쳐 있는 분야이므로 단편적인 접근으로 파악이 어렵습니다. 삶의 공간이면서, 사유재이자 동시에 공유재이고, 또 공학적 방식으로 구현되죠. 최근 건축주들은 사전학습을 통해 집짓기 과정의 복잡성에 대응하는 지혜로운 태도를 갖고 계시는 경우가 많더군요.

전은필 3대 요소라는 게 있잖아요. 건축가, 건축주, 시공사의 자질과 역량이 필요하고 또 서로 잘 맞아야 집이 좀 근사하게 나오더라고요. 시공하는 사람들끼리 하는 농담이긴 한데 건축주도 시험을 봤으면 좋겠다고 해요. (일동 웃음)

최이수 저는 시공사요! 시공사의 성향이나 건실도를 미리 알 수 있는 방법이 없으니…. 시공사 견적을 건축가한테 의뢰했어도 따로 알아보라는 얘기도 들었어요. 건축가한테 소개를 받아서 시공을 하면 둘이서 이러저러하게 소위 '삥땅'을 친다는 거예요. 그런데요, 상상을 해봤는데 너무 막연한 거예요. 전문지식도 없는데 시공사를 고르는 것도 그렇고, 수준 높은 시공사가 내 집을 작업할까 싶기도 하고요. 임태병 소장님은 함께 작업하는 시공 파트너의 정보를 SNS에 많이 올려 두세요. 그래서 찾아보기가 어렵지 않았어요. 제 친척 중에도 시공을 하시는 분들이 있는데, 동네가 멀기도 하고 그 사촌 형이 '나한테 맡기지 말아라, 얼굴 안 보고 싶으면 맡겨. 시공은 무조건 같은 동네 혹은 가까운 곳에서 신경 많이 써줄 수 있는 사람이 하는 게 제일 좋다'고 했어요. 소장님도 협소주택 같은 작업을 시공사가 꺼리긴 한다고, 작업은 어렵고 마진은 적으니까요. 그런데 그 부분은 소장님이 해결해주시겠다고 하셨고….

임태병 아니, 해결이 아니라 노력을, 최선을 다하겠다고…. (일동 웃음)

김호정 저희는 공사를 1년 남짓 했는데요. 설계 완성하고 착공 들어가기 전에 저희 남편하고 마음을 다스리면서 다짐했어요. 계약을 한 이상, 우리는 믿어야 한다. 우리가 믿지 못하면 지옥으로 가는 거고,

믿고 가겠다 마음을 먹으면 천국으로 가는 기차에 오르는 거다. 일단 선택하기까지, 내 모든 촉을 동원해서, 정보, 직관, 영감 등등 모든 것을 동원해서 파트너로 가자고 손을 잡았으니 지금부터는 일단 믿고 보자.

정수진 김호정 씨가, 뭐랄까…. 굉장히 교묘하게 일을 잘 시키고 잘 부려먹는. (웃음) 집을 지을 때 정말 많은 사람이 모여서 일하잖아요. 서로서로 잘해도 힘든 일이에요. 의견이 수시로 어긋날 수는 있는데 감정 싸움이 되기 시작하면 다 같이 망하는 거예요. 어떤 장면에서 의문스러운 점이 보이고 통 이해가 안 돼도 일단은 믿고, 매번 매 순간에 민감하게 반응하지 않아야 해요. 특히 공사 도중에는. 김호정 씨가 굉장히 꼼꼼해서 하나를 못 넘어가요. 그럼에도 불구하고 설명하고 얘기하면 또 금방 이해를 하셨죠. 무엇보다 현장에 있는 분들을 잘 독려하시고. 믿음의 적정 수위가 있었어요. 100퍼센트 믿을 수가 있나요? 없어요. 믿지도 말라 하고요. 저도, 시공사도. 다만, 어떤 얘길 들으면 이해하려고 노력하고 공감하기 위해 귀를 기울여달라고.

↓ 김호정 건축주의 건축가 미팅 메모

2019. 10. 8

어제 정 소장님과 전화 통화를 했다.

- 9월 25일에 변경 신청한(설계) 사항 수정 지시가 내려옴. 구조 변경에 따라 기둥 설치를 보완 요구함.
- 며칠 전부터 다락과 현관 입구가 계속 걸린다. 다락은 각이 져 조금 불편하고 남쪽 창이 없어 답답하지 않을까. 높이를 더 높여서 남쪽 창을 낼 수는 없을까?
- 이렇게 저렇게 내 생각대로 옮겨 보고 바꿔봐도 내 작업실의 면적을 좁히지 않으면 불가능해 보인다. 건축가의 노력과 고민이 보였다. 조금이라도 더 실용적인 공간을 배치하려고 애쓴 것이 도면을 볼수록 느껴졌다. 고마웠다.

2019. 3. 26

- 약 한 달간 구청 건축허가 작업 진행함.
- 지하에 대피 계단 설치.
- 이제 면적 허가가 끝남. 이제부터 약 한 달간 협의부서(수도, 정화조, 전기 등) 검토 후 다시 건축과 허가 받아야 함. 생각보다 시간이 많이 걸림. 우리가 시간적 여유가 있었기 때문에 여유 있게 우리의 주장을 할 수 있었던 것 같다. 시간과의 싸움.

➔ 김호정 건축주의 가족회의 메모

① 옥상 - 텃밭 근처는 콘크리트 폴리싱(옥상 전체 X).
② 4층 → 5층 → 다락, 계단 난간 (손잡이 설치)
~~③ 5층 화장실 → 4층 세탁실~~
④ 다락의 면적과 높이 재확인
⑤ 지하 1층 화장실 환기?
⑥ 상가 화장실 난방이 따로 없어도 되는가?
⑦ 사무실 - 탕비실 / 지하 1, 2, 3 - 주방 or 탕비실,
수도배관, 가스, 하수도
~~⑧ 침대 옆 스위치 - 벽등~~
⑨ 외부 1층 마당 작은 수납 공간, 우편함, 외부 수전
⑩ 샤워 공간. 아이방 화장실도 바닥에 난방
⑪ 우체통 위치
⑫ 1층, 2층, 유리창
⑬ 정화조 환기구를 지붕 위로
⑭ 지하1층 폴딩 도어
⑮ 공동전기, 공동수도, 계량기 별도
⑯ 3층 출입문, 필요에 따라 개폐 가능
⑰ 하자보수 보증서(하자이행증권)
⑱ 단열 방화문 중문 - 4층
⑲ 배관 구배와 연결 부위 밀실도

셋이 모여 회의를 했다. 남편과 딸 모두 적극적으로 도면을 보며 서로 모르는 부분, 궁금하거나 수정하고 싶은 부분을 솔직하게 나누었다.

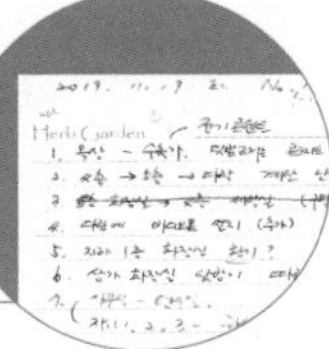

집은 건축주의 것이에요. 그리고 건축주가 비용을 부담하는 거예요, 모두. 그럼에도 일하다 보면 두 부류로 나뉘어요. 적절하게 의도한 대로 이끌면서 설사 갈등이 있더라도 이해와 대화를 통해 나아지고 나아가는 건축주가 있는가 하면, 어떤 분은 돈은 돈대로 쓰고… 음… 뭔지 아시죠? 공사하시는 분들은 결국 남의 집을 짓는 거예요. 우리는 돈을 받고 능력을 파는 사람이지 수직적인 관계는 아니거든요. 서로 충분히 하고 싶은 얘길 하고, 또 그에 대해 정확히 답변을 하고. 균형 잡힌 관계를 만들어가야 해요. 믿음이 중요하지만, 맹목적으로 매달리는 방식은 아닌 거예요.

기획자 김호정 님 댁은 연면적이 어떻게 되나요? 몇 층짜리 상가주택인가요?

김호정 지하 1층에서 다락까지 총 일곱 개 층이에요. 시공 기간은 14개월 정도(524~530쪽 상세 참조).

김호정 씨의 집이자 임대 상가를 겸하는 '윤슬 빌딩' 완공 모습.
사진: 남궁선

전은필 적절한 기간으로 보여요. 보통 건축가가 설계한 작업들은 40평 안팎 단독주택이라 하더라도 통상 9개월 정도 걸리니까요. 연면적이 얼마나?

김호정 전체 150평요. 저희 동네가 용적률이 60%인데, 다 안 채웠어요.

정수진 용적률을 다 안 채운 이유가 아름다운 꿈을 이루기 위해서가 아니고 최대한 경제적인 방법을 찾은 거예요. 제일 먼저 검토한 게 주차 네 대를 확보했을 때 면적이거든요. 왜냐면 상가주택은 1층이 정말 중요하잖아요. 처음부터 건축주가 건물의 프로그램을 정확히 구상해서 왔어요. 어떤 업종들이 들어올 거고, 거주를 위해서는 어느 정도의 공간이 필요하다. 그러고 반드시 주차 네 대를 확보해야 한다. 이 땅에서 가능하겠는가, 하는 정확한 질문이었어요. 땅은 70평. 이런 개략의 기준과 전제를 가지고 제가 퍼즐 맞추기를 한 거예요.

전은필 지금 그 건물에서 사시는 거잖아요. 상가가 몇 곳인가요?

김호정 지하 1층, 1층, 2층, 3층까지, 네 개 층에 상가 네 곳이 입주해 있어요.

정수진 미리 각 층 임대료 같은 경제적인 부분을 정확히 알아보시라고 조언을 드렸어요. 노후 대책으로 짓는 거라 경제적인 측면이 굉장히 중요했어요. 임대료 요소를 고민해서 각 층의 면적을 배분한 거죠. 그러고 꼭 마당이 있었으면 좋겠다고 하셨고. 상가주택인데 마당 있는 단독주택처럼 지어주세요, 하고 주문하신 거죠.

기획자 상당히 어렵게 들려요.

정수진 쉬운 퍼즐 맞추기는 아니었죠. (웃음) 그런데 애초에 용적률을 꽉 채워서 지어달라고 했으면 제가 선뜻 한다고 못 했을 거예요. 아마 안 한다고 했을 것 같아요. 그런데 꽉 채워 짓기보다는 최대한의 효율을 내주세요, 하는 지점이 좋았어요. 충분히 주변의 시세와 상황을 공부하고 오셨고요. 그런 공부는 제가 얘기해서 준비시킬 수 있는 게 아니니까요. 10년 전 『집짓기 바이블』 초판이 출간되었을 때와 지금은 좀 다른 것 같아요. 온갖 미디어들을 통해서 실제 공사 과정과 정보들을 노력하면 많은 것들을 알 수는 있으니까요.

김호정 20년을 넘게 준비하고 이제 막 한숨 돌리게 된 입장에서 감히 말씀드리면, 가장 좋은 '집짓기' 책은 공사 상황을 꼼꼼하게 알려주고 감리 내용을 알려주는 책이 아닌 것 같아요. 개략적인 정보를 알 필요는 있지만, 그보다 더 정확히 알아야 하는 것은, 각자의 역할을 알고 각자의 책임 범위와 역량을 직시하고, 세 역할이 서로의 역할과 혹시나 겹치는 지점을 공유하는 거예요. 그 관계의 지점들, 공유의 지점들, 겹치는 지점들은 곧 갈등의 지점들이 될 가능성이 높아요. 그래서 관절의 역할과 관절이 탈이 나지 않도록 어떻게 관리하고 서로 돌봐야 하는지를 일깨워주는 책이 필요해요. 좀 더 자세히 그 부분을 얘기해보면 좋겠어요. 서로의 역할과 겹치는 부분의 아주 현실적인 상황에 대해.

꼭 건축가를 만나야 할까?

기획자 최이수 님은 건축가를 어떻게 찾으셨어요?

최이수 일단은 검색을 했죠. 건축사무소를 검색해서 블로그나 홈페이지에 작업을 계속 게재하는 데가 있잖아요. 그런 곳의 글을 지속적으로 읽고. 『전원 속의 내 집』 같은 잡지에서 제 마음에 드는 외관을 찾기도 했고요. 『공간』을 통해서 잘 모르지만 짱짱해 보이는 집을 지은 사무소를 찾아봤어요. 그걸 리스트업해서, 사이트에 들어가 포트폴리오를 추리기 시작했지요.

기획자 그 시간이 얼마나 걸렸어요? 시간을 많이 할애해야 할 것 같아요.

최이수 처음에는 특별히 목적 없이 그저 재미로 했어요. 당장 지을 생각도 아니었고. 수개월간 했지만, 어떤 뚜렷한 목적을 갖고 검색했다면 며칠 사이에 범위를 좁혔을지도 모르겠어요.

기획자 그런데 건축가를 찾아가서 상담받기는 무척 망설여질 수 있을 것 같아요.

최이수 저는 재밌었어요. 너무 설렜어요. 왜냐하면 경험하지 못했던 영역이니까. 건축사무소를 가는 것 자체가 설레거든요.

임태병 정수진 소장님이 연령대별로 건축주의 성향이나 원하는 바가 다르다고 하셨는데, 저도 어느 정도 동의가 돼요. 제일 큰 차이가 그런 것 같아요. 연령대가 높으신 분들은 '내가 돈을 낼 테니 알아서 해주시오'이고, 반면에 젊은 분들일수록 과정에 동참하고 싶어 해요. 건축가를 찾는 것도 의무가 아니라, 뭔가 재미있는 놀이까지는 아니어도 취미와 취향을 발전시키는 계기로 생각하는 것 같아요.

정수진 맞아요, 소통하고자 하죠. 집 짓는 내내 소통할 수 있는 건축가였으면 좋겠다는 얘기를 많이 들었어요.

기획자 최이수 님, 임태병 소장님을 만나서 '아, 이분이구나!' 하는 데는 시간이 얼마나 걸리신 거예요?

최이수 사실 그 기간을 따지면 되게 오래 걸리긴 했죠. 찾아보다가 포기하다가 좀 하다가 또 쉬다가 다시 찾아보고. 그런데 사실 소장님은 알아봐서 인연이 닿은 게 아니고. 제 케이스가 일반적이지는 않을 것 같은데, 살다 보니 동네를 많이 좋아하게 됐고, 동네 산책을 자주 하다가 임태병 소장님이 지은 집을 보게 되었고….

조남호 사진으로 검색했다면 좀 무섭다고 생각지 않았을까 싶은데…. (일동 웃음)

전은필 쉽게는 건축 전문 잡지를 찾는 방법이 있어요. 책 속에 시공사도 거의 공개되어 있어요.

임태병 이게 일종의 허들인 것 같아요. 시간을 들여서 건축가를 만나보고 나한테 맞는 건축가의 성향이나 작업들의 목록을 추려보는 것. 이게 첫 번째 허들. 이걸 넘으면 제대로 된 건축가와 조금 좋은 쪽으로 나아갈 수 있는 거고, 이 과정이 귀찮고 힘들어서 단순 정보나 쉽게 접근할 수 있는 유튜브 같은 데 의지하게 되면 길이 아예 달라지는 거죠.

기획자 그럼, 이 질문부터 할게요. 건축가, 왜 찾아야 돼요? 꼭 찾아야 돼요? 골목마다, 이제는 드물게 남은 도시의 주택 밀집지에서도 건축가가 설계한 건물이 얼마나 되겠어요? 정말 드물잖아요. 설계비가 추가로 들 테고, 건축가가 설계해서 설계가 복잡해지면 공사비도 어쩌면 더 들 텐데, 건축가와 작업하는 것이 꼭 좋을까요?

최이수 제 주변에도 나이 좀 드시고 시간이 여유로운 분들이 직영으로 짓는 걸 제법 봤어요. 그런데 저는 직장이 있잖아요. 그러니 신경을 쓸 수가 없는 거예요. 그 시간에 내가 돈을 더 버는 게 낫지 싶고. 또 즐겁게 짓고 싶은데 즐겁게 지으려면 당연히 관리를 잘해주시는 분을 찾아야지 즐겁게 할 수 있잖아요. 이런 이유로 건축가를 찾게 되었어요. 좋은 건축가를 만나면 그 순간 절반은 끝난 거다, 라는 게 제가 참고한 책들에서 일관되게 하는 말이었어요. "좋은 건축가를 만나면 당신이 할 일이 거의 없을 겁니다"라는 게 가장 와닿았고. 어떤 분은 설계비로 천만 원을 말씀하셨어요. 2, 3천만 원이라고 하면 끄덕이면서 시작했을지도 몰라요. 근데 천만 원이라고 하니까, 오히려 어? 이상하다 싶었어요. 정말 '진짜 건축가'를 찾아야겠다라는 생각이 더 절실하게 들기 시작했어요. 그러면서 사무소 위주가 아니라, 건축가 개인을 찾게 되었지요. 그렇게 여러 건축가를 만나면서 점차 기준이 세워졌어요.

전은필 건축가를 찾는다는 것은 집을 제대로 지으려는 의지가 있다는 뜻이에요. 건축가가 설계하면 평균적으로, 어쩌면 필연적으로 공사비가 상승되죠. 대강 뛰어넘을 수 있는 과정을 제대로 짚고 제대로 지켜서 지으니까 비용이 올라갈 수밖에 없는 것이죠.

조남호 그런데 요사이 건축가가 손을 대지 않은 집이라도, 골목을 걷다 보면 '음, 괜찮군' 싶은 집들이 꽤 많아졌어요. 소위 집장사가 지으면 다 나쁘다고 비관적으로 볼 필요는 없을 것 같아요.

최이수 맞아요. 건축가 분들은 건축가의 작업인지 아닌지 대번에 알 수 있나 궁금하기도 했어요. 가끔은 벽돌 건물인데 외관 색깔만 잘 잡아도 일반인이 봤을 때는 좀 달라 보이는 집들이 있거든요. 섀시랑 벽돌 색깔만 잘 잡아도 괜찮은데, 라는 생각이 들고.

조남호 맞습니다. 확실히 많이 나아지고 있다고 생각되고요. 건축가를 찾는 방법에 대해서는 당연히 노력이 필요합니다. 저도 새로운 일에 착수하면서 자료들을 찾아볼 때를 돌이켜보면, 초반에는 잡다한 것에 다 눈이 가죠. 근데 계속 자료를 쌓다 보면 무엇이 중심인지가 파악이 돼요. 그렇듯, 좋은 건축가를 찾는 일은 그저 보편적인 좋은 건축가를 찾아내는 일과는 달리 '자기한테 맞는 좋은 건축가'여야 하지요. 저를 찾아오는 분들 얘기를 들어보면, 제가 쓴 글의 어느 부분에 특별히 공감이 되었다는 거예요. 형태나 공간과는 관계 없이 제 생각에 동의해서 찾아오는 분들이지요. 예를 들면 지금 30평 남짓 되는 집을 짓고 있는데, 그 건축주가 그런 경우였죠. 집의 담을 안으로 들여서 밖에 조경을 했어요. 이 방식을 건축주가 무척 좋아했어요. 집이 동네나 가로에서 어떤 역할을 해야 하는지, 제가 생각하는 지점에 공감해서 찾아오신 거예요. 좋은 건축가는 많을 거예요. 그런데 자신에게 맞는 건축가를 찾아 나서는 과정은 하루이틀에 해결할 수 있는 사안이 아닐 것 같아요. 처음에 봤을 때 괜찮은데 다시 보니 아닌 것 같아, 할 때도 많잖아요?

모두 맞아, 맞아. (일동 동의)

조남호 충분히 신중하게 시간을 투여할 필요가 있고, 어떤 방향이 자신한테 맞는 집짓기인지 고민하면서 그 과정 속에서 스스로 공부가 필요하다고 생각해요. 멋진 집에 대한 어떤 이미지, 형태, 요소 등등의 선입관들을 가만 꿰뚫어보면, 자신에게는 그다지 좋은 판단이 아닐 수도 있어요. '좋은 집이란 무엇인가'라는 무척 본질적인 질문에 되도록 가까이 다가가는 시간이 필요해요. 이 공부를 건축가를 찾는 행위 속에서 할 수 있고 그 행위와 엮여 있다고 생각해요. 비단 어떤 이미지를 수집하는 것만을 뜻하지 않고, 떠도는 자료들 속에 숨겨져 있는 맥락까지를 찾아 더 깊이 들어가 보라고 권하고 싶어요. 그러다 보면 좋은 집이 뭔지, 내가 소통하고 내가 원하는 바에 대해 파악하고 그 이상을 구현할 만한, 자신한테 맞는 좋은 건축가가 어떤 면을 추구하는 사람인지 그려질 거예요.

정수진 건축주들의 그런 고민들이 결국 건물의 퀄리티를 좋게 만들고, 여러 가지가 불안정한 상황에도 불구하고 조금 더 좋은 공간을 설계하도록 부추기고, 조금 더 탄탄한 시공을 가능하게 추동하지 않을까 싶어요. 기왕 얘기 나온 김에, 우리를 긍정적인 변화로 이끄는 요인에 대해 논의해보면 좋겠어요. 예비 건축주들에게 도움이 되지 않을까요? 한 예로, 과거에는 설계와 시공을 동시에 하는 무슨 '하우징, 하우스'라는 이름을 내건 회사들이 무척 많았어요. 요사이 그런 사무실들이 많이 없어진 것 같은데, 어떻게 생각하세요?

전은필 한 10~15년 전만 해도 부동산에서 '토털 서비스'를 하는 사례가 많았어요.

정수진 제 생각에는, 그 '하우징'들이 사라지면서 건축가의 역할이 시장에 드러난 것 같아요. 설계와 시공이 분리가 되면서 건축에 대한 관점이 진화되고, 두 요소가 보합하거나 충돌할 수 있는 여지들이 세상에 드러난 것이죠. 요즘은 설계나 시공을 엮어주는 플랫폼 같은 회사들이 생겨나 문제가 되기도 하지만….

최이수 동시에 미디어의 힘도 강력하게 작용했다고 봐요.

임태병 과도해진 아파트의 영향력이기도 하고요. 실제로 한 건축주가 25평짜리 집을 짓는 이야기를 SNS에 올리니까 사람들이 이 힘든 걸 왜 하냐, 25평짜리 아파트에 살지, 댓글들이 달렸어요. 그 댓글에 이 건축주가 답하길, '더 싸다'였어요.

모두 아…. (일동 탄식)

임태병 기형적으로 비싸진 아파트의 영향력이 이제 많은 이들에게 의구심을 불러일으키는 거죠. 종로에 25평짜리 아파트를 산다고 하면 10억 대인데, 누상동에 25평을 지으려니 8억 5천 정도면 되는 거예요(2020년 기준). 그러니 진짜 현실적인 대안이 되어버린 거예요.

최이수 몰개성, 몰취향에 덮이고, 개인의 의견이 수용되기 어려운 '관리사무소' 지배 아래에 놓인 초대형 공동생활에 지친 사람들이 그 현실에 바로 반응을 시작하죠.

정수진 변화의 요소들이 서로 이렇듯 맞물려 있고 서로를 더 빠르게 변화하도록 부추기고 있어요. 특히 젊은 건축주들의 생각의 변화는 인상적이에요. 저를 찾아오는 젊은 건축주들에게 '제가 몇 번째 만나는 건축가인가요?' 하고 물어요. 그러고 가능하면 많이, 만나보라고 해요.

임태병 저도 그래요. 건축가를 많이 만나보라고. 간혹 누구누구 만났는지 묻기도 하고요. (일동 웃음)

정수진 그런데 신기하게도, 저를 찾아오는 건축주들이 만나는 건축가들의 특징이나 스타일이 비슷해 보이는….

임태병 아, 맞아요. 인상적이기도 하고 중요한 지점이기도 한데, 건축주가 원하는 스타일 또는 지향에 따라 어느 정도 분류가 되는 게 아닌가 싶어요. 제가 속한 분류 안에 누가 있나 들어보면, 서승모, 박창현, 민우식, 저… (웃음) 이 그룹이 만들어져 있구나….

서승모 건축가 / 사무소효자
samusohyojadong.com

박창현 건축가 / 에이라운드
aroundarchitects.com

민우식 건축가 / 민워크샵
minworkshop.com

조남호 저하고는 안 겹치는 것 같아요. (웃음)

임태병 조남호 선생님도 겹치는 분 한 분 있었어요. 비밀로…. (일동 웃음)

기획자 최이수 님은 결론적으로 '집을 지어야겠다' 마음먹고, 그렇지만 여전히 막연한 상태에서 검색하고 알아보고 찾아가고 상담하고… 이 과정이 얼마나 걸리신 거예요? 약 1년?

최이수 막연한 상태에서 알아본 기간까지 합치면 꽤 오래예요. 2년 가까이는 되는 것 같고. 미팅을 다녀야겠다고 마음먹고 대면 상담을 잡은 기간은 한 2, 3개월? 미팅 기간이 짧긴 했지만 그전부터 관심이 많아서, 두루두루 집을 보러 다니기는 했어요. 해외여행을 갈 때도 일부러 주택가 중심으로 돌아보고. 특히 일본 여행할 때 그랬어요.

임태병 그런 활동까지를 합치면 이수 씨는 준비를 굉장히 많이 한 편이죠. 인스타 계정도 따로 열어서 콘텐츠도 모으고. 요즘은 건축가한테 설계를 의뢰해서 집을 짓고자 하는 분들이 대부분 이렇게 준비를 해요. 아까 얘기한 '첫 번째 허들'을 넘어선 분들이죠.

최이수 그런데 저는 오히려 상상했던 것과 좀 달라서, 뭐랄까… 허무해요. 제가 할 게 너무 없어요. 하는 게 없어요. 건축가를 정하기까지가 제가 해야 할 전부인 거예요.

조남호 아, 이건 건축가 잘못인데…. (일동 웃음) 건축가가 매번 숙제처럼 새로운 허들을 제공해야지, 재미가 없잖아, 클라이언트가. (일동 웃음) 다음에 저한테 오실 땐 이러저러한 숙제를 해가지고 오세요, 해서 그걸 위해 공부하고 뛰어넘도록 해야지. 세상에, 건축가가 건축주에게 할 일이 없도록 만들다니요…! 다음엔 저에게 오세요. (일동 웃음)

모두 역시 고수는…. (일동 웃음)

설계의 범위

기획자 일의 범위, 노동의 강도, 그리고 그에 수반하는 사회적 지위와 인정 등을 고려했을 때, 건축가란 참 어려운 직업이에요. 뛰어난 개인의 자질뿐만이 아니라, 모든 여건과 상황이 맞아떨어져야 일을 할 수 있고. 히틀러 밑에서 전시에 군수장관까지 지냈던 알베르트 슈페어라는 건축가가 생각나네요. 지식인의 책무를 버리고 나치에 복무했다는 혐의를 받으며 뉘른베르크 재판정에 섰을 때 슈페어가 호소를 해요. 너무 일을 하고 싶었다고. 1차 세계대전 패전 후에 설계할 일이 없는 거예요. 많은 독일의 젊은이들이 다 직업을 갖기 어려웠지만. 이 건축가가 설계를 하나 할 수 있다면 영혼이라도 팔았을 거라고 고백하면서 재판장을 설득해요. 그래서 사형을 면해요. 히틀러 아래에 있던 스물두 명의 장관 가운데 유일하게 사형을 면한 전시의 군수장관이라니…, 근데 건축가였어요.

건축물은 기술과 자본의 결합이면서, 예술적 영역이면서 최고난도

전범 재판에서 유일하게 사형을 면한 건축가 슈페어의 자서전.

의 기능을 갖춰야 하는 시대적 산물이기도 해요. 사회적 책임감, 예술성, 엄청난 규모의 협업을 끌고 나가는 비즈니스적 능력도 중요한 것 같고요.

임태병 저희 집에 같이 사는 식구 둘이 방송과 영화 쪽 일을 해요. 처음에 건축가라는 직업에 대해 잘 모르다가, 같이 살 집을 짓는 과정을 보더니, 자기가 생각할 때 대한민국에서 극한 직업이 두 개가 있는데 하나는 영화감독이고 하난 건축가라고. 그런데 옆에서 보니 영화감독보다 건축가가 더 힘들다고. 감독은 디렉팅만 하고 나머지 일은 스태프가 다 하는데, 건축가는 가만히 보니까 자기가 혼자 다 하고 있대. (일동 웃음)

최이수 애초에 건축가를 알아볼 때, 사람이 분류가 되는 것 같아요. 수익만을 따져서 건물을 지을 것인가, 아니면 20년, 30년 평화롭게 살 집을 넘어서 더 오래 가치를 유지하는 집을 꿈꾸는가. 이 지점이 가장 큰 기점이 아닐까요?

기획자 어떤 건축물, 특히 한 회사의 사옥 같은 건물을 눈여겨보면 재미있는 지점들이 보여요. 그 기업이 겉으로 선전하는 철학이나 가치와 다른, '숨기고 있는 욕망'이나 '감출 수 없는 체질'이랄까요. 더 정확히는 그 기업을 대표하는 사람의 성격이랄까….

정수진 그 관점에 따라 설계 방법이 달라지는데 김호정 씨 건물은 조금 예외적이었어요. 수익형 건물임에도 불구하고 본인이 들어가서 살 집, 좋은 집을 지어 평생 살고 싶다고 했거든요.

상가주택이나 다가구 등의 수익형 건물을 의뢰받으면 제일 먼저 직접 살 집인지 아닌지를 물어봐요. 임대만을 위한 건물일 경우 인테리어가 달라지거나 특정 요소들은 제외하는 경우가 종종 있어서 시공비의 기준이 달라져요. 가능한 한 잘 지어진 집을 임대하고자 하는 경우도 있는데 적정선을 권합니다. 상가건물은 인테리어나 디테일을 적정선에서 조정해 설계하는데 시공비를 낮게 잡을수록 아무래도 설계비가 높아 보이게 되면서 갈등이 일기도 해요. 시공 금액이 줄면 설계비도 당연히 낮아질 거라고 생각하는데, 공사 금액 대비 설계비 논리가 모든 경우에 적용될 수는 없어요. 특히, 전체 예산이 매우 열악한 경우 더 심각한 사안이 돼요. 시공비를 줄이고 줄여 한계치까지 밀어 붙여 진행을 할 경우라면 더욱더 설계비가 높아 보일 수밖에 없지요. 그렇지만, 설계자 입장에서 시공 단가가 아주 높은 건물이나 아주 낮은 건물이나 설계에 관한 난이도는 비슷합니다. 예산이 빠듯함에도 불구하고 건축가를 수소문해서 찾아올 때에는 기대치가 있을 것이고 그 기대치를 맞추려면 적정 예산을 가진 설계보다 더 치밀한 전략이 필요해요. 시공비를 덜 들이고 원하는 디자인 의도를 최대한 구현해야 하니 건축가가 들이는 노동의 양과 강도가 어마하게 불어날 수밖에 없어요. 그리고 건축사무소 직원들의 노력이나 시간도 훨씬 더 많이 필요하지요.

기획자 제가 보기에 건축주들이 알아야 할 중요한 지점은, 설계비를 건축사무소가 고스란히 받는 게 아니라는 점이에요. 건축사무소에서 일정 부분을 외주 설계로 따로 의뢰하고 그 결과를 받아서 설계를 한다는 사실을 일반적으로 잘 모르더라고요.

임태병 아, 그거 정말 모르죠들.

최이수 저도 몰랐어요.

정수진 외주 얘기하니까 꼭 하고 싶은 말은, 예를 들어 가구 사장님을 소개해주잖아요. 그럼 제가 그에 대한 커미션을 받는 줄 알아요.

기획자 아직도 그런 오해들을 하는군요? 아니지, 하긴 그렇게 중간 커미션을 받는 사람들이 실제로 있을 거예요.

정수진 그렇다고 해요. 그런 부분에 커미션을 받는다? 그럼 시공사하고는 안 그렇겠어요? 단언컨대, 뒷돈을 받으면 그들에게 제대로 일하라는 요구를 할 수 있을까요? 그렇게 내내 오해를 하고 있다가 입주를 하고 나서야 미안하다고 오해했다고 사과하는 거예요. 생각해보세요. 뇌물을 받았는데 어떻게 객관적으로, 비판적인 자세로 일을 하겠어요?

임태병 이게 바로 두 번째 허들이네요. 이걸 넘어서야 해요. 건축가가 설계비를 받고 일하는 것 이외에 프로세스별로 커미션을 받지 않는다는 것을 명확히 인지하고 있어야 진행 과정에서 다른 불필요한 오해가 생기지 않고 신뢰가 쌓이는데, 처음부터 그런 오해를 하고 있으면 내내 끝까지 걸려 넘어지는 거예요.

기획자 가구야 겉으로 드러나는 요소이니 비용이 어느 정도 들어가는지 대강 알 수 있죠. 최종 제작된 가구의 형태를 봐도, 대강 비용의 범위를 알 수 있잖아요. 기성 가구들과 비교해보기도 쉽고. 그런데 눈에 보이지도 않고, 무슨 비용이 그렇게 많이 든단 말인가 싶은 설비들이 많잖아요. 그런 눈에 전혀 보이지 않는 부분들을 설계하고 문제 없이 안전하게 해결하는 비용이 많이 든다는 걸 알아야 할 것 같아요.

정수진 옛날에는 정말 심했어요. 이 시공사한테 도대체 얼마를 받았는지…. 직접 묻지 못해도 내내 의심하는 것이 느껴져요.

기획자 건축가와 시공사가 파트너라고 생각하기 쉬우니까.

정수진 그래서 건축가는 잘 끝내면 당연한 거고, 못하면 나쁜 놈이 되죠. 그만큼 돈이 많이 들어가고 기대를 많이 하니까.

최이수 거의 모든 사람이 평생에 모든 재산, 아니지 아직 없는 재산까지 모두 끌어모아 그걸 들고 건축가를 찾아가는 거잖아요. 마치 신탁하듯이…. 그래서 저는 완공되면 임태병 소장님한테 비번 알려드리고 1층 작업실에 늘 음료수 두 병 두고…. (일동 웃음)

임태병 아… 그러면 1층은 제가 가끔….

조남호 그게요, 끝까지 잘 끝나야지… 뭐 끝에 좀 잘못되고 그러면 어떻게 될지 몰라요.

모두 하하하하하. (일동 웃음)

기획자 설계할 때 외주비가 가장 크게 들어가는 부분이 설비 분야일까요?

임태병 아니에요, 구조. 구조가 더 중요하죠.

조남호 구조, 전기설비, 기계설비가 외주이고, 토목, 조경, 가구 등은 별도 항목이지요.

최이수 그런 내용들이 궁금해요. 외주냐 아니냐를 떠나서 아예 그런 과정이 있는지조차 몰랐어요. 저는 그냥 설계를 확정하고 승인이 나면 그 다음에 바로 인테리어 잡으면서 착공을 할 수 있는 줄 알았어요. 그런데 설계가 끝나고 한참을 소장님이 연락이 없으신 거예요. 그래서 어? 지금은 뭐하고 계시지? 왜 연락이 없지? 그랬더니 구조가 인스타에 올라온 거예요. 그때 알았어요. 구조회사에 구조 설계를 따로 맡긴다는 것을.

구조기술사의 날인이 필요한 건축물의 규모

- 6층 이상
- 특수구조 건축물
- 다중(준다중) 이용 건축물
- 3층 이상의 필로티 형식

건축사 날인 대상 건축물의 규모

- 2층 이하, 연면적 200m² 이하, 높이 13m 이하
- 처마 높이 9m 미만
- 기둥과 기둥 사이 간격 10m 미만

정수진 안 하는 데가 더 많을 거예요. 일정 규모 이하면 굳이 구조기술사의 구조 설계가 없어도 되거든요. 기계나 설비도 외주로 진행하지 않는 경우도 많아요.

전은필 소규모라면, 구조적으로 해결을 해야 하는 설계가 아니라면, 그냥 구조 프로그램에 입력해서 결과치를 뽑을 수 있어요. 또 시공 경험이 많은 곳은 경험치로 진행하기도 하고요. 그런데 생각해볼 부분이 있어요. 구조를 엄격하게, 말하자면 구조재를 많이 투입할수록 튼튼할까? 이 지점에 대해서는 일반인이 판단하면 위험해요. 규정이 있고 규정대로 하는 것이 기본인데, 예를 들면, 목조 슬랙 같은 경우는 스팸 테이블이 있어요. 몇 미터 몇 미터 간격일 경우 조이스트를 얼마 간격으로 넣으라는 규정이거든요. 근데 어느 날 구조 개선을 해야 한다며 규정이 좀 바뀌면서 기본 구조재값이 엄청나게 올라갔어요.

조남호 내진 때문에 그럴 거예요.

전은필 예를 들어, 2층짜리 단독주택이 있어요. 그런데 지하 기초 부분 철근 배근이 목구조나 RC나 똑같은 거예요. 목구조의 무게가 10분의 1도 채 안 되는데… 문제가 있는 거죠.

임태병 구조 계산할 때 일부를 좀 과하게 넣더라고요.

정수진 제 경험도 잠시 말씀드리면, 제가 기존에 구조 설계를 맡기던 사무실이 있었어요. 꽤 오래 함께 일했는데 어느 날 다른 업체를 소개받았어요. 구조 설계비가 반값이에요. 아니 이렇게 차이가 날 수가 있나 싶어서 그곳에 의뢰를 했어요. 그런데 건축가가 보면 어느 정도는 알잖아요. 딱 봤는데, 아닌 거예요.

임태병 맞아요. 우리가 구조 설계를 안 해도 잘못된 건 눈에 보이지요.

정수진 그래서 바로 예전 구조 사무실에 다시 의뢰를 했어요. 같은 공간을 얼마나 다르게 구조 설계할 수 있는지 완벽하게 깨닫는 계기가 됐어요.

김호정 아니, 구조 설계가 외주라면서요? 구조 전문회사에서 갖고 온 결과면 어쨌든 문제가 없다는 거 아니에요? 그럼 저렴한 곳이 좋은 것 아니에요?

정수진 아, 그게 구조 설계에도 질적인 차이가 있어요. 구조 설계를 잘못하면 시공비가 훨씬 더 많이 들고 건축가의 의도를 제대로 표현하기 어려워져요.

최이수 아, 그렇군요! 그저 더 튼튼해지는 차원이 아니군요. 저는 그렇게 생각했어요. 단독주택이 가져야 할 안정적인 범위의 '구조적 안전'이 있잖아요. 그걸 과하게 넘어서는 건 굳이 필요 없지 않겠나. 예를 들어 일반적인 단독주택이 지하벙커 같은 수준일 필요는 없잖아요. 그런데 구조가 시공비에 영향을 미치는군요.

임태병 그럼요, 구조 설계를 잘하면 시공비가 합리적으로 무척 줄어요. 그리고 더 중요한 지점은, 내내 말씀드리지만 현장에서는 무수한 변수가 생겨요. 어떤 식으로 구조를 풀었는데 현장에 가봤더니 마감이나 기타 문제 때문에 그렇게 시공을 못 하는 상황이 발생할 수 있어요. 그래서 어딘가를 수정해야 되는데, 그 부분에 대한 피드백이나 팔

⬆ **동대문 DDP 프라자**
구조 설계가 얼마나 중요하고 결정적인지 보여주는 건축가 자하 하디드의 설계.

로우업도 설계를 잘하는 업체가 훨씬 더 원활하게 움직여요.

정수진 좋은 구조 설계 사무실 비용은 손가락이 오그라들 정도로 비싸요. 그런데 그런 곳과 파트너를 할 수밖에 없는 이유가, 제가 원하는 선과 깊이, 공간감 등을 얘기하고 이 안에서 구조적 해결을 해달라고 하면 최선을 다해 풀어줘요. 물론 경제적인 시공과도 직결되지요.

임태병 건축가는 사실 구조 설계 사무실을 무척 괴롭히지요.

최이수 자하 하디드 같은 건축가들은 구조회사가 거의 모든 걸 하는 거라고 어딘가에서 읽은 것 같아요. '동대문 DDP'처럼 막 곡선으로 휘어지고 형태도 예측하기 어려운 디자인인데, 그걸 가능하게 해주는 것이 구조 설계라고 읽었는데, 그 뜻을 이 자리에서 알게 되네요.

전은필 저는 훌륭한 구조 설계로 철근 50톤으로 예상했던 작업이 35톤까지 줄어드는 것도 경험했어요. 철근 비용만 약 1,500만 원이 절약된 거죠.

조남호 과거의 구조 설계를 할 때와 비교해보면, 요즘에는 구조 프로그램을 돌려서 산출하는 경우가 훨씬 많아졌어요. 요사이 의사들도 고도로 섬세하게 조정되고 컨트롤되는 장비들을 사용하면서 의사 개인의 능력이 떨어지는 측면이 있다고 하더라고요. 마치 그런 경우처럼, 입력값의 문제나 기타 다른 요인으로 오류들이 생겼을 때 작업을 하는 전문가들이 그걸 보고도 알아채지 못하는 문제가 발생합니다. 구조 프로그램을 돌리더라도 전체적인 걸 읽을 줄 알고 어디에서 어떻게 오류가 생겼는지 판단해서 조정을 해줘야 되는데 의식 없이 구조 설계를 하는 곳은 그런 과정도 개념도 없는 경우가 많아요.

정수진 솔직히, 구조 설계 업체는 저희를 좋아하지는 않을 것 같아요. 건축가가 특별한 요구를 하면 구조에서 쉽게 해결되지 않으니까. 수월하게 해결되는 구조 설계가 없을 거예요. 바꿔 말해, 쉽게 해결될 것 같으면 굳이 외부에 설계를 의뢰하지도 않을 테고요. 예를 들어, 기둥을 설계할 때 구조적으로 최적의 위치라 하더라도 공간의 성격상 이동하거나 삭제해야 할 경우가 있어요. 이런 경우 다른 방향의 구조 해석과 부재들의 특성이 다시 계산되어야 하는데 까다롭고 귀찮은 일이지요.

최이수 설비 과정은, 1차 설계를 마치고 진행하는 거죠?

임태병 설비는, 예를 들면 화장실 배관 이런 것들은 화장실 위치와 레이아웃이 어느 정도 결정이 돼야 고민할 수 있지요. 물론 경험치가 있으니까 설비의 성격에 따라 여기저기 분산시켜 놓기보다는 한쪽으로 집중하는 편이 훨씬 더 경제적이라는 걸 알죠. 하지만 또 최종적으로 건축주의 쓰임새에 맞아야 되니까 하다 보면 어쩔 수 없이 떨어지는 경우도 있는데, 그런 것을 정리하는 일이지요.

기획자 그렇다면, 건축가가 도면을 어느 정도까지 상세하게 그릴까요? 문득 궁금해져요.

'도면은 상세할수록 좋다'는 명제의 숨은 뜻

조남호 건축가가 상세도면까지 그리지만 설계도서는 일종의 가이드라인입니다. 공사비 산정의 기준이면서 건축가의 의도를 시공자에게 설명해주는 매개체이지요. 능력 있는 시공자라면 설계도서를 통해 의도를 파악하고 자신의 방식으로 재해석하는 과정을 거칩니다. 그런 후 그 내용이 건축가의 의도와 상충하는지 확인하지요. 저는 때로 도면을 통한 의사 전달이 어려울 경우 도면에 편지 같은 메모도 남깁니다. 이 부분을 시공할 때는 이런저런 내용을 검토하고 건축가와 사전에 협의합시다, 라고요.

설계도서
공사의 시공에 필요한 설계도와 시방서 및 이에 따르는 구조계산서와 설비 관계의 계산서를 말한다. 시방서는 시공 방법, 재료의 종류와 등급, 현장에서의 주의사항 등 설계도에 표시할 수 없는 것을 기술한 문서이다.

임태병 도면이 '가이드라인'이라는 말씀은 굉장히 중요해요. 디테일을 아무리 정확하게 그린다 하더라도 도면대로 똑같이 될 수가 없어요. 현장 상황도 다르고 비용도 있고. 또 시공자가 더 좋은 방법을 알고 있을 수도 있어요. 도면이 현장에서 실현될 때 조금씩 변화가 있기도 해요. 건축가는 전체 큰 흐름에서 비용이라든가 기간이라든가 전체 디자인 방향을 가늠하면서 판단을 하는데, 여기서부터 건축주가 그 수정에 대해 신뢰의 눈이 아닌 의심의 눈으로 개입하기 시작하면 이 모든 중심이 다 흔들려버리는 거예요. 그래서 어떤 면에서는 건축주가 시공에 관한 상세 내용을 지나치게 꼼꼼하게 챙기는 건 어쩌면 독이 될 수도 있어요.

정수진 제가 생각하는 좋은 시공사는 도면을 열 장만 건네도 집이 되도록 만들 수 있는 능력이 있고, 100장을 건네면 쓸데없는 도면을 걸러내는 자신감이 있는 곳이죠.

기획자 그런데, 무능한 건축가가 그렇게 말하면 문제가 될 수 있긴 하죠.

모두 (일동 웃음) 아아….

최이수 세 사람이 엮여 있는 거잖아요. 저는 이 집짓기 과정이 돈도 아니고 기술도 아니고 사람의 문제인 것 같아요. 어쩌면 '인성'을 말하는 책이 되는 것, 아닐까요? (일동 웃음) 궁금한 게 있어요. 건축가분들은, 거리를 지나다니다가 건축가가 설계한 건물을 금방 알아보세요? 되게 궁금했어요. 건축가들은 알까, 그걸?

임태병 알죠. 거의 금방 알아볼 수 있죠.

최이수 제가 아는 한 분은 직영공사를 해요. 골조, 외부 공사를 따로 맡기고 실내는 인테리어 업자와 계약을 따로 해서 진행을 하더라고요. 이런 방식이 실제로 많고, 이른바 '집장사' 집들도 흔전만전이잖아요. 사실 건축가가 작업한 집은 한 동네에서 한 채도 발견하기 어려운 경우가 많고요. 그렇다고 우리가 이 모든 사례를 거론하며 정보를 넣을 필요는 없을 테지요?

계획 설계
건축가가 땅의 상황과 건축주의 요구 조건 등을 공유하고 설계에 대한 기본적인 방향을 설정하는 단계

기본 설계
설계 계약 후 건축주와 건축가가 충분한 시간 여유를 가지고 지어질 건축물과 공간에 대해 의논해서, 기초적인 설계를 확정짓는 단계

실시 설계
기본 설계의 문제점을 보완해서 작성하는 허가용 도면이자 최종 공사용 도면. 이때 구조, 설비 등의 각종 계산서 및 공사 전반에 대한 시방서 등이 작성되어야 한다. 공사비 산정의 기준이 된다.

샵드로잉(shop drawing)
설계도면에 기준하되 현장 실측과 공사 중 적용된 기술을 반영한 상세도면, 또는 즉흥적인 상황에 대응하기 위해 그리는 도면. 현장에서 벌어지는 수많은 다양한 상황에 따라 실시 설계를 미묘하게 변화시켜야 하는 경우, 샵드로잉으로 건축가, 시공자, 건축주가 내용을 공유하고 정확한 변경 사항을 확인한다.

정수진 아, 저는 가장 권하지 않는 방식이에요. 공사에 대해 잘 안다고 자부하더라도, 그분들이 갖고 있는 경험치가 무척 협소해요. 공사도 수술만큼 전문적인 지식과 노하우가 필요한 일입니다.

건축가는 예술가나 작가 등의 수식어를 받기 이전에 윤리적인 사람이어야 하고 또한 높은 수준의 전문가여야 해요. 건축가도 건축주도 꼭 기억해야 하는 지점입니다. 아무리 멋진 설계라도 도면만으로는 행복한 집이 되지 못해요. 건축가는 건축주 눈에 보이지 않는 부분들을 실현시키기 위해 백배, 천배 고민을 해야 합니다. 그 고민들이 도면으로 그려져요. 집은 대부분 일생에 한 번 지어요. 그리고 그 집에 여태껏 모은 돈과 꿈을 모두 쏟아붓지요. 그렇기에 집을 짓는 사람은, 설계의 수준이나 난이도를 떠나서, 인간적으로 도덕적이어야 하고, 전문가로서 철저해야 합니다. 그래야 그 집에 사는 사람들이 안전하고 행복할 수 있어요.

건축가가 그리는 도면은 굉장히 중요해요. 설계와 시공은 지출하는 돈의 단위가 달라요, 동그라미가 하나 더 붙는다고요. 설계야 수정하고 고치는 것이 종이에서 이루어지지만, 시공은 현장에서 벌어지는 일이기 때문에 안전의 문제까지 초래할 수 있어요. 시공에서 심각한 문제가 발생하면 건축주를 포함한 모든 사람이 그 상황의 노예가 될 수 있어요. 서로 조율이 안 될 경우는 결국 잘잘못을 따져야 하는 소송으로 가기도 하는데, 그럴 경우 기준으로 제시되는 도구가 결국 도면인 거예요. 도면은 모든 상황을 가늠하고 누군가의 잘못을 가려줄 잣대가 되지요.

도면의 정밀함과 성실함은 전체 건축비에 상당히 중요한 영향을 미칩니다. 예컨대, 통상 건축주가 예비비를 따로 준비해두잖아요. 공사비의 10%, 20% 많게는 30%. 공사를 진행하면서 애초 견적 대비 이렇게 많은 '예상 외 비용'이 든다는 것은 도면이 불성실하기 때문이 아닐까요? 도면이 정확하다면 결국 도면 안에 모든 금액 조건이 포함되어 있기 때문에 도면 외적인 상황이 발생하지 않을 것이고, 도면대로 시공을 한다면 시공사의 추가비 요청이나 필요 없는 변경 요청이 있을 수 없다는 얘기가 되죠. 시공사를 무시한다는 말이 아니라 도면의 충실도가 얼마나 중요한가를 강조하는 말입니다. 물론 현장에서는 도면대로 진행할 수 없는 우발 요인이 상당히 많이 발생해요. 그래

서 시공 방법이나 재료 변경을 하더라도, 최소한의 손해로 모두를 보호할 수 있는 장치가 바로 잘 정리된 도면이라고 생각해요.

기획자 건축가와 시공사가 만나는 중요한 접점이네요, 도면이라는 요소는.

정수진 물론이죠. 시공사, 건축주, 설계 사무실 간에 공통으로 꺼내 놓고 얘기할 수 있는 매우 중요하면서 유일한 공통 언어가 아닐까 싶어요.

최이수 어떤 건축가를 만나야 할까, 하는 지점에 대해서도 좀 더 세부적으로 얘기해봤으면 좋겠어요. 건축가가 등장해서 설계한 집을 직접 소개하는 프로그램들도 몇몇 있지만, 여전히 건축가를 선택하는 문제는 매우 어렵고 난감해요. 어느 정도가 평균인지를 모르잖아요. 어떤 책에서는 '교수직함'이 있는 건축가, 젊은 건축가, 유명 건축가 등으로 분류를 했던데, 전혀 기준이 될 수 없을 것 같아요. 또 단독주택 설계 경험이 많은 건축가, 감리가 가능한 건축가, 자기 복제를 하지 않는 건축가, 제시된 시공비를 잘 지키는 건축가 등의 분류도 유의미한 분류일까요?

조남호 다양한 분류는 유의미하다고 생각합니다. 젊은 건축가들도 있고 연륜이 있는 중견 건축가들도 있지만 연차와 경험의 차이는 중요해 보이지 않습니다. 과거에 비해 최근의 젊은 건축가들은 다양한 견해들을 갖고 있고, 자신만의 태도를 분명하게 드러냅니다. 그들이 보여주는 높은 완성도는 경향을 따르기보다는 자신만의 분명한 태도에서 비롯됩니다. 한 예를 든다면, 어떤 건축가는 '작품'의 관점에서 보는 걸 경계합니다. 과장되어 보이는 언어를 경계해 실재적이고 정확한 작업 과정을 선호합니다. 환경에 민감해 윤리적인 태도를 견지합니다. 최근 '젊은건축가상' 심사 과정 영상을 보면 그들의 다양한 견해와 건축 사이의 관계를 이해할 수 있습니다.

집짓기 과정에서 건축가의 역할이 중요한 이유 중 하나에 우리나라 주택시장의 특성도 일조한다고 생각합니다. 가까운 일본이나, 미국, 독일 등의 나라에는 전통에서 흘러온 보편적인 집짓기 방식이 존재

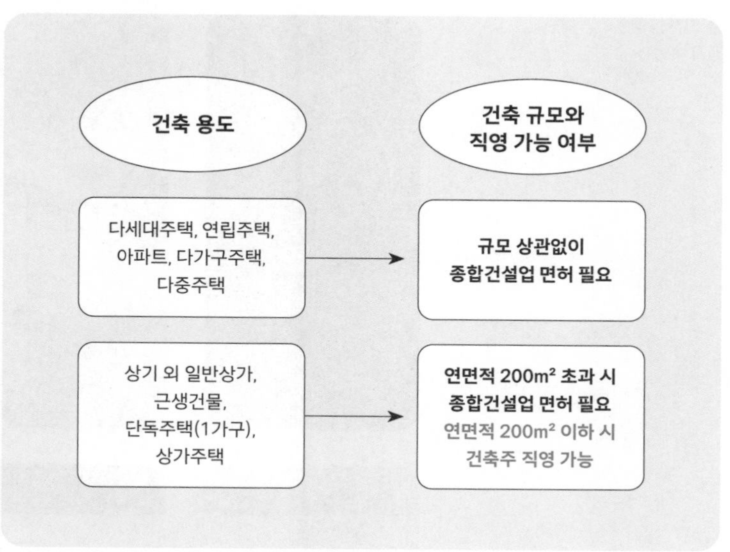

➔ 건축 용도와 규모에 따른 건축주 직영공사 가능 여부

합니다. 품질과 디자인에서 큰 노력을 들이지 않아도 일정 수준의 집을 지을 수 있는 시장이 존재한다면 약간의 노력으로 더 좋은 집을 지을 수 있죠. 우리나라는 그 영역이 부재하다 보니 양극화되어 있고, 좋은 집을 지으려면 특별한 과정이 요구되고, 그 과정을 함께 할 설계자이자 조언자로서 건축가의 역할이 중요할 수밖에 없는 겁니다.

최이수 공사 진행할 때 건축주가 현장에 몇 번이나 가는 것이 바람직할까요? 대체로 시간이 나는 대로 자주자주 가서 보라고 하던데….

전은필 저는 착공 신고하고, 공사에 들어가기 전에 빈 땅에다가 건물의 위치를 대충 그려놔요. 그러고 나서 건축주와 건축가 현장에서 만나서, 위치를 보여요. 1층 바닥 높이와 어느 위치에 어떤 공간이 들어가는지 공개하는 첫 자리인 거죠. 두 번째는 땅을 파기 시작하면서 바로 건축가와 미팅을 해요. 그 후, 외장 재료를 보여주기 위해서 미팅을 해요. 그 다음에 창호, 섀시 컬러 등 눈에 보이는 것들. 그런 것들을 하나로 묶어서 컬러 맵을 정해서 진행을 하죠. 그런 식으로 총 4~5회 정도 공식적으로 미팅을 가져요.

최이수 예상했던 것보다 정말 적은데요.

➡ 전은필 대표의 휴대전화 캡처 이미지

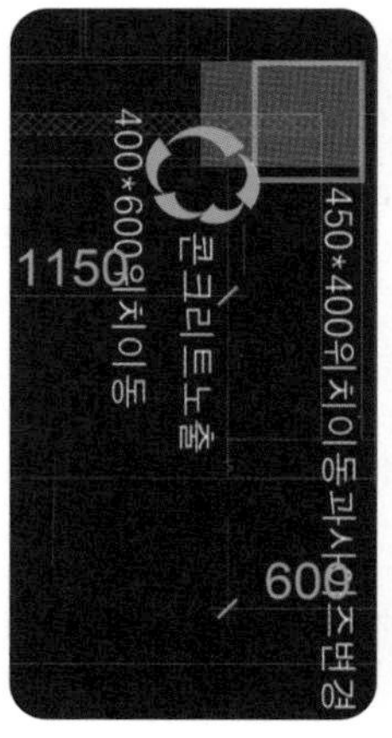

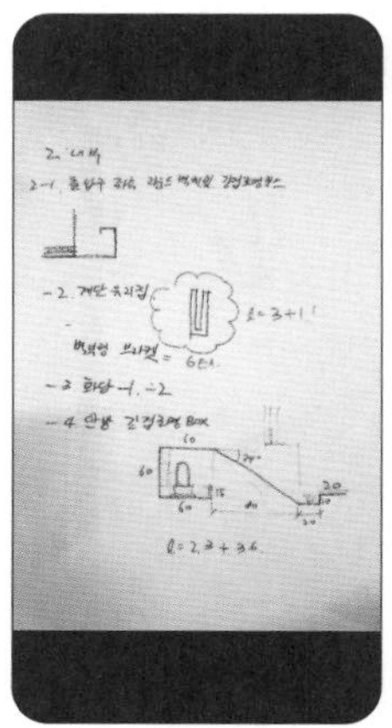

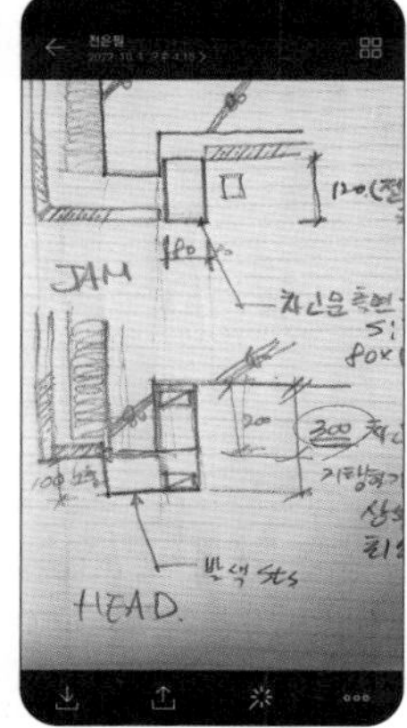

아무리 도면이 정확해도 현장에서는 변수들이 생겨요. 저는 현장에서 빠르게 의견을 묻고 상의하면서 건축가와 현장 작업자들을 조율합니다. 매우 흔한 일이에요.

전은필 물론 그 중간중간에 상의를 할 일이 있을 수 있지요. 그렇지만 한 달에 한 번 정도가 보편적이고 필요한 횟수라고 봐요.

정수진 김호정 건축주는 처음에 현장 앞에 오피스텔을 얻을까 했대요. (일동 웃음) 이전에 리모델링할 때 너무너무 고생을 하셔서. 그래서 제가 사전에 시공 과정에서 문제가 생길 시 대응 방법 등을 미리 설명했고, 실제로 현장에서는 현장감독의 안내하에 기분좋게 현장을 둘러보셨어요. 때로는 방해가 될까 봐 밖에서 잠시 구경하고 간식거리 같은 걸 선물하고 가셨다더라고요.

조남호 제일 행복한 사람이, 한 달에 한 번 꼴로 현장에 왔던 건축주가 제일 행복해하더라고요. 반대로 매일 현장에 가는 분들이 가장 괴로워해요.

임태병 엄청나게 지난하잖아요. 몇 개월을, 진행이 거의 안 되는 날도 있는데. 매일매일 보고 있는 건 현장소장이나 현장에서 일하는 사람하고 다를 바가 없어요. 너무 힘들죠. 근데 한 달에 한 번 정도 오면 변화가 크니까 '이만큼 됐구나' 하고 보는 재미가 있지요.

건축가와 시공사의 전문성

조남호 설계든 시공이든 단편적으로 이해하기 어려운 복합적인 과정의 산물이에요. 이런 전문적인 영역을 단순한 하나의 제품을 구입할 때처럼, 그 상황을 건축주가 컨트롤하겠다고 나서는 것은 적절하지 못한 생각이에요. 전문 영역은 전문가에게 맡기는 게 답이죠.

당연히 현장에서 착공이 시작되면 그 현장의 주인은 시공사예요. 시공자는 설계의 의도를 읽고 시공의 관점에서 자신의 방식으로 재해석한 후, 공사에 앞서 건축가와 의논해야 합니다. 시공사의 해석은 건축가의 의도를 넘어설 수도, 못 미칠 수도 있습니다. 이 조율의 과정은 시공 과정의 핵심이라고 할 수 있고 여기에 건축주도 함께할 수 있습니다. 현장에서 건축가가 지나치게 나서는 방식은 시공자를 수동적으로 만들 가능성이 있어요.

임태병 중요한 말씀이에요. 좋은 시공사 혹은 바람직한 시공사가 견적 작업을 할 때 시간이 오래 걸리는 이유가 꼼꼼히 견적을 내서 그런 것도 있지만, 전체적으로 설계를 해석하는 과정이 포함되어 있는 거예요. 건축가가 어떻게 생각을 했는지, 건축주가 필요한 게 뭔지, 이런 내용을 파악하는 데는 시간이 필요하지요. 그러니 견적 작업이 기본적으로 오래 걸리고, 그 내용을 파악하고 있으면 디테일한 문제에서 도면이 혹시 잘못 나가거나 혹은 설계자의 생각이 잘못 전달됐을 때 거꾸로 연락이 와요. 자기 생각에는, 또는 그때 들은 얘기로는 이게 아닌 것 같은데 맞는지 다시 확인해달라고 연락이 오는 경우가 종종 있거든요. 그런 시공사가 좋은 시공사인 거예요.

전은필 시공자가 건축가에게 전화를 할 때는, '이런 방법으로는 돈이 많이 들어요'라고 얘기하려고 하는 거예요.

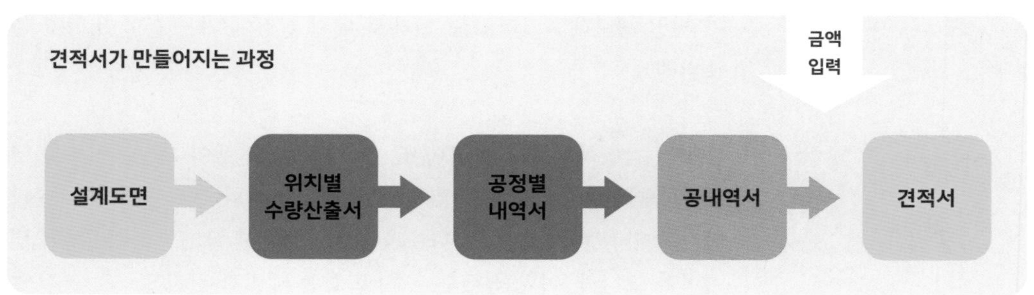

공내역서
자재의 수량, 규격은 기입하지만, 가격은 공란으로 두는 내역서.

임태병 맞습니다. 상당히 중요하죠.

조남호 건축가와 시공자의 관계에는 여러 유형이 있을 수 있습니다. 국가별로도 보면 조금씩 다른데 건축가가 훨씬 더 강한 통제력을 갖기도 해요. 스위스 같은 경우는 건축가가 현장과 모든 기술진을 다 온전히 통제하거든요.

임태병 제가 들은 바로는 스위스의 경우, 건축가가 거의 신의 영역이라고⋯.

조남호 일본의 경우는 건축가가 기본 설계만 하고, 실시 설계에 해당하는 도면을 시공사가 그리고 그걸 기준으로 산정된 공사비를 제출하죠. 우리는 일본과 스위스 중간쯤 해당한다고 생각하는데, 여러 스펙트럼이 존재합니다. 저의 경우는 상세 설계를 최대한 세심하게 챙기지만 시공사가 주체적으로 할 수 있도록 배려합니다. 시공사한테 주체적으로 할 수 있도록 주도권을 넘기는 편에 가깝죠. 예를 들면 건축주가 시공사한테 견적을 받았어요. 근데 항목을 보면 총액이 거의 비슷하게 나왔는데, 세부 항목을 보면 시공사마다 다릅니다. 건축주 입장에서 보면, 제일 낮은 금액만 모아 놓으면 되겠네요, 하고 말씀들 하시지요. (일동 웃음)

최이수 싼 쪽으로, 무조건 싼 쪽으로 맞추겠지요. (웃음)

조남호 물론 그 시공사가 약간 비효율적일 수도 있어요. 그런데 그보다는 자기가 거느리고 있는 공정별 팀들이 그걸 구현하는 데 이 정도 비용이 들어간다고 해석한 거예요. 그렇게 싼 쪽으로만 맞추려면 이 멤버를 빼고 저쪽 회사의 멤버를 데리고 와야지 가능한 일이지요. 그러니까 이건 일종의 체계고 일관성이기 때문에 한 항목을 가지고 판단하면 안 된다, 라고 설명을 해줘요.

시공사 선정이 중요한 건 의사결정의 중요한 부분을 위임할 정도의 전문가여야 하니까. 신경을 많이 쓰게 되지요. 좋은 파트너를 만났을 때 제가 훨씬 자유로워지기도 하고요. 건축주, 건축가, 시공자의 역할이 분명하게 구별된다면 그 원칙을 기본적으로 존중하는 게 중요하다고 생각해요.

최이수 몰랐어요, 저는. 시공사가 고민하는 시간이 필요하고 견적 내는 시간이 왜 필요한지 저는 지금까지도 몰랐네요. 견적은 보통 일주일이면 나오는 줄 알았어요. 흔히들 그렇게 얘기하니까. 그런데 건축가의 설계를 이해하고 읽는 것을 넘어서 설계의 일관성을 파악하고 해석해서 시공자의 의견을 정리하고 또 이견이 있을 경우 그에 대한 상의를 시공사도 준비해야 할 테고. 어떻게 보면, 시공사도 설계와 건축주를 보고 판단할 수 있는 거잖아요. 이 작업을 맡을지 맡지 않을지를. 굉장히 중요한 내용이었어요, 저에게.

김호정 저희 집 시공한 회사도 견적서를 3주간 준비하셨다고 했어요. 어떤 방법과 과정으로 시공을 하시겠다고 미팅 때 브리핑을 해주셨죠. 모든 내용을 정확히 이해하기 어려웠지만, 우리 집 설계에 대해 이미 분석을 다 끝냈구나, 고민과 준비를 많이 하셨구나, 그걸 느낄 수 있었어요. 견적의 내용을 보고 신뢰가 갔습니다. 시공사 입장에서는 견적이 건축주에게 보여주는 첫인상이자 입찰까지 이어져야 하니, 공력이 아주 많이 드는 작업임에는 틀림없는 것 같아요.

좋은 시공사가 일하는 방식

기획자 시공 과정에 대해 건축주가 어디까지 알아야 할까, 하는 문제에 관해서 이야기를 나눠보려고 해요.

조남호 건축주가 시공에 대해서 알아야 하는 이유가 뭘까요?

기획자 건축주가 시공사를 신뢰하지 못해서?

임태병 그러니까, 그게 시장에 기본적으로 깔려 있으니까. 어떻게 하면 사기나 사고를 당하지 않을까를 고민하게 되니까. 신뢰가 없으니까.

조남호 그런 설정으로 집을 짓기 시작하면 10년 늙는다는 통념이 현실이 되는 것이죠. 그런 분위기가 시공자에게도 쉽게 전달이 될 테고, 현장은 자연스럽게 불신과 대립이 상존하는 구조로 갈 텐데, 스스로 질곡의 길로 들어서는 모양새입니다. 감리자로 참여하는 건축가인 저도 철근 배근 상태 등을 검사하지만 시공사가 고의로 누락할지도 모른다고 전제하진 않습니다. 너무 자주 현장을 방문하기보다는 중요한 시점에 방문하는 게 중요하다고 생각하는 편입니다. 순간순간 애매한 지점들에 대해서는 언제나 편하게 질문해주기를 현장에 요청합니다. 질문이 없는 현장은 무언가 잘못되어가고 있다는 분명한 표징이라고 할 수 있지요. 건축주도 관심이 있다면 시공의 전 과정을 이해해 적절하게 개입하는 것은 도움이 됩니다. 소소한 문제가 생겼을 때 건축주도 있는 자리에서 열린 태도로 대화해 풀어나가는 게 중요합니다.

임태병 현장에서는 별의별 사건들이 일어나고 또 도면대로 진행이 안 되는 경우도 되게 많아요. 리뉴얼 현장이 더 심하고 신축도 그런 경우가 많지요. 예를 들어, 청운동의 한 현장에서 콘크리트로 벽을 치고 그 위에 아치로 철골 프레임을 올리는데 콘크리트가 칼같이 안 나온 거예요. 각도와 기울기를 맞춰서 올렸는데 안 맞아. 그럼 이걸 어떻게 할지 건축가와 시공자가 무리 없이 안전하게 해결할 수 있는 방안을 찾는 것이 가장 중요한데, 건축주가 현장을 보고 놀라서 왜 이렇게 딱 맞게 시공을 못 했는지, 뭔가 시공사가 크게 잘못했는데 그저 덮으려고 하는 건 아닌지 의심의 눈으로 접근하면 좋은 답이 나오기가 어려워요. 그래서 저는, 시공 과정에 대해 어차피 현장마다 알아야 할 정보가 다르기도 하고, 지나치게 상세한 정보를 가이드하는 책은 바람직하지 않다고 봐요.

정수진 제가 진행했던 한 경우가 떠오르네요. 제가 A라는 방법으로 시공할 거라 말씀드렸더니 그 방법에 관해 저보다 더 많이 공부를 하고는 현장에서 진행되는 방식에 관해 못마땅해하는 거예요. 현장 상황이 기계처럼 딱딱 들어맞는 게 아니잖아요. 가장 중요한 기준을 정해 놓지만 사소한 문제들은 상황에 맞춰 가장 효율적인 해결책으로 풀어가는 것이 현장이니까.

조남호 현장이 어려웠겠군요. 시공사도 설계를 구현하는 데 있어 나름의 방법이 있는데, 작업자들은 자신이 제일 잘하는 방식을 선호하지요. 대체로 작업자들이 가장 자신 있는 방식으로 구현하는 게 안전하기도 하고요. 객관적으로 더 나은 공법이 있다 하더라도 작업자가 완전히 장악하지 않았다면 완성도를 기대하기 어렵고 책임 관계도 애매하지요.

정수진 저희는 주택 프로젝트가 많기 때문에 대체로 규모가 작고 직접 감리를 해요. 그래서 중간에서, 즉 시공사와 건축주 사이에서 중간 역할을 많이 하는데, 솔직히 죽을 맛은 죽을 맛이에요. 작업자들이 현장 상황에는 대처를 곧잘 해요. 그런데 건축주 대처에 미숙하면 비전문가인 건축주 입장에서는 별일 아닌 문제가 심각한 상황으로 이해되는 경우가 있어요. 아이고, 소리가 절로 나오죠. (웃음)

임태병 (웃음) 그렇죠. 어떤 상황인지 그려집니다. 커뮤니케이션에 뛰어난 현장소장이 상주한다면 좀 낫겠지만요.

정수진 그래서 건축주가 현장에 무언가를 원할 때는 저희가 중간에서 정리를 해요. 그 이유는 건축주들이 예전처럼 '잘 지어주세요' 정도의 요구가 아니라 나름 전문적인 분야까지 깊게 공부를 하고 요구를 하는데 그 상황이 시공자 입장에서는 상당히 당황스러울 수 있거든요. 건축주 입장에서는 하나를 요구할 뿐이지만 시공자의 입장에서는 이것과 관련된 수많은 것을 함께 포괄적으로 고민해야 하기 때문에 자칫 심각한 오해가 생기는 경우가 있다는 말이죠.

조남호 몇몇 실용서들이 부추긴 측면도 있어요. 마치 그 정보를 다 알아야 되는 것처럼. 철근 두께부터 심지어는 못의 길이까지…. 사실은 건축주 본인에게도 그다지 좋지 않은 정보입니다.

물론, 시공자와 건축가와 건축주의 역할이 약간씩 오버랩되면 좋지만, 그렇지만 원칙은 '현장은 시공자가 중심이라는 것'입니다. 시공자의 주도하에 움직이는 게 좋습니다. 아무도 개입을 안 해도 시공자만으로 현장이 잘 돌아가는 것을 전제로 한 다음에, 건축가 또는 건축주가 개입을 하는 것이 자연스럽습니다. 다시 말해, 시공자가 온전한 주체로서 집을 지어가는 과정에 간혹 의견을 보태다 보면 더 좋아지지 않을까, 하는 정도인 거예요. 함께 논의하다 보면 때로는 시공자도 미처 생각 못 했던 아이디어를 건축주가 낼 수도 있어요. 서로 오버랩되는 건 좋지만 어딘가에 발생할 결핍을 대신해 건축주가 공부해서 해결한다든가, 건축가가 시공자를 대신하려고 들면 이미 문제의 소지가 있는 현장입니다.

현장마다 다르고 또 시공자마다 다르겠지만, 전제는 시공자가 주체고 시공자를 신뢰하며 움직여야 한다는 걸 기본으로 삼아야 합니다. 건축주가 현장을 개선하기 위해서 공부해야 된다는 전제는 새로운 종류의 문제를 발생시킵니다. 외려 큰 어려움을 불러올 수 있어요.

임태병 요즘 클라이언트들이 처음 미팅할 때 가져오는 것들이 인터넷에 떠 있는 이미지들을 수집하거나 서류나 세부 비용 등을 검색해서 갖고 오는 분들이 많아요. 저는 이 공부를 하지 마시고 어떻게 살고 싶은지, 어떤 집에 살고 싶은지, 본인이 원하는 게 뭔지를 먼저 생각하라고 얘기해요. 그러면 '에이 뭐 그런 건…' 하고 치부하는 경우가 많아요. 그런데 처음부터 끝까지 건축주에겐 그게 가장 중요한 거예요.

정수진 특히 시공에 관한 책은 위험할 수 있어요. 책에서 언급하는 사례는 특정한 한 경우에만 해당하는 방법이기 때문에 매우 제한적이에요. 충분히 위험해 보여요. 오랜 시간 경험이 축적되고 많은 다양한 변수들을 융통성 있게 고려해야 하는데, '이런 자재가 좋다, 이런 시공법이 좋다' 하는 서술에 건축주들은 집중하기가 쉽잖아요.

조남호 집을 한 채 짓고 빌더가 될 수도 있어요. 문제는, 자기가 보편이라고 얘기하는 순간이에요. 그 순간 위험해지는 거죠.

김호정 지식을 쌓아서 오류를 짚어내겠다는 생각이 아니라, 전문가들의 언어를 조금이라도 이해하고자 하는 노력의 일환으로, 즉 소통이 가능할 정도로는 공부를 해야겠다 싶었어요. 결정해야 할 것은 많고 질문을 하라고 하는데, 어느 정도는 알아들어야 질문이라도 할 텐데 외계어가 따로 없더라고요. (웃음) 그래서 이것저것 찾아보고 읽으면서 공부를 하게 되었어요.

최이수 좋은 건축가가 하는 일의 범위와 일의 방식에 대해 얘기할 수 있듯이 좋은 시공사가 일하는 방식에 관해서도 얘기할 수 있지 않을까요?

조남호 건축주 입장에서 생각하면, 설계와 시공이 통합되어 있다면 간편하다고 생각할 것 같아요. 예산에 맞추어 설계와 시공을 한 후 시운전까지 해보고 집 열쇠를 건네주는 이른바 '턴 키'(Turn Key) 방식이죠. 일정 규모 이상의 공공건축에서 시행하던 제도인데 폐해가 커 대부분 없어졌습니다. 삼권분립의 원칙에서도 법을 만드는 사람과 운용하는 사람이 다르듯, 건축주, 건축가, 시공자의 역할을 나누면 효율이 떨어져 보이지만 견제와 균형을 통해 새로운 시도와 안정성을 동시에 추구합니다. 삼자는 모두 자신의 견해를 관철시키고자 하고, 요구를 수용하기도 합니다.

뛰어난 시공자는 자신이 무엇을 짓는지 분명히 압니다. 건축가가 도상 위에서 이상과 현실 사이를 잇는 그림을 그렸다면, 시공자는 냉철한 태도로 거친 대지 위에 현실에 기반한 결과물을 만듭니다. 땅과의 접점을 이루는 다양한 상황에 대처하는 능력이 필요하고, 토목, 조경, 전기, 설비, IoT 등 집을 이루는 다양한 분야를 이해하고, 현장 주변의 거주자나 작업자들에게 적절한 협력을 구해야 합니다. 더 중요한 것은 집을 이루는 기반이 되는 요소, 즉 골격을 이루는 구조와 단열, 방수 체계 등 사계절이 분명한 우리나라 환경에서 집을 이루는 기본이 되는 체계를 만드는 데는 고도의 판단력이 필요합니다.

흔히 공사 단계에서 무언가 문제가 생길지 모른다는 우려가 크지만, 설계 단계에서 간과했던 문제를 보완해 더 좋은 집으로 만들 수 있는 기회이기도 합니다. 설계 단계는 어느 정도 단계가 구분되긴 하지만 경계가 불분명합니다. 공사는 모든 과정이 명확한 단계를 갖고 있고, 기간이 길며, 눈으로 볼 수 있지요. 해당 공정이 진행되기 한 달 전쯤 사전 회의를 통해 공사 과정을 공유한다면 설계 때 놓쳤던 디자인뿐 아니라 기술적인 문제도 보완이 가능합니다. 좋은 시공자는 열린 태도로 이러한 과정을 잘 이끕니다.

전은필 훌륭한 시공자는 제안하고 조정하고 의견을 묻죠. 그게 책임을 전가하거나 문제를 덮으려는 의도가 아니에요.

조남호 맞아요. 좋은 시공자는, 말하자면 정수진 소장님이랑 작업을 하고 난 뒤에 저와 작업을 하게 됐어요. 그러면 저의 설계를 보고, 정수진 소장님이랑 할 때 이 부분을 이렇게 해석하고 풀었는데 되게 결과가 좋았다고 얘기해줄 수 있는 거예요.

전은필 아, 얘기하는 거, 결과는 좋아지는데, 그러면 저희가 되게 힘들어지는 측면이 없다고 말할 수는 없는…. (일동 웃음)

임태병 맞아요. 그런 부분 정말 좋지요.

조남호 저는 뭐 표절할 의사가 없었는데…. (일동 웃음) 이런 식으로, 사실은 현장에서 긍정적인 것들이 많이 생겨나거든요.

최이수 진화네요, 진화.

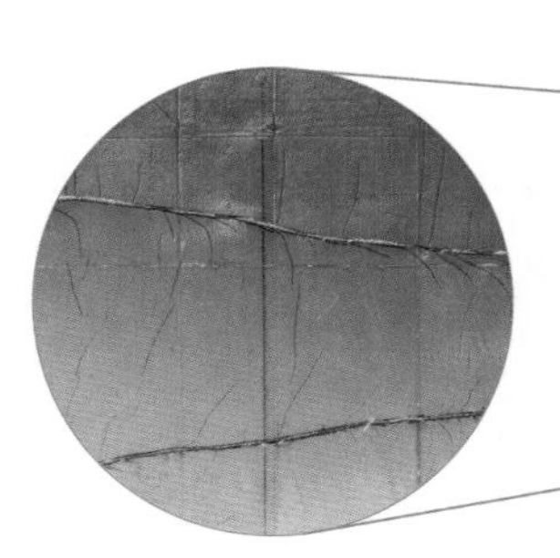

➔ 윤슬빌딩 노출 콘크리트
사진: 남궁선

임태병 전체 시공 퀄리티가 올라가는 계기가 되죠. 건축가들은 서로 그런 부분에 관대해요. 오픈소스라고 생각하고요. 시공사가 매개가 되어 서로의 작업들의 장점들이 교차되고 전달되는 걸 즐기지요. 반면에 인테리어 디자인 쪽은 그렇지 않더라고요. 제가 경험해보니 굉장히 민감하게 크레딧을 주장하고….

김호정 저희 집 지하에 노출콘크리트 작업할 때가 떠오르네요. 지하로 내려가는 콘크리트벽에 격자와 함께 새끼줄 같은 무늬가 있어요. 건축가가 디자인 제안을 했는데 시공사에서 구현해낸 거예요. 여러 재료로 실험을 다 해서 샘플을 만드셨더라고요. 건축가의 의도를 구현하는 시공사의 모습이 정말 감동적이고 멋있었어요.

정수진 그 작업 저도 만족스러웠어요. 저의 경우에도 디테일은 결국 현장에서 배워요. 그래서 더욱 유능한 시공자를 만나고 싶어요. 제가 다시 배울 수 있으니까.

Point 1 용도와 허가에 대해 알기

땅의 종류와 관련 법

집을 지을 수 있는 땅을 법적으로 제한하는데, 보통은 아래와 같은 종류입니다. 땅을 사기 전에 법적으로 문제가 없는지 철저하게 조사해야 합니다.

①

이미 동네가 형성되어 있는 경우

단독주택만 밀집한 동네일 수도 있고, 일부가 다세대나 빌라로 바뀐 동네일 수도 있는데, 둘 다 단독주택 지역이라는 의미입니다. 이런 동네에서 옛집을 사서 헐고 신축을 하고자 한다면,

첫째, 기부채납에 관해 조사해야 합니다.
둘째, 도시계획상 도로가 생길 수도 있습니다. 신축일 경우에는 이격 거리를 참고해야 합니다.
셋째, 주차에 관한 사항을 정확하게 정리해야 합니다. 동네에 따라 지하를 파지 못하는 경우도 있습니다.

②

신도시 부근에 LH에서 분양하는 단독주택 필지를 구입하고 싶은 경우

지구단위계획이 가장 기본적이고 중요한 조례인데, 지역마다 다르니 유의해야 합니다. 주변의 말을 믿지 말고, 직접 구청 담당 직원에게 연락해 정확한 정보를 수집합니다. 개발이 거의 끝난 일산과 분당을 제외한다면, 현재 개발 중인 택지지구에 대한 정보는 LH 홈페이지를 통해 알아볼 수 있습니다.

③

임야나 전답에 짓고 싶은 경우

건축 설계와 별도로 토목설계 사무실을 통해야 합니다. 임야나 전답을 '대지'로 변경해야 하는데 건축 설계와는 다른 영역입니다. 임야 활용계획을 짜서 이른바 '개발 행위에 대한 허가'를 받아야 하지요. 요즘은 개발 행위와 건축 설계가 동시에 진행되는 경우가 잦은데, 건축과 토목의 영역이 다르다는 점을 기억하세요. 그리고 이때 유의할 점은 비용이 많이 들 수 있다는 것입니다.

예를 들어, 임야에서 대지로 변경을 하면 공시지가가 올라가기 때문에 '산지 전용 분담금'이라는 비용을 지불해야 합니다. 보통 임야는 필지 규모가 크기 때문에 집을 짓기 위해 그 땅 전체의 개발허가를 받지 않아도 되는 경우가 많습니다. 이럴 경우에는 '분할 측량'을 통해 적정 규모의 면적을 개발할 수 있습니다. 그 밖에도 유의할 점이 많습니다.

첫째, 임야를 개발할 경우에는 경사도와 임목본수(임야에 심어진 나무의 수량), 도로 문제 등 조건들이 까다롭습니다.

둘째, 특히 신문광고에서 자주 접하는 대단히 저렴한 땅 분양 광고는 대체로 임야일 가능성이 높은데, 낮은 지가에 현혹되지 말고 주의를 기울여야 합니다. 임야는 집을 짓거나 상업적으로 활용할 수 없는 경우가 많기 때문입니다. 예를 들면, 근처의 계곡 풍광이 좋아 땅을 샀는데 교량을 놓아야 하는 상황이어서 수천만 원 이상이 든 사례도 있습니다. 임야를 사서 대지로 바꾸려면 개발 비용이 많이 들기 때문에 주위 시세와 비슷해집니다. 마음고생만 하고 허탈한 결과를 맞게 될 수 있으니 꼼꼼한 확인이 필수입니다.

④

상업지구에 집을 짓고 싶은 경우

상업지구에 단독주택은 안 되지만 상가주택을 지을 수 있습니다. 따라서 전형적인 단독주택으로 설계하려면 상가지구는 피해야 합니다.

⑤

택지 상황을 알 수 있는 사이트

LH 청약플러스 http://apply.lh.or.kr
토지이용규제정보서비스 http://eum.go.kr
온나라부동산정보 통합포털 http://seereal.lh.or.kr
인터넷등기소 http://www.iros.go.kr
정부24 http://www.gov.kr

간단한 용어 설명

건폐율 대지면적에 대한 건축면적의 비율입니다. 건축면적은 건축물을 위에서 아래로 내려볼 때의 테두리 면적으로, 층별 합산 면적과는 다르지요. 예를 들어, 1층 40평, 2층 40평인 건축물이 67평의 대지 위에 있다면 건축면적은 40평이고 건폐율은 40÷67×100=약 60%가 됩니다.

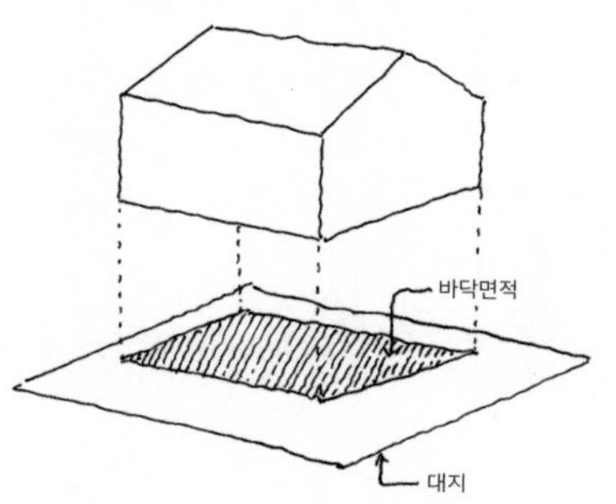

용적률 대지면적에 대한 지상층 연면적(전체 면적)의 비율입니다. 지상층 연면적은 지상 전체 층의 바닥면적을 합산한 면적으로, 앞의 사례에서 연면적은 80평이며 용적률은 80÷67×100=약 120%입니다. 한마디로, 건폐율은 평면적 개념이고 용적률은 입체적 개념입니다. 같은 면적으로 건축물의 층이 많을수록 용적률은 늘어나지만, 건폐율은 변하지 않는 겁니다. 건폐율과 용적률은 '국토의 계획 및 이용에 관한 법률'에 각 지역지구마다 기준을 정하고 있으며 이를 토대로 각 지자체의 도시계획조례 또는 지구단위계획에서 결정하도록 위임되어 있습니다.

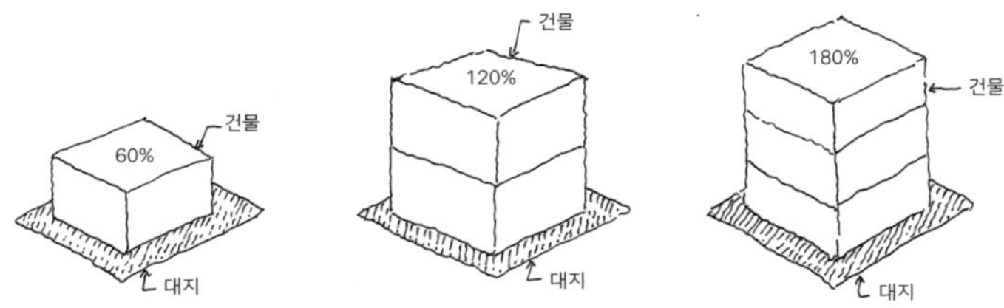

용도지역지구 흔히 알고 있는 상업지역, 주거지역, 녹지지역 그리고 미관지구 등의 상위 용어입니다. 해당 토지의 이용 및 건축물의 용도, 건폐율, 용적률, 높이 등을 제한함으로써 토지를 경제적·효율적으로 이용하고 서로 중복되지 않게 도시관리계획으로 결정하는 것입니다.

대지의 조건 대지란 건축할 수 있는 땅을 말합니다. 최소한 폭 2m 이상의 도로에 접해 있어야 하며 각 대지는 각각의 용도지역지구가 결정되어 있습니다. 전, 답, 임야의 경우 개발행위 허가(형질변경 허가)를 받아 적법한 경우 대지로 변경이 가능합니다.

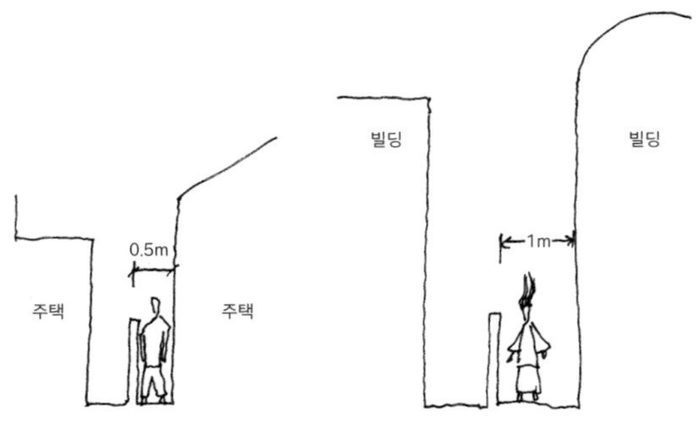

대지 안의 공지 건축선과 인접 대지경계선으로부터 건축물의 각 부분을 이격하여 확보하는 공지입니다. 주택의 경우 통상 0.5~1m 이상을 이격합니다. 이는 인접 대지 간 화재 차단, 대지 안의 통풍, 피난 통로, 개방감 등을 확보하여 주거 환경이 좋아지도록 합니다.

대지 안의 조경 면적 200m² 이상인 대지에 건축을 하는 경우 조례가 정하는 기준에 따라 대지 안에 조경을 해야 합니다. 직접 식재를 하거나 혹은 옥상조경 등으로 대체할 수 있습니다.

일조권 전용주거지역과 일반주거지역 안에서 남쪽 대지의 일조 확보를 위해 정북 방향 건축물의 높이를 인접 대지경계선으로부터의 거리에 따라 일정 높이 이하로 해야 합니다. 만약 우리 집이 남쪽에 있다면 북쪽 대지에 있는 주택의 햇빛을 가리지 않도록 해야겠지요.

일조권(정북 방향) 사선제한 전용주거지역이나 일반주거지역에서 건축물을 지을 때는 일조 확보를 위하여 정북 방향의 대지경계선으로부터 건축물의 높이 9m까지는 1.5m 이상을, 그 이상은 높이의 2분의 1 이상을 띄우도록 정하고 있습니다.

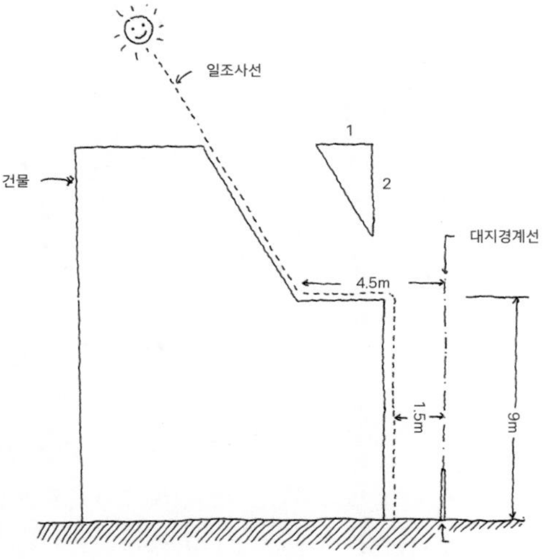

주차대수 산정 면적당 주차대수를 산정합니다. 단독주택 주차대수 산정은 지자체마다 다르므로 조례를 확인해야 합니다. 해당 관청 홈페이지에서 자치조례 중 주차장조례를 확인하여 적용합니다.

형질 변경 임야 또는 농지를 건축이 가능한 부지로 변경하는 절차입니다. 임야는 산지전용허가를 받고 농지는 농지전용허가를 받아 건축이 가능한 대지로 변경하게 됩니다. 모든 임야와 농지가 변경 가능한 것은 아니므로 부지의 조건 등을 정확히 검토해야 합니다.

건축선 지정　건축선이란 대지와 도로가 접하고 있는 부분에 건축물을 건축할 수 있는 선을 뜻합니다. 확정된 건축선 안쪽으로 건축물을 축조할 수 있습니다. 토지경계측량을 통해 건축선 및 인접대지경계선의 현황을 파악할 수 있습니다. 그러나 건축선을 후퇴한 후(set back) 새로 지정해야 할 때가 있습니다. 대지와 접하고 있는 도로의 폭이 4m 미만이거나 대지가 막다른 도로와 접하고 있는 경우, 대지가 도로의 교차 지점에 면한 경우 건축선을 주의해서 확인해야 합니다.

주차구획　일반형 주차의 경우 직각 주차는 너비와 길이가 2.5m×5m, 평행주차는 2m×6m 이상을 확보해야 합니다.

단열 기준　건축물의 에너지 절약을 위한 단열재 적용 기준을 말합니다. '건축물의 설비기준 등에 관한 규칙'의 열관류율 기준 또는 '건축물의 에너지절약 설계기준'의 단열재 등급별 두께 기준을 준수해야 합니다. 간혹 기준에 미달하거나 인가받지 않은 단열재를 적용하여 준공 검사 시에 문제가 발생하는 경우가 있으니 시공사에서 꼼꼼히 확인해 적용해야 합니다.

액티브　태양열, 지열 등 자연형 에너지를 이용하는 방법.

패시브　단열 등으로 스스로 에너지를 절약하는 방법.

패시브하우스　일반적으로 난방을 위한 설비 없이 겨울을 지낼 수 있는 건축물을 말합니다. 이를 위해서는 사용면적당 연간 요구에너지량이 15kWh/m²(약 1.5리터) 이하여야 하며, 이는 건물을 고단열, 고기밀로 설계하고 열교환 환기장치를 이용해 환기로 인해 버려지는 열을 철저하게 회수함으로써 가능합니다. 한국의 목구조 패시브하우스는 15kWh/m²라는 요구에너지량을 맞추기 위해 과도하게 시공비가 상승된다는 점을 고려해 일반적으로 30kWh/m²(약 3리터) 정도의 준패시브하우스 형태로 설계해 시공하고 있습니다.

제로하우스　1리터의 등유도 쓰지 않고 오직 자연적인 방법으로만 난방을 할 수 있도록 만든 집입니다.

Point 2 대지 정리

1. 도로 확보

대지와 접하고 있는 도로의 폭이 4m 미만인 경우 도로 중심선으로부터 좌우로 각각 2m씩 물러난 선을 새로운 건축선으로 지정하게 됩니다.

반면 대지와 접한 도로가 막다른 도로인 경우 막다른 도로의 길이에 따라 확보해야 하는 도로 폭이 다릅니다(도로의 길이 10m 미만은 폭 2m, 10m 이상 35m 미만은 폭 3m, 35m 이상은 폭 6m 이상).

주택을 위한 부지를 구입할 경우, 부지가 4m 미만의 도로에 접해 있다면 건축가의 검토가 필요합니다.

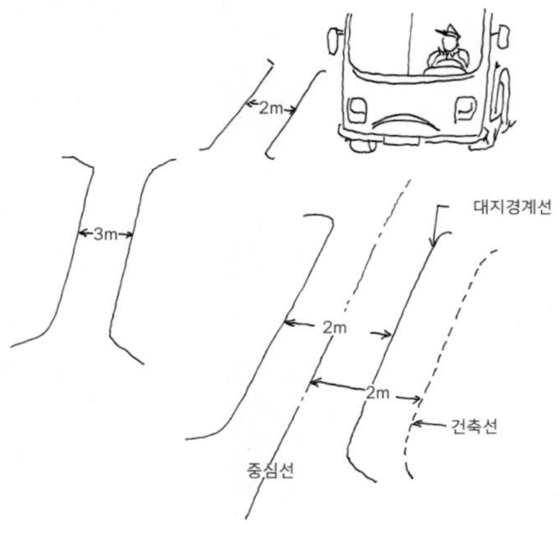

2. 대지경계선

택지지구로 개발된 지역이 아닌 경우 대부분 현재의 담장이 대지경계선과 일치하지 않는 경우가 많습니다. 이웃의 담장이 대지경계선을 침범해 있을 경우 이웃과 협의를 통해 담장을 철거하거나 대지경계선을 기준으로 담장을 새로 쌓을 수 있습니다. 그러나 해당 담장이 20년 전 설치되어 분쟁 없이 사용되어왔을 경우 '점유취득시효'의 조건을 충족하여 담장 철거를 요구할 수 없는 경우도 있습니다. 설계를 하기 전 반드시 지적 측량을 통해 정확한 대지경계선과 구조물 침범 여부를 확인해야 합니다.

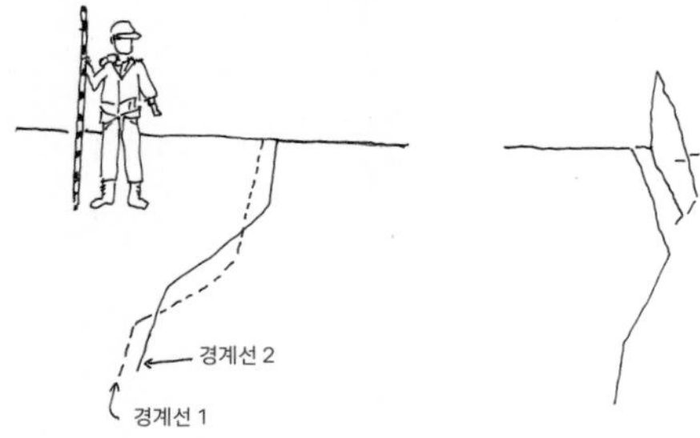

3. 가각 정리

폭 8m 미만의 도로일 경우 도로 교차 지점의 교통을 원활하게 하고, 시야를 충분히 확보시키기 위하여 도로모퉁이의 길이를 기준 이상으로 넓히는 것으로, 각지(角地)의 꼭짓점으로부터 일정한 길이만큼 후퇴하여 건축선을 정하는 것을 말합니다. 이 경우 후퇴한 만큼의 면적은 대지면적 산정에서 제외됩니다.

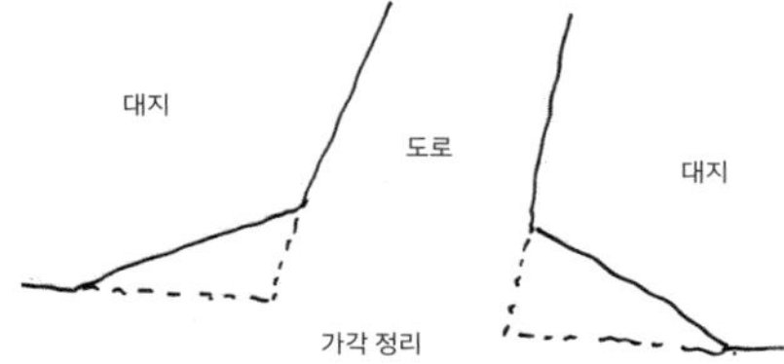

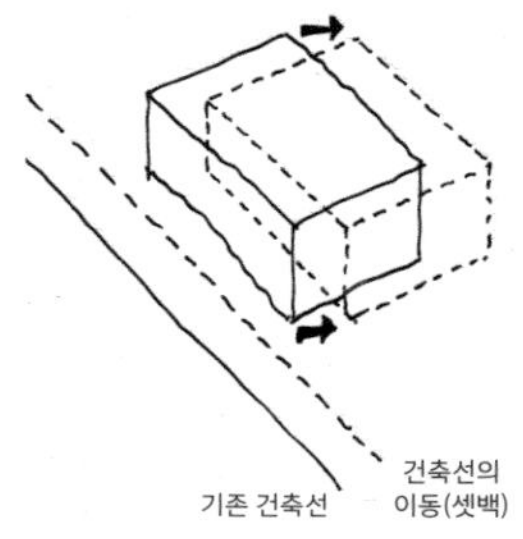

4. 셋백(set back)

뒤로 물러남입니다. 도로 확보 혹은 가각 정리 등을 통해 건축선이 정해지면 대지 경계선에서 건축선까지는 건축물을 축조할 수 없습니다. 이렇게 건물이 대지 경계선에서 건축선까지 물러나는 것을 통상적으로 셋백이라고 합니다.

5. 대지 안의 공지

건축선 혹은 인접대지경계선에서 건축물을 이격해야 하는 거리를 의미합니다. 보통 주택의 경우 단독주택은 인접대지경계선에서는 50cm, 건축선에서는 1m를 이격하고, 다세대주택일 경우 모두 1m를 이격합니다.

6. 인입 문제

도심이 아닌 전원주택지에서는 건축주가 직접 전신주, 수도, 하수 인입 공사를 해야 하는 경우가 있습니다.

Q&A 대지에 관한 질문들

Q1

지구단위계획이란 무엇인가요?

A1

지구단위계획은 도시계획 수립 대상 지역 안의 일부 토지에 대해 토지 이용을 합리화하고, 그 기능의 증진과 미관을 개선하며 양호한 환경을 확보하고, 해당 지역을 체계적이고 계획적으로 관리하기 위해 수립하는 도시관리 계획을 뜻합니다. 이를 통해 결정, 고시한 구역을 지구단위계획구역이라고 합니다. 지구단위계획은 평면적인 일반 도시계획보다 구체적이고 상세한 도시계획으로, 용도지역지구제로는 정할 수 없는 사항인 '개별 필지'들에 대해 각각 차등을 두어 건폐율, 용적률, 건축물의 용도, 건축선, 건축물의 형태, 색채 등을 정해 두었습니다. 예를 들어, 도시계획조례에서 제2종일반주거지역으로 건폐율과 용적률을 정하고 있다고 하더라도 지구단위계획구역으로 지정되어 있다면 세부 구역별 혹은 필지별로 결정된 사항들을 우선 준수해야 하지요.

Q2

택지지구에 관한 정보를 구하려면 어디서부터 시작해야 할까요?

A2

LH에서 고시하는 분양 정보가 가장 정확합니다. 땅을 분양받고자 한다면 제일 먼저 LH 또는 지자체를 통해서 정보를 구해야 합니다. 그 다음에 원하는 동네에 가서 주위를 둘러봐야겠지요. 특히 매매 거래를 할 경우에는 땅값이 더 오를 수도 있으니 여유있게 조사하고 타진하기를 권합니다.

Q3

택지지구, 상업지구 등은 애초부터 정해져 있나요? 변경될 가능성은 없나요?

A3

정부에서 일반 토지를 매입하여 택지를 조성할 때 먼저 토지의 용도와 크기 등을 결정합니다. 따라서 일반인이 구입하는 시점에는 토지이용계획안에 의해 이미 지구별 용도와 목적이 정해져 있습니다. 다만 분양이 되지 않거나 장기간 비어 있는 경우 간혹 변경될 수가 있으니 확인해야 합니다.

Q4

땅을 선택할 때 유의해야 할 점들이 무엇인가요?

A4

해당 지역의 법규나 지구단위계획을 꼼꼼하게 체크하는 것이 기본입니다. 그 가운데 용적률, 건폐율, 층수와 건물 높이, 일조권 제한이 가장 기본적인 내용입니다.

Q5

얼마나 고민하고 발품을 팔아야 후회 없는 선택을 할까요? 몇 년간 알아만 보다 포기하고 아파트를 구입한 이도 있는데, 주변을 보면 엄두가 나지 않습니다.

A5

가능한 자금으로, 경제 생활을 지속할 수 있는 곳에 땅을 매입하기 위해서는 많은 노력이 필요합니다. 마음에 드는 지역이 있다면 많은 중개업자를 만나는 것도 중요하고 여러 번 방문해 지형과 동네의 분위기를 면밀하게 살피는 것도 도움이 됩니다. 확신이 든다면 가장 먼저 건축가에게 의뢰해 상담받기를 권합니다.

Q6

땅을 담보로 어느 정도의 대출을 받을 수 있나요? 아파트는 공시지가 개념이 있는데, 무엇을 기준으로 땅에 대한 대출이 이루어지나요? 땅에 관한 대출은 아파트 담보 대출에 비해 불리한가요?

A6

제1금융권은 대개 감정가를 우선으로 하지만, 은행별로 공시지가를 기준으로 하거나 매매가를 기준으로 하는 경우도 있습니다. 그러나 최근 가계 빚이 사회문제로 부각되면서 은행에서 심사 기준과 대출 조건을 강화하는 추세입니다. 시공사로부터 '유치권 포기 각서'를 받아 와야 대출을 승인해주는 은행도 많습니다. 건축주가 공사대금을 지불하지 못할 경우 시공사는 해당 건물에 대해 유치권을 행사할 수 있는데, 이렇게 되면 은행으로선 담보를 잡을 수가 없게 되니 시공사로부터 유치권을 포기하겠다는 각서를 받고 대출을 해주는 것이지요. 그러므로 아직은 아파트 대출에 비해 무척 불리하다고 볼 수 있습니다.

Q7

한 택지에 땅콩집처럼 두 채의 집을 짓고 싶은데, 가능할까요?

A7

가능합니다. 다만 다세대 형식일지 다가구 형식일지, 그리고 지구단위계획에 부합하는지 확인해야 합니다. 특히 아주 오래전에 분양이 끝난 택지지구라면 한 필지에 한 세대만 등기할 수 있는 경우도 있습니다.

Q8

단독, 다가구, 다세대가 정확히 어떻게 다릅니까?

A8

단독주택　한 가구가 거주하는 주택. 기본적으로 1세대 1가구가 기본.

다가구　집주인이 1가구 있고, 그 주택에 여러 가구가 세들어 사는 형태. 개념상 단독주택.

다세대　모든 가구가 개별 소유권을 가짐. 빌라와 같은 형태. 건물이나 땅을 n분의 1로 소유하는 형태. 개념상 공동주택.

Q9

건축가 분들이 경험한 최악의 땅에서도 좋은 설계가 가능한지, 그런 경험이 있으신지 궁금합니다.

A9

최악의 땅이라는 게 사실 무의미합니다. 건축가는 해당 토지의 여건에 맞춰 설계 개념을 설정하고 현실화하는 과정에서 구조 전문가 등과 상의해 좋은 설계를 위한 해결책을 내놓습니다. 건축 자체가 불가능한 땅이 아니라면 어떤 경우라도 설계는 가능합니다. 관점에 따라 모든 땅이 최악의 땅이자 동시에 최고의 땅일 수도 있습니다. 굳이 최악의 땅을 고르라면 건축주가 주변 환경과 관계 없이 본인이 원하는 크기와 모양으로 땅을 만들기 위해 경사지를 절개해서 과도한 옹벽을 만들어 평평한 땅으로 만드는 경우입니다. 자연 경사지를 잘 활용하면 토목공사 비용도 절감할 수 있고 독특한 디자인으로 멋진 풍경을 만들 수 있는데 좋은 기회를 놓쳐버리는 셈이지요.

시공사를 선택하는 기준

건축가

'불확실'의 원인은 우리 주택시장의 산업화와 표준화가 미비하기 때문입니다. 집을 이루는 수많은 부자재들이 표준화되어 있지 않으니 디자인과 질을 약간만 높이려 해도 고비용 구조로 가게 됩니다.

시공자

도면에 오류나 시공상 문제가 발생했을 때 일반적인 시공사는 기능적인 부분, 즉 하자, 작업 편리성, 비용으로만 접근하기 쉬워요. 보통 그렇지요. 반면에 디자인빌더는 기능적인 부분과 더불어 설계자의 디자인 의도를 명확하게 현장에 반영하는 데 우선적으로 초점을 둡니다.

사라진 숙련공들

최이수 저희 집은 아직 착공을 하기 전이지만, 곧 시공사를 만나서 선택하고 견적을 받는 과정으로 이어가야 할 텐데요. 건축가를 찾아 나서는 과정까지는 즐거운 공부였다면, 시공사를 만나자고 마음먹으니… 동굴 속으로 들어가는 느낌이에요. 아무것도 보이지 않는데 뭔가를 구분하고 판단해야 한다는 압박감이 몰려와요. 건실하고 성실하고 실력이 좋은 작은 규모의 시공사를 찾는 일은 누구나 어렵다고들 해요. 왜 그런 걸까요?

정수진 모든 문제가 맞물려 있어요. 앞에 잠깐 언급된 현관 호출기 정도의 제품을 국내에서 구할 수 없는 일화처럼 모든 사태가 비슷해요. 조남호 선생님의, 대규모 개발을 버려야 대형 비리와 초대형 수익만을 좇는 대형 건설사만 살아남을 수 있는 구조가 사라진다는 말씀을 들여다보면, 지금의 개발 방식으로는 초대형 규모의 건설사 이외에는 그 어떤 곳도 살아남을 수 없다는 뜻이니까요.

최이수 밀을 수입하고 밀가루를 제조하고 같은 곳에서 빵도 만들고. 한 회사가 사람들이 먹을 모든 빵을 만들어서 동네빵집이 모두 사라지는 경우와 비슷한 걸까요?

정수진 독과점이라는 측면에서 보면 비슷한 부분이 있지요. 여러 다양한 건설사, 시공사들이 나름의 규모에 맞게 일을 하고 능력을 키워야 다종다양한 규모의 건물과 집들이 제대로 안전하게 지어질 수 있어요. 지금은 그렇지 못해요. 지금 우리 사회의 건설과 시공 관련해서 기본적인 잣대가 너무 낮고, 그 기준치를 제시한다는 것 자체가 버거워요. 정말이지, 속된 말로, 완전 사기꾼 같은 시공사가 저보고 "나 같은 시공사가 우리나라의 95%야" 그랬는데요, 근데 그 말이 맞아요.

임태병 건축, 건설 환경에서 제일 심각한 문제가 아닐까 싶어요.

김호정 시공사의 인적 구성과 공사의 범위, 가능한 공사의 종류에 따라 규모를 구분하는 방법이나 법적 분류가 따로 있나요? 예를 들어, 일본이 공무점 개념, 건설사 개념이 어느 정도 구분되어 있듯이요. 건축가에 관한 정보, 설계에 관한 내용, 예쁜 집, 좋은 집, 에너지 효율이 높은 집에 관한 정보들은 마음만 먹고 찾아 나선다면 예전에 비해 좋은 정보들을 거의 충분히 얻을 수 있어요. 반면에 시공사 또는 시공사가 움직이고 경영되는 원리와 방식에 대해서는 공적인 기준이 전혀 없어요. 이 부분은 사회적 상식이어야 하는 사안이에요. 왜냐면 수많은 건물들이 있고 그 수많은 건물들은 모두 지어지거나 보수되거나 해야 하잖아요. 그런데 어떤 원리와 방식으로 시공사가 운영되고 유지되는지, 비용 책정은 어떻게 되는 건지, 왜 어제는 김 모 씨가 작업자로 오고 그 다음 날은 박 모 씨가 오는 건지. 그분들은 어느 정도 비용으로 일을 하고 저 회사와 어떤 관계인지 알 수가 없어요. 제 집을 짓기 위해 일하러 오신 분인데 인사 한번 편하게 나누기가 어렵지요.

임태병 상황이 이러니, 가급적 건축가한테 시공까지 일임하고 싶어 하는 분들이 많아요. 결과적으로 시공을 완전히 맡을 수는 없어도 어쨌든 제가 설계하는 사람으로서 견적을 받고 비교를 좀 해야 하긴 하죠. 그런데 A사는 여러 가지가 누락이 돼 있어서 나중에 추가될 여지가 여전히 많이 보이고, 반면 B사는 꼼꼼하게 모든 항목이 들어가 있는데 1억 이상 차이가 난다면 어느 쪽이 좋은지 건축주에게 선뜻 말을 전하기가 쉽지 않지요.

조남호 대개는 중간지대가 없이 양극화되어 있지요. 그렇다 보니 건축주가 지인 등의 추천으로 시공사를 소개하는 경우 대체로 반대하는 편입니다. 잘 그려진 도면을 바탕으로 좋은 집을 지어 본 경험이 없는 경우 품질에 대한 불확실성이 커집니다. 물론 예외적인 상황도 있었습니다. 대구에 주택을 지을 때였는데 건축주가 설계는 서울에 있는 사무소에 맡겼지만 시공은 지역에 기회를 주고 싶다고 했어요. 마지못해 만나 보니 비교적 젊은 대표였는데 저를 만나기 전 판교 등에 제가 설계한 집 등을 돌아보며 나름 성실하게 준비를 했더군요. 경험은 많지 않았지만 열린 자세로 부족한 경험을 메꿔나가는 걸 보고, 저평가한 저의 판단이 틀렸음을 인정하고 그 대표에게 사과했었습니다. 그러나 아쉽고 안타깝게도 이런 훌륭한 경우는 흔치 않습니다. 소위 집장사와 규모가 큰 명장 시공사들 사이에 중간지대가 채워져야 건강한 집짓기가 보편화될 수 있을 겁니다.

정수진 숙련공이 없어요. 인프라가 이미 오래전에 무너졌다는 의미죠. 숙련공은 고사하고 기능공들도 찾기 어려워요. 간혹 굉장히 퀄리티 높은 작업을 하는 사람들이 있는데 일을 하는 방식이 비효율적이거나 작업 시간이 느슨해진다면 결과적으로 비용이 터무니없이 높아져요. 효율적으로 일하면서 그 경험과 노하우를 작업자들 사이에서 공유하고 업무 능력을 키워 나갈 수 있는 환경이 전혀 없다고 해도 과하지 않을걸요. 이제는 현장에 50대 숙련공들 거의 없어요. 60대는 눈에 띄게 줄고 있고, 70대 연배도 간혹 계세요. 그분들이 떠나면 그 자리는 대체로 이주노동자들이 메꿔요. 그런데 그들은 오래 일하지 않아요. 돈 벌어서 고국으로 돌아가야 하죠. 굉장히 규모가 큰 초대형 시공회사 같은 경우는 좀 다를 수 있겠지만 중소형 시공사는 일할 사람을 못 찾아요. 한편으로는, 좋은 대우를 해주면 왜 사람을 못 찾겠는가 하고 비판할 수 있죠. 산업재해가 일어나는 빈도와 건설노동업에 대한 처우, 노동자를 대하는 사회적 시선 등등. 본질적으로는 산업계 전반을 움직이는 노동법과 의식들이 달라져야 하는데 아직 소규모인 주택 시장에서는 이런 문제를 논의조차 하기 어렵지요. 시장이 작은 게 아니라, 아예 없다고 봐도 무방할 정도이기 때문에.

임태병 앞으로 10년 뒤면 과연 작은 규모 시공사들이 지금의 퀄리티만큼 작업을 할 수 있을까, 회의적이에요. 지금도 웬만큼 능숙한 분들은 일정을 못 잡아요.

정수진 작업별로 쏠림 현상도 심하지요. 다른 파트의 일을 하시다가 타일이 뜬다더라, 타일공이 최고다, 라는 소문이 돌면 바로 그쪽으로 사람이 몰려요. 2~3년 사이에 제가 아는 젊은 기능공 가운데 무려 일곱 명이나 타일로 전문분야를 바꿨어요.

단독주택을 짓는 시공사의 규모

정수진 제가 아는 한 시공사 대표는 이 일에 종사한 지 몇십 년이 되었는데도 불구하고 규모를 키우질 않아요. 공사가 크면 수익이 커지고 더 견실해져야 하는데, 거꾸로 더 위태로워지는 거예요. 그래서 항상 적정 규모로 회사와 일을 유지한다고 합니다.

조남호 최근에 저도 염곡동(서초구)에 음악가를 위한 집을 준공했는데, 그곳 현장소장이 비교적 일을 잘하는 사람이에요. 경험도 많고. 그런데, 소통이 안 돼요. 건축주가 대화가 안 되어 힘들다고 내내 불만을 저에게 토로하는 거예요. 그래서 저는 내내 달랬어요. 당신이 원하는 그런 사람은 없다. 소통도 잘되고 시공도 꼼꼼하게 잘하는 그런 사람은 작은 시공사에 없다. 그런 사람은 독립해서 자신의 회사를 운영하거나, 아니면… 어쨌든 여기에 없다.

최이수 여기에 없다. 아, 영화 제목 같고 그렇네요.

조남호 건축주가 수시로 들락거리면서 현장소장을 힘들게 해도 이 사람이 구석구석 꼼꼼히 잘하고 있으니 집에 대단한 축복이다, 제가 끊임없이 얘기하곤 했어요. 시공사의 대표는 현장소장을 따로 고용하지 않고 자기 혼자 1년에 그저 1.5채 정도의 집을 혼자 짓고 싶어해요. 스트레스 덜 받고, 사고 덜 나게 관리하면서. 문제가 생겼을 때 자기가 알고 있는 문제는 괜찮아요. 그런데 현장이라는 게 무수히 문제가 생기니까. 그러니 현장이 네댓 군데만 동시에 진행이 되어도 매순간 상세한 내용을 대표가 알 수가 없어요. 자기가 상황을 잘 모르는데 문제가 생겼다고 연락이 오면 심리적으로 힘들죠. 말도 안 되는 잘못이 저질러진 일을 자기가 대처하고 수습하고 변명해야 되는 상황 때문에 행복하지 않은 것이지요. 자기가 혼자서 운영하면 심리적으로 편안하기도 하고 어쩌면 수익도 나을 수 있어요. 그러니까 늘 갈등의 와중에 있습니다.

이각건설 인스타그램 계정
@yigakconstructioncorp

임태병 제가 아는 '이각건설'이라는 곳도 절대 인원을 늘리지 않고 딱 정해진 사람들과 함께 작업해요. 그러니 1년에 최대로 수주할 수 있는 작업이 몇 건 되지 않아요. 연초에, 한 3월만 되면 1년 공사 일정이 다 차요. 1년 반 전에 미리 예약을 해야 그곳과 작업을 할 수 있어요. 쉽지 않은 계획이지요. 특히 단독주택을 지으려는 건축주들에게는 시공사까지 미리 결정해서 계획을 잡기란 거의 불가능한 일이에요. 그러니까 그 부분에 대해서는 조금 고민스러운 부분이 있어요. 말씀하신 대로 건실하고 성실한 좋은 시공팀들은 간혹 있는데 이 팀들은 그렇게 욕심을 내서 계속 키우지 않기 때문에 이런 팀들하고 같이 일을 할 수가 없어요.

정수진 대개들 키워봤을 거예요. 리스크가 크고 일단 대표가 행복하지 않아. 그러니까 자기가 그 내용 하나하나를 알 정도 수준까지만 인원을 늘리고 현장도 그 정도만 수주를 받는 거죠.

조남호 건축가들이 설계한 집이 현저하게 비싸지는 이유는 현장에서 효율을 최우선하지 않기 때문이지요. 건축가들의 집들은 대개 단순해 보이는데 그런 집일수록 복합 공정이 많고 손이 많이 가지요. 효율을 우선하지 않다 보니 공사비가 불필요하게 높아지는 경우도 생겨난다고 봅니다. 좋은 디자인을 위한 복합 공정에서 품질만 우선하다 보면 비용이 확 높아집니다. 이러한 문제는 잘 드러나지 않지만 건축가나 시공자가 과연 윤리적인가 하는 질문을 던지게 됩니다. 품질과 효율 사이에서 균형을 잡는 노력이 필요합니다.

이와는 달리 시장에서는 공정이 단순하고 손이 덜 가면서도 효과적인 방법을 감각적으로 찾아가기 마련입니다. 집장사 집이라고 폄하하기만 할 일이 아니라 따듯한 시선으로 자세히 들여다 볼 필요가 있습니다. 왜 그토록 시장에서 폭넓게 받아들여지는지, 긍정적인 면은 무엇이고, 한계는 무엇인지…. 이들의 고충은 가격 경쟁을 우선하다 보니 품질에서 늘 불만족스럽고, 그 결과가 그들을 존중받기 어렵게 해 결과적으로 저가 수주를 할 수밖에 없는 악순환의 고리를 만듭니다.

요즈음 골목을 걷다 보면 새로 짓는 평범한 건축들의 품질이 많이 좋아지고 있다는 걸 느낍니다. 주변과 구별해 잘 짓는 게 중요하다는 인식이 보편화되고 있기 때문입니다. 양극화된 시장의 경계를 완화할 수 있는 좋은 기회가 아닌가 싶습니다.

정수진 그렇죠. 구별짓고 나누기보다, 동네의 작은 건물, 다세대 주택, 빌라들이 이제 동네를 구성하는 좋은 이웃으로 자리매김하고 아름다운 도시경관과 좋은 공동체 이웃으로서 역할을 맡아야 한다고 생각해요. 주거 방식과 형태를 둘러싸고 이미 우리 사회가 너무나 세세하게 구별짓기를 해왔고 더 극심해져가고 있으니까요. 그런 의미에서 동네에 들어서는 작은 건물들을 짓는 시공사의 상황에 대해 저도 좀 더 알아야 한다 싶고, 또 알고 싶어요.

새건축사협의회의 명장 제도

전은필 조사를 해보니, 지금 건설업에 등록된 업체가 1만 1,800개가 넘어요. 그리고 명장에 등록된 업체가 40개예요(2022년 기준).

최이수 40개 업체밖에 없어요? 전년도 누적이 되지 않는 모양이네요?

전은필 매년 그리 많이 뽑지 않아요. 해마다 새롭게 명단이 나오는 방식이죠. 누적이 아니라….

새건축사협의회
www.kai2002.org

정수진 제가 새건축사협의회(이하 새건협)에서 매년 진행하는 '건축 명장'의 평가위원이랍니다! 한 번 명장이 영원한 명장이 아니고 매년 새로 선정해요. 그러니 첫해에 명장 자격을 얻었다 하더라도 그 다음 해에 빠지기도 하고. 몇 년 연속으로 빠졌다가 자격을 갖추고 다시 선정되기도 합니다.

임태병 굉장히 엄격하네요, 기준이.

정수진 네에, 10년 전에 명장 자격을 얻은 업체가 스물몇 군데 됐었는데 10년이 지난 지금까지 명장으로 꿋꿋이 남아 있는 업체가 다섯이 안 되지요.

최이수 아, 굉장히 어렵네요. 거의 양궁 국가대표 선발전 같네요. (일동 웃음)

임태병 어쩌면 그런 측면이 있을 수 있지 않나요? 예를 들어 건축가에게 수여하는 상도 꽤 여럿인데 작업 난이도나 숙련도, 완성도 면에서 수상자의 레벨을 능가하는데 굳이 상에 관심이 없어서 스스로 나서지 않는 경우가 제법 있는 것 아닐까요?

정수진 그럴 수도 있겠지만, 근 10년 동안 심사에 신청을 한 업체가 수백 곳이 넘는 걸 보면 관심이 없어서 신청 자체를 하지 않는 업체는 많지 않을 거예요.

전은필 정 소장님 말씀대로 들어갔다 나왔다 하는 업체까지 대강 따져보면 300곳 정도 되는 것 같아요. 비율로 따지면 약 2.9%밖에 안 돼요.

건설업계에 '건설 시공 능력 평가'라는 게 있어요. 과거엔 1군, 2군, 3군, 이렇게 얘기를 했는데, 예를 들어 딱 이름만 들어도 모두 아는 장학건설이라든지, 제효건설. 이런 업체가 공식 순위가 약 몇 백 위 정도일 거예요. 그러면 3군, 5군 업체 정도 되거든요. 그럼에도 상당히 상위에 있는 업체들이에요.

정수진 안 그래도 그 얘기도 주된 이슈이긴 해요. 우리가 명장을 선정하는 가장 중요한 취지는 동네에서 흔히 보는 작은 건물들, 집들을 잘 짓는 업체들을 가려낸다는 데 있지 이미 알려진 회사를 다시 홍보할 목적이 아니거든요. 이 시장이 개개의 규모는 작지만, 합쳐 놓으면 상당히 큰 시장이기 때문에.

김호정 그렇죠, 정말.

정수진 한 개인이 진행하는 작업 규모가 작더라도 시장에 미치는 영향력, 환경과 살아가는 데 미치는 영향력은 모이면 강력한데, 그에 반해 작은 업체는 가장 열악해지기 쉬운 환경에 있어요. 그래서 잘하는 업체를 가려보자는 취지가 명장이에요.

그런데 오래전부터 규모나 재정 상황이 탄탄한 업체를 후보로 정해 다른 곳과 동등하게 경쟁을 시키는 것에 대한 문제점이 제기되었고, 그렇다면 명장의 기준을 어떻게 재정비할 것인가 지금 논의 중이에요. 건설업체가 만 곳 이상이 있고 기계적으로 1군, 2군, 3군으로 나누는데 그러면 상위 500위까지는 아예 후보로 정하지 말아야 하나 등등….

김호정 그 서열을 정하는 기준은 무엇인가요? 규모? 인원?

전은필 매출이에요. 한마디로 도급액. 얼마짜리 공사까지 케어할 수 있는가 하는 점이죠. 한마디로 시공 범위에 대한 능력이죠.

임태병 호텔 무궁화 수와 비슷해요. 아무리 고급이고 서비스가 훌륭

2023년 새건축사협의회에 등재된 건축 명장 업체

(주)가드림	(주)씨스페이스건설	(주)제이종합건설
거현산업(주)	씨앤오건설(주)	(주)제효
(주)건양종합건설	(주)아키웍스	(주)지음재건설
공정건설(주)	아틀리에건설(주)	진건종합건설(주)
기로건설(주)	(주)엔원종합건설	(주)창크
다미건설(주)	엠오에이종합건설(주)	(주)코워커스
다산건설엔지니어링(주)	(주)연우	(주)콘크리트공작소
(주)도담종합건설	영건설(주)	태연디앤에프건설(주)
라우종합건설(주)	우리마을A&C(주)	티씨엠종합건설(주)
(주)리엘에스앤디	이든하임(주)	(주)평화건설
(주)마고퍼스종합건설	(주)이안알앤씨	푸른담벼락종합건설(주)
(주)스타시스건설	(주)자담건설	(주)좋은건축더원(구, 더원종합건설)
(주)시스홈종합건설	장학건설(주)	

해도 객실 수가 적으면 오성급이 될 수 없는 것처럼.

전은필 1, 2, 3위가 지금 자이, 래미안, 푸르지오, 이런 곳이죠.

정수진 기준을 두고 고민을 하고 있어요.

조남호 이번에 신규로 등록된 곳이 몇 곳 밖에 없다고 들었어요. 지나치게 까다로운 것이 아닌가 하는 생각도 들었고….

정수진 좀 더 까다로운 기준이 필요하다는 의견이 많이 나오고 있어요. 왜냐면 (저는 창립 멤버는 아니지만) 처음 취지는 좋은 시공사를 발굴해서 저렴하게 지을 수 있는 기반을 만들자였어요. 그런데 한 10년쯤 지나니 폐단이 드러나는데, 뭐냐 하면…

전은필 '저렴하게'보다 보편적인 금액으로… (일동 웃음)

정수진 아, 네에. 합리적이고 보편적인 금액으로 탄탄한 집을 성실하게 지을 수 있는 양심적인 시공사들, 능력 있는 시공사들을 찾자. 그리고 그 업체들을 적극적으로 알리자는 취지였는데, 문제는 뭐냐면 명장이 딱 되고 1년만 지나면 금액이 어마무시하게 올라가는 거예요. 시공 금액이. 그러니 널리 알리고 소개하려고 명장 선정을 하는데 금액이 높아지니 그 다음부터는 웬만한 규모의 시공이 아니면 아예 일을 못 해요.

좀 더 현실적으로는, 평범한 의뢰인의 입장에서 시공사를 가늠할 수 있는 채널이나 말하자면 일종의 플랫폼 같은 도구가 없어요. 비교하자면, 건축가는 수년 전에 비해서 어떤 일을 하는 사람인지 알고 원하면 적극적으로 건축가를 찾아나설 수 있어요. 건축가를 소개하는 잡지, 신문, sns, 그리고 홈페이지 등을 통해 작업 내용을 구체적으로 소개하기도 하고요. 건물을 짓거나 집을 지으려고 건축가를 찾으면서 시공사도 알아볼까 하는데 '어? 어떻게 알아보지? 방법이 없네' 이렇게 되는 거예요. 이런 상황에서 새건협의 '명장' 리스트는 아주 중요한 정보인 거죠.

설계의 예가
설계 단계에서 예측할 수 있는 공사의 예상 가격으로, 일반적으로 단독주택의 경우는 대략적인 범위를 제시하고 시공사와 면밀한 검토 후에 정확하게 판단할 수 있다.

임태병 정말로 건축가와 얘기하기 시작하면 가장 먼저 하는 부탁이 '시공사 알아봐주세요'니까. 연결될 길이 없으니까…. 설계를 하면 기본적으로 예가를 잡아볼 수밖에 없고, 그러다 보면 경험을 갖고 있으니 공사비에 관한 기본적인 정보를 전하게 되고….

정수진 저도 그래요. 제가 시공을 직접 하지는 않으니까 대부분의 클라이언트들이 제일 먼저 하시는 말씀이 '늘 같이 하시거나 신뢰하시는 시공사가 어디예요?'라는 질문이에요.

김호정 우리가 시공사를 만날 길이 없으니까요. (모두 동의)

정수진 건축가가 설계와 동시에 시공사를 운영하는 곳도 있긴 한데, 그렇게 설계와 시공을 동시에 하면 안아야 하는 리스크도 엄청나고요. 또 동시에 한다고 다 퀄리티를 보장할 수 있다고도 섣불리 말을 못하겠어요. 저는 설계하면서 리스크를 안고 시공사를 운영한다는 것? 정말 한 번도 생각해보지 않았어요. 아무튼, 완전히 신뢰하고 매번 함께 작업하는 시공사가 있느냐고 묻는다면, '없다'고 말할 수밖에 없죠. 일정과 예산, 공사 내용 등이 맞아서 여러 차례 함께 한 곳이 있을 수는 있어도. 내 파트너야, 하는 곳은 없죠. 그리고 그런 곳이 있다 해도, 건축주가 또 쉽게 받아들이기도 어려울 거예요.

상황이 이러하니 건축주뿐만 아니라 건축가 입장에서도 매우 합리적이고 편리한 접근이 명장 리스트인 거예요. 우리가 공신력 있다고 믿는 시공사들이 그 안에 들어가 있거든요. 그러니 당연히 영향력이 커지는데, 동시에 폐단이 생겨나는 거죠. 현장마다 편차가 심해 민원이 발생하기도 해요. 비용뿐만 아니라 기공의 질이 평균적이지 않다는 평가도 종종 듣고요. 명장제도의 취지는 믿고 맡길 수 있는 지속적인 파트너를 찾기 위함인데, 선정된 이후에 급작스럽게 수주가 많아져 퀄리티 컨트롤이 어려워지는 것은 아닐까 생각했어요. 그런데 또 어느 정도는 건축주들이 이해를 한다는 거예요.

김호정 아! 명장이니까 좀 비싸구나, 하고 받아들인다는 뜻이지요?

정수진 네에, 듣기로는 시공사들이 이 명장 리스트에 올라가려고 많은 노력을 기울인다고 해요. 명장 리스트는 매년 바뀜에도 불구하고 한 해만 선정되도 영원한 명장으로 건축주들에게 인식되나 봐요. 말하자면 의뢰인이 브랜드 비용을 지불할 수 있다고 받아들인다는 거예요. 왠지 이 업체는 믿어도 될 것 같고 조금은 더 비싸도 될 것 같고. 그래서 이 기대들을 나쁘게 이용하는 시공사도 나오는 모양이에요. 기억해야 할 중요 사안은 명장은 매년 재평가되고 있다는 점입니다.

전은필 (조남호 소장님을 바라보며) 거봐요, 내가 명장 안 한다 그랬잖아요…! (일동 웃음) 중요한 지점이, 회사 전체가 일을 맡고 계약을 하긴 하지만 사실 가장 중요한 사람은 현장 대리인이에요. 현장소장이라고 흔히 부르는. 한마디로, 이 제도를 신뢰한다 하더라도 신중하게 접근했으면 싶습니다.

임태병 그렇죠. 현장소장이 제일 중요해!

현장소장에게 주어지는 책임

씨앤오건설
www.cnoenc.com

전은필 현장소장 개인의 역량을 넘어서려면 회사의 시스템이 갖추어져야 돼요. 제가 보기에 그 시스템을 가장 잘 구축했다고 느껴지는 곳이 '씨앤오'라는 데예요. 조병수 건축가와 작업했던. 시스템이란 게 뭐냐면, 일단 건축을 전공한 학생들이 신입으로 들어오면 6개월 정도 설계 업무를 교육시켜요. 스케치업 기초부터 시작해서 설비에 관련된 내용에 관해. 단계별로 다 활용할 수 있도록. 그런 교육 시스템을 만들어 운용하고, 그런 인력들은 어떤 상황이든 혹은 사람이 중간에 바뀌더라도 현장에서 적절하게 대응이 가능하고, 시스템 속에서 움직이니까 공사마다 퀄리티가 들쑥날쑥하지 않고 일정한 품질을 유지할 수 있어요. 이렇게 교육을 통한 시스템도 있을 수 있지만 그 외 각기 다른 현장을 운영해보면 각 공정별 중요 시점의 체크포인트를 확인하며 진행하는 회사 또한 시스템을 잘 갖췄다고 볼 수 있겠지요.

정수진 물론 규모가 뒷받침되는 잘 갖춰진 시스템의 영향이 크죠. 그런데 저는 꼭 그게 다가 아닌 것 같아요. 제가 성수동 상가주택, 김호정 씨 댁을 씨앤오하고 14개월 했잖아요. 거기는 시스템도 좋겠지만, 일단 현장소장 위에 대표님들이 더 극성스럽게 일을 해요.

최이수 대표님'들'요?

정수진 이사급들을 '대표'라고 부르는 것 같아요. 저는 그런 회사는 처음 봤어요. 대표가 현장에 와서 '잘되고 있나?' 하는 게 아니에요. 하나부터 열까지 대표가 다 챙겨. 처음부터 끝까지 대표가 모르는 게 없어요. 우리 현장만 그렇게 관리하는 게 아니고 제일 상급자 몇 분이 모든 현장을 다 그렇게 관리하나 봐요.

임태병 아아, 저도 씨앤오랑 하고 싶어요. 그런데, 그 정도 규모만 하더라도 응암동 단독주택 안 해줘요. 우리가 지금 여기서 씨앤오, 명장… 이런 얘길 하는 게 타당한가 하는 회의가… 우리가 할 수 있는, 만날 수 있는 시공사의 현실과 상황을 얘기해야 하지 않나 싶은데요.

최이수 그곳의 규모가 어느 정도인가요?

조남호 직원이 한 30명 될 거예요.

정수진 전은필 대표님 회사처럼 딱 일정 정도의 직원 수를 유지하면서 퀄리티 컨트롤을 하려다 보면 공사를 더 할 수도 없어요. 설계사무소도 마찬가지예요. 제가 운영하는 건축사무소가 그래요. 1년에 네댓 개 이상 설계를 안 해요. 일곱 개 이상을 한 2년 해봤는데, 퀄리티가 내가 바라는 수준에 너무 못 미쳐요. 현장마다 사고가 잦고. 물론, 딱 일정 정도만 발주받고 꾸준히 퀄리티를 유지하겠다는 시공사가 아예 없진 않아요, 명장 안에도.

전은필 근데 씨앤오건설도 도급 순위엔 나오지도 않아요.

최이수 직원이 30명 이상인 곳인데도 아까 얘기하신 그 순위에는 안 나오는군요.

조남호 도급 순위는 단독주택 시장에서 거론될 주제는 아닙니다. 그건 건설 산업 전체를 아우르는 범위니까. 저는, 앞서 정수진 소장님이 말씀하셨던 부작용에도 불구하고 명장제도가 좀 더 개방적이어야 되지 않나 하는 생각이 들어요. 왜냐하면 건설사들 가운데 명장에 선정된 비율이 2~3% 정도인데, 이 수치가 결국 전체 지어지는 건물 가운데 건축가들이 설계하는 비율과 비슷한 수준에 머물러 있잖아요.

최이수 아, 그렇군요. 전체 지어지는 건물과 집 가운데 건축가가 설계하는 건물이 2~3%밖에 안 된다는 말씀이군요. 굉장히 적은 수치네요.

조남호 네에, 이것이 현실이죠. 그러니 어느 정도의 위험이 있더라도 명장 선정에 좀 더 개방적일 필요가 있다고 봐요.

정수진 건축 명장을 선정하는 새건협 위원회에서도 논란이 많아요. 내부적으로 이견이 커요. 더 많은 시공사를 선정하기 위해 기준을 완화해야 한다는 의견과 속속 드러나는 문제점들을 보완하기 위해 기준을 강화해야 한다는 의견이 꽤 오랜 시간 팽팽했었지만, 결국 강화하는 쪽으로 가고 있어요. 눈가림식으로 몇몇 현장에서만 적용하고 눈에 보이지 않는 현장들은 방치하거나 악용하는 경우가 종종 입방아에 오르며 이렇게 된 것 같아요. 좋은 취지에서 시작한 제도인데 축소되는 것 같아 저 또한 안타깝고 아쉽지요.

조남호 흠결이 없어야 한다, 이런 관점보다는 오히려 좀 더 많은 시공자들에게 좋은 지위를 주어야 한다고 봐요. 긍정적인 시장으로 끌어들이는 일이잖아요. 좋은 건축들이 많이 벌어지는 것처럼 보이지만 사실 일반 대중들은 거의 경험하지 못합니다. 거칠더라도 좀 더 대중에게 가까이 가는 것. 건축가들도 그렇고 시공사들도 그렇고 그 방향으로 비중을 두면 어떨까 해요. 당연히 명장 타이틀을 얻으면 그걸 이용하고 때로는 약간 악용하는 시공사들도 생기겠지요. 하지만 그럼에도 새로운 명장들을 더 많이 끌어들여서 시장을 열고 보편화해야 하지 않을까요? 이 방향이 결점을 아예 없애야 명장이 될 수 있다는 방향보다 좋은 영향력을 더 넓게 미칠 수 있다고 봅니다.

전은필 아무튼 일반적인 건축주가 어떻게 시공사의 상황, 그러니까 회사가 문제가 없는지를 어떻게 외부에서 판단하느냐는, 일단 원론적인 예를 들면 그 회사의 재무제표를 확인하고….

최이수 재무제표를 어떻게 확인해요?

전은필 제출해달라고 하면 다 제공해줘요.

최이수 글쎄요, 저 같으면 그 말 하기가 쉽지는 않을 것 같아요.

모두 맞아요, 맞아요. 그 숫자를 보고 회사의 경영과 시스템을 어떻게 꿰뚫겠어요…! (일동 동의)

전은필 일단 원론적인 얘길 드리자면 그렇다는 거예요. (웃음) 그러고 경력을 보는 방법이 있지요. 어떤 시공들을 했나. 그런데 20년 정도 시공을 하며 느끼는 건데요, 건축가가 추천해주는 시공사라면 일단 51%는 믿어도 돼요. 90% 아니고, 51%. 51%라는 것이 상당히 중요한 수치예요.

최이수 음… 90%는 아니지만 51%라…. 작업 경력을 어떻게 알아보지요?

전은필 회사에 알려달라고 하면 알려주고. 지명원이라고 하는데, 작은 건물이든 집이든 작업 이력을 알 수 있는 문서예요. 그 후 건축주에게 연락해보는 방법이 있겠지요. 저도 평창동에 주택을 시공하면서 저희가 지명원을 제출해드렸는데, 그분이 알아서 두세 군데를 가보셨다고. 갔는데 두 곳 모두 건축주들이 굉장히 친절하게 알려주셨다고.

임태병 건축주분들이 굉장히 적극적이에요. 후보군을 알려드리면 직접 방문을 해보세요. 특히 주택을 사례로 얘기하면 꼭 연락해보거나 찾아가보세요. 시공사가 건축주와 친분을 유지하고 좋은 관계로 작업을 했다면 건축주가 얼마든지 환대할 거예요. 아니라면 그 반대겠죠. 거기서 벌써 시공사의 태도와 마인드를 알 수 있지요.

김호정 저도 건축가를 만나기 전에 시공사와 만나는 일이 엄청난 숙제였어요. 건축가는 잡지, 온라인 검색만 해봐도 대강 나랑 맞는 분들이 어떤 분들이겠구나 하고 감이 와요. 디자인도 제가 좋아하는 취향을 찾으면 되니까. 그런데 시공사는 시공이 잘된 건지 어쩐 건지 눈으로 봐서 알 수 있는 게 아니니까, 상대적으로 어렵고 낯설고. 그러니 결국은 같이 일을 해본 사람이, 그 집에서 살아본 사람만이 알 수 있는 거예요. 저도 그래서 건축주들을 만나고 싶었어요. 마음에 드는 건물이 있으면 그 건축주를 만나고 싶은 거예요. 실제로 만나기도 했었어요. 그런데 어색하니까 아주 자세히 물어보기는 참 어려웠어요. 그래서 저도 건축가에게, 말하자면… 짐을 넘긴 거죠.

정수진 저는 건축주에게 시공사 후보가 생겼으면 그 회사 사무실을 가보라고 해요. 사무실을 가보고, 가장 자신 있는 집 한두 채를 알려달라고 해서 직접 그 집을 보시라고. 보시되, 가서 대강 보고 '아이고 좋네' 하지 마시고, 꼭 봐야 할 포인트가 있다고 그 포인트를 알려줘요.

전은필 그게 뭔가요? 필기를 해야겠어요. (일동 웃음)

임태병 건축주가 봐도 정확히 알기는 어려울 것 같아요. 건축가와 동행하지 않는 이상.

정수진 제가 같이 가지 못하는 경우라면 포인트를 알려주곤 해요. 우선 눈에 잘 보이지 않는 모서리나 구석이 깔끔히 정리되어 있는지, 소홀히 하기 쉬운 창고나 배수구 등이 청결하고 관리가 쉽게 정비되어 있는지 등등. 그리고 이상하다거나 눈에 걸리는 부분들을 사진으로 보여주면 설명을 해드려요. 그렇게 몇 차례 사진과 설명을 주고받으면 예비 건축주도 중요한 포인트를 찾게 되지요.

기획자 저희 『집짓기 바이블』 초판에 참여했던 브랜드하우징의 문병호 대표는 이렇게 얘기했어요. 그 시공사가 거래처에 돈을 잘 주는지 보라고. 자재회사들, 협력회사들에 빚이 많으면 좋은 공사를 할 수가 없다고요. 또 직원들에게 밀린 급여가 없는지 등을 보라고 하더라고요.

임태병 아이고, 그걸 어떻게 알아요… 재무제표보다 어려워요. (일동 웃음)

김호정 저는 씨앤오랑 계약하고 나서 사무실에 가봤어요. 한번 가봐야겠다 싶었어요. 사무실에 가서 두 분을 만났어요. 직접 가보니 사무실이 무척 깔끔한 거예요. 분위기가 안정적이고. 그걸 눈으로 보니 이분하고 작업하면 아주 기본적인 영역에서 문제가 없겠구나 싶었어요.

정수진 왜냐면 시공사 사무실이 제대로 갖춰진 곳이 그렇게 많지 않으니까.

최이수 아, 사무실 내근이 중요하지 않아서 그런 거겠지요?

전은필 네, 맞아요. 사무실 내부에 머무는 일이 많지 않고 내근직 사원도 거의 없으니까요. 아예 번듯한 사무실이 없는 곳도 있을 수 있어요. 있어도 지저분하고 제대로 운용이 안 되고 방치된 채로 있는 곳이 적지 않을 거고요.

정수진 그러니 사무실이 좋고 크고 작고를 떠나서, 직원들이 사무실에서 회의가 가능하고 안정적으로 사무를 볼 수 있는 환경이 돼 있느냐가 하나의 판단 근거가 될 수는 있겠다 싶어요.

최이수 전 대표님 회사의 경우 직원이…?

전은필 현장 직원만 네 명이에요. 네 명이 현장소장 또는 그 아래 과장 정도의 역할을 하고, 이외의 다른 인력들은 필요에 따라 단기 고용을 하지요. 일용직이라 흔히 부르죠. 일급을 주고 고용을 하거나 일부 공정을 외부에 의뢰하기도 해요. 예를 들어 철거 같은 경우, 전문 철거회사에 철거 과정 전체를 의뢰한 다음에 그 과정에서 도로 청소나 차량 통제도 필요하다 싶으면 그날은 저희가 일급으로 노동자를 고용하지요. 노무 대장을 만들고 신고를 하는 통상의 절차들이 있어요.

조남호 전 대표님의 경우 대표와 품질관리 임원의 역할을 동시에 수행하는 거지요. 전문인력들은 주로 현장 중심으로 운용하고, 내근 직원은 최소화한 경우입니다. 본인이 직접 현장의 모든 상황을 알고 있고, 현장에 필요한 도면 등도 그리지요.

전은필 이야기가 좀 샜는데, 다시 일반인이 시공사를 찾는 방법들 얘기로 돌아오면요. 말씀하신 대로 그 시공사가 지었던 집에 가서 건축주들을 만나보는 것이 가장 좋다고 보고요. 그 다음에 현장 대리인이 누구냐에 따라서, 저희 같은 소규모 건설회사는 현장 대리인에 따라서 정말 많이 달라져요.

조남호 사실 그러면 안 되는 거예요. 현장대리인에 따라 편차가 크다는 건 시스템이 작동하지 않는다는 뜻이죠.

임태병 그런데 현실적으로 어쩔 수가 없죠.

전은필 어떤 회사에서는 경력 2~3년밖에 안 되는 친구를 현장에 데려다 놓고 대표자가 됐든 관리자가 됐든 계속 수시로 현장에 왔다 갔다 하더라고요. 그런 식으로 운영하는 데도 있어요. 그런데 이 현장 일이라는 것을, 저는 항상 '찰나'라고 얘기하거든요. 목수가 망치를 들어올려서 뭘 박으려는 그 순간, 그 찰나를 잘 판단해서 디자인을 읽고 방향을 틀어주는 게 현장소장이 하는 일이에요. 건축가가 설계하는 디자인하우스를, 그렇게 작업할 수 있는, 그럴 만한 능력이 있는 사람들이 업계에 많지가 않아요. 설계를 읽고 판단하고 현장에서 작업자들이 일하는 순간에 개입할 수 있는 현장 대리인이 얼마나 될까요. 말하자면 디자인 빌더라고 부를 만한, 그런 능력을 갖춘 시공자가….

최악의 시공사를 피하는 방법

최이수 디자인 빌더가 되려면, 그 방면에서 경력을 쌓으려면 어떤 자격을 갖춰야 돼요?

전은필 일단은 설계를 전공해야 돼요. 건축과를 졸업해야죠. 그리고 설계 업무를 최소한 3년 정도 해봐야 해요. 직접 설계를, 디자인을 완료하지는 못해봤다 하더라도 설계사무소에서 실무를 3년 이상 해봐야 해요. 예를 들어, 책을 엄청 좋아하는 훌륭한 독자가 모두 훌륭한 저자가 되는 건 아니잖아요. 그런데 일단 훌륭한 독자이긴 해야 하는 거죠. 디자인을 다 읽을 수 있는. 디자인을 읽을 수 있는 능력을 갖춘 시공자가 흔치는 않아요. 단기간에 익혀지는 스킬도 아니고요. 처음에 설계를 접하면, 이게 좋은 건지 나쁜 건지 알지 못해요. 그런데 설계가 실제로 시공이 되는 과정을 몇 년 지켜보고 직접 현장에 다녀보고 하면, 그 후에는 설계도를 보면 좋은 건지 나쁜 건지 어느 부분이 부족한지 판단하는 힘이 생기죠.

자꾸 그림을 보면 좋은 그림을 알 수 있듯 건축물도 좋은 건축물을 계속 보면 어떤 건축물이 좋은 건지, 설계도 어떤 설계가 좋은지 알 수 있어요. 이 선들이 이렇게 가면 안 되는데, 하면서 방향을 틀어서 건축사무소와 대등하게 대화를 할 수 있고요. 현장소장과 협력 업체가 서로 완성도를 향해 의견을 나누는 방식이 원활하고 자유로우면 그 업체들은 자주 만나게 되어 있어요. 지나치게 단순하게 말하는 걸 수도 있지만, 좋은 사람은 그냥 모이게 되는 것 같아요. 그 주변 사람들을 잘 살펴보면…

최이수 그렇다 하더라도, 구글 창을 띄워 놓고 뭐라도 검색을 해볼 수 있어야 할 텐데… 참고할 만한 미디어나 업계 신문이 없나요?

전은필 요즘 『빌더』라는 잡지가 나오던데, '시공, 설계, 자재, 건축주를 위한 커뮤니티 매거진'이 제목 아래에 씌인 설명이었어요. 아마도 업계의 소식지 같은 역할도 포함하는 것 같아요. 근본적으로는, 저도 좀 답답한 부분인데 특별한 플랫폼이 없어요. 어쩌면 '명장'이 그 플랫폼 기능을 일부 수행하고 있다는 생각이 들어요.

조남호 시공사 선정은 거의 대부분 건축주들이 건축가한테 의존하는 상황이죠. 시공도 같이 해주면 좋겠다, 라는 얘길 저 또한 많이 듣고요. 현실적으로도 건축가를 통해서 시공사를 만나는 방법이 어쩔 수 없기도 하고. 건축주 입장에서는 어느 정도 좋은 판단이기도 해요. 하지만, 건축가가 시공사를 소개하는 일을 보편화하기는 어려운 문제예요. 부담이 크고요.

정수진 정말 힘들고 부담스러워요.

조남호 저는 시공사를 선정할 때 크게 두 가지 방법 중 하나를 추천합니다. 첫째는 일반적인 방법으로, 세 군데 정도 후보군을 정해서 작업 내용과 견적을 받아 경쟁을 시키는 것입니다. 두 번째는 예산이 민감한 상황에서 적합한 방법입니다. 기본 설계를 시작할 즈음부터 시공자 한 곳을 정해서, (물론 바뀔 수 있다는 전제하에) 설계가 중간 즈음 진척이 됐을 때 그 내용을 가지고 견적을 한번 내보고 예산을 맞춰가면서 시공사로 하여금 설계 내용과 공사비 사이에서 적절하게 조정을 하도록 유도하지요. 한마디로 중간 즈음부터 서로 공조해 진행하는 거예요. 공사비가 얼마나 들어갈지 정확하게 예측하기는 어려우니, 설계가 마무리되면 적정 공사비도 맞춰질 수 있도록 합니다. 부담을 건축가가 안는 거예요, 이 방법은.

정수진 그런 방법으로 제가 최근에 작업한 곳이 있어요. 경쟁 없이 단독으로 시공계약을 한 거예요. 오래된 집을 사서 리모델링을 원하는데 예산이 매우 빠듯하고 규모도 작고요. 그래서 제가 여러 번 작업했던 시공사라서, 잘하실 거라고 생각해 추천을 한 거예요. 그런데 너무 고생스러워 두 번 다시 시공사 추천을 안 한다. 매일 다짐하게 돼요.

전은필 시공사의 문제일 수도 있고 건축주의 문제일 수도 있고. 저도 어려운 상황이 종종 생기는데, 사람이 하는 일이니 좋은 의지를 갖고 시작했어도 다음 날 당장 감정적으로 틀어지기도 하고, 한순간 실수로 사고가 나서 사람이 다치기도 하고. 그러다 보면 우왕좌왕 해결하는 데만 급급해져서 서로 간에 바라고 지지하던 마음에 균열이 오기도 하지요.

조남호 이것이 건축이 지닌 숙명이에요. 공산품처럼 반복되는 시스템에 의해서 정확하고 똑같은 품질을 만들 수 없다는 점이 건축의 본질에 가깝지요. 심지어는 굉장히 잘 지었는데도 건축주는 불만스러울 수 있거든요. 설계와 시공을 묶어서, 일종의 패키지 구매처럼 여겨지는 측면이 있어요. 시공자에 대한 안정성도 건축가가 어느 정도 담보를 해야 일이 시작되는 상황일 때가 많습니다. 사실 명장제도 같은 플랫폼을 포함해 다양한 채널들이 절실해요.

전은필 아무튼, 설계와 시공과 건축주의 이익과 이해는 균형이 맞아야 해요. 누구 하나가 '와 나는 땡 잡은 것 같아!'라고 하면, 다른 쪽이 큰 손해를 보거나 힘들어진 거예요. 적당한 이해와 적당한 균형의 지점을 찾기가 참 어렵고 중요합니다.

정수진 최선을 찾기는 어렵지만 최악을 피할 수는 있잖아요. 최악은, 부동산을 통해서 소개받는 것. 부동산을 통해서 땅도 소개받고 건축가도 소개받고 시공사도 소개받는 분들 종종 있어요.

임태병 멀티플렉스 쇼핑몰도 아니고. 오, 안 돼요. 망하는 지름길…. 안전한 품질이 아니라 안전한 이익을 확보하는 방법이겠네요, 그런 일을 하시는 분들은.

김호정 저도 신축 계획을 하고 설계를 할 때 여러 업체로부터 연락을 받았어요. 제 연락처를 어떻게들 아셨는지 적극적으로 영업을 하시더라고요. 설계도를 보내주기도 하고, 시공 포트폴리오를 보내주기도 하고, 만남을 청하기도 하고.

최이수 아니, 설계도를 얼마나 갖고 있는 거예요, 대체 그분은? (일동 웃음) 그래서 그분과 작업하는 사람들이 있어요?

김호정 있지요.

최이수 아니, 어떻게?

김호정 어떻게 그럴 수 있냐고요? 그렇게 친절하게 와주는 사람이 없기 때문에. 모든 단계마다 어렵고 힘든데 모든 것을 다 알아서 해주는 원스톱이니까.

전은필 아마도 소송까지 가는 경우도 드물지 않을 거예요. 저도 주변에서 많이 보지요.

조남호 지역을 기반으로 작업하는 시공사들이 많아지고 지역 기반의 사회구조를 건설 산업이 움직이면 선순환이 돼요. 제가 예전에 일본에 가서 방문했던 한 공무점은 창립한 지 150년이 되었다고 하더라고요. 그러니 그 회사에서 그 지역에 지은 집이 얼마나 많겠어요. 흥미롭게도 그 공무점이 월간 정기간행물을 발행해요. 내용을 보면, 예를 들면 3월에는 어떤 식물의 분갈이를 어떻게 하는 게 좋다든가, 봄비가 많이 내릴 때는 집 관리를 어떻게 하라는 소소한 팁이라든가. 그런 내용들을 싣는 거예요. 동네를 중심으로 신축도 하고 리모델링도 하고. 신뢰를 기반으로 움직이고 그 신뢰가 건설사를 움직이게 하고 그 이익이 다시 지역민들에게 혜택으로 돌아가는 방식이죠. 명장 제도도 어떤 명예를 부여하고 그 명예로 신뢰를 쌓도록 돕는 건데, 이외에도 신뢰를 확보할 수 있도록 하는 요인이 무엇이 있을까 고민이 깊어집니다. 시공은 기술과 경험을 바탕으로 고도의 판단력과 실행력을 요하는 영역입니다. 이 작업이 지닌 중요성과 난이도에 비해 현장에서 일하는 사람들이 (설계자에 비해 상대적으로) 존중을 받지 못하는 상황이 안타깝습니다.

정수진 감성적으로 존중하는 개인 간의 관계를 넘어서, 건설노동자에 대한 처우와 인식 개선이 시급합니다. 미국에서는 사회 전체의 고용과 고용안정성을 평가할 때 건설노동자의 처우가 비중 있는 기준으로 작용해요. 건설업계의 시급과 급여, 산재보장률, 고용 유지 비율이 전체 산업의 안정성을 판단하는 기준으로 쓰이는 거예요. 한국은 건설로 개발도상국으로 도약했다 해도 과언이 아닌데, 건설노동자의 처우와 전문성을 그만큼 인정하지 않는 분위기인 것만은 확실해요. 더 싼 임금을 찾아 숙련도가 낮은 이주노동자로 너무나 쉽게 대체되는 상황을 봐도 그렇고요. 현재 한국 건설기술자들의 임금이 GDP를 고려했을 때 미국이랑 크게 차이가 없다고 반론을 펼치는 분도 있어요. 그렇게 보일 수도 있어요. 그렇지만 절대적으로 대기업 중심, 대기업 건설사 중심으로 움직이는 시장이라는 것에 대해서는 반박하기 어려울 거예요.

조남호 산업 규모로 보면 거의 3위 안에 들 거예요. 건설이라는 범위는 넓죠, 어마어마하게. 건축 또한 산업 관점으로 이해하자는 흐름이 있어요. 국가건축정책위원회에서도 그런 관점에서 논의를 하고 있죠. 오래전에 중동 붐이 일고 특정 분야 위주의 성장이 이루어질 때 부가 국가 전체로 고르게 퍼지게 만든 요인은 건설 산업이었어요. 말하자면, 건설 산업은 어느 한 곳에서 성장과 부가 생겨나면 전체적으로 그 부를 퍼트리는 역할을 하지요. 그러니 건설산업 환경과 건설산업 내부 메커니즘을 건전하게 만들 필요가 있고 또 사회적으로 존중받아야 할 가치가 충분하다고 봅니다.

건설 안전에 대해서는 지난 수년간 법이 강화되기는 했어요. 문제는, 제도를 악용하는 현장이 문제인 건데요. 또 악용할 소지가 있는 제도를 성급하게 법제화하는 데에도 허점이 많습니다. 노무에 관련된 사항도 굉장히 복잡해졌어요. 어떤 현장이든 숙지하고 있을 겁니다. 건설 환경의 안정성은 매우 중요하지만, 문제가 생겼을 때, 법부터 손대지 않았으면 합니다. 현장 전문가의 판단, 사고율과 원인 분석 등 데이터를 활용해 관련자들이 논의를 거친 다음에 법이 개정되거나 제정되면 좋겠다 싶습니다. 큰 사고가 한번 터지면 6개월 내에 성급하게 법이 개정되거나 제정되곤 합니다. 그러니 허점이 많은, 악용의 소지가 많은 졸속 법이 자꾸만 덧대어지는 느낌이에요.

시공사의 마진율

정수진 궁금한 게 뭐냐면, 시공사분들 가운데 건축가들 작업을, 그러니까 조남호 선생님 같은 분의 작업을 하시는 시공사도 있고, 또 일반적인 시공을 하는 곳도 있고, 또는 고급자재들을 쓰는 전원주택을 주로 하시는 분들도 있잖아요. 근데 그 이윤 차이가 엄청나다고 하더라고요.

전은필 전원주택이요?

정수진 네에. 유행하는 소위 유럽풍, 프로방스풍 집들은 이윤이 30~40%에 이른다고. 그런데 그런 집들을 가보면 자재 자체는 고급인 데 비해 마감은 너무 허술한 거예요. 또 우리가 흔히 '동네 건축'하신다는 분들 중에서 건축주의 돈은 길에 떨어진 공돈쯤으로 여기는 이들도 종종 봤어요. 제가 그런 시공사도 몇 군데 만나 아주 고생을 했거든요. 그에 반해, 건축가들 작업을 하는 시공사들은 이윤이 5%가 되면 아주 성공했다, 그러더라고요. 그 갭이 솔직히, 저는 믿긴 하면서도, 진짜인지 궁금해요.

전은필 진짜로 그 정도밖에는 안 돼요. 정말 많이 남겨야 한 7~8%. 5%만 되면 다행이에요. 어떨 때는 3%가 안 되기도 하고요. 지금 염곡동 주택 같은 경우는 저희가 3~4% 정도밖에는….

정수진 일반 대중들한테는 이 이윤의 정도를 이해하는 것이 너무너무 중요한데요, 제대로 설계하고 제대로 시공하면 3~5% 이상 마진이 나올 수가 없기 때문입니다. 이런 사실들을 토대로 저희가 시공사를 건축 명장 중에서 소개를 해드리는데, 이른바 동네 시공사의 견적과 비교를 하면 제가 뒷돈 받는 사람이 되는 거예요. 기본 견적 자체에서 차이가 크고 이윤 차이도 심하니까요. 정말 중요한 정보고, 진실을 좀 밝혀주셔야 해요.

전은필 직접공사비란, 공사를 진행하기 위해 현장에 투입되는 직접 재료비, 인건비, 기계 경비입니다. 간접공사는 공사의 시공을 위하여 공통적으로 소요되는 법정경비 및 기타 부수적인 비용입니다. 관급공사에서는 일반관리비, 기업이윤, 부가세를 포함한 금액은 직접공사비의 40~45% 정도라고 합니다. 그에 비해 소규모 건설사는 그 비율이 20% 정도밖에 되지 않습니다. 현장관리 및 이윤이 상당히 열악한데 계약 시 공사비를 깎거나, 공사잔금 지급을 미루면서 공사비를 깎는 경우도 있습니다.

정수진 제가 얼마 전에 공사를 위한 견적을 받았는데 공사비의 거의 10% 이상을 흥정을 하는 거예요. 10%도 넘었던 것 같아요. 통상 보면 끝자리를 좀 정리하는 경우는 있어요. 그런데 갑자기 억대가 넘는 금액을 깎자는 겁니다. 아주 당연하다는 듯이.

임태병 저희도 건축가들의 작업을 하는 시공사를 만나고 그분들을 신뢰하고 가는데, 일반인의 상식으로는 이 이윤을 가지고 공사를 한다는 게 이해가 안 가는 거예요. 한 건축주는 주식 투자자였는데 견적서에 5% 마진이라고 써 있으니까, 거짓말 좀 하지 말라고, 당신들이 자선사업하냐고, 자기가 보기에는 모든 산업이 30% 정도는 남아야 되는데 나머지 25%를 어디다 숨겼냐는 식으로 오히려 화를 내더라고요. 진짜 저도 고민이 돼요. 이게 구조를 바꿔야 하는 건지, 정직하다고 해야 하는 건지.

전은필 일부 시공사 중에서는 건축가 작업을 하면서 마진 없이 자기 돈 보태서 하는 사람들도 있어요. 왜냐하면 1년에 한두 번 그런 수준의 작업을 해야지만 명장 업체로 등록을 하고, 그래야 공사를 따낼 수 있으니까요.

최이수 '명장'에 이름을 올린다는 것이 큰 로열티를 갖는 것인가 보군요?

정수진 모두 그렇지는 않겠지만, 명장이 되면 눈에 보이게 시공비가 상승하는 경향이 분명 있긴 합니다.

전은필 전략적으로 그렇게 하는 분들이 있죠. 당장 그 작업에서 이익을 못 보더라도 일단은 명장에 올리기 위해서 작업을 한다고. 그런 다음에 그 명예와 경험으로 공사를 하게 될 확률이 높아지니까요.

조남호 예전에 한 건축주가 제가 소개한 시공사로부터 공사비 견적을 받았는데 예상했던 것보다 많이 비쌌던 것 같아요. 그러니까 이분이, 이런 얘길 했어요.

어떤 사진작가의 사진 한 장 값이 100만 원일 수도 있고 500만 원일 수도 있고, 2,000만 원, 5,000만 원일 수도 있다. 그런데 10만 원짜리 사진과 100만 원 정도 되는 작품사진의 경우 아마추어와 프로의 차이 만큼 수준 차이가 분명히 드러난다. 그런데, 500만 원 하는 사진과 5,000만 원 하는 사진을 놓고 보면, 일반 대중은 쉽사리 그 차이를 느끼지 못한다. 건축가 작업이라는 것이 그런 것이 아닌가. 일반인이 보기에 잘 구별도 못 하는 질적 차이인데, 그 작은 차이를 더 이루기 위해 지나친 비용을 투여하는 것이 아닌가 하는 질문을 던진 거죠. 그분은 그저 합리적인 비용을 지불하고 싶다는 요지였어요.

무척 흥미로운 질문이라고 생각했어요. 일단, 건축가들 입장에선 공사비가 높으면 걱정이 훨씬 덜합니다. 신경을 조금 덜 곤두세워도 현장이 비교적 잘 움직이고, 반면에 우리가 기대하는 비용보다 많이 낮아지면 그만큼 위험해지죠.

좋은 품질을 보장해주는 시공비와 부실의 위험이 상존하는 시공비 사이 불확실한 영역이 지나치게 넓습니다. 비용은 줄여야 하고 품질은 높여야 하는 모순 속에 말이지요. '불확실'의 원인은 우리 주택시장의 산업화와 표준화가 미비하기 때문입니다. 집을 이루는 수많은 부자재들이 표준화되어 있지 않으니 디자인과 질을 약간만 높이려 해도 고비용 구조로 가게 됩니다. 불안정한 주택시장에서 공사비와 시공 품질 사이에 큰 과제가 놓여 있습니다.

전은필 맞습니다. 제품명도 똑같고 분량도 똑같은데 어떤 시공사 A는 100원을 내고 B는 120원을 냈거든요. 이게 무슨 차이냐고 이해가 안 되시는 분들이 많아요. 상황을 들여다보면, 같은 면적을 도배할 때 재료가 동일하다 하더라도 그 방법이 서너 가지가 돼요. 올 퍼티를 해서 도배하는 경우도 있고 부분적으로 퍼티하는 방법도 있고. 테이핑 처리하는 방법도 있고. 아무것도 없이 그냥 바르는 방법도 있어요. 그런 기술적 단계에 따라 크게 달라지지요. 다만, 건축가랑 작업하는 시공사는 일정 수준을 전제해요. 예를 들어, 1단계부터 4단계까지가 있다면, 일반적으로 3단계, 아무리 못해도 2단계 정도는 되어야 한다는 기준이 있죠. 더 넓게 확대해서 보자면, 1군, 2군, 3군의 건설회사라는 범주가 있어요. 거기서 하는 건설사의 역할과 이른바 '아틀리에'로 불리는 건설사의 역할은 전혀 달라요.

조남호 지난번에 건축가들끼리 모여서 사전 논의를 할 때 제가 전 대표의 고민에 대해 얘기를 했었어요. 전 대표님이 시스템을 갖추고 규모 있는 시공회사를 운영하는 방향과, 조직을 최소화해 공방식으로 운용하면서 작업 수를 줄여 일하는 방식 사이에서 갈등하고 있다고요. 그 구조를 살짝 드러내면 읽는 분들이 스스로 판단할 수 있지 않을까 싶습니다.

전은필 일반적인 건설사 혹은 시공사와 디자인빌더는 작업에 대한 접근 방식이 좀 다릅니다. 특히 시공을 대하는, 뭐랄까… '결'이 다르다고 봐요. 일반적인 시공사가 관리자적인 성격을 강하게 띤다면 디자인빌더는 관리자적인 측면보다는 전문적인 기술자로서 작업을 대하는 측면이 강하다고 생각해요. 예를 들면, 도면에 오류나 시공상 문제가 발생했을 때 일반적인 시공사는 기능적인 부분(하자, 작업 편리성, 비용)으로만 접근하기 쉬워요. 보통 그렇지요. 반면에 디자인빌더는 기능적인 부분과 더불어 설계자의 디자인 의도를 명확하게 현장에 반영하는 데 우선적으로 초점을 두고 나머지 문제를 그 이후에 고민하거나 적용하지요.

간단히 건축비가 왜 이렇게 올랐냐는 이유 중에 하나가, 건축주가 원하는 수준이 급작스럽게 매우 높아졌어요. 온갖 미디어와 채널, 소셜네트워크 등을 통해 수준이 높은 집을 너무 많이 본 거예요. 눈으로 경험한 거죠. 작년에 저희가 만난 건축주분들은 모두 예외 없이 레벨 3, 4를 원하시는 분들이었어요. 시공비는 레벨 2가 될까, 힘들지 않을까 하는 수준인데 원하는 디테일들을 들어보면 거의 최고 수준을 원하는 거예요. 그러니 미팅 횟수가 점점 늘어요. 간단히 한두 번 만나서는 견적을 이해시킬 수가 없는 거예요. 그리고 저희 입장에서도 합리적으로 어디까지 가능한지 또 어디까지를 원하시는 건지 자꾸 들어봐야 해요.

최이수 제가 임태병 소장님과 하는 설계 과정들을 제 개인 인스타그램에 올리면 되게 관심들이 많아요. 사진 세 장을 올렸을 뿐인데, 다 지은 거냐고 묻는 이도 있고, 아예 정말 어디부터 시작해야 할지 모르겠을 정도의 질문을 던지는 분들도 많아요. 땅을 좀 알아봐달라고 하는 분부터…. 그렇지만 저도 아직 공사를 시작하지 못했으니, 견적 내용에 관해서는 구체적으로 아는 바가 없지요. 김호정 님은 전체 공사비가 얼마나 드셨어요?

허가 면적
건축허가를 받는 면적만을 일컫는다. 담장, 주차장, 마당 등도 일반적으로 공사를 진행하기 때문에 허가 면적과 실제 공사 면적이 다를 수 있다.

전은필 실제로 허가 면적하고 공사 면적하고 좀 다를 순 있을 것 같아요.

정수진 주거 면적이 다락까지 포함하면 60평 조금 더 돼요. 그걸 감안해서 상가까지 다 포함해서 평당 800 보자고 했어요.

임태병 굉장히 선방하셨네요.

정수진 대단한 선방이죠. 엄청 칭찬받았어요, 주변에서. 최고의 성과라고.

김호정 이 사이에 에피소드가 있는데, 지구단위계획으로 묶여서 신축을 못 할 때 리모델링해서 임대를 했어요. 작은 한식당으로. 그러는 몇 년 사이에 지구단위계획이 풀려서 집을 지을 수 있게 된 거예요. 그래서 상가건물임대차보호법이 정한 임대보증기간이 5년이 다 되어가니까 곧 시작할 수 있겠다 하고 있는데, 임대차보호법이 바뀌었어요. 10년으로. 저희 동네가 그사이에 핫플이 되면서 장사가 잘되니 그분은 더 있겠다는 의지를 밝혔고. 어려워진 거죠. 그래서 다 접으려고 했어요. 그런데 여차저차 남편이 그분과 원만하게 해결을 보았어요. 1년 먼저 나가시는 걸로. 그때는 좀 힘들었지만, 결과적으로 보면 잘된 일이었어요. 왜냐면, 1년간 시공비가 거의 두 배로 올랐기 때문에.

전은필 현재 상황을 보자면(2022년 가을), 전체 공사비에서 약 25%가 형틀, 철근, 콘크리트 공사에 포함됩니다. 그중에서 철근이 8% 정도 비중을 차지해요. 철근 비용이 지금 두 배가 오른 상태고요. 그 외에 들어가는 자재들, 유리, 알루미늄 등이 급격하게, 거의 20% 이상 씩 상승했어요. 비슷한 집의 견적을 자료로 제시하기가 어려워요. 너무 절대적인 근거로 보일까 봐 걱정이 돼요. 같은 땅에 같은 규모로 짓는 아파트가 아닌 이상, 제가 시공하는 주택들은 조금씩 다 다르고 땅의 조건에 따라 시공비 차이가 많이 나니까요. 그럼에도 불구하고 대략 가정하자면, 기초, 골조 등 본체공사비가 거의 두 배 가까이 높아졌다고 생각하시면 돼요. 본체공사비의 비율을 전체 공사 가운데 약 65~70%로 가정하는데, 그 비용이 두 배 높아진 거죠.

대략의 예산 세우기

첫째,
기본적인 공사비만으로는 집을 지을 수 없다는 걸 인지하고 있어야 한다.

둘째,
설비에 관련한 비용은 대체로 별도의 공사비(부대공사비)로 취급된다. 특히 건축가를 통하지 않고 시공업체와 진행할 경우 업체에서 평당(3.3m²) 단가를 제공하는 경우가 많아 그것을 총비용으로 착각하기 쉽다.

셋째,
총비용을 10으로 상정할 때, 통상 건물공사비 7, 부대공사비와 기타 경비를 3 정도로 본다.

집짓기 총사업비 구상

* 총사업비(부가세 별도)를 10억 원 규모로 상정할 경우의 예

항목	내용	설명	비율	금액
설계, 감리비	건축, 구조, 기계, 전기설비 설계 (옵션: 측량 및 지반조사비)	건축가에게 설계를 의뢰한다면 시공비와 별도로 설계 계약과 감리 계약을 진행하고 비용을 지불해야 한다.	10%	100,000,000원
본체공사비	주택만	건물 본체에만 들어가는 공사비. 시공사가 제공하는 경우에는 표준 사양만을 표기한 경우가 대부분이기 때문에 별도 공사 내용을 비롯해 추가될 수 있는 범위를 질의문답을 통해 파악해야 한다.	63%	630,000,000원
부대공사비	토목, 철거, 마당, 담장, 조경, 도로복구비	본 건물 이외에 건물 외부 담장, 도로 복구, 주차장 공사 비용 등은 본체 공사비에 포함하지 않는 경우가 대부분이다.	6%	60,000,000원
별도공사비	가구, 에어컨, 태양광 등	주로 욕실, 부엌, 다용도실, 저장실, 창고 등에 추가되는 디테일에 대한 공사비이다. 설계와 재료에 따라 비용이 크게 높아질 수 있기 때문에 건축주들이 대체로 원하는 품질과 예산 사이에서 고민이 깊어진다. 어느 정도의 품질을 구현할 수 있을지, 기대치에 어느 정도 부합하는지 세심한 상담이 필요하다.	12%	120,000,000원
예비비		현장 상황에 따라, 제품의 공급에 따라 재료나 시공 방법, 현장 설비 등의 상황이 설계할 때와 (또는 시공 초반기와) 달라질 수 있다. 환경이 달라지기도 하지만 무엇보다 건축주의 변심으로 수정이 필요한 경우도 잦다. 이럴 때를 대비해 약간의 자금을 확보해두어야 한다.	2%	20,000,000원
기타 경비	측량비, 각종 인입비(수도, 전기, 가스, 하수)	시공 이외 부분에서 발생하는 비용이다. 측량비(분양받거나 매매한 땅의 크기에 이견이나 거래 관계에서 갈등이 있을 때), 지반조사비(땅에 문제가 있음을 발견했을 때), 건축허가비, 등기, 세금, 주택대출 관련 비용, 이사 관련 비용, 가구 구입비 등이다.	1%	10,000,000원
	취등록세		6%	60,000,000원

Point 1 집짓기의 전체적인 흐름

체크포인트

토지를 매입할 때는 서두르지 말고 꼼꼼하게
땅을 살 때는 지반의 상황이나 주변 환경 등을 꼼꼼히 체크해야 한다. 평일과 휴일, 낮과 밤 등 여러 차례 조건을 바꾸어 방문한다. 설계를 의뢰할 건축사무소를 정했다면 반드시 매입 전에 검토를 받고 의견을 듣도록 한다.

운용 가능한 자금 규모, 대략의 지역과 주택의 형태(듀플렉스, 코하우징, 단독 등), 특징, 전체 규모를 구상한 다음 계획을 본격화한다!

땅 찾기
땅 매입

건축가 찾기,
건축사무소 미팅

땅 매입 시 필요한 서류
- ○ 매매계약서
- ○ 토지, 건물등기부등본
- ○ 토지, 건물의 위치도 및 지적측량도
- ○ 주민등록증
- ○ 소득증명서
- ○ 인감증명서
- ○ 신분증 등

구입비 이외의 지출
- ○ 매매계약서인지세
- ○ 토지의 소유이전등기 비용
- ○ 부동산 중개수수료

*토지담보대출 시 해당 은행에서 '지상권 사용동의서'와 '지점 인감증명서'를 발급받아 건축허가 시 제출해야 함.

예산관리

미팅을 준비하며
예산의 규모와 준비 시기 정확히 기록. 어떤 집을 꿈꾸는지 가족 구성원과 긴밀하고 잦은 회의. 나와 잘 맞는 건축사무소, 건축가를 만나는 과정이 집에 대한 개괄을 정리하는 것과 동일하다는 생각으로 접근!

원하는 사항은 가능한 한 구체적으로 전하고 납득할 때까지 협의한다
이 과정에서 예상 공사 내역을 생각해두면 예산 계획에 유리하다.

범위를 확실하게
설계의 범위를 어디까지 설정할지 협의한다. 기본 설계 단계에서부터 예산 조정이 필요하다면 희망사항의 우선순위를 매겨 예산 배분에 강약을 조절하며 건축가와 상의한다. 설계에 현실적인 예산 범위가 반영된 공사 견적을 받기 위해서는 건축가에게 기본 설계에 따른 예산을 우선적으로 상담받는 것이 좋다.

도면을 보며 마감을 상상해보자
모형 제작이나 투시도 제작 등에 관한 내용을 설계 계약 때 추가 비용으로 책정하는 경우가 있다. 건축주가 원하는 내용과 수준을 건축가에게 얘기하고 설계 계약 때 미리 공지를 받도록 한다. 어떤 수단을 통해서든, 건축주는 실시 설계 상황을 정확하게 예측할 수 있어야 한다.

신뢰가 가장 중요하다
완벽한 실시 설계를 마치기 전에 개략적인 평면으로 비교 견적을 받아 그 내용을 보고 세부 설계를 결정하는 것이 좋다.

설계 상담

건축사무소와 설계 계약 체결

기본 설계

계획안 확정

건축가 상담 비용 확인
의뢰할 건축가와 현장 답사. 땅에 대한 문제 해결.

지반조사비·측량비
계약서는 건축주가 모든 항목을 충분히 이해할 때까지 읽는다. 애매하다고 느껴지거나 낯선 용어가 있다면 반드시 질문하고, 추가 사항이 있다면 계약서에 병기할 것을 요청한다.

○ 설계착수금(보통 설계비의 20~30%)
○ 개발행위허가: 필요시 별도 계약

자금 운용 규모와 시기 재확인
○ 설계비의 일부
○ 지반조사를 하는 경우는 조사 비용이 추가로 든다.
○ 대략의 공사비를 예상하고 자금 운용 계획을 세운다.

새로 구입할 품목 정리
방 배치, 수납, 조명이나 문의 위치, 콘센트의 수와 배치 등을 꼼꼼히 확인해 새로 구입할 품목을 정하고 예산을 배분해둔다(가전제품, 가구, 조명, 커튼이나 블라인드, 실외조명, 어닝 등).

앞으로의 일정 체크
계획안이 결정되면 설계비와 건축공사비, 앞으로의 공사 스케줄, 지불 횟수와 시기를 확실히 메모한다.

자금 계획을 여기서 마무리!
그간 세워두었던 자금 계획과 운용 계획은 대출 상담을 완료하고 대출 규모를 결정하면서 마무리한다. 주택 대출이 실제로 나오는 것은 건물의 완성 후이기 때문에 이 시기에 다양한 채널을 통해 상담받고 가능한 대출 규모를 확정짓자. 공사 진행 중의 지불에 대해서는 안정적으로 현금을 확보해야 한다.

각종 필요 서류를 신청한다
국민주택 규모에 따른 정부 지원책, 지자체마다 있을 수 있는 혜택들, 친환경 설비기기로 지원을 받을 수 있는 조항 등을 이 시기에 체크하고 신청한다.

체크포인트

예산이 여유롭지 않을 경우 거의 동시에 이루어질 수도 있다.

실시 설계 / 시공사 견적 비교 / 시공사 미팅 / 건축 허가 / 대출 신청

예산 관리

설계 계약에 따라 이 단계에 도면을 납품하고 설계비를 완납하기도 한다

설계비의 일부를 지불
- ○ 설계비
- ○ 허가비
- ○ 면허세, 채권
- ○ 개발행위에 따른 수수료와 세금

각종 서류 신청에도 비용이 발생한다
건축허가 신청비 등 각종 서류를 신청하는 데도 비용이 발생하니, 미리 준비한다.

주택 대출 신청 시 필요 서류
- ○ 본인확인 서류
- ○ 소득증명관계 서류
- ○ 물건관계 서류
- ○ 인감증명서
- ○ 주민등록증 등

주택 대출 신청 시 각종 제경비
- ○ 대출 계약의 인지세
- ○ 융자사무소 수수료
- ○ 보증료 등

대출의 규모와 방법 조사
다양한 채널과 방법을 동원해 조사. 세법과 관련한 내용도 숙지!

공사 과정별 포인트 체크!

시공 계약 / 감리 계약

도면을 꼼꼼히 체크

시공사와 계약을 할 때는 계약서와 함께 견적서, 도면, 시방서 등 체크할 서류가 많다. 완전하게 이해가 될 때까지 계약서 사인을 서두르지 말고 모든 구비서류를 챙기자. 특히 공기가 늦어질 경우 어떻게 대응할지에 대해서도 서면으로 확인한다.

재건축의 경우

- ○ 임시 거처로 이사할 경우 이사 비용
- ○ 임시 거처의 집세

착공 허가 / 공사 시작

이웃과 인사

공사를 시작하기 전에 반드시 이웃에게 인사를 한다. 건축주든 현장 책임자든 이웃에게 공사 시작을 알리고 혹시나 생길 수 있는 불편한 점에 대해 미리 공지하고 양해를 구한다.

공사 시작 시 지불 사항

- ○ 건축공사비의 일부 지급(보통 10~20%)
- ○ 해체공사비(재건축의 경우)
- ○ 직영공사 시 고용보험금, 산재보험금
- ○ 감리 착수금

기초 공사

건축가(감리자)와 함께 현장 확인

터파기와 기초 공사 첫 며칠은 반드시 건축가(감리자)와 함께 현장에 있는 것이 좋다. 예측하지 못했던 문제가 발생할 수 있고, 기후, 지반의 상태에 따라 계획을 변경할 수도 있기 때문이다.

보통 건축 허가 후부터 착공 허가 사이에 설계비 완납

골조 공사 (상량식)

상량식(上梁式)

상량식은 지역에 따라서 방식이 다르기 때문에 시공사의 책임자에게 문의해보자(최근에는 생략하는 경향).

공사비의 일부를 지불

- ○ 건축공사비 중 나머지 일부 지급 (월 기성금 또는 횟수별 등 계약대로)
- ○ 상량식 비용

자주 방문

가능하면 자주 현장에 나가 실제 사이즈와 마감 상태를 확인한다.

도면과 늘 맞춰보자

콘센트, 스위치의 위치와 개수는 사소해 보이지만 편리함을 결정하는 무척 중요한 요소다. 도면대로인지 꼼꼼히 확인하자.

설비를 확인!

시방서대로 정확한 기종(또는 색)의 설비기기가 반입되었는지 확인한다.

외부 공사 체크!

도로 복구, 외부 주차장 등 법적으로 반드시 마무리해야 하는 공사를 체크한다.

집의 인상이 결정되는 외부 마감 공사

마감 상태와 색감, 질감 등을 확인한다.

시방서와 비교해 체크!

현장을 방문한다면 진행된 부분의 크기나 마감이 도면대로 되었는지 체크하자.

체크포인트

창호, 지붕, 방통, 내부 배관 설비 공사 | 단열, 바닥, 외·내벽 공사

외·내부 마감 공사

제품 및 설비 기기 공사 | 외부 공사 | 공사 완료

예산 관리

공사비의 일부를 지불

○ 건축공사비의 일부(보통 25%)

외주업체들 계약

○ 태양광, 지열, 시스템 에어컨, CCTV, 열회수형 환기장치 등

추가 공사가 발생한다면

공사를 시작한 뒤의 변경이나 추가사항은 예산 초과의 원인이 된다. 실시 설계도와 다르게 공사를 진행해야 하는 상황이라면 현장 책임자와 상의하고 건축가에게 다시 의뢰해서 비용에 관한 부분까지 명확하게 정리하고 넘어가야 한다. 또한 변경 사항에 대한 내용과 날짜를 반드시 기록해둔다.

예산 분배 확인

- 설비와 인테리어를 시작하기 전에 추가 비용을 예상해 계획한다.

마당과 정원 꾸미기

준공 직전에 정원 꾸미기까지 완벽하게 마치려면 예산을 초과하기 쉽기 때문에 주의하자!

세세한 모든 수속
이사하기 전에 전기와 가스, 수도 등의 수속을 해두자.

마감 상태 검사
건축법에 따라서 제대로 되었는지를 확인하는 검사와 주택성능표시 검사를 실행한다.

모든 수속을 마친다
이사에 맞추어 주민등록의 이전과 우편서비스의 수속을 해둔다. 이삿날은 공사 중에 폐를 끼쳤던 점에 대해 사과를 겸해서 이웃에 인사한다.

마지막까지 확실히
주택 대출 공제를 받기 위해서는 확정 신청이 필요하다.

마감을 꼼꼼히 확인!
최종확인이라고 생각하고 마감을 꼼꼼히 체크한다. 다시 공사해야 할 경우 비용의 발생과 그 부담에 관해 확인한다. 설비기기의 사용 방법을 모를 경우 반드시 질문한다. 보증서와 설비의 취급설명서, 건물의 손질에 대한 안내서, 열쇠들을 이때 받는다.

예산 초과에 주의
의외의 비용이 드는 커튼, 가구를 포함하여 예산을 초과하지 않는지 주의하자.

냉난방 설비 가동 후 체크
기후 변화에 따른 이상이 없는지 체크. 모든 제품을 사용해보고 기능에 문제가 없는지 체크. 이외에 미관상의 아쉬움, 내부 최종 마감 상태 등을 살펴 시공사에 연락하고 도움을 청한다. 입주 직후 하자 보수는 자연스러운 현상이자 절차이니 감정 컨트롤 필수!

준공검사 및 사용승인

등기, 인도

가구 반입

이사 및 입주

하자, 수정 공사

최후 지불
- ○ 건축공사비의 잔금
- ○ (감리 계약을 했다면) 감리비 잔금
- ○ 추가 공사비 정산

예산을 초과하지 않도록 주의
- ○ 입주 청소
- ○ 비품 구입비

이사에 필요한 비용
- ○ 이사비
- ○ 이웃에 인사할 때 들고 가는 간단한 선물 비용
- ○ 집들이
- ○ 소소한 비품들 구입비

등기에도 비용이 필요
- ○ 등기 관련 비용(취등록세)

검사 비용의 지불
- ○ 완료검사 비용
- ○ 화재보험 및 보안 업체 신청

단독주택 시공 단계별 요약

1. 경계측량

내 땅이 어디부터 어디까지인지를 정확하게 표시

check point
표시한 부분이 움직이면 1개월 이내 재측량을 요구할 수 있다.

2. 터파기

정확하게 규준틀을 설치한 다음 버림 콘크리트 진행. 5cm 정도 두께로 콘크리트 타설

check point
작업 당일의 날씨가 중요하고 옆집에 피해를 주지 않는지 주의를 기울인다.

check point
패시브하우스의 경우(또는 설계도서에 따라) 기초공사 전에 대지에 단열공사를 먼저 진행하기도 한다.

3. 골조 공사

check point
동바리 존치기간 준수

목조 철근 → 기초 → 되메우기 → 벽체 → 바닥 → 2층 → 지붕 순서로 진행

철근콘크리트 풋팅 → 철근배근 → 형틀공사 → 기초공사 후 1층 벽체(철근배근+형틀) → 2층 슬래브 공사(타설, 양생) → 2층 벽체(철근배근+형틀) → 슬래브 공사(타설, 양생) → 지붕공사(타설, 양생) → 거푸집 해체

4. 칸막이 공사

칸막이란, 실내의 공간을 구획하는 내부 벽을 뜻한다. 목조 주택은 목구조 자체가 칸막이 역할을 하기 때문에 칸막이 공사를 따로 할 필요가 없다. 철근콘크리트 구조에서는 실을 구분해주는 칸막이 공사가 필요하고 중요하다. 칸막이 재료는 크게 습식과 건식으로 나뉘고, 습식으로는 시멘트 벽돌, 블럭, 미장공사 등이 있고, 건식으로는 경량 스터드, 경량 벽체, ALC블록 등이 있다.

5. 방수 공사

목조 일반적으로 외부 벽체에 투습 방수지를 붙이고 지붕에는 방수 시트를 씌운다.

철근콘크리트 일반적으로 외벽 방수를 하지 않는다. 재료 자체가 습식 성질을 지니고 있기 때문에 습기가 거의 문제가 되지 않고, 보통은 화장실, 발코니 등 실내 방수에 초점을 둔다.

6. 창호 설치

check point
누수가 없는지 확인. 빈틈에는 단열재 충진

7. 설비

기계 설비와 전기 설비로 나눌 수 있다. 전기 설비와 함께 오수, 폐수, 배수, 급수 등의 설비 배관 작업을 진행.

8. 난방 배관과 방통

* 방통: 바닥 전체 미장공사

기초 및 바닥에 비드법 단열재 스티로폼 또는 기포 콘크리트를 시공하고, 그 위에 철망(와이어메시)을 깔고 나서 보일러 파이프를 결속한 뒤 모르타르를 타설해 굳힌다.

check point
수평이 제일 중요,
함수율(6~7%) 체크

9. 단열 공사

check point
이 과정에 들어가기 전
구조목의 함수율을 반드시
측정. 감리자 체크 필요

목조 글라스울, 우레탄폼 등 여러 종류의 단열 자재를 내부 전체에 시공

철근콘크리트 단열 성능이 높은 단열재를 외부에 시공한다. 외단열을 우선시하지만 간혹 설계에 따라 내단열 공사로 진행하기도 한다. 외단열이든 내단열이든 법적인 기준을 충족해야 한다.

10. 내부 마감 공사

석고보드로 내부 마감

check point
수평이 제일 중요, 함수율 체크

11. 외장 마감

거의 모든 외장재를 사용할 수 있으나 흔히 사이딩, 벽돌, 스타코 등을 사용

➔ 회벽 노출 콘크리트에 페인트, 불소 수지 코팅

↘ 탄화목 목재 사이딩, 고벽돌

↗ 슬레이트 외장재

➔ 타일 외장재

12. 수장 공사

수장 공사는 내부 마무리 공사로서 흔히 '인테리어'라고 부르는 요소들로, 마감 작업자들이 하나하나 손으로 공사해 최종 마감을 하면서 집기들의 자리를 잡는 과정이다.

도장, 도배 공사, 타일 공사, 바닥마감 공사, 가구 공사, 각종 조명들 설치, 에어컨을 비롯해 부엌의 전자제품들 인입과 설치, 환기 설비 등의 제품들을 시험 가동해 제품 확인을 하는 과정까지를 포함한다. 집짓기를 시작해 가장 건축주가 현장에 오래 머무르고 결정하고 체크할 사안이 많은 시기일 것이다.

주요 체크사항

입주 시

- ☐ 설비의 취급 설명서
- ☐ 건물의 관리 설명서
- ☐ 열쇠 인수
- ☐ 준공 도면 수령
- ☐ 이사하기 전에 전기, 수도, 가스 등을 신청
- ☐ 화재보험 및 보안 업체 신청
- ☐ 커튼과 블라인드 등을 설치할 때 예산 초과 주의
- ☐ 베이크 아웃
- ☐ 입주 청소
- ☐ 각종 우편물 수령지 변경
- ☐ 이웃에게 인사

입주 후

- ☐ 환기 상황 체크
- ☐ 각종 설비에 이상이 발생하지 않는지 실험
- ☐ 인테리어 마감의 수직, 수평을 비롯해 탈부착이 정확한지 체크
- ☐ 씽크대 주변의 누수나 역류 체크
- ☐ 욕실의 배수 상황 확인
- ☐ 겨울이라면 결로가 있는지 체크

13. 사용승인(인수인계)

시공사와 유지, 보수에 관한 계약을 설정하고 보증기관을 통해 보증을 받으면 유리

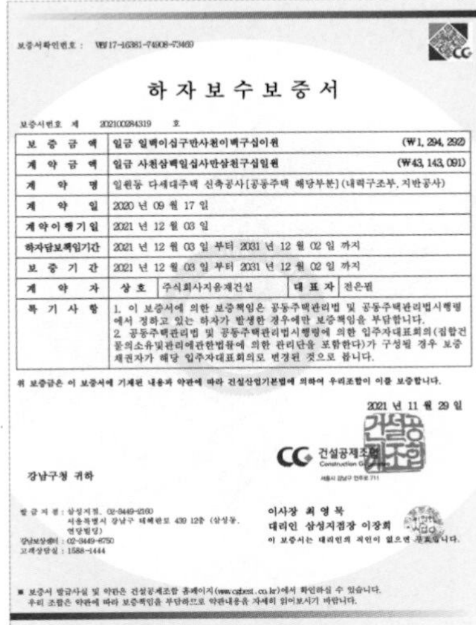

보증서확인번호 : WW17-16381-74908-73469

하 자 보 수 보 증 서

보증서번호 제 202100284319 호

보 증 금 액	일금 일백이십구만사천이백구십이원 (₩1, 294, 292)		
계 약 금 액	일금 사천삼백일십사만삼천구십일원 (₩43, 143, 091)		
계 약 명	일원동 다세대주택 신축공사[공동주택 해당부분](내력구조부, 지반공사)		
계 약 일	2020 년 09 월 17 일		
계약이행기일	2021 년 12 월 03 일		
하자담보책임기간	2021 년 12 월 03 일 부터 2031 년 12 월 02 일 까지		
보 증 기 간	2021 년 12 월 03 일 부터 2031 년 12 월 02 일 까지		
계 약 자	상 호: 주식회사지음재건설	대 표 자	전은필
특 기 사 항	1. 이 보증서에 의한 보증책임은 공동주택관리법 및 공동주택관리법시행령에서 정하고 있는 하자가 발생한 경우에만 보증책임을 부담합니다. 2. 공동주택관리법 및 공동주택관리법시행령에 의한 입주자대표회의(집합건물의소유및관리에관한법률에 의한 관리단을 포함한다)가 구성될 경우 보증채권자가 해당 입주자대표회의로 변경된 것으로 봅니다.		

위 보증금은 이 보증서에 기재된 내용과 약관에 따라 건설산업기본법에 의하여 우리조합이 이를 보증합니다.

2021 년 11 월 29 일

강남구청 귀하

건설공제조합 Construction Guarantee

발급지점 : 삼성지점, 02-3449-2160
서울특별시 강남구 테헤란로 439 12층 (삼성동, 연당빌딩)
강남보상센터 : 02-3449-6750
고객상담실 : 1588-1444

이사장 최 영 묵
대리인 삼성지점장 이장희
이 보증서는 대리인의 직인이 없으면 무효입니다.

■ 보증서 발급사실 및 약관은 건설공제조합 홈페이지(www.cgbest.co.kr)에서 확인하실 수 있습니다.
우리 조합은 약관에 따라 보증책임을 부담하므로 약관내용을 자세히 읽어보시기 바랍니다.

건축주 점검: 정확한 계획과 정리된 욕심

건축가

정말 그토록 다양한 유형의 집들이 지어진다고 가정한다면, 그 집들은 영속적이라고 볼 수 있을까요? "나만의, 우리 가족만의 특별한 집을 원합니다"라고 한다면 저는 고개를 끄덕이면서도 '당신의 가족에게 맞는 좋은 집이라면 누가 와서 살아도 좋고 편해야 한다'는 마음이 들어요.

건축주

일반 단독주택, 도심 내 협소주택, 다양한 구성원이 함께 사는 코하우징, 선입견을 허물 수 있는 다세대주택 등. 집에 대해 생각할 때, '내가 생각하는 좋은 주거란 어떤 모습일까'를 구체적으로 그려보면 좋겠어요.

나의 맥락을 찾아서

최이수 제가 집을 짓고 싶다는 마음을 먹고 『집짓기 바이블』을 처음 봤을 때는 좀 어려웠어요. 그러다가 몇 년이 흐르고 최근에 다시 이 책을 보니, 정말 쉽게 와닿았어요. 그러고 나서 알게 됐어요. 집짓기에 관한 책의 수준? 혹은 난이도? 혹은 씌어진 방식이나 저자에 따라 독자층이 천양지차로 달라진다는 것을요.

김호정 아주 기초적인 정보들에 관해서는 마음만 있으면 쉽게 찾을 수 있어요. 대략의 공정을 알기 위해서는 사실 몇십 쪽 분량이면 될 거예요. 저도 꽤 공부를 했는데, 그 공부라는 것이 전문적인 영역을 파고들어가서 (시공 계약을 한) 파트너가 맞는지 틀리는지를 검증하려는 방식의 공부가 되면 안 돼요. 솔직히 시공에 관해 아무리 공부한다 한들, 가능하지도 않아요. 그래서 저는 공사 관련, 계약 조항 관련 내용보다 더 근본적인 질문에 답을 구할 수 있도록 우리의 경험이 도움이 되었으면 좋겠어요.

기획자 예를 든다면?

김호정 제가 처음에 책들을 여러 권 사서 볼 때는, 뭘 한 권 읽으면 그걸 다 해야 하는 줄 알았어요. 패시브하우스를 읽으면, 그래 무조건 패시브하우스로 지어야 하는구나, 태양열도 해야 하는 거구나, 열회수장치를 도입해야 한다고 하면 그 설비를 꼭 넣어야지, 하는 식으로요. 한 권의 책이 한 주제에 몰입되어 있다 보니, 종합적으로 판단하기가 쉽지 않아요. 어떤 설비를 얘기할 때 장점이 있으면 분명 단점도 있을 텐데, 주제가 명확한 책들은 주로 장점만을 부각시키기 마련이니까요. 그런 단편적이거나 특정한 방법을 알려주는 방식 말고 좀 더 근본적이고 눈에 보이지 않는 고민들을 짚어주는 조언이 필요했던 것 같아요.

조남호 김호정 님이 예상보다 훨씬 많은 대출을 받아서라도 좋은 건물을 짓고자 하셨던 지점. 돈을 그렇게 많이 들였으니 대가를 빨리 되돌려받겠다고 생각했다면 건물의 완성도에 그렇게 집중하지 못하셨을 거예요. 집을 짓는다는 것은, 사실은 나와 내 가족만을 위한 일이 아니에요. 앞으로는 더더욱 30년 만에 허물고 하는 이런 관행들은 점점 사라질 거예요. 굉장한 자원과 에너지 낭비죠. 재건축 문제는 점점 더 첨예하고 엄격하게 다뤄져야 해요. 이제부터 짓는 건축물은 앞으로 100년은 족히 살아간다고 봐야 합니다. 그렇게 생각하면, 건축물을 짓는 일은 이웃을 너머, 미래 세대까지를 내다 봐야 하는 일이 아닐까요? 지금의 건축주는 미래 세대를 위해서 사실은 선투자를 하는 거라고 볼 수 있어요. 본인이 그 혜택을 다 받는다기보다는요. 이렇게 집에 대한 근본적인 생각들, 단순히 내 소유라는 걸 넘어서 어떤 가치를 갖는지, 이런 고민이 녹아들어야 된다고 생각해요.

임태병 도시가 됐건 농어촌처럼 밀집지가 아니건 간에, 공공시설이 아니더라도, 아파트 같은 집합주택이 아니더라도, 오직 한 가족을 한 세대가 사는 단독주택이라 하더라도 모든 건축물이 공공재의 성격을 지니는 것은 분명한 것 같습니다. 흉측할 정도로 마구잡이로 지어진 건축물들이 모여 있을 때 우리가 받는 심리적 고통도 분명하죠. 미관상의 문제뿐 아니라, 어떤 가치도 지속하지 않고 어떤 즐거움도 향유할 수 없는 건축물들은 그것을 보고 그 속에서 살며 어울리는 모두에게 폐를 끼쳐요. 에너지도 중요하고 친환경도 당연히 중요하죠. 그런데 집을 짓고자 할 때 기준을 단지 나의 물리적 소유물로만 보는 방식에 대해 깊이 고민을 해보면 좋겠어요.

최이수 저는 이 책을 읽는 독자들이, 집을 짓고자 하는 분들이 산다면, 아, 내가 선택을 잘했구나 하면서 확신을 가졌으면 좋겠어요. 자기만의 이야기를 이 책을 통해 만들어내고, 내가 왜 많은 공부와 고민을 하면서 이 과정을 경험하는지에 관한 자기만의 가치를 만들어갔으면 좋겠어요. 여타 다른 프로그램과 다르게 제가 「건축탐구 집」 유튜브를 즐겨 보는데, 이유가 있어요. 그 프로그램에 나오는 건축주들에겐 각자의 이야기가 있어요. 그 집을 선택한 이유와 자신만의 맥락. 조금씩 다 다르고, 투자나 재산 가치 같은 단어들로 뭉뚱그리지 않는 자신만의 이야기. 저는 독자들이 각자 그 이야기를 이 책을 통해서 그려보고 만들어갔으면 좋겠어요.

전은필 진짜 여기 계신 건축주 두 분은 정말 세상에 없는 분들이라는 생각이… (일동 웃음)

정수진 음… 초반에 건축주도 시험을 좀 봤으면 좋겠다고 하셨는데,

시공사 대표님이 경험한 '합격 건축주'의 기준은 무엇인지… .

전은필 아, 뭔가 제가 덫에 걸려드는 느낌인 걸요. (웃음) 책에도 들어갈 텐데 말하기가 쑥스럽네요. 그치만 꼭 말해야 한다면, 프로세스마다 공사대금을 보내주는 건축주, 자신이 아는 단편적인 정보를 절대적인 기준으로 여기지 않는 건축주, 기본적으로 '화가 나 있지 않은' 건축주? (웃음)라고 말할 수는 없고… .

최이수 아니… (웃음) 다 맘 속에 있으면서 말하기가 어렵다고 하시긴… .

전은필 왜냐면요, 사람은 그렇게 단순하지가 않아요. 공사대금을 충실히 입금하려고 부던히도 애쓰는 고마운 건축주가 어느 날 지인으로부터 무언가를 듣고 와서 잘못된 주장을 펼치며 힘들게 하고, 그 다음날엔 현장 작업자들을 살뜰하게 챙기기도 하고, 그런 양반이 공사 마무리 단계에 들어섰는데 갑자기 뜬금없이 설계와 다른 것을 요구하기도 하는 거예요. 사람이란 그래요. 그리고 이 일이 그렇게 급변할 수 있을 정도로 복잡하고 크고 어려운 일인 거죠.

김호정 (미소 지으며) 아이고, 그러니 시험은 못 치르겠는걸요.

전은필 네에, 맞습니다. 시험은 없는 것으로… (웃음) 그리고 모든 면에서 일관된 문제를 내포하고 있다면 견적 과정에서 어느 정도는 처음에 부딪히거나 느껴지기도 하고요.

집의 미래

조남호 첫 단독주택 열풍 시기에 "마당이 있는 집"이란 단어로 단독주택의 가치와 동경이 간단히 정의된 감이 있지요. 하지만 그것도 주택의 극히 일부일 따름입니다. 신도시 주택 필지가 아닌 이상 도심에서 마당을 갖추기 어렵고, 또 어쩌면 마당이 필요하지 않을 수도 있지요. 마당이 없어도 굉장히 훌륭한 집일 수 있습니다. 사실 현대인은 집에서 산다기보다 그 도시에서 산다고 할 수 있으니까요. 옆에 공원이 있으면 굳이 마당이 있어야 할 이유가 없고 마당, 운동기구, 쉼터 등을 공유한다고 생각하면 오히려 도시의 공공재를 마음껏 이용하고 사유공간을 최대한 줄일 수 있는 가능성을 따져보는 쪽이 현실적일지도 모르겠습니다. 어떻게 보면 집의 전형적인 모습에서 벗어나는 것. 좀 더 다양한 선택을 열어두고 가능성의 범위를 넓혀가는 시도가 꼭 필요하지 않을까 합니다.

임태병 맞습니다. 1인 가구의 비율이 36.8%(서울, 21년도 기준)를 넘어섰어요. 비단 구성원의 수만이 아니라, 집을 향유하는 태도가 달라졌고 또 더 많이 다양해져야 한다고 봐요. 많은 사람들이 일이나 공부를 카페에서 하고, 집에서 밥을 하지도 않고, 병을 앓지도 않죠. 어쩌면 오피스빌딩 같이 보여도 적절하게 좋은 집일 수 있어요. 다양한 유형들에 대해 조명하는 것도 필요할 것 같습니다.

조남호 오래전 천주교 성지가 있는 안성 미리내에 예술인들을 위한 작은 마을의 마스터플랜과 함께 도예가와 피아니스트, 원예가를 위한 세 채의 주택을 설계해 지었습니다. 예술애호가들에게 개방된 마을에서 사적 공간에 대한 보다 명확한 배려가 필요하다고 생각했지요. 모든 집에 6m×6m 모듈 네 개가 조합된 밭 전(田) 자 형태의 평면에서 한 모듈을 비워, 즉 중정으로 만드는 안을 주제로 집마다 규모와 배치를 변주하며 설계했었습니다.

미리내예술인마을 마스터플랜과 도예가의 집은 유튜브에서 '건축탐구 집, 도예가의 집'을 검색하면 볼 수 있다.

20년 가까운 시간이 지난 2021년에 EBS 「건축탐구 집」에서 그중 한 집을 소개하는 프로그램이 방영되었습니다. 그 집은 원래 원예가의 소유였는데 60대 중반의 도예가의 집으로 주인이 바뀌었더군요. 그 분은 이 집의 소박함과 단순함을 좋아했고, 특히 중정을 사랑했습니다. 인터뷰 말미에 덧붙인 말이 뇌리에 남았습니다. 자신은 이 집에서 행복했고, "이 집의 다음 주인은 누굴까?" 궁금하다고 담담하게 말하는 장면이 인상적이었습니다.

자신도 누군가로부터 이어받았고, 자연스럽게 미래의 주인을 상상해보는 삶. 현재는 자신의 소유라 하더라도 후에 다른 누군가가 이 집에서 행복하기를 기원하는 모습에서 집의 의미가 '모두의 집'으로, 그리고 '소유에서 존재'로 확장되는 순간을 확인할 수 있었습니다. 집을 짓고자 한다면 집이 현재 가족의 삶을 담는 동시에 먼 미래에 자녀를 포함한 새 주인들의 삶을 위한 배려도 필요하다는 생각이 듭니다.

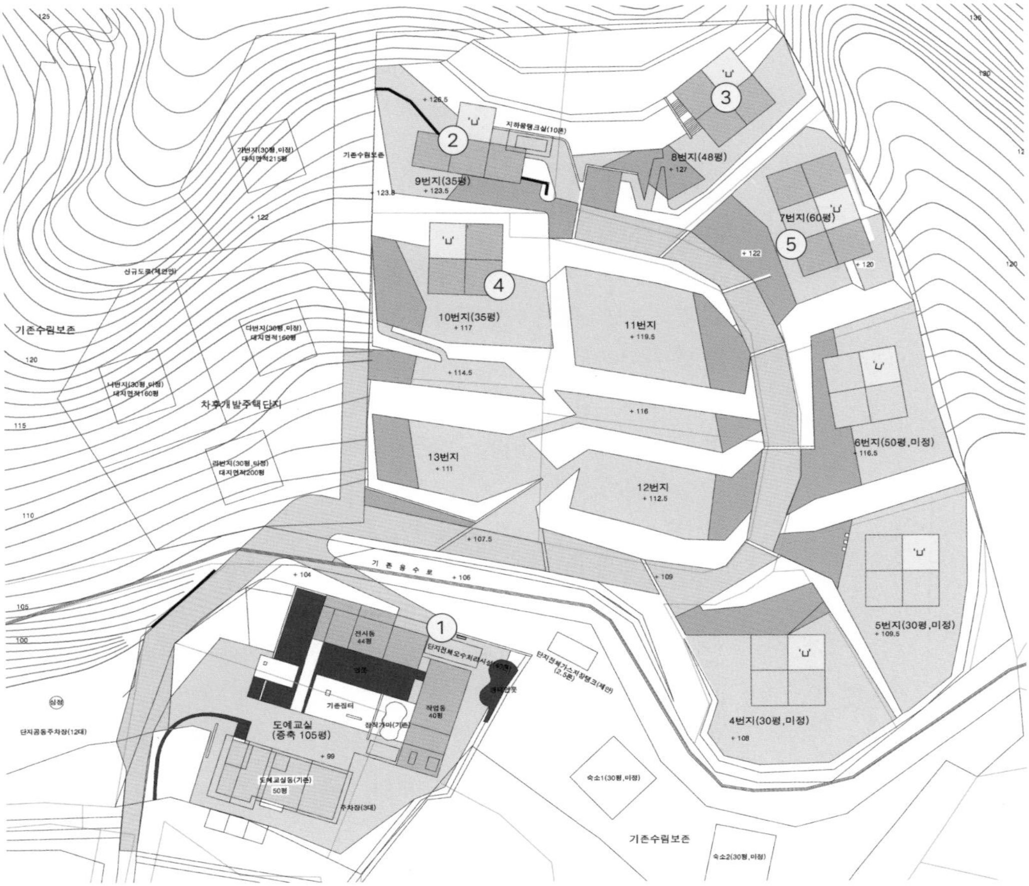

➊ 미리내예술인마을, 마스터플랜

① 도예가의 작업실
② 화가의 갤러리,주택
③ 피아니스트의 스튜디오 주택
④ 원예가에서 도예가의 집으로
⑤ 공예가의 작업실 주택

➔ 마을의 집을 유형화한 작업

6m×6m 모듈 네 개의 조합으로 이루어진 기본 유형을 바탕으로 대지와 프로그램의 특성에 따라 변주된다. 세 모듈은 채워지고 한 모듈은 비워져 중정이 된다.

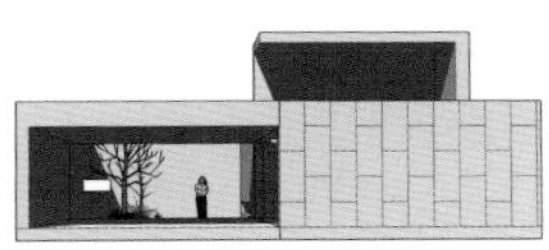

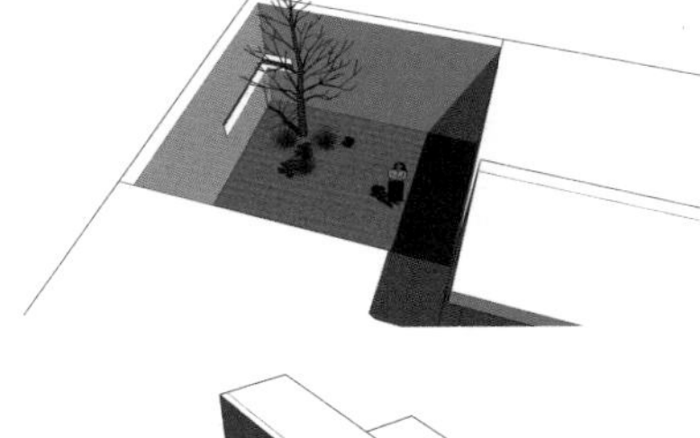

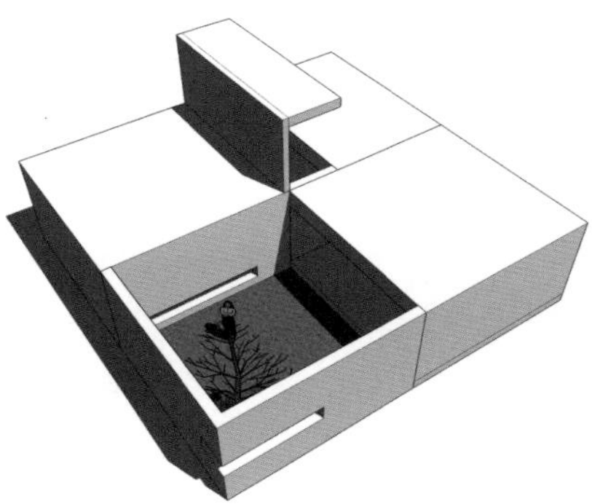

사진: 윤준환

미리내예술인마을, 도예가의 집 기본 유형 상부에 하나의 모듈이 더해져 있다.

임태병 저는 기회가 될 때마다 이렇게 일반적인 주거 형식이 아닌, 새로운 가능성과 틈새들에 관해 계속 얘기를 하는데요. 대부분은 '그게 가능해? 정말? 신기해!'라고 하시는데, 또 그런 정보들을 보고 찾아오는 분들이 제법 많아요. 여기 계신 이수 씨도 그렇고.

정수진 안 그래도 저도 고백하자면, 최근에 아는 분들이 같이 땅을 사서 같이 짓자는 얘기를 시작했어요. 조금 떨어진 곳에 큰 땅을 사서 나눠 쓰면 가능하지 않겠냐고. 여러 채를 지으니 공사비도 절약되고, 디벨로퍼들이 하는 말이, 네다섯 사람만 모여도 금액이 뚝 떨어진다더라고요. 임태병 소장님의 얘길 들으니 정말 오랜 시간을 봐온 사람들이라면 같이 살 수 있겠구나 싶은 생각이 들고….

김호정 그런 분들이 있다는 게 축복인 것 같아요.

임태병 홍대 카페 거리가 유행하기 전에 그곳에서 카페를 오랫동안 운영했던 저는, 그곳을 드나들던 친구들과 집을 지은 거예요. 그 친구들이 식구처럼 드나들며 함께 밥 지어 먹고 그러다가. 지금 저희 딸이 대학교 2학년인데, "난 엄마 아빠가 키운 거 아니다, 다 언니들이 키웠지"라고 해요. 한마디로 동네가 키운 거예요. 남양주에 계시는 부모님은 1년에 몇 번 못 만나는데, 풍년빌라 친구들이랑은 매일 같이 밥 먹고 얼굴 맞대고 얘기하고, 가족인 거죠.

공공의 주도 vs. 시장의 게임, 그 사이의 집

기획자 얘기가 나온 김에, '풍년빌라' 얘기를 좀 더 구체적으로 들으면서 집의 내부 모습까지 좀 엿볼 수 있을까요? 아까 말씀하신 "일정한 금액의 토지대를 지불하고 약속한 기간 동안 집을 점유"한다는 개념이 굉장히 매력적으로 들려요. 토지공개념도 떠오릅니다.

임태병 토지공개념은 좀 다른 접근인데, 그 개념을 현실적으로는 적용시키기 어렵고 좀 더 공공이 적극적으로 개입해야 한다는 전제가 있지요. 그런데 공공이 주도하는 방식은 언제나 그렇듯 너무 요원하고 속도가 느려요. 저는 원하는 사람이 빠르게 움직여야 한다고 생각하고, 어쨌든 시장 안에서 빠르고 효율적으로 그리고 합리적으로 대응하는 방식을 찾고자 했어요. 어쩌면 공고한 부동산 논리 속에서 균열을 내는 작업이라고 생각하고요.

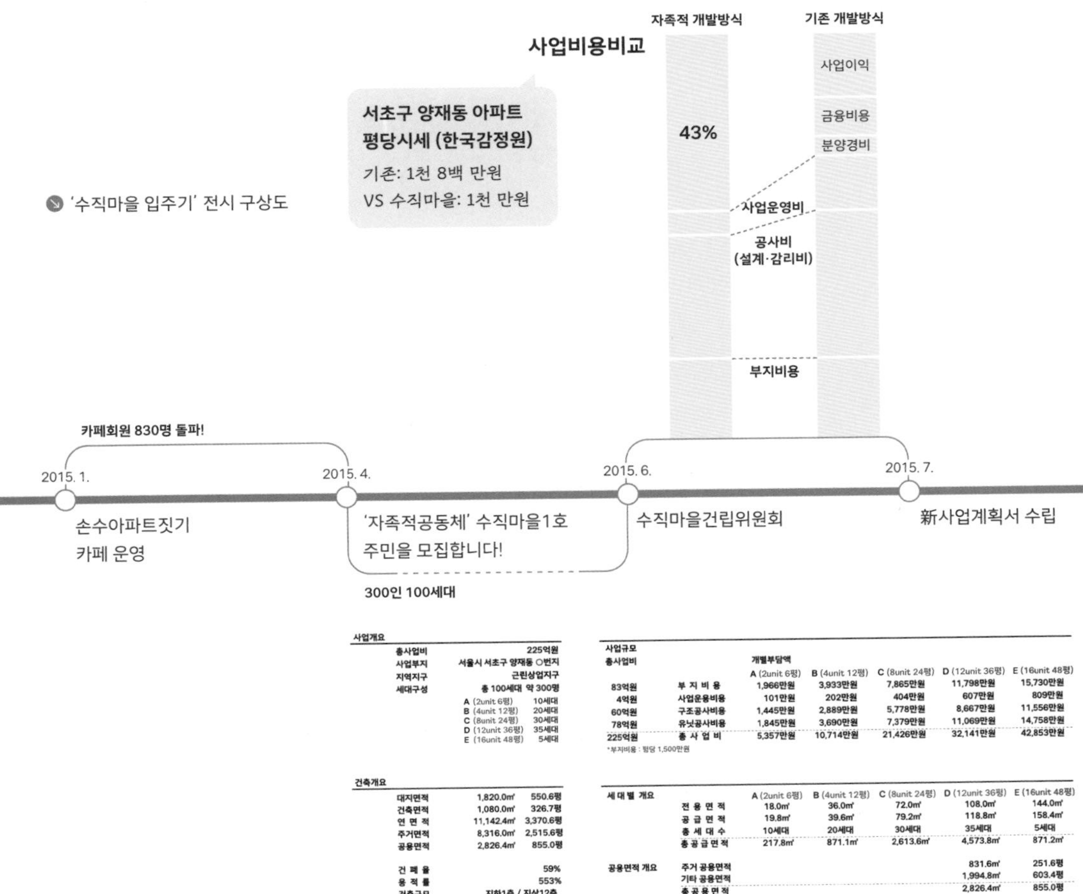

사업개요

총사업비	225억원
사업부지	서울시 서초구 양재동 ○번지
지역지구	근린상업지구
세대구성	총 100세대 약 300명
A (2unit 6평)	10세대
B (4unit 12평)	20세대
C (8unit 24평)	30세대
D (12unit 36평)	35세대
E (16unit 48평)	5세대

건축개요

대지면적	1,820.0㎡	550.6평
건축면적	1,080.0㎡	326.7평
연 면 적	11,142.4㎡	3,370.6평
주거면적	8,316.0㎡	2,515.6평
공용면적	2,826.4㎡	855.0평
건 폐 율		59%
용 적 률		553%
건축규모		지하1층 / 지상12층

사업규모

총사업비	개별부담액	A (2unit 6평)	B (4unit 12평)	C (8unit 24평)	D (12unit 36평)	E (16unit 48평)
83억원	부 지 비 용	1,966만원	3,933만원	7,865만원	11,798만원	15,730만원
4억원	사업운용비용	101만원	202만원	404만원	607만원	809만원
60억원	구조공사비용	1,445만원	2,889만원	5,778만원	8,667만원	11,556만원
78억원	유닛공사비용	1,845만원	3,690만원	7,379만원	11,069만원	14,758만원
225억원	총 사 업 비	5,357만원	10,714만원	21,426만원	32,141만원	42,853만원

*부지비용 : 평당 1,500만원

세대별 개요		A (2unit 6평)	B (4unit 12평)	C (8unit 24평)	D (12unit 36평)	E (16unit 48평)
	전 용 면 적	18.0㎡	36.0㎡	72.0㎡	108.0㎡	144.0㎡
	공 급 면 적	19.8㎡	39.6㎡	79.2㎡	118.8㎡	158.4㎡
	총 세 대 수	10세대	20세대	30세대	35세대	5세대
	총 공 급 면 적	217.8㎡	871.1㎡	2,613.6㎡	4,573.8㎡	871.2㎡
공용면적 개요	주거 공용면적				831.6㎡	251.6평
	기타 공용면적				1,994.8㎡	603.4평
	총 공 용 면 적				2,826.4㎡	855.0평

'수직마을 입주기' 전시 구상도

조남호 2014년 서울시립미술관에서 여러 건축가들과 '협력적 주거 공동체'라는 주제의 전시에 참여했는데, 저의 전시 제목이 '수직마을 입주기'였습니다. 개발회사에 의지하지 않고 100세대, 300명을 위한 주거를 주민들이 주체가 되어 직접 짓는다면 어떤 일이 벌어질까 상상하며 만든 전시입니다. 한 도시의 주택의 임대료나 가격은 가계의 소득과 연계되어야 당연하고 일반적일 텐데, 신자유주의 시장경제가 지나치게 장악하고 있는 우리 도시에서는 작동하지 않는 원리인 듯합니다. 가계소득 대비 주택가격 배율(PIR지수)이 기형적으로 높습니다. 정상적인 소득구조에서 서울에 집을 갖는다는 것은 불가능에 가깝죠.

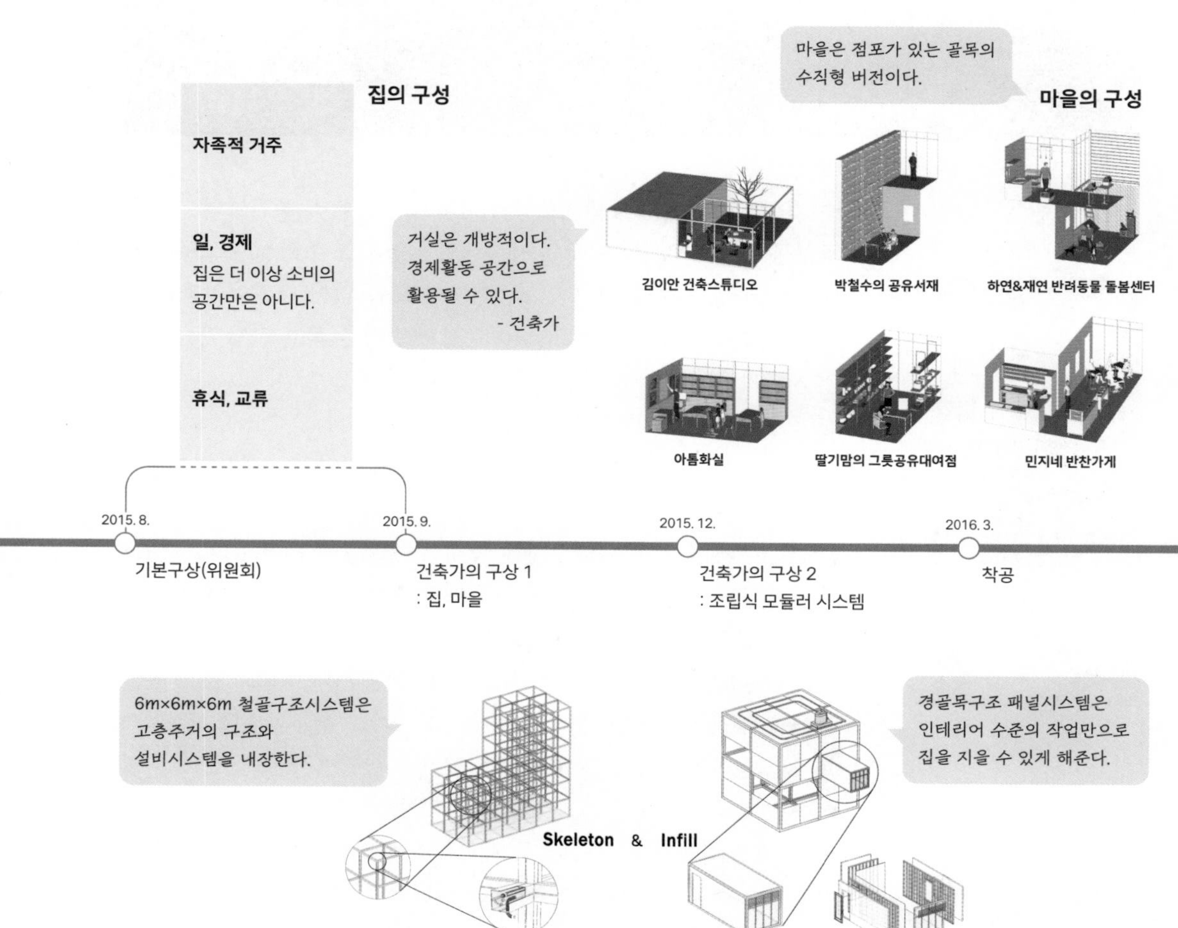

↑↓ '수직마을 입주기' 전시 모습

수직마을 입주기는 상품으로서의 아파트가 아니라 주민들의 다양한 요구를 담은 100세대 규모의 자족적인 공동체를 주민들 주도로 만들어가는 과정을 보여줍니다. 개발업자의 도움 없이 사업이익과 금융비용을 없애고, 공사비의 30~40% 정도 절감을 목표로 했었습니다. 이 시도가 성공한다면 시장이 긴장하지 않을까요?

최이수 임태병 소장님이 기획하신 '풍년빌라' 이야기와 흡사하네요.

조남호 네에, 실제로 남양주시에 국내 최초 협동조합형 아파트 '위스테이 별내'가 지어졌습니다. 위스테이 별내는 사회적협동조합으로서 주민(조합원)이 직접 참여하고 운영하는 생애주기별 통합돌봄과 교육, 시니어 활동, 로컬푸드 직매장 운영, 열한 개의 위원회 운영 등을 통해 민주적이고 자율적인 협동조합의 가치를 추구합니다. 우리 사회가 고령화와 저성장 사회로 진입해가는 상황에서 마을 안에서 일어나는 상호부조로 작은 경제 단위가 작동해 적은 비용으로도 생활이 가능한 마을을 구상합니다. 이후로 협동조합형 아파트들이 생겨나고 있지만 주민 커뮤니티 활동을 바탕으로 만들어지는 방식은 아닌 듯합니다.

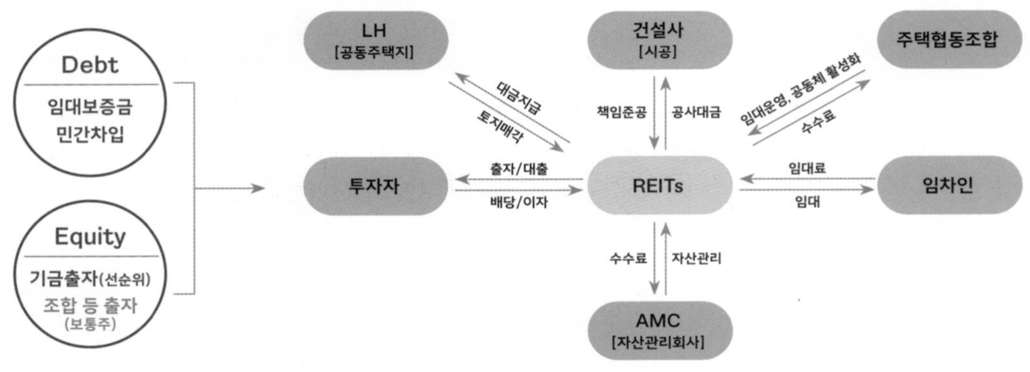

↑ '수직마을 입주기' 프로젝트 과정

최이수 실제로 이 공동주택이 지어졌어요?

조남호 네, 저의 제안과 유사하게 조합을 이루는 기초 인원이 구성되고 변호사와 건축가, 금융전문가 등이 참여해 사업을 구상해 금융기관, 정부로부터 지원을 얻고 추가 조합원을 모집했어요. 사업이 잘 진행되어 2020년 준공해 입주했습니다. 최근에는 기재부가 선정하는 '이달의 협동조합'에 선정되기도 했더군요. 이 사례는 항상 시장에 맡기는 것만이 답이 아니라는 걸 알려줍니다. 시민운동이 익숙하지 않은 우리 사회에서 어려운 일이었을 텐데 결국 해내더군요. 임태병 소장님이 하시는 일들도 작은 규모로 시작하고 있지만 다양한 영역과 연대해 확대해 나간다면….

임태병 제가 이 사업에만 뛰어들 수도 없는 노릇이니, 몇몇 모델은 제가 필요하고 기획해서 해내긴 했는데, 이제 다른 누군가가, 더 잘할 수 있는 사람이 키워줬으면 좋겠어요. 저는 공동체 주택에서 근본적으로 드는 의문이, 그러니까 뭔가 목표를 가지고 생면 부지의 사람들

↘ 남양주, 위스테이 별내 협동조합아파트, 2020
웹사이트: westay.kr

이 모여서 한 건물에 산다는 걸로 이웃이 될 수 있나, 이게 반대가 되어야 하는 것 아닐까. 잘 알던 사람들이 모여서 집을 지을 수 있겠다라고 의기투합하는 쪽이 더 현실적으로 가능하지 않나. 그래서 저는 조합을 만들고 사람을 모으는 방식이 아니라 사람을 모아서 조합을 만든 거죠. 모여서 얘기하다 보니 물리적인 프로젝트를 꾸려야겠다는 생각이 구체적으로 들었고요. 그렇게 되니 계획안에 대해 얘기할 때도 뭔가 통하고 설계안도 충분히 서로 이해가 되죠. 그런데 커다란 목표, '집을 짓는다. 집을 공동 소유한다'는 전제만으로 사람들이 모이면 조율하기가 굉장히 어려워요. 어쩔 수 없이 이기적인 모습들이 드러나고요. 당연하죠. 서로 잘 모르니까. 두 번째는 저는 공동주거라고 해서 반드시 공유 공간이 필요한가라는 의문이 있어요.

공유와 공용, 닮은 점과 다른 점

기획자 성산동 코하우징 사례를 봐도 그렇고 공유 공간이 중요하다고 생각했어요. 그런데 어떻게 계획을 하고 동선에 위치시켜야 그 공간이 방치되지 않고 적극적으로 활용될까요? 대체로 공유 공간은 한 달에 한두 번 정도 쓰이게 마련이니까….

임태병 저는 공유와 공용이 크게 다르다고 생각해요. 저는 공유 공간이 꼭 필요한 것은 아니다, 즉 공용 공간이 공유 공간을 대체할 수 있다고 봐요. 이에 반해, 공용 공간은 반드시 필요하다고 봐요. '풍년빌라'에도 공용 공간은 많은데 공유 공간은 없어요.

김호정 공유와 공용…, 어떻게 다른지 쉽게 딱 와닿지 않네요.

임태병 공용은 반드시 필요하죠. 예를 들어 계단도 공용 공간이잖아요. 다 같이 쓰는 공간이에요. 공유는 누군가와 같이 점유하는 공간이고요. 예를 들어, 공유 휴게실이라고 하면 거길 아무도 쓰지 않는 순간에는 그건 그냥 아까운 비어 있는 공간이 되는 거예요. 저희 집 건물은 한 공간을 공용으로도 또 개인만을 위한 공간으로도 사용할 수 있도록 버퍼를 둔 곳이 많아요. 쉽게 말해, 문을 열면 공용이 되고 문을 닫으면 내 공간이 되는 거죠. 예를 들면 저희 집은 1층하고 2층을 점유하고 있는데, 1층 안에서 바로 2층으로 갈 수 없어요.

1층이 거실, 주방, 다이닝인데 거긴 신발을 신거든요. 저희가 문을

1층 계단실과 연결된 주방과 다이닝

3층 계단실과 연결된 주방(좌) 및 서재(우)

⬆ '풍년빌라'의 공간들
각 세대의 신발을 신는 영역은 공용 부분인 계단실과 연결되어 필요시 공유 공간으로 변한다.

⬇ 동네와 접점이자 이웃과의 거실 역할을 하는 1층 카페. 벼룩시장이 열린 모습.

사진: 김동규

열고 계단실로 올라가서 저희 집 문을 열면 신발을 벗고 그때부터 욕실, 화장실, 침실이 나와요. 그리고 다른 집 하나는 현관문을 열면 주방하고 다이닝이 붙어 있고 거기서 신발을 신어요. 세 집 모두 프라이빗한 공간에서는 신발을 벗어요.

세 가구가 그런 식으로 약간의 용도상 차이를 두고 신발을 신는 곳을 공용 공간으로, 그리고 현관문을 닫으면 완전히 프라이빗한 공간으로 사용하는 거예요. 내가 만약 현관을 열면 같이 사는 사람들 혹은 외부 사람들이 신발 신는 영역까지는 편하게 들어올 수 있어요.

김호정 다이닝룸까지는 공용이고, 그 외에 침실, 화장실은 프라이빗한 공간이다?

임태병 네에. 간단한 질서는 신발을 신는 공간은 공용이 되는 거예요. 물론 문이 다 있으니 내가 문을 닫으면 프라이빗한 공간이 되고 프로그램의 운영에 따라서 내가 얼마든지 다른 사람하고 얘기를 하거나 손님을 초대할 수 있는 공간으로 바뀌는 거예요. 프라이빗한 영역은 공개하지 않아도 돼요.

조남호 성산동 소행주의 경우에도 현관을 열어놓으면 들어와도 된다는 뜻이다, 그런 룰이 있었죠. 말씀하신 대로 저 또한 여러 동네에서 지어지는 코하우징들의 한계가 공동체 커뮤니티에 지나치게 초점을 맞춘 데 있지 않나 생각해요. 오히려 시장의 논리로 풀어야 더 쉽게 적응하고 활용되지 않았을까 싶어요. 시장의 논리로 문제를 풀어야 문화가 작동하지 문화의 논리로 풀면 시장은 경직을 일으키지 않

➔ '풍년빌라' 평면도

● 회색면: 신발을 신는 영역
○ 베이지색면: 신발을 벗는 영역

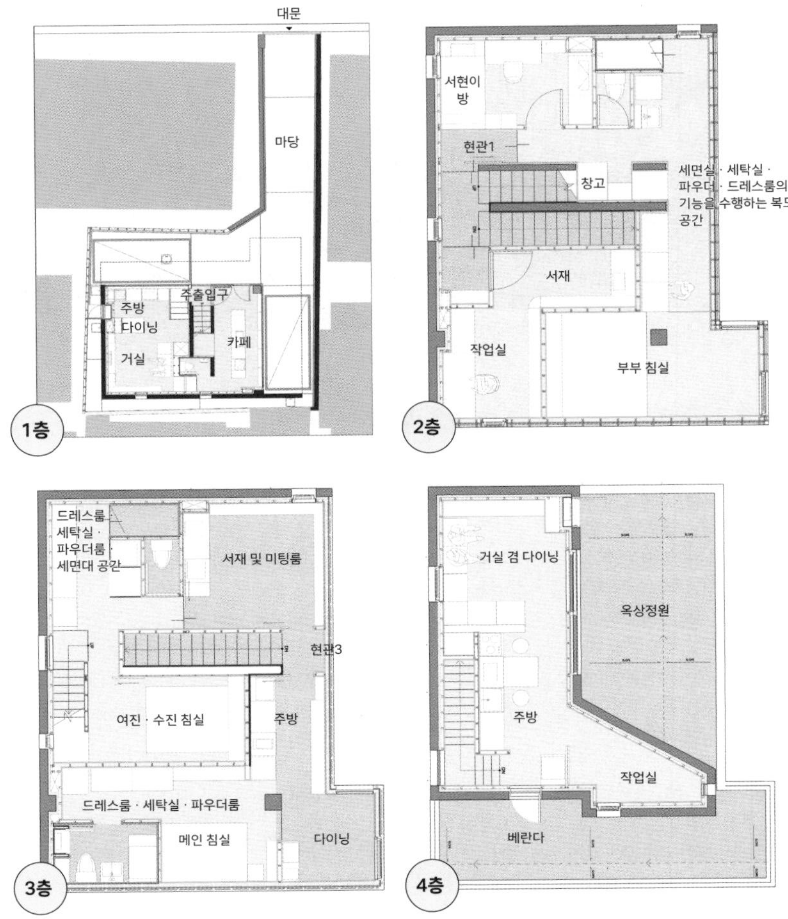

나… 그런 면에서 흥미로운 것 같습니다.

임태병 저는 공유를 만들어놓고 관리가 안 되거나 누군가가 욕심을 부려서 사유화되는 것보다는 그냥 만약에 문 안 열겠다 하면 혼자라도 잘 쓸 수 있게 만드는 게 맞는 방법이 아닌가 싶었어요.

정수진 이 부분에서 저와는 거대한 관점의 차이가 있다고 봐요. 주거를 대하는 관점의 차이랄까요. 앞으로 조금 변화의 여지는 있다고 보지만, 주택의 주목적, 주용도는 '주거'거든요. 이웃과 어울림도 있고 업무도 할 수 있지만 그럼에도 집은 쉬고 먹고 자는 아주아주 개인적인 용도로 사용됩니다. 그리고 그 개인적인 많은 일상을 함께 영위하

1층 거실

1층 거실에서 본 주방 및 다이닝

4층 거실에서 바라본 옥상정원

4층 옥상정원의 조경

↑ '풍년빌라' 실내 및 옥상
사진: 김동규

는 기본 단위는 가족이에요, 여전히. 말씀처럼 그 개념이 조금씩 달라지고 있고 다양화되고 있지만 그럼에도 직계나 방사형 확대가 아닌 친족의 개념을 완전히 넘어선 '약속으로 이루어진 가족'은 여전히 일부가 아닐까 싶고요. 어쩌면 주거의 유형은 가족을 규정하는 범위, 조건에 따라 거기서부터 달라지는구나 싶습니다.

임태병 저는 기본적으로 가족이 주거의 단위가 될 필요는 없다고 보는 쪽이지요. 그래서 제가 제안하는 이런 방식의 주거 모델이 모든 사람한테 어울릴 수 없죠. 정 소장님 말씀대로 프라이빗한 영역을 무척 중시하는 클라이언트들이 주로 정 소장님을 찾아가는 것처럼, 어쩌면 그와는 상당히 다른 가치관을 지닌 클라이언트가 저를 찾아오는 것 같아요. 딱 정해 놓은 것도 아닌데 말이죠.

조남호 주거의 전형적인 유형을 상정할 수 있는 시대는 지났다는 생각은 들어요. 예전에는 집에서 무엇을 한다, 어떻게 지낸다, 하는 공통된 항목들이 훨씬 많았지요. 적어도 그 지역에 그 문화권에 속한 집들은 거의 같은 유형으로 결정되었어요. 그런데 과거에 하던 많은 것들을 이제 집에서 하지 않죠. 그러니 전형적인 집을 떠올릴 필요가 없어지기도 한 것 같아요. 좀 더 중성적이랄까요, 주거와 다른 용도의 공간들이 필요에 따라 다양한 비율로 중첩되는 시도가 필요할 것 같고….

임태병 정 소장님 말씀대로 저 또한 주거에서 가장 중요한, 변치 않는 지점이 분명히 있다고 생각해요. 주거의 핵심적인 조건들, 말하자면 완벽히 내적인 장소여야 한다, 시선으로부터 차단된 자리가 있어야 한다, 개인 물건들이 자연스럽게 비치될 공간을 확보하는 문제 등의 핵심 요소가 있지요. 근데 한편으로는 라이프스타일에 따라서 생활 반경이나 방식에 따라서 꼭 사유화되지 않아도 되는 부분들이 또 분명히 있다고 생각해요. 그 부분을 적극적으로 변화시키고 다양화하는 시도를 하고 있지요.

조남호 건축가마다의 특성일 수도 있고 건축주들의 다양한 요구일 수도 있는데, 한편으로는 그런 고민이 들어요. 정말 그토록 다양한 유형의 집들이 지어진다고 가정한다면, 그 집들은 영속적이라고 볼 수 있나. 한 30년 후에는 전혀 다른 사람이 와서 계속 살아야 할 텐데, 과연 그들에게도 적합하고 편리한 집일까. 물론 이미 실물이 있으니 꼼꼼히 둘러본 후 그 집에 맞고, 그 집을 좋아하는 사람들이 들어와 살겠지요. 하지만 완벽히 취향이 동일할 수는 없으니까, 가족구성원과 관계도 동일할 수는 없고요. 결국 어느 정도 고정된 집의 유형이 더 가치 있는 것은 아닐까 하는 생각이 떠오르는 거예요. 정 소장님의 말씀처럼, 오래 굳어온 관념에 가깝고 많은 사람들이 더 보편적으로 받아들이고 중요하다고 생각하는 지점들을 반영하는 것이 지속가능성의 측면에서 더 중요한 가치가 아닐까 하는 생각이죠. 어떤 건축주가 찾아와서 "완전히 우리 가족한테 딱 맞는 집을 지어주세요. 나만의, 우리 가족만의 특별한 집을 원합니다"라고 한다면 저는 고개를 끄덕이면서도 '당신의 가족에게 맞는 좋은 집이라면 누가 와서 살아도 좋고 편해야 한다'는 마음이 들거든요.

임태병 우리 집의 구조를 얘기하면 바로 '그럼 문을 열어둬야 해?'라

⬆ 최이수 씨 댁 '이미집' 3D 이미지

고 과격하게 받아들이는 분들이 많아요. 그런데 전혀 그렇지 않아요. 문을 닫으면 보통 집하고 아무런 차이가 없어요. 대신 약간의 장치를 이용해 공간의 이용을 유연하게 만들어준 것뿐이죠. 이 자리에 최이수 씨도 함께하고 있지만, 이수 씨 댁도 부부가 사는 집임에도 불구하고 다채로운 공간 활용을 할 수 있도록 만들었어요.

최이수 맞습니다. 저는 게임회사에서 디자이너로 일하고 있고 어마어마한 양의 장난감을 갖고 있어요. 아내는 출판사에 다니면서 그림책 작가이기도 하고요. 주중에는 회사에 가니까 일반적이고 일상적인 집인데 주말에는 생활 패턴이 완전히 바뀌어요. 아내는 그림책 관련 수업을 자주 열고요, 저는 장난감 방에서 지내는 시간이 많아요. 한마디로 취미 생활에 시간을 많이 할애하지요.

임태병 그래서 1층의 기능이 때에 따라 많이 달라져요. 1층에 거실은 없고 주방과 다이닝 기능을 갖는데, 평소에는 일반적인 주방, 다이닝 기능으로 쓰이다가 주말이 되면 워크숍 공간이 되고 주방은 카페가 되는 거예요. 커피도 팔 수 있는. 사실 저는 그 공간에서 신발을 신고 생활하도록 하려고 했지만, 최이수 씨가 처음부터 신발을 신고 생활하는 것을 전제로 하기엔 부담스럽다고 하여 마루를 깔더라도 중보행용으로, 그러니까 지금은 신발 벗고 생활하지만 언제든 바꾸어도 큰 하자가 생기지 않도록 설계를 했어요. 한마디로 1층이 완전히 외부 공간으로 바뀔 수도 있는 거예요, 퍼블릭하게. 반면에 2층은 침실과 욕실만 있는 완전히 프라이빗한 공간이죠.

최이수 네에. 그래서 지금은 완전히 실내로 사용하지만 추후에는 외부인이 편하게 신발 신고 들락거릴 수 있도록 1층을 설계한 거예요. 그걸 감안해서 마감재와 바닥재를 선택했어요.

전은필 '풍년빌라'의 문을 열었다 닫았다 하는 차이와 비슷하게 느껴지네요.

임태병 네에, 딱 그 정도의 차이예요.

가족만이 남았다 vs. 가족은 없다

정수진 지금 우리가 나누는 대화의 주제가 되게 중요한 것 같아요. 어떻게 보면 그 보편 가치라는 부분은 '공공성'과도 이어지고요. 저는 솔직히, 지금 임태병 소장님이 말씀하신 집의 유형이 일반적인 경우로 받아들여지지는 않아요. 아직은 굉장히 예외적인 경우일 것 같고, 그 변용들이 주거 설계의 중심이 되지는 못할 것 같아요. 일반적으로 친구 둘이 사는 걸 동거라고 하지 가족이라고 하지는 않으니까. 물론 그 형태가 진화되어 가족이 될 수는 있겠지만, 우리가 흔히 얘기하는 가족과는 좀 다르구나 싶고요. 제가 이 얘길 하는 이유는, 이 책이 그런 특수한 목적을 가진 사람을 위해 씌어진다면 일반적인 독자들이 오히려 자신들의 사례가 아니라고 생각할까 봐… 물론 가족의 형태가 달라지고 있지만, 그렇다고 동서고금을 막론하고 그 '가족'이라는 관념, '가족이 사는 주택'이라는 보편 개념이 급격히 무너질까요?

임태병 가족은 급격히 무너질 것 같아. (웃음) 이미 상당히 달라졌고요. 다만 집이 형식적으로 과격하게 변할 것 같지 않다는 정 소장님의 생각에는 저도 동의! 오히려 집의 형태는 과격하게 변할 수 없다, 왜냐하면 사람이 살면서 하는 일상적, 생리적 행동들이 크게 달라지기는 어려우니까. 그런데 가족이 분화될 거라는 지점은, 일반적인 예상보다 훨씬 빨리 분화될 거라고 생각해요.

정수진 그렇다고 우리가 지금 먼 훗날의, 미래 주거를 책으로 만드는 건 아니잖아요.

김호정 아아, 어떤 말씀인지 잘 알겠어요. 평범하게 그냥 집이라고 생각하게 되는, 100명 중에 한 80~90명은 짓는, 밖에 나가면 다 있는 집들. 그런 집들 사례를 언급하는 것이 독자들에게 도움이 되지 않을까 하는 우려를 하시는 거군요. 저도 약간 그런 걱정을 했어요.

최이수 저는 오히려 이 책에서 다양한 가능성을 얘기하는 것이 매우 중요하다고 생각해요. 왜냐하면 일반적이고 예전부터 지어오던 집에 관한 정보만을 담는다면 집을 지으려고 계획하는 분들, 집을 꿈꾸는 분들, '왜 나는 아파트 게임 안에 들어가기를 망설이는가' 스스로 회의를 품는 사람들, 또는 여태껏 아파트 게임 속에서 파도타기를 해왔던 사람들 가운데 새로운 방식, 새로운 관점이 있는지 기웃하는 사람들에게 오히려 쓸모가 없을 수 있다고 봐요.

가족 단위가 분화 또는 붕괴될 것이다, 또는 주거의 기본 단위는 가족이니 그 핵심적인 가치를 이어가는 것이 타당하다, 또는 오직 한 가족만을 위해 스페셜한 형태로 지어지는 설계가 가치 있고 소중한 것이다, 또는 수십 년이 지나 전혀 다른 가족이 들어와 살아도 편리하고 좋은 보편 가치를 추구하는 것이 옳다 등등. 이런 주의주장 가운데 어느 쪽이 옳다 혹은 그르다라고 판단하는 것이 이 책의 주제가 아닌 것 같아요. 그보다는, 이 책에서 중요한 건 이런 다양한 가치들과 생각들, 주장들과 변화들이 '있다', 다시 말해, '이런 일이 새롭게 벌어지고 있다'라는 걸 잘 보여주는 게 아닐까요?

전은필 이 얘길 나누면서 문득 생각나는 책이 있어요. 『여자 둘이 살고 있습니다』라는. 두 명의 여성이 주거 공동체를 이루며 사는 이야기인데, 굉장한 이슈가 됐었죠.

임태병 네에, 김하나, 황선우 씨의 얘기이고. 실제로 약속된 가족이 된 거예요, 두 분이. 아무래도 여자 혼자 살면 여러 가지로 불합리한 상황에 놓이거나 어려운 일이 있을 수 있고. 씨족, 혈족, 혼인 관계가 아니라도 가족이 될 수 있다는 예를 정말 잘 보여준 것 같아요. 요새 분자 가족이라고 하잖아요.

최이수 망원동에 살다 보면 1인 가구가 워낙 많으니 오히려 3, 4인 가구가 낯설어요. 분자 가족이라는 말도 나이가 많은 분들은 처음 들으실 수도 있겠다 싶네요.

조남호 맞습니다. 이 가능성의 세계. 사이의 길과 방식들, 방법들이 있고 또 가능하다고 얘기를 꺼내보는 것이지요.

임태병 되게 많은, 정말 무궁무진한 다양성과 가능성이 있고 또 그 가능성들마다 틈새가 있지요. 조남호 선생님도 그렇고 정수진 소장님도 그렇고, 건축가의 작업은 건축주를 만나 상담하며 그 건축주만의 새로운 가능성의 틈새를 확장시켜 제안을 하고 그 주어진 조건 속에서 새로운 질서를 만들어내는 일일 거예요.

김호정 제 경험도 얘기하고 싶어지네요. 제 아이가 지금 스물일곱 살인데, 아이가 태어났을 무렵 동네마다 공동육아가 막 시작한 단계였어요. 특히 성산동 성미산 아래에서 굉장히 활발하게 시작됐지요. 공동육아가 내부적으로도 또 외부적으로도 좋은 평가와 관심을 받으면서 공동체 주택 붐도 시작이 됐어요. 저는 오래 집짓기에 관심을 갖고 있었다 보니 그 현상과 활동을 유심히 지켜보았어요. 저도 '하고 싶다, 참여하고 싶다'라는 욕구가 있었음에도 솔직히 선뜻 용기가 안 났어요. 과연 내가 잘 어울려서 할 수 있을까. 또 솔직히 내 가족의 집이라는 생각을 했을 때 공유시설을 많이 할애하고 같이 다양한 이벤트를 계획하는 것이 쉽지 않겠다, 큰 용기가 필요하구나 싶었는데, 요사이는 정말 깜짝 놀랄 정도로 삶의 방식이 다양해지는 것 같아요. 어쩌면 집이 부동산 가치로만 환원되고 투자 품목으로만 거래되니 (이제는 아파트를 소유한 사람조차 '이래도 되는 건가' 싶을 정도예요. 왜냐면 어차피 올라도 다 같이 오르니 결국 극장에서 까치발 서기밖에 안 되는 거잖아요.) 너무 극적으로 치달아 반대급부의 욕망이 터져 나오는 것 같기도 해요. 집을 향한 욕망이 다양한 방식으로 해소되지 않으면 안 되는 지경까지 이르러, 또 이 현실이 가족의 진화와 맞물리고 다양성 존중의 사회로 한 걸음 나아가며 묘하게 복합적으로 작용하는 것 같아요. 아무튼 옛날에는 제가 굉장히 힘들여서 이런 독특하고 다양한 집의 방식, 모델들을 찾아나서야만 만날 수 있었다면 지금은 수많은 미디어, 채널에서 등장하고 논의되는 것 같아요.

조남호 저는 아주 대조적인 요구로 시작된 두 집을 설계한 적이 있습니다. 첫 번째 집은 서초동에 지어진 '서리풀나무집'인데 설계 초기 건축주가 골판지로 간단하고 거칠게 만든 모형을 가져왔는데 마치 블록 세 개를 쌓은 듯한 형태였습니다. 이 집에는 거실이 없고, 공동공간은 식당과 주방뿐입니다. 부부와 아들, 세 명을 위한 공간이 모두 완벽히 개별적으로 나뉜 모습이었어요. 건축주가 애초에 갖고 온 이 개념은 끝까지 유지되어 지어졌습니다.

다른 사례는 판교 운중동에 지은 '단풍나무집'인데 100평에 가까운 집임에도 방 개수는 한 개로 하고, 모든 공간을 공동의 공간으로 계획해달라는 요구였습니다. 부부와 딸, 아들 모두가 함께 자기 때문에 한 개의 방만 필요하니 나머지 공간은 함께 놀고 공부하고 작업하는 공간으로, 즉 모두 공동의 열린 공간으로 설계해달라는 겁니다.

김호정 건축주 연령대가 어떻게 되는지?

조남호 '서리풀나무집'은 아들이 27세인 60년대 초반 부부였고, '단풍나무집'은 딸이 초등 저학년, 아들이 유치원생인 비교적 젊은 부부였어요.

'단풍나무집' 건축주는 집의 일반적인 공간 구성을 따르지 않고 주체적으로 삶의 형상을 만들어가기를 원했죠. 한 예로 식당과 연결된 거실에 소파도 필요 없다고 해 식당용 테이블과 거실용 테이블을 별도로 두었습니다. 저는 약간의 경사가 있는 좌우로 긴 부지를 활용해 스킵플로어 형식의 공간을 제안했습니다. 이는 공간의 역할을 구별하면서도 연속적으로 흐르는 구성에 유리한 방식입니다. 오른쪽에 주차장을 둔 1층 현관홀을 기준으로 왼편으로 반 층 내려가면 운동 및 놀이 공간, 반 층 오르면 거실과 식당이 있고, 다시 오른쪽으로 반 층을 오르면 네 가족을 위한 공부와 독서, 재택근무를 할 수 있는 공간, 여기서 왼편으로 반 층 오르면 침실 영역에 도달합니다. 침실에 대한 요구는 설득 과정을 통해 약간 조정을 했습니다. 딸은 조만간 독립된 방을 원할 것이므로 작지만 방을 구획해 두자고 제안했고, 얼마 지나지 않아 결국 아들도 공간을 필요로 할 것이므로 침실 영역에 개방된 작은 공간을 예비해 필요할 경우 벽을 구획하는 안을 반영했습니다.

'서리풀나무집'과 '단풍나무집'은 대조적인 두 가족의 성향을 바탕으로 설계했지만 이 요구가 시사하는 내용은 한 가지로 수렴된다고 봅니다. 결국 '가변성'이지요. 집을 이루는 고정요소와 가변요소를 구별해 설계한다면 전혀 다른 유형의 삶도 담을 수 있습니다.

김호정 처음에 말씀했던 것처럼 개별 공간을 원한다는 그런 지점요?

조남호 네네.

김호정 저는 남편이 은퇴를 앞두다 보니 앞으로 같이 지낼 시간이 더 많아질 거라 예상했어요. 사이가 꽤 가까운 편인데도, 아니 어쩌면 오히려 그렇게 가까우니까 각자의 공간이 필요하다 싶었어요. '사이가 좋기 위해서는 각자의 공간이 있어야 된다'가 설계할 때 중요한 조건이었고요.

최이수 저도 아내와 처음에 각방을 원했어요. 불편하니까 우리 잠은 따로따로 자자. (일동 웃음)

임태병 그래서 제가 둘이 만나려면 문을 열고 테라스에서 만나거나 양쪽 문을 열고 복도에서 만나거나, 아니면 창을 뚫어줄까 했는데 그건 거부를… (일동 웃음)

정수진 그 지점이 되게 중요해요. 떨어질 수 있는 상황에서 같이 있는 거랑 절대로 떨어질 수 없어서 내내 같이 있어야 하는 거랑은 정말 달라요. 저는 가면 갈수록 화목한 가정임에도 불구하고 점점 더 개인적인 성향이 강해지는 것 같아요. 십수 년 전에는 가족 단위의 프라이빗이었다면, 지금은 가족 안에서도 각 개인 구성원의 프라이빗까지 챙겨야 해요. 저는 스물두 살부터 지금까지 여태 혼자 살고 있는데, 혼자 사는 나에게 프라이빗이 뭘까 생각을 해보니, 이거 같아요. 정말 정말 온전한 나로 돌아갈 수 있는 장소. 그 누구의 방해도 받지 않고, 그게 좋은 모습이든 나쁜 모습이든 그냥 온전한 나로 돌아올 수 있는 어떤 공간. 꼭 혼자만 있을 수 있는 공간이라고 전제하면 안 될 것 같아요. 누구랑 같이 있어도 상관없어요. 그런 공간에 내 옆에 남편이 있을 수도 친구가 있을 수도 있겠지요. 다만 그걸 가능하게 하는 공간. 그 공간이 프라이빗한 공간인 것 같아요. 그렇게 생각하니, 문을 열고 닫고의 문제가 그렇게 중요한 기준은 아닐 수도 있을 것 같네요….

김호정 옛날에는 날 보지 않는, 대지 밖의 사람들이 우리 가족을 볼

← 스킵플로어 구조
계단 상부는 침실로, 하부는 거실과 식당으로 이어진다.

↑ 2층 중간층 공동공간과 다락
기둥보구조는 벽의 구성을 자유롭게 한다.

사진: 윤준환

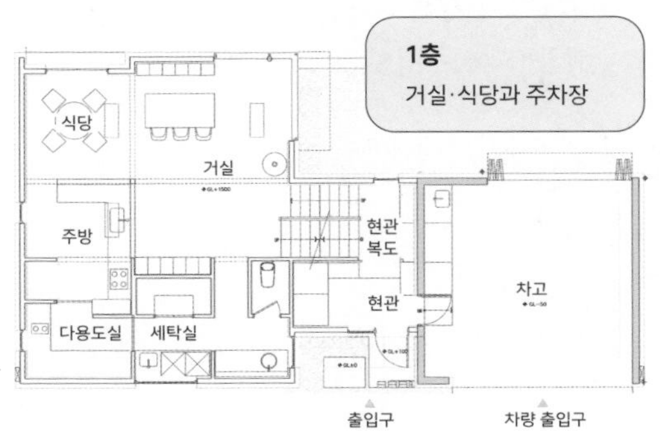

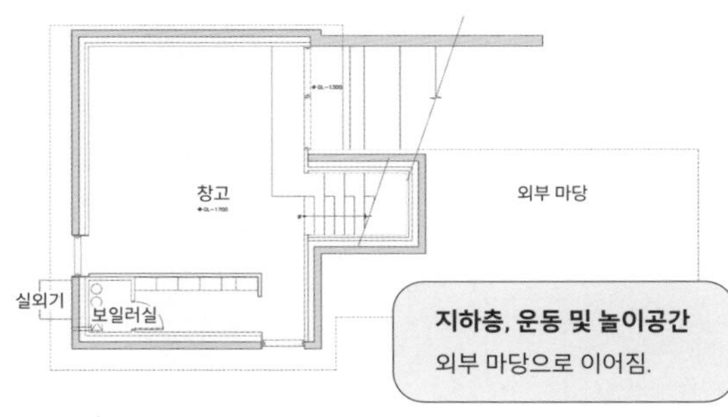

↗ 단풍나무집 실내와 평면도

↑ 서리풀나무집 실내
사진: 윤준환

수 없는. 이게 프라이빗이었는데….

정수진 그렇죠. 지금은 자기의 존재를 온전히 경험할 수 있는 공간. 훨씬 더 가치 중심적인 단어가 된 것 같아요.

김호정 맥락이 이어지는 얘기인데, 가족 문화도 이전보다 성숙해진 것 같아요. 사랑하는 자식, 부모라 하더라도 서로 추구하는 게 다르고 중요하다고 판단하는 게 다를 수 있다는 것을 인정하는 분위기인 것 같아요. 예전엔 아빠가 티브이를 보면 다 같이 앉아서 보고 아빠가 음악을 들으면 함께 즐기는 게 스위트홈의 그림이었다면 지금은 각자 원하는 걸 추구하도록 배려하고 인정하죠. 아니, 그렇지 못하다 하더라도 그렇게 해야 한다는 생각은 어느 정도들 갖고 있는 것 같아요.

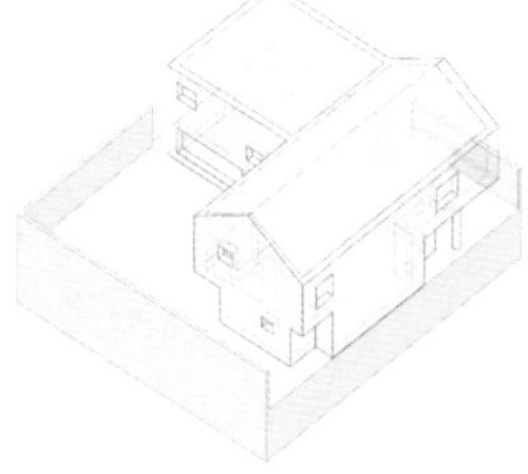

임태병 지금은 이제 디바이스가 그 물리적 분리를 돕기도 하죠. 같은 거 보기 싫으면 태블릿 들고 자기 방으로 가버리니까….

모두 맞아, 맞아. 같이 앉아 있어도 각자 다른 걸 봐. (일동 웃음)

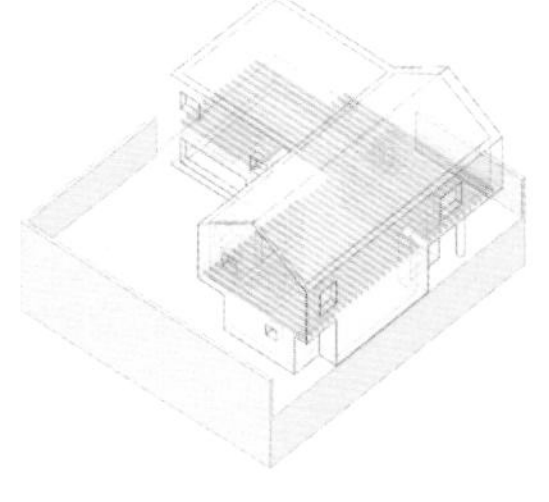

↑ 서리풀나무집 투시도

최이수 저는 공간별 설계나 형태를 얘기하기 전에 이런 얘기를 시작하게 되어서 독자들에게 큰 도움이 될 것 같아요. 주거의 단위를 생각할 때 누구나 한 번씩 나는 어떤 주거 공동체 단위를 염두에 두고 살까 혹은 나는 어떤 기본적인 생각을 갖고 있는 걸까를 생각해보면 좋겠어요. 굉장히 중요한 부분이고, 이런 생각들을 가다듬다 보면 유행이나 남들 사는 방식대로 살아야 하는 건가 갈등하며 폭풍 속에 휩쓸리지 않을 수 있을 것 같고. 내 가치관은 어떤지 돌아볼 계기가 되고요.

↑ 서리풀나무집 평면도

임태병 저희 집은 저희 세 식구만의 공용, 세 식구까지만의 확장이 아니고 외부인들한테까지도 확장이 되는 방식이에요. 예를 들면 3~4층에 사는 분은 방송작가인데 외부 미팅이 엄청 많아요. 그래서 그 가족에게는 작은 서재와 미팅룸, 그리고 작은 탕비실을 둔 거예요. 외부에서 손님이 오면 바로 공용 계단으로 올라가 문 열고 신발 신고 들어가 미팅을 할 수 있어요. 여기는 사무실과 크게 다르지 않아요.

김호정 그럼 식사는 어디서?

임태병 부엌은 그 위 4층에 있어요. 3층은 탕비실과 미팅실, 라이브러리이고요. 그러니까 각자 집집마다 필요로 하는 공간, 또는 목적이 달라서 그래요. 저희 부부는 부엌을 공용으로 쓸 수도 있겠다 생각했어요. 그래서 부엌을 퍼플릭하게 만든 거예요. 신발을 신고 오갈 수 있도록. 그런데 3층 가족은 부엌을 프라이빗한 공간이라 여긴 거예요. 그래서 4층으로 따로 올라간 거예요.

조남호 예전에 거주가 길을 나섰다, 이런 말을 했는데, 임 소장의 경우는 거리가 집으로 들어오는 거네요.

임태병 (웃음) 그렇다고도 볼 수 있겠네요. 정 소장님의 우려도 충분히 이해하고 실제로 그런 일이 있었어요. 살면서 쓰임새를 계속 찾아

↗ '풍년빌라' 공용공간인 계단실
사진: 김동규

내는 측면도 있어요. 3층 집은 개를 기르는데 아파트의 경우 산책을 시키고 현관에서 발을 닦을 수가 없잖아요. 그런데 3층까지 신발 신고 들어오면 바로 탕비가 되어 있으니 바로 닦아서 올려 보낼 수 있어요. 그 바로 옆에 세탁실이 있으니 미팅룸으로 쓰지 않을 때는 세탁기에서 빨래를 꺼내 바로 널어둘 수도 있고요. 환기도 잘되니까. 처음에 이사 왔을 때 그걸 제가 만들자고 고집해서 만들었는데 저는 아주 잘 쓰는 줄 알았거든요. 그런데 입주 후에 여러 매체에서 인터뷰를 했어요. 인터뷰 때 좀 충격적인 소리를 들은 게 3개월 동안 어떻게 써야 될지 몰라서 비워놨다는 거예요. (일동 웃음) 집인데 신발을 신고 들어오고. 어딘가 어색했던 거예요. 그런데 이제 쓰임새를 스스로 찾기 시작한 거예요. 완전히 프라이빗하게 사용하기도 하고, 글 쓸 때 가끔 내려와서 쓰고. 때로는 다른 식구들한테 편하게 개방도 하고. 살다 보니 층별 공용공간이 고유한 기능을 갖게 되더라고요. 처음에 보기엔 다 비슷비슷해 보이는 공간이 여러 군데에 있네 싶지만. 지금은 각 층별로 고유한 역할이 어느 정도 생겼어요. 예를 들면, 밥 먹기는 저희 집 부엌이 좋아요. 대체로 1층 부엌으로 와서 밥을 먹고요. 술을 먹을 때는 테라스가 있는 4층 부엌에 올라가서 마셔요. 다른 세세한 용도들도 서서히 역할이 잡혀가더라고요. 처음엔 의도하지 않았던 역할과 용도들까지 새롭게 생기는 점도 흥미로워요.

김호정 작정하고 함께 모여 함께 집을 지은 분들의 참 좋은 사례인 것 같아요. 저도 잡지에서 봤는데, 잡지를 읽었을 때는 솔직히 잘 이해하지 못했어요. 그런데 이렇게 직접 들으니까 너무 재밌어요.

가치 중심적인 집

정수진 반가운 소식은 요즘은 전형적인 평면 구성이 거의 없다는 거예요. 거실을 중심으로 실들이 나란히 자리 잡고, 한쪽으로 부엌과 식당이 붙어 있는 방식이 많이 달라졌어요. 일단은 원하는 실내가 다양해지고 좁아졌어요. 한마디로 면적은 줄되 공간 구성은 복잡해졌달까요. 예전에는 집이 커지면 모든 규모가 그에 맞춰 비례하잖아요. 요사이는 집의 규모가 커도 각 실은 딱 필요한 만큼만 원해요. 특히 부부가 각자의 공간을 반드시 필요로 하고, 아이가 있더라도 아이의 공간이 절대적이지는 않아요. 아이와 어른의 공간이 분리되는 쪽을 선호하고요.

임태병 집을 같이 짓긴 하되 가족이 아닌 경우도 많아졌어요. 다양한 공간 구성 못지않게 가족이 아닌 구성원이 함께 집을 짓는 경우도 드물지 않아요. 아니, 제법 흔해졌다고도 할 수 있지요. 부부가 아니라 여자 두 명이 또는 남자 셋이서.

정수진 예전엔 세대를 아우르는 대가족이 집을 지으면, 자식 세대가 부모를 부양하는 느낌으로 짓고자 했는데, 요사이는 중년 부부에 고령자 부모가 집을 지으면 다세대주택처럼 공동 출자를 하고 또 각자 독립된 생활 영역을 고수하길 원해요. 한마디로 대가족이라기보다 가까운 이웃인 셈이지요.

조남호 일단은 한 세대가 경제적으로 땅과 집을 모두 감당하기 어려운 시대이니, 함께 모여 경제적인 어려움을 극복해내고 그래서 어울려 사는 쪽으로 진행된다면 매우 좋은 반향인 것 같아요. 베를린의 혼

정수진 건축가가 설계한 '각설탕' 주택: 부모와 작은딸 그리고 큰딸 부부가 함께 살기 위한 집
각기 독립된 출입을 보장하면서, 동시에 실내 현관을 통해 이동이 자유로운 두 세대가 공존하는 구조.
얇은 벽 또는 가구로 현관이 완벽히 분리될 수도 있고, 도면에 보이듯 완전히 공유할 수도 있다. 세대 간 프라이버시를 최대한 존중하면서도 한집에 함께 사는 즐거움을 누릴 수 있는 가변성을 극대화한 평면.

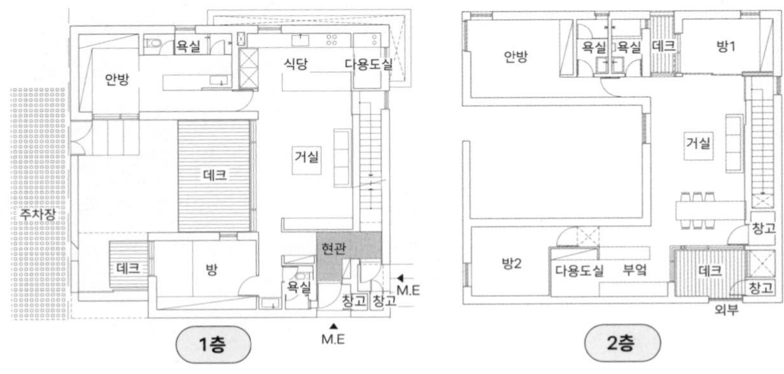

자 사는 여성들의 공동주택 같은 예가 그렇겠지요.

비슷한 직업군이라든지, 서로 돕고 연대할 수 있는 사람들이라든지, 이렇게 약간 비슷하지만 또 서로 다른 사람들이 모여 돕고 신뢰하고 가치를 공유하는 과정이 그 사회를 가장 건강하고 풍요롭게 만들 수 있는 방법인 것 같아요.

제목: 어린이놀이시설 이용 인식표 배부

당 아파트 어린이놀이시설의 외부인 무단이용으로 인하여 우리아파트 어린이들의 자유로운 이용이 방해 받고있으며, 놀이기구의 훼손이 발생하고 있어 아래와 같이 어린이놀이시설 이용 인식표를 제작 배부하니 관리사무소에서 수령하시기 바랍니다.

- 아 래 -

1. 배부품명 : 어린이놀이시설 이용 인식표
2. 배부대상 : 2017년생 부터 초등학생 까지
3. 배부기간 : 2021. 5. 25 ~ 2021. 6. 24
4. 배부장소 : 관리사무소(09:00시~18:00시)
5. 이용시간 : 08:00시부터 20:00시까지

↑ 2021.11.10. jtbc 방송 내용

전은필 그래서 아파트단지의 제일 큰 문제는 천편일률적인 몰개성이나 극심한 시세 차와 버블 등이 아니고, 어쩌면 그보다 더 심각한 문제가 따로 있는 거예요. 정부가 투자해야 되는 인프라를 아파트 단지 주민들한테 다 전가하는 문제입니다. 최근 기사 기억하세요? 단지 밖에 사는 아이들이 단지 내 놀이터에 놀러왔다고 그 아파트 주민회장이 애들을 신고하고 경찰에 넘겼어요.

최이수 아이들을 경찰에 넘겼다고요?

전은필 네. 사유지 무단 침해로. 60년대 이후로 끊임없이 반복되어 온 거예요. 주변 도로만 만들어주고 그 안에 들어가는 모든 놀이터, 경로당, 단지 내 도로까지 전부 다 입주자들의 사유 재산으로 취급해요. 이 구조를 깨야 하는데. 단순 계산만 해봐도 서울시 주거 면적에서 아파트의 비율이 25%가 넘어요. 그럼 25%는 게이트 세인 거예요. 전 세계에 이런 도시가 있을까요? 그러니 건축가들이 피겨그라운드 그릴 때 아파트 없는 강북을 모델로 그리면 약간 반칙이라는 생각이 들어요.

임태병 그런 자료를 봤어요. 서울시 지도를 펼쳐 놓고 아파트 한 동을 점 하나로 산정해서 서울시 전체에 점을 찍어본 거예요. 점을 다 찍고 보니, 서울시 전체의 윤곽이 그려지더라고요. 정부에서 손 안 대고 코 풀려고 했던 60년대 경제 개발 시기의 전략을 지금까지 쓴다는 게 문제죠. 아파트 재개발하더라도 단지 내외부 도로를 지자체에서 깔고 내부의 공원도 지자체가 만들고. 그야말로 필지만 개별 분양을 해야 되는데 단지 전체를 분양하는 방식으로는 하면 안 되는 거예요. 그런데 지금 상황에서는 꿈 같은 얘기죠.

조남호 그래서 제가 처음에 언급했듯이, 개발 단위를 축소하는 것이

➡ 베를린의 여성공동체 '베기넨호프'

각자 집을 소유하되 공동체를 이루며 사는 공동주택. 토지는 시에서 제공했고, 사회학자 유타 켐퍼(Jutta Kämper)가 기획해 2007년 입주를 시작했다.

➡ 단위세대의 형태와 공용공간 접근성

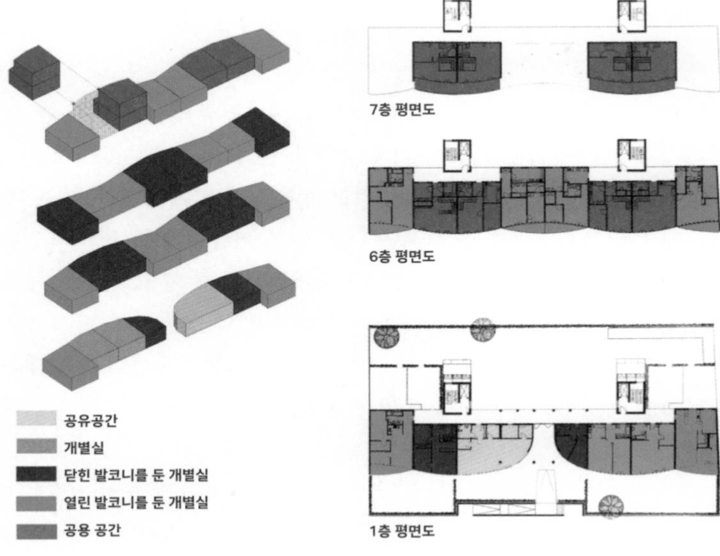

유일한 대안이 아닌가 생각해요. 동시에 한편으로는, 작은 건축들, 단독주택이든 다세대든 이 건축물들이 환금성을 획득하도록 독려하는 방법을 찾아내야 하죠. 이 작은 건축물들의 환금성을 어떻게 높일까. 한 가지 방법은, 좋은 건축물일 경우에 가치가 좀 더 유지될 가능성이 높은 것이고요. 좋은 건축물에 대한 가치가 환기되고 유지되는 것. 이것이 큰 과제인 것 같습니다.

정수진 모든 것이 복합적이고 포괄적이에요. 왜냐하면 대단지 아파트를 그토록 선호하는 현상이 지금 얘기한 그 인프라 때문이거든요. 아파트 밖에는 아무것도 없어. 우리는 어마어마한 대가를 그 인프라에 치렀어. 그래서 우리 아이만 그 내부에서 혜택을 받아야 정당하지, 하는 굉장히 차별적인 태도들이 너나 할 것 없이 잠재되어 있어요.

기획자 대치동 자이 배치도 보셨어요? 거의 성곽에 가까워요. 바깥을 완전히 배제시키고 담을 쌓아 돌렸어요. 그리고 성곽의 가장 외부에 서울시가 법적으로 할당하는 임대 세대들을 배치했어요. 임대 세대 사람들이 단지를 가로지르는 모습이 싫은 거예요.

정수진 아파트 설계에 들어가면 공공연하게 요구한다고 들었어요. 활동 동선이 겹치지 않게 해달라고. 예전에는 영역을 동별로 구분해서 지었는데 요즘은 법적 기준이 있어 섞어야 하니까 최대한 배제되는 자리에 설계하길 원한다고. 시행사나 시공사나 분양하는 측에서 이 구별짓기를 마케팅 포인트로, 가장 효과적인 마케팅 포인트로 활용하잖아요. 대한민국 평균과 좀 다른 서울, 서울에서 차원이 다른 강남, 강남의 노른자 서초, 대치. 대치 안의 넘볼 수 없는 제왕의 지위. 끊임없는 구별짓기가 가장 효과적인 마케팅 포인트로 쓰이니. 밖에서는 '게이티드 커뮤니티'를 비판적으로 인식하는데, 이 건설사들은 '게이티드 커뮤니티'를 광고하니까. 참말로 어찌할 수가 없어요. 받아들이는 소비자가 이 상황을 비판적으로 인식하려고 노력해야 해요. 시스템과 제도가 물론 우선이지만 대기업의 자본은 우리의 불안을 먹고 자라요.

김호정 하나고등학교 문제가 불거졌을 때 모두 하나고를 욕하면서도 내 자식을 하나고에 못 보내는 자신을 향한 자책이 깊은 곳에 깔리는 거예요. 개인의 인식 변화와 제도와 시스템의 변화. 뭐가 우선인지는 모르겠지만, 개인이 스스로 그 욕망의 도가니에서 벗어나기는 거의 불가능하지 않나요?

정수진 판교 안에 또 다른 단지 하나가 있어요. 판교 안에 진짜 판교 같은 느낌인데. 가보면 대단해요. 게이트에 또 게이트에. 서울의 이름난 몇몇 고급 아파트도 성벽 안의 세계는 놀랍지요. 주차장, 도로, 정원 등등. 흔히 볼 수 있는 아파트의 세계는 아니지요. 그런데, 신기하게도 집 안으로 들어가면 구조가 유별나지도 않아요. 그냥 평범한 아파트와 같아. '아, 달라 보이는 것이 중요하구나.' 일단 단지에 들어서면 한눈에 봤을 때 구별이 되는 것. 그것이 중요한 거예요.

전은필 그럼에도 불구하고, 우리는 다른 대안을 얘기하는 거예요. 아파트가 아닌 다른 주거 형태를 원하는 것에 '도전'이라는 단어가 붙는다는 것. 사실 서울뿐만이 아니죠. 대한민국은 바닷가 앞에도 산맥 앞에도 대규모 브랜드 아파트가 들어서는 곳이니까요. 왜 이토록이나 희한한 상황에 우리 모두가 몰입을 당해야 할까.

정수진 예전처럼 주택을 떠올릴 때 '불편하고 춥다'라든가 '아파트가 편하다' 이런 오래된 선입견들은 완전히 사라진 지 오래예요. 최근에 주택 지어 사시는 분들 얘기는 대체로 '아파트가 생각도 안 난다'고 해요. 전반적인 기술력이 높아졌지요. 앞서 짚은 대로 제대로 설계되고, 제대로 시공되어야 한다는 전제가 있지만, 그럼에도 재료를 다루는 기술과 자재들, 전반적인 설계와 구조는 차차 앞으로 더 상세히 얘기하겠지만 무척이나 발전했어요.

임태병 그래서 우리는 다양한 사례들과 방법들을 얘기해야 할 것 같아요. 일반 단독주택, 도심 내 협소주택, 여러 법적 제한이 있는 곳의 신축, 다양한 구성원이 함께 사는 코하우징, 선입견을 허물 수 있는 다세대주택 등. 이 책을 통해 우리가 실질적으로 제도적인 측면에서 무엇이 필요한지까지 논의해볼 수 있으면 좋겠고요.

정수진 또 감성적인 측면에서 다양한 삶의 방식을 드러내보일 수 있어도 좋겠다 싶어요. 임태병 소장님의 경험들이 좋은 사례가 될 수 있을 것 같아요. 가족의 형태가 다양해지면서 오히려 학군으로부터는 예전보다 상대적으로 자유로워지기도 한 것 같아요. 학군 쏠림 현상은 오히려 좀 완화되지 않았나 싶고. 흔히들 '개천에서 용 나는 시대가 아니'라고 하잖아요. 그 좌절된 상승의 욕망이 외려 반대급부로 진화해서 각자 개인의 다양한 가치들이 서로 부딪치고 조화하는 단계로 나아가는 것이 아닌가. 긍정적으로 보면요. '각자도생'이라는 서글프고 스산한 말도 있지만, 각자도생이 서로 연대하기만 하면 제법 살 만한 세상으로 가는 길을 열 수도 있지 않나….

Point 건축사사무소, 시공사와 계약 시

건축사사무소와 설계 계약을 맺을 때

① 설계 계약서에서 가장 중요한 항목은 프로젝트 제목과 개요, 계약자(확인), 업무의 범위와 일정, 제출 도서, 대가의 산출 및 지급 방법, 설계 변경 시 대가의 조정, 계약의 변경과 해지, 저작권 등입니다.

② 설계 프로세스와 그 일정에 관해 명확하게 설정해야 합니다. 가장 먼저 설계의 규모를 언급합니다. 가령 대략 50평 규모의 설계라고 동의하고 진행했는데 막상 실시 설계 단계에서 100평으로 바꾼다면 갈등이 생길 수 있지요. 그러므로 설계의 규모를 정확하게 정하는 것이 중요합니다. 일정에 대해서도 미리 정해놓는다면 설계 진행이나 허가 등이 늦어질 경우 오해나 분쟁을 방지할 수 있습니다.

③ 업무의 범위와 제출물을 설정해야 합니다. 기본 설계, 실시 설계, 건축 인허가, 감리 등으로 업무의 범위를 나눌 수 있고, 더 세부적으로는 실시 설계의 범위까지 설정할 수 있습니다. 설비, 전기, 토목, 통신, 구조 등이 설계에 포함될 수 있고, 특히 인테리어와 조경을 포함하는지 그 범위를 정해야 합니다. 더불어 모형이나 투시도 등을 제시할 의무가 있는지도 표기할 수 있습니다. 물론, 건축가는 건축주에게 설계를 이해시키고 공감을 구해야 하니 이런 수단은 표기하지 않아도 일반적으로는 제시하게 마련입니다만, 아주 근사한 모형을 만들어 집에 조형물로 두고 기념하고 싶다든지 한다면 먼저 요청을 하면 순조롭습니다.

④ 대가의 산출 및 지급 방법도 꼭 명기합니다. 설계비는 보통 계약 시 30%, 기본 설계 완료 시점에 40%, 건축허가 또는 시공도서 납품 시 30%가 일반적입니다만, 늘 예외란 있을 수 있으니 자금에 관한 부분은 솔직하게 먼저 협의해야 합니다. 단계별 지급 비율을 조정할 수도 있겠지요.
계약서에 '대가의 조정' 항목이 있습니다. 기본 설계 과정에서는 상관이 없지만, 실시 설계 단계나 인허가 과정에 건축주의 변심으로 설계를 변경할 경우 계약서에 명시된 설계비를 어떻게 조정할 것인가에 대한 항목인데 굉장히 중요합니다. 보통 계약 면적의 10~20% 이상의 면적이 변경되거나, 설계 변경 허가 절차를 진행할 경우 대가를 조정하여 정산하게 됩니다.

⑤ '자료의 제공' 항목은 현황 측량, 경계측량 및 지질조사를 누가 할 것인가에 대한 내용입니다. 표준계약서는 갑이 을에게 제공한다고 씌어 있는데, 건축주가 건축가에게 그 내용을 전달한다는 의미이지요. 하지만 일반적으로 건축주가 진행하기 어려운 부분이니만큼, 비용에 관해 설명을 듣고 그만큼의 비용을 건축가에게 지불하고 의뢰하는 경우가 많습니다.

⑥ '저작권'에 대해서는 과거와 달리 설계를 맡아 진행한 건축가(을)에게 귀속되도록 명시하고 있습니다. 하지만 저작권이 '을'에게 있다고 하더라도 하나의 주택을 완성하기까지 건축주와 건축가가 함께 노력한 만큼 저작권의 유무와 상관없이 다른 곳에 똑같은 설계를 사용하는 것은 신중해야겠습니다.

시공사와 시공 계약을 맺을 때

① 공사기간을 명확하게 설정합니다.

② 공사비 지불에 관한 시기와 방법을 정확하게 정리해야 합니다. 공사비는 계약금, 그리고 몇 차로 나누어 지불할지 정하는 항목과 마지막 잔금 등이 있겠지요.

③ 설계도, 시방서(공사 시공 방법 설명서. 단, 시공의 규모에 따라 생략이 될 수 있음), 공사내역서(공사 단계별로 금액이 정리되어 있음)가 반드시 첨부되어야 합니다. 공사내역서는 아주 구체적으로 금액이 적혀 있어야 좋습니다. 보통 50쪽이 넘을 정도로 방대한 분량입니다. 꼼꼼하게 적혀 있을수록 분쟁이 적겠지요.

④ 하자 이행에 관한 사항들을 정리해야 합니다. 보통 건축주는 시공사와의 친분 때문에 하자이행증권 발행 요청을 꺼리는 경우가 있습니다. 이행증권의 의미를 단순한 종이에 불과하다고 판단할 수도 있으나, 증권은 장래에 발생될 하자를 어떻게 해결할 수 있는지에 관한 현금에 갈음하는 보증서이고 이 증권을 근거로 건축주가 권리를 행사할 수 있는 유일한 카드입니다. 통상적인 단독주택의 경우는

계약서 내용에 설비공사는 1년, 방수는 3년, 구조체는 5년 정도로 명기하고, 하자이행증권에 첨부문서로 이런 내용을 포함한다면 합리적인 하자이행증권이 됩니다. 기타 자세한 내용 파악은 서울보증보험(www.sgic.co.kr)에서 가능합니다. 아래의 표는 일반적인 종합건축업(일반건축)에서 하자이행증권 발행 시 공정별 하자이행 기간입니다. 아래의 표에 제시되지 않은 설비는 대체로 책임기간이 1년입니다.

⑤ 별도공사 내용을 명확히 정리, 확인합니다. 가구, 에어컨, 담장, 마당 포장, 주차장, 조경 등등.

⑥ 집에 사용되는 재료들을 명확하게 표기하고, 시공 전에 확인을 합니다. 타일, 마루, 위생도기, 조명, 문 손잡이 등등.

하자 이행 보증 기간

구분	하자 책임기간
실내의 장	1년
토공	2년
미장·타일	1년
방수	3년
도장	1년
석공사·조적	2년
창호 설치	1년
지붕	3년
판금	1년
철물	2년
철근콘크리트	3년
급배수·공동구·지하저수조	
냉난방·환기·공기조화	2년
자동제어·가스·배연 설비	
승강기 및 인양기기 설비	3년
보일러 설치	1년
그밖에 건물 내 설비	1년
아스팔트포장	2년
보링	1년
온실 설치	2년

Q1

'공사내역서'를 받으면 모든 사항들을 금방 읽어내기 어렵습니다. 시공사로부터 '공사내역서'를 받으면 어떤 항목을 체크해야 할까요?

A1

공사내역서에는 기본적으로 공정별 자재와 제품 정보, 제품 사용 물량, 제품의 단가, 노무비가 들어가 있습니다.

별도 공사의 항목을 정확하게 이해해야 합니다. 자칫 분쟁의 소지가 될 수 있습니다.

표준적인 내용으로는 물량산출서(어떤 자재를 얼마만큼 사용하는지 물량을 계산해 놓은 표), 단위단가조사표가 있을 수 있겠지만, 보통 단독주택에는 첨부되지 않는 경우가 많습니다. 소규모 단독주택의 경우에는 물량산출을 적으면 그 때문에 오히려 비용이 높아질 수 있습니다. 왜냐하면 현장에서 조금씩 더 경제적으로 운용할 수 있는 방안이 제시되는 경우가 많으니까요.

원가 계산서 가운데 직접공사비(재료비, 노무비, 기계경비)를 제외한 비용이 어느 정도 비율인지 파악해보면 도움이 됩니다. 경험상, 직접공사비의 20~25% 내외가 일반적인 비율입니다.

도면에 명시된 품목, 규격이 내역서와 동일한지 확인하면 좋은데, 이 부분은 건축사무소의 도움이 필요합니다. 예시를 통해 볼까요?

A04005	철근	HD 10, SD40	TON
A04006	철근	HD 13, SD40	TON
A04007	철근	HD 16, SD40	TON
A04008	철근	HD 19, SD40	TON
A04009	철근	HD 22, SD40	TON
A04010	스페이서,지수링,지수제	각종	식
A04011	철근가공조립		TON
A04012	펌프카붐타설	철근부(+α)	회
A04013	동바리	4m미만	M2
A04014	레미콘	25-240-15	M3

2. 구조재료 및 기본사항

2.1 구조재료

1) 콘크리트 fck = 30 MPa (KS F 2405, 일반구조용)

2) 철 근 : fy = 400 MPa (KS D 3504)

3) 철 골 : -

4) 목 재 : -

왼쪽은 설계도서의 일부입니다. 오른쪽은 시공사의 상세내역서입니다.

설계도서는 레미콘 강도를 fck=30MPa라고 적었고, 내역서에는 레미콘 항목에 24-240-15라고 적혀 있습니다. 설계도서에 적힌 30MPa와 동일하려면, 내역서의 레미콘 항목에는 25-300-15로 기재되어야 합니다. 모든 항목을 확인할 수 없기 때문에 중요한 몇 가지를 선별해서 확인하면 도움이 될 듯합니다. 레미콘, 철근, 단열재, 방수, 창호 정도를 꼽을 수 있겠습니다.

내역서의 제품 상세 스펙에 기재된 품명과 규격이 설계도서의 내용과 동일한지 확인해보는 것도 좋습니다.

Q2

마당에 도구들을 넣는 조립식 창고를 들여놓고 싶은데, 허가가 필요하다고 합니다.

A2

허가는 아니고 신고 사항입니다. '가설건축물축조 신고서'라는 문서가 구청에 구비되어 있습니다. 복잡하게 그리지 않아도 간단히 손으로 그려서 신고를 할 수도 있습니다. 약간의 세금이 부가되고, 2년에 한 번씩 기간 연장이 가능합니다.

Q3

다락방에 보통은 난방공사를 하지 않는다고 들었습니다. 이유가 뭘까요?

A3

다락이라 함은 물품을 보관하는 저장실 개념입니다. 이것이 다락에 대한 정의이지요. 그러므로 '다락'이라고 부를 때는 사람이 거주하지 않는다는 전제가 있습니다. 즉, 실생활을 하지 않는 공간이라는 뜻입니다. 따라서 난방과 수도 시설을 할 수 없고, 실을 구분할 수 없는 공간입니다. 그러니 다락에 난방공사를 하면 불법이 되겠지요.

Q4

다락방은 보통 경사지붕이던데, 공간 활용을 위해 평지붕으로 만들 수는 없나요?

A4

평지붕으로 할 수도 있는데 이 경우에 다락방의 높이는 1.5m(외부 마감재의 높이) 이내여야 합니다. 경사지붕일 때는 평균가중치(최고 높이일 경우가 많음. 때에 따라 평균 높이일 수도 있음) 1.8m(내부 높이)입니다. 이 기준 안에서는 평지붕으로 설계할 수도 있지만 아무래도 높이가 낮아지니 성인을 기준으로 볼 때 허리를 펴고 서 있기 힘들어질 수가 있어 경사지붕을 선호하는 것입니다.

Q5

목조주택은 계절마다 약간의 수축과 팽창을 지속한다고 들었습니다. 구조가 불안정해지지 않나요?

A5

스터드를 예로 봤을 때, 수직 방향으로는 수축이나 팽창은 거의 없습니다. 구조재가 가로로 놓이는 부분에서 수축과 팽창을 고려해야 합니다. 가로구조재가 많으면 많을수록 수축과 팽창이 심해지겠지요.

목조의 경우 평균 함수율이 18%인데, 그 평균 함수율을 찾을 때까지는 어느 정도의 수축, 팽창이 일어난다고 볼 수 있겠지요. 약점이라면 약점일 수 있습니다.

목조주택에 입주를 하면 첫해에는 건조함을 느낄 수 있습니다. 왜냐하면 반입 당시 구조재의 함수율이 보통 8% 정도이기 때문에 내부의 수분을 빨아들입니다. 석고, 방통도 수분을 빨아들이는 원인 중 하나이지요. 반면에 콘크리트는 수분을 머금고 있기 때문에 평균 함수율에 도달하기까지 5~6개월이 걸려 처음에는 덜 건조하게 느껴질 수 있는데, 이것이 약점으로 작용해 곰팡이의 원인이 되기도 합니다. 그러니 콘크리트구조의 경우 아주 천천히 공사하면 도움이 될 수 있겠습니다. 실제로 2층 화장실 같은 경우는 타일 사이 줄눈에 균열이 갈 수도 있습니다. 수분을 빨아들이기 때문이지요. 균열은 수축이나 팽창 때 모두 생길 수 있습니다. 때문에 시공사에서 1년 후에 가서 점검을 하는 주된 이유는, 구조재가 수축과 팽창을 모두 끝낸 후에 보수를 하면 효과적이기 때문입니다. 실제로 화장실 모서리의 줄눈에는 균열이 생기는 경우가 흔합니다. 마감재가 어느 정도 한번 움직여주면 그걸로 변형은 끝이 납니다. 구조에는 문제가 없으므로 불안해할 필요는 없습니다. 그런 의미에서 수축과 팽창을 지속한다는 말은 잘못된 말입니다.

Q6

목조주택은 화재에 얼마나 안전합니까?

A6

화재에 대한 안전성이란, 사람이 대피를 할 수 있는 시간을 확보할 수 있는가로 가늠합니다. 사람이 대피하는 동안 건축물이 붕괴되지 않을 정도로 화재가 확대되지 않고 지연되는 것이 관건이지요. 목재가 연소하기까지는 몇 개의 단계를 거쳐야 합니다.

먼저 나무의 온도가 올라가면 나무 내부의 수분이 끓기 시작하고, 그다음 물이 증발하며, 온도가 올라 섭씨 약 260도에 달하면 나무의 탄화가 시작됩니다. 나무의 수분이 증류하면서 휘발성 가스가 발생하기 시작해 약 400도 이상에 이르면 이 휘발성 가스에 불이 붙고 탄화된 부분의 탄소 성분이 공기의 산소와 결합해 열과 빛을 일으키며 일산화탄소를 발생시키며 연소되는 것이죠(목재의 탄화 속도는 사면에서 동시에 열을 받을 경우 분당 0.6~0.7mm).

건물 내부에 있던 사람이 안전한 곳으로 피신하는 데 약 30분이 필요하다고 보고 건축법에서는 주거용 건물에 30분의 내화 성능을 요구합니다.

내화성을 지닌 재료로 일반적으로는 석고보드를 사용하는데, 미국과 일본의 경우 두께 12mm 이상의 석고보드를 사용하면 1시간 이상의 내화구조로 인정하고 있습니다. 목조주택이 사람이 피신하고 화재를 진화하기에 적절한 시간 동안 버티면서 구조를 유지할 수 있다는 의미입니다.

경골 목구조의 경우 구조적으로 밀폐공간이 만들어지기 때문에 화재에 더 강하다고 볼 수 있습니다. 예를 들어, 문과 창문이 닫힌 실내의 방 안에서 화재가 발생했다면 인접한 다른 방으로 번지기 전에 내부의 산소가 부족해 저절로 진화될 것이기 때문이죠. 경골구조의 골조에 보막이가 사용되는데 이는 구조 성능의 향상뿐만 아니라 화재 시 불길이 공간을 타고 번지는 것을 막아주는 방화벽 같은 역할을 담당합니다.

또 매우 높은 정도의 화재 안전성을 요구하는 건축물에서는 내화 처리 목재를 사용할 수 있습니다. 내화 처리 약제는 종류에 따라 탈수작용, 가스작용, 피부작용, 흡열작용, 방열작용 및 단열작용 중 한 가지 또는 몇 가지 복합 작용에 의해 화재에 저항성을 갖습니다.

건축물에서는 구조부재의 불연성보다는 구조적인 안전성, 그리고 화재의 확산 지연 및 방지가 중요한 문제이며 이런 측면에서 보면 목조 건축물은 뛰어난 내화 성능을 지니고 있다고 볼 수 있습니다.

Q7

목조주택은 지진에 얼마나 안전합니까?

A7

목조주택은 지진에 무척 강합니다. 내진 설계가 필요 없을 정도로 목조 자체가 이미 지진에 강한 구조입니다. 목구조는 많은 스터드(기둥)로 유지되기 때문에 충분히 안정적입니다. 한옥 같은 기둥보구조보다는 경골목구조 같은 벽식구조가 더 안전합니다.

목재는 인류가 아주 오래 건축 구조재로 사용해온 재료입니다. 즉, 기본적으로 안전한 재료입니다. 다만 어떤 구조의 강성은 하나의 재료 자체가 담보하는 것이 아닙니다. 건축은 재료와 재료가 결합하는 방식을 결정짓는 일입니다. 결국 어떻게 시공하고 마감하는가에 따라 건축물의 안전성이 확보되는 것이죠.

Q8

목조주택으로 몇 층까지 가능할까요?

A8

주거용은 아니지만 해외에서 찾자면 스페인 세비아에 2018년에 준공한 '메트로폴 파라솔'을 들 수 있겠네요. 뮤지엄이자 전망대로 도시의 랜드마크가 된 이 건축물은, 높이가 29m에 이르는데 골격부터 외벽, 계단까지 모두 목재로 구성되어 있습니다. 규모로만 보면, 노르웨이의 '미에스토르네 호텔'이 최대일 겁니다. 높이 85.4m, 18층에 이르는 건축물로 2019년에 준공했는데, 흔들림을 최소화하기 위해 위쪽 일곱 개 층에 콘크리트 슬래브를 사용했다고 하니 엄격하게는 하이브리드 목조건축이라고 해야겠네요.

국내에는 목조 건축의 높이 및 규모 제한이 있었으나, 건축법 개정에 따라 다층 대규모 목조 건축이 가능해졌습니다. 국내 최초 7층 산림복지진흥원 청사가 대전에 지어지고 있고, 가장 큰 목조 건축은 2만 5,000m² 규모로 설계 공모를 마치고 2025년 착공 예정인 서울시립 동대문도서관입니다.

메트로폴 파라솔, 스페인, 2018

마에스토르네 호텔, 노르웨이, 2019

Q9

목조주택들은 겉으로 보기에 어딘지 튼튼해 보이지 않습니다. 실제로 콘크리트와 비교해 구조적으로 어떤가요?

A9

콘크리트의 수명은 100년이지만 주로 철근콘크리트조인 국내 주택의 평균수명은 25년에 불과합니다. 재료 내구성의 문제라기보다 어떻게 짓는가에 따른 문제입니다. 목조는 수분 관리가 중요합니다. 캐나다에 700년 된 교회와 단독주택 건물을 허물어서 그 구조재로 쓴 나무를 재이용해 노인요양원을 지은 사례가 있습니다. 한편으로, 우리나라에서는 아직 목구조가 보편적이지 않기 때문에 전문 시공자와 숙련공을 만나기 어렵다는 문제가 있긴 합니다.

목조가 철근콘크리트조나 철골구조에 비해 강하다고 할 수는 없으나, 재료마다 적절한 구조법을 적용해 설계하기 때문에 안전합니다.

Q10

주택을 기준으로, 재료에 따라 기본적인 구조가 어떻게 분류될까요?

A10

재료와 방식에 따른 골조의 분류를 간단하게 보여드릴게요.

목구조	경량목구조
	중목구조
철근콘크리트구조	벽식구조: 아파트, 현재 지어지는 대부분의 단독주택
	라멘구조: 기둥, 보 방식으로 대부분의 오피스 빌딩 등 상업 전용 건축물
조적 구조	벽돌구조: 70~90년대에 지어진 주변에 흔히 보이는 1~3층의 단독주택
	블록구조: 단층 군대 막사나 창고
	ALC구조: 1~2층의 단독주택
	흙집:1층의 단독주택
	돌 구조: 유럽의 성, 저택
철골 구조	대형 상업건물, 창고형 건축물, 신속한 공사가 절실한 시설
PC 구조	공장에서 제작된 콘크리트를 현장에서 조립하는 방식

Q11

철근콘크리트조와 목조 중 어느 쪽이 더 좋은가요?

A11

두 재료 모두 장점과 약점이 있고, 두 재료 모두 아주 오랫동안 가장 효율적이고 안전한 건축 자재로 쓰이고 있습니다. 어느 한쪽이 더 낫다거나 우월하다고 말하기는 매우 어렵습니다.

현재 우리나라의 현실을 놓고 보면 철근콘크리트가 훨씬 더 보편적인 것은 맞습니다. 현대식 목구조가 한국에서 활발하게 시공되고 있지는 않습니다. 이 상황이 목구조의 약점일 수 있겠습니다. 시공의 노하우가 철근콘크리트보다 부족한 현실이고 전문가와 숙련공이 드물지요. 그리고 철근콘크리트는 그 자체가 습식 재료이기 때문에 목구조에 비해 방수공사 등이 조금 수월하다고 볼 수 있습니다. 다양한 방법을 자유롭게 선택할 수 있어요. 쉽게 말하자면, 철근콘크리트는 전체가 연결된 커다란 판으로 시공을 하는 것이고, 목구조는 가구식이기 때문에 스터드 사이를 섬세하게 충진해야 하지요. 그러니 함수율, 수평, 방수 등 섬세한 시공을 요합니다. 철근콘크리트조라고 허투루 다룰 수 있다는 뜻이 아닙니다. 다만, 보편적으로 워낙 많은 시공을 해왔기 때문에 상세하고 정확한 정보를 얻기에 상대적으로 수월하다는 의미입니다.

5 시공 전반부 과정

건축가

멸실 신고에서 해체 신고로 용어가 바뀌었어요. 이제는 건축물을 해체할 때 벌어지는 상황, 위험 요소들, 배출되는 폐기물 등에 관해 절차와 방법을 중시한다는 의미입니다.

시공자

철근 누락만큼이나 철근의 체결과 결속이 중요합니다. 이 체결과 결속은 숙련자의 기술과 시간이 필요한 과정입니다. 크든 작든 현장마다 '공기 압박'이 굉장히 심해요. 기후를 점점 더 예측하기 어려워지니 제대로 공사를 진행하지 못하는 날이 예상보다 조금이라도 길어지면 다른 과정에서 단축을 시킬 수밖에 없는 거예요. '건물의 최종 완성도'는 정말 사회의 전반적인 시스템, 인식 구조와 밀접한 관련이 있어요.

땅의 경계를 정확하게 파악하기

기획자 이제 시공의 구체적인 과정으로 돌입해봅니다. 전은필 대표님께서 한눈에 흐름을 볼 수 있도록 자료를 준비해주셨어요.

전은필 모든 과정을 다 넣은 것은 아니고, 그렇게 하면 지나치게 방대해지기 때문에 뼈대만 추려냈다고 보시면 됩니다. 이 뼈대에 우리의 이야기, 질문과 답으로 살이든 근육이든 붙여나가면 좋을 것 같습니다. 설계 완료하고, 허가 접수 완료하고, 시공자 선정하고, 해체 신고하고. 여기까지가 첫 번째 단계인데요. 공사예정표에는 나와 있지 않습니다. 공사 과정에 속하지는 않으니.

어쩌면, 땅을 매입하는 시점을 기준으로 시작을 잡을 수 있겠지요. 먼저 땅의 성격에 따라서 종류를 나눌 수 있습니다. 택지를 분양받느냐, 도심이냐 구심이냐 교외 대지냐 그 외 산림 등등 용도변경이 필요한 경우인가를 살펴봐야 합니다. 땅의 종류와 정해져 있는 법적 기준에 따라 바로 공사를 진행할 수도, 아니면 지목을 변경하는 절차를 거쳐야 할 수도 있고요.

철거는 평범한 단독주택(200m² 규모 기준)의 경우 보통 일주일 안팎이 소요됩니다.

그 다음에는 공사예정표에 보이듯, 규준틀 흙막이, 터파기, 지정 공사 등이 진행됩니다. 지금 붉게 표시되어 있는 기초공사, 건축물의 위치, 높이, 동결심도와 지내력 등은 건축주가 한 번쯤 확인하면 좋겠다 싶은 내용들이에요. 당연히 감리자든 시공자든 반드시 꼼꼼하게 체크해야 할 사항들이기도 하고요.

사실은 기초공사 시작하기 전까지 가장 중요한 사항들만 간추린다 해도, 감리자나 시공자가 챙겨야 할 내용들은 지금 소개한 내용의 최소 20배도 더 돼요. 하지만 그 모든 것을 건축주가 알 수도 없고 알 필요도 없는 내용이라서 간략하게 정리를 했어요. 이보다 더 자세히 알아야 한다고 생각하고 파고들다 보면 상황을 더 어렵게 끌고 갈 가능성도 있고요.

최이수 일단, 이 자료에 따르면 제가 매입한 땅은 '도심 대지'에 해당하겠군요?

전은필 네, 그렇죠. 도심 밀집지의 대표적인 종류지요. 다세대가구 단독주택을 매입하고 철거를 한 다음 그 땅에 신축을 하는 순서를 밟고 계신 거네요.

김호정 저희 동네는 제가 땅을 살 무렵엔 구심이었는데, 지금은 가장 활발한 상업지구가 되었어요.

전은필 네, 그런 점에서 땅을 매우 잘 구입하신 셈이지요. 다른 예로는, 경기 인근 지역이 교외 대지에 해당할 테고, 아파트 단지를 개발할 때 일부를 택지지구로 정하는 곳이 있어요, 위례나 판교의 일부처럼. 그런 곳을 매입하면 택지 분양이 되겠지요.

택지 분양을 받을 때 건축주가 그 땅속에 어떤 폐기물이 들어 있을 수 있나 조사를 해보면 좋아요. 초반에는 LH하고 계약할 때 무조건 땅에서 나오는 폐기물조차도 모두 건축주의 몫이다, 라는 계약 사항이 있었어요. 초기에는. 지금은 바뀌었어요. 땅에서 나오는 폐기물에 대해서는 판례도 있더라구요. 매입된 '땅속 폐기물에 대해서는 개발사가 전적으로 책임지고 정리를 해야 된다'로 바뀌었어요.

최이수 영화처럼 유물이 발굴되거나 하면 어떻게 해요? 그것도 개발자의 소유로?

임태병 (웃음) 유물 같은 건 우리가 팔 수가 없어요. 그건 전문 팀에서 따로 와서. 그런데 상황이 복잡해지죠. 당연히 공사 다 중단해야 하고.

정수진 (속삭이듯) 그래서 땅 팔 때 밤에 와서 막 아무거나 묻어버리는 경우도 있어요. 전 실제로 보기도 했고….

모두 아아…. (일동 탄식)

최이수 저희 집은 다행히 이미 지하가 파여 있으니까 뭐 특별히 나오진 않겠죠, 소장님?

임태병 네에. 이 동네는 아무것도 안 나와요. 걱정 말아요. (일동

공정표(철근콘크리트구조의 예)

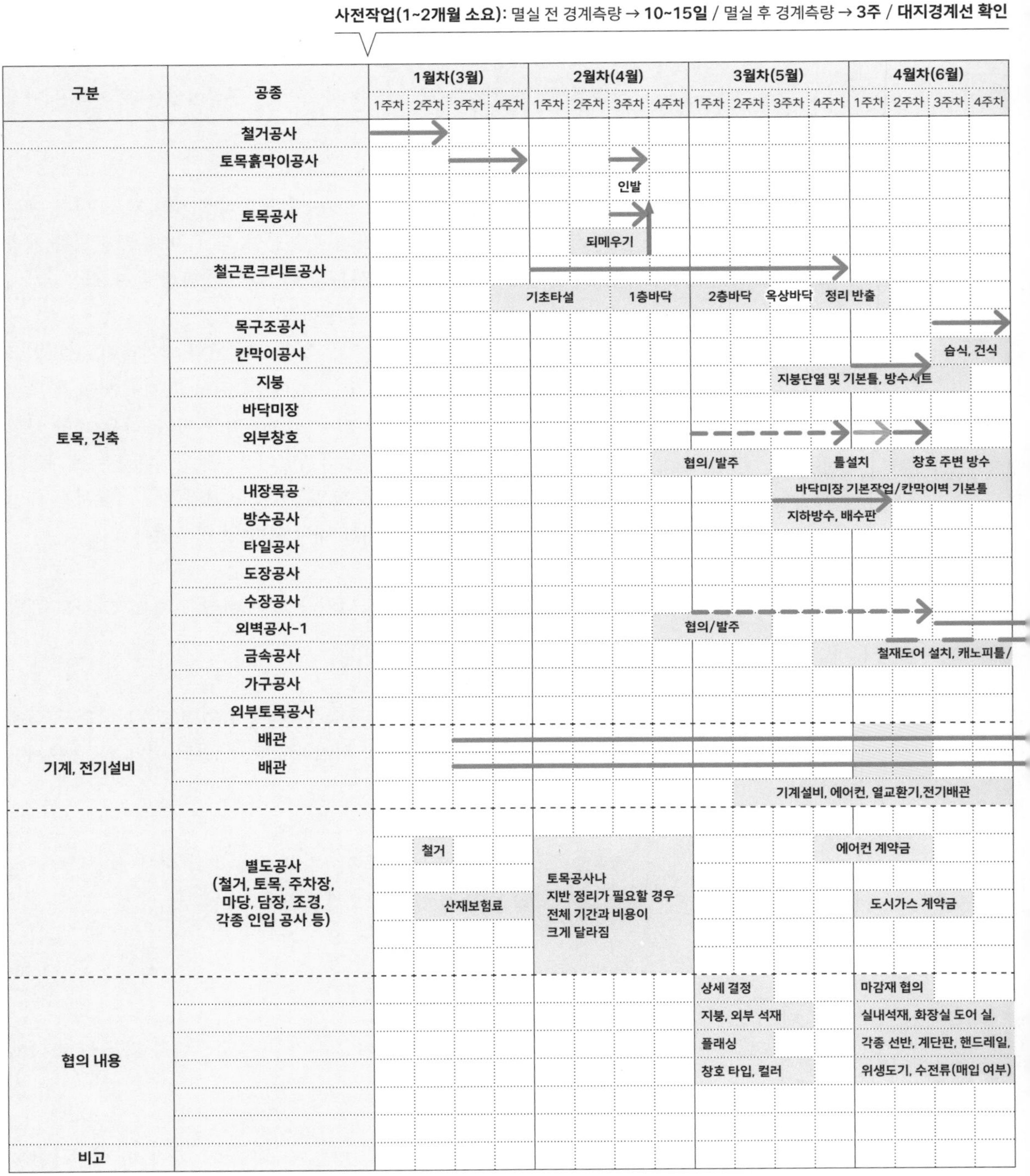

사전작업(1~2개월 소요): 멸실 전 경계측량 → **10~15일** / 멸실 후 경계측량 → **3주** / **대지경계선 확인**

구분	공종	1월차(3월)				2월차(4월)				3월차(5월)				4월차(6월)			
		1주차	2주차	3주차	4주차	1주차	2주차	3주차	4주차	1주차	2주차	3주차	4주차	1주차	2주차	3주차	4주차
토목, 건축	철거공사																
	토목흙막이공사																
								인발									
	토목공사																
							되메우기										
	철근콘크리트공사																
						기초타설			1층바닥	2층바닥		옥상바닥	정리 반출				
	목구조공사																
	칸막이공사															습식, 건식	
	지붕											지붕단열 및 기본틀, 방수시트					
	바닥미장																
	외부창호																
										협의/발주			틀설치			창호 주변 방수	
	내장목공											바닥미장 기본작업/칸막이벽 기본틀					
	방수공사											지하방수, 배수판					
	타일공사																
	도장공사																
	수장공사																
	외벽공사-1									협의/발주							
	금속공사												철재도어 설치, 캐노피틀/				
	가구공사																
	외부토목공사																
기계, 전기설비	배관																
	배관																
											기계설비, 에어컨, 열교환기,전기배관						
	별도공사 (철거, 토목, 주차장, 마당, 담장, 조경, 각종 인입 공사 등)		철거			토목공사나 지반 정리가 필요할 경우 전체 기간과 비용이 크게 달라짐							에어컨 계약금				
			산재보험료											도시가스 계약금			
협의 내용										상세 결정				마감재 협의			
										지붕, 외부 석재				실내석재, 화장실 도어 실,			
										플래싱				각종 선반, 계단판, 핸드레일,			
										창호 타입, 컬러				위생도기, 수전류(매입 여부)			
비고																	

- 택지개발 택지지구 내 대지
- 지하 1층, 지상 3층, 다가구주택(2~3가구) 규모
- 연면적 350~550m²

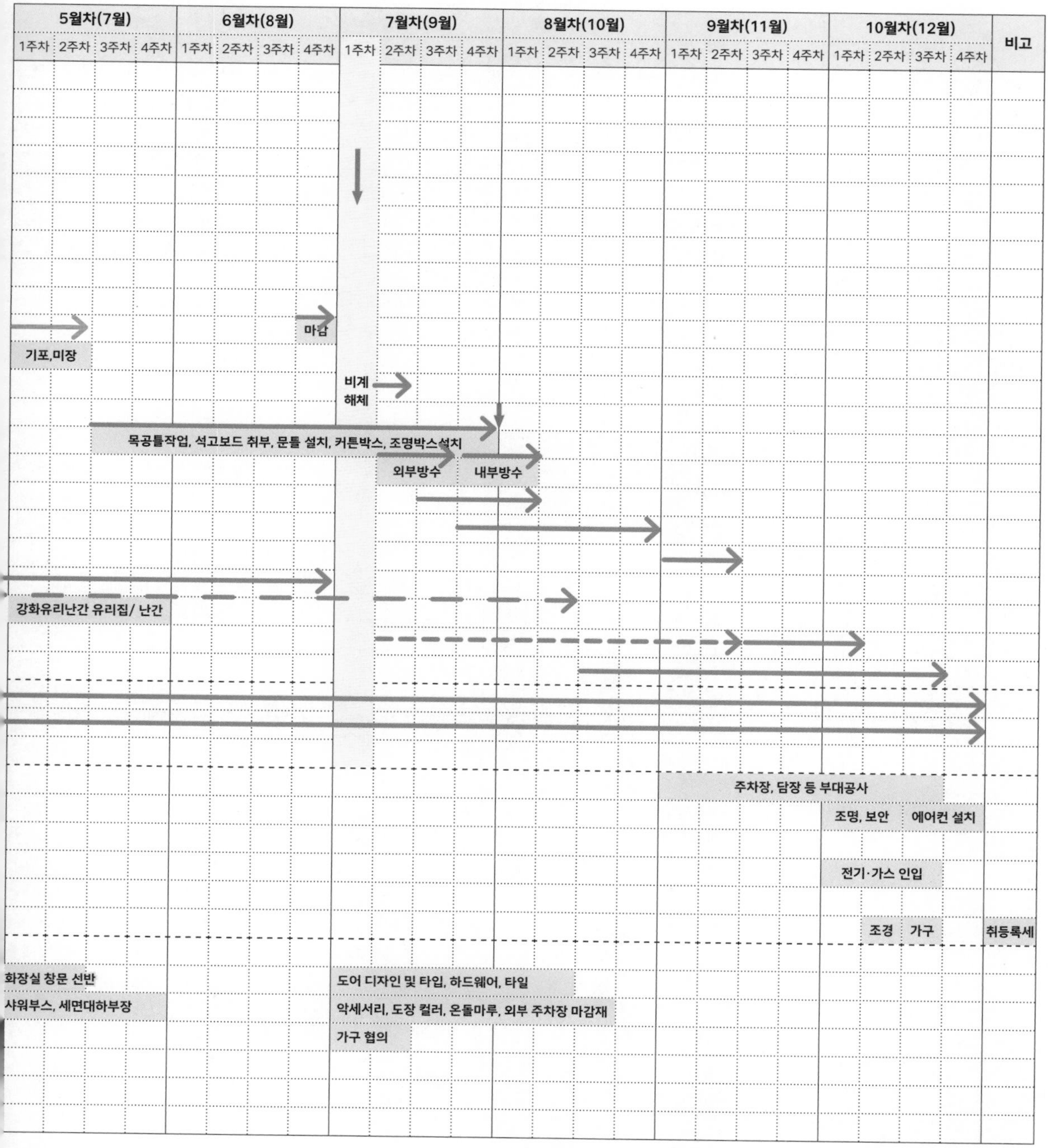

5월차(7월)				6월차(8월)				7월차(9월)				8월차(10월)				9월차(11월)				10월차(12월)				비고
1주차	2주차	3주차	4주차	1주차	2주차	3주차	4주차	1주차	2주차	3주차	4주차	1주차	2주차	3주차	4주차	1주차	2주차	3주차	4주차	1주차	2주차	3주차	4주차	

마감

기포,미장

비계 해체

목공틀작업, 석고보드 취부, 문틀 설치, 커튼박스, 조명박스설치

외부방수

내부방수

강화유리난간 유리집/ 난간

주차장, 담장 등 부대공사

조명, 보안

에어컨 설치

전기·가스 인입

조경

가구

취등록세

화장실 창문 선반

샤워부스, 세면대하부장

도어 디자인 및 타입, 하드웨어, 타일

악세서리, 도장 컬러, 온돌마루, 외부 주차장 마감재

가구 협의

공정표(목구조의 예)

구분	공종	1월차		2월차				3월차			
		3주차	4주차	1주차	2주차	3주차	4주차	1주차	2주차	3주차	4주차
토목, 건축	토목공사										
	철근콘크리트공사										
	목구조공사										
	지붕										
	바닥미장										
	외부창호										
					협의/발주						설치
	내장목공										
	방수공사										
	타일공사										
	도장공사										
	수장공사										
	외벽공사-1						협의/발주				
	금속공사										
	가구공사										
	외부토목공사										
기계, 전기설비	배관										
	배관										
									기계설비, 에어컨,		
자금집행계획	별도공사 (철거, 토목, 주차장, 마당, 담장, 조경, 각종 인입 공사 등)		철거와 토목공사는 통상 별도공사로 분류 - 토목공사나 지반 정리가 필요한 경우 전체 기간과								
			에어컨 계약금								
				도시가스계약금							
협의 내용				상세결정				마감재 협의			
				지붕, 외부석재				실내석재, 화장실 도어 씰			
				플래싱				각종 선반, 계단판, 핸드레일			
				창호 TYPE, 컬러				위생도기, 수전류(매입 여부)			
								조명위치, 전열위치			
비고											

- 토지가 정리되어 있는 교외지
- 지상 2층 규모의 기초는 철근콘크리트, 1,2층 목구조
- 연면적 200m²~250m² 내외

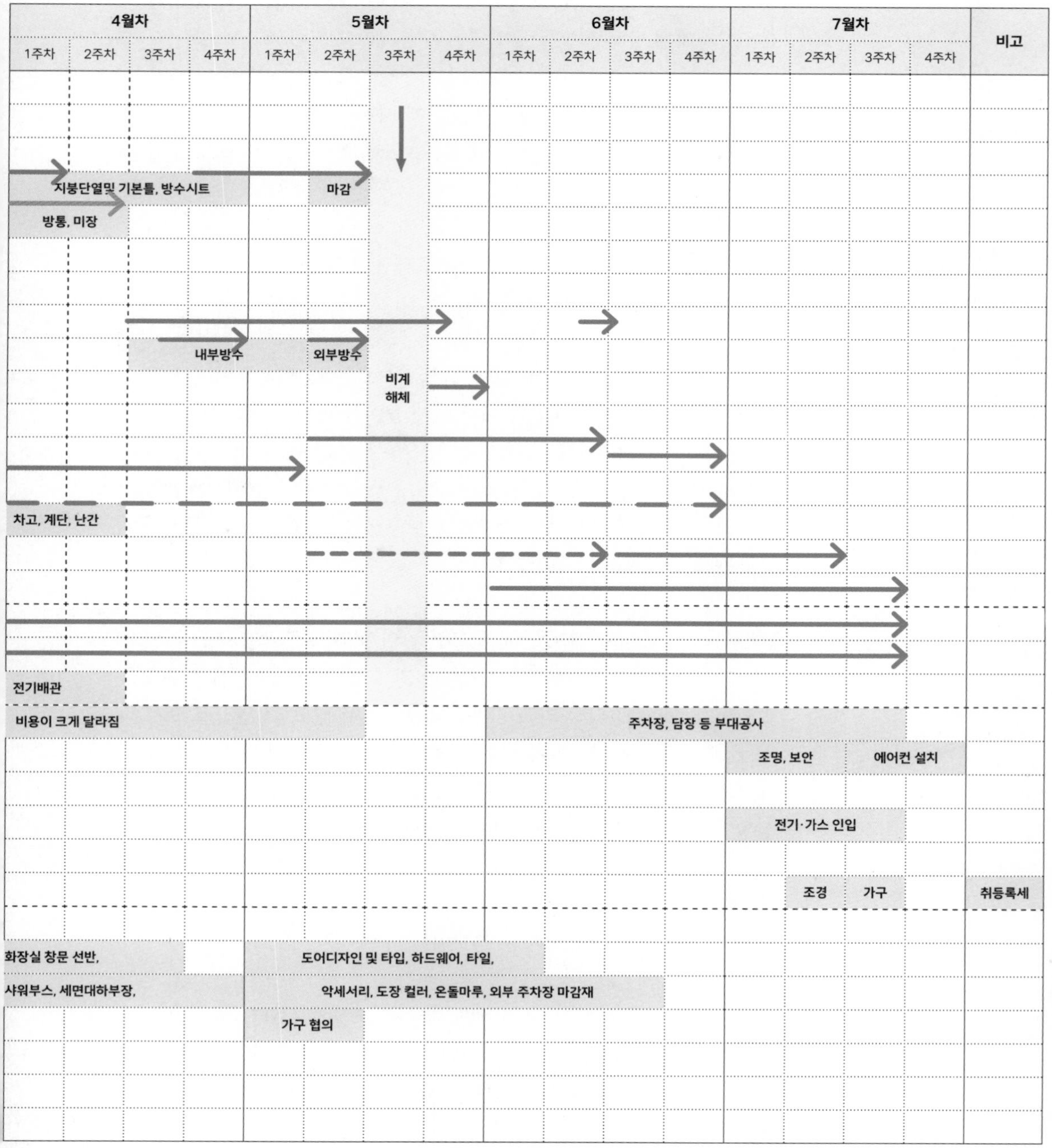

4월차				5월차				6월차				7월차				비고
1주차	2주차	3주차	4주차	1주차	2주차	3주차	4주차	1주차	2주차	3주차	4주차	1주차	2주차	3주차	4주차	
지붕단열및 기본틀, 방수시트					마감											
방통, 미장																
		내부방수			외부방수											
						비계 해체										
차고, 계단, 난간																
전기배관																
비용이 크게 달라짐								주차장, 담장 등 부대공사								
												조명, 보안		에어컨 설치		
												전기·가스 인입				
													조경	가구		취등록세
화장실 창문 선반,				도어디자인 및 타입, 하드웨어, 타일,												
샤워부스, 세면대하부장,				악세서리, 도장 컬러, 온돌마루, 외부 주차장 마감재												
				가구 협의												

웃음)

최이수 그런데 저희 집 뒤쪽 '풍년빌라' 지을 때 땅을 파는데 수로가 있더라고요. 불광천이 나오는 수로가 있는데 그런 경우는 어떻게 해요? 그 자리에 지하를 만들어야 되는 상황이면…?

전은필 살아 있는 수로냐 죽은 수로냐에 따라 다를 수 있을 것 같아요. 아마 대체로는 작용을 하지 않는, 수로의 기능을 하지 않고 흔적만 남아 있는 수로일 거예요.

최이수 아, 그게 작용을 하고 있는 수로라면 큰일인 거죠? 지하를 팔 수는 없는 거죠?

전은필 아니에요, 그런 건 아니에요. 법적으로는 대개 국유이거나 공공의 용지에 해당하지 개인의 대지 안에 들어가면 안 되는 거죠.

최이수 그럼 주로 수로 같은 요소들은 공공 도로에만 있어요? 만약 개인의 대지 안에 그런 수로가 지나거나 자리를 차지하고 있다면 지하공간을 못 만든다는 뜻인가요?

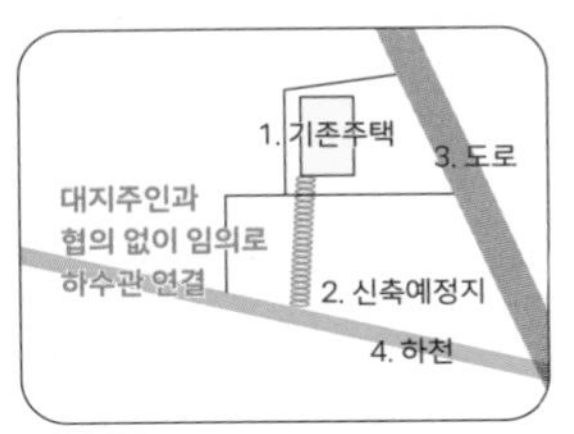

↑ 신축을 앞둔 대지 아래로 다른 집의 배관이 지나는 사례

전은필 물론 개인의 대지 안에서 그런 일이 없다고 장담할 수는 없어요. 도로 한쪽에 있을 수도 있고요, 수로가 도로를 가로지르는 경우도 있었어요. 옛날에 외곽 지역 같은 경우는, 집이 있고 그 앞으로 도로가 있고 맞은편에 나대지가 있는 거예요. 그런데 신축할 땅 아래로 다른 집의 배관이 지나가요. 공사를 하려면 다른 집 배관을 끊어야 되는 상황이 되니까, 서로 합의해서 경계점을 다른 방향으로 돌린다든지 어떻게든 합의가 필요한 상황이지요.

최이수 그럼 그에 대한 공사는 구청이나 이런 데서?

전은필 아니요. 다 개인. 왜냐하면 도로만 구청에서 관할하는 거고, 개인 사유지에서는 발생하는 상황에 대해서는 개인이 정리를 하도록 되어 있어요. 갈등이 있을 수 있는 상황이지요. 어쨌든 건축주가 해결해야 해요.

김호정 물이 많은 땅이라든가 바위가 많은 땅이라든가 하는 식으로 특이사항들이 있을 수 있다고 들었어요. 그런 상황들이 시공을 할 때 어떤 차이가 있는지, 어떤 어려움이 있는지 좀 궁금해요. 어떤 경우에는 비용이 많이 들기도 할 테고요.

전은필 네에, 그 부분도 짚고 넘어가야지요. 그 얘기는 흙막이와 터파기 할 때 나오게 될 텐데, 일단은 대지 구입부터 흙막이 이전까지를 얘기해볼게요.

대지 종류를 파악하고 짓고자 하거나 이용하고자 하는 용도에 맞는 땅인지를 확인하는 것이 제일 우선일 텐데요, 땅에 대한 판단을 하는 가장 마지막 단계가 '경계선'이 아닌가 싶습니다. 경계선 문제에 관해서는 도심대지, 구심대지, 교외 등 다 포함이 될 텐데, 지어진 건축물의 크기나 땅주인이 알고 있는 땅의 경계가 실제와는 다를 경우가 많기 때문에 정확히 확인을 거쳐야 해요.

김호정 저희 집도 조금 달랐어요.

임태병 아마 경계선이 정확히 맞는 곳이 거의 없을 거예요. 어쩌면 맞을 수 없다고 보는 편이 맘이 더 편할 거예요….

전은필 예로, 저희가 정릉에 했던 주택인데요. 한번 보여드릴게요. 이쪽이 설계를 진행했던 대지경계선이고, 이후에 경계측량을 한 이후에 다시 재설계를 한 모습이에요. 이렇게나 작아졌어요. (모두 놀람) 건물을 대략 40cm인가 줄여야 하는 상황이 발생이 되어서 정말 어려운 상황이 됐지요. 어디 하소연할 데도 없고….

임태병 그래서 저는 어느 때부터는 아예 설계를 하기 전에 계약하는 동시에 경계복원측량을 먼저 해보자고 제안을 해요.

최이수 아하… 저는 무슨 말씀인지 이해를 못 하고 있었는데, 원래 순서는 측량을 먼저 하는 게 아니었군요! 저는 임태병 소장님이 먼저 제안을 해서 원래 그렇게 측량을 먼저 정확히 해보는 건 줄 알았어요. 그래서 설계를 어떻게 했길래 그렇게 줄어들지, 하고 혼자 의아해 하고 있었네요.

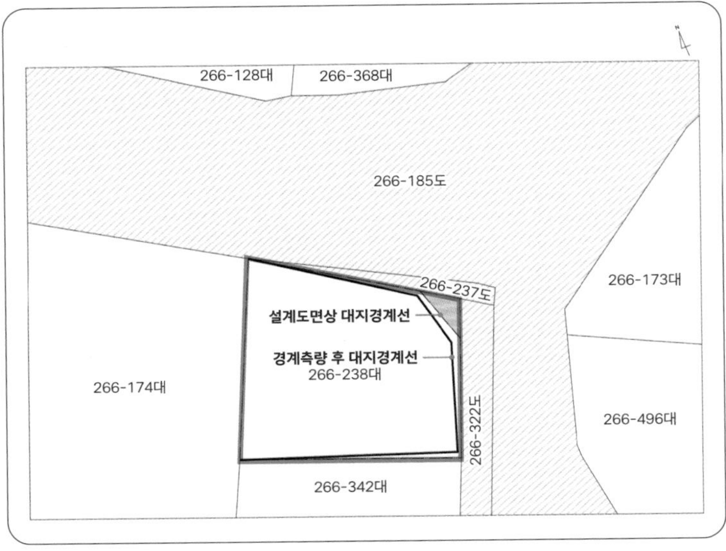

정릉동 측량 사례

임태병 본격적인 설계에 돌입하기 전에 먼저 측량부터 해서 경계를 정확히 파악해두면 나중에 변경을 하거나 예측 불가능한 상황을 피해 갈 수 있지요.

전은필 정말 좋은 생각인 것 같아요, 다만 두 번을 해야 하죠. 왜냐면 건물이 서 있는 상태에서 측량하고, 건물을 다 철거한 다음에 하고.

임태병 네, 물론 그렇죠. 그렇지만 비용이 그리 크지 않고, 철거 이후의 복원측량은 어차피 시공사에서 하는 절차이니까 건축주가 챙길 일은 아니어서, 저는 클라이언트에게 보통은 미리 얘기해요. 비용이 더 들더라도 먼저 확인하는 것이 좋다고.

최이수 설계를 다시 해야 될 수도 있으니까….

임태병 그렇죠.

최이수 실제로 지어졌으면 어떻게 돼요? 다 허물 수도 없고….

전은필 당연히 완공 후에 구청에서 승인을 할 때 문제가 되고요. 지적도에 나와 있는 경계점과 실제로 가서 측량했을 때 다른 곳은 굉장히 흔해요. 정릉처럼 구도심 지역이라든지….

임태병 종로 같은 곳도 제법 흔하죠.

전은필 비일비재해요. 어떤 지방의 경우에는 측량을 할 수가 없다고 공표를 한 곳도 있어요. 저희가 측량을 의뢰했는데, 이 지역은 지적 측량을 할 수 없는 곳이라고 딱 못을 박아요, 경계점을 박아줄 수가 없다고. 서울에서도 어려운 동네들이 몇몇 있어요. 삼선교 일대, 한성대 부근, 종로 일부도 그럴 수 있죠.

기획자 그럼 땅을 매입한, 즉 계약한 사람이 몰랐을 텐데… 어째야 하죠, 그럴 땐…?

전은필 하아, 난감합니다, 사실은.

임태병 그런 경우가 드물지 않아요.

전은필 이런 일이 있을 수 있다는 걸 참고로 알고 계셔야 한다는 얘기죠. 그리고 또 하나는, 도로와 대지의 레벨 차이. 이 차이가 심하면 공사비에 상당히 영향을 미칠 수 있어요. 극단적인 예를 저희가 경험했는데, 지역은 경북 영주였어요. 레벨 차이가 11m 정도가 났어요.

모두 (놀라며) 11m요?? 한 필지에서요? 3~4층에 해당하는 층고잖아요?

임태병 그 정도 차이면 설계에도 큰 영향을 미치죠. 사선 문제 등등 되게 복잡해져요.

전은필 아무튼 바깥에서 보면, 거의 뭐 그냥 중세 성 같은 느낌인 거예요.

결국 밑에 축대를 만들었어요, 새로. 게다가 대지면이 명확하지 않아서 대지면을 만들고 진입하는 도로를 만들기 위해서 석축을 한 4m 정도 쌓고 그 위에다가 주택을….

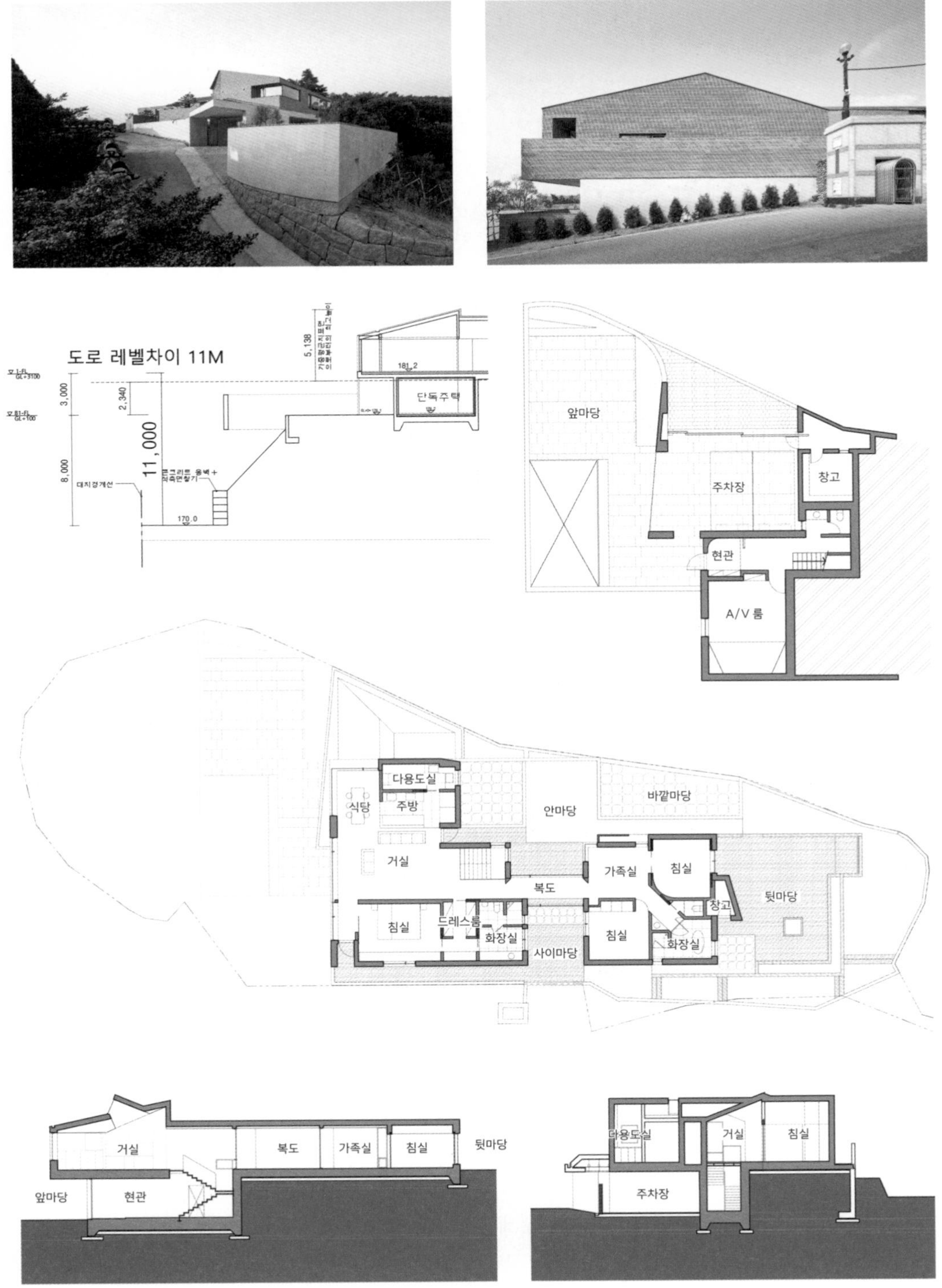

도로 레벨차이 11M
5,138
181.2
3,000
2,340
단독주택
11,000
8,000
대지경계선
170.0
앞마당
주차장
창고
현관
A/V 룸
다용도실
식당
주방
안마당
바깥마당
거실
가족실
침실
복도
창고
뒷마당
침실
드레스룸
화장실
사이마당
침실
화장실
거실
복도
가족실
침실
뒷마당
앞마당
현관
다용도실
거실
침실
주차장

←↑ 영주 뜬마당집
도로와 대지의 극단적인 레벨 차이가 드러나는 주택. 그러나 석축 기단, 콘크리트 벽체, 목구조와 조화로운 상부의 벽돌 외장재 덕분에 차분하고 정갈한 분위기를 자아낸다. 앞마당에서 즐길 수 있는 풍광은 경사지의 혜택.
사진: 이한울
설계: 매트건축사사무소
www.matarchitects.com

기획자 주택을 석축을 쌓아서??

전은필 『공간』지 2022년 3월호에 소개가 됐어요.

김호장 옛날에 그 땅이 임야이거나 그랬을까요?

전은필 아니에요, 확인해보니 대지였어요. 일제시대 때는 유도 체육관이었다고. 영주여고 바로 옆 땅이었는데, 아무튼 레벨에 의한 영향이 이렇게 클 수도 있다는 극단적 예를 보여드리고 싶었어요. 그리고 또 다른 중요한 요소!

집을 짓기 위해 땅을 보러 다니면 이전 건축물이 있는 상태로 땅을 보러 가는 거잖아요. 그러니까 그 건물을 기준으로 쉽게 땅을 가늠하게 돼요. 음, 집이 여기까지 있고, 건축면적이 이러니, 땅의 크기를 대강 가늠하죠. 그런데 막상 측량해보니까, 집이 도로를 2m 먹고 있는 거예요. 그런 경우에는 신축을 하면 당연히 공도를 내놓아야 하죠. 애초에 공도였으니 손해 보는 건 아니지만, 모르고 계약을 했다면 굉장히 억울한 느낌이 들죠.

예를 보여드릴게요. 매우 극단적인 사례인데요. 동네는 서초동이었고, 자료에서 보듯이 도로가 이렇게 있어서 여기가 다 내 땅이라고 생각하고 있었는데 막상 측량을 해보니 이만큼이 날아가는 거예요. 42평이 도로였어요.

모두 (매우 놀람) 42평요? 42m²도 아니고??

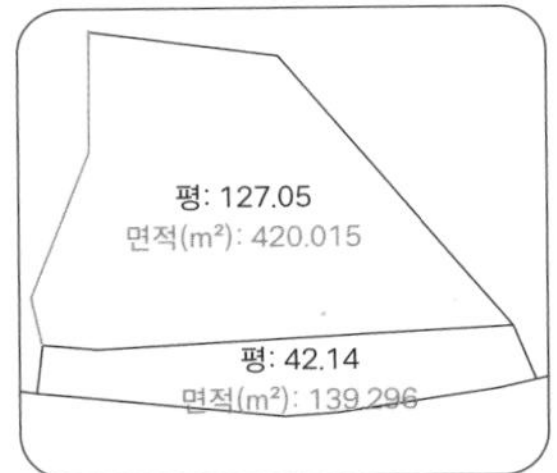

서초구 염곡동 사례
건축주는 계약 당시 전체 대지를 매입한다고 생각했으나, 건축사무소가 확인한 결과 아랫부분(약 139m²)이 제외된 계약이었다.

전은필 네에, 이 예는 좀 강력하죠. 땅을 매입할 때는, 담이 세워진 데까지가 그 집 땅이라고 생각한 거죠. 그러니 어쩌겠어요. 다 도로로 내놓고 남은 땅에 집을 지을 수밖에 없지요.

임태병 제가 제주도에서 이런 사례를 경험했었어요. 버젓이 담장이 있고 그 앞에 도로도 적당한 거리로 있고 심지어 레벨도 차이가 났어요. 그러니 뭐 의심할 것도 없이 '내 땅이지' 했는데, 지금 서초동과 같은 상황이….

최이수 계약 전에 등기부 다 떼보잖아요. 등기부에 나오지 않아요? 위치랑 면적이랑. 건축물대장에 다 씌어 있는 줄 알고 있었어요.

김호정 주소도 나오고 면적도 적혀 있긴 하지만 실제와는 좀 다를 수 있어요. 저희 집도 좀 달랐고요.

최이수 그럼 위치의 문제가 아니라, 지금 서초동의 예처럼 면적이 차이가 나는 경우가 종종 있다는 말씀이지요?

정수진 저희도 작업하다가 그 부분이 달라서 곤혹스러웠던 경험이 있어서 지적공사에 물어봤더니 통상 2~3평 차이 나는 건 기본이라고 그러더라고요.

기획자 만약에 대표님, 저렇게 도로를 끼고 담벼락이 있잖아요. 그러면 신축 안 하면 괜찮은 거잖아요?

전은필 그렇죠. 리모델링을 한다든가 하는 식으로 문제를 '당장은' 피해갈 수는 있겠죠. 이렇듯 땅을 매입하기 전에 고려해야 하는 중요한 몇몇 지점들이 있어요.

최소한 요런 것들은 확인하면 좋겠다 싶어요. 일조권이라든지 높이 제한이라든지 영향을 미치는 법적 기준들이 있어요. 그래서 예를 들면 택지에서는 남쪽으로 도로를 면한 땅을 사면 좋다라든가, 구심에서는 북쪽에 면한 땅을 사면 햇빛이 들지 않는다는 일종의 암묵적인 룰 같은 게 있죠. 그런 요소들을 생각하지 못하면 건물이 의도하지 않았는데 휘어져야 하는 경우도 생기고, 사선으로 건물을 싹둑 잘라야 하는 경우도 생길 수 있어요. 그런데 이런 부분들은 전문적인 영역이기 때문에 건축주가 직접 따져보기는 어려워요. 그런 요소들은 건축가에게 일임하기를 추천합니다.

최이수 경계복원측량의 경우에는 땅을 매입하기 전에 해볼 수도 없고 다소 애매하고 난감하네요. 물론 서울의 웬만한 데서야 큰 차이가 없겠지만요.

전은필 네에, 어떤 한 가지 기준이나 원칙을 갖다 대기 어렵죠. 특수지역이 몇몇 있어요. 종로, 정릉 등. 옛 도심지. 강남 쪽은 상당히 덜하고요. 최근에 개발된 곳이니까.

임태병 또 이 문제는 특히 요즈음에 생길 수밖에 없어요. 왜냐면, 옛날에는 아날로그적인 방법으로 측량을 했으니까요. 물리적으로 움직이는 측량 도구를 이용해서 사람 손으로 직접. 그러니 약간의 오차가 있을 수밖에 없죠. 이렇게 사람 손으로 측량한 결과로 지금의 지적도를 만들었는데, 지금은 GPS를 기준으로 작업하니까 당연히 차이가 발생할 수밖에 없죠.

조남조 그렇습니다. 사람이 움직이면서 측량을 하니까요. 시골의 경우는 몇 미터씩도 차이가 난다고. 오차죠, 오차 범위를 어느 정도는 인정했고요.

전은필 측량을 600분의 1로 하는데요. 우리가 보통 토목은 몇 미터, 건축은 몇 센티미터, 인테리어는 몇 밀리미터 차이가 난다고 얘기해요. 영역에 따라 오차범위가 그렇다는 뜻이죠.

조남호 그렇죠. 그러니까 그 오차 범위를 인정하면, 토목에서 그 정도는 사실 문제 삼을 만한 오차가 아닌 거죠.

용적률과 건폐율

전은필 이외에 산림 지역 같은 경우는 지목 변경도 필요하고 개발행위 허가도 받아야 하고. 절차가 많이 복잡해요. 요사이 땅 광고도 많고, 외곽 지역에 나가면 땅값이 상대적으로 낮으니까 투자 또는 개발 유혹을 하는 이들이 있는데 유의하셔야 합니다.

기획자 지목 변경이 안 되는 경우도 많잖아요?

전은필 그럼요. 일반 '전'을 구매해서 개발행위 허가를 받아서 건물을 올리고 지목 변경을 하면 개발행위에 대한 세금을 내야 해요. 일반 '전'에서 '대지'로 바뀌면서 땅의 단가 자체가 올라가니까요. 그에 대한 개발회수 비용을 추가로 내야 돼요. 예컨대 전이었을 때 평당 2만 원이었는데 대지로 바뀌어 10만 원이 된다면 그에 따른 이익의 30~50%를 세금으로 냅니다. 그래서 파주 같은 곳에 그렇게 장사하는 이들이 많았어요. 공장을 만드는 거예요. '전'에다가 공장 부지나 창고 부지를 만들어가지고 대지로 바꾸어서 그 차액을 받고 매매를 하는 거예요.

기획자 최근에 아는 분이 남양주에 아주 오래된 구옥을 사서 신축을 하려는데 동네 어르신들이 와서 헐지 말고 기다리라면서 하시는 말씀이 녹지제한구역이라서 용적률이 20%밖에 안 되니, 이 규제가 곧 풀릴 것이니 기다리라고 했다는 거예요. 녹지제한구역이라 함은 개발을 제한한다는 뜻일 텐데, 그 방법이 '용적률' 제한인 건가요?

용적률
대지면적에 대한 건축물 연면적의 비율. 즉 건축물의 연면적(건축물의 각 층 바닥면적의 전체 합계)을 대지면적으로 나눈 값. 대지의 종류에 따라 용적률의 법적 제한이 다르다. 사업이나 특수업무지구가 아닌 일반주거지역은 1, 2, 3종으로 나뉘고, 통상 150~250%이다.

건폐율
대지면적에 대한 건축면적의 비율로서, 대지의 종류, 성격에 따라 법적으로 제한된다. 일반주거지역은 종류에 따라 50~60%이다.

전은필 네, 맞습니다. 통상은 용적률이랑 관계가 있어요. 자연녹지 지역이죠? 전체 면적의 20%에 해당하는 면적에만 무엇인가를 지을 수 있는 거예요. 100평이면 20평만 지을 수 있죠. 수도권이라도 집집마다 마당이 굉장히 넓은 곳을 종종 볼 수 있는데, 대체로는 그런 제한구역으로 묶여 있어서 그런 경우가 많죠.

전은필 굉장히 민감한 사안이죠. 용적률과 건폐율에 따라서 땅값이 크게 차이가 나니까 당연히 가장 민감한 사안이에요. 아파트 매매할 때 토지지분을 크게 따지지 않으니까 곧잘 잊는 부분이기도 하고요.

임태병 2종 일반주거지역일 경우에는 건폐율이 60%인데, 많은 분들이 '어? 그렇게밖에 못 짓는단 말인가. 40%나 남았는데!' 하고 아쉬워들 하는데, 현실은 전혀 그렇지 않아요. 주차 자리 잡고 나면 정말 가~득 차요. 조경 면적이 쉽게 나오지 않을 정도로.

최이수 저희 집도 28평인데 주차 빼고 나니 정말 땅에 건물이 꽉 차 있는 느낌이에요.

임태병 그래도 이수 씨 댁은 28평이어서 조경이 법적으로 제외돼요. 그런데 조경 문제는 지역마다 조금 다를 수 있어요. 종로에서는 법규에서는 조경이 제외되는데 자체 심의에서는 나무를 심으라고 권장해요. 조례로 나무를 권장하는 거예요.

김호정 '권장'이라는 말은 안 해도 된다는 뜻인가요?

임태병 처음에 필수로 나왔는데 재심의를 받았죠. 이게 말이 되냐 그랬더니 권장으로 바꿔줬어요. 이의를 제기하면 들어줄 수 있다, 이런 애매한 상태인 거죠.

기획자 법적 조경의 면적은 어떻게 돼요?

임태병 면적에 따라 다른데, 보통 5~10% 사이예요. 그런데 5%라는 선에는 조건이 있어요. 폭이 1m가 되어야 해요. 1m 이상.

기획자 폭에 최소 범위가 있군요. 그 정도는 되어야 뭘 심었을 때 잘 자랄 수 있다는 뜻인가 보네요.

조남호 조경에 관한 법규가 굉장히 경직되어 있고 기계적이긴 합니다. 벽면 녹화 방식도 있고, 좁고 길게 디자인을 할 수도 있는 거죠. 얼마든지 다양하게 조경디자인이 가능한데 면적을 지나치게 기계적으로 정해둔 거죠.

<table>
<tr><th colspan="4">용도지역 구분</th><th>건폐율</th><th>용적률</th></tr>
<tr><td rowspan="16">도시지역</td><td rowspan="6">주거지역</td><td rowspan="2">전용주거지역</td><td>제1종 전용주거지역</td><td rowspan="2">50% 이하</td><td>50% 이상 100% 이하</td></tr>
<tr><td>제2종 전용주거지역</td><td>100% 이상 150% 이하</td></tr>
<tr><td rowspan="3">일반주거지역</td><td>제1종 일반주거지역</td><td rowspan="2">60% 이하</td><td>100% 이상 200% 이하</td></tr>
<tr><td>제2종 일반주거지역</td><td>150% 이상 250% 이하</td></tr>
<tr><td>제3종 일반주거지역</td><td>50% 이하</td><td>200% 이상 300% 이하</td></tr>
<tr><td colspan="2">준주거지역</td><td>70% 이하</td><td>200% 이상 500% 이하</td></tr>
<tr><td rowspan="4">상업지역</td><td colspan="2">중심상업지역</td><td>90% 이하</td><td>400% 이상 1,500% 이하</td></tr>
<tr><td colspan="2">일반상업지역</td><td>80% 이하</td><td>300% 이상 1,300% 이하</td></tr>
<tr><td colspan="2">근린상업지역</td><td>70% 이하</td><td>200% 이상 900% 이하</td></tr>
<tr><td colspan="2">유통상업지역</td><td>80% 이하</td><td>200% 이상 1,100% 이하</td></tr>
<tr><td rowspan="3">공업지역</td><td colspan="2">전용공업지역</td><td rowspan="3">70% 이하</td><td>150% 이상 300% 이하</td></tr>
<tr><td colspan="2">일반공업지역</td><td>200% 이상 350% 이하</td></tr>
<tr><td colspan="2">준공업지역</td><td>200% 이상 400% 이하</td></tr>
<tr><td rowspan="3">녹지지역</td><td colspan="2">보전녹지지역</td><td rowspan="5">20% 이하</td><td>50% 이상 80% 이하</td></tr>
<tr><td colspan="2">생산녹지지역</td><td rowspan="2">50% 이상 100% 이하</td></tr>
<tr><td colspan="2">자연녹지지역</td></tr>
<tr><td rowspan="3">관리지역</td><td colspan="3">보전관리지역</td><td rowspan="2">50% 이상 80% 이하</td></tr>
<tr><td colspan="3">생산관리지역</td></tr>
<tr><td colspan="3">계획관리지역</td><td>40%이하</td><td>50% 이상 100% 이하</td></tr>
<tr><td>농림지역</td><td colspan="3"></td><td rowspan="2">20% 이하</td><td rowspan="2">50% 이상 80% 이하</td></tr>
<tr><td>자연환경보전지역</td><td colspan="3"></td></tr>
</table>

↑ **용도지역에 따른 건폐율의 최대 한도** 보유한 땅에 어느 정도의 규모까지 건축물을 지을 수 있을지 궁금하면 토지이용규제정보시스템(eum.go.kr)을 활용하자.

조경 면적과 기준

김호정 심지어는 식재의 종류가 정해져 있어요. 관목류냐 침엽이냐 등등. 식재 종류에 따른 비율도 정해져 있고요.

임태병 정말 웃프게도, 그 동네의 주무관이 조경에 스페셜리스트다, 이러면 또 조경을 굉장히 디테일하게 심의해요. (일동 웃음) 그래서 전화가 오는 거예요. 이게 잘된 거냐고. (웃음) 제가 중구에서 그런 주무관을 만났던 터라…. (모두 웃음)

전은필 흔히들 준공용 조경이라고 해요. 준공을 받기 위해서는 필수로. 약간의 스킬이 사용되기도 하죠. 준공 받을 때만 살짝 심어놨다가 다시 수거하는 업체도 있어요. 준공할 때만 심어놔야 하니 싼 걸로 심어놓고 금방 다시 와서 가져가도 된다고 하면 업체에서 알아서 그렇게 해줘요. (모두 웃음)

조남호 그래요, 그러니까… 그 나무들은 정말 불쌍해 보여. 새집을 지었는데 그렇게 하대받는 생명이 있다니…. (모두 웃음)

임태병 그런데 자연녹지지역 같은 경우엔 조경 면적에서 제외돼요.

기획자 땅의 20%밖에 못 짓기 때문에?

임태병 맞아요. 그래서 조경은 좀 봐줄게, 하는 느낌.

김호정 아무리 준공용 조경을 한다 해도, 저희 집 정도 규모면 최소한 200만 원 이상이 들어요. 그러니 너무 아까운 거예요. 정말 개선이 시급해요, 조경 부분은. 작은 정원을 꾸미는 방법이 얼마나 다양해요. 나무 종류나 초목류가 굉장히 풍성해요. 그런데 준공검사를 받기 위해서는 너무 뻔한 나무들을 갖다 놓아야 하니 진짜 곤혹스러워요. 침엽수 몇 주, 활엽수 몇 주. 이런 식이에요. 저는 키가 큰 나무보다는 관목과 담쟁이로만 풍성하게 꾸미고 싶었어요. 그런데 안 되더라고요. 화분도 안 돼요. 옮길 수 있으니까. 당황스러운 이유인 거죠. 멋진 화분도 하나의 중요한 인테리어 요소가 될 수 있잖아요.

⇧ 풍년빌라 콘크리트 화분
⇩ 나무가 자란 후

임태병 제가 사는 '풍년빌라'의 경우에는 대지 면적이 작아서 조경이 준공 때 필수는 아니었지만, 나무를 심고 싶어서 측구에 쓰는 콘크리트를 화분으로 이용했어요. 토심을 확보해 나무를 심었지요(왼쪽 사진 참조).

조남호 과거에, 조경에 대한 개념이 거의 없던 시절에 최소한의 조건을 만들어두었던 거죠. 어려운 시기에 그거라도 심으라는, 사실은 최소한의 규정이어야 하는데 이제 와서는 과한 규정이 되어버린 거예요. 하루빨리 시정되어야 하는 대표적인 법규 가운데 하나입니다.

전은필 조경 면적만 정해놓고 건축주가 원하는 대로 심을 수 있어야죠.

최이수 그러게요. 다육이를 엄청 좋아할 수도 있는데··· (모두 웃음) 그 공간을 공익을 위해 쓸 수만 있다면, 조경이 아니라 작은 흙놀이장을 만들 수도 있잖아요. 장난감들을 놓아두고. 동네 아이들을 위해서···.

전은필 더 재밌는 거 알려드릴까요? 12월, 1월에도 나무를 심으래요. 죽는지 사는지는 모르겠고, 일단 심어놔. (모두 웃음)

김호정 저희도 완공이 1월 말경이었어요. 2월 초에 심어야 되니까 얘들이 살 수가 없죠. 근데 준공을 받기 위해서는 죽을 줄 뻔히 알면서 그냥 심는 거예요.

정수진 원래 취지는 선했겠고, 법규가 한번 정해지면 상황에 따라 쉽게 바꿀 수 없다는 것도 이해는 하지만, 단독주택 준공검사의 영역에서 이런 조경 같은 규제는 시급하게 달라져야 하는 부분이지요.

멸실 신고에서 해체 신고로

전은필 땅의 경계를 정확히 확인했다면 이제 멸실 신고와 철거, 해체 신고 과정을 거치게 됩니다. 이 프로세스를 시작하기 전에 당연히 시공사를 결정하게 될 거예요. 시공사를 결정하는 중대 사안에 관해서는 지난번에 이야기를 나누었으니 오늘은 눈에 보이는 과정을 중심으로 얘기를 나누고자 합니다.

대지를 정하고 대지의 성격을 확정하고, 측량 등을 통해 대지의 크기를 정확히 알고 나서 시공사 선정을 하고 나면, (기존에 건물이 있다는 전제하에) 이제 철거에 들어가게 되죠. 전에는 멸실 신고라고 하기도 했는데, 최근에 용어가 정리됐어요. '해체 신고'로.

해체 신고 과정부터는 사실상 건축주가 직접 할 일이 없어요. 거의 모두 시공사가 진행을 해요. 가끔은 건축주가 직접 철거를 해놓기도 해요. 왜냐하면 철거를 해야만 설계할 때 좀 더 명확해지니까요. 아까 말씀하셨듯 대지경계측량도 명확하게 하고 대지의 컨디션이 정확히 눈에 들어오기 때문에, 철거를 먼저 하고 설계를 하는 경우도 있고, 더러는 시공사 선정도 철거 후에 하는 경우가 있긴 하죠.

기획자 그러면 해체 신고의 주체는 시공사예요?

전은필 시공사가 될 수도 있고 건축주가 될 수도 있어요.

임태병 원칙적으로는 건축주라고 해야 맞을 것 같아요. 민원인은 건축주가 맞고, 그 사안을 위탁을 받아서 시공사에서 진행을 한다고 봐야죠.

조남호 그렇죠, 건축주가 주체가 맞는데, 시공사가 미리 선정이 돼서 주도하면 자연스럽게 착공과 연결되면서 조정되니까 일이 훨씬 자연스러워질 가능성이 높죠.

그런데 지금, 이 달라진 단어를 깊이 생각해볼 필요가 있어요.

소위 '멸실' 신고에서 '해체' 신고로 바뀌었다는 것에 대해서요. 그저 별다른 이유 없이 단어를 바꿀 필요가 없었을 거예요. '멸실'이라는 것은 그저 그 공간을 '없앤다'는 뜻이에요. 거주하는 사람과 생명을 다른 곳으로 이동시키고 그곳에 있던 '실'을 '사라지게 한다'는 뜻이죠. 이에 반해 '해체'는 이 공간을, 이 건축물을 '뜯어서 어떻게 한다'는 행위에 그 의미를 두고 있어요. 즉 예전에는 없애기만 하면 됐는데, 이제는 건축물을 해체할 때 벌어지는 상황, 위험 요소들, 배출되는 폐기물 등에 관해 절차와 방법을 중시한다는 의미입니다. 그래서 건축물 철거 과정이 과거와 달리 굉장히 중요하고 엄격한 절차를 거쳐야 해요. 어떤 경우는 예상 외로 긴 시간이 걸리기도 하고요.

임태병 500m² 이상을 비롯해서 몇 가지 기준이 있어요. 그 기준 이상이 되면 해체 '신고'가 아니라 '심의'를 받아야 해요. 말하자면, 신고와 심의, 두 가지 철거 방식이 있다는 거죠.

조남호 성북동의 한 주택은 해체를 완료하는 데 약 두 달 정도를 잡고 있어요.

임태병 심의에 들어가면 그 정도의 시간이 걸려요.

조남호 두 달 정도면 전체 공기에 꽤 영향을 미치게 되니, 설계를 완료하기 전에 미리 시작을 해야죠.

김호정 근데, 건축주 입장에서는 건축을 한다고 생각했을 때 땅 파기부터를 건축 비용의 시작으로 생각해요. 막상 딱 스타트를 하면, 석면 검사부터 시작해서… 내가 생각했던 것보다 훨씬 이전부터 돈을 준비해야 해요. 정말 훨씬 전 단계부터.

임태병 아, 맞아요. 철거 비용을 생각지 못하는 분들이 많아요.

전은필 집을 짓는다는 것은 하나의 사업이거든요. 그럼 총사업비라는 개념으로 접근해야 돼요. 땅 구매 시점부터 들어갈 수 있겠지만, 시차상 땅 매입은 논외로 치더라도, 설계 계약도 총사업비에 당연히 들어가는 거고, 경계측량, 석면 검사, 철거 비용부터 맨 마지막에 취등록세 내는 것까지. 그 비용 전체가 다 정리가 되어야지 총비용을 가늠할 수 있는 거예요. 그런데 대부분 시공비만을 산정해서 평당 500, 600으로 얘기를 해요. 그러니 자꾸 뭔가 잘못되어서 비용이 높아지는 느낌이 든단 말이죠(161~169쪽 참고).

조남호 아니죠. 그걸 다 들어서 알고 있는데 그 말을 피하고 싶어… (모두 웃음) 알지만 더 자세히 알고 싶어 하지 않는다고. (모두 웃음) 저도 자꾸 부수적인 건 좀 덜어내고 생각을 하게 된단 말이죠. 대개 못 들은 척해요. 다 들었을 텐데.

임태병 나머지는 어떻게 해결되겠지 하고요. (웃음) '평당 공사비' 개념이 굉장히 잘못된 부분 중 가장 큰 건, 바로 이거예요. '평당 얼마다' 할 때, 원칙적으로 또 현실적으로, '공사 면적'이 돼야 되거든요. 건물의 연면적이 40평이면 40평으로 셈을 할 것이 아니에요. 연면적에 포함이 안 되는 곳도 모두 공사를 해요. 조경, 주차장, 외부 담 등등을 다 포함하면 공사 면적은 연면적보다 훨씬 커져요.

전은필 허가 면적과 공사 면적이 다르죠.

정수진 그래서 저희는 브리핑할 때 연면적과 공사 면적을 따로 뽑아서 적어드려요.

임태병 근데 그걸, 보고 싶어 하지 않는다는 거…. (모두 웃음)

김호정 저는 처음에 철거는, 그냥 음~~ 하고 있으면 후딱 되는 건 줄 알았어요.

임태병 실제로 예전에는 그렇게 했어요.

김호정 그런데 '지로'가 딱 날아오더라고요.

전은필 맞아요. 밀린 공과금 내는 게 아마 첫 시작일 거예요. 내야 할 돈이 처음부터 여러 건이죠.

김호정 네에, 각종 검사, 정화조 청소, 석면 검사 등등 돈 내는 것부터 시작이 되면서 현타가 딱 와요. (모두 웃음) 작은 단층짜리 주택을 철거하는 데에 그 정도 비용이 들 줄 몰랐어요. 1,500만 원 이상이 나왔어요.

기획자 네에? 그렇게 많이요? 저는 한 300~400만 원이면 될 줄 알았어요.

김호정 저도 처음엔 그랬어요. 몇 백이면 될 줄 알았어요.

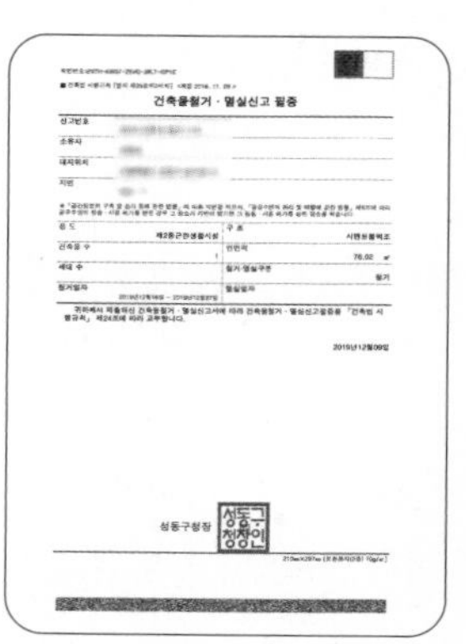

건축물철거 · 멸실신고 필증

신고번호	
소유자	
대지위치	
지번	

용도	제2종근린생활시설	구조	시멘트블럭조
건축물 수	1	연면적	76.02 ㎡
세대 수		철거·멸실구분	철거
철거일자		멸실일자	

귀하께서 제출하신 건축물철거 · 멸실신고서에 따라 건축물철거 · 멸실신고필증을 「건축법 시행규칙」 제24조에 따라 교부합니다.

2019년12월09일

성동구청장 성동구청장인

↑ 건축물 철거·멸실신고 필증

조남호 폐기물 처리 비용 같은 것들이 꽤 많이 늘어난 거예요. 예전에는 그냥 갖다 버렸는데, 그 폐기물 처리 비용이 꽤 많이 들어가니까 이제 해체 비용이 굉장히 높아졌지요.

임태병 재활용해야 하니까. 제가 한 달 전쯤에 누상동에 연면적이 15평인 1층짜리 목조로 지은 오래된 주택을 철거하려고 견적을 세 군데서 받았는데, 1,800에서 2,000 정도 나오더라구요. 지금은 해체 계획서도 제출해야 돼요.

조남호 30년쯤 뒤에는 아마 핀셋으로 철거를 할지도 몰라. (모두 웃음) 이건 이리 보내고, 저건 저리 보내고….

기획자 60평짜리 집을 한 채 철거한다든가, 5층짜리 작은 건물을 하나 철거할 때 폐기물이 얼마나 나올까요? 거의 대부분 쓰레기일 것 아니예요. 그러니, 건물과 집을 지을 때 정말 신중하게 잘 지어야 해요. 아주아주 오랫동안 부수지 않도록. 넘어뜨리지 않도록요. 지구를 살리는 많은 노력들이 있는데, 좋은 건축물을 잘 짓는 것이 정말 중요한 인류의 책임에 해당될 것 같아요.

김호정 철거하면 그 과정에서 생기는 것들을 재활용할 수 있으면 좋을 텐데….

임태병 그래서 비싸지는 거예요. 재활용을 하려면 더 많은 인력이 필요하고, 더 세심한 분류와 집합, 이동이 필요하죠. 그래서 오래 걸리고 비용도 높아지죠.

전은필 최근에 철거했던 파주의 70년대에 지었던 1층짜리 한옥은 서까래도 살아 있고 창틀, 문 등등이 고스란히 잘 남아 있었어요. 그래서 그냥 철거하기가 너무 아까워서 근처 고물상 업체에 가서 돈을 받지 않을 테니 와서 보고 쓸 만한 것들이 있으면 가져가시라고 했는데, 두세 군데에서 와서 보고 그냥 가더라고요.

김호정 혹자는 카페 인테리어 같은 데 쓸모가 있지 않겠냐고 하더라고요. 그런데 그렇지가 않아요. 다 걷어내서 예쁘게 만들어놓으면 그걸 사가는 거지, 철거 현장에 와서 수거해 가는 업자들은 없어요.

전은필 장안동에 소재한 한 모텔을 철거할 때는 정말 그 안에 쓸 만한 물건이 많은 거예요. 변기, 세면대, 침대, 가구 등 다 있는데 와서 보고서 가져가라고 해도 아무도 오지 않아요. 그곳은 심의를 받아야 하는 곳이니, 서류를 한 달 정도 준비하고 심의 절차가 끝나는 데 한 달 정도가 걸려요. 이런 규모의 건물이라면 철거하는 데 약 1억 5천 정도의 비용을 예상해요.

임태병 저도 심의를 받는 대학로의 현장 한 곳은 해체 심의를 받는데 공사 도중에 주무관이 나와서 확인을 해요. 근데 무엇을 보냐면 해체 계획서에 서포터 위치 개수, 기계 위치, 구조체랑 어떻게 부착돼 있는지 이런 걸 보니까. 굉장히 까다로운 거예요. 같이 하는 팀들이 그러니 대충 할 수가 없어요. 당연히 공기가 처음에 예상했던 것보다 몇 배씩 늘어나요. 광주에서 있었던 참사도 그렇고, 안전을 확보하고자 하는 노력이지요.

2022년 1월 11일, HDC 현대산업개발에서 공사 중인 광주 화정아이파크 신축 현장에서 38층부터 23층까지 외벽이 붕괴되면서 노동자 여섯 명이 목숨을 잃는 참사가 발생했다.

전은필 우리가 지금 얘기하는 부분은 주로 단독주택 위주니까, 범위를 좀 한정지어서 얘기해보도록 하죠. 주택의 경우에는 해체 신고할 때 말 그대로 심의가 아니라 신고이기 때문에 5일 정도 소요가 되요. 거기에 전기, 가스, 수도, 차단하고 정화조 청소하고 말씀하신 대로 석면도 검사해서 모든 사안에 문제가 없다면 5일 정도면 끝나요.

첫날 비계 세우고, 둘째 날 장비가 가서 작업하고 그 다음 날 담아 퍼나가고 그 다음에 주변 청소하고. 이 과정이 통상은 5일 정도지요.

이렇게 무사히 철거가 끝나면 경계측량을 해요. 그런데 이 측량은 미리 신청해야 해요. 신청하고 측량을 받는 데 보통 2~3주가 걸려요. 그러니, 시공자를 선정한 시점에 거의 경계측량을 먼저 신청해놓고, 그리고 건물들을 다 철거한 이후에 경계측량 하는 거예요.

그리고 이때가 중요해요. 이때 현장에서 모두 모여 확인하는 게 좋아요. 건축물의 위치를.

기획자 새로 들어설?

규준틀 작업

전은필 그렇죠. 이제 곧 지을 건축물의 위치를, 아무것도 없이 깨끗한 흙바닥에다가 잡아야 해요. 목수들이 와서 도면에 나와 있는 위치에다가 건물을 딱 앉혀놔요. 일단 도심이라든지 구심에서는 워낙 타이트하니까 별 문제가 없지만, 자연녹지라든가 건폐율이 20%밖에 안 된다든지 그런 상황이라면 건물이 어디에 어떻게 놓이는지 세심하게 살펴야 할 필요가 있죠. 일반적으로 건축주분들은 도면으로 봐서는 위치가 정확히 어떻게 되는지 파악이 어려울 수 있어요. 높이라든지 위치라든지, 나는 남향이 좋은데 조금만 더 돌렸으면 좋겠어, 라고 판

단을 좀 바꿀 수도 있고….

임태병 아아니, 깜짝 놀랐어요!

조남호 뭐라는 거야… (모두 웃음)

전은필 에이, 저도 설계를 했던 사람이라…. “설계 변경을 하지 않는 범위 내에서” 수정을 해볼 수 있다고…. (모두 웃음) 약 1미터 내에서 움직일 수 있다는 거죠. 그 정도는 설계 변경을 안 합니다.

기획자 착공 신고를 해체 신고하기 전에 미리 다 해놓는 것인가요?

전은필 아니, 아니에요. 해체 신고하고 나서, 해체 신고 완료가 되면 그때 착공 신고가 들어가는 거예요. 동시에 들어가지는 않아요. 그렇기 때문에 미팅을 해서 상의할 수 있는 여지가 있는 거죠. 사실은 중요해요, 특히 연세 드신 분들은 더 중요하게 느끼시더라고요. 문의 방향이나 뒤에 산이 어떻고 앞에 어떻게 보여지느냐에 따라서. 저희가 2년 전에 퇴촌에 집을 짓는데, 자연녹지지역이고 건폐율이 20%밖에 안 되고 강을 바라보는 위치라서 살짝 돌려주기도 하고 조금 당기기도 하고 뒤로 밀어내기도 하고 그렇게 좀 조정을 했었어요. 민감하고 중요한 부분인 것 같아요. 이 시점에 다 같이 땅을 보고 의견을 나누고 조정하는 순간이.

↑ 국내 측량의 예
↓ 경계선을 확실하게 표시하는 일본의 예

김호정 그런데, 이 측량에 대해 제가 할 말이 있어요. 경계측량은 시간도 오래 걸려요. 2~3주 정도 기다려야 하고. 그렇게 조사를 마치면 아주 정확하게 경계점을 찍어줄 거라고 기대들 하잖아요. 그런데 현실은 그렇지 않아요. 경계측량을 뭐랄까, 대강 하는 느낌이랄까요. 사진 자료 보시면 아시겠지만, 저 자리를 공무원이 손으로 가리켜줘요. ‘여기, 여기, 이쯤요’ 하고 말이죠.

전은필 네에, 그러면 래커칠도 우리가 합니다.

기획자 왜 정확하게 안 해주는 거죠? 책임 소재에 대한 부담 때문일까요? 관공서 특유의 불친절함일까요?

전은필 잘 모르겠어요, 라고 말은 하지만 사실은 두루두루 다 연관이 있는 것이겠지요. 특히 책임 소재에 엮일 가능성 때문이 아닐까 짐작하고요. 앞서 염곡동 땅의 예를 들기도 했지만, 모두 설계 이전에 이루어져야 하는 내용입니다. 다시 말하지만, 경계측량 이전에 지내력 조사, 지반검사가 완료되어야 하고요.

정수진 원칙적으로는 지반조사를 다 해서 그 결과를 설계사무실에 제시해주셔야 해요. 지내력을 알아야 그걸 바탕으로 설계를 시작하니까. 그런데 건물이 세워져 있다면 정확히 조사가 어려우니 해체 이후로 과정을 좀 미루는 것이지요.

김호정 건축주들은 대개 기존 건물을 헐고 나면 바로 착공을 시작할 수 있을 거라고 생각해요. 그렇지만 그 이전에 준비할 과정들이 제법 많고 그 과정마다 모두 돈이 들어가요. 그리고 다시 한번 강조하지만, 등기부등본을 제아무리 열심히 들여다본다고 해도 나와 있지 않아요.

전은필 맞습니다. 땅의 경계도 그렇고, 땅의 특성 또한 어디에도 씌어 있지 않습니다. 특히 지방의 오랫동안 소유자 바뀌지 않은 땅들, 지목이 오래 변경되지 않은 땅들은 유념해야 할 점들이 많아요.

조남호 미리 예측하기는 하지만, 현황 측량이든 현장을 보면 건물이 있는 상태에서도 대부분 상상할 수 있어요. 그럼에도 철거 이후에 현장에 가면 아주 작게라도 레벨을 조금 높이는 게 더 낫다든지 이런 판단을 조정할 수 있어요. 크게 방향을 확 돌리거나 건물을 뚝 자르거나 하는 상황은 벌어지지 않죠. 굉장히 미세하게 조정을 하는 것 같아요. 약 20cm? 그 정도 레벨을 올리자든지 아주 조금 방향을 튼다든지 하는 정도로.

임태병 설계 변경을 하지 않아도 되는 범위가 있어요. 흔히 '일괄 처리'라고 해요. 사용승인 일괄 처리 범위가 있어요. 높이는 얼마 이상 늘어나거나 줄어들지 않고, 위치는 얼마 이상 안 움직이고, 면적은 얼마나 증감하는지 허용 범위가 있어요.

조남호 가끔 뭐, 꼭 필요하지 않아도, 현장에 가서 '딱 10cm만 높이고 싶다' 이렇게 말해요. 그러면… 음… 굉장히 카리스마가… (모두 웃음) 아무튼 그런 기회가 한번 있는 거죠.

기획자 그러면 건축가가 해체 완료하고 반드시 현장에 가시는 거죠?

조남호 규준틀을 꽂아놓고 줄 띄워놓고, 건물이 어디고, 위치가 어디다, 이걸 딱 잡는 거예요. 이 순간이 건물이 앉혀지는 위치를 마지막으로 확인하는 시간이니까. 그때는 대부분 직접 가서 보지요.

전은필 그게 규준틀이에요. 건물의 위치를 앉히는 작업이지요. 이때는 건축주, 건축가, 시공사가 모두 가서 확인해요.

김호정 이 순간이 되게 설레요. 아, 이제 진짜 시작이구나 싶고 울컥하기도 하고요.

전은필 네, 그런데 설레기도 하면서 슬퍼하기도 하죠. 왜냐면 일단 땅을 다 정리해 놓고 건물이 들어갈 자리를 빈 땅에 잡아두면, 백이면 백 모두 하는 말이, "너무 작아요"라는 말이에요.

기획자 맞아요. 저도 그때 현장에 몇 번 가봤는데 정말 작더라고요. 한 건축주는 눈물을 짓기도 했어요. 평생에 한 번 짓는 집인데 돈이 부족해서 이렇게밖에 못 짓는다니 너무 속이 상하다면서… .

전은필 그런데 골조가 들어서고 마감이 붙으면서 집이 점점 더 커져요.

김호정 네에, 맞아요. 저도 처음에 '이렇게 작은가' 하고 놀랐다가 서서히 '아, 집이 되어가는구나' 하고 생각했었어요.

최이수 저는 다행히 몇 년 살던 집을 새로 짓는 것이니, 그렇게 낯설지는 않을 것 같아요. 들여놓을 가구와 자리도 다 정해 두었고… .

전은필 아닐걸요. 그래도 처음엔 '헉' 하는 느낌이 있을 거예요.

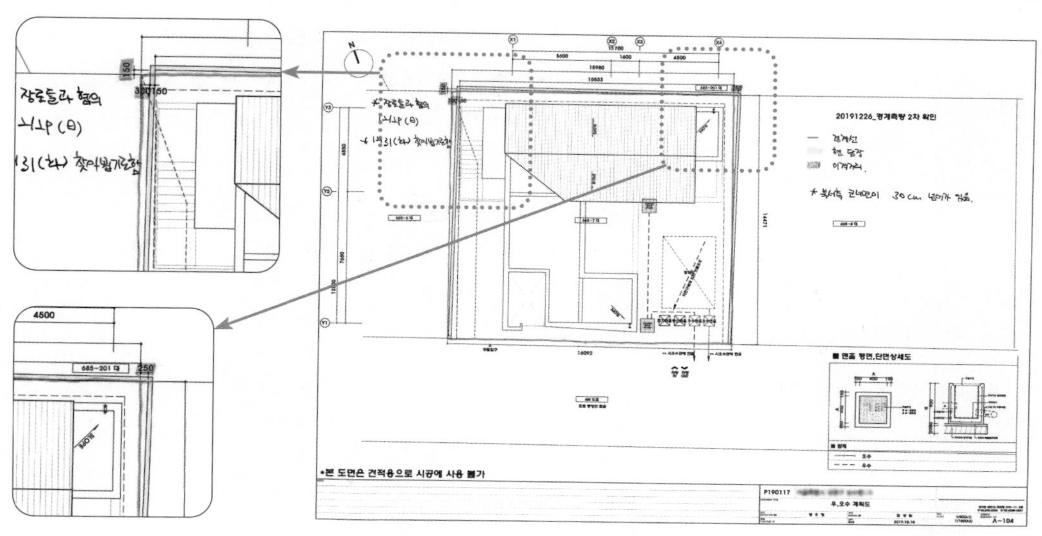

경계측량을 한 후 설계자와 시공자는 면밀하게 협의해 설계도서를 변경하고 뒤따를 수 있는 문제에 대해 상의한다.

최이수 설계할 때 침실이 되게 작았는데, 여기 퀸사이즈 침대가 어떻게 들어가지 약간 걱정 반 신기함 반…. 그런데 어쨌든 도면상으로는 충분하니까, 될거야, 되겠지, 하는 믿음이…. (웃음)

김호정 문이 열리고 닫히는지, 꺾이는 모서리 등등 치수는 맞는데 막상 넣을 때 '어라?' 싶은 상황이 생길 수 있어요. 이수 씨 댁이 연면적 40평 정도 되지 않아요?

최이수 40평이 안 돼요. 세 개 층 합쳐서 36평.

전은필 일반적으로 아파트처럼 단층 주택의 경우 부부가 사는 집이 36평이면 굉장히 넓을 거라 생각하기 쉬운데, 그런데 수직 동선과 수평 동선은 굉장히 많이 달라요. 수직 동선은 계단실만 해도 최소 3평 가까이 사라지는 셈이거든요. 그러니 세 개 층이면 계단실이 9평을 차지하는 거예요.

기획자 아아, 9평이면 집 한채네요. 일본의 유명한 '9평집'도 있는데….

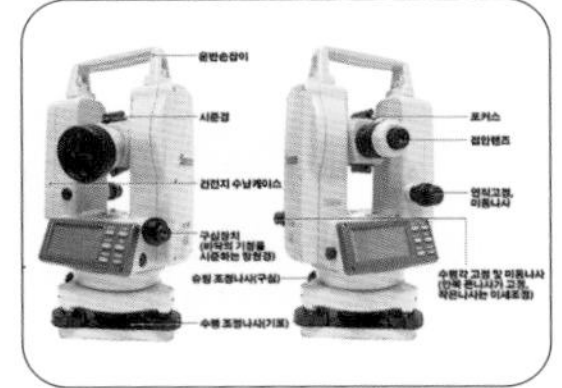

⬆ 수직분원도측량용 트랜싯과 테오도라이트를 사용하여 측량하는 모습.

임태병 그렇죠. 규준틀을 볼 때는 건축주 입장에서는 우리 집이 이 상태로 이렇게 앉혀지는구나를 예측할 수 있어 중요한 단계이고, 건축가들에게도 중요하죠. 법적으로 띄워야 하는 이격거리나 확보할 간격을 마지막으로 체크할 수 있는 단계죠. 주차장 폭, 도로와 만날 때 민법상 50cm를 띄워야 하고, 이런 것들을 최종 확인하는 거예요. 이 순간을 넘어가 버리면 그 다음에 수정하려면 굉장히 큰일이 벌어지는 거니까.

기획자 그 단계를 넘어가면 수정이 안 되는 거군요. 근데 규준틀은 그냥 틀이잖아요. 앞서 말씀하신 '거리'는 벽과의 거리고요. 그럼 벽의 두께 등을 감안해서…?

임태병 시공사한테 부탁해서 마감선과의 거리를 체크해달라고 얘기하죠.

조남호 그렇죠, 워킹 포인트가 있어서 거기서 얼마 띄워서 이러저러하게 확정을 하는데 실수하는 경우도 있죠. 시공사가 실수를 해서 대지 경계선을 넘어서 짓는 경우가 없지 않아요.

기획자 네에? 그럼 어떻게 해요?

임태병 부셔요.

기획자 네에? 진짜요?

임태병 그건 답이 없어요. 부수고 다시 지어야죠.

전은필 네, 제가 아는 어떤 사회주택은 결국 그 문제로 준공이 안 났어요. 건축 한계선이 있어서 도로로부터 건축물을 1m 띄게끔 돼 있잖아요. 그런데 약 40cm가 도로에 침범이 되었어요. 그래서 지금 준공도 못 내고 지금 시공사하고 법적 소송 들어가고, 감리자도 소송에 들어가고, 이걸 잘라내니 마니 하고 있어요.

조남호 이건 도리가 없어요. 잘라내는 수밖에 없어요.

김호정 그게 가능해요? 건물을 지어놓고 잘라낸다는 게… 그 땅을 살 수는 없어요?

전은필 도로예요. 도로라서 해결이 안 돼.

임태병 돈이 드는 거죠. 돈이 들어요, 아주 많이.

기획자 아, 이런 사례도 있으니, 규준틀을 매고 모두 다 같이 긴장하고 살펴보고 확인하는 과정이 굉장히 중요하다는 전 대표님 말씀을 정확히 이해하게 되었어요.

최이수 규준틀을 매고 고사 지내기도 하나요? 제가 어떤 방송에서 줄을 매놓은 상태에서 제사 지내는 사람을 봤거든요. 제가 특정한 종교를 갖고 있지는 않은데, 아내가 해보고 싶어 하더라고요.

임태병 고사 지내는 시점이야 뭐, 각기 다를 수 있는데요, 보통은 상량식 때 많이들 하시는데….

전은필 기독교인과 불교인, 천주교인, 각각 종교에 따라 방식이 다른데, 저희는 종교를 떠나서 일단은 땅에도 신이 있다고 생각하고 막걸리 한두 병 사다가 땅에 뿌리고 묵념한 다음에 땅에 손을 대요. 첫 삽을 뜰 때는 직접 땅을 파내고 건드리는 시공사가 보통 간략하게 기원을 올리는 셈이고요. 정식으로 '안전기원제', 보통 '고사'라고 하는 것은 건축주들이 상량식 때 많이들 해요. 옛날에야 '유세 차~' 하면서 목수들이 대들보에 현판 써가지고 올라가서, 과거에 결혼하기 전에 함 장사하듯이, 장난거리도 하면서 시끌벅적하게 축제처럼 하기도 했는데. 그렇게 하는 고사는 최근 15년 사이에는 본 적이 없는 것 같아요. 요사이는 간단하게 시공하시는 분들에게 고생하셨으니까 식사나 함께하세요, 하고 봉투를 건네는 경우가 흔해요.

김호정 저는 성당에 다니니까, 다 철거하고 나서 남편이랑 겨울에 새벽 미사 끝나고 둘이 성수 들고 가서 뿌리면서 기도를 했어요. 그런데 갑자기 저쪽에서 '누구세요' 하고 껌껌한 데서 사람이 툭 튀어나오는 거예요. 진짜 깜짝 놀랐는데, 알고 보니 현장소장님이었어요. 그래서 내 땅에 내 집을 짓기 시작할 때 기도하러 왔는데 그 땅을 소중하게 돌보는 사람이 있구나 싶어서, 안도가 되고 고맙고. 그랬지요.

전은필 사실은 고사나 제사의 중요한 의미는, 기도와 묵념도 의미가 있겠으나 그보다는 주변에 인사를 하는 절차를 거치는 데 있다고 봐요. 공사하기 전에 주변분들한테 상량식을 했다, 이제 본격적으로 시작을 하니 조금 불편하거나 소음이 있어도 널리 양해를 부탁한다는 의미지요. 저희도 보통 공사하기 전에 건축주, 현장소장님하고 함께 주변 리스트를 뽑죠. 우리 집에서 반경 몇 미터까지, 이런 식으로.

최이수 아, 저도 그 '인사'에 대해 궁금했어요. 주변에 빌라가 많아서….

전은필 빌라 밀집 지역이 가장 힘들어요. 민원도 많고.

김호정 저희는 주변이 모두 상가들이니까, 저도 현장소장님과 같이 다니면서 저희 집 가로 라인 상가들에는 모두 들러서 인사했어요. 과일 한 상자 들고 다니면서. 미안하더라고요. 아무래도 영업에 방해가 되니까.

전은필 차라리 가게들이 나아요. 이웃이기도 하고 서로 손님이 되기도 하니까.

기획자 이때 약간 의견이 분분해요. 건축주가 인사를 하는 게 좋다, 아니다, 나서지 않는 것이 좋다.

김호정 아니야, 인사할 때는 같이 갈 수 있는 상황이면 가급적 같이 가는 게 맞는 것 같아요. 다만 혼자 가지 말고 반드시 현장소장과 동행해서 인사를 하면서, "앞으로 어떤 불편이나 문제가 생기면 이분이 도와주실 거다, 불편하신 점은 이분께 연락을 해달라"고 얘기하는 거죠. 그래서 현장 불편 신고란에 현장소장님 휴대폰 번호를 써두었어요.

임태병 제 생각도 같습니다. 인사는 건축주가, 민원은 현장소장이.

기획자 아이고, 우리 다음에 현장소장님 한 분 섭외해서 특별 강의 한 번 들어봐야 할까 봐요. 맘고생이 심하실 것 같아요.

전은필 그럼요, 그럼요. 현장소장은 기술직이 아니에요, 서비스직!

최이수 그러게요, 감정노동의 강도가 때에 따라 상당히 심하실 것 같아요.

전은필 건축주가 보통 '친절한 시공사'를 가장 원한다고 하셨잖아요. 서비스업이에요. 자, 여기까지. 착공 신고하는 데는 특별히 건축주가 겪는 어려움은 없어요. 서류는 다 시공사가 만들어서 접수하고 기다렸다가 처리가 되었다는 연락을 받으면 땅을 파기 시작하죠.

규준틀은 그 전에 매더라도 착공 신고가 떨어진 이후부터 땅을 팔 수가 있는 거예요.

기획자 그 다음은요?

흙막이 단계

전은필 이제 흙막이 단계. 흙막이는 땅과 세우는 건축물의 성격에 따라서 방식이 여러 가지예요. 지하가 있느냐 없느냐, 세우는 건축물의 규모가 크냐 작냐, 주변이 어느 정도나 오래된 밀집지냐에 따라서….

기획자 흙막이가 정확히 무엇을 하는 단계지요?

전은필 그냥 땅을 파면 이 흙이 함몰이 되겠지요? 그래서 함몰되지 말라고 끝에다가 토류판 막을 설치하는 거예요. 흙이 두부 자르듯이 딱 파내지는 게 아니니까요. 주변에 건물이 없으면 '안식각'라고 해서 파도 넘어지지 않는 각도로 쌓은 다음에 되메우기를 하면 되는데 도심지에서는 건물이 옆에 붙어 있으니 이렇게 못하잖아요. 그러니까 이제 흙막이를 해서 넘어가지 않도록 미리 공사를 하고 그 다음에 지하를 파기 시작하는 거죠. 문제는, 비용이 엄청 많이 나와요. 그리고, 종로 같은 경우엔 지하로 내려가면 무조건 규모와 상관없이 무조건 CIP를 하라고 그래요.

천공 작업

김호정 저희집도 CIP를 했어요.

임태병 성수동 댁의 지하층 규모라면 그럴 수 있을 것 같아요.

김호정 그 작업을 옆에서 잠깐 보면, 진짜 튼튼하구나 끄떡없겠구나 싶어요. 그런데 비용이 워낙 높으니 그 순간에 고민이 되죠. 지하를 하지 말까….

파일 천공 1

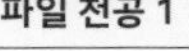

전은필 CIP는 땅에 일종의 임플란트 시술을 하는 것과 같아요. 땅을 파서 건축물을 세우면 옆집이 영향을 받을 수도 있어요. 그래서 구멍을 뚫어 H빔과 나사형 형태의 철류 등을 공법과 과정에 따라 일정 간격으로 박고 거기에 콘크리트를 쏟아부어 강도를 튼튼하게 만드는 거예요.

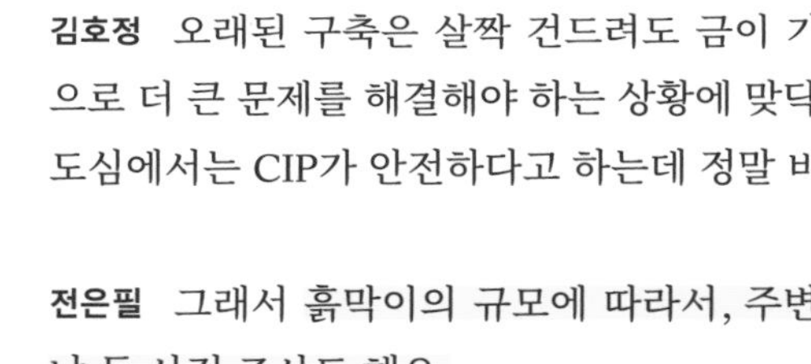

김호정 오래된 구축은 살짝 건드려도 금이 가잖아요. 그러면 실질적으로 더 큰 문제를 해결해야 하는 상황에 맞닥뜨릴 수도 있고, 그래서 도심에서는 CIP가 안전하다고 하는데 정말 비용이 많이 들어요.

파일 천공 2

전은필 그래서 흙막이의 규모에 따라서, 주변에 노후된 건물이 있느냐 등 사전 조사도 해요.

우리 땅 파기 전에 '여기까지 크랙이 있네', 이런 식으로 사진을 찍어둡니다.

바닥 천공

기획자 아하, 우리 공사 때문에 생긴 게 아니라는 근거를 마련하는 차원에서요?

최이수 제가 알아봤는데, 집 지으신 분들 다 미리 사진 찍어 놓더라고요. 그런 민원이 많대요, 금 갔다고. 그때 미리 찍어둔 사진을 보여주면 서로 불필요한 논쟁이 줄 수 있으니까….

정수진 감리도 다 찍어요, 사방으로.

전은필 사진 조사만 전문으로 하는 업체도 있어요. 몇백만 원 정도 드는데, 주변에 있는 집들 다 돌면서 찍어요.

토류판 설치

토류판 자재 반입 및 H-빔 근입

바닥 정리

↖↑ 흙막이(터파기) 작업

최이수 저도 이번에 이사하면서 다 찍었어요.

전은필 도심에서는 주변에 영향을 미치는 문제가 상당히 중요한데, 반면에 교외 지역에서는 그런 어려움은 없죠. 이런 과정을 거쳐 땅을 파기 시작하면, 계측기, 수익계 등 확인해야 할 일들이 많죠. 수위라든가… .

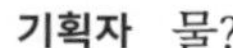

기획자 물?

전은필 네, 물이 어디서 차오르기 시작하느냐에 따라서 상황을 다르게 판단해야죠. 낮으면 낮을수록 좋아요. 그 수위가 얼마나 무섭냐면, 여의도에 있는 빌딩을 띄울 수 있을 정도예요. 배처럼, 저희가 건물을 배라고 표현해요, 수위가 높으면 배가 물에 뜨듯이 건물이 뜰 수 있으니까 앵커, 즉 닻을 내려요. 땅속에다가 몇십, 몇백 m를 뚫어서 닻을 박죠.

기획자 단독주택에서 그럴 일은 없겠죠?

전은필 네에, 주택 규모에서는 없죠. 다만 물이 이렇게 큰 영향을 미칠 수 있다는 걸 알려드리는 거죠. 그리고 동결심도. 지하가 없을 때 동결심도가… .

김호정 동결심도가 뭐예요?

전은필 땅에서 얼지 않는 깊이. 지역마다 좀 달라요, 기준이. 중부 1지역, 중부 2지역, 남부 지역, 제주 지역 등으로 나누긴 하는데, 중부 1지역의 동결심도는 90cm로 알고 있어요. 지표면에서 90cm.

정수진 그걸 없앤다고 하더라고요.

전은필 진짜요? 저도 없앴으면 좋겠는 게, 왜냐하면 제가 정말 추울 때 직접 한번 땅을 파봤거든요. 50cm 파는 데 대략 네 시간 걸렸어요.

임태병 진짜로 그렇긴 하더라고요

김호정 같은 지역이라면 땅의 상황이 거의 비슷할 거 아니에요. 그럼 그 지역 관할청에서 딱 정해서….

임태병 그렇죠, 추측을 하는데… 사실 지질 조사를 해보면, 지질 조사는 땅을 다 팔 수 없으니까 보통은 두 군데나 세 군데 파서 밑의 지형을 파악해요. 그런데 한쪽을 보고 암이 없다고 판단하고 팠는데, 근데 막상 파면 암이 나오는 경우가 있어요. 지질을 정확히 판단한다는 것이 간단한 일은 아니죠.

전은필 그래서 아무튼 수위라든지 동결심도, 그런 것들을 터파기하면서 확인하면 좋고. 그 다음엔 지내력. 저는 사실 이 땅의 특성, 요소들 가운데 지내력이 제일 중요하다고 봐요. 건물을 견딜 수 있는 땅인지 판단하는 요소죠.

기획자 싱크홀 같은 문제를 일으킬 수 있는 사안이죠?

전은필 사실 2~3층짜리 단독주택은 크게 문제는 없어요. 모래 또는 점토 같은 경우가 지내력 수치 100이 나오는데, 웬만하면 다 설계 허용 수치가 돼요. 근데 간혹 뻘 같은 땅이 있어요. 제가 아는 분의 경험인데, 바닷가 근처에 집을 지었는데 1년 뒤에 집이 기울어졌어요. 바닷가를 개척한 땅이라서. 아무튼 땅 팠을 때 가서 땅 상태가 어떤지 살피는 건 필요해요. 근데 평판 지하 실험은 지금 거의 다 할 거예요. 그 값이 얼마큼 나오는지. 설계지내력 같은 경우는 거의 한 10톤 정도. 10톤이라는 뜻은 1m×1m에 10톤 정도를 받칠 수 있다는 얘기거든요. 근데 실질적으로 주거에서 필요한 건 한 3~4톤이면 충분해요. 그러니까 눈으로 봐서 질퍽한 땅만 아니면 웬만한 주택은 다 지을 수 있다고 봐요. 이외에도 실제 공사를 하다보면 매 순간 전문적인 지식이 많이 필요해요.

예컨대, 저희가 지금 위례에 작업하는 집의 경우에는 단톡방이 있어요. 건축주가 같이 참여하는 단톡방이 있고 실무진만 하는 단톡방이 있는데, 기초 치고 이제 지하층 옹벽을 하고 있거든요. 근데 지금 엄청 많은 얘기들이 오가고 있어요.

기획자 왜요? 문제가 있어서요?

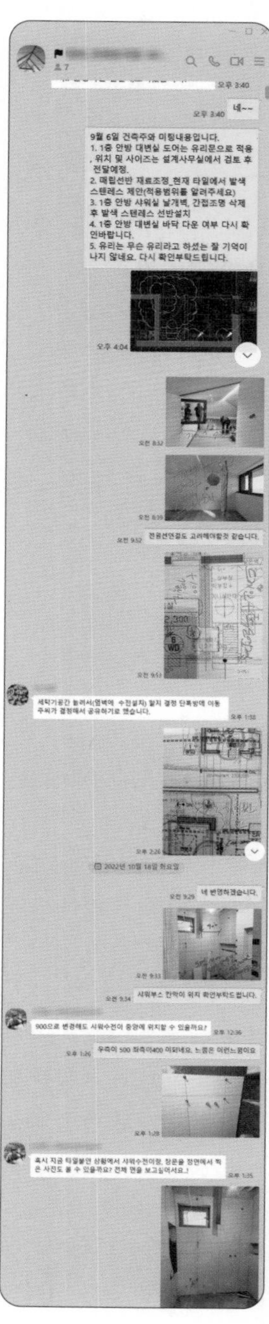

↓ 여러 전문가들이 정보를 주고받는 단톡방의 모습.

전은필 아니요, 특별한 문제가 있어서가 아니고 고급 주택도 아닌데, 기술력을 갖고 있다고 자부하는 엔지니어들이 참여하는 작업이 되었어요. 그래서 서로들 자유롭게 의견을 내는 거죠.

최이수 (자료 보며) 와우, 이렇게까지 어마어마한 분량의 이야기들이 오가는군요. 처음 봐요. 그런데… 무슨 소린지 하나도 모르겠네요. (모두 웃음)

임태병 단톡방을 개설하는 순간, 헬게이트가…. (모두 웃음)

전은필 다들 작업에 욕심이 있어서 그래요. 일반적으로 설계자가 시공자한테 어떤 기술을 요청하면 비용이 높아지고 그러니 잘 안 받아들여지는데, 여기 설계하신 분은 저하고 계속 친분이 있던 터라 서로 얘기가 통해요. 난 이거 하면 좋을 것 같은데, 그래 난 이게 더 좋을 것 같아, 이런 식으로. 어쩌다 보니 토론의 장이 만들어져가지고…. 저희 직원들도 다 여기에 들어와서 공부 삼아 보고 있어요.

임태병 저희도 지금 대학로에 공사 중인 현장 한 곳이 이런 분위기에요. 장난이 아니에요. 수십, 수백 개도 금방이죠, 메시지들이.

전은필 비전문가가 보면 무슨 얘기를 하는 건지 모를 수 있어요. 백조가 우아하게 바깥에서 고개를 추켜세울 때 시공 실무자들은 엄청나게 허우적거린다는 걸 조금 알면 좋을 것 같아요.

김호정 백조가 건축주인가요? (모두 웃음) 그럴리가요…. 그 돈을 어찌어찌 때에 맞춰 구하느라 허우적대는 걸로 치면…. (모두 웃음)

전은필 (웃음) 이렇게 땅을 파면, 이때부터는 이제 쭉 올라가면 돼요. 여기서부턴 오히려 고민과 걱정이 줄어드는 것 같아요. 기초공사를 시작하면서, 이제 2차로 우리 모두 모이는 때가 한 번 더 있죠. 건축주, 시공사, 가급적이면 건축가까지. 이때는 뭘 얘기하느냐면, 시공사마다 조금씩 다를 수 있겠지만, 저희 같은 경우는 외부 재료에 대해서 얘기해요. 외부 재료의 컬러, 지붕 재료의 컬러, 창문 바의 컬러 등등.

기획자 외부 재료를 기초공사할 때 얘기를 하는군요.

전은필 왜냐면, 골조가 끝나고 창문을 발주하면 시간이 늦어지기 때문에 이때 결정을 하고 창문을 먼저 생산을 시켜요. 조립하는 시간은 한 2주밖에 안 걸리니까. 창문 틀을 생산하는 데 또 한 2~ 3주 걸리고. 그러니까 이때 결정을 해야죠.

기초공사와 동시에, 주요 재료의 최종 선택과 발주

임태병 설계할 때 기본적인 방향은 정해놔요. 스펙도 정해놓는 경우도 있죠. 그래서 지금 이 단계에서는 최종 선택이 되는 거죠.

기획자 제품 생산을 발주하고 생산이 되어버리면 끝나는 거니까?

임태병 그렇죠.

전은필 그래도 바꾸는 사람들이 많아요. (모두 웃음)

기획자 아니, 어떻게? 생산된 제품인데?

전은필 비용을 더 들여서라도 바꾸는 거죠.

최이수 저희는 이미 다 정했어요. 소장님께서 이미지 다 보여주셔서.

기획자 힘들 것 같아요. 시공된 상태를 본 적이 없는 재료들일 테고, 종류와 가지 수도 어마어마하게 많을 테고, 선택할 게 너무 많아서 스트레스가 쌓일 것 같아요.

김호정 일이라고 생각하면 어려워요, 정답이 정해져 있다고 생각하면 내가 실수할까 봐 걱정되고 그렇죠. 그런데 어차피 내가 선택한 내 집이다, 내 마음대로 하는 거다, 내 집을 내가 생각한 대로 한번 해보자 하고 마음먹으면 그렇게 행복한 시간은 또 만나기 어렵죠.

최이수 아, 그런데요… 사실, 고를 게 그렇게 많지 않아요. (모두 웃음) 비용을 생각하고 여러 조건을 감안하면, 결정할 수 있는 선택의 폭이 그렇게까지 넓지 못해요. 그저, 색깔이 좀 진한 것 같은데 연한 거 없을까요. 고작 이게 다인 걸요. 이거 얼마나 비싸요? 좀 더 싼 건 없어요? 이런 정도의 대화?

아, 섬세하게 추가하는 질문이라면, 음… 관리에 관한 것. 타일이 10년 후에 어떻게 될까요? 잘 깨질까요? 습기를 많이 먹을까요? 변색이 될까요? 이런 정도의 질문이죠. 색상이 강하거나 특이하면 똑같은 걸로 교체하기에 용이할까요, 정도가 굉장히 준비를 많이 한 질문일 거예요. (모두 웃음)

임태병 외부 재료를 정하는 건데, 이런 것은 나중에 좀 바뀔 수도 있어요. 타일이 나무가 될 수도 있고. 그런데 미관 심의나 경관 심의를 받는 지역에서는 이것도 문제가 돼요. 심의를 다시 받아야 해서.

전은필 미관 심의 지역에서는 외장재 컬러 등이 미리 정해져 있어요. 컬러 톤의 범위, 지붕 재료의 컬러 톤까지.

기획자 심의를 받아야 하는 곳은 아주 드물죠?

전은필 많다고 할 수는 없지만 그렇다고 극히 일부는 아니에요. 규제를 하는 곳이 제법 많아요. 규제까지는 아니지만 '권장'하는 곳은 더 많고요.

임태병 종로의 경우도 정해져 있고, 지역 지구별로 미관지구가 따로 있어요.

기획자 미관, 경관 심의 등은 서울의 종로를 비롯해 사대문 내, 또는 경주나 부여처럼 유적지나 유물이 빈번히 출토되는 곳만 해당하는 것 아닌가요?

임태병 아니에요. 그렇게 극히 일부는 아니에요. 제법 많아요. 그리고 그 단위도 반드시 '구'를 따르지 않아요. 같은 구라도 심의 세부 내용이 다를 수 있어요. 한강 조망과 관련해서 강변 쪽으로 경관 심의가 있는 동네가 있기도 하고요. 그래서 주소지에 따라 관할 구청에 확인을 하는 게 제일 좋죠.

전은필 택지개발지구의 경우는 비교적 명확한 데 반해 도심 밀집지는 까다롭고 복잡합니다.

정수진 그런데 최근 신규 택지 개발된 곳은 또 달라요.

김호정 저희 동네도 있어요. 붉은 벽돌 지구를 제가 신청해서 선택하면 비용 가운데 4천만 원을 지원해줘요.

기획자 어머? 좋은데요!

김호정 좋은 기회였으나 저희는 신청을 안 했어요. 알고 있었지만.

기획자 왜요? 어차피 붉은 벽돌을 선택하셨잖아요?

김호정 아… 그게요, 무척 아쉽긴 하지만 디자인 때문에 신청을 안 했어요. 아무래도 지원을 받게 되면 디자인 가이드가 하나 더 추가되기 때문이에요. 이미 설계와 디자인이 끝난 상태에서 변경하기는 쉬운 일이 아닐 것 같아서요.

임태병 그리고 보조금 지원액이 정해져 있기 때문에, 지원을 받고자 한다면 가급적 연초에 신청을 해야 해요. 연말로 갈수록 예산이 이미 없어져버리는 경우가 많죠.

기획자 아하, 정말 현실적이고 중요한 팁입니다! 붉은 벽돌이 많이 보여야 하니, 이미 설계가 끝났는데 창문을 줄이라고 하다니….

최이수 아니, 그 정도면 주기 싫은 거 아닐까요…?

조남호 의심이 많아서 그래요. 의심하기 시작하면, 지원금을 다 받아 놓고 유리로 외장을 하지 않을까, 유리로 다 두르고 요만큼만 벽돌로 하는 것은 아닐까, 그런 상상을 하고 규정을 만드는 거예요.

임태병 그래서 한쪽 벽면에 몇 퍼센트 이상, 이런 기준이 있죠.

김호정 저는 지원받지 않길 잘했다 싶어요.

정수진 저희 사무실이 있는 동네도 담장을 헐면 지원금을 주지만, 대신 다른 무언가를 요구하더군요.

최이수 저희 집 바로 옆 빌라도 회차로로 쓸 수 있도록 하고 지원을 받았는데, 사람들이 그렇게들 차에서 내려서 화분을 집어간다는 거예요. (모두 놀람)

임태병 화분 훔쳐 가는 건 제법 흔한 일이에요. (모두 탄식)

김호정 그래서 지자체의 지원 같은 걸 알게 되면 '아, 새로운 정보다, 혜택이다' 하고 바로 신청하지 마시고, 주변을 통해 잘 알아보시고 결정하시라 권하고 싶어요.

골조(기초)공사 과정

전은필 다시 시공 얘기로 돌아와서요. (모두 웃음) 이 과정에서도 시공자와 감리자가 함께 확인할 내용이 많아요. 철근 배근이 제대로 되어 있는지, 간격이 제대로 되어 있는지, 피복 두께라든지. 피복 두께가 얇으면 나중에 노후되면 콘크리트에 크랙이 가면서 철근이 노출되잖아요. 녹이 생기면 구조에 문제가 생길 수도 있으니까.

기획자 밑에 비닐을 까는 경우는 어떤 상황인 거예요?

전은필 습기가 올라오지 말라고 방습용으로 비닐을 친다고 알고 있는 분들이 많은데요. 그 역할은 아니에요. 간단히 설명하면, 콘크리트를 부을 때 시멘트 물이 나와요. 그 수분을 계속 유지하고 있어야지만 콘크리트 강도가 높아지거든요. 시멘트 섞은 물이 빠져나가면 강도 유지가 안 돼요. 말라버리면. 그래서 그 물을 계속 가둬두기 위해서 비닐을 까는 건데, 그게 방수 역할을 한다고 알고 계시는 분들이 많죠. 잘 몰라서 생기는 오해죠. 비닐의 역할은 그게 아니에요.

기초의 순서를 간단히 정리하면, 잡석 깔고, 비닐 깔고, 버림 치고, 콘크리트 기초를 치는데, 잡석도 왜 까는지 정확히 잘 몰라요, 보통은.

버림콘크리트

잡석은 사실 지내력에는 큰 도움이 안 됩니다. 잡석의 가장 중요한 역할은 (물이 나오는 지역의 경우) 물을 원활하게 배수하기 위해서 까는 거예요. 물이 고여 있으면 기초에 영향을 미칠 수 있으니까. 물이 자연스럽게 빠지도록 자갈층을 넣는 거예요. 근데 가끔은 바닥이 많이 좋지 않으면 좀 더 큰 돌을 갖다가 바닥을 치환하죠. 이렇게 각 과정의 역할들을 대략 알면 도움이 되겠지요.

자갈은 지내력보다는 물을 빼주기 위한 과정, 버림은 말 그대로 버리는 거예요, 건물의 위치를 정확히 잡기 위해서. 앞에 규준틀은 대략적인 건물 위치를 보기 위함이고, 버림콘크리트는 1cm도 틀리면 안 되니까 작업하는 거예요. 비닐의 쓰임은 좀 전에 얘기했듯, 콘크리트의 수분 함량을 위한 것.

이격거리
건축법에 근거해 건물과 건물 사이에 확보해야 하는 거리.

정수진 옛날에 그런 경우가 있었어요. 제일 처음에 규준틀로 건물의 위치 잡는 것도 중요하지만, 조남호 선생님 말씀처럼, 이격거리가 확보가 안 되면 다 잘라야 된다고 하셨잖아요. 저희가 순천에서 공사할 때 동네 시공자 분들이 했거든요. 준공이 다가와 건축물을 체크하는데 대지경계선의 이격거리가 부족한 거예요. 시공자는 설계사무실에 책임을 넘기고 건축주는 화를 내는데, 정말 다행스럽게도 측량하고 규준틀 맸을 때 시공사와 함께 체크했던 사진 자료가 있어서 감리자인 저희가 위기를 넘겼지요. 건물이 50cm나 튀어나와 있었어요.

모두 (놀람) 아이고….

잡석 다짐

정수진 난리가 난 거예요. 모든 관계자들이 서로 발뺌을 하려고 난리가 났죠. 그때 사진이 살렸어요. 그런 중요한 사안들은 모두 기록을 해두어야 해요.

임태병 감리도 책임을 못 면할 것 같은데, 그 상황은….

정수진 맞아요. 시공하는 분들이 주변 경계 말뚝을 다 없앤 거예요. 그러니 체크할 수가 없어. (일동 탄식)

전은필 아아, 의도적인데요. 간혹 일명 집장사분들 가운데 직접 땅을 사서 개발해서 수익을 좇는 일부 사람들이 그런 편법을 쓰기도 해요. 평면상으로는 분명히 5평짜리 집인데 어느 순간 5.5평이 되어 있어….

기획자 아하, 점점 커지는군요.

정수진 또 그런 경우도 봤어요. 철근은 서로 정착길이나 이음매가 정확하게 얽혀야 되잖아요. 그런데, 어떤 건 정착할 길이가 없고 있어도 턱없이 짧고.

전은필 옹벽 철근하고 슬래브 철근하고 연결이 안 됐다는 뜻인데요. 기초공사에서 제일 중요한 부분이긴 해요. 유발을 100% 체결해라, 그 다음에 티자 옹벽에서는 앵커를 접어야 하는 등 고민할 게 많죠. 최근에 신축 아파트에서 철근을 누락해서 큰 이슈가 되고 있잖아요.

1층 바닥 철근
옹벽 철근 배근
수직수평, 사선 보강

2023년 4월 인천 검단신도시 신축아파트 현장에서 GS건설이 시공한 한 단지의 지하주차장이 철근 누락으로 붕괴하는 사건이 벌어졌다.

LH가 강도 높은 감사와 수사를 받고 있고요. 철근 누락만큼이나 지금 얘기한 철근의 체결과 결속이 무척 중요합니다. 어쩌면 더 중요하다고 볼 수 있어요. 그런데 이 체결과 결속은 숙련자의 기술과 시간이 필요한 과정입니다. 지나친 공기(공사기간) 압박이 문제를 일으킬 수 있다는 겁니다. 숙련자에게 충분한 시간과 권리, 권한 이양이 절대적으로 확보되어야 하고요. 물론 이 모든 문제가 규모가 큰 현장인 만큼 당연히 감리 과정에서 발견되고 지적되고 수정되었어야 했겠지요. 공기는 기후위기와도 관련이 큽니다.

임태병 물론입니다. 기술적인 부분은 감리가 확인을 해야 하는 사안들이죠.

김호정 기초공사에서 골조 공사할 때 H빔을 쓰는 경우도 봤고, 콘크리트로 하는 경우도 봤어요. 그 둘의 차이가 뭔지 궁금했어요. 건축주가 선택을 하는 경우도 있나요? 저희 동네에 거의 같은 규모인데 어떤 집은 빔을 쓰고 어떤 집은 콘크리트를 쓰더라고요.

조남호 주택 규모를 말씀하시는 거예요?

김호정 집도 그렇고, 4~5층 정도의 작은 건물을 포함해서요.

조남호 각기 장단점이 있지만, 주택일 경우에는 철골은 전혀 적절하지 않아요. 철골조는 기본적으로 층수가 많을 때 적당해요. 작은 건물에서는 조그만 상가 건물이라 할지라도 일반적으로는 경제적인 선택

철근 엮은 모습 / 수직수평, 사선보강 / 원형 스페이서

이 아니에요.

김호정 H빔, 그러니까 철골이 비싸죠?

조남호 고가인데, 쓰임이 정확히 있는 구조체이지요. 가설처럼 지을 때, 그러니까 건식으로 굉장히 빠른 속도로 지어야 할 때. 구조 비용은 더 들지만, 상가 건물을 아주 간단하게 짓는다든지 마감을 거의 할 게 없이 간단하게 마무리한다든지 하는 방식에서 유용하지요.

전은필 그렇죠, 창고 같은 곳을 샌드위치 패널로 짓듯이. 주로 텅 빈 상가 건물들에.

조남호 당연히 주택에서는 효율이 떨어지죠. 왜냐하면 철골을 구조재로 쓰고 벽은 콘크리트 공법으로 한다면, 굉장히 효율이 떨어질 거 아니에요. 한 가지 공법으로 가야 되는데. 만약에 주택에서 건식으로 한다면, 철골 플러스 건식 공법이 될 텐데, 화장실도 그렇고 콘크리트 안 치고 건식으로 한다면 속도도 빠르고 어떤 면에서 효율적일 수 있을 텐데, 그런 경우에는 여러 가지 문제들이 일어날 가능성이 높죠. 당연히 방수에 불리하고 소음 문제도 해결하기가 어렵고요. 작은 건물인데 철골을 하려고 할 때 의도를 보면, 보통은 그 의도가 속도 때문이 아닐까요?

전은필 그렇습니다. 아주 빠른 속도로 단 며칠 사이에 골조공사를 끝내야 할 때 사용하고요. 또는 공간이 매우 협소해 장기간 자재 적재가 어려운 경우 등 특수한 현장에서 쓰입니다.

조남호 층고에서도 불리해요. 왜냐하면 콘크리트 보는 슬래브를 포함해서 보의 높이거든요. 그런데 철골은 철골이 있고 슬래브를 치면, 보의 높이가 따로 계산되거든요. 그러니까 층고에서 훨씬 불리해지는 거예요.

임태병 규모하고 관련이 있는 게, 철골의 성질은 엄청 강성이에요. 주택에 사용하기에는 사실 지나치게 강성이어서, 기둥이나 이런 것들을 없애고 넓은 간격을 쓸 때 유리한 거니까 작은 집에서는 적절하지 않은 재료지요.

전은필 구성 요소가 많을 때는 적합하지 않아요. 말씀드린 것처럼 다른 건식 재료들과 결합될 때 편리하죠. 이게 조립식이잖아요. 나머지 재료들도 판재 같은 걸 갖다 붙이고 이런 방식으로 짓는 게 훨씬 빠른 속도로 효율적일 수 있겠죠. 주택 같은 데는 확실히 좋지 않은 선택이죠.

김호정 저희 동네에 H빔으로 지은 집들이 있어요. 한번은 완공된 집에 들어가 봤어요. 아래층은 상가이고 위에 다세대로 주거를 구성해서 임대를 하는 건물이었어요. 그런데 엘리베이터는 건물 규모에 비해 굉장히 커서 깜짝 놀랐어요.

기획자 왜 그렇게 큰 엘리베이터를??

전은필 공사 면적이 세이브되니까. 엘리베이터는 크거나 작거나 별반 가격 차이가 안 나니까요.

최이수 와아, 디테일한걸요!

전은필 철골조의 경우 규모가 중요하다는 말씀은 어떤 범위가 있어서 그래요. 예컨대 5층 미만의 연면적 100평 이하에서는 콘크리트가 훨씬 더 저렴하고 그 이상의 규모에서는 철골조가 좀 더 경제적일 수 있다는 어느 정도의 범위가 있죠.

조남호 굉장히 높은 아파트 현장 보셨죠? 콘크리트로 하잖아요. 굉장히 높은 다층인데, 철골이 유리했다면 철골로 했겠지요.

전은필 4~5년 전에, 1층은 창고, 2층은 임대 세대로 3세대 정도 집을 H빔 경량 철골조로 짓게 되었어요. 1층 기둥, 보 올리고 나서 샌드위치 패널로 다 마감을 하니까 정말 후딱 올라가죠. 그런데 거기 사시는 분들은 되게 불편하실 거예요.

왜냐면 소음이 너무 심각해요. 그래서 저희는 나름대로 샌드위치 패널을 양쪽으로 두 개 대고 가운데에 폼도 쏘고 그랬는데 소용이 없어요. 소리가 너무 전달돼가지고. 결국은 ALC 블록을 하나 더 샀어요. 그렇게까지 하니까 소음이 좀 잡히는데, 그럼에도 일반적인 주택 수준에는 훨씬 못 미치지요. 소리는 진동, 차음, 흡음. 이렇게 세 가지로 전달과 차단 정도를 가늠하지요. 근데 H빔 같은 경우는 위에서 퉁퉁거리면 그게 다 전달이 돼요. 주거에는 확실히 맞지 않아요.

정수진 전은필 대표님의 말씀이 정말 유용하고, 건축주들이 공사 시작하기 전에 들으면 정말 큰 도움을 받을 것 같아요.

전은필 좋은 집을 갖기 위해서는 설계도 중요하지만 끝까지 감리 또한 잘돼야 되고 시공자와도 그런 얘기가 많이 오가야만 좋은 집을 실현할 수 있는 것 같아요. 그런 면에서 법적 감리하는 사람들이 디자인에 대해서는 못 보더라도 기술적인 문제는 보고 가야 되는 것 아닌가 싶고요.

감리 문제

최이수 감리에 관해서 궁금한 게 많았어요. 예전에는 건축가가 설계를 하는 경우 건축가가 직접 감리를 하지 않았나요?

전은필 감리법이 바뀌어서, 범위가 정해져 있어요. 대체로 일반적인 단독주택의 규모라도 감리를 받아야 합니다. 다만 1세대 단독주택일 경우 규모에 상관없이 건축주가 감리자를 지정할 수 있어요. 주택 외 용도를 지닌 건축물일 경우 규모가 작더라도 건설업 면허자가 시공을 하지 않고 건축주 직영으로 신고를 한다면, 허가권자 감리 대상입니다. 예외 조항이 또 최근에 생겼지요. 공공건축 당선 실적이 10년 이내에 있으면 해당 설계자가 감리를 할 수 있어요.

김호정 굉장히 궁금했어요. '감리' 부분에 대해 정확한 얘기를 꼭 들어보고 싶어요. 디자인 감리와 법정 감리가 따로 있잖아요. 시공하는 과정에서 재료를 제대로 선택한다든가, 아니면 시공을 잘하고 있는가 하는 부분들에서 감리자가 적절한 역할을 해주기를 기대해요. 그런데 '법정 감리자'가 실제로 그런 역할을 맡는 것인지, 아니면 현실적으로 '디자인 감리'가 그 부분을 담당하는 것인지, 건축주 입장에서는 비용을 양쪽으로 들이는데도 끝까지 애매한 부분이고 정확히 알 수가 없어요.

기획자 일반 단독주택처럼 규모가 작은 건축물도 법정 감리, 디자인 감리가 분리되어 있어요?

전은필 '디자인 감리'는 법적 규제가 아니지요. 그 부분은 건축주의 의사입니다. 다만 작은 상가건물이나 다세대 주택의 경우 공사비를 절약하기 위해 건축주 직영으로 공사하는 것처럼 (실제로는 건설업 면허자가 하더라도) 신고하는 경우가 드물지 않아 허가권자 지정 감리를 받아야 하는 사례가 많을 겁니다.

김호정 아마 건축주들은 '허가권자 지정 감리'가 대부분 형식적인 걸로 알고 있어요. 그래서 감리를 맡기면 통상 어느 범위까지 살피고 체크를 해주는 것인지 궁금해요. 재료가 적절한지, 제대로 시공을 하는지 등등까지 감리에 포함될 수 있는지. 정말 외적인 '디자인' 감리는 전혀 상관없는 것인지…. 물론 저희 집의 경우엔 정 소장님이 처음부터 끝까지 촘촘하게 봐주셨는데, 제 경험이 일반적이진 않을 것 같아요. '감리'가 건축주 입장에서는 참 어려워요. 일반인은 거의 아무것도 모르는 영역을 해주는 것이고, 그에 따른 비용을 지불하는 거잖아요.

정수진 처음에 정하기 나름이에요. 그리고 법정 감리는 기본적으로 해야 될 내용이 정해져 있어요. 감리에도 비상주 감리, 상주 감리 종류가 많아요. 감리 종류가 다양하다는 것은 개별적으로 비용도 다르고 역할도 다르다는 의미이기 때문에, 통상 어디부터 어디까지 한다

공사감리

건축허가 대상인 건축물을 지을 때는 공사감리자가 필요하다. 공사감리란 건축물이 설계도서대로 시공되는지 현장에서 감독하는 것을 말한다. 공사감리자는 경우에 따라 건축주 지정 감리, 허가권자 지정 감리, 설계자 직접 감리(역량 있는 건축사, 해당 건축물에 신기술을 적용한 설계자, 설계공모를 통해 당선된 건축물의 설계자의 경우로 한정)로 구분된다.

감리 대상 제외 건축물

건축신고 대상인 건축물은 공사감리자 없이 시공할 수 있다.

건축신고에 해당하는 공사

1. 바닥면적의 합계가 85m² 이내인 증축, 개축 또는 재축 공사. (건축물이 3층 이상일 경우 공사하려는 바닥면적의 합계가 연면적의 10분의 1 이내인 경우로 한정)
2. 관리지역, 농림지역 또는 자연환경보전지역에 속해 있으며 연면적 200m² 미만, 3층 미만인 건축물의 공사(해당 부지가 지구단위계획구역 혹은 재해취약지역과 겹치는 경우 제외).
3. 연면적 200m² 미만, 3층 미만인 건축물의 대수선.
4. 주요 구조부의 해체가 없는 대수선.
5. 그 밖에 소규모 건축물로써 대통령령으로 정하는 건축물의 건축 등.

이외의 모든 건축물은 '법정 감리'가 필수다.

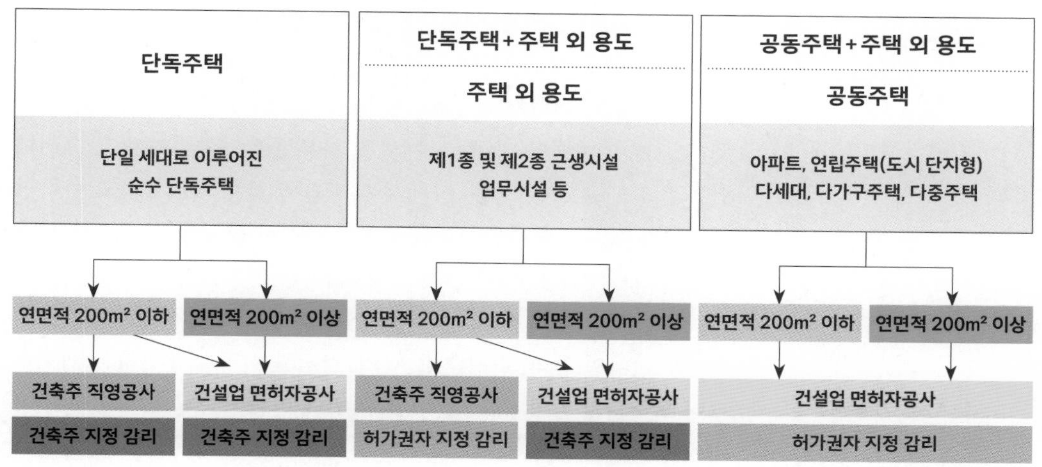

건축주 지정 감리와 허가권자 지정 감리
법정 감리는 건축물의 용도와 면적, 시공자에 따라 건축주 지정 감리와 허가권자 지정 감리로 나뉜다.

라는 것보다는 사례마다 조율하기에 달린 문제 같아요.

전은필 감리 업무는 상당히 광범위해요. 일단 200m² 미만의 소규모 건축물이라고 전제를 하고 얘기를 시작해보죠. 소규모 건축물의 감리는 거의 대부분 비상주예요. 상주하지 않고 중요한 시기에 와서 확인만 하는 거예요. 허가권자 지정 감리의 경우 업무 범위가 정해져 있어요.

간단히 예를 들자면, 기초 칠 때 철근이 제대로 들어갔는지 아닌지 촬영 한번 하고. 철근이 정착길이가 맞는지 확인하고, 간격대로 들어갔는지 확인하며 사진 찍고. 그러고 나서 지붕층 작업할 때 또 철근 사진 찍고. 맨 마지막에 도면대로 했는지 확인. 물론 완벽하게 도면대로는 할 수 없지만, 아무튼 도면을 토대로 확인을 하죠. 그러면 감리의 내용이 거의 끝나요.

물론, 창호를 제대로 썼는지, 석고보드 제대로 썼는지, 모르타르를 제대로 썼는지, 설비 배관을 제대로 했는지 등을 확인하도록 되어 있지만 소규모 건축물의 경우 모든 사안을 확인하기 어렵고 준공 후 사소한 문제에 대해서 감리자에게 책임을 묻기도 쉽지 않습니다. 예컨대, 도면에 적힌 창호를 도면대로 시공했어도 결로가 생길 수 있으니까요. 그런 문제까지 감리자가 법적 책임을 지지는 않는다는 뜻이죠.

임태병 맞습니다, 아주 중요한 몇 단계를 확인하는 정도지요.

전은필 규모가 큰 현장에서 상주 감리를 할 경우엔 어떠냐면, 시공자가 어떤 제품을 쓰기 위해서는 문서를 만들어서 '이걸 쓰려고 해요, 검토해주세요' 하면서 일일이 문서를 보내요. 그러면 감리자가 확인해서 오케이 사인을 해야 그 재료를 사용할 수 있는 거예요. 그런데 단독주택의 규모에서 건축가에게 디자인 감리를 의뢰했다고 한다면 대체로는 설계 구현, 즉 디자인 구현에 초점이 맞춰져 있다고, 기본적으로는 그렇게 보시면 맞을 것 같아요.

조남호 디자인 감리, 법정 기술 감리, 감리를 이렇게 분리하는 제도가 그리 오래되지 않았어요. 불과 몇 년 전에 만들어졌어요. 당연히 통합되어야 하는 부분인데….

임태병 그런데 그 제도가 만들어진 취지가 있긴 해요.

조남호 맞습니다. 말하자면, 불신을 전제하며 혹은 불신을 기반으로 한 동시에, 불신을 기회 삼아 건축사협회의 이기적인 태도가 촉발시킨 제도이지요. 그 두 측면이 얽혀 있어요.

명분은 뭐냐면, 건축사는 건축주와 용역 관계로 맺어져 있다, 그러니 소규모일수록 건축주와 용역 관계를 맺고 있는 해당 건축가가 감리를 하면 불법을 저지를 수 있다, 즉 건축주에 의해 건축사가 종속적인 관계에 놓일 우려가 있다는 뜻이죠. 그 가능성을 큰 비중으로 전제한 다음, 그러니 누군가 객관적 입장으로 시공을 감시할 사람이 필요하다고 결론을 내린 거예요. 이런 관점으로 건축사협회 주도로 '허가권자 지정 감리' 제도가 만들어졌어요.

특히 지방에는 감리 일이 꽤 많아요. 이 제도 덕분에 건축사협회에 가입한 사람들에게 돌아가면서 감리일을 할 기회가 생기는 거예요. 거칠게 표현하면, 연간 어느 정도의 매출이 자연스럽게 생긴다는 뜻이에요. 제도가 건축사협회 회원들에게 고정적인 수입을 안겨주게 된 거죠, 결론적으로.

애초에 제도를 만든 취지는, 건축주에게 고용된 건축가가 전문가로서 능력을 발현하지 못하고 편법이나 불법을 저지를 수 있으니, 이해관계에 얽혀 있지 않은, 무작위로 배정을 받은 건축사가 건축물을 감리한다는 것이죠. 그런데 속살을 뒤집어보면, 실제로는 건축사협회 회원들의 안정적인 수입을 도모하려는 방책이 아니었나 하는 합리적인 의심이 강하게 들죠.

건축을 일종의 문화적 산물이라고 보면, 당연히 설계한 사람이 설계가 잘 구현이 되었는지를 봐야죠. 이건 디자인의 구현 차원이 아닌, 그 문제 이전에 문화적인 태도에 관한 인식이에요. 건축은 생각에 의해서 만들어지는 것인데, 생각에 의해서 만들어졌다는 것은 그 생각을 일으킨 사람(들)이 계속 관여하면서 구현해나가야 한다는 뜻이죠. 생각을 물리적으로 구현하는 게 건축이니까. 그래야 하는데 그저 '물질'로 보는 거죠. 누군가 편법으로부터 자유로운 사람이 와서, 이 '객관적'이라는 전제도 많은 오류와 잘못된 관념에서 출발하거니와, 기술과 법적 조항을 지키는 게 중요하다는 기준에 의해서 만들어진 제도지요. '디자인 감리'라는 말은 세상에 없던 거예요. 정확하게는 '틀린' 말입니다. 아마도 우리나라에서만 쓸 거예요.

전은필 설계한 건축가가 감리를 할 수 있는 자격 조건이 정해져 있어요. 10년 이내에 건축 공모에서 당선이 된 설계사의 경우에. '설계 의도 구현'이라는 명칭으로 예외 조항을 둔 셈이에요.

정수진 이 얘기는 진짜 꼭 책에 나와야 해요. 왜냐하면, 허가권자 지정 감리는 실제로 하는 일에 비해 돈을 너무 많이 받아요, 사실.

최이수 건축주가 내는 거죠?

김호정 그럼요! 건축주 입장에서는, 믿고 신뢰하는 건축가와 작업을 한다고 전제한다면 이중 부담이죠.

기획자 설계 계약을 할 때 감리도 포함이 될 테고, 당연히 그 비용도 책정할 텐데요, 건축사무소 입장에서도 감리를 당연히 해야 한다고 생각할 테고요.

임태병 허가권자 지정 감리만 할 수도 있어요, 건축주가. 법적으로 아무런 문제가 없다는 거죠. 건물이 지어지고 준공되는 데는 아무 문제가 없는데….

기획자 상식적으로, 건축가랑 설계를 하는데 건축가가 자기 작업을 안 볼까요?

일동 그렇죠, 그렇죠. 그게 문제죠.

조남호 또 한편으로는, 실제로 많은 경우에 건축가가 디자인 감리를 안 한다는 뜻이기도 해요.

정수진 서로 불법을 막기 위해서 허가권자 지정 감리를 세웠으면 허가권자 지정 감리가 제대로 일을 해야 되는데, 아까 전 대표님 말씀처럼 와 가지고 사진 몇 방 찍고 끝. 물론 제대로 감리를 보시는 분들도 있겠지만 저희 현장에서는 못 본 것 같습니다.

감리자의 현장 방문

법정 감리 시기(일반적인 경우)

1. 공사 착공 시 터파기 및 규준틀 확인
2. 기초공사 철근 배근 완료 시
3. 각층 바닥 철근 배근 완료 시
4. 지붕 슬래브 철근 배근 완료 시
5. 단열 및 창호공사 완료 시
6. 마감공사 완료 시
7. 사용승인 신청 전

임태병 감리 업무는 현장에 파견 나가는 횟수와 시기가 정해져 있어요.

정수진 그렇죠, 그렇게 많지 않죠?

임태병 포인트가 있어요, 꼭 확인해야 하는. 시기와 횟수가 정해져 있지만 몇 번 되진 않죠.

최이수 마음에 안 들면 바꿀 수 있다고 하시지 않았어요? 법정 감리자를?

임태병 맞아요. 신청해서 바꿀 수 있어요.

최이수 자기 돈을 내고 하는 거니까 제대로 감리를 못하는 것 같으면 바꿀 수 있다. 그치만… 피곤할 수도 있겠네요.

임태병 제대로 하는 감리자가 간혹 있긴 있어요.

정수진 저희 사무실에서 일하는 소장들처럼….

기획자 아, 건축사 면허를 취득해 건축사협회에 등록이 되어 있으면 다른 건축사무소에서 일하든 하지 않든, 어쨌든 랜덤으로 배정을 받을 수 있는 거군요.

임태병 네, 건축사 소지자가 구청에 신청을 하는 거예요. 저는 딱 한 번 인상적인 경험을 한 적이 있어요. 구청에서 지정 감리자가 왔는데 저보다 더 꼼꼼히 보는 거예요. 문제는, 그러니까 시공자들이 죽으려고 하는 거죠. (일동 웃음) 막 쫓겨나는 거예요. 시공사들이 너무 싫어해. 그래서 저는 속으로, 더해라 더해! (웃음)

김호정 저는 허가권자 지정 감리자가 현장에서 어느 정도까지 일을 하고 어느 정도까지는 기대를 하면 안 되는지를 대강 들어서 알고는 있었어요. 그럼에도 불구하고, 허가권자 지정 감리와 디자인 감리가 과연 어떻게 일이 나뉘는가, 어디까지 해주나, 이게 굉장히 애매했는데, 이런 부분에 관해 전혀 모르는 예비 건축주 입장에서는 마음을 완전히 놓고 있기가 십상이에요. 내가 이 정도 비용을 지불하니 공사가 모두 문제없겠지, 하면서.

최이수 감리 나오는 시기를 저희가 알 수 있나요?

임태병 계약할 때, 제대로 일을 하는 감리자라면 계약서에 명기를 해줘요. 언제, 어느 시점에 현장으로 가서 확인한다고.

최이수 이 계약은 애초에 누구와 어디서 하나요? 구청에 가서 건축과 직원과 하는 건가요?

임태병 착공 신고 전에 신청을 해요. 구청에 지정 감리자를 신청하면….

최이수 시공사가요?

임태병 아니요. 원칙적으로 민원인은 건축주이기 때문에 건축주가 하는 것이 맞고요. 그런데 설계사무소나 시공사에서 대행할 수 있어요. 그렇게 구청에 감리 신청을 하면, 구청 건축과에서 담당 감리자가 정해졌다고 연락을 줘요. 그러면 신청을 한 사람이, 그게 설계사무소일 수도 있고 건축주가 직접 하셔도 되고 시공사가 할 수도 있고, 정해졌다고 하는 그 담당 감리자에게 전화를 하죠. 연락을 하면 이 정도 금액이라고 제안서를 줘요.

최이수 아, 개인에게 연락을 하는 거예요? 건축사 개인에게? 그런데 그 금액은 어떻게 측정이 되는 거예요?

임태병 공사비에 따른 요율이나 시간, 인원 투입 비용, 혹은 면적당 얼마로 계산하기도 합니다. 규모가 크면 비싸고요. 진짜 별로 볼 게 없는 현장인데도 면적이 크면 엄청 높은 금액이 산출되기도 해요.

최이수 법정 감리의 감리비를 책정하는 기준이 '면적' 말고 다른 요소는 없는 건가요? 이를테면, 설계 구현의 난이도라든지, 재료 구현의 디테일이라든지….

임태병 좀 깎아주세요, 하면 깎아주는 사람도 있어요. 마음에 안 들면 바꿔달라고 요청할 수도 있고요. 그렇게 금액이 정해지면 계약서가 날아와요. 계약서에 수정사항이 있는지 확인하라고 하고, 괜찮다면 도장 찍어서 보내면 돼요.

최이수 그런데 건축주가 그 계약 내용의 진위를 판단할 수가 없잖아요. 굉장히 내용이 전문적일 텐데요….

임태병 계약서는 관에서 제공하는 표준계약서 범위에서 크게 벗어나지 않고요, 보통은. 그래서 시공사나 건축가에게 검토를 의뢰하면 함께 보고 도움을 드리죠.

정수진 그런데, 주택 외 용도라도 규모와 용도에 따라 건축주가 감리를 지정할 수도 있어요. 즉, 설계자가 직접 법정 감리를 할 수 있다는 뜻이죠. 예외 조건들이 있으니 꼼꼼하게 살펴야 합니다.

김호정 사실은 저희 집의 경우, 다행스럽게도 건축주 지정 감리를 할 수 있는 조건이어서 그 규모와 용도에 따라 허가권자 지정 감리를 받지 않았어요. 그런데 집을 짓는 지인들의 얘기와 궁금증을 들어서 이 부분이 이 책에 꼭 들어갔으면 싶었어요. 저는 정수진 소장님을 만나 어쩌면 지극히 예외적인 운 좋은 케이스였을 수 있어요. 너무나 꼼꼼하게 건축사무소에서 감리를 해주셨으니까. 일반적으로 설계사무소에서 감리를 잘 봐주지 않는 것으로 알고 있어요. 그래서 외려 허가권자 지정 감리에 기대를 갖는 건축주들도 많죠. 그런데 막상 비용을 지불한 만큼 서비스를 받지 못한다고 생각이 들었을 때, 그때는 참 난감하더란 얘기죠.

조남호 설계사무소에서 감리를 하지 않는 경우가 아마도 대부분일 거예요.

정수진 건축가를 찾아오시는 분들의 인식이 굉장히 높아진 건 분명해요. 저를 찾아오시는 분들은 대부분 '감리를 해주시나요' 하고 먼저 질문해요. 저는 당연히 감리를 중요하게 생각하고, 작업 과정의 하나로 생각하죠. 그런데 이제는, 일반적으로 시장에서는 '허가권자 지정 감리'라는 명분이 생겼기 때문에 일반 현장에서는 설계 당사자의 디자인 관리는 거의 안 할 것 같아요.

최이수 제가 알기로도, 건축사 라이선스를 따기가 굉장히 어렵다고 알고 있어요. 그럼에도 불구하고, 건축사에 대한 일반적인 의식이나 인식이 다른 국가자격증에 비해 굉장히 낮은 것이 현실인 것 같고요. 그런데 문제는 그 면허를 가지고 일을 하지 않는 사람들도 많잖아요. 그래서 랜덤으로 감리자를 배정했을 경우, 그 감리자에 대한 신뢰가 다소⋯.

임태병 사실은, 어쩌면, 그런 사람들을 위한 제도라고 오해를 받는 거죠, 그래서. 자격증을 어렵게 땄는데 일이 없거나 관련 일을 하지 않는 사람들에게 일정한 수입을 확보해주기 위한 제도라는 커다란 의심이 세간에 존재하죠. 그래서 슬프게도, 실제로 설계일을 열심히 하는 건축가는 자기가 설계한 현장을 다른 사람이 와서 감리하고, 본인은 또 다른 사람이 설계한 현장에 가서 감리를 하는, 말도 안 되는 상황이 벌어지는 거죠.

건축사자격시험에 응시 자격 조건
다음 세 가지 요건 중 하나를 충족해야 응시 자격을 얻음.

예비시험 합격
건축사예비시험에 합격한 상태에서 건축사예비시험 응시자격 취득일 이후 5년 이상(인증 5년제 건축학과 졸업자는 4년 이상) 건축에 관한 실무경력이 있어야 함.

실무 수련 완료
건축사 실무 수련 신고 후 시험전일까지 실무수련완료증명서 발급받아야 함.

외국건축사 면허 취득
외국 건축사 면허나 자격을 취득하고 총 5년 이상 건축에 관한 실무경력이 있어야 함.

건축사 시험은 2020년부터 연 2회로 늘었고, 합격률은 5~10% 안팎.

최이수 안전한 건축물, 불법이나 편법이 작동하지 않는 건축물을 위한 제도라면, 좀 더 고민을 했어야 하지 않나 하는 아쉬움이 들어요. 그 제도가 만들어질 당시 건축계 내부에서 반대가 만만치 않았을 것 같아요.

조남호 그래서 최근에 '건축사 의무 가입'이라고 하는 것이 법을 통과했어요. 의식 있는 건축가들은 반대하죠. 그럼에도 불구하고 건축사 협회는 대부분 지방의 힘이 강해요. 그러니 이런 이해관계에 압도적으로 우위가 될 가능성이 높죠.

정수진 이 제도의 허점이 결국엔 건축주의 손해로 귀결이 되는 상황이에요. 첫째, 법정 감리도 건축주 주머니에서 돈이 나오고, 심지어는 특검을 나와 봉투를 바라는 건축가들도 여전히 존재하니….

임태병 아니, 우리 여기서 이런 얘기 해도 되는… 걸까요?

정수진 저는, 해야 된다고 봐요. 현실에서 비일비재하게 벌어지는 일이고.

조남호 그냥, 감리에서도 돈을 받아가는 건축사들이 있어요.

임태병 네, 저도 들었어요.

최이수 누가 누구한테요?

조남호 지정 감리자가 시공사한테 돈을 받아가는 거예요. 괴롭히는 경우가 빈번해요.

정수진 옛날에나 그랬지, 요새 그런 사람들이 어디 있어, 라고 하는 분들 있는데요. 웬걸요. 아직도 그래요. 규모에 따라 돈의 범위도 왔다 갔다 하고요. 대단히 크게 요구하는 사람도 있어요. 이런 얘기 공론화해야 돼요.

최이수 만약 그런 일이 발생했을 경우에, 시공사가 건축주한테 얘기해서 건축주가 감리자를 바꿔달라고 요청할 수 있다고 하셨지요?

전은필 할 수 있어요. 그런데 저도 얼마 전까지 감리자를 바꿀 수 있다는 것을 몰랐어요. 서울 근교에 창고처럼, 샌드치위 패널로 공사를 하는 데가 있었는데 소위 '허가방'에서 작업을 한 도면이니까 뭐 도면이 없다고 봐야죠. 엄청 부실하고. 현장 상황과 맞지도 않고. 그런데 감리자가 그 지점을 잡아채서, 도면하고 현재 상황이 안 맞는다고 공사를 중단하라고 문자를 툭 보내는 거예요. 허가가 난 건축물이니까, 해결하고자 한다면 의견을 제시해줘야지 공사를 중단하라고 문자만 보내면 어떻게 하나. 연락도 안 되고 문자만 보내고 마니까, 건축주가 눈치를 챈 거죠. 건축물의 부실함을 문제 삼는 게 아니구나, 의도를 알아채고는 "나랑 같이 갑시다" 그러더라고요. 사무실 가서 책에다가 봉투를 넣어가지고….

조남호 윤리위원회에다가 제소를 했어야 했는데….

기획자 이런 문제가 개인의 특성, 개개인의 윤리성에만 기대야 하고, 또 제도의 특성상 전혀 모르는 사람이 와서 건축물을 판단하는 것에서 문제가 시작되는 걸까요?

조남호 아닙니다. 알고 모르고는 전혀 문제가 되지 않아요. 이를테면, 뉴욕에서는 지자체의 건축센터가 있어서 굉장히 오랜 경력을 지닌 베테랑들이, 그러니까 건축사 면허를 가지고 그 도시에서 실무를 20~30년 한 사람들이 공무원으로 있으면서, 진짜 세세한 내용을, 시공사가 모르는 것까지 가르쳐주면서 도시가 원하는 수준대로 건축을 만들어가요.

그러니까 긍정적으로 보면 이 제도 자체가 무조건 나쁜 것이 아니에요. 예를 들면 모든 사람이 건축가한테 꽤 많은 비용을 주고 디자인 감리를 의뢰할 수 있는 상황일 수도 있고 아닐 수도 있잖아요. 그럴 때는 마치 국선 변호사를 선임하듯이, 그 업무를 의뢰할 수 있지요. 도시는 안전하면서도 어느 정도의 완성도를 갖춘 건축물을 담보하고, 건축주는 경제적 여력이 부족하면 공공 영역에서 관리를 해서 최소한의 관리를 할 수 있잖아요. 기본적인 건물의 성능, 법적인 내용,

하자 등에 관해서 최소한의 담보를 하는 좋은 제도일 수 있어요. 그런데 지금 우리나라의 허가권자 지정 감리제도의 경우에는, 애초에 동기 자체가 틀렸기 때문에 거기에 참여하는 사람들도 옳지 못한 정신으로 하는 거죠.

기획자 그렇다면 우리나라의 경우엔 건축사라는 자격증에 관한 신뢰도가 사회적으로 낮아서 문제가 되는 걸까요?

조남호 전문성은 새로운 상황과 환경에서도 의도를 파악해 능력을 발휘할 수 있는 특성이죠. 그리고 우리나라의 건축사 자격증 제도는 엄격하고 획득하기 어려워요. 그러니까 이게 태도의 문제지, 모르는 사람이 와서 건축물을 판단한다는 문제는 아니라는 거예요. 이 제도가 만들어진 동기 자체가 약간 불순하기 때문에 거기에 따라서 움직이는 사람들도 그럴 염려가 많다는 거죠.

임태병 그럼에도 이제 바꾸기 어려운 이유가, 아까도 말씀드렸지만 대다수 막 지어지는 건물들을 생각해보면, 그런 건물들은 시공사하고 담합해서 감리 과정이 거의 개입조차 안 되는 것이 너무나 많아요. 근데 거기에 그나마, 한 번을 오든 두 번을 오든 감리자가 와서 최소한의 것이라도 확인을 한다는 측면에서는 싼값에 짓는 사람들한테는 도움이 된다고, 바람직하다고 인식하는 사람들도 틀림없이 있을 거예요.

정수진 솔직히 불법 확장처럼 눈에 보이는 불법적인 요소를 방지하는 거지, 시공의 퀄리티를 보장하는 데는 조금도 상관이 없을 거라고 생각해요. 왜냐하면 허가권자 지정 감리자가 현장에 와서 기본적인 단계, 예컨대 골조에 관련된 안정성 같은 요소들과 과정을 체크하나요? 제가 디자인 관리를 들어갔던 현장에서는 그런 제대로 된 감리자를 경험한 적이 한 번도 없어요.

최이수 제가 집을 짓기로 결심하면서 동네에 작은 시공 현장들을 자세히 살펴보곤 해요. 양해를 구하고 현장에 들어가서 구경도 하고요. 거의 다 지어진 빌라들에 들어가서 보면, 불법 확장 등은 알고도 제재를 안 하는 건 맞는 것 같아요. 특히 맨 위층을 가보면 바닥에 마감이 빠져 있는 거예요. 분명 다른 곳은 다 마감을 했는데, 마감이 안 된 바닥 부분이 있어요. 그러면 딱 느낌이 오죠. 아, 이건 다 끝나고 준공검사 받고 확장을 하려고 하는구나. 저 같은 사람이 봐도 아는데, 감리자가 모를 순 없겠죠.

전은필 감리자는 공사 과정 중에 특정한 시점에 오는 거잖아요. '분명히 불법을 저지를 것 같아' 하는 예측은 의미가 없고, 감리자가 보는 그 상황에서 사진을 찍고 확인을 하는 거예요. '내가 봤을 시점에는 이 정도였어. 그 이후에는 알 수 없지' 하는 거죠. 준공검사의 허점이죠. 이 허점을 보강하려면, 1년, 2년 후에 같은 사람이 현장에 다시 가서 확인하고 잘못된 것을 수정 요청하는 거예요. 그런데 그렇게는 안 하니까.

최이수 저희 집이 연면적이 36평 정도 되잖아요. 그럼 허가권자 지정 감리비가 어느 정도나 책정이 될까요?

전은필 300만 원 이상, 그보다 조금 넘게 책정이 되지 않을까 싶어요.

최이수 저는 감리비보다는 사실, 취득세를 한 번 더 내는 게 납득이 되지 않아요. 제가 집을 매매할 때 취득세를 냈는데, 예쁘고 좋은 집을 새로 짓겠다는데 다시 취득세를 내야 한다니….

김호정 저도 잘 이해가 안 돼요, 그 부분이. 처음에 저는 늘어난 면적에 대해서만 세금이 부과되는 것으로 알고 있었어요. 그런데 그게 아니더군요. 신축을 하게 되면 세금을 측정하는 과세표의 금액이 달라지기 때문에 취득세를 내야 한다고 하네요. 내용을 들으면 이해가 되는 것 같기는 하나 기분은 안 좋아요. 두 번 내는 것 같아서….

기획자 오늘 감리 이야기 나와서 시간이 많이 지났어요. 내가 선택하지 않더라도 전문성을 인정할 수 있고 일정 비용을 지불하고 전문가의 도움을 받을 수 있죠. 그런데 문제는, 그 전문가를 파견하는 건축사협회에 대한 사회적 신뢰가 없다는 데서 문제가 시작되는 것 같아요.

아직 우리 사회에서는 건축가라는 직업도 익숙지가 않은데, 건축사협회에 대해선 더더구나 낯설고, 건축사들이 정확히 무슨 일을 하는지도 자연스럽게 공유가 안 되어 있는 것 같아요. 그래서 '법적으로 건축사의 감리를 통해야 한다'는 것이 관습적으로 납득이 안 되는 것 같아요.

조남호 최근에 '건축사 의무 가입 제도'를 통과시키고 나서, 일부에서는 헌법소원을 내고 있는 상황이긴 한데, 그럼에도 불구하고 곧 시행되겠죠. 여러 반대에 부딪히고 하니, 건축사협회 주도로 TF팀을 만들어서 '건축사 윤리 강령'을 선포한다고 해요. 말하자면, 사후에 권위를 만들려고 수단을 강구하는 모습이죠. 결론적으로, 여태까지 건축사들이 사회에서의 어떤 공적 역할을 제대로 수행을 못하는 채로 권력을 갖게 되니 문제가 발생하는 것 같아요. 개인의 역량에 따라 감리제도가 잘 수행되기도 하고, 그렇지 않기도 하고. 그렇지 않을 경우엔 문제가 불거지고 퍼지니까, 사후에 보완을 하려고 애를 쓰고 있죠.

정수진 뒤로 불법적인 돈을 받는 특정 개인의 행위를 견제할 방법이 없다는 것도 제도의 허점이에요.

임태병 건축사협회든 관에서든 자체적으로 그런 문제들을 해결할 방책을 마련해야 할 것 같아요. 매년 감수도 하고, 감독도 하고, 제지도 하고 이래야 되는데 그런 장치들이 없어요, 현실적으로. 미국에서는 매년 설문과 자료 제출을 통해 엄격하고 규칙적으로 평점을 매긴다고 하더라고요. 그래서 일정 점수 이하가 되면 몇 년간 영업 정지처럼 일종의 패널티가 부과되는 거예요. 가장 높은 점수를 받는 방법은, 한번 의뢰했던 클라이언트가 다시 그 건축가를 찾는 것. 그러면 굉장히 높은 점수를 받는다고….

전은필 그런 점수가 설계사나 시공사에 대해서 다 같이 있었으면 좋겠네요. 저도 몇년 전에 작업했던 건축주 한 분이 다른 상가를 지으면서 저를 최근에 다시 찾아오셨어요.

일동 아니, 이런 깨알 PR을…. (모두 웃음)

사용승인, 특검, 준공검사, 어떻게 다를까?

기획자 『집짓기 바이블』을 처음 엮을 때의 첫 질문이 '건축가란 누구인가' 였는데, 지금은 건축가라는 직업, 역할에 대해서는 어느 정도 공유가 되어 있음에도, 그 범위와 법적 한계, 즉 건축가의 전문성에 대해 우리가 명확하게 알지 못하는 것 같아요.

은어처럼 쓰이는 현장 용어도 좀 낯선 것들이 있어요. 대표적으로 '특검' 같은 ….

정수진 '특검'이라는 말을 좀 없애야 해요. 특검이라니, 지나치게 권위적이고….

임태병 잘못한 것도 없는데, 혼나는 느낌이 들죠.

최이수 특검이라고 하면, 막 양복 입은 사람들이 박스 같은 거 들고 들이닥칠 것 같은 느낌이 들어요. (웃음) 궁금한 게 있는데, 사용승인, 특검, 준공검사. 이 셋이 달라요?

전은필 모두 같은 뜻입니다! '준공검사, 사용승인 검사'가 정확한 단어지요.

조남호 감리를 분리한 것과 동기는 비슷해요. 예전에 사고가 잦고, 준공 후에 여러 문제들이 계속 생기는 사례들이 많으니까, 당연히 이 업무는 공무원이 해야 되는 일이에요. 왜냐하면 허가를 내준 사람이 공무원이니까. 그런데 허가를 내주긴 했으나 끝까지 책임지기는 어려우니 면피를 위해 건축사를 끌어들인 거예요. 공무원의 면피와 건축사의 수입. 두 측면이 맞아떨어진 거죠.

정수진 특검, 즉 사용승인을 위한 업무를 하고 수수료를 받는 것이면 괜찮은데, 어떤 이들은 현장에서 보이지 않는 뒷돈을 원하는 거예요.

최이수 모든 건축물이 다 사용 승인을 받아야 되는 거예요?

임태병 작은 규모는, 즉 신고 대상은 건축사가 나오지 않고 공무원이 나와요.

사용승인 시 특검의 대상 및 감독자
공사 완료 후 허가권자로부터 사용승인을 받은 후 건물을 사용할 수 있습니다. 사용승인 신청 시 제출한 감리완료보고서와 공사완료도서를 토대로 허가권자는 건축물이 도면대로 지어졌는지 현장조사를 진행합니다. 이를 통상 특검이라 부릅니다. 이때 허가권자는 건축사에게 현장조사업무를 대행하게 할 수 있습니다.

조남호 이 저간의 문제의 모든 측면을 꺼내기는 정말 어렵고, 간단한 논리가 아니랍니다. 건축사 면허를 따기 정말 힘들어요. 사실 말도 안 되는 자격증이에요. 의대나 약학대 졸업생이 국가고시 자격증을 따는 것보다 사실상 자격 요건이 더 까다로울 거예요.

건축대학은 이제 대체로 5년제가 되었고. 5년제가 되었다는 것 자체가 '인증제'거든요. 학교의 교육 과정을 컨트롤하고 일정한 기준을 만들었다는 뜻이에요, 대학의 5년제라는 시스템은. 그 기준에 맞춰서 졸업을 해서, 그 다음에 일정한 자격을 갖춘 사무실에서 3년간 실무를 한 다음에야 시험에 응시할 수 있는 자격을 얻어요. 이 정도면 웬만한 경우에 최소한 60% 이상은 시험에 통과하도록 해야 해요. 5년제 건축대학이 많은 편이니, 사실 도처에 건축사들이 있어야 맞는 거예요. 그런데 건축사 자격증 합격률이 보통 8%가 안 돼요. 100명이 시험을 치르면 8명도 통과를 못한다는 뜻이잖아요. 건축사협회에서는 자격증을 많이 발급하면 질이 떨어진다, 이런 말을 해요. 그런데 그렇게 어렵게 건축사가 됐는데, 현장에서 만나는 건축사들이 왜 이렇게 작은 돈에 연연하고, 전문성을 인정받지 못하는가. 이 시험 자체가 제 얼굴에 침 뱉기예요. 현실의 이런 양상들은 정말 창피한 일이죠.

임태병 굉장히 복잡하고 커다란 문제들이 있어요.

조님호 감리 업무가 뭔지 얘기를 나누고 있는데, 대규모 현장에서 상주 감리를 두면 정말 세세한 것까지 하나하나 다 승인을 받도록 되어 있어요. 그런데 매우 작은 소규모 현장에도 그런 원칙을 적용할 순 없어요. 그 단계가 모두 비용이니까요. 그러니 작은 현장들에선 각자 자기 영역들에 대해 자기 역할을 다하는 것이 기본이어야 되고, 사회가 그 기본을 인지하고 독려하는 시스템으로 나아가야지, 작은 단위까지 감시를 거듭하려는 제도로 나아가는 건 퇴보인 거예요.

법정 감리라고 할 때, 계약상의 규정들이 있어요. 감리가 되는 포인트들이 딱 명시되어 있죠. 그 정도 선에서 건물이 갖고 있는 기본적인 성능에 문제가 없도록 하는 것을 최소한으로 제한하는 것이죠. 대규모 상주 감리에서 하듯, 모든 재료를 감리가 체크해야 한다는 관점으로 법정감리를 받아들이면 안 돼요. 디자인 감리를 한다고 할 때도 기술과 연관되어 있는 부분들을 짚어보고 관리한다는 차원에서 모든 사안들을 체크할 수는 없어요. 디자인의 구현은 결국 공사를 하면서 매 순간 이뤄지는 것이니까요.

임태병 그 방향을 지향해가는 게 맞죠. 정확한 시공을 거듭했을 때 시공사에게도 좋은 기회들이 더 많아지고. 이런 선순환 구조를 사회가 만들어야죠.

조남호 이상한 감시 구조를 만드는 것은 전체적으로 수준을 낮춰가는 거예요. 수준을 떨어뜨리는 거예요.

정수진 그리고 건축주가 감리에 대해 오해를 하는 부분이 있어요. 감리라고 하면 시공의 모든 것을 체크하고 잘못을 책임져야 한다고 생각해요. 그래서 꼭두새벽에 이런 전화를 받아요. “화장실 천장에서 물이 새는데, 감리 제대로 한 거 맞아요?” 물이 새니까 짜증이 날 수 있죠. 그런데 감리자가 감리를 한다고 해서 배관 조인트 상태를, 나사 하나하나를 점검하지는 않아요. 할 수도 없고요. 그러니, 감리자가 있다는 것이 모든 문제를 해결하는 방책이라고 생각하면 안 돼요.

김호정 아, 그 부분은 제가 말할 수 있겠네요. 제가 지어본 사람으로서. 집짓는 사람들은 현장소장, 또는 법정 감리자, 또는 건축사무소 감리. 이렇게 책임자를 두면 다 알아서 해줄 거라고 생각해요. 그러고는 한 가지 문제가 발생하면 “어? 누구 잘못이지?” 책임자를 찾기에 급급해요. 그런데 집을 짓는 과정을 보면, 절대 그런 차원이 아니란 걸 알게 돼요. 대규모 아파트 단지에서만 살다가 집을 짓는 사람들이 이런 착각들을 많이 할 수 있어요. 관리 사무실에 가서 해달라면 다 해주니까. 그런데, 매달 그 비용을 지불한다는 생각들을 못 하더라고요. 대규모 아파트단지일수록 공용 관리비가 엄청 높잖아요. 단독주택은 그 비용이 없다는 것을 까먹어요.

집을 지어 가는 과정을 보면, 정말 수십 명, 많게는 백 명이 넘는 사람들의 손을 거쳐요. 직접 거치는 것이 아니라, 원자재를 만드는 과정까지 합치면 수백 명이라고 해도 과언이 아닐 거예요. 그러니 그 많은 손들이 오고 가는 와중에, 어떻게 '이상'이 없을 수가 있겠어요. 그건 불가능해요. 아무리 잘하고 꼼꼼하게 해도, 어딘가 이상이 생길 수밖에 없어요. 그러니 '이상' 또는 '하자'를 대하는 태도와 생각을 바꿔야 해요. 책임자를 찾아서 책임을 묻겠다, 가 아니라, 내 집에 생긴 나의 불편이니, 누구에게 도움을 청해야 할지 빠르게 판단해야 해요. 큰일이든 작은 일이든 벌어진 일을 해결하기 위해 다같이 방법을 찾고 도모할 수 있도록 건축주가 그 길을 터야 해요. 누군가에게 책임을 씌우려고 하면 영원히 해결 방법을 찾을 수 없을걸요.

이상이 생겼어, 하자가 발생했네, 이 상황에서 감정적이 돼버리면 손해는 누구에게 간다? 건축주에게. 하자보수 이행 기간도 있고, 준공 이후에도 자잘한 문젯거리들이 생겨요. 시공사와는 건물이 소멸되기 전까지는 연결이 되어 있어요. 그런데 건축주의 불편에 공감하고 이해하면서 진심으로 와서 얘기 듣고 고쳐주고 하는 것과, 불평 불만만 토로하면서 책임만을 운운하는 건축주에게 귀찮고 열받아서 대충 눈가리고 아웅 식으로 고쳐주는 것과는 완전히 다르거든요.

전은필 법적으로는, '하자보수 기간'이 있고 또 '하자이행보증보험'도 있지요. 그런데 하자의 기준이 애매한 경우도 제법 있고, 또 사람에 따라서 예민하게 문제시하는 경우도 있고 그렇지 않은 사람도 있지요. 법적 기준은 보통 1~2년인데, 부분마다 다르지요. 하자 내용마다, 제품마다 다를 수 있고요.

건축주의 현장 방문

최이수 또 궁금한 게, 집 지을 때 건축주들이 자주 가면 필시 시공하시는 분들이 좋아하진 않으실 텐데, 그래도 좀 가보고 싶잖아요. 상황도 눈으로 보고 싶고… 그럴 때, 현장소장님에게 미리 얘기만 하면 될까요? 어떻게 하면 자연스럽고 작업에 방해가 안 될까요? 어떤 절차 같은 게 있을까요?

전은필 일단은 여기서 오해가 있네요. 자주 오지 말라는 얘기가 절대 아니에요. 사실 일할 때 건축주가 왔다고 그렇게 스트레스 받거나 하지는 않아요.

임태병 제가 시공사라고 한다면, 오시는 게 꺼려지거나 부담스러운 상황은, 질문을 하거나 궁금해하거나 그런 게 아니라, 현장소장 입장에서는 현장 전체를 책임지는 사람이기 때문에 안전사고가 나거나….

김호정 일의 맥이 끊기는 경우도 있어요. 그래서 저는 가능한 한 점심시간에, 소장님이 쉬는 타임에 맞춰서 가서 식사 사드리고 궁금한 것들을 묻기도 하고….

일동 아니… 점심시간은 휴식이자 자유시간인데, 건축주가 가면 비즈니스가 되는 거 아니에요. (일동 웃음)

전은필 저희 작업 가운데 방학동 한 건축주는 호텔 요리사였던 분인데, 매일 와요. 매일. 현장 작업자처럼. 아침에 출근해서 우리가 퇴근할 때 같이 퇴근하는 수준으로… 그래서 이제 하도 오시니까, 건축주라기보다 그냥 동료 같아. 물건도 좀 날라달라고 하고, 뭐 물어보면 동료한테 하듯 무엇을 왜 하는지 수다 삼아 얘기하고. 잔일도 부탁도 하면서, 그렇게 같이 있어요. (웃음)

김호정 현장을 따뜻한 시선으로 보면 돼요. 그럼 매일 가도 돼요. 이 시선이, 전 대표님이 얘기하는 신뢰와 배려일 거예요. 별것 아닌 것 같지만, 입장을 바꿔놓고 생각하면 금방 이해가 될 거예요. 집을 지을 때 현장에 한두 사람이 일하지 않아요. 많은 분들이 오고 가요. 건축주는 매일 간다 하더라도 전문가가 아닌 이상, 누가 어떤 역할을 맡는지 잘 모를 수도 있어요. 그러니 누구를 만나도 반갑게 먼저 인사하는 것이, 건축주가 현장에 줄 수 있는 가장 좋은 도움이에요.

현장에 계신 분들이 나의 집을 지어주신 분들이라고 생각하면 되게 고맙거든요. 그런 마음을 지니면 실은 그 마음이 배어나오기 때문에 작업하시는 분들도 부담스럽거나 싫어하지 않죠.

최이수 민원 걱정도 좀 됐어요. 건축주가 자주 드나들면 주민분들이 눈치 채고 약간 트러블이 있지 않을까, 그런 민원에 대한 약간 팁 같은 게 있을까….

전은필 민원이 가장 심한 때는 초창기예요. 터를 파거나 토목, 골조할 때, 그때가 제일 시끄럽고 먼지가 발생할 수도 있고요. 그 시기엔 도심 밀집지의 경우엔 이웃들이 많이 불편할 수 있고 예민해질 수 있으니 조심스럽죠. 지난번에도 얘기가 나왔었듯이, 꼼꼼한 시공사와 현장소장이라면 건축주와 미리 그런 부분들을 상의해서 인사도 하고 불편한 점에 대해 미리 양해를 구하는 절차를 잘 짚고 넘어가죠.

최이수 저는 22년 들어 갑작스럽고 무자비하게 오른 공사비로 난항을 겪고 있어요. 견적이 저희가 예상했던 것보다 40~50% 가까이 높게 잡혔어요.

임태병 원자재값이 갑자기 오르니까 제가 예상한 범위를 훨씬 초과하더라고요. 예를 들어 기초 비용만 두 배 가까이가 되니까, 전체적으로 금액을 측정하기도 감당하기도 버거워지는 상황이에요. 부가세 환급이 안 된다는 문제가 굉장히 크고요.

시공비를 줄일 수 있는 방법이 있을까?

김호정 부가세를 환급받을 수 있는 방법을 생각해보세요.

임태병 일반 단독주택을 지을 때 공사비의 부가세를 일반 건축주가 환급받을 수 있는 방법이 없기 때문에 현실적으로 거의 모든 편법이 동원되곤 해요. 환급받을 방법이 없어요, 없더라고요, 주택이니까.

김호정 아주 조금만 상가나 사무실을 만들거나 임대 사업자 등록을 하면 어떨까요?

최이수 그러면 처음부터 다시 신고를 해야 하는 거예요. 그게 유리한지 잘 모르겠어요. 한 세대를 위한 단독주택이고, 법적인 문제와 관련이 있기도 하고요.

임태병 법인 사업장이라고 해도 6개월 이하의 신설 법인은 중과세가 붙어요. 법인의 부동산 취득은 등록 후 5년이 지나야 해요. 그래서 지금 컨택 중인 시공사는 '직영 형식'으로 풀자는 거예요. 거기서 얼마나 세이브가 될지는 모르겠어요.

최이수 동네에 바로 얼마 전에 견적을 받은 집이 있어요. 그 댁도 신축이고. 그분의 경우 연면적이 50평이 조금 넘더라고요. 저희는 36평 정도고요. 그래서 그분보다 좀 적거나, 우리는 설계의 디테일과 구조 등이 좀 더 구현하기 어려울 수 있으니 비슷하게 나올 수 있겠다 예상하고 있었는데, 그분들보다 1억 5천만 원 이상이 높은 거예요. 여기에 부가세가 붙으면, 1억이 높다 하더라도 실제로 내야 하는 돈은 1억 1천만 원이 되는 거니까. 작은 단독주택을 짓는 현장에서는 무척 큰 차이가 되죠. 그러니, 하자 없이 짓는 게 아니라 좀 하자가 있으면 어때, 나중에 고치지. 그래도 아예 못 시작하는 거랑 지을 수 있는 거랑은 완전히 다른 얘기니까. 그 오랜 시간 설계도 진행해왔고. 저는 일단 짓는 게 목표예요.

김호정 지금, 마음이 아마도, 제일 힘들 시기예요. 어쩌면 낡은 다가구주택을 사서 수해도 입고 관리 문제로 고초도 겪고, 또 자금을 마련하느라 이리저리 백방으로 알아보러 다닐 때보다, 그때는 '짓는다'는 희망이 있어서 어지간한 고난이 와도 고달픈지 모르고 지나거든요. 그쵸? 그런데, 지금, 막 시작하려고 하는데 돌뿌리에 확 걸려 넘어지는 느낌이 드는 지금이 정말 너무너무 힘들 거예요.

기획자 아까, 전 대표님께서 말씀하셨던. 아파트 조합. 공사비가 평당 어느 정도 금액이 입찰되고 있다고 하셨죠?

전은필 2022년 평당 720만 원 수준. 2019년도만 해도 약 580 안팎으로, 아무튼 600이 안 됐어요.

조남호 공시가가 580만 원인가 했었죠.

기획자 예상하신 것보다 얼마나 초과한 거예요?

최이수 저희 체감으로는 두 배에 가까워요. 세금 포함해서 3억 5천 정도. 그때는 건축면적 30평 정도. 저는 그래도 세금 포함해서 많이 잡아서 6억 안으로는 들어올 수 있겠다 싶었어요. 그런데 지금 7억이 넘으니까. 우리가 할 수 있는 범위를 넘어간 것 같아요. 지금 마음 같아서는 하자가 나오든 집이 좀 잘못되든 그냥 적당히 타협을 하고 싶은 거예요. 좀 못난이면 어떤가, 일단 지어서 빨리 들어가고 싶다는 생각밖에 안 들고. 욕심을 버리자, 버리자….

정수진 그런데 짓고 나서 정말 크게 고생할 수도 있는데.

최이수 지금은 절박하니까. 어차피 비 새는 집에 살았었는데 뭐, 무너지지만 않으면 돼, 이런 마음이에요. 지금은 ○ 아니면 ×인 거예요. 짓느냐 못 짓느냐. 근데 저희는 ○가 좀 삐뚤빼뚤 하더라도, 바르게 생긴 ○가 아니더라도 그냥 ○로 갔으면 좋겠는데. 서두른다는 뜻이 아니라, 저희가 가진 능력으로 입주를 하고 싶은 거예요.

기획자 대출이 조금 더 안 돼요?

최이수 대출을 무한정 받을 수는 없으니까요. 저희 부부의 수입 범위가 정해져 있는데, 몇 년 전에 집을 샀을 때부터 시작해서 '주거'에 들일 수 있는 비용의 한계치라는 걸 고려하게 돼요. 예를 들면, 7억을 대출받는다면, 우리가 집을 지어서 과연 행복할 수 있을까. 저희는 행복하지 못할 것 같아요, 그렇게 되면. 행복하고 싶어서 집을 지으려고 했는데, 그 집이 목을 조이면 그걸 과연 해야 하는 걸까. 저희가 감당할 수 있는 선이 있는데, 그걸 넘어버린 것 같아요.

김호정 건축주들이 당면하는, 정말 가장 현실적이고 고통스러운 순간일 거예요.

전은필 땅값이 오르는 걸 생각해보면 어떨까요?

최이수 제가 지금 여기 6년 동안 살았잖아요. 말하자면, 이미 반영이 돼 있거든요. 서부선 들어오고, 뭐하고…. 땅값이 떨어지진 않지만 그렇다고 오름세가 급격하진 않더라고요.

기획자 한 6개월 기다리면 어때요? 건축비 조정은 좀 있을 거라고들 하던데…. 지금 러시아 전쟁의 여파도 있고, 유동성을 억제하고 긴축 경제에 들어가면서 코로나 여파가 이제 시작되려고 한다는 전문가들의 견해들도 그렇고….

임태병 떨어지기는 쉽지 않을 것 같아요. 원자재값이 조금 조정된다 해도 인건비가 오를 것 같고…. 정말 요사이는 예측 불가능할 정도가 됐어요. 처음에 예상을 하죠. 예산이 어느 정도 얘기된 상황에서 디자인을 시작하니까. 그런데 하다 보면 건축주는 계속 무언가를 제안하고 건축가는 또 안 된다고 하고. 이게 반복되면 말이죠. 클라이언트가 건축가를 기분 나쁘게 생각해요. 견적도 안 내보고 왜 안 된다고만 하냐고. 견적을 내보고 조정을 하면 되지 않겠냐고 하죠. 어렵죠.

조남호 지금 상황에선, 솔직한 말로, 시공사의 질을 떨어뜨리는 게 견적에 영향을 가장 크게 미칠 거예요.

전은필 작은 단독주택의 경우 공사비에 그나마 안전하게 영향을 준다면, 그건 아마도 현장소장의 인건비일 거예요. 그러니 근처에 비슷한 공사가 있어서 동시에 여러 현장을 볼 수 있다면 소장의 인건비 측면에서 좀 유리하지 않을까 싶어요.

조남호 동네에서 건실하게 짓는 작은 시공사를 만날 수 있다면 좋은 일이죠.

임태병 그랬으면 좋겠어요. 근데 정말 그런 시공사가 없어서….

조남호 금액이 높은 시공사에 맡기면 건축가가 심지어는 관여 안 해도 잘 지어요. 의문점들을 항상 질문해오고. 문제가 생기면 대안도 거기서 디자인 고려해서 다 해줘요.

그런데 공사 가격이 낮아지면, 이제 점점, 건축가가 안 해도 될 일, 그리고 사고 걱정, 벌어질 사태 등을 다 감안해야 하는 거예요. 그림도 다 그려줘야 되고. 그러니까 어떻게 보면 저는 제가 시공자의 역할을 하는 경우가 많아요. 점점 질이 떨어지면 발주하는 창호 수도 우리가 확인해줘야 돼요, 거의 대체로 틀리니까. 그러니까 공사 가격이 낮아질수록 그런 순간이 잦아지죠. 현장에 나가서 시공을 하고 있는. 결국 공사비가 건축가에게 전가되는 거예요.

정수진 견적 비교 후 저는 차선이라 만류한 시공사와 계약한 프로젝트가 있어요. 문제가 생긴 거지요. 어느 시점부터 시공사의 협력 업체들이 현장으로 들어오질 않아요. 공사비 지불이 안 되니까. 그걸 건축주는 감리자의 문제인 줄 알고 있었어요. 시공사 대표가 제가 없을 때 감리 탓을 하니까. 언급하기 참 민망한 얘기인데 한마디로 건축주와 감리자 사이를 이간질했던 거예요.

조남호 중요한 건, 시공사의 대표를 알아야 하는 겁니다. 시공사의 규모와 관계없이 그 현장 일을 정확하게 알고 늘 일을 하는 사람인지, 경영자 행세만 하는 사람인지를 세심하게 확인할 필요가 있어요. 현장에 계속 관여하고 실제로 '일을 하는 사람'인지가 중요하다고 봐요. 이렇게 실제로 현장 일을 직접 하고 관여하고 조율하는 사람은 전문가로서 자기 일에 집중하는 사람이기 때문에 만약에 어려운 일이 생겨도 신의를 지키려고 애쓰고 또 결국 신의를 지켜요. 반면에 일 자체에 애정이 없고 집중하지 않는 사람은 위기에 봉착할수록 거짓말할 가능성이 높고 숨겨진 상황들이 많아요. 저도 진짜 어렵게 망한 시공사도 만났었는데, 그 회사 대표가 괜찮은 사람이면 무슨 일을 해서라도 자기가 마무리를 하더라고요. 그러니까 그걸 확인하는 일이 제일 중요한 것 같아요. 일을 하는 대표들은 일단 모든 현장을 다 알아요. 파악하고.

Point 시공 전반부 과정과 감리 포인트

1. 경계측량

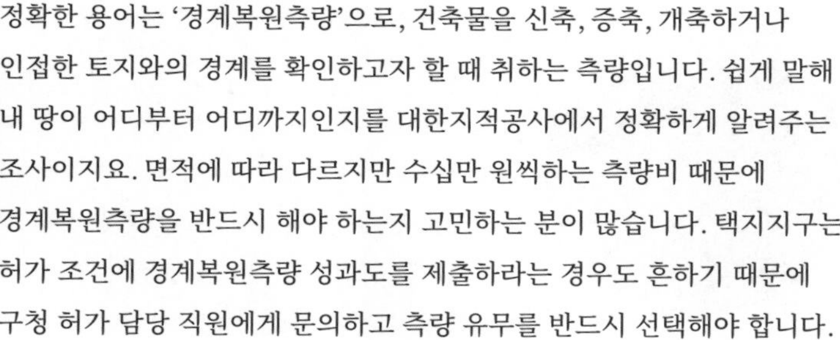

정확한 용어는 '경계복원측량'으로, 건축물을 신축, 증축, 개축하거나 인접한 토지와의 경계를 확인하고자 할 때 취하는 측량입니다. 쉽게 말해 내 땅이 어디부터 어디까지인지를 대한지적공사에서 정확하게 알려주는 조사이지요. 면적에 따라 다르지만 수십만 원씩하는 측량비 때문에 경계복원측량을 반드시 해야 하는지 고민하는 분이 많습니다. 택지지구는 허가 조건에 경계복원측량 성과도를 제출하라는 경우도 흔하기 때문에 구청 허가 담당 직원에게 문의하고 측량 유무를 반드시 선택해야 합니다.

택지의 경우에는 인접 대지와의 이격거리가 있기 때문에 중요한 사항입니다. 실제로 측량이 잘못되어서 기초를 부수고 새로 짓는 경우가 허다합니다. 따라서 공사 전 가장 중요한 절차라고 해도 과언이 아닙니다. 경계측량을 하는 방법은, 해당 시나 군에 '대한지적공사' 각 지점이 있습니다. 홈페이지에 가서 신청해도 되고 전화해서 경계측량을 요청하세요. 경계측량은 분쟁의 소지가 많은 사안입니다. 구옥의 경우 특히 그렇습니다. 본인이 신청하면 빠르고 확실한데, 대리자가 하면 준비해야 할 서류가 많기 때문에 건축주가 직접 신청하는 것이 효율적입니다.

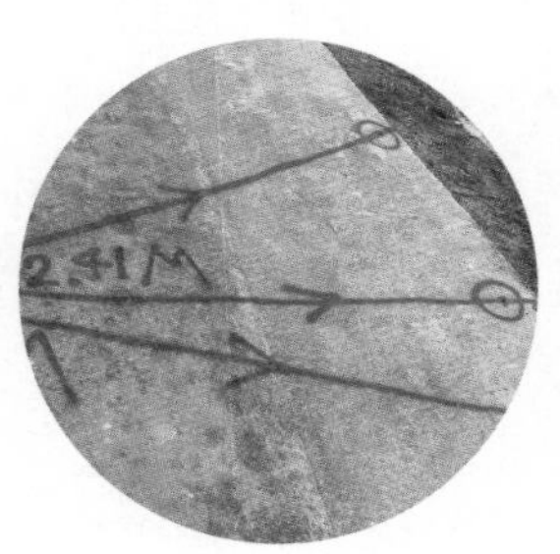

경계측량을 하는 현장에 시공사, 건축주, 건축가(감리자)가 함께 하면 좋습니다. 지적공사에서 2~3명의 경계측량 기사가 파견 나와 작업을 하는데, 측량 비용을 먼저 지불해야만 기사가 나옵니다. 또 중요한 점은 경계측량은 1개월간 AS가 된다는 것입니다. 기사들이 와서 대지 경계점에 말뚝을 박아주는데 말뚝이 뽑히거나 움직여서 의심스럽다면, 1개월 내에 다시 측량해 달라고 요청하면 다시 와서 경계점을 찍어줍니다.

감리 포인트

❶ 건축가에게 먼저 문의

❷ 시공사·건축주·건축가 함께 현장에 있길 권장

2. 터파기

터파기 전에 먼저 '규준틀'을 매야 합니다. 말뚝을 네 모서리에 박고 끈을 연결해 매주는 공정인데, 통상 '규준틀 매기'라고 부르지요. 정확하게 집의 위치를 잡아주는 과정입니다. 이 네 변을 두른 끈이 기초 벽체의 선을 정해주는 역할을 합니다. 터파기할 때는 대부분 시공사 내의 전기 설비팀이 같이 현장에 와서 전기 맨홀과 통신 맨홀을 묻는데, 맨홀을 묻어야만 공사하는 동안 가설 전기를 사용할 수 있습니다. 따라서 미리 신청을 해서 터파기 때 전기 설비를 동시에 진행해야 합니다. 터파기할 때 비가 오거나 날씨가 좋지 않으면 날짜를 새로 잡는 것이 좋습니다. 왜냐하면 주변이 흙탕물이 되니 민원이 많이 들어오고, 땅이 젖어 있으니까 지반이 무너지는 등의 위험소지가 크기 때문이지요.

터파기 과정에서는 인접 대지 옆집의 담이나 기초에 해를 입히지 않는지 특히 주의해야 합니다. 기초가 없는 담들이 있을 수 있기 때문에 그 근처의 땅을 파도 옆집의 담이 무너질 수가 있습니다. 옆집의 담이 무너지면 손해배상을 해야 합니다. 또 신규로 개발된 택지지구의 경우엔 필지 내에 시의 상수관이 묻혀 있기도 합니다. 터파기를 하다가 그 관을 깨뜨리기라도 한다면 벌금을 내거나 거액의 손해배상을 해야 할 수도 있습니다. 그러니 지하 매설물을 주의 깊게 확인해야 하지요. 주로 인터넷선과 전화선, 전기선도 땅에 묻혀 있으니 주의해야 합니다. 물이 나오면 반드시 감리자에게 알려야 합니다. 물이 나온다는 것은 지내력에 문제가 생길 수 있고, 기초공사를 변경해야 하는 상황이 될 수도 있습니다.

감리 포인트

❶ 수평 규준틀을 설치하여 건물의 위치 확인

❷ 터파기 전에 지하 매설물의 위치 확인

3. 버림 콘크리트

버려지는 용도로 콘크리트를 타설하는 과정입니다. 5cm 내외의 두께로 콘크리트를 부어 만드는 이 과정은 '먹줄치기'를 통해 기초의 위치를 정하는데 도움이 됩니다. 그 밖에 버림 콘크리트의 쓰임새는 크게 세 가지입니다.

❶ 기초가 놓일 자리에 먹줄을 편리하게 치기 위함.
❷ 소요 피복 두께를 확보해 흙으로부터 철근을 보호하기 위해서 진행. 철근이 흙에 닿으면 녹이 생길 수 있기 때문.
❸ 기초의 수평을 유지하기 위함. 원래는 비닐을 깔고 그 위에 버림 콘크리트를 타설하는 것이 표준이지만 땅의 상태와 토질이 좋다면 콘크리트를 타설하지 않고 비닐을 쳐서 이 역할을 하도록 할 수 있음.

4. 기초공사

주택의 기초공사는 줄기초와 독립기초, 매트기초로 간단히 구분할 수 있습니다. 기초공사 전에 먼저 땅의 상태를 점검해 지내력을 파악하고, 구조 계산과 설계를 통해 기초의 방식을 결정합니다. 줄기초는 건축물의 벽체나 기둥을 지지하는 부분에 좁고 길다랗게 띠 모양으로 땅을 파고 잡석을 다짐하여 그 위에 슬래브를 시공합니다. 풋팅, 기초 옹벽, 되메우기, 슬래브 순서로 요약할 수 있습니다. 경사가 심한 경우에는 줄기초로 시공하지만 일반적인 대지라면 보통 매트기초로 시공합니다. 매트기초는

거푸집과 철근배근 후 전기 배관을 하고 콘크리트 타설을 과정을 거칩니다. 바닥 전체 모양대로 콘크리트를 타설하기 때문에 공사기간이 줄기초에 비해 짧고 인력 소모가 적습니다. 다만 동결심도에 주의해야 합니다.

줄기초

기초의 테두리를 띠 모양으로 파고, 그 도랑 안에 잡석 다짐, 버림 콘크리트, 슬래브를 시공. 거푸집을 설치하고 그 안에 콘크리트를 부은 후 양생하는 기간이 필요하기 때문에 시간과 인력 투입이 많음.

그러나 경사가 심하거나 대지에 습도가 많은 등 단단하지 않은 대지의 경우 안정적으로 수직을 맞출 수 있는 정교한 시공법.

매트기초

토질이 단단하고 안정적이거나 편평한 대지에서는 보통 매트기초를 선택. 양생 기간이 필요 없고 거푸집 사용이 적어 공사기간과 자재비가 줄기초에 비해 적게 소모될 수 있음. 그러나 경사지의 경우라면 콘크리트 타설 분량이 많아져 오히려 금액이 상승할 수도 있기 때문에 현장 상황에 따라 결정해야 함.

기초공사 과정은 목구조와 철근콘크리트 과정 둘 다 똑같습니다. 다만 철근콘크리트 구조 주택에 비해 목조주택은 기초 슬래브의 수평이 매우 중요합니다. 목구조는 슬래브 위에 목조벽체가 설치되기 때문에 수평이 맞지 않으면 슬래브 사이에 공간이 생겨 하자가 발생할 수 있습니다. 건축주는 시공자에게 '수평'을 맞춰달라고 요청해야 합니다. 슬래브를 완성한 다음 목구조를 시작하는데, 철근콘크리트 구조와 목구조를 연결시키는 L형 '앵커'를 시공합니다. 여기까지 진행하고 주변을 정리하면 기초공사가 마무리됩니다.

원칙적으로 겨울철에 영상 4도 이하일 때는 타설을 하면 안 됩니다. 콘크리트가 얼어버리기 때문이지요. 불가피하게 진행해야 한다면 한중 콘크리트를 타설하고, 천막을 씌워서 수분이 증발하지 않도록 한 다음 보온 덮개를 씌웁니다. 밤이 되면 기온이 급격히 떨어지므로 현장에

← 줄기초

열풍기를 틀어서 온도를 높게 유지시켜야 합니다. 겨울철 콘크리트 타설 시 주의사항은 "얼면 끝장이다!"입니다. 기초공사 과정에서는 최소한 세 차례, 즉 기초철근, 옹벽철근, 슬래브철근을 배근하고 나서 감리자의 확인을 받아야 합니다. 거꾸로 여름철에는 열로 인한 빠른 건조로 균열이 생길 수 있기 때문에 살수작업을 시공사에 요청하면 좋습니다.

감리 포인트

❶ 되메우기 깊이가 깊을 경우 30cm 두께마다 다진다.
❷ 지하 매설물이 이동, 침하, 변형 또는 파손되지 않도록 주의한다.
❸ 기초벽(줄기초, 매트기초)은 3일 이상 경과 후 되메우기한다.
❹ 콘크리트 작업 시 수평에 주의한다.

착수 전 점검사항

❶ 급수, 배수, 오수 등 설비 배관 상태 확인
❷ 전선 입선 상태 확인
❸ 철근의 피복 두께 확인

콘크리트의 종류 및 사양

❶ 시멘트는 포틀랜드 시멘트를 사용한다.
❷ 4주 압축 강도: 180kg/cm², 210kg/cm²
❸ 콘크리트의 종류: Ready Mixed Concrete

타설

❶ 콘크리트 낙하거리는 1m 이하로 하며 수직 타설을 원칙으로 한다.
❷ 이어붓기는 하지 않는 것을 원칙으로 하나 부득이한 경우 다음에 따른다.
a) 콘크리트판 이어붓기 위치를 경간 거리의 2분의 1 부근에서 수직으로 한다. → b) 이어붓기 시간은 외기 25도 이상일 때 2시간, 미만일 때 2.5시간 이내로 한다.

← 매트기초

5-1. 목구조의 골조공사

이제부터 비로소 목조주택의 아름다움을 느낄 수 있는 공정이 시작됩니다. 일반적인 경골목구조의 형식은 다음과 같습니다.

구조

외벽 2×6인치 구조목 사용, 내벽 2×4인치 구조목 사용

시공법

국내에서 사용되는 대부분의 경골목구조의 구조는 플랫폼 구조인데, 바닥재가 방화막으로서 기능하고 벽체의 강성이 높아지는 장점이 있다. 최근 경골목구조가 많이 시공됨에 따라 플랫폼 구조에 관한 디테일과 시공법이 다양하게 개발되고 있다.

기초공사가 완료된 후 경골목구조 벽체가 세워지는 과정은 다음과 같습니다. 우선, 머드실(방부목)과 기초공사 때 심어놓은 L형 앵커를 조립합니다. 머드실 작업 시 기초와 목구조 사이가 벌어져 있다면 그 사이를 수축이 없는 모르타르인 사춤 모르타르(filling mortar)로 반드시 꼼꼼하게 충진합니다. 이 부분은 감리자, 또는 건축주가 확인해서 시공사에 요청합니다. 간단하게 정리하자면 아래와 같습니다.

A. 토대(mud sill plate) 설치

❶ 완성된 기초공사에 먹 매김

❷ 앵커 볼트 매립과 기초공사 때 심어놓은 L형 앵커를 조립

❸ 방부목 토대 설치

❹ 수평 규준틀로 쐐기목 고정

❺ 기초와 목구조 사이가 벌어져 있다면 그 사이를 수축이 없는 사춤 모르타르로 반드시 꼼꼼하게 충진해야 함.

우선 구조재가 현장에 반입되면 시공자와 건축주 모두 가장 신나는 공정이 시작됩니다. 목공팀들은 각 팀으로 나뉘어 한쪽에서는 톱테이블을 만들고 한쪽에서는 스터드(수직골격 목재) 재단을 시작하면서 분주해집니다. 골조공사는 벽체 → 바닥 골조 → 2층 골조 → 지붕 골조 순서로 진행합니다. 1층 벽체를 세울 때는 (콘크리트의 경우엔 엄격하게 일직선이 아니어도 되지만) 목구조일 경우에는 엄격하게 벽체가 수직, 수평이 맞는지 꼼꼼하게 체크해야 합니다. 확인하기 가장 손쉬운 방법은 벽에서 벽으로 실을 띄워보는 방법입니다. 수평인지 기울어져 있는지 금방 눈에 보입니다. 목구조는 층간 소음에 약하기 때문에 2층 바닥 골조 시공 후 콘크리트 바닥공사 시 구조적 안전 검토를 감리자에게 요청해야 합니다. 반드시 감리자의 승인 후 2층 벽체 골조를 세웁니다. 2층 벽체는 1층과 똑같이 수직, 수평을 유지시킨 다음에 올립니다. 2층 벽체가 세워지면 집의 높이가 꽤 되기 때문에 안전사고에 대비하여 시공자에게 외부 비계를 설치할 것을 요청할 수 있습니다. 공사 중 사고가 발생하면 당사자는 물론 시공사, 건축주 모두에게 크나큰 어려움이 발생하기 때문에 안전에 함께 대비하는 것이 좋습니다. 외부 비계 설치 후 2층 벽 합판과 지붕공사를 실시합니다. 골조공사의 과정은 아래와 같습니다.

B. 경골목구조 벽체 제작

❶ 반입된 구조재를 이용해 스터드 재단

❷ 토대 위에 설치될 밑깔 도리와 윗깔 도리 절단

❸ 창문 위를 가로질러 상부에서 오는 하중을 좌우벽으로 전달시키기 위해 대는 보 제작

❹ '❶~❸' 에서 제작된 구조재를 기초 위에 조립

C. 경량목구조 벽체 조립 순서

1층 벽체 → 2층 바닥 골조 → 2층 벽체 → 지붕 골조 순서

감리 포인트

1층의 벽체를 세울 때 벽체가 수직, 수평이 맞는지 체크

D. 바닥 장선 조립 순서

❶ 반입된 구조재를 이용해 장선 재단

❷ 구조 도면에 표시된 빔의 위치에 맞게 정확하게 보와 기능을 설치

❸ 일반적인 장선 설치

❹ 목공용 접착제를 시공한 다음 18mm 합판을 설치

❺ 바닥장선 설치 시 층간 소음문제를 해결하기 위해 특별히 좀 더 신경쓴다면, 2×10 구조재를 400mm 간격으로 설치하는 일반적인 규격보다 좀 더 큰 부재인 2×12 부재를 400mm 간격으로 시공

❻ 도면상의 특기가 없는 경우 장선의 방향은 지간거리가 짧은 방향으로 설치

❼ 감리자에게 필요한 결합 철물의 위치를 요청하여 최대한 많이 사용할수록 좋음

❽ 목구조 계산용 전자계산기나 지간거리표를 믿지 말고 의문이 드는 부위는 반드시 구조계산 요청

감리 포인트

목구조가 층간 소음에 약하기 때문에 2층 바닥 골조 시공 후 구조 안전 검토를 감리자에게 요청해야 함. 감리자의 승인 후 2층 벽체 골조를 세울 것.

E. 2층 벽체 설치 순서

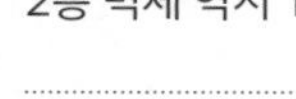

2층 벽체 역시 1층 작업 과정과 같다. 역시 수직, 수평이 중요.

감리 포인트

❶ 시공자에게 외부 비계 설치를 요청

❷ 우천으로 인한 피해를 막기 위해 무리하게 지붕 합판을 덮는 경우는 피하는 게 좋음. 하루를 벌려고 하다가 대형사고로 이어질 수 있음.

F. 서까래(rafter)/용마루(ridge board) 설치와 상량식

상량식은 한옥에서 기둥 위에 보를 얹는 것을 기념하는 의식이다. 일반적으로 한옥은 대들보를 얹으면서 건물의 뼈대가 자리를 잡고 기둥이 흔들리지 않으며 건물이 안정되므로 이 공정에 이르면 의식을 행한다. 경골목구조에서 대들보의 의미는 거의 없지만, 그럼에도 현장을 점검하고 목수들과 이웃에게 건축 경과도 알릴 겸, 감사 인사를 하는 의미로 조촐한 행사를 치른다. 행사가 번거롭다면, 가훈이나 좋은 뜻의 글귀가 새겨진 나무를 지붕공사 마감 전에 붙여 둔다면, 상량의 기쁨을 누릴 수 있다.

5-2. 철근콘크리트구조의 골조공사

철근콘크리트구조의 골조공사는 목구조와는 조금 다르게 진행됩니다. 철근콘크리트구조는 콘크리트의 강력한 압축성과 철근의 강인한 인장 성능을 결합시킨 구조법으로, 콘크리트는 시멘트+모래+자갈을 적절한 혼합비로 섞어 물에 개어 만듭니다. 조적식 구조나 목조에 비해서 넓은 바닥을 만들 수 있고, 좀 더 높은 벽체를 구현할 수 있다는 장점이 있지요.

구조

시멘트+모래+자갈 혼합

시공법

콘크리트 공사, 철근 공사, 거푸집 공사를 합하여 '철근콘크리트 골조공사'라고 한다. 콘크리트 공사는 특히 철근 거푸집 공사와 밀접한 관계가 있다. 통상 철근 공사, 거푸집 공사의 순서로 이루어지고 최종단계에서 콘크리트가 타설되는데, 이 과정들이 서로 조정되면서 진행되기 때문에 전체 공정에서 매우 중요한 관리 포인트이다. 왜냐하면 서로의 공정이 그 다음 공정의 품질을 좌지우지하기 때문이다. 예를 들어, 철근 배근 정도와 피복 두께가 거푸집의 변형 여부에 영향을 미치고, 골조의 결속 정도, 피복 두께가 콘크리트 타설에 영향을 미친다. 또한 골조 손상이 없도록 지주를 철거해야만 정확하고 튼튼하게 콘크리트 타설을 할 수 있다.

철근을 배근하고 거푸집을 조립하고 콘크리트를 타설하는 순서로 진행되기 때문에, 목구조 공사와는 다르게 철근 공정에 감리가 필요합니다. 또한 콘크리트 타설 전에, 타설 중에, 타설한 후에도 감리가 꼭 필요합니다.

A. 철근 공사 순서

❶ 철근은 구조도면(치수, 모양, 위치 등을 기입한 상세도)을 근거로 설계도면을 참고해 만들어진다.

❷ <u>순서</u>: 구조, 설계도면 체크 → 철근 반입 및 저장 → 철근 검사 → 가공 및 조립 배근 → 배근 검사

❸ 철근콘크리트조 배근 순서: 기초-기둥-벽-보-바닥-계단-지붕 순서

❹ 철근 배근을 할 때 순서: 완성된 기초공사에 기준선에 따라 먹줄 놓기 → 구조도면에 따른 철근 배근표에 근거해 철근 간격 표시 → 벽체의 직교 철근 배근 → 대각선 철근 배근 → 스페이서(spacer: 철근 간격 유지와 피복 두께를 위한 철근 간격재) 설치 → 기둥이 있을 경우 주근 기초 정착, 정착, 이음 길이, 보강근 확인

B. 철근 배근이 끝났을 때 감리 포인트

❶ 구조도면의 배근과 현장에서의 배근에 대한 감리. 철근의 규격과 배근 간격이 일치하는가? 수직, 수평 상태는 양호한가 등을 확인

❷ 감리자의 배근 검사 후 지적사항에 대한 처리 결과 확인

❸ 이음 및 정착 길이 확보 여부, 정착 방향과 위치의 정확성: 인장 - 40d / 압축 - 25d

❹ 각종 전기박스류 및 매입물 주위의 배근 상태 확인 및 보강 배근

❺ 철근의 피복 두께는 설계 도서 또는 다음 사항 준수: 기초 - 6cm / 접지하는 벽, 기둥, 바닥, 보 - 4cm / 벽, 바닥판 - 3cm / 바닥, 내력벽, 옥내 마무리 내력벽 - 2cm

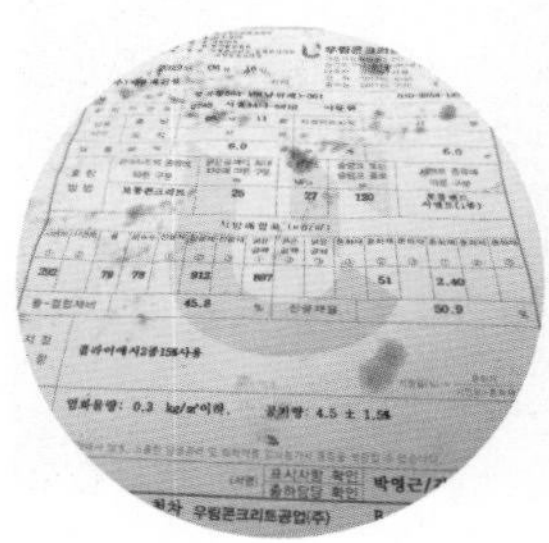

목구조 공사에서만 목수라는 명칭을 사용하는 것이 아니라 철근콘크리트 공사를 진행할 때도 '목수'라는 이름을 통용합니다. 어떤 현장에서는 '형틀공'이라는 명칭을 더 자주 사용할 수도 있습니다.

철근콘크리트 주택을 신축할 때는 거푸집이 매우 중요합니다. 형틀 거푸집은 조립 과정 전체가 매우 중요한데, 특히 처음과 끝이 견고하고 튼튼해야 합니다. 안전사고가 가장 빈번한 공정 가운데 하나이기 때문에 특별히 주의해야 합니다. 콘크리트 타설 시 엄청나게 가해지는 콘크리트 하중과 측압을 버텨내야 하기 때문입니다.

콘크리트 타설 과정은 특히나 서둘러서는 안 됩니다. 차분히 천천히 형틀 거푸집 보강 작업까지 완료하고, 감리자의 감리가 완벽하게 마무리된 뒤에 진행해야 사고가 발생하지 않습니다.

C. 거푸집 공사: 거푸집 조성 후 점검 사항

❶ 콘크리트 부재의 위치, 형상 및 치수에 정확하게 일치하도록 가공 및 조립한다.

❷ 기둥 또는 벽 거푸집 하부에는 적당한 간격으로 청소 구멍을 설치하고, 콘크리트 타설 직전 청소 상태를 확인한다.

❸ 거푸집 내부에 배치하는 각종 배관박스 및 매설 철물류는 구조적으로 안전한 위치에 정확히 설치해야 하며 콘크리트를 부어 넣을 시 충격에 변형되지 않도록 견고히 설치한다.

❹ 거푸집의 존치 기간은 다음에 의하며, 최저기온이 5도 미만일 경우 1일을 2분의 1일로 환산하여 연장하고, 기온이 0도 이하일 경우 존치 기간으로 산입하지 않는다. 단, 콘크리트의 보양 방법 및 상태 등을 고려해 감독자가 존치 기간을 증감시킬 수 있다.

<table>
<tr><th colspan="7">거푸집 존치 기간(최근엔 '허용 강도'라는 용어로 바뀜)</th></tr>
<tr><td colspan="2">부위</td><td colspan="2">기초 보 옆 기둥 및 벽</td><td colspan="2">바닥·지붕 슬래브 및 보 밑</td><td>비고</td></tr>
<tr><td colspan="2">시멘트의 종류</td><td>조강 포틀랜드 시멘트</td><td>포틀랜드 시멘트</td><td>조강 포틀랜드 시멘트</td><td>포틀랜드 시멘트</td><td rowspan="4">표준 시방서 기준</td></tr>
<tr><td colspan="2">콘크리트의 압축 강도</td><td colspan="2">50kg/cm²</td><td colspan="2">설계 기준 강도의 50%</td></tr>
<tr><td rowspan="2">콘크리트의 재령 (일)</td><td>평균기온 20도 이상</td><td>2</td><td>4</td><td>4</td><td>7</td></tr>
<tr><td>평균기온 10도 이상 20도 미만</td><td>3</td><td>6</td><td>5</td><td>8</td></tr>
</table>

철근 고임재와 간격재로는 철, 모르타르, 플라스틱 등을 사용합니다. 수량 및 배치 표준은 다음과 같습니다. 5~6층 이내의 콘크리트 구조물의 경우이므로 구조물의 규모에 따라 기준이 다를 수 있습니다.

철근 고임재와 간격재		
부위	종류	수량 또는 배치 간격
기초	강재, 콘크리트	8개/4m², 20개/16m²
지중보	강재, 콘크리트	간격은 1.5m, 단부는 1.5m 이내
벽, 지하 외벽	강재, 콘크리트	상단은 보 밑에서 0.5m, 중단은 상단에서 1.5m 이내, 횡간격은 1.5m, 단부는 1.5m 이내
기둥	강재, 콘크리트	상단은 보 밑에서 0.5m, 중단은 주각과 상단의 중간, 기둥 폭 방향은 1m 미만 2개, 1m 이상 3개
보	강재, 콘크리트	간격은 1.5m, 단부는 1.5미터 이내
슬래브	강재, 콘크리트	간격은 상, 하부 철근 가로 세로 각각 1m

건축 재료로서 콘크리트의 장점은 모양을 마음대로 만들 수 있고 강한 압축 강도를 갖는다는 점입니다. 건축가가 원하는 경간의 거리(기둥과 기둥, 또는 벽체와 벽체 간의 거리)와 디자인을 구현하기에 최고의 재료이면서 비교적 시공이 쉽고 구조물을 일체식으로 만들 수 있습니다. 목구조보다 철근콘크리트구조를 선호하는 시공사가 많은데, 필요 자재에 대한 물량 산출이 쉽고 기타 다른 건축재료가 비교적 단순하다는 점 때문입니다. 다시 말해, 목구조로 단독주택을 짓기 위해서는 목자재와 더불어 일반적으로 50가지 이상의 철물 자재를 산출해야 하지만, 철근콘크리트구조는 철근과 거푸집, 콘크리트의 물량만 산출하면 되기 때문입니다. 자, 이제 철근을 가공·조립하고 거푸집을 조립한 이후의 공정에 관해 알아봅시다.

콘크리트 공사 시 시공자가 레미콘을 주문할 때 고려해야 할 필수 콘크리트의 종류				
사용 위치	골재 규격 (mm)	설계 기준 강도 (kg/cm²)	스럼프 값 (cm)	
본건물	25	210~300	기둥, 벽 등	15
			기초, 슬래브, 보 등	12
무근 콘크리트	25	180	12	
버림 콘크리트용	25	150	8	
옥외 부대 공사용	25	210	12	

※ 스럼프 값은 위의 값을 기준으로 하되, 콘크리트 사용 부위, 혼화제 사용 등에 따라 감리자와 협의하여 결정한다.

D. 콘크리트 타설 시 감리 포인트

❶ 현장에서 콘크리트는 콘크리트 펌프 차량으로 타설함이 원칙이다.

❷ 펌프카가 설치된 곳에서 콘크리트는 먼 곳의 구획에서부터 부어 넣기 시작해야 한다(기존 건축물이 있을 경우 먼저 건축물을 보양해야 한다).

❸ 타설 시 철근, 파이프, 나무벽돌, 기타 매설물을 이동시키지 않도록 주의한다.

❹ 구획별로 콘크리트 타설을 끝낼 때는 표면이 수평에 가깝도록 한다.

❺ 콘크리트는 받음 용기 등을 사용해 부어 넣을 장소에 가급적 가까이 붓는다.

❻ 콘크리트는 재료가 분리되지 않도록 펌프 배출구를 최대한 낮추어야 하며, 콘크리트 낙하거리가 1.5m 이내가 되도록 하고 낙하속도는 30분에 1~1.5m 정도 연직에 가까운 각도로 거푸집 안의 구석구석을 충분히 다져 넣는다.

❼ 부어 넣을 때는 진동기로 재료 분리가 일어나지 않을 정도로 충분히 다지고 철근 기타·매설물의 둘레나 거푸집의 구석까지 차도록 한다.

❽ 콘크리트는 미리 계획한 작업 구획을 완료할 때까지 계속하여 부어 넣는다.

❾ 콘크리트 타설 중 폭우, 폭설이 내린다면 즉시 작업을 중단하고 보호책을 세워야 한다.

E. 콘크리트 타설 중 진동기 사용 시 주의사항

❶ 내부 진동기는 가급적 수직으로 사용한다.

❷ 내부 진동기는 철근, 철골 또는 거푸집에 접촉되지 않도록 주의한다.

❸ 콘크리트 진동시간은 콘크리트 표면에 시멘트 페이스트가 엷게 떠오를 정도를 표준으로 한다.

❹ 진동기의 삽입 간격은 인접한 진동 부분의 진동 효과가 중복하는 범위 내로 하고 60cm를 넘지 않게 한다.

❺ 응결하기 시작한 콘크리트를 진동시켜서는 안 된다.

직종별 노임 단가

(2021~2022년 공시, 단위: 원)

직종명 \ 공표일	2022.9.1	2022.1.1	2021.9.1	2021.1.1
작업반장	191,344	189,313	182,544	180,013
보통인부	153,671	148,510	144,481	141,096
특별인부	192,375	187,435	181,293	179,203
조력공	162,577	160,048	153,674	152,740
제도사	207,792	194,662	188,233	186,251
비계공	269,039	262,297	254,117	247,977
형틀목공	246,376	242,138	230,766	226,280
철근공	240,080	236,805	229,629	228,896
철공	211,415	209,189	202,032	200,155
철판공	193,615	188,181	185,232	181,604
철골공	216,712	214,374	207,346	205,246
용접공	238,739	234,564	230,706	225,966
콘크리트공	235,988	227,269	220,755	215,145
보링공	199,921	199,076	193,659	191,340
착암공	189,031	185,264	174,178	173,250
화약취급공	226,437	223,097	207,145	206,294
할석공	208,344	200,625	195,374	189,028
포설공	192,239	183,371	-	172,935
포장공	232,804	225,104	215,034	212,761
조적공	233,781	222,862	219,340	217,664
견출공	227,145	218,209	209,167	199,735
건축목공	242,631	237,273	225,210	224,657
창호공	234,564	224,380	219,260	217,409
유리공	229,105	221,409	211,036	205,044
방수공	191,620	184,934	176,933	174,334
미장공	239,846	237,304	228,820	228,423
타일공	253,427	247,079	234,370	230,160
도장공	235,799	229,273	217,123	213,676
내장공	222,738	217,517	211,250	206,253
도배공	199,187	192,426	188,914	185,814
연마공	186,660	-	170,190	-
석공	236,050	226,394	217,417	212,629
줄눈공	181,682	176,807	173,416	169,920
판넬조립공	205,422	198,691	192,957	186,646
지붕잇기공	204,039	194,244	187,839	181,305
벌목부	219,920	213,333	201,640	200,000
조경공	192,790	189,749	185,347	181,378
배관공	208,255	202,689	202,212	201,852
배관공(수도)	220,741	216,011	208,005	205,381
보일러공	205,072	-	193,938	190,000
위생공	201,663	196,165	193,759	193,773
덕트공	189,441	188,856	181,078	181,676
보온공	191,095	185,212	183,071	184,244
인력운반공	162,860	161,039	152,837	152,601
궤도공	182,713	175,508	167,662	163,911
건설기계조장	183,489	172,131	165,046	162,226
건설기계운전사	230,245	229,676	215,834	212,637

직종명 \ 공표일	2022.9.1	2022.1.1	2021.9.1	2021.1.1
화물차운전사	192,000	190,297	178,501	173,879
일반기계운전사	151,669	140,351	-	137,143
기계설비공	210,486	199,489	194,812	190,522
플랜트배관공	296,124	289,075	271,268	266,618
플랜트제관공	232,031	228,994	220,871	208,513
플랜트용접공	263,081	254,611	240,972	238,423
플랜트특수용접공	-	309,714	-	285,714
플랜트기계설치공	228,122	232,558	224,492	217,415
플랜트특별인부	198,285	187,735	182,649	176,704
플랜트케이블전공	293,572	296,879	290,040	274,707
특급품질관리원	186,667	-	184,123	182,441
고급품질관리원	183,333	179,705	178,915	175,386
중급품질관리원	167,559	165,777	163,497	160,900
초급품질관리원	140,000	138,833	137,759	136,668
지적기사	250,962	250,223	245,110	248,325
지적산업기사	219,741	219,307	217,040	211,956
지적기능사	181,993	179,864	177,107	172,575
내선전공	259,089	258,917	246,868	242,731
철도신호공	261,379	255,337	258,264	254,765
통신내선공	242,964	235,597	226,011	224,251
통신설비공	272,067	262,069	256,098	245,619
통신외선공	357,144	339,610	334,353	319,849
통신케이블공	381,041	364,905	356,624	339,623
무선안테나공	311,012	299,544	284,467	273,520
석면해체공	191,523	181,057	186,269	184,615
광케이블설치사	398,214	388,288	374,910	360,206
H/W시험사	349,792	330,981	332,268	330,411
S/W시험사	391,265	377,187	364,327	354,793
도편수	477,025	-	-	421,053
한식목공	279,380	271,227	247,685	246,346
한식목공조공	209,937	-	-	202,105
한식석공	322,748	322,914	330,000	324,939
한식미장공	286,134	278,417	262,880	246,667
한식와공	298,868	293,446	-	290,026
한식와공조공	245,275	250,000	-	227,495
특수화공	285,714	-	300,000	-
화공	252,000	261,905	269,504	-
통신관련기사	284,842	275,633	265,371	257,342
통신관련산업기사	273,786	268,910	263,046	254,403
통신관련기능사	227,878	221,858	213,828	206,555
전기공사기사	292,105	279,912	272,340	263,081
전기공사산업기사	260,292	249,961	246,849	241,167
변전전공	429,168	410,051	388,030	369,045
코킹공	191,040	184,209	186,456	187,843

Q&A 착공 전, 시공사를 향한 궁금증

Q1

일반적으로, 어떤 경로로 시공업체를 만나는지요?

A1

시공사를 만나는 경로는 크게 세 가지입니다. 첫째는 건축주가 아는 업체에 의뢰하는 경우, 둘째는 여러 업체 중 입찰을 통해 선정하는 경우, 마지막으로 건축가가 소개하는 경우입니다. 특별한 디자인하우스의 경우 건축가가 추천하는 시공사를 고려해보라고 권하고 싶습니다. 또는 마음에 드는 집을 찾아가 시공사에 관한 조언을 구하는 방법도 있습니다.

Q2

누가 시공사에게 견적을 의뢰하는 건가요? 건축가가 하는 것이 맞는지, 건축주가 하는 것이 맞는지, 규칙이 없다면 관례는 어떻게 되는지요?

A2

원칙적으로 시공 계약은 건축주와 시공자 간에 이루어지는 것이기 때문에 견적 의뢰의 주체 또한 건축주가 맞습니다. 하지만 단순히 총액을 가지고 비교하기보다는 세부 항목들에 대한 비교를 하는 것이 좋기 때문에 건축가가 중간에서 조언을 할 수 있습니다. 시공자가 제출하는 견적서에는 세부 내역서가 포함되는 경우가 많습니다. 이때 건축가는 건축주가 공정별로 꼼꼼히 비교할 수 있도록 도움을 줍니다.

Q3

시공사가 제공한 견적서의 내용을 정확하게 알 수가 없습니다. 전문적인 표기로 되어 있는 경우가 많더군요. 시공사가 보여준 견적서를 100% 믿어도 될까요?

A3

보통 상세 견적이 아닌 뭉뚱그린 공정별 견적으로 제출하는 경우는 신뢰하기 어렵습니다. 상세 견적은 각 공정별 하위 공정에 대한 내용과 물량, 단가 등이 상세히 포함되어 있습니다. 공정별 견적서보다 상세 견적서일 경우 건축가가 건축주에게 공사 전반에 대한 비교 등 견적에 대해 조언하기가 수월합니다. 그렇지 않으면 건축가도 감을 잡기가 어렵다고 보면 됩니다. 어떤 의미에서든 검증은 필요합니다. 의도적이지 않더라도 실수가 있을 수 있기 때문입니다.

Q4

집주인이 신경 쓰는 만큼 집이 달라진다고들 하는데, 정말 현장에 내내 나가 있어야 할까요? 공사가 진행될 동안 건축주의 역할은 무엇입니까?

A4

매일 나가면 좋겠지만, 현실적으로 불가능한 일이고 현장에 간다 하더라도 전문가가 아닌 이상 공사의 구체적인 현황에 관해서는 알기가 쉽지 않습니다. 다만 지어지는 집을 보며 행복한 현장 분위기를 만드는 것이 좋겠지요. 궁금한 점은 사진을 찍거나 메모를 해서 건축가(감리자) 혹은 시공 책임자를 통해 해결합니다. 감리자의 일정과 시공 책임자의 시간을 조율해서 건축주, 감리자, 시공자가 함께 현장에서 미팅하는 것이 바람직합니다.

Q5

공사를 시작했는데 설계를 변경하고 싶습니다. 어떻게 해야 할까요?

A5

법적으로 말하자면 선 시공 후 설계는 일단 불법이라고 할 수 있습니다. 설계 변경의 범위가 중요할 텐데, 경미한 설계 변경이라면(건물 규모, 위치나 모양이 변경되지 않는 설계 변경) 크게 문제될 것이 없습니다. 현장에서 현장소장과 건축가와 협의해서 해결할 수 있습니다. 다만 위의 수준을 넘어선다면 건축가에게 설계 변경을 의뢰하고 변경 허가를 얻어서 공사를 재개해야 합니다. 사용승인 때 문제가 될 수 있기 때문입니다.

Q6

공사 중간에 시공사를 바꿀 수 있습니까?

A6

시공사와의 계약서에 의거, 적법한 절차에 따라 바꿀 수 있습니다. 단, 관계자 변경 신고를 해야 합니다.

Q7

갈등이 일어나는 주된 이유가 무엇인가요?

A7

수없이 많은 애매한 상황이 벌어질 수도 있고, 완공까지 얼굴 한번 찌푸리지 않고 즐겁게 집짓기를 끝낼 수도 있습니다. 갈등은 꼭 어느 한쪽의 입장만 잘못이라고 말할 수는 없겠지요. 그럼에도 건축가의 입장에서 어려운 점이라면, 도면을 무시하는 시공자, 자신의 지식을 과신하는 건축주, 건축가의 의견을 배제한 설계 변경, 잦은 설계 변경과 이로 인한 비용 발생, 완료 시점의 이행 여부, 자재의 질적인 측면에 문제가 발생해서 현장에서 즉시 대안을 찾아야 하거나 갈등이 초래되는 경우, 하자 보수에 대한 여부와 한계 등을 두고 벌어지는 갈등 등이 있습니다.

거꾸로 건축주의 입장에서 본다면, 질문과 궁금증에 친절하게 응대하지 않거나 지나치게 자신의 작품 세계를 주장하는 건축가, 설계를 존중하지 않는 시공자, 불성실한 감리, 하자에 빨리 대응하지 않는 시공사 등이 갈등을 일으킨다고 볼 수 있겠지요.

또 시공사의 입장이 있을 수 있는데요. 공사대금을 계약서대로 지급하지 않거나 기본적인 신뢰 없이 의심만 하는 건축주, 설계 내용이 터무니없는 건축가, 역할에 충실하지 않은 감리자 등에 스트레스를 받을 겁니다.

현장에서 크고 작은 문제는 늘 일어나기 마련입니다. 신뢰와 인내심을 갖고 해결해가는 것이 중요합니다.

Q8

예정보다 시공 기간이 늘어나서 건축주가 피해를 입을 경우 어떻게 보상받을 수 있습니까?

A8

계약서에 명기하도록 되어 있습니다. 설계도 그렇고 시공도 그렇고 '지체보상금'이라는 개념이 있습니다.

Q9

견적서보다 금액이 초과될 경우 어떻게 해야 합니까?

A9

견적서에서 차액이 생기는 항목에 관해 보고를 받아야 합니다. 금액이 초과되는 경우도 있지만 적게 드는 경우도 분명히 있습니다. 항목별로 체크해서 공유하고 있어야 이런 갈등을 피할 수 있습니다.

Q10

일반적으로 공사비 지불 횟수와 비율은 어떻게 되나요?

A10

시공비 지급은 대략 10개월 미만의 공사기간이 소요되는 소규모(단독주택 200m² 이하) 공사와 그 이상이 소요되는 공사로 나누어 생각해볼 수 있습니다.

소규모 공사

계약 시	10~25%
골조 완료 시	20~25%
외부 비계 해체 시	20%
마감 바탕공사 완료 시	20%
사용승인 접수 시	5%
입주 시	5%

200m² 이상의 공사

계약금	10%
월 기성률에 따른 기성금 (사용승인 시, 입주 후 10일 이내 잔금)	5%

Q11

시공비를 지불할 때마다 사용 내역을 그때그때 확인하나요?

A11

원칙은 건축주가 체크를 하는 것이지만 감리자가 대행할 수 있습니다. '기성불청구내역서'를 시공자가 감리자에게 주면 감리자가 사인을 해서 건축주에게 제시하는 것이지요. 일반적으로 단독주택의 경우 대체로 5개월 이상 소요되는데(규모에 따라 크게 다르지만), 보통 한 달에 한 번씩 기성불을 체크합니다. 감리자가 없을 경우에는 아무래도 시공사와 건축주 간에 갈등이 일어나기 쉽겠지요. 감리자로 하여금 공사비에도 관여를 하도록 감리 계약을 체결하는 편이 효율적입니다. 보통은 감리자가 비용에 관여를 하지 않으려고 합니다만, 건축주는 감리자가 중간에 있을 경우에, 감리자에게 시공 내역, 시공비에 관련된 사항을 감리하도록 요구할 수 있습니다. 감리자가 시공사로부터 내역서를 받아서, 확인한 후 타당할 경우에 요청한 기성불을 지불합니다.

Q12

설계비, 시공비 이외에 예상해야 하는 비용은 무엇이 있을까요?

A12

161쪽 도표 '총사업비 구상'을 참조하세요.

Q13

목조와 철근콘크리트 구조의 장단점을 알고 싶습니다.

A13

구조체는 철거할 때까지 유지될 수밖에 없는 자재이기 때문에, 가족구성원의 생애주기에 따른 공간 변화에 대응하면서 동시에 예산에 맞출 수 있는지 검토해야 합니다. 무엇보다 설계 의도를 반영하고 구현할 수 있는 구조체인지 판단해야 하지요.

아래에 목조와 철근콘크리트조의 장단점을 간략히 정리하지만, 그러나 재료 자체의 장단점은 건축물 전체에 크게 영향력을 발휘하지 않습니다. 건축물은 기본 재료 이외의 다양한 마감재로 완성되기 때문에 한 가지 재료의 특성이 지배적으로 드러나지 않고, 또 시공 방법에 따라 장단점이 극대화되기도 축소되기도 하기 때문입니다.

예를 들어, 목재가 친환경 자재이긴 하지만 국내에서 사용하는 건축용 목재는 거의 수입품입니다. 대규모 물량을 대부분 북미에서 들여와야 하니 탄소발자국 문제를 감안하지 않을 수 없지요. 콘크리트, 시멘트는 대체로 국내에서 제작, 가공하는 재료이니 탄소발자국은 적은 편입니다. 비슷하게 콘크리트가 인체에 해를 미칠 수 있다는 우려도 있는데 콘크리트 자체가 마감재가 아니기 때문에 일반적인 주택에서 기초 재료인 콘크리트가 인체에 직접 닿을 일은 거의 없을 것입니다.

목구조의 장점

1) 구조체가 가벼워 공사 과정이 철근콘크리트에 비해 수월하다.
2) 구조체(벽체) 사이에 단열재, 상하수도 및 설비 배관, 전기 라인을 설치할 수 있어서 내부 면적을 최대한 확보할 수 있다.
3) 유연하기 때문에 곡선을 비롯해 다양한 공간 표현력이 철근콘크리트에 비해 좋다.
4) 뛰어난 단열 성능.
5) 평면의 변화, 증축, 개축 등 가변성이 뛰어나다.

6) 지진에 강하다.
7) 골조공사 비용이 다른 구조에 비해 경제적인 편이다.
8) 건식 공법이기 때문에 습식 공법인 철근콘크리트에 비해 (양생 기간이 없으므로) 공사기간이 짧다.
9) 자연적인 자재이기 때문에 인체에 악영향이 없다.

<u>목구조의 단점</u>

1) 구조재와 철물 등 모든 자재를 수입에 의존해야 하기 때문에 국제 정세에 따라 수급이 까다로울 수 있다. 같은 이유로 가격 변동이 심한 시기도 있다.
2) 목재 전문가와 숙련공이 드물다.
3) 효율적이고 안전한 시공법이 정립되지 못했다.
4) 철근콘크리트에 비해 다소 약해 보인다.
5) 스터드가 방화벽 역할을 하기 때문에 대피 시간을 충분히 확보할 수 있다고 판단하지만, 철근콘크리트보다 구조체 자체가 화재에 약할 수 있다.
6) 흰개미 등 벌레나 해충이 문제를 일으킬 수 있다.

<u>철근콘크리트구조의 장점</u>

1) 국내에서 가장 흔하고 일반적인 공법이기 때문에 재료 수급이 원활하고, 전문가도 많다.
2) 구조체가 단단하고 견고하다.
3) 화재에 강하다.
4) 차음 성능이 뛰어나다.

<u>철근콘크리트구조의 단점</u>

1) 구조체가 무겁다.
2) 단열 효과가 떨어진다.
3) 단열재를 부착하면 실내 면적이 줄어들기 때문에 목구조에 비해 면적이 줄어든다.
4) 공사비가 비싸다.
5) 특히 동절기에는 양생이 어려워 공사가 불가능한 기간이 길 수 있고, 이는 공사비 상승으로 이어진다.
6) 증축, 개축에 대한 가변성이 낮다.

시공 중반부와 후반부 과정

건축가

그런데 너무 따뜻해도 문제가 생기지 않아요? 말하자면 너무 밀폐가 되어도….

시공자

저는 이런 결론을 갖고 있어요. 내가 원하고 싶을 때 환기를 시키고 내가 원하고 싶지 않을 때는 기밀이 되는 시스템이 중요하다고. 즉, 의도대로 집의 환경을 통제할 수 있어야 한다고 봐요.

창호공사

기획자 골조공사 이후, 어떤 과정으로 넘어가죠?

전은필 창호 단계로 넘어가요. 사람으로 따지면 이제 장기와 핏줄을 넣어야 되는 상황. 설비와 전기 배관들을 작업해야 되는 거죠. 이 시기에 건축주하고 또 한 번 미팅을 가져요. 콘센트 위치 등이 도면에 표기돼 있지만 도면에 표기된 거하고 실제로 공간이 형성되어 보이는 것하고는 느낌이 좀 다를 수가 있거든요.

'여기에 가구 하나를 놓아야 되는데 콘센트가 여기 하나 있었으면 좋겠어'라든지. 그런 것들을 적극적으로 반영하기 시작합니다. 소소하지만 편의성을 끌어올리는 수정이나 추가에 관한 결정이나 마감재에 관한 최종 결정, 수정도 이때 많이 해요. 외부 석재, 화장실 재료 같은 것들. 이외에 안에도 재료가 상당히 많이 쓰여요. 전체적인 조화와 균형미를 위해 지나치게 재료가 많아지지 않도록 정리를 하지요, 그 단계에서.

예컨대, 나무를 사용한다면 어떤 나무를 어느 요소에 넣을지, 페인트를 사용한다면 어떤 컬러를 쓸지, 창문 컬러와 벽 등 전체적인 조화를 맞추기 위해서 전체적인 협의를 한번 거치는 거예요. 그 다음에는, 창문을 설치하고 그 다음엔 우리가 흔히 말하는 '방통'이라는 걸 치게 돼요.

기획자 바닥 난방?

전은필 네에. 바닥 난방. 난방 코일을 깔고, 그 위에 모르타르를 쳐요. 자, 여기까지 진행을 하고 나면, 이제부터는 내부와 외부 작업이 동

⬇➡ 설비, 전기 배관 작업을 위한 현장 작업자들 간의 회의는 무척 복잡하고 기억해야 할 사안이 수없이 많다. 현장소장이 눈코 뜰 새 없이 바쁠 시기. 왜냐하면 작업자뿐 아니라 건축주의 의사를 체크할 일도 많기 때문이다.

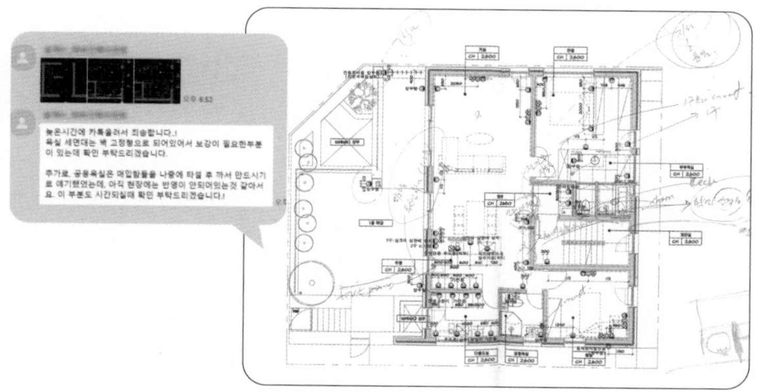

시에 이루어질 수 있어요. 창호가 설치되면 안에서는 내장 목수가 작업을 하고, 외부는 단열과 외장재 작업이 진행되죠. 여기서 중요한 게 바로, 예전에 창문 얘기할 때 몇 번 얘기했듯이 '창문을 먼저 설치하느냐 외장재를 먼저 설치하느냐'입니다. 그에 따라서 공사기간이라든지 집의 수명이 좌우될 수 있지요. 말 그대로 외장재는 그냥 외장재거든요, 방수가 아니라. 그런데 많은 사람들이 외장재가 방수재라고 인식해요. 그래서 외장재에 신경을 많이 쓰는데, 사실 그것보다는 창문을 먼저 설치하고 창문 주변에 누수가 일어날 수 있는 부분들을 꼼꼼하게 작업하고 그 다음 외장재를 붙이는 작업에 들어가야 해요. 안에서는 내장 목공 작업하면서 방수도 하고요. 그런 작업들을 '바탕 작업'이라고 불러요. 최종 마감을 하기 위한 바탕 작업. 화장실 안에서는 방수. 내부에서 목공들이 각상을 대고 석고 보드를 치고 매지 몰딩도 넣고 간접 조명도 만들고 커튼 박스도 만들고 조명 박스도 만들고. 이런 모든 것들을 바탕 작업이라고 불러요. 이 작업 과정에서 실내 퀄리티 차이가 발생해요.

내장 목수가 하는 일이 정말 많아요. 이분들의 실력, 업무 능력에 따라 집의 수준이 달라지는 거예요, 상당히. 왜냐하면 아무리 도장을 잘해도 바탕면이 좋지 않으면, 디테일한 마무리를 만들어낼 수가 없어요.

기획자 목조주택이라서 골조공사를 목수들이 하는 경우라도, 실내를 작업하는 작업자와 다른 거예요? 완전히 다른 팀이에요?

전은필 거의 대부분 달라요. 그런데 아주 가끔, 아주 드물게 외장과 내장을 같이 할 수 있는 목수들이 있긴 해요. 흔한 경우는 아니에요. 무슨 말이냐면, 그러니까 작업자들의 성향 차이가, 하는 작업에 따른 성향 차이가 두드러진다는 말이에요. 외장 작업을 하는 목수들은 보통 와일드한 편이고 선과 획을 잡는 스케일이 좀 커요. 반면에, 내장 작업하시는 분들은 상당히 섬세해요. 그런데 간혹 카멜레온처럼 왔다 갔다 하시는 분이 계시기는 해요. 또 목조주택의 경우는 목조 자체가, 그러니까 구조 자체가 상당히 마감과 결부되는 재료라서, 목조주택을 잘하는 목수들은 내장 목수처럼 1밀리를 따지진 않더라도 일반 외부 목수들보다 상당히 섬세하긴 해요. 예를 들어, 형틀 목수와 비교하면 그래요.

임태병 그렇죠, 거푸집을 잡는 형틀 목수는 아무래도 거칠죠.

전은필 현장에서는 형틀 목수라고 하지만 실제로는 유로폼을 조립하는 비교적 단순한 업무이지요. 반면, 한옥이나 경량목구조, 인테리어 작업은 훨씬 섬세한 작업 난이도를 필요로 합니다. 경량목구조 목수들은 메인 빌더가 있고 3~4명 정도 한 팀을 이루어 움직여요. 경량목구조가 보편화되기 전에는 국내에 자료가 많지 않아 현장 일을 마치고 밤에 모여 원서를 보며 연구를 하기도 했다고 하더라고요. 주로 젊은 연령대이고 서로 경험을 공유하며 노하우를 축적해나가는 분야이지요. 특히 건축가가 설계한 주택은 일반적인 목조주택과 많이 달라서 작업 중에 정말 많은 고민과 노력이 필요해요. 섬세한 설계일수록 오랫동안 함께한 팀들을 찾게 되지요. 얼마 전 솔토지빈에서 설계한 춘천 화산당이라는 프로젝트가 있었는데, 견적을 위해서 목수가 도면을 검토하는데 저에게 그러더라고요. 수주하게 되어도 자기 부르지 말라고. (일동 웃음) 겉으로 보기에는 박스 형태라 심플할 줄 알았는데, 자세히 보니 노출보에 보강, 조이스트 등등 까다로운 요소가 잔뜩이라고 말이죠. 아, 이러니… 수주를 해도 걱정입니다. 능력 있고 재주 좋고 성격도 좋은 목수를 찾아야 하는데, 대체 누굴 어떻게 꾀야 할지… . (일동웃음)

기획자 그 목수 분이 시공사의 직원은 아닌 거잖아요?

전은필 직원 아니죠. 공사마다 고용을 따로 하는 거예요.

조남호 나 원 참… (웃음) 내가 목수로서 이런 걸 해보고 싶다, 이렇게 많이들 도전하지 않나… . (일동 웃음)

전은필 저랑 일하는 목수들은 해볼 거 다 해봤다고. 많이 해봤다고. 손사레를… . 이제 정신적인 노동에서 벗어나고 싶다고. (일동 웃음)

최이수 그러면 춘천까지 가셔서 작업을 하세요? 그 지역에서 섭외를 하시나요?

전은필 아니요. 제가 2년 전에 영주 현장을 진행할 때도 영주 지역에서는 현장 일용직만 고용하고 전문가들은 모두 서울에서 내려갔어요.

외부 마감재 관련한 사항들	결정 내용	결과 또는 고려사항
	회벽 노출 컬러	선택 완료
	지붕 색상	선택 완료
	AL 창호 바 색상	선택 완료
	노출글루렘 및 합판 종류 및 도장 색상	현장 샘플작업 필요
	적삼목 사이딩 색상	현장 샘플작업 필요
	현관문 디자인 및 색상	설계에서 디자인 필요
세부 제품들과 위치 등	지하 세탁실 계획	선택 완료
	조명 관련(매입 여부)	선택 완료
	위생도기 관련(매입 여부)	선택 완료
	1층 AC 타입 및 위치	선택 완료

	외부 마감 관련	결정 내용	결과 또는 고려사항
외부		노출글루렘, 합판 종류 및 도장 색상	현장 샘플작업 필요
		적삼목 사이딩 색상	현장 샘플작업 필요
		현관문 디자인 및 색상	설계에서 디자인 필요
		목재 창문틀	목재 선정 필요
		노출 글루렘 단면 처리 검토	금속캡 or 도장
	조경공사 관련	외부 석재 종류 및 시공법 (건식,습식)	현관, 텃밭 앞쪽, 마당, 지하 선큰
		자동 철재 대문 높이 결정	

	타일	결정 내용	결과 또는 고려사항
실내		현관	현장 샘플 목업 필요
		1층 거실	현장 확인, 건축주 체크 필요
		지하층 화장실	현장 샘플 목업 필요
		1층 화장실	현장 샘플 목업 필요
		2층 화장실, 세탁실	현장 샘플 목업 필요
		2층 주방 벽체	현장 확인, 건축주 체크 필요
	가구 계획	욕실, 주방, 붙박이 등	가구업체 선정과 조율, 확인 요망
	내부 도장	국산 친환경페인트(KCC, 삼화)	
	도어 디자인	공통, 현관 중문	노출행거 하드웨어, 도어핸들 결정
	내부 목재 마감	글루렘, 합판종류 및 도장색상	현장 샘플 목업 필요
		계단판재, 현관턱	
		창호 선반	
		오디오룸 평상상판	
		손스침	
	실내 온돌마루		
	인조대리석	화장실, 욕실 창호 선반	
		문턱	
		가구상판	가구공사
	안방, 작은방, 다락 비닐 시트		
	조명기구 선정		
	배수유가, 환풍기 등 선정		

⬆ 창호공사를 시작하기 직전 결정하거나 결정을 재확인할 일들이 많아 이해관계자들이 함께 모여 회의를 하면 효율적인 진행을 도모할 수 있다.

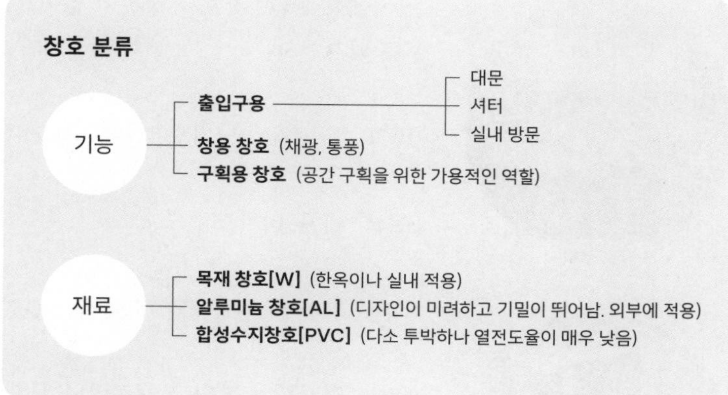

최이수 그런 경우라면 경비가 더 많이 들겠네요?

전은필 더 들죠. 공사기간이 늘어나면 더 상승되고요. 아무튼 내장 목수가 상당히 중요해요. 눈에 보여지는 세세한 디테일 같은 경우도 여기서 다 결정이 나는 거예요.

최이수 그런데 저는 창호 작업이 되게 중요하겠구나 싶었어요. 아무래도 구멍이 뚫려 있는 곳이니까. 거기에 빈틈이 있으면 망하는 거구나 싶고. 그 작업을 관리하는 사람은 혹은 그 작업 과정에서 가장 중요한 역할을 하는 사람은 현장소장인가요, 아니면 내장 목수?

전은필 그건, 현장 관리자와 창호 설치하시는 분의 능력이 가장 중요하죠.

최이수 창호는 다 외부 제품이잖아요?

전은필 아, 창호는 제품과 그걸 설치하는 작업자가 함께 와요. 그런데 문제는 창문 주변에 결로가 많이 생긴다는 점. 그걸 방지하기 위해서 알루미늄 창을 설치할 때는 '단열 바'라고 전문적으로 들어가면 좀 머리가 아픈데, 아무튼 그런 단열재와 창호 단열과 만나는 부위를 어떻게 처리하느냐에 따라서 결로가 생기느냐 안 생기느냐가 결정이 나요. 그걸 아시는 작업자나 현장 대리인이 있으면 다행인데, 잘 모르는 사람들만 현장에 있었다면 첫 겨울을 맞았을 때 결로를 경험하게 되

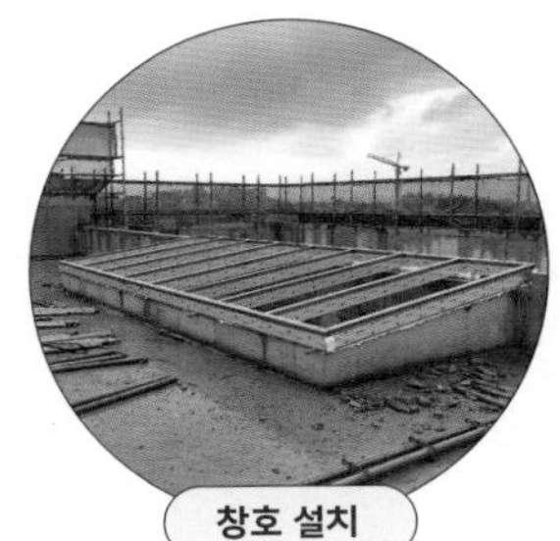
창호 설치

1차 기밀(우레탄 실리콘)

우레탄 프라이머 시공

는 거예요. PVC 창호는 상관이 없어요. 근데 알루미늄 창호 같은 경우는 되게….

기획자 좀 고가 아닌가요? 알루미늄 창호가?

전은필 네에, 비싸죠.

최이수 그런데 왜 문제가 더 잦게 생길까요?

전은필 열전도가 잘되는 재료이니까. 금속이 PVC보다는 훨씬 더 열전도가 잘돼요.

김호정 그래서 저희 집 창호 공사할 때도 시공사 사장님이 걱정이 되셔서 직접 우레탄폼인가, 그 장비를 들고 다니면서 일일이 모든 창마다 확인하고 우레탄폼 쏘시면서… 그걸 보면서, 여기서 결로가 생기지 않도록 하는 것이 중요하구나 짐작했어요.

전은필 네, 맞아요. 창문 주변에 결로, 누수가 없도록 세심하게 작업해야 합니다.

최이수 그런데 지난번에 창문 공사를 먼저 하고 외장재 작업을 해야 좋다고 하셨잖아요. 그렇게 말씀하신 이유는, 그렇지 않은 경우가 있어서인가요? 그러니까, 외장재 공사를 먼저 하고 창문 공사를 하는 경우가 제법 있어서? 피치 못할 사정이 있으면 그렇게도 하나요?

전은필 거의 80% 이상이 외장재를 하고 창문 공사를 해요.

최이수 아니 어째서…?

전은필 공사기간 단축을 위해서죠.

임태병 골조를 완성하고 난 다음에야 비로소 창문 실측을 할 수 있어요. 도면에 다 나와 있어도, 견적에 모두 나와 있어도, 아주 정확하게 하려면 실측을 해야 하죠. 실측을 한 다음에 발주가 들어가요. 그러니

기밀 테이프 부착

밀폐도 반복 점검

밀폐도 반복 점검

↖↑ 완벽한 밀폐를 위한 창호공사 과정. 창호 업체 전문가와 현장소장, 내부 마감 작업자가 긴밀하게 회의하며 작업한다.

제작이 완료되어 현장에 설치될 때까지 최소 3주 이상의 시간이 소요돼요. 그 사이에 현장을 놀릴 수가 없잖아요. 그래서 공사기간 문제 때문에 외장재를 붙이기 시작하는 거예요. 그런데 외장재 작업 마치고 창문을 공사하려고 하면 소소하게 문제가 발생하지요.

김호정 지난번에 이 말씀을 한번 하셔서 저희 동네를 걷다가 현장들을 보면 이 지점이 눈에 들어오는 거예요. 유리며 벽돌이며 징크 등 외장재 공사를 다 마무리한 다음에 창호공사를 하더라고요. 그러고 나면 근 한 달간 창문에 붙어서 작업자들이 뭘 열심히 갉아내고 있는 거예요. (웃음)

정수진 그렇죠, 외장재가 선행되면 창호공사를 할 때 정밀하게 마무리가 안 됐을 테니까. 외장재를 긁어내서 창문에 맞추느라….

전은필 단독주택 공사하면서 창문을 기다리느라 3주간이나 공사를 멈출 수는 없으니, 시공의 정밀도를 높이려면 창문을 선발주해야 해요. 제가 지금 진행하는 위례 신도시의 경우에는 도면에 준해서 골조가 됐다는 전제하에 무조건 골조에 맞춘다, 그렇게 해서 발주를 시작했어요. 까다롭고 섬세한 고민이 필요한 일이지요. 창문 발주부터 시공까지. 관리자가 반드시 유심히 챙겨야 하고요.

조남호 근본적으로 창호는 애매할 수밖에 없는 요소입니다. 결국 사람의 몸이든 집이든 온전하게 단열을 하려면 틈 없이 쌓아놓으면 되는 거잖아요. 그래야 안전한 건데 문제는 뚫어야 되니까. 뚫어놓으면 나머지 때워야 되니까. '때운다', '꼼꼼히 채운다'라는 말에는 여전히 빈틈이 있다는 것을 이미 암시하는 거죠. 근본적으로 불확실한 면이 있죠. 사실은 더 정확하게 하려면 이걸 때워서 해결하는 게 아니라 예를 들면 '완벽하게 막았다' 해야 하는데, 그럴 순 없으니까. 그럼 결국은 뭔가 들어갔다고 전제할 때 들어간 게 나올 수 있게 하는 것까지를 해야 사실은 제일 안전한 창호공사가 되는 거예요.

김호정 건축주 입장에서도 창호는 내장재 중에서 비용도 만만찮고….

↗ 내부 창호공사를 마무리하는 시점부터 다양한 내부 공사를 동시에 진행할 수 있다.

전은필 창호의 흥미로운 요소는, 외장재이기도 하면서 내장재이기도 하다는 점이죠. 바깥에서도 최종적으로 드러나 있는 요소이고, 내부에서도 최종의 재료이죠. 비용은, 골조가 제일 비싸요. 전체 공사비의 약 25~30%가 들어요. 그 다음에 외장재. 집 전체를 세우고 둘러싸는 골조와 외장재를 제외하고 그 다음에 가장 높은 예산이 창호.

최이수 창을 반으로 줄이면 비용이 확 달라지는 거예요? (일동 웃음)

임태병 아하…. (탄식) (일동 웃음)

방통공사

전은필 자, 이제 창호공사를 마무리하고 나면, 바닥 방통 작업.

최이수 방통을 할 때 건축주들이 신경을 써야 하는 지점이 있을까요?

전은필 수맥을 짚어본다고 하는 분들이 있긴 해요. 공정별로 잠깐 얘기를 드리면, 일단 화장실 방수도 상당히 민감한 부분이기 때문에 방수를 하고 나서는 꼭 담수 테스트하는 걸 확인하시면 좋을 것 같아요. 물을 담아서 한 2~3일 기다려보고 물이 새는지 안 새는지 확인하는 거죠. 화장실에다가 물을 채워요. 그냥 일정 높이까지. 그러고 두고 보는 거예요. 물이 새는지 안 새는지 확인하면서.

기획자 그런 집을 봤어요. 화장실에 구배를 잘못 줘서, 물이 한 방향으로 확 쏠려서 금방 빠져 나가야 하는데, 그러지 못하고….

전은필 목조주택의 경우 구배 잡기가 되게 힘들어요. 물이 새지 않도록 하고 일정 부분에서 빠져나갈 수 있는 구멍만 만들어놓으면, 자연스럽게 계속 증발도 되니까. 하지만 만약에 한 번에 1cm 이상씩 찬다면은 확실히 문제가 있는 거고요.

전은필 그 다음에는 단열공사.

기획자 요새 단열은 내장, 외장 가운데 어느 쪽을 더 선호해요? 아니면 내외장 모두 하나요? 법적 단열 기준이 갈수록 높아지고 있다고 들었어요.

임태병 비용과 벽두께의 문제지요.

전은필 네, 3중단열까지도 해봤는데요. 비용도 그렇지만, 안팎으로 이중단열을 하면 벽두께가 정말 두꺼워져요. 목조주택의 경우 일반적으로 중단열이에요. 스터드 사이에 단열재를 넣고 바깥에 드라이비트용 EPS 단열재를 또 한 번 붙이는 거죠.

혹은 스카이텍이라고 반사 단열재를 붙이거나 그리고 안에 또 한 번 30ml 단열재를. 일단은 일차적으로 중단열에서 단열 규정은 다 맞춰

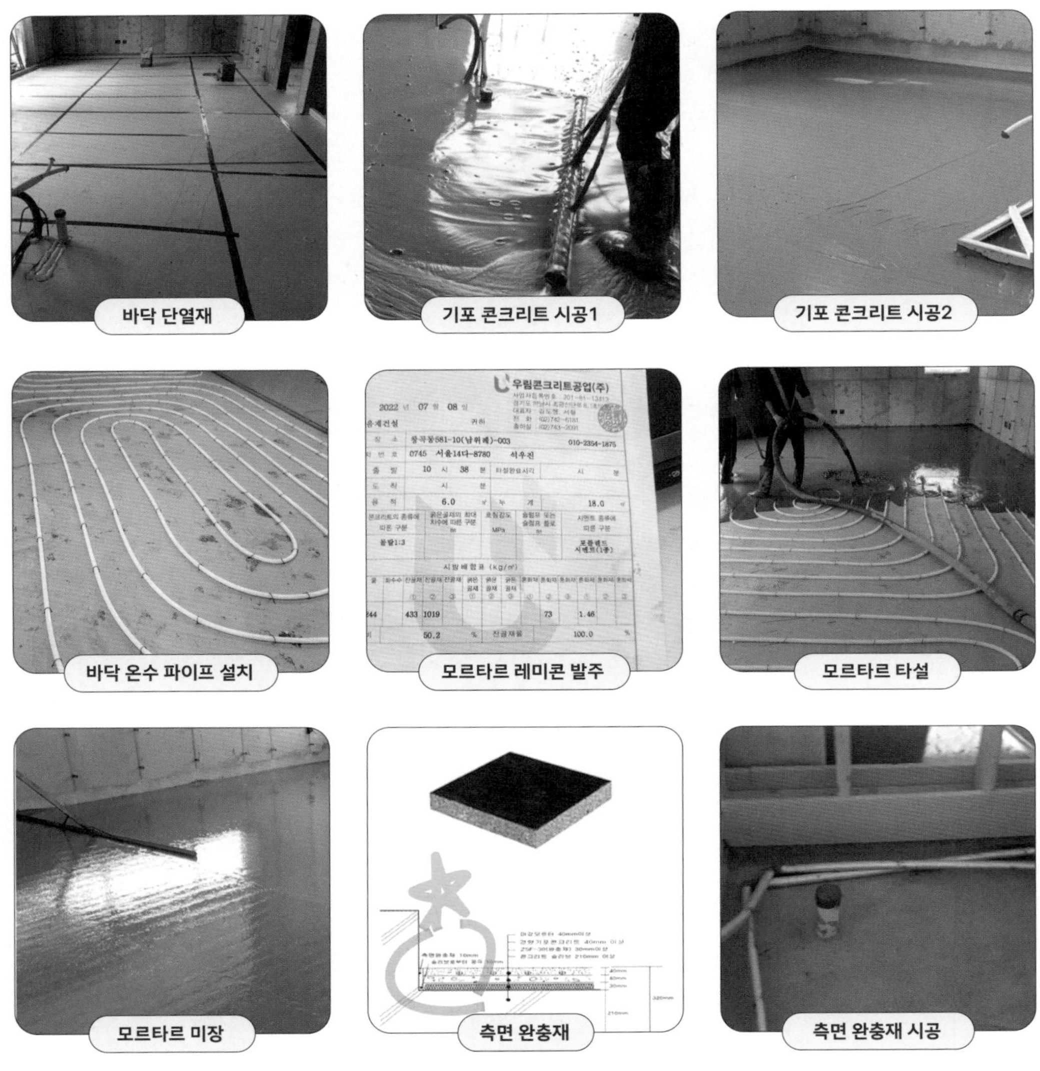

⬆ 현장소장은 방통공사 전에 바닥의 청결 상태와 바닥, 측면 완충재를 확인한다. 또 기포 콘크리트 타설 시 배합비, 평활도, 레벨 등을 확인하고, 바닥 미장 시 난방배관 고정 상태와 균열 등을 체크해 보강이 필요한 부분이 없는지 살펴야 한다. 특히 측면 완충재 시공은 쉽게 지나칠 수 있으니 꼼꼼하게 확인한다.

줘요. R23, 두께 140밀리미터짜리. 그리고 바깥에 50밀리를 하거나 또 반사 단열재를 붙이고 안에다가 '스카이비바'라는 카시비론 같은 것을 한 번 더 해주고. 이렇게 3중까지 제가 작업해보긴 했었어요.

최이수 그런데 너무 따뜻해도 문제가 생기지 않아요? 말하자면 너무 밀폐가 되어도⋯.

전은필 굉장히 높은 기밀도가 집에 좋냐 안 좋냐는 논란이 있지요. 지나치게 기밀도가 높아서 밀폐가 되면 오히려 결로를 발생시키는 것 아닌가 하는 우려 섞인 얘기들도 하고…. 그런데 저는 이런 결론을 갖고 있어요. 내가 원하고 싶을 때 환기를 시키고 내가 원하고 싶지 않을 때는 기밀이 되는 시스템이 중요하다고. 기밀을 완벽하게 해놓고, 원할 때 창문 열어서 환기시켜야지, 환풍기 틀어서 환기시켜야지, 하고 의도대로 집의 환경을 통제할 수 있어야 한다고 봐요. 밖으로 내보내기 싫은데 어디선가 막 새고 있다면 잘못된 상황이라고 생각해요. 기본 단열을 잘해서 일단은 열이 들고 나는 걸 원천적으로 차단을 하는데, 혹시나 들어오게 되면 절대 내보내지 않는. 그러려면 단열재도 두꺼워져야 되고, 전열 교환기가 필수적으로 필요합니다.

최이수 제가 구옥 살아서 아는데, 그런 약간 숨 쉬는 집… (일동 웃음) 숨 쉬는 집이 좀 편한 느낌이에요. 집 안에서 계절을 온전히 느낄 수 있어…. (일동 웃음)

정수진 아이고, 이수 씨. 이제 새집을 지을 분이 그때 생각을 해서 눈높이를 거기까지 낮추는 건 아니라고 봐요. (웃음)

단열과 내진에 관하여

임태병 사실 최근에는 단열재가 정말이지 너무도 두꺼워져서, '풍년빌라'도, 새로 지은 사무실도 현재의 단열 기준에 맞춰서 한 거잖아요. 보일러를 한두 시간 틀어서 일정한 온도에 맞춰 놓으면 웬만하면 이게 내려가지 않아요. 열몇 시간…. 요즘 보일러는 다 센서가 있어서 설정온도에 다다르면 작동을 멈추는데 실내온도는 23도여도 바닥은 엄청 차가운 거예요. 어떤 지점에서는, 단열 기준이 지나치다는 생각도 들어요.

기준점을 낮추고 더 높일 사람이 선택할 수도 있을 텐데, 모든 집과 모든 건축물이 똑같은 단열 기준을 가져야 하나 약간 회의스럽죠.

최이수 단열 기준이 바뀌었어요?

전은필 5년 사이에 규정이 세 차례 정도 강화됐어요. 지역마다 다르고 또 자주 바뀝니다.

조남호 이상적인 목표치가 있는데 한 번에 높이면 시장에 적응을 못 하니까 조금씩 계속 높이고 있는 거죠.

최이수 한마디로 에너지 절약을 위해서 건축주의 돈을 더 태우는 거예요.

전은필 이수 씨의 표현이 조금 극단적이긴 하지만 맞는 말이고, 거의 모든 주택 시장의 정책이 그래요.

기획자 내진 설계도 점점 강화됐다고 하셨는데, 그에 관련된 변화는 골조공사할 때 반영이 되는 걸까요?

전은필 네에. 골조공사할 때. 이렇게 바뀐 세부사항들로 인한 비용 상승이 제법 있죠. 내진 설계는 일본보다도 규정이 더 강해요.

김호정 내진 구조에서, '휜다'는 건 무슨 뜻이에요? 지진에 대응하려고 휘게 만든다는 얘길 들었어요.

전은필 한마디로, 바닥과 집, 바닥 구조와 건물이 따로 노는 거예요. 약간 움직이는 것처럼, 스프링과 버트를 이용해서. 거의 일본에서만 적용이 되는 방식이었죠.

조남호 면진 구조라고 부르는 방법인데, 면진이 내진 설계 가운데서는 강도가 거의 가장 높은 단계입니다. 그야말로 건물을 띄워서 지진으로부터 직접 영향을 받지 않도록 하는 방법이에요.

최이수 법규가 자주 세세하게 바뀌는데 그 내용을 시공사가 모두 따라갈 수 있나요?

전은필 일정 규모 이상이 되는 공동주택들에 대해 가장 먼저 적용을 하기 때문에 작은 규모의 현장까지 적용이 되는 데는 시간이 좀 걸리지요. 하지만 콘크리트 구조에 대한 법규는 정확히 명시가 되어 있고, 조그마한 단독주택이든 뭐든 '흙속에 땅속에 물속에 묻혀 있는 것들은 무조건 강도 300 이상' 써야 되고, 노출 콘크리트는 단독주택 포함

무조건 다 300 이상으로. 모른다고 넘어갈 수는 없지요. 법적으로 적용이 되는 사안이라면 허가가 안 나죠.

조남호 구조 회사는 다 알고 있어요, 당연히. 구조는 무조건 반영을 하죠. 우리는 몰라도. 그런데 비용이 올라가니까 아는 거죠. 비용이 올라가서 골조비가 왜 이렇게 많이 나와, 하고 들여다보면 조금씩 바뀌어 있는 거예요.

정수진 이수 씨 댁, 집 높이가 9m 넘어요?

최이수 다락 때문에 일부 넘어가는 부분이 있어요.

정수진 작년엔가, 중불연 단열재? 여하튼 작년에 단열 관련한 법규가 또 조금 바뀌었잖아요?

임태병 네, 맞아요. 그러니까 그 법이 바뀌는 절차와 계기가, 참… 광주에서 현대산업개발 사고가 생기자마자 많은 법들이 빠르게 바뀌고 새로 생겼어요. 정말 단기간에 바뀌었어요. 그런 사고가 절대로, 다시는 일어나지 않아야 하죠. 그런데, 아쉬워요. 사고 원인과 배경을 조사할 때 광범위한 영역을 다루지 않는다는 느낌이 들어요. 예를 들어, 고용 관계와 노동 강도, 노동 환경, 공사기간에 대한 압박이 있었는지 등의 궁극적이고 광범위한 사고 배경 등을 다루지 않아요.

조남호 비단 건설 현장에서의 사고뿐이 아니죠, 사실은. 어떤 사회적 안전사고가 벌어지면 전문가 조사단이 꾸려지고 어떤 문제가 있었는지 객관적으로 분석하고. 그런 다음 사회적 희생과 비용을 최소화하는 방법이 무엇인지를 고민하고 합의를 거쳐야 해요. 그러려면 시간이 필요하죠. 최소한 6개월에서 1년 이상의 시간이 필요한 일들이에요. 그런데 우리 사회는 스포트라이트로부터 피하기 위해 책임자를 색출해내는 데 급급하거나 이렇게 법을 바꿔버리는 걸 최선의 대응이라고 여겨요. 자, 이제 이렇게 법을 바꾸었으니 됐지, 하는 격이 아닌가 싶어서 안타깝지요. 경주 지진 사태 때도 그랬어요. 애초에는 내진 관련 법을 어떻게 강화하겠다는 긴 목표치가 있었어요. 몇 년간 준비해온. 그런데 경주 사태가 벌어지고, 바로, 단 몇 주만에 급격하게

↑ 비드법 보온판은 스티로폼 소재로 만들어진 판상형 단열재로 가볍고 시공성이 우수하며 경제적인 선택이지만, 충격에 약하고 화재에 취약하다는 단점이 있다. 압출법 보온판은 주로 XPS로 불리며 폴리스틸렌 수지를 발포시켜 만든 판상형 단열재로, 연절도율이 낮으며 내구성이 뛰어나고 수분 흡수율이 낮은 장점이 있지만 충격에 다소 약하다. 비드법, 압출법, PF 보드, 준불연 우레탄을 주요 단열재로 볼 수 있고, 스카이비바, 스카이텍은 보조 단열재로 구분할 수 있다. 단열재 선택은 단열 성능, 화재 대응, 수분 대응 등 기능뿐만 아니라 가격과 시공법 등 시공전문가의 현장 상황에 따른 판단이 무척 중요하다.

강화하는 쪽으로 발표가 됐어요. 근데 구조 전문가들한테 얘기해보면 자기네가 별로 힘이 없다고 해요. 그러니까 그냥 거의 정치적으로 판단하는 거예요.

규정들이 너무 지나치게 많아요. 예를 들면 구조기술사가 있으면, 이 사람한테 위임되면 이 사람이 종합적으로 판단해서 할 수 있어야 해요. 전문가니까. 그런데 어떤 상황에서든 사정과 조건을 막론하고 크기와 강도를 맞춰야 해요. 아니 콘크리트 강도를 300이 아니고 360을 사용할 수도 있는 거예요. 그런데 무조건 어느 정도 크기가 돼야 된다는 식으로 정해져 있는 게 너무 많고, 그래서 과거에 비해서 콘크리트로 디자인을 하려고 하면 정말 답답해요, 답답해.

전은필 맞습니다. 모든 것이 너무 해비해져요.

조남호 그런데 건축의 기술이라고 하는 것은, 건축은, 조합과 조율과 균형이란 말이죠. 이러저러한 재료들을 다른 방식으로 조합하면 한 자재가 애초에 갖고 있는 강도는 약하지만 배열과 조합의 힘으로 강도가 강해질 수 있어요. 달라지는 거예요. 그런데 절대적인 기준을 너무 많이 만들어놔 갖고 융통성이 없어요. 어떻게 손을 쓸 수 없을 정도로 형상이 둔탁해져요.

정수진 정말 공감이 되는 말씀이에요. 우리가 어떤 제도를 새로 만들거나 법을 강도 높게 바꾸거나 하려면 적어도 2~3년 이상은 연구하고 확인하고, 빅데이터도 산출하고, 또 시장에서의 유연성과 대응력도 판단하고, 또 그 영역의 전문가가 판단할 수 있도록 법의 범위를 융통성 있게 설정하는 등 종합적으로 판단해야 하는데 사고가 터지면 바로 다음. 법령이 딱 바뀌어서 어딘가로 하달되는 거예요. 그 내용을 아무도 몰라요, 심지어는 공무원도 모르고.

임태병 최근에는 철거 때문에 비용이 너무 많이 상승했어요. 그리고 건물을 해체하려면 일정 규모 이상은 해체 심의를 받아야 되고 그보다 작은 면적에서는 해체 신고를 해야 되요. 근데 해체 심의로 가면 무조건 상주 감리를 해야 되고, 해체 신고가 되면 감리를 받으면 되는데, 다른 구에서는 그냥 건축주가 건축사를 감리자로 지명할 수 있거든요. 그런데 은평구는 구청에서 지정을 해줘요. 신고인데도. 그런데 앞으로 바뀔 것 같아요. 지정 쪽으로.

⬇ 압출법
지붕 내부 시공 모습.

김호정 구청에서 연락받고 오는 감리자는 그럼 잘하나요?

임태병 아니, 해체야 뭐 잘하고 못하고가 아니라 문제가 생겼을 때 책임을 질 사람을 거기다 둔다는 의미지요. 위험 요소에 대한 책임을 지우겠다는.

전은필 감리자가 있어야 한다, 그걸 구청에서 지정해준다. 그러면 그 비용은 누가 내는가. 건축주가 내요. 말하자면 건축주한테 돈을 받아서 감리자에게 주고. 그 책임은 감리자가 떠안는 거예요. 공적 관리 기능을 외주화, 또는 민영화하는 논리랑 별반 다르지 않아요. 공공은 아무것도 하지 않으려 하는 일관된 태도인 거예요.

최이수 정부가 개인의 신축을 달가워하지 않는다는 느낌이, 이 일을 도모하는 초창기부터 어딘지 모르게 그런 느낌이 든단 말이죠…. 사고를 예방하려한다기보다, 그저 책임 자체를 피하기 위해 아예 신축을 하지 말아라, 제발… 하는 느낌인 거예요.

기획자 얘기를 하면 할수록 저도 그런 생각이 들어요. 이런 식이면, 국민 모두가 대규모 대단지 아파트에서 살 수밖에 없는 것 같아요. 대출도 잘되고, 아파트 주거에 대한 사회 전반적인 신뢰하며…. 기업이 공급하는 가격 그대로 소비자가 반응하고. 그것도 아주 격렬하게 반응하죠.

전은필 우리 기획자님, 너무 멀리 가지 마시고요. 아무튼 방통 이후로 외장을 하고 외부 단열을 해요. 그 다음에 외벽을 붙이고.

외장 작업

기획자 외벽을 붙인다는 뜻은 외장재 작업이겠지요?

전은필 네에. 벽돌, 돌, 목재 사이드, 유리가 될 수도 있고요. 외장재는 다양하니까. 벽돌, 석재, 유리, 스타코를 포함해 징크, 타일, 페인트. 다양하다고 볼 수도 있지만, 또 그렇게 무궁무진하지는 않아요. 주로 예닐곱 종류 가운데서 선택하지요. 그 다음에 지붕 작업. 지붕의 경우엔 박공지붕이냐 평지붕이냐에 따라서 달라지기는 하는데요.

김호정 일본에 가서 느꼈는데, 일본은 건축물의 외장재로 세라믹, 즉 타일을 선호하는 것 같더라고요.

임태병 네에, 맞습니다. 타일을 많이 써요. 여러 견해들이 있는데, 벽돌에 대한 로망이 있지만 지진 때문에 쓸 수가 없어서 타일의 종류와 시공법이 다양하게 발전했다고 해요.

김호정 그렇군요. 타일의 속성이 벽돌과 어떻게 다른가요?

임태병 벽돌은 조적 방식으로 시공하니까 압축력은 강하지만 횡력에는 약해요. 지진은 횡력의 작용을 받으니까, 벽돌에 비해 타일은 횡력에 큰 영향이 없는 편이지요. 타일도 우리나라처럼 통으로 연결해 시공하지 않아요. 벽돌처럼 어긋나게 붙이기도 하고요. 타일이 원래 얇은 판이니까 모서리 부분에서 단면이 노출되는데 벽돌처럼 보이게 하기 위해 코너형 타일도 있고, 모서리 전용 3면 타일도 생산되고 무척 다양하죠. 그런데 지진이 일어나면 타일도 표면이 찢어지면서 떨어지는 현상이 있으니 한 면을 이어서 통으로 시공하면 떨어질 때 굉장히 위험하니까 일본 건축물의 외관을 자세히 보면 대체로 중간중간 타일이 나뉘어 시공되었다는 것을 알 수 있어요. 떨어지더라도 작은 면만 떨어질 수 있도록. 마치 익스펜션 조인트처럼 나뉘어져 있죠.

↓ 벽돌을 외장재로 선택해 조적하는 과정.

최이수 저도 집을 짓기로 마음먹은 이후에 일본에 더 자주 여행을 갔어요. 아무래도 단독주택이 한국에 비해 일반적이고 발전되어 있으니까. 그런데 한 가지 또 놀라운 지점은, 크든 작든 모든 건축물의 수직수평이 정확히 맞아 보인다는 점이에요. 대로에 선 빌딩이나 일차선 도로에 면한 작은 건물이나 어떻게 이렇게 깔끔해 보일까 하고 바라보면, 건축물들의 가로, 세로가 구불거리지 않고 날카롭게 각에 맞춰 서 있는 느낌이 든단 말이죠.

전은필 여러 이유가 있을 것 같은데, 솔직히 그것이 시공의 수준이라는 말씀을 안 드릴 수가 없네요. 작업의 마무리가 정교하지 않게 끝나는 사례가 한국에 많은 거예요. 한 가지 핑계를 대자면, 시간과 노력을 그만큼 들일 수 없다는 현실도 큰 이유일 겁니다. 현장마다, 크든 작든 상관없이 '공기 압박'이 굉장히 심해요. 공사기간을 여유롭게 운용할 수가 없어요. 기후 변화가 점점 더 예측하기 어려워지니 제대로 공사를 진행하지 못하는 날이 예상보다 조금이라도 길어지면 다른 과정에서 단축을 시킬 수밖에 없는 거예요. '건물의 최종 완성도'는 정말 사회의 전반적인 시스템, 인식 구조와 밀접한 관련이 있어요.

조남호 앞서 얘기한 대로, 건축법의 강화도 영향을 미칠 거예요. 외관에서 느껴지는 건축적 미학이 구현될 여지가 사라지고 있어요. 전 대표의 의견처럼 공사기간을 가능한 한 단축시키려는 발주처의 요구도 영향을 미칠 테고요. 또 직접 현장에서 작업을 하는 작업자의 완성도를 향한 갈망도 차이가 있을 거라고 봐요. 우리가 대담 초반에 '숙련공이 사라진다'는 어려움을 토로했는데, 일맥상통한 이야기지요.

정수진 '사라진다'가 아니고 '사라졌다'고 해야 현실에 맞을 것 같아요. (모두 탄식)

김호정 시공의 정교함에서 건물의 마지막 인상이 좌우될 텐데, 정말 너무 아쉬운 부분이에요.

기획자 그래서 김호정 님 댁을 방문했을 때 좀 놀라웠어요. 모서리가 얼마나 날카롭게 살아 있는지, 손이 베이겠다 싶은. (모두 웃음)

김호정 옆에 앉아 계셔서 민망하실 수도 있는데, 그 부분 진짜 무섭게 보세요. 넘어가질 않는달까. 시공하시는 분들이 힘들어도 끝까지 따라갈 수밖에 없는 거죠. 하라는 대로 하면 멋지고 대단한 결과가 나오니까. 내부의 각도, 이음새, 재료와 재료가 만나는 지점들의 시공 등에서는 정말 '병적'이라고 할 만큼 매달리셨죠.

조남호 아니, 이렇게 편파적인 내용을 책에…. (모두 웃음) 그래서 말인데요, 재료 자체의 장단점에 그리 집착할 필요가 없어요.

최이수 마침 딱 그 질문을 드리려고 했어요. 벽돌의 장단점, 페인트의 장단점. 이런 것들을 듣고 싶어서요.

조남호 건축재료의 물성은 설계와 만나 드러나는 거예요. 그러니 나무의 단점이 어떤 설계와 만나면 자연스럽게 장점으로 드러나기도 하고, 어떤 지붕과 벽의 형상을 페인트로 마무리하면 페인트의 단점이 보완될 수 있기도 합니다.

전은필 또 가공 방식에 따라 전혀 다른 성질이 강화되기도 하고, 두 가지 재료를 동시에 쓰기도 하고요. 그래서 특별히 '난 검은색 벽돌이 너무 좋다'라고 평소에 생각해왔다면, 건축가와의 미팅 초기에 얘기를 해야 해요.

임태병 맞습니다. 특히 주택 설계는 부분별로 쪼개서 설계하지 않아요. 내장재 따로 외장재 따로 고려하는 것이 아니라, 모든 공간과 공간의 안팎까지 통합적으로 설계를 하니까요.

박공지붕의 경우는 사전에 비닐 시트를 먼저 덮어놓긴 하는데 평지붕은 그런 절차 필요없고. 지난번에 김호정 님 댁 갔을 때 정수진 소장님이 지붕에 돌을 붙인 걸 보고 깜짝 놀랐어요. 석재를 지붕재로 쓰다니….

김호정 건축가님이 저희 집 땅을 보러 처음 왔을 때 그냥 첫 번째 선택. 그냥 떠오르나 봐요. 건축가님이 "팥죽색 벽돌에 청색 지붕을 하죠." 그러시더라고요. 딱 첫마디로. 그래서 이유가 있으시겠지 싶어

↑ 외장재의 예.

서 "네에" 했어요. 그러고 나서 이후에 그 지붕 때문에 고생 많았어요. 색깔 때문에.

정수진 원래는 지붕재로 기와를 쓰려고 했거든요. 그런데 코로나 때문에 자재가 잘 안 들어올 즈음이었어요, 코로나 초기에. 컬러도 어렵고 물량도 조금밖에 안 되고. 수가 없는 거예요. 그래서 우리나라 기와를 봤는데 우리나라 기와는 그보다 좀 더 녹색에 가까워요. 그러다가 생각해낸 게 돌이었어요. 돌은 지붕재로 여러 번 썼거든요. 그래서

➡ 김호정 씨 성수동 주택 지붕 모습.
사진: 남궁선

결국은 돌로 바꿉시다 해가지고 거기서 비용 상승.

임태병 지금 최이수 씨와 그 얘기를 하고 있었어요…. 지붕의 마장재로 사용하신 돌이 굉장히 인상적이었다고.

김호정 지붕에 쓴 그 돌을 최종 결정하고 진행하기까지 오랜 어려움이 있었어요. 붉은색 기와도 시도해보고. 그런데 애초에 생각한 지붕색과 완전히 다른 색의 재료를 3D로 작업해보니 정말 눈에 안 들어와요. 1년 내내 이미지와 모형 등으로 살펴보면서 청색이 이미 눈에 익기도 했지요. 그래서 결국 원하는 색상을 찾았는데, 비용. 비용이 우리가 계획한 것보다 30% 이상 높았어요. 돈만 준비하면 되더라고요. (일동 웃음)

조남호 집을 지어나가는 과정에 대한 소소한 이야기들을 들어보면, 정말 공동의 역할이 필요하구나 싶습니다. 특히 시공 얘기를 하다 보면 자꾸 문제 위주의, 문제 발생과 그 해결 과정에 대한 이야기처럼 되어버리기도 하는데, 생각해보면 어떤 측면에서는 그 문제를 해결해나가는 과정 자체가 새로운 기회가 되기도 하거든요. 문제는 기회이기도 해요. '설계'라는 것은 반드시 최종 작업이 그렇게 가야 한다는 확정이 아니에요. 일종의 가이드라인이라고 볼 수 있지요. 이후에 현장에서 새로운 제안이 얼마든지 가능하다는 것을 이해관계자들이 이해하고 받아들이고 있어야 해요. 설계 기간보다 시공 기간이 훨씬 더 긴 경우도 흔하고요. 그러니 그 시간 동안 정해진 무언가를 기계적으로 해나가는 것이 아니라, 뭔가 개선할 수 있는 기간이라고 생각해야 더 좋은 결과로 나아갈 수 있어요. 위험 부담이 있고 언제든 문제가 발생할 여지들이 산재하지만 동시에 기회이기도 한 것이 시공 과정이지요. 특히 재료 같은 경우는 현장에서 실물을 확인하는 경우가 무척 흔하고, 때에 따라, 지금처럼 코로나라는 특수 위기 상황처럼, 수급과 유통, 제작 환경이 많이 다르기 때문에 실시간으로 상황에 맞게 조절하고 대처하는 것이 중요하지요.

정수진 간혹 그런 생각을 해요. 재료 자체의 희귀성, 재료 자체가 갖고 있는 특성도 중요하지만 전체적으로 디자인과 부합하는지를 더 중요하게 다뤄야 하지 않나 싶어요. 제아무리 비싼 재료라도 전반적인 색조가 조화롭지 않으면 완성도를 떨어뜨려요. 바꿔 말해서, 저렴한 재료라도 전반적으로 조화가 이뤄지면 완성도가 높아지지요.

전은필 아주 값비싸고 희귀한 수입 재료를 택하지 않는 이상, 일반적으로 선택하는 외장재의 종류가 엄청나게 다양하지는 않아요. 벽돌, 돌, 스타코, 징크, 페인트. 비용은 의사결정의 주된 요소가 아니라고 생각해요. 정수진 소장님 말씀처럼, 전체적인 색상의 조화, 질감의 조화가 무엇보다 중요하다고 보지요. 재료를 선택한 다음에 시공상의 유의점과 관리의 장단점에 대해 생각해볼 수 있을 것 같습니다. 외장재를 생각할 때 재료의 특이함보다, 어떤 색상을 어떻게 마감하는가가 큰 차이라는 것을 쉽게 알 수 있는 방법이 있잖아요. 브랜드 아파트들을 떠올려보세요. 거의 모두 페인트인데, 브랜드마다 느낌과 분위기가 많이 다르다고 생각하실 거예요. 유명한 대형 건설사의 아파트나 소규모 건설사의 아파트나 대체로 모두 페인트를 써요. 재료 자체의 단가가 크게 차이 나지는 않죠.

최이수 저와 아내가 요새 들어 자주 하는 얘기에요. 비싼 재료를 쓰지 못한다면, 재료들 간에 서로 색상을 잘 맞추어 약점을 보완할 수 있지 않을까….

전은필 맞습니다. 현명한 판단이에요. 창호와 외장재 선택이 완료되고 나면, 저희한테는 현장에서 가장 큰 이벤트가 남게 돼요.

기획자 가장 큰 이벤트? 그게 뭐예요?

김호정 저는 알 것 같아요. 시공사와 현장소장님께도 큰 이벤트이겠지만, 건축주에게는 정말 정말 잊을 수 없는 순간.

최이수 아, 궁금하네요….

전은필 바로, 비계 해체!

비계를 걷다

김호정 얼마나 설레는지 몰라요. 쏟아지는 햇빛 아래, 전체 모습을 드러내는 순간.

전은필 건축주분들은 정말 결혼식 당일처럼 잠도 설친다고. (웃음) 비계 해체가 정말 큰 이벤트지요.

기획자 아, 그때까지 비계가 쳐져 있을지 생각 못 했어요. 집이 완성되기 직전까지 비계를 걷지 못하는군요.

전은필 그렇지요. 더 이상 외부에 붙일 무언가가 아무것도 없어야 비계를 해체할 수 있어요. 그러니 비계 해체를 한다는 뜻은, 공사가 마무리 단계라는 의미지요.

김호정 뚝섬역에서 내려서 저희 집을 갈 때, 전철역사 위에서 내려다보면 꼭대기 비계가 보였어요. 그런데 비계를 걷어낸 다음부터 전철역에서 집이 보이는 거예요. 정말 우리 집밖에 안 보여. (웃음) 왜 있잖아요, 초등학교 운동회날. 수백 명 조무래기들이 같은 체육복, 같은 색깔 띠를 두르고 있는데, 그런데도 내 아이는 한눈에 딱 보이는 거. 딱 그 느낌인 거예요. 제아무리 값비싸고 화려한 건물들이 그 옆에 즐비해도, 우리 집 하나밖에는 안 보여요. 그래서 첫날, 역 앞에서 걸어 나와 집으로 가는 횡단보도에서 꼼짝 않고 한 10분은 서서 감상했어요.

기획자 진짜 좋은가 봐요. 전 아직 집이 없어서, 그 느낌이 어떤 건지…. 정말 그렇게 좋은 거군요.

김호정 감격스럽고, 감동적이고. 저도 그렇게까지 좋을 줄 몰랐는데, 비계 걷던 날, 남편이랑 지하철역을 몇 번이나 왔다 갔다 했는지 몰라요. (일동 웃음)

정수진 건축주만큼은 아니겠지만, 사실 건축가도 설레고 긴장되고 그래요. 아무리 열심히 3D를 그리고 모형도 만들고 상상을 하고 시공 과정을 다 지켜봐도, 거대한 실물이 태양 빛 속에서 어떤 느낌을 줄지 완벽하게 알 수는 없으니까요.

기획자 저는 건축가 분들이 색상을 선택할 때 대단하다고 생각해요. 인테리어 공사할 때 자재상을 가면 도배, 바닥재 등등 두꺼운 책자 몇 권을 주잖아요. 10센티 이내의 네모 샘플들이 붙어 있는. 그 작은 샘플들을 보고 전체 마감된, 또는 시공된 장면을 어떻게 상상할 수 있냔 말이죠.

임태병 저희도 목업(mock-up)을 해요. (웃음)

정수진 아무튼 저도 굉장히 애를 태운 작업이 하나 있었어요. 처음에 벽돌을 골랐을 때, 건축주는 알았다고 하고 넘어갔는데, 그분 따님이 걱정을 하며 입술이 다 갈라질 정도로 정말 이 벽돌을 써야겠냐고 하소연을 하더라고요. 건축주가 너무나 걱정을 하니 저도 한편으로는 걱정이 슬슬 되는 거예요. 비계에 가려 그늘이 지니까 진짜 너무 어둡나, 썩은 색깔 같나, 노심초사했어요. 어느 날 대학에서 설계 수업 중이었는데, 문자가 띵띵띵 연속해서 오는 거예요. 평소에 수업할 때 휴대폰을 열지 않는데, 도저히 참을 수가 없었어요. 그날 그 집 비계 걷는 날이었거든요. 우리 사무실 직원이 가서 보고 사진을 막 보내는 거예요. 아, 도저히 참을 수가 없어서 학생들에게 양해를 구하고 사진을 딱 열었는데….

최이수 와, 극적이네요!

임태병 줄눈을 안 보이게 처리하셨네. 그러니 이렇게 전체가 한 덩어리로 굉장히 매시브(massive)하게 다가오네요.

전은필 설계가 좋으니까 외장재가 아주 강하게 드러나네요.

조남호 줄눈을 전혀 쓰지 않았다는 건 그만큼 확신이 있었다는 거죠. 줄눈이 간혹 색상을 조정할 여지를 주거든요. 기회가 한 번 더 있는 거죠. 저도 비계 터는 날 건축주와 보는 상황을 미리 상상을 딱 하고 가요. '음, 이게 좋구나. 이렇게 되어 괜찮다.' 이런 대사를 미리 생각하고 가죠. (일동 웃음)

기획자 그래도 예측할 수 없는 상황을 맞닥뜨리게 될까 봐 걱정은 안 되세요?

조남호 거의 대부분 예측이 가능하고, 좀 특별한 선택을 한 경우라도 일반적으로는 몇 가지 장치를 갖고 있죠. 몇 가지 장치를 갖고 예비하기 때문에 안정적인 범위 안에 있다고 어느 정도 확신을 하죠. 그리고 건물의 비례나 이런 것들이 좋으면요, 허용이 돼요. 여러 가지 장치가 있다고 말씀드렸는데, 그중 하나가 좋은 설계죠. 좋은 설계를 해놓으면 그 자체가 갖고 있는 힘, 그러니까 완결성이 있죠. 설계가 불안정할 때에 색상이 튀면 위험할 가능성이 높은데, 좋은 형태와 좋은 비례

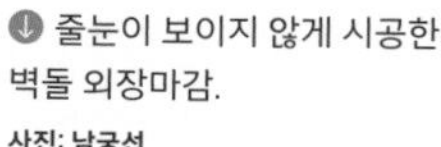

➊ 줄눈이 보이지 않게 시공한 벽돌 외장마감.
사진: 남궁선

를 갖고 있으면 위험도가 훨씬 떨어지죠.

전은필 비계를 걷어내고 나면, 이제 진짜 최종 마감을 진행해요.

최최최종 마감

기획자 진짜 마무리, 최최최종 마감이네요. 어떤 과정들이 있죠?

전은필 진짜 눈에 딱 보이는 것들. 도어 손잡이, 타일, 위생도기, 수전 종류, 액세서리, 도장 컬러, 바닥 마루 등 다 미리 정해두었을 텐데, 마지막에 시공하기 전에 한 번 더 현장에서 보고 최종 확정을 하는 거예요.

임태병 그렇죠. 현장에서 다시 확인을 하면서 전체적으로 조율을 하는 느낌으로 선택을 재고하죠.

전은필 공간에 따라서 느낌이 다를 수 있고, 예를 들면 선반 같은 인테리어, 계단 판재, 바닥의 색상. 특히 가구 종류는, 시공을 마친 상태에서 한번 점검을 하면 이전의 선택과 제법 달라질 수 있어요. 가장 베이스가 되는 게 아마도 바닥재 컬러일 거예요.

최이수 내부 마감에 들어갈 즈음에는 건축주들이 자주 들러야겠지요?

김호정 그럼요, 선택할 게 정말 많으니까.

임태병 선택하고 구입할 것들도 많지만, 그 정도 단계가 되어야 집이 구석구석 눈에 좀 들어오기 시작할 거예요. 그 전에는 사실 일반적으로 건축주의 눈에 잘 안 들어와요. 최종 모습을 가늠하기 어렵고요.

정수진 그렇죠, 일반적으로. 그 전에는 사고 싶었던 것들이 사실 제각각이에요. 색상부터 스타일, 분위기 등. 그런데 이제 마감을 앞두고 집 안에 들어와서 보면, 무엇을 선택해야 할지 감이 오죠.

김호정 내가 평상시에 쓰고 싶었던 것들, 사고 싶었던 것들을 이제 다

머릿속에서 꺼내서….

최이수 와아, 너무 재밌겠다. 너무 좋겠다!

정수진 재미있어 하시는 분도 계시는데, 반면에 스트레스 받으시는 분들도 있어요.

기획자 저요, 저. 소비에 스트레스를 받는 1인. 자꾸 비싼 것만 눈에 들어오면 어떡해. 아, 스트레스일 듯.

최이수 그런데 그 단계에 가면 얼추 비용을 다 지불한 상태여서, 재정적으로는 큰 갈등이 없지 않아요?

김호정 아니에요, 아니에요. 전혀 그렇지 않아요. 집이 다 지어졌는데, 그때부터 들어가는 돈이 또 말도 못 해요. 이 부분은 건축주가 미처 생각지 못한 금액일 수도 있고요. 각종 세금, 인입비 등등.

임태병 그렇죠, 이제 끝단계에서. 손에 닿는 것들 차이가 어마어마하죠.

최이수 그래도 내가 운용할 수 있는 금액이 끝나갈 무렵에는 얼추 보일 것 같아서….

김호정 그건 맞죠. 내가 갖고 있는 돈과 욕심을 낼 수 있는 한계치가 어느 정도 보이는데, 문제는, 정말 사소한 것들 사이에서 오히려 큰 돈이 아니기 때문에 갈등이 깊어지는 거예요.

임태병 예를 들어, 외장재, 마감재를 바꾸면 3천만 원이 오르락내리락하는데, 수전은 30만 원만 더 쓰면 갖고 싶은 걸 얻을 수 있단 말이죠.

최이수 아직 경험해보지는 못했지만, 마무리 단계에 접어들면 전체적인 밸런스를 끊임없이 고려하는 것이 관건일 것 같아요. 어느 한쪽에 치우지지 않고 전체적으로 조화로운 판단을 하기가 쉽지는 않을 것 같긴 해요. 어느 지점에서는 욕심도 내고 싶을 테고요. 어떠셨나요, 김호정 선생님은?

김호정 맞아요. 말씀하신 대로 마무리 단계에 접어들면 비용도 얼추 셈이 되고, 손에 쥔 것이 얼마나 남아 있는지도 파악이 되지요. 그런데 이제 다 끝났나 싶은 순간, 눈과 손에 닿는 작은 인테리어 요소들이 욕심을 일으키기 십상이지요. 몇십만 원도 아니고 몇백만 원짜리를 수없이 골라야 하니, 이전에 수천만 원씩 지불했던 데 비해 숫자 감각이 무뎌지기도 하고요. 조심해야 해요. 전체적인 밸런스, 균형감각, 조화. 이것을 잃지 않아야 한다는 것. 너무 급하게 완성지으려고 하지 않았으면 좋겠고요.

기획자 마무리 단계에 대한 좀 더 디테일한 이야기가 필요하겠군요. 그리고 집, 건물 이외에 다른 요소들도 훑어봤으면 합니다.

임태병 조경, 담, 주차장 등이 있겠군요.

기획자 네에. 사후 관리에 관해서도요.

김호정 그 얘기를 하기 전에, 공사가 마무리될 즈음 되면 건축주들은 이제 기성비를 마무리할 준비를 시작해야 해요. 상황이 발생할 때마다 조금씩 구멍을 때워가며 숨 가쁘게 지금까지 왔다면, 이제 숨을 돌리고 전체적으로 '비용'을, 한마디로 '현실'을 직시할 시점을 다시 한 번 맞닥뜨린 거예요. 사실 매일매일 이 '돈'을 바라보고 사는데도 매번 새로운 단계가 될 때마다, 현장이 달라지니까 이 전체 금액을 정확히 상정하기가 쉽지 않아요. 이 시점에서 '부가세 환급'에 대한 얘기를 구체적으로 나누는 것이 독자들에게 도움이 되지 않을까요?

임태병 네, 저도 중요한 얘기라고 생각해요. 일반 독자들이 볼 이 책에 어디까지 실을 수 있을지 모르겠지만 말이죠. 그리고 이 얘기는 '직영공사' 얘기로 시작해야 해요. 직영공사가 되게 흔하다고 알고 계실 거예요, 다들. 그런데 생각해보면 이상하잖아요. 아무리 건설의 나라라 한들, 그렇게 많은 사람들이 전문적인 시공 영역을 알고 있다는 것이….

부가세 환급에 대한 문제

기획자 건축주가 '직영공사'를 하는 경우를 저도 많이 들었어요. 정말로 생각보다 흔하다고. 직영공사를 하면 비용을 엄청나게 줄일 수 있다는 얘기를 유튜브나 페이스북 등 개인 방송 채널 등을 통해 흔히 접할 수 있으니까. 직영공사의 정확한 범위가 어디까지이고, 실제로 효율적인지 궁금합니다.

임태병 직영공사의 법적 범위는 200m² 이하의 규모. 복합 용도는 안 돼요. 단독주택 1세대일 경우에만. 또는 근생도 200m² 미만. 근생이든 단독이든 딱 한 가지 용도만 법적으로 직영이 가능합니다.

기획자 공사비에 대한 부가세 환급이 안 되기 때문에 세금 부담을 피하기 위해 건축주들이 실제로는 그렇지 않은데 법적으로 '직영공사'로 서류를 만들어 진행하는 경우가 있다고 들었어요. 법적인 걸 어떻게 하지는 못하겠지만 어떤 문제가 있는지는 우리가 얘기할 수 있지 않을까요…?

김호정 저도 준비를 본격적으로 시작하기 전에 살짝 생각은 해본 적이 있어요.

기획자 당시에 직영공사를 어떤 범위까지, 어떻게 진행한다는 것으로 알고 계셨어요?

김호정 현장소장을 누군가의 소개나 업체를 통해 고용을 해서 제가 직접 현장소장에게 급여를 지급하고, 물품 같은 것들은 직접 구매를 하고요.

기획자 그렇다면 콘크리트 타설을 해야 하는 과정이라면, 그 업체를 어떻게?

김호정 그런 일을 현장소장이 한다는 거예요. 그러니, 사실상 아주 훌륭한 현장소장을 만나야 한다는 뜻이고, 그에게 많이 의지를 할 수밖에 없다는 의미겠지요. 제가 시공 업계에 있는 전문가가 아닌 이상. 이 생각은 굉장히 초창기에 잠시 했던 생각이고요. 제가 공부를 하면 할수록 알아보면 알아볼수록 참 터무니없는 생각이었구나 싶었죠.

왜냐하면 우리가 내내 얘기하듯, 일반인이 건축과 시공에 대해 조사를 하고 알아보고 해봤자 정말 극히 일부분만 파악할 수 있을 따름이에요. 눈에 보이는, 드러나는 아주 조금만 알게 되는 거예요. 건축과 시공은 눈에 보이지 않는 수많은 변수와 각기 다른 문제들이 존재하고 또 발생하고요. 모든 상황을 복합적으로 판단해야 하기 때문에 섣부르게 아는 지식으로는 좋은 결과를 기대할 수가 없어요. 무엇을 알든 모두 오류투성이인 거예요. 내가 알고 있는 지식은 책 한 권 가운데 종이 한 장도 안 되는 거예요.

임태병 그런데 호정 님 댁의 경우엔 어차피, 복합 용도이고 면적도 초과이기 때문에 직영공사로 진행이 안 됐을 거예요.

전은필 원칙상은 200m² 이하 규모, 복합 용도는 안 되고 단독주택, 한 세대 거주일 경우에만 가능해요. 그런데 과거에는 현장 대리인을 두고 공사를 하는 경우가 무척 흔하고 일반적이었어요. 현장소장에 대한 법적 기준도 없었으니까.

조남호 있을 수는 있지만 일반적인 형태가 아니기 때문에 우리가 어떤 범주로 다루기는 적합지 않은 것 같아요. 예를 들면, 그 결과가 좋든 나쁘든 상관없이 소수일 수밖에 없는 방식인 거예요.

기획자 마치 홈스쿨링처럼요…?

임태병 네, 맞아요. 옳고 그르다의 문제가 아니라 소수일 수밖에 없는 거예요.

기획자 그렇다면 법적으로 '직영공사' 비율이 높은 이유는, 이것은 세금 문제를 해결하기 위해 시공사와 복잡한 방법으로 계약을 하기 때문이겠네요?

최이수 네에, 저도 시공사와 계약을 앞두고 있으니 이 부가세 문제가 엄청 큰 이슈이지요. 말하자면 원자재에 대한 부가세만 내는 방식으로 계약을 할 수 있는 거예요. 원자재를 구입하면 그에 따른 부가세가 별도로 붙어요. 우리가 목재를 구입하면 vat 별도로 구입을 하죠. 이 부분은 어쩔 수 없이 부가세를 내고 구입을 하는 거고요. 내역을 보면 굉장히 다양한 항목들이 있어요. 그 가운데 인건비, 관리비 등에 대해서는 부가세를 내지 않는 거예요.

임태병 그렇지요. 단독주택의 경우 최소한 30~40%는 원자재 비용일 거예요. 그 정도 비율은 부가세를 내는 거예요. 예를 들어 단독주택의 경우 10억 원 정도가 총공사비라고 한다면, 약 3~4억 원에 대한 부가세를 고스란히 내야 되는데 돌려받을 수 없으니, 직영 방식으로 하면 최소한 3,500~4,000만 원의 금액을 줄일 수 있는 셈이 되니 작은 금액은 아니죠.

최이수 그런데 시공사는 하나의 회사잖아요. 한 명의 현장소장뿐만 아니라 많은 인력과 관리를 늘 필요로 하는 회사인 거고, 반대로 직영공사는 고용하는 단기간 동안 현장소장 한 명의 인건비를 지급하는 방식이니까, 사실 건축주가 부담하는 비용은 직영공사가 훨씬 적은 것처럼 보이긴 하는 거예요.

임태병 물론이에요, 하지만 리스크가 굉장히 크지요. 하자와 보수 문제가 있고요, 보험과 산업재해 등등. 조금이라도 문제가 생기거나 갈등 요소가 발생했을 때 건축주가 해결하기가 버거워요. 규모가 제법 크고 건실한 건설사도 어쩔 수 없는 경우에 간혹 그렇게 계약을 하긴 하겠지만, 사실 편법이죠. 불법은 아니지만 편법이죠. 그리고, 회사는 분명히 재료비나 인건비 이외에도 무수히 많은 비용이 들어요. 유지와 운영을 위한. 그런데 그 비용과 매출에 대한 근거를 만들지 않으면 불이익이 있죠. 시공사 입장에서는 리스크가 있어요. 건축주 입장에서도 아까 말씀드렸듯이, 하자와 이후의 여러 상황에 대한 불확실한 측면이 크고요.

조남호 사실 직영공사 자체가 나쁜 건 아니지요. 이 시장이 어느 정도 존재한다고 열어둘 수밖에 없고요. 직영공사에서 가장 중요한 지점은 '신뢰 구조'가 필요하다는 것이죠. 나중에 어떤 문제가 발생할 경우에 책임을 지지 않는다는 거예요. 예를 들면 일본의 경우는 워낙 지역 단위, 작은 마을 단위의 공무점들이 제법 오래, 길게는 150년 이상씩 그 마을에서 업을 유지하며 살고 있으니까, 사실상 그 동네의 거의 모든 공사를 직영으로 진행하고 관리하는 셈인 거예요. 신뢰가 바탕이 되는 구조지요. 5년 후에도, 10년 후에도, 20년 후에도 그 사람한테 연락을 할 수 있고 또 새로운 집을 짓거나 고치거나 할 때도 다시 그 사람에게 의뢰를 하고. 저도 몇 번 직영 방식으로 진행을 한 적이 있어요. 문제가 생긴 경우가 없어요, 저는. 왜냐하면 정말 신뢰할 만한 사람들을 소개를 했고 계속 유지할 수 있었으니까. 그런데 일반적으로 쉽게 권하기 어렵기는 하죠. 안정성이 떨어진다는 문제는 해소될 수 없어요.

전은필 저의 마지막 꿈이에요. 현장 대리인으로 일하는 것. (일동 웃음)

최이수 저도 그 부분이 가장 궁금하고 사실상 불가능한 미션이 아닌가 싶고요.

김호정 사실상 시공사와 그렇게 편법으로 계약을 한다 해도 공사 내내 불안을 해소할 방법은 없는 거예요. 나랑 궁합이 맞고, 우리 집 설계를 완벽히 이해하고 건축가와 우호적으로 협력하고, 끝까지 책임져줄 사람을. 어디서 찾겠어요. 상대가 나빠서라기보다 사람마다 눈높이도 다르고 중요하다고 생각하는 지점, 바라보는 관점도 세세하게 다를 수 있어요. 수십 년 같이 산 부부도 안 맞는 부분을 인정하다 못해 '당신이라면 이럴 줄 알았어. 이렇게 하면 좋아할 줄 알았어' 했는데, 그게 내가 제일 싫어하는 선택이었단 말이죠. 이렇게 동반자의 배려조차 불편할 때가 있는데, 어떻게 딱 맞는 현장소장을 찾겠어요. 미션 임파서블!

최이수 정말 아파트 말고는 도시의 주거 방식이 없으니까, 최근 들어서는 지방 작은 소도시, 마을까지도 죄다 아파트 단지로 정비해야 한다고 생각하니까. 저는 시공 견적 내면서 많이 지쳐서, 이 나라가 아파트 말고는 다른 곳에서 살 수 없도록, "왜 아파트에 안 살아. 왜 딴짓을 하려고 해" 하면서 불이익을 주고 싶어 한다는 느낌이 들어요. 이렇게까지 개인이 해야 할 일이 많고 감당해야 할 법적 규제가 심하고, 그러면서 금융에서는 어떤 배려도 신뢰도 없고요. 땅이 좁고 인구가 많다고 밀도가 높은 아파트가 정답이라고 생각해서일까요?

임태병 그렇게 생각하기 쉬운데, 천만의 말씀이에요. 아파트는 밀도가 낮아요. 대형 단지가 서울 도심의 다세대 주택지보다 밀도가 훨씬 낮아요.

조남호 맞습니다. 아파트단지는, 특히 대규모 단지일수록 밀도가 높지 않습니다. 정부 또는 위정자들은 그저 건설이나 개발 쪽에 손을 들어주는 거예요.

임태병 밀도는 고층 아파트단지보다 3~4층 저층이 훨씬 고밀도예요.

최이수 그나저나 부가세 환급이 안 되는 것은 왜 안 되는 걸까요. 조세법의 분류 기준에 대해 궁금해지네요.

전은필 단독주택 30평 미만의 주택은 세금을 안 내도 되고 면세이긴 해요.

임태병 그런데 시공사가 작업을 하면 부가세 내야 하잖아요?

전은필 네에. 그러니까 30평 미만은 건축주가 직영을 하든지, 아무튼 직접 지을 수 있다는 뜻인 것 같아요. (웃음) 제도가 어설프긴 해요. 건축주한테 면세가 되면, 우리도 자재를 구매할 때 면세의 혜택을 받을 수 있어야 하는데, 30평 미만의 집을 짓기 위해서 철근이나 레미콘 같은 업체에서 자재를 구입할 때는 그런 제도가 없어요. 적용을 받을 수 없어요. 그러니까 30평 미만의 주택을 '면세'라고 정의할 때, 도통 맞지 않아요. 만약에 저희가 다가구주택 30평 미만 6세대를 짓게 되면 그건 다 면세예요. 그러면 건축주는 면세가 돼요. 그런데 시공사는 물건을 살 때 무조건 세금을 내니까, 그걸 지을 때 면세 혜택을 받을 수 있는 건 아니에요.

김호정 저희 집도 3층까지는 상가, 4, 5층은 주거용이잖아요. 상가 부분은 부과세 환급을 받았는데, 주택 부분은 세무서에서 저희에게 복층 사용 확인을 받고 서류 확인한 후에 부과세를 환급해주었어요. 4층과 5층이 따로 두 세대면 30평 이하 면세 주택이 되요. 그러면 부과세 환급이 안 되거든요.

조남호 주거의 면세에 관해 얘기할 때 어떤 상관관계가 있긴 해요. 30평 미만은, 법적으로 한 세대, 한 가족이 최소한 이 규모의 집에서 살아야 된다는 어떤 기준 같은 거예요. 이른바 '주거권'에 들어간다는 의미죠.

최이수 그러니까 그 이상으로 넓게 살려면 세금을 내는 것이 맞다고 보는 것 같아요. 그래서 '국민주택 규모'라는 개념도 있고요.

조남호 그런데 우리 그 '규모'에 대해 한 번도 열어놓고 공론화해본 적이 없는 것 같아요. 이 규모가 언제쯤의 생각이었는지…. 꽤 오래전부터 4인 가족 24평, 25평, 이런 기준이 있었잖아요. 사실 수십 년 전 생각인데 다시 평가가 되어야 할 텐데, 사회가 공론화해본 적이 없는 거죠.

최이수 집을 짓는 자에 대해서 국가가 관리를 '귀찮아 하는구나'라는 그 느낌을 안 받을 수가 없어요.

조남호 아무래도 집을 짓는 모든 공정을 제도권 안으로 포섭하려면 일반 시민은 그렇게 느낄 수밖에 없겠지요. 반면에 일본도 유럽도 혼자 일하는 건설 전문가들이 많아요. 특히 목조주택은 굉장히 단순하기 때문에 이 전문가들은 1년에 한두 채 짓고 여유로운 삶을 살아가요. 중상위층의 삶을 유지할 수 있는데, 이런 사람들이 꽤 많다고 하더라고요. 말하자면, 작은 주택을 짓는 데 반드시 규모를 갖춘 회사일 필요는 없는 거예요. 개인으로서, 한 명의 전문가로서 충분히 해낼 수 있는 일이기 때문에. 이런 전문가를 인정하고 활동하는 영역이 주거 분야에는 꼭 필요한 것 같아요. 그런데 지금은 모든 사안을 다 제도권 안으로 들여놓으려고 해요. 무엇보다 관리가 쉬우니까. 반면, 이런 방식은 현장소장 직위가 갖는 권위를 축소시키죠.

기획자 굳이 왜 '주택'이라는 방식을 권장해야 하는가가 어쩌면 정부가 갖는 회의일지도 모르겠어요. 공동주택이 당장은 더 손쉽게 더 많은 걸 사회에 기여한다고도 볼 수 있으니까요. 예컨대 몇천 세대를 이루는 공동주택의 경우 마을에 필요한 도로, 가로수, 공원, 도서관, 노인시설을 비롯한 공공시설을 모두 입주민들이 부담하는 방식이니까.

전은필 모든 세세한 내용을 제도권 안으로 들여놓으려 한다는 생각의 근거로, 굉장히 높은 수준으로 규제하고 있는 단열 기준을 들 수 있을 것 같아요. 물론 중부, 남부가 좀 다르긴 하지만 모든 주택에 일률적으로 적용이 되지요. 또 하나, 감리 공정이 많아졌어요. 2~3년 전에 느끼는 바와 정말 많이 달라요. 불필요한 사회적 비용이 너무 많다는 생각이 들어요.

구체적인 예로, 철거를 할 때 감리를 꼭 고용을 해야 해요. 그런데 필지가 두 개인 거예요. 하나는 사업장이고 하나는 주거용이고. 그러면 필지가 두 개라고 감리자도 두 명을 선임해야 해요. 하루 비용이 120만 원이 넘는 전문가이니, 5일간 철거를 하면 철거 감리비가 700~800만 원 수준인 거예요. 철거가 끝나고 나면 안전검사를 받아야 해요. 또 다른 기관을 통해서 건축주가 비용을 또 내고 안전검사를 받아요. 서류를 건축주가 직접 만들 수 없기 때문에 시공사에서 준비를 해주는데, 물론 저희도 그런 서류를 전문적으로 만드는 회사에 의뢰를 해야 하는 거예요. 아무튼 비용이 초래돼요.

안전 기준과 사고 발생률

조남호 정말 어려운 일이에요. 안전을 전문적으로 전공하는 사람들이 처음에는 연구회 같은 모임을 만들어요. 좀 더 모이면 학회를 만들고 논문을 쓰고, 주장을 펼쳐 나가지요. 연구를 인정받는 과정이기도 하고, 안전 규정과 범위를 영역화하고, 이런 과정을 통해 제도화하죠. 하지만 그 당사자들만큼 안전 범위와 규정이 명확하고 절실하지 않기 때문에 막는 사람도 드물죠. 그러니까 계속 제도에 반영이 돼요. 단순한 예로 단독주택 내부에 난간이 없으면 어때요. 그런데 1.2m 난간이 법적으로 정해져 있어요.

사실 작은 단독주택에 거주하는 구성원에 따라 난간이 없어도 되는 거예요. 우리가 각종 매체를 통해서든 경험을 통해서든 보면 외국 주택에 보면 계단만 있는 경우 많잖아요. 어느 경우에는 안전의 범위가 최소한이어야 할 경우가 있잖아요. 우리는 언제나 최대한을 지향하는 느낌이 있어요. 안전을 최대한으로 지향한다고 안전사고가 나지 않는가, 전혀 그렇지 않아요. 안전사고가 무척 많고, 사고가 일어났을 경우 온전히 개인이 그 결과를 책임지는 경우도 많아요. 그런데 사고를 예방하는 방식이 굉장히 단편적이고 '입막음'을 위한 방식이라는 느낌이 강하게 들죠. 사회적인 대형 사건 사고가 발생했을 경우 재발 방지를 위한 궁극적인 대책을 수립하는 데 사회적 비용과 시간을 들이지 않으려고 해요. 더 오랜 시간, 더 많은 고민이 필요한데 일단은 빨리 '해결과 대안'을 제시하면 그걸로 끝이 나는 거예요. 그래서 안전 규제에 관해서는 쉽게 말하기 어려워요. 결국 안전에 대해서는 사회적 판단을 해야 하는 거예요. 어린이 놀이터가 무조건 안전해야 한다면, 어떤 놀이시설을 만들 수 있겠어요. 독일의 한 놀이터 전문가의 말에 따르면 '놀이터는 위험해야 된다'라고 해요. 물론 위험해서 생기는 문제가 있을 수 있겠죠. 그런데 다른 측면으로는 약간의 위험을 초래하는 시설이 도전적인 놀이를 시도하도록 하고, 그것을 통해 아이들이 성장하는 것이죠. 그 가치와 위험의 정도를 섬세하게 판단해야겠죠. 우리는 그런 논의 때마다 늘 성급함에 지고 말아요.

최이수 2층으로 올라가는 계단 난간 높이가 1.2m로 정해져 있다고요?

정수진 네에. 그렇게 바뀌었죠. 보통 1m 정도면 저층주택에서 적당하다고 보이는데, 사실 1.2m가 되면 웬만한 아이들은 난간 살 사이로 밑을 보게 돼요. 문제는 이런 조항을 주택에까지 규제할 필요가 있느냐는 것이죠. 결국 개인 주택은 거기서 모든 일어나는 일들에 대해서 그냥 개인이 책임지는 건데.

최이수 정말 그 많은 집들이 이런 조항까지 다 지켜서 지어진단 말씀이에요?

정수진 그럼요. 허가를 받아 지어지는 모든 건축물은 다 법에 따르게 되어 있잖아요. 무허가주택이라면 모를까….

김호정 그래서 사용승인 받은 다음에 다들 조금씩 바꾸기도 하고, 애초에 준공검사를 염두에 두고 어느 부분을 조립하거나 일부 제거할 수 있도록 설계 또는 시공하기도 하나봐요.

조남호 제도적으로 보면 정말 10년 전과 비교해서 수월해진 내용이 없어요. 아닌 게 아니라 정말 국가는 대규모 아파트, 대규모 재개발을 속으로 좋아할 수밖에 없을 거예요. 도시의 인프라, 도로, 보육시설, 노인시설, 거주민의 건강과 재교육을 위한 각종 공공시설을 모두 입주민 개인의 재산으로 해결할 수 있잖아요. 그 복잡하고 어려운 주차장 문제까지! 국가는 대기업 건설사만 통제하면 되는 거예요.

전은필 안전과 규제에 대한 명분은 좋은데, 일을 하다 보면 실질적으로 너무 과하다는 생각이 많이 들어요. 너무나 통제 영역으로 깊이 들어왔다는 느낌이 들죠. 어느 정도 자율적인 영역이었던 부분까지. 그러니 단독주택처럼 작은 시장은 사실 피해가 큰 거죠.

김호정 저희가 시공하는 동안 주차장법이 좀 바뀌어서 주차 폭이 조금 넓어졌어요. 백화점이나 마트 등에서 분쟁 시비가 많아져서 법이 바뀐 것 같아요. 그런데 단독주택의 경우 주차장 자리 하나를 넣는데, 10cm 좁으면 어때요. 차를 주차할 수 있으면 되는 건데. 땅이 70평미만인 필지에서는 한 뼘이 소중하니 작은 필지에도 동일하게 적용되는 게 아쉽지요. 다행히 저희는 개정 전에 허가를 마쳤기 때문에 소급 적용이 되지는 않았어요.

임태병 단독주택의 주차장 폭이 넓어진 법 규정은 참 애석한 면이 있죠. 평생 오토바이를 탈 수도 있잖아요. 그리고 차가 없을 수도 있는데…. 앞으로 전기차가 대세가 되면 사이즈가 작아질 수도 있고요. 그런 면에서 차고지 증명제가 합리적이죠.

차고지 증명제
차량을 주차할 수 있는 공간, 즉 개인에게 할당된 주차장을 가지고 있어야 차량을 구매, 등록할 수 있는 제도이다. 현재 국내에서는 제주도에서만 시행 중이다.

전은필 제주도가 차고지 증명제를 하고 있는 것으로 알고 있어요. 그런데 사실 제주도보다는 서울 같은 곳에 훨씬 더 필요한 제도에요.

최이수 이렇게 복잡해진 주택 관련 법규들이 규모가 작은 개인 단독주택에도 똑같이 적용된다는 것이 정말 납득이 안 돼요.

전은필 사실 대규모 집합주택은 지난 10년간 두 배 이상 늘었어요. 규제의 정도와 범위가. 합리적으로 50세대 이상, 80세대 이상, 150세대 이상 등등 규모에 따른 적용 범위가 있었으면 싶죠. 대규모 공동주택일수록 포함해야 되는 안전 규약이 더 많고 강해야 하니까요. 설계와 시공에 따라 큰 사고를 일으킬 수 있고, 또 공공시설들이 더 많이 필요한 곳이고 하니까. 근데 조항 하나하나를 1세대 단독주택부터 집합주택까지 일괄적으로 적용을 하니….

정수진 안전 관리를 하시는 분들 일부는 그런 얘기도 해요. 안전사고가 보통 500평 미만의 소규모 현장에서 더 많이 난다고. 그래서 이런 소규모 주택의 안전 관리를 더 강화시킬 수밖에 없다고.

임태병 맞는 얘기일 수도 있는데, 그런데 작은 현장에서는 사고도 작을 수밖에 없죠. 광주 현대산업개발 사고처럼, 현장이 크면 사고의 규모가 커질 수밖에 없는 건데…. 그걸 횟수로 치환할 문제가 아닌데 지나치게 손쉬운 치환이에요.

조남호 건설 현장의 사고들에 대해서는 계속 우리 사회가 관심을 기울여야 되는 건 맞는데, 그러면 고용 형태에 대해서 얘기를 해야겠지요. 노동법에서 접근을 해야지 건축법 쪽만 강화한다고 해결될 문제가 아니에요.

임태병 맞습니다. 정말 눈에 "보이도록", 다시 말해 "눈에 보이는" 부분만 언급하고 재빨리 넘어가려는 처사입니다. 광주에서 현산 사고가 발생했을 때 노동법 전문가들은 언론에 나오지 않아요. 건축 전문가들만 나오더라고요. 구조 작업을 어떻게 해야 하는지에 관해서 현장 건설 전문가들이 조언할 수는 있겠지만, 이런 사고를 어떻게 하면 재발하지 않도록 할 것인가는 정말 다각적으로 파고들어야 하잖아요. 그 기본이 누구나 큰 문제라고 느끼는 '건설 노동자들의 현실'에 관한 것이고요.

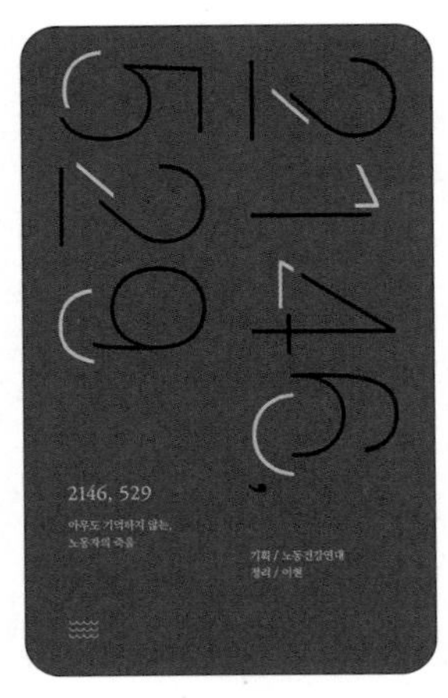

➊ 『2146, 529』(노동건강연대 기획, 이현 정리, 온다프레스, 2022)

기획자 일용 노동자들의 사고가 OECD 국가 가운데 가장 높은 축이에요. 실제로 우리나라에서 노동자들의 현장 사망을 sns에 꾸준히 올리는 분이 있어요. 책으로도 펴냈고요. 노동 현장에서 매일 한 명 이상이 사망해요. 건설 현장의 문제만이 아닌 거예요.

왜 같은 문제가 계속 발생하는가에 관해 더 크게 오래 얘기해야죠. 이들이 어떤 형태로 고용이 됐고, 어떤 노동을 했고, 어떤 노동을 초과해서 하는지.

전은필 그렇습니다. 어? 이게 왜 떨어졌지? 아침에 안전모 지급했어? 안전보호복 지급했어? 아침에 체조했어? 이런 식이에요. 오늘도 저희 현장으로 감리자가 와서 하는 말이 "여러분들 사고 나서 법적 구속 안 받으려면 안전보호구 지급 각서 받으시고요, 아침에 안전교육 꼭 실시하는 서류 만들어 오세요. 그러면 나중에 사고 나도 다 빠져나갈 수 있어요" 라고 얘기를 해요.

조남호 실제로 사고가 일어나지 않도록 사고 자체를 걱정하고 두려워하도록 만들어야 하는데, 이후의 벌칙만을 신경 쓰니 규제들을 계속 만들면서 동시에 어떻게 면피를 할지에 관해서도 만드는 거예요. 해체 감리자 고용비가 하루에 백몇십 만 원이에요. 비용이 높은 만큼 책임을 많이 물게 하고 그 사람들이 어떻게든 면피를 하려다 보니 상황이 이렇게 흘러가고 있죠.

최이수 나중에 발생할지도 모르는 사고에 대한 책임을 미리 비용으로 지불하는, 일종의 위험수당이네요. 해체 감리자는.

전은필 네, 맞아요.

직영공사의 현실

기획자 직영에 대해서 얘기를 해봤으면 좋겠다고 했던 이유는 그 뜻을 명확히 하고, 그에 대한 리스크를 정확히 알고서 건축주가 선택을 할 수 있도록 돕고 싶어서예요. 원래 직영의 의미는 말 그대로, 건축주가 현장소장을 고용해서 현장 전체를 관리하도록 하는 방식이지요?

전은필 그러니 실제로 그 뜻에 맞는 직영공사는 아예 없다고 봐야죠. 아까 말씀하신 대로 현장소장을 어떻게 구해요? 대부분 편법의 형태를 띠지요. 시공사가 있는데 그 시공사의 직원 한 명을 현장 대리인이나 소장으로 파견을 하는 것처럼 계약도 그렇게 하고요. 그렇게 하면 그 인건비만큼 부가세를 내지 않아도 되니 금액을 좀 줄여볼 수 있는 거예요.

기획자 그럴 경우에 가장 큰 문제가 뭘까요?

전은필 실제로 많이들 그렇게 하고 이 방식이 무리 없이 잘 진행되는 경우도 있지요. 조남호 선생님 경험처럼, 신뢰를 바탕으로 나중에 하자가 발생해도 시공사가 책임감을 갖고 외면하지 않고요. 그런데 문제가 생겨서 양쪽이 감정적으로 틀어져버리면 상황이 상당히 복잡해지는 거예요.

임태병 건축가가 설계하는 작업의 경우 그런 상황이 발생하면 건축가가 정말 괴로워요. 중간에서 개입할 수가 없어요. 진짜로 건축주가 고용한 현장소장이라면 건축가가 개입할 여지가 원천봉쇄돼요. 그런데 말씀드린 것처럼 직영의 형태가 실제로는 건축가가 어느 정도 추천한 시공사인데 그런 상황에서 관계가 틀어지면 법적인 의무는 없어도 도덕적으로나 도의적으로나 인간적으로나 모른 척하고 있을 수 없잖아요.

최이수 하자에 관해 처리를 안 해줄 수 있다, 이 말씀이죠?

임태병 법규상 계약상에서는 하자 보수 등 이런 거에 책임이 없는 거죠.

최이수 직영방식으로 계약할 때 시공사의 법인이 분리돼 있다고 하셨잖아요. 법인 종합건설 면허와 개인 사업자. 직영으로 계약할 때는 개인사업자로 한다고.

임태병 그럴 수밖에 없죠. 세금 문제 때문에.

최이수 저도 알아봤는데, 나중에 분쟁이 생겨서 건축주가 소송을 시작하면 상세 내역 등이 큰 영향을 미친다고, 그래서 내역을 엄청 꼼꼼히 봐야 한다고 하더라고요. 예를 들어서 주방 쪽 페인트를 방수페인트로 하기로 했는데 말로만 하고 그냥 '페인트 마감' 이렇게 하면 안 된다는 뜻이겠지요?

임태병 그런데 사실은요, 이럴 경우 세금 문제 때문에 무조건 다 시공사가 손해 볼 수밖에 없어요.

기획자 그런데 그 위험을 안고 건축주들이 원한다고 직영공사를 하는 이유는 뭘까요?

임태병 수주를 받기 위해서죠. 계약을 해야 하니까. 그리고 시공사가 경험도 없고 당장 돈을 받아서 대충 시공하고 잠적해버리는 경우가 문제인 것이지, 단독주택 시공을 두고 소송까지 가서 민사 재판이 열리는 경우라면 그건 그래도 제법 견실한 시공사라는 의미거든요. 잠적을 해서 연락두절이 되어버리면 상황이 골치 아파지는데, 그게 아니고 시공사가 이러저러한 상황으로 공사비 상승이 되었으니 지불을 해달라고 요구하는데 건축주가 계약보다 공사비가 초과되어 지불할 수가 없다고 하는 소송이라면 거의 시공사 피해가 좀 더 비율이 높을 거예요.

전은필 당장 공사비를 받아서 대강 일을 하다가 잠적하는 경우, 또는 회사가 부도 처리되는 경우가 아주 드물지 않지요. 작고 열악한 시공사일 경우에도 그렇고 건축가 없이 진행하는 경우 좀 더 비율이 높을 테고요. 주기적으로 회사를 바꾸는 시공자도 보긴 했네요. 폐업하고 다시 개업하고. 하자보수나 AS가 귀찮고 힘드니까. 이들 모두 제대로 된 시공사는 아니지요.

기획자 십여 년 전과 비교해서 건축주가 건축가에게 설계를 의뢰한다는 개념, 또는 필요에 대해서는 어느 정도 사회 전반에 이해가 시작된 것 같아요. 이에 비례해서, 비교적 괜찮은, 그러니까 신뢰할 만한 견실한 소규모 시공사들도 많이 생겨났을까요?

조남호 건축가가 어느 정도 파악하고 안면이 있는 시공사라면(물론 그 건축가의 신뢰도를 먼저 파악하는 게 중요하겠죠), 그리고 제대로 일을 하는 건축가라면 건축주와 시공사 사이에 갈등이 불거졌을 때 모르쇠하는 경우는 없을 겁니다. 다만 규모가 있고 견실한 시공사라면 사기 행각을 벌이고 또 다른 곳에 가서 사업을 하기가 어려워요. 그래서 정말 말도 안 되는 경우가 아니라면 어느 정도는 시공사가 감내를 해요. 사실은, 저는, 건축주가 피해를 본다기보다는 시공사가 피해를 보는 사례가 더 많다고 생각해요. 왜냐하면 건축주는 평생에 한 번이기 때문에 작은 갈등도 굉장히 고통스럽게 생각하고 본인만이 피해를 본다고 생각하기 쉬운데, 실상 문제가 생기면 양쪽이 다 고통스럽죠. 이럴 때 경험이 많은 시공사는 건축가가 나서서 가급적 이해시키려 노력하고 어느 정도 타협할 수 있도록 도우면 거의 대부분 해결이 돼요. 민사 소송까지 진행될 경우, 확률적으로는 정말로 시공사 피해가 더 크다고 보여요.

전은필 물론 민사는 한쪽의 입장을 100% 수용하지는 않죠. 그런 경험이 있으신 건축가 분이 계신가요, 여기?

조남호 저는 소송 과정 중에 증인으로 출석을 해본 적이 있어요. 1년이 지나도록 판결도 안 나고 기일만 끌기에, 안 되겠다 싶어서 증인으로 나갔어요. 그런데, 정말 너무 말도 안 되는 상황이 펼쳐져요. 건물은 완공이 되어 있고, 짓는 과정에서 조금씩 설계나 세부 내용들이 변경되면서 증액이 되어 시공사가 증액이 됐다고 추가 지불 요청을 한 것에 대해 건축주가 인정할 수 없다는 내용이었어요. 그런데 애초에 분쟁이 생겼을 때 시공사의 요구에 이 정도 비용이 합당하다는 건축사무소의 의견을 줬어요. 양쪽 모두에. 그런데 그 서류가 증빙조차 안 되어 있는 거예요. 1년이 넘도록. 분쟁의 원인이 하늘에서 뚝 떨어진 게 아니잖아요. 뭔가 기준이 있을 테고, 실제로 바뀐 내용이 있을 테고. 그러면 양측 변호사가 전문가한테 의뢰를 하든지 조사를 하든지 해서 사실 수일 내에 판결을 낼 수 있는 문제인 거예요. 그래서 제가 기준이 무엇이고 내용이 어떻고 시공 과정은 이러하다, 자료로 제출하고 설명했더니 운전하고 오는데 판결 났다고 하더라고요.

최이수 근데 그 말씀을 들으니까 드는 생각이… 저는 설계를 1년 넘게 진행하면서 건축주, 시공사, 건축가, 이렇게 삼각관계가 있을 때 아무래도 건축가는 건축주 편이라고 생각하게 되는 면이 많거든요. (모두 웃음) 말로는 세 입장이 같은 목표를 향해 하는 동반자라고 하지만, 사실 미묘하잖아요. (웃음) 기본적으로 건축가는 내 편이다, 이런 마음이 있었는데 사알짝 배신감이….

정수진 하하하, 맞아요. 뭔가 분쟁이 생기면 시공사를 상대로 싸워줘야 되는 사람으로 인식하게 된다고. 저도 많이 들었어요. 저를 포함해, 거의 대부분의 건축가들이 이런 경우 객관적으로 중간의 입장에서 판단하려고 애쓰겠지요. 그런데 그렇게 하면 시공사 편에서는 대체로 고마워하는데, 대체로 건축주는 자기를 배신했다고 생각해… (웃음) 아무래도 건축주를 대신해 시공사를 알아보고 계약까지 조언도 하게 되고 그러니….

김호정 그렇죠, 정말. 저도 정 소장님과 1년을 설계했으니까. 우린 먼저 알았던 사람, 시공사는 그 이후에 알게 된 사람. 이렇게 친밀감에 있어서 약간의 차이가 있죠. (웃음) 그리고 시공사보다는 훨씬 더 깊고 내밀하게 이 집에 대해 교감하는 사이라는 믿음도 있고요.

기획자 아니, 이거, 진짜 삼각관계인걸요! 자자, 그렇다면, 건축가는 시공사와 건축주가 지나치게 친밀해져서 약간… 질투? 이런 상황 없어요? (모두 웃음)

정수진 하하하. 둘이 짜고 설계 변경을 스스륵하거나, 재료를 스르륵 바꾸는 경우가 아니라면 그런데 또 그렇게 바꿔서 결과가 이전보다 좋다면야 얼마나 좋겠어요. 그런데… 거의 없겠지요, 그런 해피엔딩은?

김호정 집 짓는 과정 중에는 정말 시공사한테 마음이 확 쏠리는 것은 맞아요. 더우나 추우나 비가 오나 눈이 오나 현장에서 애를 써주는 분들이니까. 특히 현장소장님에 대해선 애틋한 마음이 가득 생겨요. 그 많은 작업자들을 컨트롤하고, 어디 그뿐인가요. 시시때때로 발생하는 문제들, 민원들 다 막아주지요. 어떻게 고맙지 않겠어요. 아무리 제가 비용을 지급하는 일이더라도. 현장에 가끔 가서 보면 정말 두 손 모아 공손해져요.

조남호 건축주는 이 일에 관해서 제일 밀도 있게 오랫동안 고민한 사람이고, 건축가와 시공사는 사실 그 일을 하기 전부터 알아왔던 사람이고 그 이후에도 계속 관계가 이어질 가능성이 높죠. 그래서 어느 쪽이 어느 입장을 대변하기가 좀 더 쉬울까. 이렇게 생각하면 안 돼요. 전문가는 어느 편에도 서지 않는 입장, 일을 완성해나가는 데 필요한 효율과 원칙, 합리성을 근거로 판단할 능력을 갖추어야 하고. 그걸 인정할 만한 사람에게 일을 맡기는 것이 가장 중요하지요.

최이수 제가 운영하는 sns 계정을 보면, 건축주들과 예비 건축주들이 서로 팔로우를 많이 하거든요. 그런데 집 지은 분들 계정을 들여다보면, 시공사와 대판 싸우거나 정말로 막역한 사이가 되거나 둘 중 하나더라고요. 정말 공사가 잘 진행된 사람은 시공사 대표 얘기만 하는 거예요. (웃음) 그런데 제가 시공사를 검색하다 보니까, 시공사로 알고 있는데 건축사무소라고 등록이 되어 있는 거예요. 제가 지금 예산 때문에 걱정이 많으니까, 시공과 설계를 동시에 할 수 있는 곳이라면 비용을 절감할 수 있지 않을까 싶고….

전은필 그런 곳이 있지요. 장지윤 씨 '비오는 풍경'이라고 솔토에서 설계했던 친구인데, 그분이 건축사나 시공사 면허가 있는 것이 아닌데, 블로그를 통해 작업을 해요. 건축주와 그 소통을 하면서 50평 미만 규모를 기획 설계하고….

조남호 지금 이수 씨가 얘기하는 곳과는 좀 다른 곳이에요, 그곳은. 장지윤 씨 경우에는 아티스트로서 아틀리에를 운영하는 개념이에요. 굉장히 내밀하게 속도에 크게 구애받지 않으면서, 스스로 연구하면서 프로젝트를 진행하는 곳이고요. 이수 씨가 언급한 곳은 반대로 사업적으로, 전략적인 측면에서 시공과 설계를 동시에 하는 거예요. 장점이라면, 경험이 많이 누적되고 설계가 일정 정도 표준화되면 경제적일 수 있을 것 같아요.

그런데 경제적인 측면에서 특장점을 가지려니 시공이 패턴화되겠지요. 그 회사가 해보지 않은 새로운 시도나 선택은 비용을 발생시킬 테니까. 단순화, 표준화 방향으로 가이드라인이 만들어질 테고, 말하자면 설계가 점점 그것에 예속되겠지요.

긍정적으로 보자면 경제적인 해결이라는 방향으로 진화한다는 것이겠고, 또 일정 정도 이상의 수준을 유지할 수 있겠지요. 브랜드를 유지해야 하니까. 약점을 보자면, 점점 시공을 통제하는 기능이 무력화되겠지요. 시간이 지날수록 더욱 설계가 시공에 예속화되겠고요. 한 회사에서 설계와 시공을 동시에 하면서 양쪽 다 좋은 품질을 유지하면 좋겠지만 사실상 어려운 일이에요. 주체가 하나인데 양쪽에서 전문적인 영역을 유지하면서 긴장관계를 지속한다는 것은 거의 불가능에 가까울 거예요.

전은필 설계와 감리가 있으면 현장에서 설계팀하고 감리팀이 자기가 설계한 대로 감리가 되는지를 확인하는 게 아니라 거의 현장에 샵드로잉하는 직원처럼 예속화된 상황이 펼쳐져요. 왜냐면 금액을 줄여야 되니까, 금액을 맞춰야 되니까. 겉보기에는 이 정도는 돼야 되는데 그런데 더 싸야 돼. 왜냐하면 싸야지 이윤을 남길 수 있으니까. 하지만 겉으로 보기에는 다른 데서 지은 것과 거의 비슷해야 한단 말이죠. 그러면 안 보이는 아이디어들, 계속 저렴한 아이디어를 계속 찾는 거예요. 그런 현장에서는 건축가가 샵드로잉 그리는 직원인지 시공사 직원인지 아니면 감리를 하러 나온 건지 모르겠다고 맨날 얘기하거든요.

조남호 이상적인 상황, 이런 두 분야를 통합하려는 경영자가 새로운 시도도 하면서 비용이 좀 더 들어가고 이윤이 적더라도 한쪽에서는 계속 시도하고 도전하고 노력하면서 경험과 내공을 확장한다는 의지가 있다면, 참 좋겠지요. 모든 시공을 그렇게 하지 못한다 하더라도 열 채 가운데 한두 채는 그런 의지로 진행해보겠다는 마음을 갖고 있다면. 그런 선순환 구조가 나머지 모든 시공에 적용이 될 테고요. 그런데 그렇게 되기가 쉽지 않단 말이죠.

최이수 아아, 일을 진짜 좋아하는 사람이어야 할 것 같아요.

임태병 그렇죠. 그게 중요해. 일을 좋아해서, 내가 이걸 만들어냈어, 하는 충족감으로 다음 프로젝트를 시작할 수 있는 사람.

예산의 실질적인 운용

기획자 비계를 털고 짜잔, 하고 집이 세상에 모습을 드러내는 시점까지 얘기했었는데, 좀 더 구체적으로 내부 마감재들에 관한 이야기를 나누지 못했어요. 도장, 타일, 바닥재, 조명, 가구 등이 떠오르는데, 특별히 따로 언급하고 넘어가야 될, 혹은 건축주들이 유의해야 될 점들이 무엇무엇 있을까요?

김호정 사실 내장 마감이야 설계할 때 거의 다 정해져 있을 텐데요, 그래도 세세하게 바뀌는 게, 또는 바꾸고 싶은 것들이 제법 있어요.

전은필 설계자에 따라 다르기도 하고 작업 성격에 따라 다르기도 해요. A 건축가는 설계할 때 마감 스펙까지 모두 정해서 간다, 반면에 B는 건축주의 선택이 달라질 수 있으니 일단 큰 바탕만 그려서 시작한다. 예를 들어 페인트 컬러라든지 바닥 마감 재료라든지 타일 종류라든지. 이런 사안들을 열어둔 채로 시공을 시작하기도 해요.

최이수 그런데 내부 재료들이 사실 엄청 종류가 많잖아요. 타일도 현관 바닥 타일이나 욕실 벽 타일, 종류가 제각각일 테고. 그러고 각 제품들을 주문하고 배달받는 데도 시간이 걸릴 테고요.

전은필 국내 생산이나 국내 재고가 확보되어 있는 제품이라면 솔직히 '어?' 하고 놀랄 정도로 빨리 배송이 돼요. 일반적으로 유통되는 수전이나 변기라면 당일 배송도 가능할 정도로….

최이수 대단하네요. 배송 시스템!

전은필 다만 수입제품이거나 재고 수량이 넉넉하지 않다면 고려를 해야 하고요. '선택지를 열어둔다'고 해서 모든 범주를 고민한다는 뜻은 아니에요. 대략의 종류, 대략의 금액, 대략의 질감 등 중요한 조건들이 있을 수 있잖아요. 예를 들면 수분 함량이나 흡수율이 중요하다든가, 타일의 개당 크기가 특이하다든가, 예산을 타이트하게 맞춰야 한다든가…. 그런 것들은 얼추 정해두고 몇 가지 선택지를 열어둔다는 뜻이지요. 특히 수입 타일의 경우는 흔히 타일 회사에서 타일 물류창고를 공용으로 사용해요. 협회가 있고 연합으로 사용하는 창고가 있다는 뜻이지요. 그래서 전시해 놓는 타일들은 다 어느 정도 재고가 비치돼 있고 수량이 적을 때는 거기 메모를 해놔요. 참고해서 선택하라고. 시공사들은 대부분 알 거예요.

최이수 굉장히 효율적인 방식인걸요.

조남호 유형별로 좀 다를 텐데, 구체적으로 어떤 재료를 쓴다는 것까지 다 정해놓을 수도 있고. 아니면 그레이드 정도만 정해놓고, 현장 상황은 단계별로 이루어지니까 마감 단계마다 협의할 수도. 그 경우는 살짝 현장에서 바뀌는 상황이 된다고 하더라도 공사비를 그리 크게 상승시키거나 그렇진 않으니까. 건축주 입장에서도 현장이 어느 정도 드러나 있는 상황에서 그 재료와 실제 모습을 보면서 같이 판단하는 게 훨씬 도움이 될 수도 있어요.

그러니까, 대개는, 처음에 구체적으로 재료를 다 정해놓았다 하더라도 현장에서 조정의 여지가 또 있는 거죠. 조금 느슨하게 열어두는 사람도 있고, 처음에 온전히 정해놓았다 하더라도 현장에서 또 한 번의 기회가 있다고 생각하는 경우가 있고 그렇죠.

정수진 재료를 미리 정하면 그 재료들을 쓸 때까지 시간이 있으니까 타일 같은 자재는 재고가 떨어질 수도 있어요. 조남호 선생님 말씀과 같은 얘긴데, 그레이드에 맞는 금액을 책정해요. 왜냐면 견적 받을 때 공사비가 다 정리가 돼야지 건축주가 전체적인 예산을 보니까. 그래서 저희 같은 경우에는 재료의 내용 자체보다도 금액을 상정해서 넣어놔요.

최이수 예를 들면, m²당 얼마 이렇게요?

정수진 예. 면적당 정하기도 하고, 개당 가격으로 정하기도 하고요. 이렇게 책정해 놓으면 그 금액 안에서 높은 게 있으면 좀 낮출 수 있는 걸 찾아보고. 이리저리 조율을 하는 거예요.

최이수 그런 내용에까지 건축가가 개입해요?

정수진 예, 당연히요!

임태병 그런데 좀 어려운 부분이 있지요. 예를 들면, 타일 같은 마감재가 m²당 얼마 정도 수준이라고 하는 건 우리는 아는데, 클라이언트 입장에서는 이게 좋은 건지 나쁜 건지 어떤 수준인지 모르니까, 처음에는 이 정도 수준이다 하고 전체를 대략적으로 잡아놓고 진행했는데, 나중에 내가 생각한 타일은 이런 게 아니었어, 이러면 금액들이 막 춤을 추니까. 저는 아주 큰 프로젝트가 아니면 초기 단계에서 마감재들은 가급적 스펙을 미리 정하고 거기에 맞춰서 견적을 내는데, 그러면 대부분 견적이 높게 나오죠.

최이수 다 들어가 있으니까?

임태병 항목들이 다 들어가 있기도 하고 처음엔 아무래도 욕심을 내니까요. 그러면 전체 예산이 나오는 걸 보고, 그 단계에서 조정을 해나가는 거예요. 거의 처음부터 조정을 시작하는 셈이에요. 그런 후에, 최종적으로 제품 발주 전에 다시 한번 확인하는 과정을 거치죠. 한마디로, '처음에 커다란 범위를 잡아둔다'는 개념보다는 저는 좀 더 촘촘하게 예산 계획을 짜는 편인 거예요. 그래야 예산에 대해 안정적으로 대처할 수 있다고 생각하고요. 평당 얼마다, 라는 결론이 쉽게 안 나와야 맞다고 보여져요. 저야 설계안이 대강 잡히면 평당 얼마겠구나 거의 파악이 되지요. 그런데 건축주한테는 전혀 보이지 않기 때문에.

김호정 금액은 한정돼 있고, 이 금액을 갖고 일단은 집을 지어야 되니까. 일단은 마감은 생각을 안 하게 되더라고요. 눈에 보이지 않는 기초, 단열, 창호 같은 쪽에 돈을 아끼지 말고 신경 써주세요, 하게 돼요. 마감은 언제든지 바꿀 수 있다는 마음이 좀 있지요. 돈이 부족하면 나중에 더 단가가 낮은 재료로 바꾸자 싶은 거죠.

반면에, 건축가는 거의 모든 부분을 정해놓자고 했어요. 그 말을 따르면서도 마음 한편에서는 정말 저 재료를 쓰게 될까 싶기도 했지요. 그런데 문제는, 집이 지어지는 모습을 보면 욕심이 생겨버려요. 애초에 책정해준 금액대가 있으니까 여기서 조금만 더 올리면 되는구나, 조금만 더? 이렇게 돼요, 마음이.

정수진 저는 가급적 정확하게 미리 책정을 하는데, 사실 좀 다른 이유 때문이지요. 예를 들어 단열재나 꼭 필요한 것들을 좀 단단하게 쓰고 싶은데, 만약에 만에 하나 예상치 못한 문제가 생기면 내장재들, 마감재나 금액에서 좀 떼와서 쓰는 거예요. 건축주는 예산의 총금액을 염두에 두고 있기 때문에 제가 부분끼리 조율하는 건 그리 어려운 일은 아니거든요. 사실은 그래서 모든 마감재까지 총액 계산을 가급적 정확하게 해둬요.

최이수 말은 쉽게 하시지만, 듣기엔 어려워 보여요. 건축가의 업무 범위에 대해 생각을 다시 하게 되네요. 프로세스를 구상해서 금액을 조절한다는 것이 설계만큼 어려울 것 같아요.

정수진 뭐가 됐든, 금액이 증액이 되면 모두가 다 예민해져요. 그런데 거꾸로 감액이 되는 건 뭐가 어떻게 감액이 되더라도 괜찮거든요. (모두 웃음) 이유를 알고 싶어 하지도 않죠, 보통은.

예산 이외에 조금도 더는 여력이 없다고 호소하는 건축주가 대부분이기 때문에 저는 바닥재부터 특히 위생기, 조명까지. 모든 걸 다 금액으로 잡아요. 그래서 공사 진행하다가 예상치 않은 상황이 닥쳤다 싶으면 마감재 쪽에서 끌어오는 거예요.

기획자 예비비 같은 거네요?

정수진 총액 계약 공사의 장점이지요.

조남호 경우에 따라, 규모에 따라, 또는 건축가의 성향에 따라 조금씩은 다를 텐데요. 완벽하게 결정해 놓지 않고 현장에서 뭔가 구상해서 결정한다고 할 때 생기는 문제라면, 이런 예들이 있을 수 있겠지요. 예를 들어, 마루재를 보니 가격이 높은 재료가 훨씬 좋아 보인다, 아아 이걸 어쩌나 하고 고민에 빠지죠. 타일은 이런저런 수입 타일이 눈에 확 들어오는구나, 위생도기도 그럴 테고요. 이렇게 되면 건축주의 마음이 참 힘들어져요. 매 순간 올라갈 가능성이 있으니까.

그런데 사실은요. 우리가 재료 샘플을 옆에 놓고 비교해 봤을 때의 차이와 가치보다 공간 안에서의 역할은 차이가 훨씬 덜하다고 생각해요, 저는. 예를 들면 마루도 당연히 두꺼운 온돌 마루를 쓸 수 있겠지만 평범하고 경제적인 강마루를 쓸 수도 있다고 생각해요. 처음에 재료만을 놓고 비교하면 큰 차이가 느껴지죠. 그런데요, 건축주들이 이 단계까지 정확하게 느끼지 못하는 것이 있는데요. 그게 뭔고 하니, 건축된 공간 안으로 막상 들어오면 어떤 색깔의 조화나 공간의 짜임새, 설계의 힘. 이런 것들이 훨씬 더 중요하지, 그런 재료들의 세세한 느낌 차이는 생각보다 훨씬 가볍게 받아들여진다는 거예요. 재료만 놓고 보면 자꾸 비싼 것들에 눈이 가죠. 그럴 때 전체적인 기준을 고려해 정한 수준에 따르면, 그 안에서 조화를 만들어가는 것이 제일 좋아요.

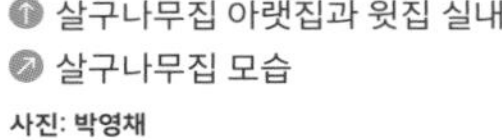

↑ 살구나무집 아랫집과 윗집 실내
↗ 살구나무집 모습
사진: 박영채

김호정 하아…(한숨) 좋은 말씀인데, 그게 참 실천하기가…. (모두 웃음) 제가 건축가님 처음 만났을 때 했던 얘기가, 싼 재료라도 디자인으로 승부를 봐달라고. 좋은 설계는 평범한 재료를 갖고도 특별하게 만들 수 있으니까 능력을 발휘해주세요, 라고 해놓고는 제가 일을 저질렀던 거예요. 건축주들이 마감재 고른다고 신나서 이런저런 매장들을 많이 보고 다니면 안 돼. (모두 웃음)

기획자 조남호 선생님께서 작업하신 '살구나무집'이 얼마나 되셨죠? 그때 되게 거의 모든 재료를 선택할 수 있는 가장 낮은 범위에서 해결을 하셨다고 들었어요.

조남호 가만 있자… 음… 12년 됐네요.

기획자 친구가 며칠 전에 그 댁을 다녀와서는, 그런 얘길 하더라고요. 무척 더운 날이었는데 앞뒤로 문 열어놓으니 에어컨을 틀지 않아도 될 정도로 선선하더라고요. 공간이 좋아서 재료가 무엇이었는지 그런 게 크게 눈에 들어오지 않는다고 했어요. 지금 생각이 나네요, 그 말이….

조남호 처음 견적이 평당 750~760만 원 이렇게 나왔는데, 실제로 평당 470 정도에 해결을 해야 했어요. 심지어 벽지도, 초배지 정도만 바르자고 했을 정도였으니…. 그런데 아무리 재료를 빼도 평당 200만 원씩 뺄 수가 없어요.

임태병 그렇죠. 그 정도 규모라면 기껏해야 수십만 원 정도겠죠.

조남호 네에, 그래서 500만 원대 후반. 570인가, 이렇게 된 거예요. 뭐 그때 처음엔 다 좌절했죠. 제가 그래서 저희 사무실 직원한테 동네 다가구주택 공사하는 데를 만나서 견적서를 하나 구해 오라고 했어요. 동네 건설업자들이 한 480 정도 할 때였어요.

최이수 다세대빌라 같은, 요즘 말로는 도시형생활주택 같은?

조남호 네에, 그렇죠. 이걸 기준으로 놓고, 여기서 올려가는 방향으로 해보세요, 라고 시공 파트너에게 얘길 했죠. 정말 고맙게도 시공사 대표가 정말로 그런 방식으로 따라와줬어요. 그런데도 재료가 좀 좋아지면서, 징크도 제대로 쓰고 필로브 창도 쓰고 그랬으니까요. 재료가 좋아지면서 500만 원대 후반이 되더라고요. 대신에 콘크리트를 예술적으로 잘 치지 않아도 된다, 콘크리트 멋내지 않아도 된다, 어떠어떠한 걸 못 한다고 얘기하면 내가 그거 다 들어줄 거다, 시공자한테 이렇게 얘기하면서.

전은필 아마 그 시공자, 되게 힘들었을 거예요. 그 두 분의 집이 책도 나오고 하면서 전설이 되어가지고….

최이수 저는 조 소장님 말씀이 와닿아요. 저도 완전히 공감해요. 카페도 그렇고 여행 갈 때 묵는 숙소도 그렇고 무척 멋지고 좋은 데 종종 가보잖아요. 그런데 우리 집에 어떤 도구를 두고 싶다는 생각은 잘 안 들더라고요. 멋지고 화려하지 않아도 공간과 분위기, 전체적인 느낌이 안정적인 집인가. 이 점이 더 중요할 것 같아요. 허접미라는 말이… (모두 웃음) 허접한 재료가 갖는 어딘가 자연스럽고 친근한 느낌도 있으니까.

정수진 건축가 중에 재료를 자기 마음대로 쓰는, 아니 '써본' 건축가가 몇이나 될까요? 실은, 우리 김호정 님 댁도 내부가 똑같이 하얗잖아요. 마지막에 예산을 초과했다고 말씀은 하시지만, 사실은 사치라고 볼 수는 없고, 세면기가 원래 예산보다 높아졌다던가, 그 정도를 높인 거예요. 아마 대부분의 건축가 중에 우리나라뿐만 아니라 외국도 마찬가지일 듯한데, 임 소장님은 재료 마음껏 써보셨어요?

임태병 네에? 저요? 아이쿠, 큰일나게요…. (모두 웃음)

기획자 건축가는 각자 선호하는 재료가 있을까요? 여기 계신 세 분은 특별히 좋아하는 재료가 있으신가요?

최종 공사비 조율과 합의

조남호 어떤 재료의 가치는 고정된 게 아니에요. 어떤 관계를 통해서 가치가 새롭게 만들어지고 변화하죠. 새롭게 만들고 변화하도록 만들고, 유기적이면서 유동적인 역할을 창조해내는 것이 건축가의 역할인 셈이고요. '이 재료를 이렇게 읽었어, 받아들였어'라는 건 그저 낮은 단계에서의 '해석'인 것이고, 재료가 처하거나 만나는 상황, 어떤 상황이 주어지든 그 관계를 통해서 가치를 만드는 일이 건축가의 일이에요. 당연히 우리도 말씀하신 것처럼 좋은 재료를 늘 쓰고 싶죠. 그 이유가 재료 자체에 있다기보다, 좋은 재료를 쓴다는 건 좋은 클라이언트와 만난다는 뜻이고 그럼 우리가 유달리 애쓰지 않아도 좋은 작업이 결과적으로 따라올 수 있다는, 일단 가능성이 높아진다는 뜻이니까요.

마감이 좀 덜 좋아도, 저는 재료가 일관돼 있으면 나름의 분위기를 쌓아나갈 수 있다고 봐요. 특출나게 좋은 재료를 한둘 써서 공간의 결핍을 방어하려고 시도하기보다, 상황에 맞게 건축가가 조화로운 최종 결과를 향할 수 있도록 적절하게 컨트롤하는 게 중요하죠. 건축가가 절대적인 기준을 갖고 있어야 되는 일이죠.

정수진 정말 중요한 말씀입니다. 언급하신 살구나무 집의 사례는, 어떠어떠한 재료를 줄이고 삭감했어도 의도한 분위기를 끌어냈다는 말씀인데, 분명하고 명백히 기본 설계가 좋았다는 뜻일 테고. 건축가가 어떤 역할을 할 수 있고, 해내야 하는지를 제시해주시는 말씀이지요.

그런데 그렇다고 해서 거기에 재료라든가 시공사 등의 요소들이 개입되는 문제를 축소시킬 수 있나. 아, 쉽게 단정하기는 어려운 측면이 있지요.

김호정 맞아요, 좀 조심스러운 얘기일 것 같아요. 어떤 분들은 그렇게 생각할 수 있잖아요. 설계만 좋으면 그냥 아무 시공사에나 맡겨도 되는 거지, 하고.

정수진 그러니까 오해가 있으면 안 되는 게, 그 시공사가 어떻게든 설계에 맞춰 좇아와 주려고 노력을 했기 때문에 가능했던 일이지요.

전은필 그렇죠, 그렇죠. 저도 시공자지만, 모든 작업에 최선을 다하려고 하지요. 하지만 솔직히 제가 함께하는 파트너들이 꼭 저와 같은 마음을 지니지 않은 경우도 드물지 않거든요. 유감스럽게도 말이죠. 설계자도 시공자도 일을, 동시에 서로를 어떻게 대하느냐에 따라서 결과물의 가치가 기대보다 높아지기도, 기대보다 말도 안 되게 낮아지기도 해요.

정수진 전 대표님도 경험이 있으실 거예요. 유명한 건축가와 작업했는데 뜻대로 되지 않았던 적, 있으시죠? 저 또한 그래요. 제법 규모도 크고 명실공히 인정받는 좋은 시공사하고 작업해도 어쩐지 결과가 기대만큼 나오지 않는 경우가 있었어요.

조남호 그때도 한여름 공사를 지났는데 두 달 사이에 38일이 비가 왔어요. 거의 두 달간 공사를 못 하니까 굉장히 타이트하게 짜인 공사비 속에서 관리운영비도 문제가 되니 시공자가 도저히 안 되겠다, 이 정도 예산을 좀 올려줘야 한다고 얘기를 했었어요. 그래서 제가 그 내역을 보고, 내가 건축주를 설득할 테니 당신이 제시한 금액의 절반을 올리자고 했어요. 그 정도는 내가 설득할 수가 있을 것 같다고. 그런 내용들을 결정할 때 건축주도 '당연히 이 정도는 올려드려야 한다'면서 굉장히 우리 분위기가 진지하다 못해 뭐랄까 웅장한 기분이 들기까지 했어요. (웃음) 위대한 합의처럼. 시공자도 현실적으로는 더 높여야 하지만, 이런저런 상황을 고려할 때 여기까지만 하고 최선을 다해보자고 마음을 다해주었고요. 그래서 서로 사인을 하면서 기분이 좋았어요.

정수진 어떻게 보면 그런 모든 것들이 감리자의 역할인 것 같아요. 기분 좋게 협의하고 조율하고 서로를 이해시킬 수 있는 역할까지를, 감리자가 해낼(!) 수 있지요.

기획자 저는 설계 때 이미 거의 다 정했으니 끝날 때 즈음 되면 몇몇 품목이 품절이 됐다거나 막상 현장에 왔는데 '어? 타일이 생각했던 것보다 너무 색이 진하네' 수준의 변경이나 번복을 생각했어요. 그런데 말씀을 들어보니, 마지막까지 금액 안에서의 조율과 긴장이 계속 끊임없이 이어지네요.

임태병 그럼, 그럼요. 계속, 긴장감은 끝까지 가.

김호정 그건 어쩔 수가 없지요. 끝까지.

전은필 그리고 이 시기가 건축주가 가장 예민할 때입니다.

기획자 아, 그래요? 뭘 많이 사야 해서?

김호정 아뇨, 그렇다기보다, 이제 완공과 함께 재정적으로도 마무리가 되어 가는 과정이니까요. 끝없이 돈이 들어요. 정말 끝도 없이 고지서가 날아들고….

전은필 동시에, 마감이 눈에 보이기 시작하니까. 여기가 찌그러졌네, 여기가 떴네. 골조가 될 때는 그냥 그런가 보다 하지만 마감은 눈에 보이니까. 여기 실리콘 써야 하지 않나, 하고. 알게 모르게 건축주와 시공사 간에 약간 눈치 게임이라랄까. 그런 긴장감이 알게 모르게, 분위기에 흐르죠.

최이수 마감 마무리할 때요, 예를 들어 작업자가 끝내놓고 간 다음에 건축주가 봤을 때 좀 석연찮다 싶으면, 재시공을 해달라고 요청할 수 있나요?

전은필 예컨대 타일 시공이라고 하면, 작업이 끝나면 현장소장이 보지요. 그런데 현장소장이 미처 챙기지 못했거나 누가 봐도 손을 봐야 하는 정도라면 타일 시공자도 다시 와서 재시공을 할 거예요. 그런데 현장소장이 봤을 때 문제가 없다고 판단하고, 타일 시공자도 무난한 작업이라고 보는데 건축주가 탐탁지 않아서 재시공을 원한다면 그때는 추가 비용이 생길 수 있지요. 이때 타일 시공자와 시공사와의 관계가 막역하고 작업에 대해 시공자가 받아들이고 있다면 교통비 정도를 드리고 협의를 할 수 있겠지요. 전문 타일 시공자는 하루 일당이 33만 원이에요. 그러니 재시공이 흔한 경우는 아니지요.

최이수 제가 궁금한 지점이 그 부분이었어요. 재시공에 대해서 어느 지점까지 얘기할 수 있을까, 또는 비용을 재청구받는 걸까. 또 하나는 마감 작업할 때는 현장에 자주 가보는 게 좋을까요?

전은필 자주 오셔도 되는데, 참 애매한 부분이 있어요. 마감의 수준을 어디까지로 볼 것인가. 그 기준을 잡는 것이 되게 애매해요. 사람마다 보는 기준도 다르고, 눈도 다르고. 어느 정도의 규모인가, 평당 예산이 어느 정도인가에 따라서도 달라질 수가 있기 때문에.

임태병 맞아요. 아까 우리가 좋은 재료를 쓰면 좋은 작업이 따라가게 마련이라고 잠깐 언급을 했었는데요. 비싼 재료를 다루는 데는 능숙한, 숙련된 작업자가 필요하고 그렇게 시공비가 높아지는 거예요. 그래서 일반적인 수준의, 금액의 타일을 선택했는데 타일 시공자가 정말 칼같이 맞추는 작업자라면, 비싼 타이틀 선택했을 때의 총비용이 나오게 되는 거예요. 그러니까 이 정도 금액의 타일을 쓴다는 것은 그만큼의 퀄리티가 나오는 걸 암묵적으로 동의한다는 뜻이지요.

최이수 그런데요…, 제가 궁금한 예시는 사실… 그 정도는 아니에요. 제가 말씀드리는 예시는, 리모델링할 때 타일을 하고 가셨는데, 타일과 타일 사이에 구멍이 나 있으면 안 되잖아요. 그런데 구멍이 그대로 있는 거예요.

전은필 네? 줄눈을 안 넣었다는 뜻인가요?

최이수 네에. 그런 정도의 실수를….

전은필 하하하. (모두 웃음) 그건 실수가 아니라, 하자. 하자라고 하고요. 그건 무조건 와서 다시 해야죠. 그런 건 당연히 요청을 하셔야죠.

조남호 아이고, 잠깐 긴장했네요. 마감 수준을 엄청 높게 잡으시나보다 하고…. (모두 웃음)

최이수 건축주가 늘 현장에 있다면야 바로바로 확인이 될 텐데, 며칠에 한 번씩 들르게 되면 그런 것들이 눈에 띄었을 때 말을 해야 하나 말아야 하나 고민스러울 것 같아요.

임태병 그 정도 수준은 당연히 얘기하셔야 하고요. 그런 요소를 건축주가 현장에서 챙기지 않아도 되고요. 그 정도의 하자라면 일반적인 수준의 일을 하는 작업자도, 현장소장도 그냥 놔두고 일을 끝냈다고 하지는 않을 거예요.

김호정 타일 얘기 나와서 말인데요, 예를 들면 타일 작업 때 쓰는 줄눈 있잖아요. 그 줄눈의 종류와 기능이 다양하다는 것을 나중에 알았어요. 곰팡이나 청소 등을 생각할 때 관리 측면에서 되게 중요한 재료인데, 선택지가 있다는 걸 미리 알았더라면 좀 더 좋은 걸 선택했을 텐데 싶더라고요. 그런 정보는 알려주지 않고 시공사가 알아서 선택을 했는데, 나중에 '좀 더 비싼 게 있다'라는 얘길 듣고 아쉽더라고요.

최이수 그런 소소한 재료도 비싼 것과 싼 것이 금액 차이와 기능 차이가 큰가요? 곰팡이가 덜 생기고, 습기가 덜 차고… 뭐 그런 차이가 있단 말씀이죠?

전은필 수입제품이 있긴 해요. 그게 약간 탄성이 있어서 물기가 잘 흡수가 안 된다고는 하는데, 그런데 우리나라 제품들도 항균 처리가 되어 있는 제품들이 많아요. 기본적인 성능이 많이 차이 나지는 않아요. 몇몇 분들이 유맥스 매지가 낫다고 하는 얘길 들었는데 제가 확연히 느껴보지는 못했어요. 정말로 좋은 매지는 약간 우레탄 계열에, 제가 옛날에 한남동에서 모 대기업 회장의 집을 작업한 적이 있었는데, 돌에 매지를 넣는데 매지에 전부 테이핑 처리를, 그걸 세 번을 하더라고요. 매지 값만 수백만 원이 들었어요. 그런 정도 말고는 별 차이가 없어요. 요즘에는 신축 아파트에 유리 매지 약간 반짝반짝거리는 것, 그 신제품이 나와 인기가 있는 것으로 아는데 습기와 곰팡이에 대응하는 능력은 크게 다르지 않아요. 아덱스 자체가 나온 지 그리 오래되지 않았어요.

임태병 아덱스의 경우, 제가 작업한 '여인숙' 건물은 외장재가 타일이라서 외부에 아덱스를 많이 사용한 셈인데 외부 요소에 강해요. 3년 이상 지났는데 아직 전혀 곰팡이도 없고 멀쩡하니까.

김호정 제 말은, 타일과 같은 예처럼 소소하고 섬세한 재료들이나 마감재들을 선택할 수 있는 여지가 있었으면 좋겠다는 뜻이지요.

임태병 좀 전에 스펙을 처음부터 잡는다고 할 때, 타일이나 돌 이런 주요 재료는 금액 차이가 많이 나잖아요. 그런데 매지 같은 요소들은 사실 비싸도 거기서 거기이기 때문에 기본적으로 다 아덱스 같은, 상용되는 제품 가운데 가장 선호도가 높고 품질이 좋은 제품들로 넣어요. 거기서 줄여봐야 별 차이가 안 나니까요.

전은필 그런 소소한 제품들은 많이 쓰이는 제품들이 대체로 품질도 가격도 좋아요. 그런데 그런 요소들이 건축주들이 잘 속아 넘어가는 지점이라고 봐요 저는.

김호정 그건 무슨 뜻?

전은필 타일 사이를 채우는 매지용 제품은 국내산 한두 가지, 수입산 한두 가지 안에서 선택하게 돼요 보통. 건축가가 설계를 하는 작업이라면 그중 가장 좋은 걸 넣겠지요. 그런데 똘똘한(?) 시공사는 그런 요소들을 내역서에 모두 쓰는 거예요. 뭐랄까, 적극적으로 생색을 내요. (모두 웃음)

최이수 아하, 국산 안 쓰고 특별히 수입을 선택하는 겁니다, 라는 식으로요? 하하. (모두 웃음)

조남호 아니, 이 사람. 영업력이 는다 싶었는데, 이런 식이었구만. (모두 웃음)

아무튼 이제 공사 단계에서 이렇게 소소하게 보이는, 약간 부족한 느낌, 그게 사실은 아까 얘기한 것처럼 어느 정도가 괜찮은 거냐 하는 고민이 생기지요. 당연히 다 수작업으로 하는 것이기 때문에 그렇게 기계로 찍어낸 듯이 정교할 수가 없잖아요. 그럴 때 이게 다 흠으로 보이거든요. 특히 공사 중에는. 그런데 저희가 경험적으로 알고 있는 것은, 저 정도는 전체가 다 만들어졌을 때는, 이제 분위기가 딱 만들어지면 눈에 안 띌 일들이 공사 중에는 작은 것도 다 눈에 보인다는 거예요. 그러면 그걸 이제 어느 정도까지 허용할 거냐, 그렇게 되죠. 공사 중에는 아주 작은 것도 다 눈에 보여요. 이후에 다 되고 가구와 각종 집기가 들어와 자리를 잡고 나면 그냥 전체적인 분위기로 느껴지면서 사실은 세세한 흠들은 잘 보이지도 느껴지지도 않아요. 때문에, 적정한 수준에서 선을 긋는 게 맞다는 생각이 들어요.

임태병 참 중요한 말씀이에요. 어쨌든 건축가나 감리자가 그 정도와 허용 수준을 판단할 수 있고 그걸 전문가의 경험과 눈으로 정하는 건데, 믿지 못하고 건축주가 사다리 꼭대기로 올라가서 천장을 살피기 시작하면, 아아, 진짜 끝도 없는 고통이 시작되는 거예요.

조남호 그렇게 되면 건축주 스스로 집을 짓는 즐거움을 뺏는 꼴이에요.

최이수 저는 정말 기둥이 울룩불룩해도 상관이 없거든요. 다만 틈이 보이면 걱정될 것 같아요. 저기로 물이 새면 어쩌지….

전은필 하하. 일관되게 물 걱정이시군요! 그러시면 안 돼요. 대한민국의 시공 기술이 늘지 않아! 이수 씨의 기준은 시공사 발전에는 해를 끼치겠는걸요! (모두 웃음) 그 정도 기준은 큰 하자이고, 정말 있어서는 안 되는 일이지요. 심지어 기둥에서 물이 샌다는 것은….

최이수 오히려 저는 바닥 다지고 철근 엮는 기초공사할 때 눈여겨볼 것 같아요.

김호정 그런데 그건 누누이 얘기하지만 아무리 봐도 잘 몰라요.

최이수 아니에요, 아니에요. 저는 정말 동네에 생기는 모든 공사장을 너무 열심히 구경 다녀서 이제 눈에 보여요. 저와 아내가 보면, '와아, 이 집은 잘 엮었다. 철근 예쁘게 했네. 이 집은 왜 들쑥날쑥이지' 싶은 곳도 있어요.

정수진 아, 잠깐! 지금 굉장히 중요한 얘기 나왔어요! 이수 씨의 말을 끊어서 미안한데요, 지금 이수 씨가 얘기한 "철근을 예쁘게 잘 엮는다"는 게 그게 잘하는 게 아니에요, 그냥 기본이에요. 그냥 기본을 그렇게 잘 엮어야 하는 거라고요. 생각해보세요. 철근을 간격대로 딱딱 엮어나가는 건데, 그걸 빼먹고 들쑥날쑥이면 그게 정상이겠어요. 시공을 잘못하고 있는 거죠. 그런데 그 기본적인 게 집집마다 다르니까, 기본만 지켜도 '잘하는 것'으로 보이는 거예요. (한탄)

김호정 아… 그런 상황이군요… 웃지 못할 상황이네요.

정수진 결국 또 돈으로 귀결되는데요. 결국 금액이 다른 시공사보다 월등히 싸거나 자꾸 내리자고 하면 시공사는 기본적으로 공사를 꼼꼼하게 할 수가 없어요. 집이나 건물을 지으려는 분들이 동네 옆집, 그 옆집에 '시공비 얼마 들었어?' 하고 물었는데, "어이쿠. 싸게 잘했네" 하는 소리가 나올 정도로 본인이 받은 견적과 차이가 나면, 이유가 반드시 있을 겁니다. 일반적인 업체라면 손해보면서까지 건축주를 위해 시공하진 않겠지요. 자재비는 어느 업체나 큰 차이가 날 수 없을 테고, 그렇다면 인건비와 마진율의 차이일 텐데, 그 차이가 엄청 크게 날 수는 없을 거란 점은 누구나 짐작할 수 있잖아요. 그럼에도 불구하고 엄청난 차이가 난다면 골조공사 단계에서 뭔가 차이가 발생했을 거라는 의심을 해볼 수밖에 없죠. 골조는 건축주의 눈에 드러나지 않는 부분이니까요.

최이수 그런데 기초공사 자재와 부자재 등을 그렇게 빠트려도 괜찮아요? 부실시공 아니에요?

정수진 부실시공이죠. 그런데 금방 무너지지는 않으니까. 당장 무너지지만 않으면 된다는 생각이 삼풍백화점도, 성수대교 사고도, 의정부 아파트 화재도 만들어낸 거죠. '가격'에 대해 우리가 이성적으로 생각할 수 있었으면 좋겠어요. 조금만 비싸면, 덤터기를 씌우나, 사기를 치나 하고 의심부터 하는 것은 옳지 못한 관성인 것 같아요. 누가 뭐라지 않아도 기본은 지켜야 하는데….

최이수 아아… 그건 너무 당연하잖아요.

정수진 당연하죠, 당연한데 그 당연한 걸 안 하는 곳이 드물지 않아요. 굳이 언급하지 않아도 도면을 준수하고, 도면에 없는 일반적인 내용은 표준시방을 따라야 하고, 검증된 재료를 써야 하고!

김호정 아, 소장님! 그 특약에 KS 제품을 쓴다는 항목도 있었어요. 저도 그걸 보며 좀 놀랐죠. 제 기준에서는 당연한 것 같은데 특약에 있어서 당연한 게 아닌가 보구나, 했어요.

임태병 그렇게까지요?

정수진 예전의 경험인데, 단열재가 쌓인 걸 우연히 봤는데 맨 위 한 켜만 한국 제품이고 아래로 쌓여 있는 제품이 모두 중국산인 거예요.

전은필 아, 단열재를 중국산을 쓰는 곳이 있어요? 그건 참 획기적인 걸요.

최이수 시공 내역서에 제품명이 있고 산지가 명시되지 않나요? 아니면 영수증도 있을 테고….

정수진 그 수많은 영수증을 건축주가 챙길 수 없고요. 내역서의 산지 표기는 얼마든지 조작할 수 있죠.

임태병 단열재의 경우 시험성적서가 있는데, 중국산이고 뭐고 중요한 건 그 시험성적서가 필요 기준에 합당한가 아닌가 하는 점이죠.

정수진 터무니없죠, 시험성적서는 무슨…! 그런 자료 자체가 없는 제품이었죠. 함량도 표시되지 않고 어떤 목적의 단열재인지도 알 수 없는 제품을 들여온 거예요. 목적과 기준, 규모에 따라 그런 수준의 단열재가 필요한 건축물도 있을 수 있겠지요. 공산품 창고라든가, 농작물 보관용이라든가. 중국산 쓸 수 있다고 생각해요. 도면대로 공사를 잘하면서 어떻게 이익을 남길지는 시공사가 판단할 수 있으니까요. 그런데 문제가 생기지 않아야죠. 결국은 문제가 생겨서 뜯어보면 이런 예들이에요. 잘못 오해하면 국산만을 고집하는 듯, 더 곡해해서 고가의 제품만을 선호하는 듯 받아들여질까 봐 늘 신중을 기하는데, 눈에 보이지 않는 자재들을 이렇게 사용해놓고 마감재로 수입재를 쓰고 값비싼 온돌마루를 쓰면 어떻게 되냐면, 얼마 지나지 않아 문제가 터지고 눈에 보이는 건 다 쓸모없게 되어버리는 거죠.

전은필 맞습니다. 더욱이 마감재가 비싸다고 다 좋기만 한 것은 아니에요. 마루 1번이 있는데요. 정말 관리하기가 편해요. 상처도 잘 안 생기고, 걸레질하면 습기도 덜 스며들고 관리하기가 참 편하죠. 근데 걸어다닐 때 바닥에서 쩍쩍 소리가 나요. 반면 마루 2번은 상처도 잘 나고 여름이 되어 다습해지면 아주 약간 솟기도 하고 섬세하죠. 그런데 맨발로 걸어다닐 때 촉감이 참 좋아요. 느낌이 좋은 거예요. 이수씨라면 뭘 선택할 것 같으세요?

최이수 저는 무조건 1번이에요. 왜냐면 강아지와 함께 사니까, 얘가 맘대로 뛰어 다닐 수 있고 장난감 놀이하면서 이곳저곳 약간 침을 묻혀도 별 무상관인, 그리고 아무리 소변을 가린다고는 해도 종종 마루에서 볼일을 보니 흡수가 덜 되고 덜 상하는 재질이 좋지요.

디자인이나 가격보다 선택할 때 우선시하는 고려사항이 있는 것 같아요. 집집마다 사정이 다를 테고요.

기획자 맞아요. 일본에는 개 또는 고양이 등 반려동물과 사는 집을 주제로 삼는 건축책들도 제법 많더라고요. 문득 궁금해져요. 작업하실 때 이렇게 특수한 또는 특별한 주제로 설계를 하신 적이 있으신지, 예를 들면 장애인 가족이나 몸이 불편한 초고령 노인, 보호자보다 보호를 받아야 할 구성원이 더 많은 경우 등등….

전은필 유니버설 디자인의 조건은 문턱을 없애고(있더라도 최소

➡ 유니버설 디자인 원칙

동등한 사용 (equitable in use, 누구라도 사용할 수 있게)	디자인은 서로 다른 능력을 갖고 있는 모든 사람들에게 유용하고 구매가치가 있도록 해야 한다.
사용상의 유연성 (flexibility in use, 사용법은 각자 고를 수 있게)	디자인은 광범위한 각 개인의 선호도와 능력에 부합해야 한다.
단순하고 직관적인 이용법 (simple and intuitive use, 사용법은 누구라도 알기 쉽게)	디자인의 사용은 사용자들의 경험, 지식, 언어 기술, 집중력 등에 구애되지 않고 이해하기 쉬워야 한다.
정보 이용의 용이 (perceptible information, 사용자가 사용법에 관한 정보를 금방 알 수 있게)	디자인은 사용자들의 지각 능력이나 주위의 조건에 구애되지 않고 필요한 정도를 효과적으로 전달시켜주어야 한다.

유니버설 디자인(universal design)과 배리어 프리 디자인(barrier free design)
유니버설 디자인은 모든 사람을 위한 디자인 혹은 보편적 디자인으로 불리며, 연령, 성별, 국적, 장애의 유무 등에 관계없이 누구나 편안하게 이용할 수 있도록 건축, 환경, 서비스 등을 계획하고 설계하는 것이다. 장애를 가진 이용자를 위해 문제 해결을 도모하는 배리어 프리 디자인을 포함하는 개념이며 보다 더 넓은 이용자 계층을 고려하는 디자인 개념이다.

20mm 미만), 안전바, 욕실 의자, 현관 의자, 휠체어 이동을 위한 공간 확보, 싱크대, 세면대 높이 조정(600~700mm), 천장 주행 리프트 설치, 화재 시 안전한 대피 공간을 확보하기 위한 화장실 샤워 커튼 설치(화장실 대피 시 화장실 문 앞에서 샤워커튼 작동) 등등 굉장히 복잡하고 세세한 지침들이 있습니다. 서울시에서 책자로 발간되어 널리 배포하고 있고, 누구나 국립장애인도서관 홈페이지에서도 상세한 모든 내용을 다운로드 받을 수 있어요. 2021년부터 이 규정에 맞춰 심사하고 시상을 진행하는데, 저희 회사는 2021년 제1회 서울 유니버설디자인에서 우수상을 수상하기도 했습니다.

조남호 그보다 기획자가 궁금해하는 지점은 사회주택 또는 공동주택의 사례가 아니라 일반 주택에서 그런 요소를 반영할 수 있는지 하는 지점이죠?

기획자 네에.

조남호 고령화가 급속히 진행되면서 적어도 휠체어 이동 공간 확보에 대한 요구는 많아진 편이에요. 젊은 건축주라도 부모나 자신의 미래를 생각해 몇몇 요소들을 얘기하지요. 이른바 생애주기를 의식해 주택이 어떻게 변해야 되는지를 고민하는 사람들이 많아지는 것은 분명히 느껴져요.

임태병 정말 그래요. 자신이 나이 들었을 때뿐만 아니라, 좀 더 멀리

자신이 이 집을 떠나게 될 때 이 집이 어떻게 될지를 고민하는 분들도 있어요. 주택이 아니라 다르게 쓰일 수도 있다는 가정도 하고요.

조남호 오늘도 제가 파주에 83세 어머니를 위한 집을 짓는데, 건축주가 어머니가 돌아가신 이후에는 이 공간을 사무실로 쓸 수 있을 것 같다고. 순천에도 비슷한 예가 있었는데 칸막이들을 다 들어냈을 때 나중에 어떤 공간이 될지 의식하면서 구상을 하시더라고요.

김호정 저도 그런 생각을 많이 했어요. 제가 이 집에서 30년 정도 살고 나면 이후에 저의 딸이 살면 좋겠지만, 그렇게 안 될 수도 있으니까요. 그렇다면 이 공간을 조금만 바꿔서 다른 방법으로 사용할 수 있도록, 그러니까 헐거나 거의 완전히 고치지 않더라도 조금만 손을 대서 용도를 바꿔 쓸 수 있도록 만들면 좋겠다는 생각을 했고 실제로 그 부분에 대해 건축가와 많은 상의를 했고요.

조남호 본인이 살게 되지 않을 때를 생각하는 분들이 많아졌어요. 이제 자재들도 좋아지고 설계도, 시공 기술도 높아져서 웬만한 집들은 앞으로 100년 이상은 허물지 않아도 되니까요. 이렇게 생각하면 집은 정말 나의 것일까, 이 집의 수명에서 내가 차지하는 시간이 생각만큼 길지 않을 수도 있는 거예요. 그 공간이 집으로 태어나긴 했으나 더 긴 시간 동안 집으로 기능하지 않을 수도 있는 거죠. 그런 지점을 대비해 지으려면 구조적인 측면에서 고려를 해야 해요. 쉽게 말하자면, 미래에 드는 비용을 내가 미리 지불하는 거예요.

기획자 생각지도 못한 지점이에요. 어떤 공간의 미래를 생각해서 운용의 가능성을 열어두기 위해서는 미래의 가치를 미리 설계해야 하니, 미래의 비용을 내가 지금 이 시점에서 지불할 수 있다는 말씀이 인상적이에요. 문득 해마다 신문에 도배되곤 하는 '추경 예산' 같은 단어도 떠오르고요. 추경 예산처럼 에너지 자원, 쓰레기, 기후 등 지구의 문제들을 보면서 인류는 수백 년간 (특히 최근 100년 사이에는) 정말 온통 빚으로 살아온 것 같다는 생각을 요사이 많이 했거든요. 천연가스를 채굴해 당장 지금 사용하는 것도, 주식시장의 온갖 파생 상품 같은 것들도 사실 은유적으로 표현하면 다 '빚'이잖아요.

조남호 그렇게 보면 더욱 현 상황과는 완전히 정반대의 혁명적인 일인 거예요. 미래를 내다보고, 내가 주인이 아닐 경우까지를 고려해서 구조적인 비용을 내가 지불한다는 것은 굉장히 선구적인 실천인 거죠. 저는 이 내용에 대해 건축주들에게 자세히 얘기하고, 좋은 안목과 지성을 갖춘 분들은 대체로 받아들이시는 것 같아요. 오히려 이런 변화와 미래의 가치를 이미 이 공간이 지니고 있다고 생각하면, 물론 당장 시각적으로 드러나지는 않지만, 내재된 그 가치가 무엇인지 알면 집에 대한 만족도가 굉장히 높아지니까요. 이렇듯, 눈에 당장 보이지 않는, 당장 경제적 보상이 없는 미래의 가치에 비용을 지불할 의사를 갖고 있는 건축주들을 만나는 횟수가 이전보다는 많이 늘었어요. 긍정적인 변화이지요.

정수진 좀 더 쉽게 예를 들어 설명하자면, 집을 구성하는 벽체는 일반적으로 구조를 지지하는 역할을 하는데, 공간의 가변성을 위해 내부 벽체의 구조적 역할을 최소화하고 경량칸막이 벽으로 공간을 구획하는 구조법을 사용하는 겁니다. 결국 구조에 관한 다른 해석을 적용해야 하는 어려움이 있지만 세대나 유행이 달라지거나 전혀 다른 사용자가 리모델링을 할 경우 완전히 새로운 공간을 만들 수 있죠. 내부벽식 구조보다 비용은 다소 올라갈 수밖에 없지만 최소한 100년을 넘겨야 하는 건축물의 수명을 고려한다면… .

조남호 건축주가 다른 사람한테 팔 때 그 가치를 모두 인정받고 파는 건 아니거든요. 그런데 아주 나중에 벽을 헐어냈을 때, 건물이 구조적 문제를 일으키지 않으려면 벽이 그 역할을 해야 해요. 구조 역할까지 벽이 해내야 하니까, 비용이 더 들어가는 거거든요. 이런 연유로 저는 집을 설계할 때 한 사람의 혹은 한 가정의 독특한 재미, 일시적일 수 있는 흥미에 지나치게 집중하지 않으려고 해요. 그보다는 보편의 가치들을 찾으면서 시간적, 공간적 여유를 생각해보자고 건축주를 설득합니다. 한편으로 이런 이득도 있어요. 더 길게 더 멀리 떨어져 생각하면 어떤 재료나 디테일, 당장의 문제에서 벗어나 더 쉽게 만족할 수 있고 즐길 수 있어요.

기획자 거주 자유권, 선택권은 비장애인뿐만 아니라 장애인에게도 무척 중요한 이슈입니다. 장애가 있으면 무조건 집단 시설에서 살아야만 하는 상황이 만든 관습이자 편견인 것 같아요. 그 '상황'이라는 조건 속에 저는 보편적인 주택의 한계가 포함된다고 봐요. 예를 들어 20가구가 사는, 제가 사는 빌라만 봐도 이웃에 중증뇌병변장애인이 함께 사는데 이분이 엘리베이터를 편하게 이용하기가 어려워요. 건물 전체에 장애인시설이 전혀 없죠. 공공 복지시설도 더 많이 필요하지만 일반 주택, 공동주택에서도 장애인 또는 최고령자 또는 어린이들이 함께 살 수 있도록 배려하는 요소들이 더 일반화되어야 한다고 생각해요.

전은필 최근에 법이 바뀌어서요. 다가구나 다세대 빌라를 만들 때 엘리베이터를 장애인용으로 사용하면 용적률에서 어드벤티지를 줘요. 적극적인 사용을 권장하는 거죠. 이렇게 법적으로 조금씩 변화가 있긴 해요. 좀 다른 예이긴 하지만, 단열재를 외단열을 사용하면 면적을 구체중심선으로 잡도록 허용한다든지. 이런 식으로 친환경 등에 가까이 가려는 정책적 방향도 있고요.

정수진 아… 이 얘길 해도 되나 좀 마음이 까칠해지긴 하는데… 전 대표님 말씀처럼 장애인용 엘리베이터나 구체중심선 면적 산정으로 확보한 면적은 건축물 대장의 면적에는 표기되지 않아요. 예를 들면, 서류상 면적은 80평이지만 실제 면적은 90평이 되는 거예요. 면적이 늘면 공사비도 당연히 증가되는데, 견적할 때는 서류상 면적으로 평당단가를 산정하고, 공사비가 높아졌다고 화를 내시는 분들도 많아요.

최이수 그런데 저처럼 정말 예산이 빠듯하면 예민해질 수밖에 없지 않을까 싶기도 해요.

정수진 그럼 면적을 늘리면 안 되죠. 그 마음 자체는 이해하죠. 왜 그 마음이 안 생기겠어요? 그런데, 그 마음을 받아들여달라고 파트너한테 비용을 전가할 수는 없는 것이니, 선택을 해야죠. 공간을 그냥 버리든지, 공간에 대한 비용을 감내하든지.

기획자 그렇게 공사비로 어려울 때, 한창 유행하는 재료를 선택하면, 이를테면 '가성비'가 좀 좋아지나요? 예전엔 별로 안 쓰다가 최근에 많이 쓰면서 가격이 떨어지거나 품질이 향상되거나⋯.

전은필 유행한다고 가격이 떨어지지는 않아요. 한 예로, 3년 전부터 시멘트 벽돌이 상당히 유행을 하고 있어요. 정말 원가가 싼 벽돌이거든요. 근데 현장에서는 되게 비싸게 거래가 돼요. 물론 맨 처음에 유통되던 시멘트 벽돌보다야 강도를 높였죠. 원래 시멘트 벽돌은 되게 약한 건데, 강도를 높여서 외장재로 쓸 수 있도록 개량을 한 거예요. 그런데 소비량이 급증해서 공장과 협업해 만들어볼까 하고 조사를 한 적이 있어요. 몰드 비용을 내가 부담하는 선에서 생산을 해보려고요. 원가를 그때 보았는데 정말 낮아요. 지금 유행하는 롱브릭들은 다 몰드를 사용하는 거예요. 우리에게 친숙한 빨간 벽돌은 불에 굽는 건데 이 흑벽돌은 몰드에 흙을 담아 말리는 방식으로 생산하는 거예요. 때문에 빨간 벽돌보다 원가가 훨씬 낮아요. 벽돌은 압축 강도도 중요하지만 인장 강도도 중요해요.

최이수 인장강도는 무슨 힘일까요? 압축 강도는 단단한 정도를 의미할 것 같고⋯.

전은필 휘는 정도예요. 예를 들어, 막대기의 양끝을 고정시키고 가운데를 눌렀을 때 눌리는 정도와 양쪽에서 잡아당길 때 버티는 정도라고 이해하시면 돼요.

최이수 저는 무엇보다, 물에는 강한지, 그게 궁금해요. (모두 웃음)

전은필 아, 그런데요, 외장재는 말 그대로 외장재지, 방수를 생각하면 안 되죠. 물은 바깥에서 막는 게 아니니까요. 안에서 막아야지. (웃음) 아무튼 유행이라고 해서 더 금액이 낮아진다고 보기는 어려울 것 같아요.

집 이외의 공사 공간들: 마당, 중정, 정원, 주차장 등

기획자 집, 그리고 본 건물 이외의 공간들에 대해서도 얘기를 해보고 싶었어요. 마당, 정원, 흔히 중정이라고 부르는 공간도 있을 테고요. 주차장 문제도 있고.

김호정 저는 주차장은 정말 생각지도 않았어요. 주차장은 그저 빈 자리만 있으면 된다고 생각했죠. 그런데 어느 날 건축가님 사무실에 가니까 주차장 바닥이 하얀 게 너무 예쁘더라고요. 그래서 마음속으로 나도 저렇게 해달라고 그래야지, 했는데 설계해주신 걸 보니 시커먼 바닥이더라고요. 제가 못났다고 불평을 했더니, 이게 더 좋은 거라고, 본인은 돈이 없어서 그런 걸로 했다고 하시더라고요. 그런데 나중에 완공해서 첫 만남 때 보니, 건물과 한 덩어리로 잘 어울리는 거예요. 그때 알았어요. 주차장도 포함이구나, 설계에. 이것도 무시할 수 없는 공간이구나 싶었어요.

정수진 주차장 바닥이 밝은색이면 관리가 참 어려워요. 특히 호정 님 댁은 임대 상가들이 여러 곳이라 늘상 바쁘게 차가 오갈 텐데, 쉽게 오염되면 건물 전체가 지저분한 느낌이 들잖아요.

전은필 주차장 바닥재는 법적인 기준이 까다롭지는 않은 편인데, 동네에 따라 재료를 규제하는 곳이 있어요. 확인해야 합니다. 또 라인을 규격에 맞게 그어야 하죠.

최이수 했다가 지워도 돼요?

전은필 안 되지만, 보기 좋지 않다는 이유로 준공 후 지우기도 하죠. 저도 건축가, 건축주 요청으로 두어 차례 지운 것 같아요.

정수진 자, 또 공사비 얘기가 나와요. (모두 웃음) 제가 자꾸 이런 얘길 맡게 되네요. 주택단지의 주차장은 투수성 포장을 하라는 규정이 많아요. 그런데 이 투수성 포장을 흙바닥에 바로 하면 시간이 좀 지나면 땅이 꺼지면서 울퉁불퉁 엉망이 돼요.

최이수 당연히 그렇겠죠. 흙이 가만히 있는 것도 아니고. 이리저리 움직이고 차들이 들고 나고.

정수진 그렇죠. 제대로 시공하려면 블록이 움직이지 않도록 장치를 해야 하는데, 이 또한 어떤 시공사는 하라고 별도로 지시하지 않으면 절대 하지 않아요.

임태병 그게 공사 면적에서 빠져 있잖아요. 추가 공사라고 생각하는 거죠, 시공사는.

김호정 건축주와 시공사의 입장 또는 생각이 이렇게 차이가 큰 거예요. 건축주는 집을 짓는 모든 비용이 견적에 들어가 있다고 생각해요. 평당 얼마 안에 다 되는 건 줄 알죠. 그런데 얘기를 하다 보면, 이것 제외, 저것 제외 등등 다 빠져 나가고. 평당 단가라고 알고 있던 비용은 오직 달랑 집, 그 알맹이 건물만 짓는 비용을 뜻하는 거예요. 아주 최소한의 비용인 거죠. 이런 요소들은 다 추가 비용이 들어가는 거예요.

조남호 집을 위주로 생각하고 나머지를 부수적으로 생각하는 경향이 있지요. 집을 짓는 것이니, 집 자체만을 잘 드러낼 생각에 몰입하게 되죠. 그런데 실은, 그 주변을 잘 만들면 집이 살아나기도 해요. 어떻게 보면 사소한 거라는 건 없는 거예요. 주차장도 거실만큼 중요할 수 있어요. 꾸미지 않고도 좋아 보이려면 사실은 기본적이고 잘 드러나지 않는 부분을 견고하게 만들어야 해요. 그러면 그 위에 별거 하지 않아도 존재감이 반듯하게 살아나요.

공사비에 관해서도, 집을 짓는 공사비만을 염두에 두기 때문에 다른 요소들에 드는 비용은 무척 소홀히 대하곤 하죠. 그런데 오히려 집을 짓는 비용에서 조금 덜어내 주변에 공을 들일 생각을 처음부터 한다면 집의 완성도를 높이고 집 전체를 조화롭게 만들어가는 데 도움이 될 듯합니다.

김호정 그런데, 조남호 선생님 말씀처럼 그런 부분까지 다 견적에 들어가기가 어려운가요? 아예 주차장, 마당, 조경, 담장 등이 다 들어가기가 그리 어려울까요?

최이수 저도 시공사로부터 견적을 받는 중인데, 저도 그런 얘기를 했어요. 전체적으로 예산을 알고 싶다고. 즉흥적인 상황에 대응이 어려운 형편이기 때문에, 전체적으로 가급적 정확한 규모를 알고 싶다고요.

전은필 할 수 있지요. 그런데 비싸 보이니까. 자꾸 나중에 별도로 넣곤 하는….

정수진 제가 봤을 때는 모든 요소를 넣지 않는 이유가, 첫 번째는 도면에 없는 경우가 많기 때문이에요. 쉽게 말해서, 도면 바깥에 있는 요소라는 뜻이지요. 물론 건축가라면, 일반적으로 우리가 건축가라고 인정하고 그 이름에 걸맞게 활동하는 건축가라면, 아마 그런 외부 요소까지 다 도면에 들어가 있을 거예요.

최이수 최근에 제가 견적서를 몇 번 받았잖아요. 그런데 철거는 그렇다 치더라도, 대체로 인테리어랑 조경이랑 많은 요소들이 '별도 항목'으로 분류가 되어 있더라고요. 이런 요소들을 별도로 빼는 이유가 있나, 공정상 별도 항목이어야 편리한 것인가, 궁금하긴 했어요.

전은필 건축가가 설계를 할 경우 인테리어는 대체로 포함을 시킬 거예요. 다만 에어컨, 식기세척기, 냉장고처럼 기성 제품을 구입해서 장착만 하는 경우는 포함이 안 될 테고요. 시공사의 견적에 그런 품목까지 들어가면 원가 계산율이 높아져서 건축주에게도 부담이 되니까요. 인테리어 항목에서 가장 어려운 부분은 '가구'입니다. 가구는 차이가 무척 커요. 질적인 차이가 너무나 크죠. 목수가 작업해서 붙박이로 넣는 방식이라 하더라도 열 배 이상도 차이가 나니까, 그 수준을 잡기가 애매하긴 해요. 그래서 일정 수준의 금액을 정해 놓고 거기서 플러스, 마이너스를 하며 조정하는 건축가들도 있어요. 하지만 전체적인 건축의 규모가 예산이 큰 주택이라면 또는 가구 부분에 집중을 하는 케이스라면 별도 항목으로 일단 모두 빼두죠.

최이수 붙박이장이나 이런 것들도 다 별도로 빠질 수밖에 없는 거겠죠?

전은필 빠질 수밖에 없다기보다, 기본 견적서에 넣을 수 있는데 별도 항목으로 있는 편이 건축주에게 유리한 측면도 있다는 거예요. 가구를 견적서에 포함시키면 아무래도 간접비가 붙게 마련이니까요.

임태병 건축가가, 말하자면 저의 경우처럼 가구 설계에 적극적으로 관심을 갖고 있기도 하고 또 건축주가 전체적인 설계의 통일성을 원해서 건축가에게 대부분의 가구 설계를 함께 의뢰하는 경우라면 견적서 항목에 포함시키느냐 그렇지 않느냐로 큰 차이가 날 수 있지요. 가구값만으로 보면 2천만 원인데 이런저런 간접비를 포함시키면 3천만 원이 될 수도 있으니까요.

예를 들어 이수 씨 댁의 경우 조경은 법적 조경에 포함이 되는 규모가 아니니까 별도로 두고, 붙박이 가구는 부가세라든가 여러 관리비를 뺄 수 있고 전체 금액을 보고 퀄리티를 조정해야겠다 싶어서 포함시켰지요.

전은필 꼼꼼하게 작성된 견적서는 부대를 포함해서 정확하게, 별도인 내용을 별도라고 표기를 해서 제출을 해요.

최이수 아, 그렇군요. 이해가 돼요. 왜 별도 항목이 제법 많은지도 알겠고. 그런데 건축주 입장에서는 뭔가 세금 계산에 대해 정확하게 좀 보였으면 좋겠다 싶은 거예요. 전체적인 금액을 상상하고 싶은데, 자꾸 대략 감으로만 잡게 되니까 걱정스럽고 두렵기도 하고요.

전은필 저희는 그래서 이렇게 해요. 공사 내역을 쓰고, 중간에 총사업비를 작성해드려요. 공사 금액은 얼마고 각종 인입비는 이 정도 비용이 들어간다, 별도 공사에서 가구 공사는 이 정도 들어가고 에어컨이 잡혀 있고, 잡혀 있지 않은 부분은 이런저런 항목들이다. 취등록세까지 표기를 해드리고 예비비로 최소 2~3천만 원 정도 더 잡으십시오. 왜냐면 커튼이나 소소한 인테리어도 제법 드니까요. 그러고 나면은 그때는 고개를 끄덕끄덕 하시다가 (모두 웃음) 나중에… 나중엔… "응? 왜 자꾸 더 붙어요?" 울상을 지으시는 거예요. 내용에 다 있는데요, 그러면 건축주는 못 들었다고… . (모두 웃음)

임태병 나중에 거기 부가세 붙고. 아, 어렵다. (모두 웃음)

최이수 대출을 얼마야 받아야 될지, 갖고 있는 재산을 어떤 걸 정리해야 할지, 고민이 무척 많아져요.

임태병 그런 서비스를 해주는 곳이 있어요. '서울소셜스탠다드' 같은 회사가 전체 사업비를, 그러니까 땅 매입부터 설계비, 조경, 취등록세까지 모두 금액 산정을 대리해주죠. 그런데 문제는, 이들의 일도 별도 영역이기 때문에 설계비 외에 또 다른 금액이 필요하다는 거예요. 그래서 그게 과연 예산을 줄이는 것인가에 대한 회의과 고민이 필요하죠.

기획자 집의 부속 공간들에 대해 얘기를 좀 더 하고 싶어요. 집을 짓는다는 것은 집 안에서 쾌적하고 안전하게 산다는 주 목적도 있지만 무척 공들여서 집을 지어놓으면 여러 사람들에게 몹시 보여주고 싶은 그런 마음도 내심 생길 것 같거든요. 그러니 집 안팎으로 단정하고 정갈하게 꾸미고 싶을 듯하고, 오가는 사람들이 보기에 좋은 인상이길 바랄 것 같고요. 그런데 그렇게 멋진 집을 지었는데 사실 동네 사람들 왔다 갔다 하면서 외장재만 봐. 그 집 바깥과의 접점이 전혀 없는 경우가 더 흔한 것 같아요. 특히 필지로 구획된 단독주택 지구, 예를 들면 판교 같은 곳이 유독 그렇더라고요. 정말 많은 집들이 지나치게 폐쇄적인 느낌이 들었는데, 한편으로는 들어서 있는 집들이 다 그런 분위기인데 어느 한 집이 마을회관처럼 양팔 열어서 쉽게 드나드세요, 할 수도 없을 테니까…. 또 한편으로는 땅값이 높고 이른바 부촌으로 인식되는 동네에서 필지를 구입해 집을 짓는다는 건 저렇게 살겠다는 의지구나 싶기도 했어요.

정수진 애초에 판교 단독주택 지구에서 지구단위계획을 할 때 '담장을 할 수 없다'는 규정이 있었어요. 담장만 없으면 서로 친하게 지낼 거라는 안일한 상상을 한 거죠. 오히려 그 규정 때문에 온 동네가 굉장히 폐쇄적으로 되어버렸어요. 정반대의 결과를 낳은 거죠.

조남호 판교 단독주택지는 지구단위계획에 따라 담을 둘 수 없는 규정으로 인해 중정주택 등 폐쇄적인 외관에 내부로 열리는 설계 형식이 많아지게 되었지요. 어쩔 수 없이, 특정 재료의 덩어리들이 놓여 있는 인상이 지배적이게 되었어요. 정 소장님이 제기하신 문제처럼 신도시 출범 이후 지속적으로 적용되는 지구단위계획의 원칙인데 정말 재고할 필요가 있다고 생각합니다. 많은 전문가들이 공감하는 사안이고, 다른 지역에서도 반복되는 내용입니다.

정수진 담을 치지 말라는 건 진짜 말도 안 되는….

조남호 사실 마을이란 '우리가 어떻게 살아가고 싶은가'에 대한 물리적 해답이라고 생각합니다. 유럽의 예처럼 합벽된 중정주택이 이루는 연속적인 가로와 광장의 모습일 수도 있고, 까치발을 든다면 안마당을 들여다볼 수 있는 높지 않은 담을 가진 우리 전통마을의 모습일 수도 있습니다. 전혀 새로운 예도 있지요. 판교에 일본건축가 야마모토 리켄이 설계한 '판교 월든힐스 타운하우스'라는 저층 공동주택단지입니다. 주민들과 공유하는 커먼데크에 접한 거실 4면이 모두 유리로 되어 있습니다. 이런 혁신적인 특성 탓에 오랫동안 분양이 안 되다가 배우 권상우 씨가 입주하며 인식이 바뀌면서 입주가 완료되었습니다. 미분양 굴욕 10년 후 주민들은 감사의 편지와 함께 건축가를 초청했고, 리켄도 직원들과 방문해 주민들과 만났습니다. 야마모토 리켄은 거실을 마을의 일부로 정의해 사적 공간과 공적 공간의 적극적인 교류를 주장합니다. 그는 한옥 마당의 의미를 이야기하며, 거실을 내부화된 마당으로 생각해 모두의 공간으로 정의한 것이죠.

임태병 리켄이 판교에서 무척 얌전하고 그다지 독특하지 않게 설계를 한 거예요. 다른 작업들은 과격하다 싶을 만큼 파격적이지요. 호타쿠보 단지의 경우에는 도로 쪽에 침실을 배치하거나 거실 영역을 통과해야만 단지 커뮤니티를 갈 수 있는 등 일반적으로 생각하는 퍼블릭과 프라이빗의 위치를 뒤집어 놓기도 했어요. 방금 말씀하신 '거실은 동네의 일부다'라는 생각을 거침없이 드러낸 거죠.

조남호 네, 그렇습니다. 야마모토 리켄은 공동체를 이루는 주거 형식에 관한 한 혁신적인 제안을 합니다. 세곡동 LH강남3단지 아파트는 편복도 판상형 아파트 단지인데, 북쪽에 복도를 두는 배치가 일반적인 데 반해 북쪽 복도와 남쪽 복도 형식의 주동을 번갈아 배치하는 특이한 구조를 택합니다. 결과적으로 복도는 복도끼리 거실은 거실끼리 마주 보는 배치가 됩니다. 복도끼리 마주 보는 외부공간을 열린 마당(common field)으로 정의하고 공동체 교류가 활발하게 일어나는 공간으로 봅니다. 복도와 만나는 거실은 전통 한옥의 사랑방으로 해석해 유리창으로 디자인해 복도에서 들여다 보이게 설계해 반대가 심했습니다. 건축가는 타협하지 않았지만 결국 현관을 유리문으로

LH 강남 3단지, 야마모토 리켄

전체 단지는 여덟 개의 평행한 동들로 이루어져 두 동을 서로 마주보게 배치하고 주동 사이 12~15m의 공간을 만들어 네 개의 클러스터를 형성한다. 각각의 클러스터 내부에 위치한 외부 사이 공간은 주민의 적극적인 소통을 유발하는 커먼필드(common field)이며, 텃밭·공동 주방 등 다양한 커뮤니티시설을 담는 가능성의 공간이다.

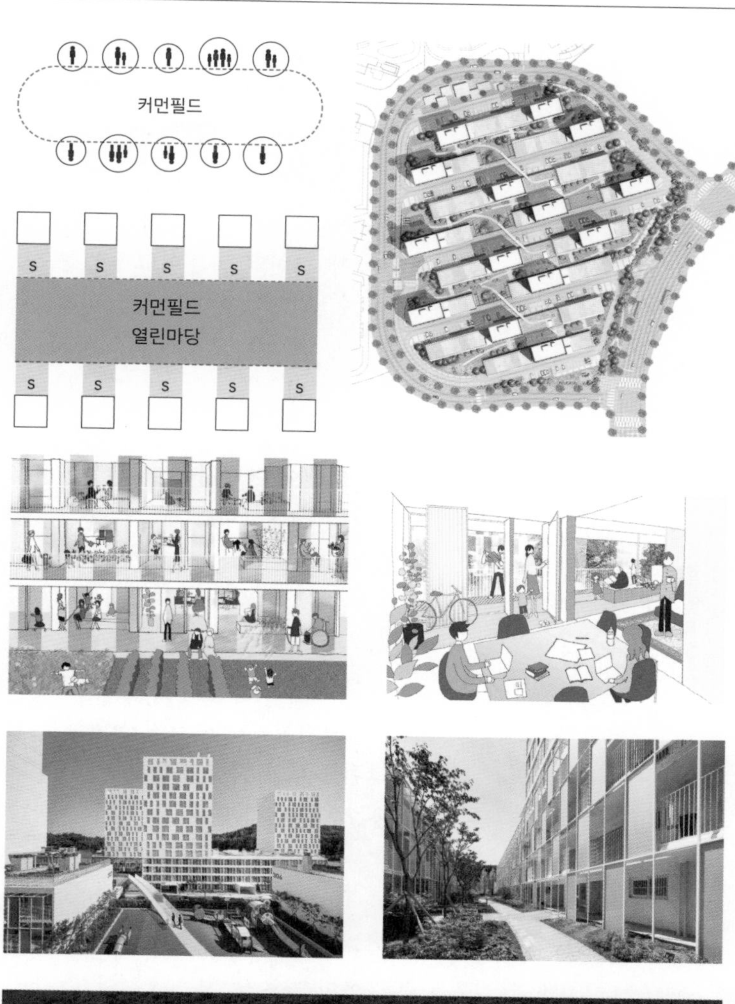

변경하는 수준에서 시공되었습니다.

임태병 일본 건축가 니시자와 류에가 '생활의 도시화'라는 표현을 썼어요. 집 자체가 도시 일부여야 된다는 말이죠.

최이수 아, 그런데 그걸 어떻게 건축으로 구현해요?

임태병 과격하게! (모두 웃음) '안 된다'고 여겼던 방식들을 강렬하게 드러냄으로써.

조남호 그래서 어떻게 보면, 반드시 담을 할 수 없게 되어 있기 때문에 동네가 폐쇄적으로 된다는 얘기는 반드시 그렇다고 볼 수는 없을 것 같아요.

전은필 설계를 누가 하는가에 따른 문제라기보다, 단독주택의 경우라면 제 경험으로는 요사이 부쩍 그런 독립적이고 사적인 범위를 안전하게 보장할 수 있는, 지금 말하는 '폐쇄적'이라고 느껴질 수도 있는 그런 형태를 많이들 원하는 것 같아요. 자신만의, 한 가족만을 위한 공간을 강력하게 확보하고 싶어 한다는 느낌을 받곤 해요.

조남호 어쩌면, 그건 경험의 반영이 아닐까요. 쉽게 말해, 그런 공간을 가져본 적이 없다는 뜻이 아닐까 싶어요. 지금까지 우리에게 그런 경험이 별로 없었던 것 같아요. 가족만의, 혹은 나만의 무언가. 개인으로서 존중받고 영역을 인정받는 경험들이 없어서 갈망도 그만큼 크지 않을까 싶어요.

임태병 충분히 누리고 나야 벽을 깨고 나오고 싶어지겠지요…?

정수진 공동체, 커뮤니티, 이런 얘기가. 아파트에서만 살도록 만들어 놓고, 그것이 유일한 방법인 양 해놨는데, 그래서 이 모든 시스템이, 국가 성장의 지표가 '아파트값'으로 치환되는 지경까지 이르렀는데, 몇몇이 오손도손 붙어서 살아야 한다고 하면, 선뜻 받아들여지지도 어떤 식의 삶의 형태를 말하는 건지도 와닿지 않을 수 있을 것 같아요.

최이수 저희 동네 옆에 한옥마을이 작게 생겼어요. 몇몇 주택이 한옥으로 새로 지어졌는데 한옥이니까 마당이 있잖아요. 지나는 사람들이 민속촌처럼 들어와서 너무도 심각하게 집 안을 관찰하는 거예요. 좀 대강 슥 보고 지나면 좋겠는데 궁금함을 못 참고, 관광지처럼. 사유지이고 사람이 살고 있다는 걸 알 텐데도 마당 안으로 들어가서 집 안을 기웃거리는 거예요. 저도 사실 설계할 때 소장님께 담을 조금만 높여달라고 얘기한 적도 있어요. 저희 동네도 담을 허물면 지자체에서 이런저런 혜택을 주는데, 옆집 할머니가 절대 담 허물지 말라고 조언을 해줬어요. 화분들도 집어 가고, 그렇게 창문에 코를 대고 집 안을 염탐한다고. 그래서 자신의 집과 이웃 또는 마을이 만나는 방식에 대해 궁금한 점이 많고 다양한 사례들을 들어보고 싶어요.

공생을 도모하는 주거 형태가 결국 인기를 얻게 될 거예요

정수진 모든 문제가 복합적으로 얽혀 있다는 얘기를 자주 하게 되네요. 집을 짓는 방법에 관한 실용적인 정보를 나누자고 만난 이 자리에서 사실은 우리가 눈에 드러나지 않는 것들을 더 많이 얘기한 것 같아요. 지금 이수 씨의 고민과 호기심도 여러 맥락을 들여다보게 만듭니다. 담을 허무는 주택에 소소한 혜택들을 주긴 하지만, 이수 씨가 토로하셨던 것처럼 '단독주택을 지으려는 건축주를 정부가 끊임없이 만류하는 느낌'이, 일을 하다 보면 정말 그런 느낌이 들거든요. 폐쇄적이고 드높은 담장을 세워 구별짓기로 가치를 높이려는 아파트단지를, 정확히는 그런 단지를 계획하는 대규모 건설사를 정부가 다각도로 지원하면서 개별 주택에 담장 허물기로 '공동체를 지향하라'고 권하는 것은 방향이 많이 어긋나 있지요. 안전을 확보해야 하는 개인이 선택할 수 있는 방안이 현실적으로 별로 없어 보여요.

조남호 그럼에도 결국 더 많은 개인이 이 어긋난 현실을 아는 것이 꼭 무용하지만은 않다고 봐요. 우리가 내내 얘기하고 있는 바처럼, 공생을 도모하지 않는 주거 형태는, 특히 한국처럼 가파르게 인구가 줄고 출생율이 낮은 국가에서 미래 가치가 갈수록 낮아질 겁니다. 아파트가 투기화되어버렸기 때문에 가치 평가의 기준 자체가 다르다는 관련 종사자들의 진단을 저도 종종 듣습니다. 그러나 투기도 결국 희소성과 수요의 심리 게임입니다. 필요조건이 약해지면 투기 과열이 서서히 사그라질 수밖에 없다는 생각이에요.

좋은 주거는 잘 지은 한 채의 집으로 이룰 수 없다는 것을 모두 알 겁니다. 임태병 소장님이 지금 소개해주신 '생활의 도시화' 얘기처럼요. 살기 좋은 마을과 좋은 도시로 연결이 되지 못하는 잘 지은 한 채의 집에서는 오랫동안 행복을 가꿀 수 없다는 것을 점점 많은 사람들이 알게 될 겁니다.

임태병 세세한 인테리어 제품 종류나 가격 등으로 공사 과정 이야기를 마치지 않아서 다행입니다. 어쩌면 더 정확한 정보를 원하는 독자들이 있을지도 모르겠어요. 시스템 주방가구는 어느 회사가 좋은지, 방문 손잡이의 퀄리티는 가격대별로 어떤 차이가 있는지, 욕조의 모양과 형태에 따른 장단점 등등. 하지만 그런 제품군은 매일 새롭게 개발되고 가격도 매번 달라지기에 그다지 가치 있는 정보라고 볼 수 없어요. 그보다는 주방 설계가 고민스럽다면 보통 부부가 함께 요리를 하는지 아니면 주로 혼자 주방을 사용하는지, 음식을 조리하고 보관하는 비중이 일상에서 어느 정도의 중요성을 갖는지를 고민하는 것이 더 기본적이고 중요한 내용이지요.

정수진 그리고 그런 내용들은 공사 과정보다는 '설계 상담' 부분에서 다루기도 했지요. 공사 마무리, 준공 검사, 입주 청소, 이사 전 점검 등의 과정이 공사 완료 이후에 이어지는데, 입주를 했다고 바로 그날 공사가 모두 완료되는 건 아닙니다.

김호정 그럼요, 그럼요. 몇 개월 이어져요. 딱히 하자 때문은 아니에요. 요사이는 단독주택에 새로운 시스템들이 많이 도입되잖아요. 전기 설비, 환기 시스템도 그렇고, 저희 집처럼 엘리베이터와 보안 시설들을 설치했다면 건축주가 사용 요령이나 관리법을 파악할 시간이 필요하지요. 그러고 저의 경우엔, 공사 마무리도 보수 관리 측면에서도 시공사와 현장소장님께 감사했지만, 무엇보다 입주 직전 저에게 넘겨주신 자료들을 받아들었을 때, 깊이깊이 감동받았습니다.

최이수 혹 입주 축하 선물을?

김호정 아, 선물이라면 선물이지요. 크나큰 선물. 바로 '입주 관리 요령을 꼼꼼하게 담은 책'입니다. 집 안에 들어간 모든 설비, 제품 들에 관한 내용이었어요. 차후에 관리가 필요할 수 있는 설비들은 무엇무엇이고 어디에 어떻게 매립되어 있는지, 내구연한은 어느 정도인지, 폭우나 폭설, 폭염, 폭한에 어떻게 대비해야 하는지부터 시작해, 더 오래 쓸 수 있는 관리 요령들, 또 개별 제품들의 매뉴얼을 알기 쉽게 간략하게 정리해주셨고, 개별 제품들의 경우에는 AS를 받을 수 있는 연락처와 방법까지 상세하게 적어서 두꺼운 책을 한 권 만들어주셨어요. 제가 아무리 꼼꼼하게 메모를 해둔다 해도 눈에 보이지 않고 복잡한 설비들은 고장나면 당황스러울 수 있잖아요. 아파트단지처럼 연락할 관리사무실도 없고. 그 책 한 권이 저희 집 관리사무실인 거예요.

최이수 아, 정말 대단한 선물이군요. 시공사가 모두 그렇게 하지는 않을 텐데, 참 고마운 시공사네요.

전은필 아, 저희도 그렇게 합니다! (모두 웃음) 성실하게 일하는 곳이라면 입주하는 건축주에게 가급적 상세한 관리 매뉴얼을 알려드리려 애쓰지요. 사진을 꼼꼼히 찍어 책의 형태로 만들어 제공하는 것이 가장 이상적이겠지만, 책의 형태까지는 아니더라도 서류의 형태로는 대부분 만들어서 전달을 할 거예요. 아무튼, 이렇게 집, 그러니까 본채 건물 공사 마무리를 하고, 집이 형태를 갖추게 되면 '모든 것이 끝났구나' 하고 안심하기 쉬운데 정말 다 끝난 것은 아니랍니다. 이제부터 본격적으로 건축주가 진행해야 할 일들이 생기거든요.

다름 아닌, 별도 공사분에 관한 내용인데요. 이 공정부터는 계약할 때 어디까지 포함했는지에 따라 가구 공사부터 조경, 가전, 기타 집기류를 설치하는 작업이 진행되는 겁니다. 물론 쇼핑이라고 여겨 즐기는 분도 있지만 대체로는 힘들어해요. 좀전에 얘기했듯, 마지막까지 다 예산이 쓰였으니 자금을 더 마련하기 빠듯한 분들이 많고, 이미 알고는 있어도 어쩐지 비용이 추가되는 느낌을 떨쳐버리기 어려운 것이죠. 또 '사후 관리'라는 이름으로 입주 후 생활하면서 1~3개월 정도는 시공사에서 수시로 방문해 잘못되거나 부족한 부분을 수정 보완하는 작업이 이뤄지게 됩니다. 이 또한 매우 성가신 일일 수도 있겠지만, 스트레스받지 않고 즐겁게 공들여 마무리를 할 수 있도록 서로의 역할과 책임을 다하면 좋겠지요.

김호정 정말 긴 하나의 세계를 통과해 나온 느낌입니다. 우리의 대화가 몇 개월간 이어진 건가요?

기획자 2년 반 정도 되었어요. 제가 메일과 전화로 첫 인사를 드리고 기획안을 말씀드린 후 코로나가 잠잠해지기를 기다리다가 너무 오래 지속되니, 이러다가는 안 되겠다 싶어서 21년 초봄에 처음 만났어요. 그러다가 21년 겨울 즈음에 변이 바이러스가 급속도로 퍼지면서 우리도 차례로 감염이 되면서 잠깐 모임을 쉬기도 했고요. 그러고 오늘 23년 겨울이 지나고 있네요. 김호정 선생님, 이 자리가 어떠셨는지요?

김호정 제가 이 자리에 앉은 이유는 한 가지인 것 같아요. 누구에게든 선뜻 알려주고 싶어서. 건축 관련 지식도 없고 집을 지어본 경험도 없는 제가 빠듯한 예산으로 아파트가 아닌 다른 집에서 살겠다고 마음먹자 모든 것이 낯설고 어렵기만 했어요. 비단 땅과 예산만의 문제만은 아니었죠. 어마무시하게 복잡하고 다양한 관공서 서류들과 수없이 많은 관련 담당자들, 예측하기 어려운 상황들과 사고들, 땅과 예산, 대출과 설계, 공사와 그이후까지, 한땀한땀 바느질하듯 천천히 오랫동안 공부하며 해결해 나갔습니다. 가장 소원했던 부분이 "이 일을 먼저 경험한 선배가 한 명이라도 주변에 있었으면 얼마나 좋을까"였습니다. 무엇을 궁금해 해야 하는지 조차 몰랐기에 한명의 선배나 친절한 이웃이 절실했기에 그래서 선뜻 나섰어요. 이 얘기를 읽고 한 명이라도 도움을 얻는다면 정말 기쁠 것 같아요. 그런데 제 경험을 나누려고 앉은 자리에서 저 또한 많은 것을 배울 수 있었어요. 집에 관해, 삶에 관해. 어느 대목에선 '그래, 내가 옳았어' 하고 뿌듯하기도 했지만, 또 어떤 얘기들은 낯설고 도전적이었어요. 이 궁리들이, 새로운 집 이야기로 더 다양해지고 넓어지면 좋겠어요. 저보다도 이수 씨의 소감이 궁금하네요.

최이수 정말 많은 일들이 있었습니다. 코로나가 확산되다가 23년 초에 드디어 종식이 선언되었고, 저는 집을 짓기 위해 설계 의뢰를 드릴 즈음 이 자리에 참여를 했는데, 그사이에 정말 숱한 일들이 있었습니다. 저의 '집짓기 프로젝트'에 관해서는 2부에 따로 상세히 소개될 텐데요. 결론적으로 저는 집을 짓기 않기로 결정했습니다. 가장 막강한 이유는 역시 예산이었습니다. 21년도 봄부터 22년 가을까지 급격하게 오른 자재 원가 문제로, 저는 결국 '집짓기'가 아닌 '집 고치기' 프로젝트로 방향을 선회해야만 했습니다. 23년 여름을 맞이할 즈음, 대수선을 마친 집에 무사히 이사를 했고요. 2부에 과정과 사진을 소개하려 합니다. 그런데 독자 분들께 꼭 얘기하고 싶은 부분이 있어요. 제가 좋은 건축가를 만나지 않았다면, 아마도 저는 리노베이션이란 길을 선택하지 못하고 중간에 완전히 다른 길을 갔을 것 같아요. 임태병 소장님은 좋은 건축과 동시에 현실적인 대안을 함께 알아보고 고민하고 도와주셨어요. 대수선도 건축 허가가 필요한 일이기 때문에 이 모든 과정을 신축과 똑같이 작업해주셨던 겁니다. 지금은 너무너무 만족스럽고 행복합니다. 그래서 정말 도심 안에서 구축이나 오래된 다가구 건물을 구입해 집을 짓고자 하는 분들께 저와 같은 대안도 적극적으로 검토해보라고 권하고 싶어요. 물론 기존의 건축물의 상태나 주변 환경을 면밀히 검토해봐야 하는 일이지만, 고칠 수만 있다면 저비용에 굉장히 친환경적인 방법이라고 생각합니다. 리노베이션으로 방향을 바꾸고, 전체 공사를 맡아줄 현장소장이자 인테리어 디자이너 역할을 하시는 분과 만나 많은 이야기를 나누며 저는 또 한번 새로운 세계를 경험하게 되었습니다. 일의 규모를 막론하고 일을 잘하려는 사람, 완성도를 높이려는 작업자를 만나는 것은 인생 최고의 행운입니다.

조남호 초판부터 2.0 버전까지 참여한 유일한 멤버로서 조금은 편안한 마음으로 또 관조하는 시선으로 함께했던 것 같습니다. 대화가 마무리되는 시점에 이르니 비로소 이전의 책과 달라진 지점이 확실히 느껴집니다. 10년 전의 만남에서 주로 실용적인 내용, 그러니까 설계와 시공 관련 용어의 뜻이나 실제 현장에서의 적용 방법들을 이야기하는 데 초점이 맞춰졌다면, 이번 우리의 대화는 실용적인 정보와 더불어 집의 의미와 더불어 집짓기의 외연을 이루는 환경에 대한 더 깊고 폭넓은 범위로 나아간 듯합니다. 집을 짓는 과정은 그 양상이 다양해 몇몇 지식만으로 한정하는 방식이 외려 참여하는 모두를 새로운 위험에 빠뜨릴 수 있습니다. 세부적인 방법보다는 '과정'을 정확히 이해하려는 노력과 함께 '거리 두기'를 통해 지혜로운 집짓기의 원칙을 세우는 일이 우선입니다. 이 부분이 우리의 대화가, 그리고 이 책이 해낼 수 있는 긍정적인 역할이 아닐까 생각해봅니다.

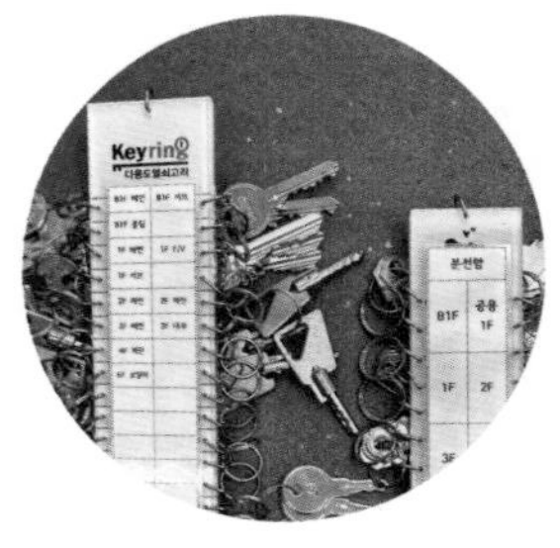

인수인계 자료
"시공사가 입주를 앞두고 전달해준 두터운 '우리집 가이드'. 전체 설비에 관한 제품 정보, 관리 요령, 교체 주기, 이상이 있거나 문의가 필요할 때 연락할 곳 등등 세심하게 모든 내용을 정리해 전달해 주었어요." (김호정)

인간은 '사이'를 잇는 사이존재로서, '집짓기'는 사람이 사람 사이를 잇는 과정 중 하나일 것입니다. 집을 짓는 일은 '공간 사이'와 '시간 사이'를 잇는 일로, 집의 생명주기인 100년 이후까지를 가늠해 지금 이 자리에 미래를 빚는 일입니다. 집을 짓는 물리적인 행위보다, 이것이 집짓기가 어려운 근본적인 이유일 겁니다. 우리 가족의 현재뿐만 아니라 수십 년 후까지의 시간을 더듬어야 하니까요. 결국 좋은 집은 나를 위한 집, 우리 가족만을 위한 집에서 모두의 집으로 진화할 수 있는 집입니다. 좋은 집은 좋은 건축이고, 좋은 동네, 좋은 도시를 이루는 기반입니다. 새로운 『집짓기 바이블 2.0』을 통해, 독자들에게 집짓는 일이 새로운 '삶을 짓는 일'이 되었으면 좋겠습니다.

전은필 이 만남을 통해 저는 지금껏 작업해왔던 내용들을 전체적으로 정리해볼 수 있었어요. 그 경험을 바탕으로 저희 회사가 어떤 방향으로 나아갈지 고민해볼 수 있는 계기가 되었고요. 예비 건축주 분들께 꼭 건네고 싶은 얘기가 생겼어요. 여기 이 자리, 우리 회의 테이블에 함께 앉아 있는 것처럼 생각해보면 좋겠어요. 상대가 무슨 얘기를 하려는지 귀 기울여 들어보고, 궁금한 점이 무엇인지, 무엇을 알고 싶은지를 가급적 솔직하고 정확하게 얘기해주면 좋겠어요. 상대의 얘기에 귀를 열면 오해가 생기지 않으리라 믿어요. 일을 하면 할수록 가장 중요한 것은 소통이구나, 하고 매번 느낍니다. 다음에는 제가 시공자가 아니라 건축주 입장으로 꼭 참여해 보고 싶네요. 이 바람, 이루어질 수 있을까요? (모두 웃음)

임태병 지난 10년간 집짓기에 관련된 우리의 주변 상황은 급격한 변화가 있었습니다. 특히 팬데믹과 전쟁에 따른 경기 침체와 원자재 비용 상승 등의 요인으로 향후 예측마저 어려운 정도가 되었습니다. 이런 시대에 '집짓기 책이 과연 어떤 의미를 가질 수 있을까?' 하는 의문에서 시작한 대담은 회차를 거듭할수록 조금씩 더 근본적인 질문들에 집중하게 만들었습니다. '그럼에도 우리는 왜 집을 지으려고 하는가?'가 바로 그 질문들의 핵심입니다. 이 책이 이미 정해진 답을 확인하는 것이 아니라, 독자들이 스스로를 향해 질문을 던질 수 있는 계기가 되길 기대합니다.

설계를 업으로 삼고 있는 저 또한 사고의 폭이 확장되며 성장하는 흥미로운 경험을 할 수 있었습니다. 제 작업과 업에 대한 즐거움뿐만 아니라 얼마간 잊고 있던 자부심과 보람, 감사를 재확인하는 소중한 기회였답니다. 긴 시간, 모두들 수고 많으셨습니다.

정수진 '말'은 참 힘이 강한 것 같습니다. 오래도록 말의 가벼움을 두고 회의하곤 했는데, 제가 실은 말, 그 가운데서도 '대화'의 힘을 믿는 쪽이었구나 싶네요. 솔직히 처음 두어 차례 대담 자리에서는 누가, 왜 이 책을 읽을지 감을 잡기 어려웠어요. 그런데 최이수 님의 고민과 임태병 소장님의 경험이 신선하고 낯설면서도 한편으로는 나의 경험과 고민도 얘기해볼 수 있겠구나 용기를 얻었습니다. 제 경험을 내놓으니, 비로소 독자들이 보이는 것 같아요. 모든 일에 스스로 뛰어들지 않으면 그 효용이 닿지 않는구나, 깨닫는 계기였습니다.

기획자 반가운 말씀이네요. 그래서 소장님? 이 책의 독자는 누구일까요?

정수진 응? 그런 질문을 하실 줄이야…. (모두 웃음) 음, 한국 사회에서 들끓는 '집 문제', 지겹고 고달픈 '집 문제'에 크게 한숨을 내쉬어 본 사람이라면 누구나 다 유용하게 읽게 되실 겁니다. 다들 아시잖아요? 집짓기를 무작정 권장하는 책이 아니라는 것을.

6. 지붕 방수와 벽체 방수

철근콘크리트구조와 목구조의 시공 과정을 함께 다루지만, 목구조의 시공 포인트를 더 자주 언급할 수밖에 없습니다. 철근콘크리트는 재료 자체가 습식이기도 하거니와 전체 판의 형태로 빈틈이 없이 시공이 되는 방식이기 때문에 특히 방수공사와 단열공사가 목구조에 비해 상대적으로 덜 까다롭기 때문입니다. 여기에 더해 한국에서는 철근콘크리트가 목재에 비해 훨씬 더 일반적으로 쓰여 온 재료이기 때문에 시공에 대한 정보와 노하우가 어느 정도 시공자들끼리 공유가 되어 있는 편이기 때문입니다. 앞에서도 언급했지만, 재료 자체가 갖는 특징은 있지만 그렇다고 어떤 재료가 더 좋다, 나쁘다고 말하기는 어렵습니다. 목구조의 강점에도 불구하고 한국의 현실에서 아직은 낯설고 전문가가 많지 않다는 아쉬움은 분명한 현실입니다. 상대적으로 철근콘크리트는 익숙하고 보편적인 재료이지만 기초공사에 드는 비용은 목재보다 다소 높다고 볼 수 있습니다. 때문에 단편적인 장단점만을 비교해 구조재를 결정하기는 어렵습니다. 대지의 조건과 건축물의 성격과 목적에 따라 복합적인 분석이 필요합니다.

모든 시공 과정이 중요하지만 지붕 방수는 특히 목구조일 경우 중요합니다. 일반적으로 목구조에서는 투습 방수지로 시공한 다음 방수 시트를 씌웁니다. 목구조는 수분 관리 대책이 무엇보다 중요하기 때문에 시공팀은 지붕 방수에 각별한 주의를 기울여야 합니다.

방수공사를 진행할 때는 비를 맞지 않도록 관리하는 것이 가장 좋지만, 집 전체에 물기를 완벽하게 차단하기란 현실적으로 어렵습니다. 따라서 몇 가지 주의사항을 반드시 지켜야 합니다. 지붕의 경우엔 방수 시트를 씌우기 전에 반드시 완벽하게 건조시킵니다. 함수율 18% 이하가 된 것을 감리자가 확인한 뒤 단열 공사를 시작합니다. 비를 맞은 뒤에는 감리자에게 함수율을 확인받아야 합니다. 특히 합판의 경우 함수율이 잘 떨어지지 않으니 주의 깊게 측정합니다. 비를 맞으면 많이 팽창하기 때문에 철저한 감리가 중요하지요.

감리 포인트

❶ 방수 시트 작업 전에 완전 건조 ❷ 함수율 체크

7. 창호 설치

목구조의 경우 방수 처리 후, 창호를 설치합니다. '네일핀'이 있는 창호를 설치하는 것이 좋습니다. 창호를 설치한 후 외장공사에 들어가기 전 하루 이틀 정도 비가 오면 좋습니다. 누수를 쉽게 찾을 수 있기 때문이지요. 일부러 물을 뿌리기도 합니다. 창호공사는 단열과 방수 하자에 직결되는 부분입니다. 그러므로 공사기간에 압박을 많이 받는 상황이라도 창호는 품질과 내구성을 면밀하게 검토해야 합니다. 경골목구조의 경우 구조적으로 단열 성능이 우수하기 때문에 외부와의 온도 차로 결로가 생기기 쉽습니다. 혹한기를 대비하려면 빛이 들지 않는 북측 창은 되도록 피하거나 3중창을 설치(기밀 보완)해야 결로를 방지할 수 있습니다.

감리 포인트

❶ 2층 이상 높이에 창호를 시공할 때는 외부 비계 및 안전 발판을 설치
❷ 금적적인 부담이 있더라도 창호 전문팀이 시공하도록 지시
❸ 골조 공사 과정에서 창호 크기에 정확히 맞도록 개구부 준비
❹ 창호 주위의 방수 처리는 아무리 강조해도 지나침이 없다.

8. 전기 설비

목구조의 경우 창호 공사와 동시에 전기, 설비 공정이 이어집니다. 배관, 배선 작업을 진행하고, 오수, 폐수, 배수, 급수 등등 배관 작업을 진행합니다. 배관 작업할 때 목구조에서는 스터드가 구조적인 역할을 하기 때문에 타공에 주의를 기울여야 합니다. 타공 후 목재 스터드가 75% 이상 남아 있어야 합니다. 특히 힘을 받는 스터드(내력벽)는 4분의 3 이상 남아 있어야 하고, 힘을 받지 않는 경우라도 최소한 38mm 이상 남아 있어야 합니다.

바닥 장선의 경우에는 장선을 3등분해서 가운데 부분은 타공하지 않는 것이 좋습니다. 타공 높이는 장선 높이의 3분의 1을 넘지 않는 것이 중요합니다. 이후 단열재를 넣기 전에 바닥 미장(방통) 공사를 진행합니다. 철근콘크리트구조의 경우 전기 배관을 비롯해 설비 배관을 철근 배근 후 타설 이전에 시공합니다.

감리 포인트

목구조의 경우, 스터드 타공 시 구조적인 손실에 주의

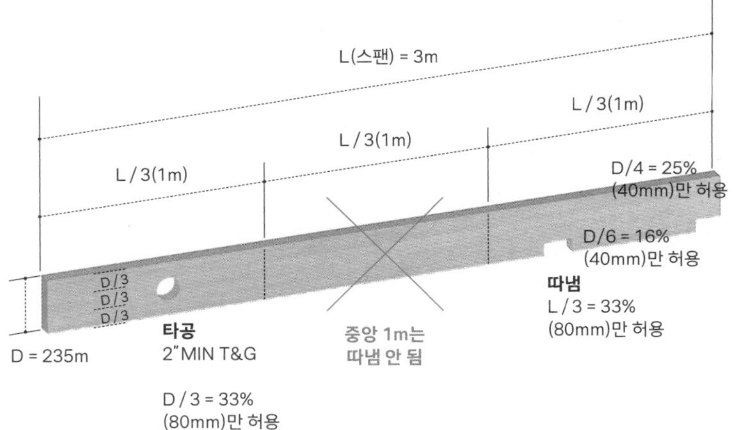

9. 방통 공사

단열 공사를 하기 전에 방통 공사를 완료해야 합니다. 간혹 벽체에 단열재를 넣은 후에 방통 공사를 할 경우, 2층의 미장공사 물이 단열재를 오염시키거나 젖게 할 수 있고 단열 성능이 저하될 수 있으므로 이 순서는 꼭 지켜야 합니다. 바닥 공사의 경우에도 함수율과 수평이 중요합니다. 함수율을 체크해 6~7%가 될 때 바닥 마감을 실시합니다. 기초공사 때처럼 겨울에는 보온에 주의하고, 여름에는 균열 방지를 위한 살수가 필요합니다. 혹시나 균열이 생기면 바닥에서 울림이 생기니 주의하세요.

감리 포인트

❶ 수평 체크 ❷ 바닥에 균열이 생겼는지 체크

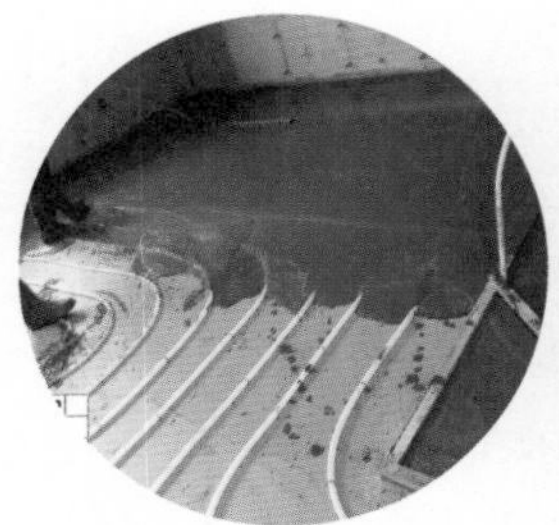

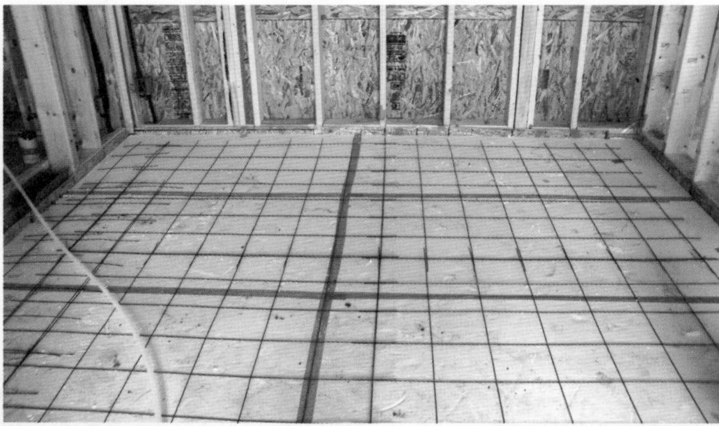

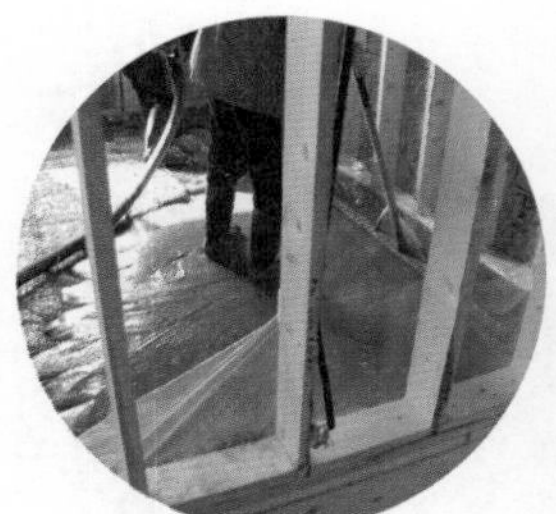

10. 단열 공사

단열재를 넣기 전에 감리자가 목재의 함수율이 18% 이하인지 확인합니다. 목재의 함수율이 높을 때 단열재를 넣으면 집이 부패할 가능성이 높습니다. 단열재는 종류가 다양하고 장점과 약점이 제품마다 달라 전문가의 판단에 귀기울여야 합니다. 특히 새롭게 개발된 제품을 선택한다면 시공할 때에 특별히 여러 연구 결과를 확인하고 완공 후 문제점이 없는지 검토해야 합니다. 단열 공사를 진행할 때는 감리자의 확인이 필요합니다.

감리 포인트

❶ 반드시 감리자의 현장 감리
❷ 단열재의 종류에 따라 장단점 체크

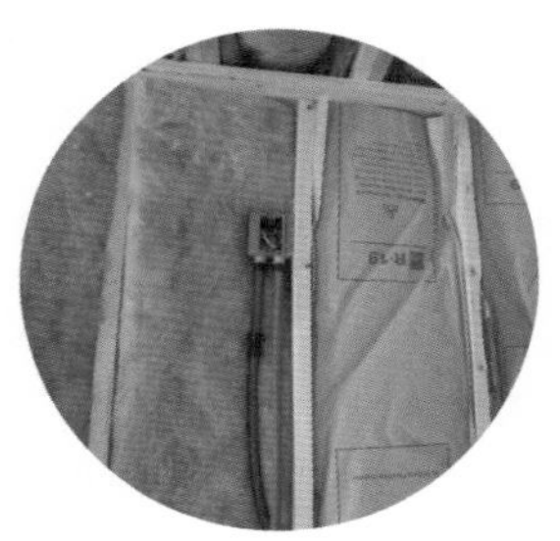

철근콘크리트구조의 단열공사는 목구조와 조금 다릅니다. 목구조일 경우 목재 스터드 사이에 글라스울이나 셀룰로오스를 충진하는 중단열 공법을 이용합니다만, 콘크리트 구조는 전체 벽이 한 덩어리이기 때문에 벽 안팎으로(내외 단열) 단열재를 이용하여 단열을 합니다. 벽체 안팎으로 단열재를 시공하기 때문에 아무래도 공간이 좁아져 효율성이 목구조에 비해 떨어집니다. 결로와 열손실 부위가 많을 수 있기 때문에 공사 전에 설계자와 단열재 선택과 시공 방법에 관해 신중하게 토의해야 합니다.

11. 내부 마감 공사

목조주택의 경우 보통 석고보드로 내부를 마감하는데, 석고보드는 화재가 일어날 경우 내화 역할과 내부 마감재(벽지, 페인트 등)의 바탕면이 됩니다. 특히 다세대 주택의 경우에는 세대 간 칸막이 벽은 반드시 한 시간 내화 규정을 지켜야 합니다. 이 사항을 위반하면 준공이 나지 않습니다. 석고보드를 시공할 때는 배전함, 설비 배관 등을 감추거나 천장의 전기선들을 막아버리지 않는지 꼼꼼히 챙겨야 합니다.

석고보드의 종류

일반석고보드: 방수가 필요 없는 모든 벽과 천장에 시공

방수석고보드: 화장실, 다용도실, 주방 등 물 쓰는 공간에 설치

감리 포인트

❶ 내부 마감 전 전기 배선, 설비 배관이 정확히 완료됐는지 확인

❷ 설비·전기배관 보강 및 단열재 설치 작업이 완료되어야 한다.

❸ 석고보드 설치 전 감리자가 반드시 목재 함수율을 체크하도록 한다.

12. 외장 마감

콘크리트구조이든 목구조이든 내부 구조재에 상관없이 외장 마감재를 자유롭게 선택할 수 있습니다. 흔히 쓰이는 외장재는 아래와 같습니다. 어떤 재료를 선택하든 건축주가 선택한 재료에 관한 시방서를 건축가가 시공자에게 전달합니다.

탄화목, 징크, 벽돌

명칭	재료	내구성	장점	단점	비용 (고중저로 표현)
컬러 강판 (리얼 징크)	아연도금강판 위 불소수지 코팅	마감 표면 도장 20년	- 내구성, 내식성이 강함 - 방수에 유리하고 가공이 용이	- 부분 보수에 불리 - 단열, 방음에 취약	중
징크	아연	100년 이상 (반영구적)	- 내부식성, 자연친화적 - 100% 재활용 가능 - 다양한 가공성	부분 보수에 불리	고
시멘트 사이딩	시멘트+모래+첨가제 (셀룰로오스 섬유)	50년	- 습기 및 공해에 강함 - 청소 용이 - 페인트 채색 가능	인공미	저
벽돌(적벽돌, 전벽돌, 고벽돌, 시멘트벽돌 등)	점토(흙)	반영구적	- 재료 고유의 색채 - 방음, 단열 효과 높음 - 화재에 강함 - 자연친화적	- 하중이 많이 나감 - 습식으로 공사기간 길어짐 - 창문 상부 보강 필요 - 벽체 두께가 두꺼워짐	중
스타코 (스타코플렉스)	아크릴	30~50년	- 다양한 색상과 텍스처(표면) 가능 - 외부줄눈 없이 고른 표면 - 단열에 강함 - 페인트 채색 가능	- 밝은색에 유리 - 오염에 취약 - 겨울공사에 불리(양생 시간 소요)	저
목재(사이딩)	나무	3~5년마다 유지 보수 (오일스테인)	- 천연재료로 수종이 다양함 - 친환경성 - 단열에 강함	- 화재 및 습기에 취약 - 오일스테인을 주기적으로 칠해주지 않으면 습기로 인한 변색 및 변형	중

13. 수장 공사

수장 공사는 마지막 단계입니다. 모든 내외부 공간의 최종 마무리 작업을 총칭합니다. 타일 공사와 마루 공사, 조명 인입과 설치, 가구 배치, 정리와 디테일 손보기, 위생도기 설치와 하자 여부 점검, 부엌 전자제품과 에어컨, 환기 설비 등을 완벽하게 모두 점검합니다. 페인트 도장과 도배, 수많은 인테리어 최종 마감과 정리까지를 모두 포함합니다.

이 단계에 건축주는 사실상 거의 매일 현장을 방문하게 됩니다. 제품들의 상처 유무나 최종 컬러, 도배와 페인트 시공의 품질을 점검하는 것도 중요하지만, 그보다 설비들을 테스트하고 시험 가동을 해보는 과정이 꼭 필요합니다. 제품 이상이 없는지, 운용 방법도 미리 숙지하면 좋습니다. 또 이사 당일을 상상하며 최종 가구 배치, 이사할 때 갖고 들어올 비중이 큰 살림도구들의 자리를 점검하고 확인하는 것도 중요합니다.

가구 작업 / 가구 작업 / 가구 작업

도배 기초작업 / 도배 기초작업 / 퍼티 작업

퍼티 작업 / 퍼티 작업 / 마감 계단판 설치

마루 작업 1

마루 작업 2

목공 걸레받이 몰딩

본도장 전 새김질 작업

외부 도장

핸드레일 설치

14. 입주

- ☐ 설비의 취급 설명서
- ☐ 건물의 관리 설명서
- ☐ 열쇠 인수
- ☐ 준공 도면 수령
- ☐ 이사하기 전에 전기, 수도, 가스 등을 신청
- ☐ 화재보험 및 보안 업체 신청
- ☐ 커튼과 블라인드 등을 설치할 때 예산 초과 주의
- ☐ 베이크 아웃
- ☐ 입주 청소
- ☐ 각종 우편물 수령지 변경
- ☐ 이웃에게 인사
- ☐ 환기 상황 체크
- ☐ 각종 설비에 이상이 발생하지 않는지 실험
- ☐ 인테리어 마감의 수직, 수평을 비롯해 탈부착이 정확한지 체크
- ☐ 싱크대 주변의 누수나 역류 체크
- ☐ 욕실의 배수 상황 확인
- ☐ 겨울이라면 결로가 있는지 체크

15. 유지·보수

3년 이내

- ☐ 창문 등 내부 도어들의 개폐가 원활한가
- ☐ 에어컨, 벽난로, 보일러, 열회수형 환기장치 등이 잘 작동하는가
- ☐ 부엌 기기(식기세척기, 오븐, 전자레인지, 인덕션 등)의 전기 공급과 작동
- ☐ 보일러 기능 결함 및 누수
- ☐ 수도를 쓰지 않는데 계량기가 돌아가면 누수이므로 변기나 보일러 누수 여부를 우선 체크
- ☐ 변기·보일러 누수가 아닌데도 수도 계량기가 돌아가면 내벽 또는 땅속에 매립된 배관 누수이므로 전문업체에 누수 탐지 신청
- ☐ 모든 조명의 작동
- ☐ 외부 배수구는 낙엽에 의해 막히는 경우가 많으므로 수시로 확인. 배수구를 철제 방충망으로 포장하면 이물질 침투를 막을 수 있음
- ☐ 배수구·배수관 악취
- ☐ 누전차단기가 자동으로 내려가는 등 누전이 의심될 경우 전기안전공사 또는 주변 전기 업체에 문의
- ☐ 낡은 플러그는 신형 안전 플러그로 교체하고, 화재의 원인이 되는 콘센트 주변과 에어컨 실외기 주변 먼지 제거 등 전기제품 안전에 유의
- ☐ 마감재 균열이나 틀어짐, 들뜸(박리) 현상
- ☐ 건물 하부, 지붕 밑, 환기구 등 건물 구조에 따라 곳곳에 위치한 통풍구 점검. 통풍이 제대로 안 되면 결로의 원인이 됨[매년]
- ☐ 지자체에서 매년 발송하는 정화조 청소 통지에 따라 청소 신청[매년]
- ☐ 외부 수도는 동절기에 잠가놓고 계량기와 수도 주변 보온재로 포장해 동파 예방[매년 동절기]
- ☐ 외부에 노출된 목재는 2년에 한 번씩 오일스테인 재도장 권장[2년]

3년 이후

- ☐ 블라인드 세척 등 청소
- ☐ 외부 데크, 목재 재도장
- ☐ 각종 배관 누수, 각종 기기 점검
- ☐ 태양광 패널 보증 기간 확인(5년)
- ☐ 지붕 점검
- ☐ 욕실 방수, 지붕·외벽 방수: 신축 5년 이후 욕실이나 외부 방수에 하자가 발생할 수 있으므로 점검

Q&A 시공에 관한 질문들

Q1

흔히 겨울에 공사하면 하자가 많다고들 하지요. 겨울에 시공할 때 유의할 점이 궁금합니다.

A1

시공 과정을 정리하며 강조했듯이, 가장 유의할 점은 콘크리트 기초가 얼지 않도록 하는 점과 2층 바닥 미장(방통) 공사 때 온도를 높게 유지해 균열이 최소화 되도록 건조를 시키는 것입니다.

Q2

바닷가나 강 근처는 아무래도 습기가 많을 텐데요. 목조건축에 문제가 없을까요?

A2

당연히 문제가 있을 수 있습니다. 목구조에서 가장 중요한 것이 수분 관리이니까요. 따라서 외장재 선택에 유의해야 합니다. 바닷가의 경우 금속 외장재를 피하고, 강 근처라면 특히 수분 관리를 철저히 하는 것이 좋습니다.

Q3

목조 건축물의 층간소음은 어느 정도인가요?

A3

외국의 경우는 바닥에 카펫을 많이 깔기 때문에 층간 소음에 그다지 신경을 쓰지 않는다고 할 수 있지요. 우리의 경우에는 바닥 마감재가 강화나 온돌마루이기 때문에 좀 더 예민하게 느낄 수 있습니다. 목조주택은 경량 충격음에는 허용치 이하일 수 있으나 중량 충격음 50db에는 층간 소음이 일 수 있습니다. 방 사이의 방음은 층간소음보다는 조금만 꼼꼼히 시공을 한다면 비교적 쉽게 잡을 수 있습니다. 그리고 벽과 바닥을 통한 소리의 전달은 몇 가지 방법에 의해서 개선할 수 있습니다.

1. 소리의 전달 경로에 기밀성이 높은 차단재를 설치한다.
2. 벽과 바닥 구조에 무거운 건축자재를 사용한다.
3. 소리 진동의 경로를 차단한다.
4. 벽과 바닥의 빈 공간에 흡음재를 넣는다.

Q4

습기에 약한 목조주택은 땅에서 올라오는 습기를 어떻게 처리하나요?

A4

기초공사 전에 비닐을 깔고 시공을 하기 때문에 어느 정도 습기를 막아줍니다. 습기 발생이 문제가 될 것 같다면 땅에서 기초 콘크리트 바닥까지 600mm 이상 높이면 효과적입니다. 기초공사 때 집 주위에 유공관을 묻어서 기초 내부로 들어오는 수맥의 흐름을 막기도 합니다.

Q5

목조주택의 경우, 화장실에서 쓰는 물이 혹시나 문제가 될 수 있지 않을까요?

A5

목조주택에서는 화장실의 방수가 가장 중요합니다. 콘크리트 주택의 경우 워낙 구조가 기밀하기 때문이기도 하고 철근콘크리트구조 시공에 관한 전문가들이 많기 때문에 방수 방법에 논란의 여지가 별로 없습니다. 일반적으로 액체 방수제를 시공합니다. 반면, 목조주택은 구조체 자체가 유동성을 지녔기 때문에 탄성이 전혀 없는 액체 방수를 하면 균열로 방수층이 손상될 수도 있습니다. 일본에서는 대부분 FRP(fiber reinforced plastic, 합성수지에 섬유기재를 혼합해 감도를 향상시킨 플라스틱의 한 종류로 욕조, 물탱크 등을 만드는 물질이다)를 이용해 방수를 하고, 미국에서는 여전히 방수시트를 이용합니다. 우리나라에서는 이 두 가지를 혼합해서 시공합니다. 10년 전만 하더라도 방수시트가 대세였는데 요사이는 주로 우레탄과 FRP 방수재로 시공합니다. 딱 꼬집어 어떤 방수재가 성능이 더 뛰어나다기보다는 시공자가 얼마나 꼼꼼하게 작업하느냐가 중요합니다. 또 방수층을 형성한 다음에는 반드시 방수층 보호 모르타르를 꼼꼼하게 시공하는 것이 기본입니다.

Q6

목조주택의 방부는 어떻습니까? 흰개미가 나무를 쏠아서 집을 망가뜨린다는 얘기를 어디서 들은 것 같아요. 나무에 따로 화학 처리를 하나요?

A6

목조주택에서 방부목을 사용하는 부분은 콘크리트와 목조가 만나는 면으로, 이 부위에 '머드실'이라는 방부목을 사용합니다. 그러나 데크처럼 외부에 목구조가 그대로 노출되는 곳에는 기초에 방부목을 씁니다. 그 외에는 목구조가 다른 단열재와 방수지, 각종 내·외장재에 둘러싸이기 때문에 특별히 방부목을 쓰지는 않습니다. 2013년부터 머드실 방부목은 H-3 등급을 사용하도록 권장하고 있습니다. 현재까지 주로 사용되는 등급은 H-2, 또는 이보다 약간 등급이 낮은 국산 제품을 쓰는데, 방부목은 등급이 좋은 자재를 권하고 싶습니다. 흰개미는 기후상 우리나라에 서식을 하지 않는데, 최근에 국내에서 1종 발견이 됐지요. 방부처리를 하지 않은 채 원목을 수입하던 당시에 들어왔던 종입니다. 예전에는 원목을 수입해서 우리나라 제재소에서 규격재를 만들었어요. 그 후 원목 수입이 금지되어 지금은 만들어진 규격재를 열처리해서 들여옵니다. '킬른 드라이' 과정이라고 부르지요. 인공적으로 건조를 시켜 수분율을 18% 이하로 낮춥니다. 그 열처리를 하는 과정에서 벌레들이 다 죽습니다. 기본적으로 방부는 되지만 특별한 화학 처리를 했다고 볼 수는 없지요. 화학 처리를 해달라고 주문도 가능하고 화학처리 공정을 거친 규격재를 살 수도 있습니다. 아직까지 우리나라의 목조주택에서 흰개미가 문제를 일으킨 적은 없어요. 있다면, 그건 문화재 같은 오래된 건축물일 가능성이 큽니다.

Q7

서양처럼 건식 화장실을 만들 경우 비용이 얼마만큼 저렴해지나요?

A7

건식 화장실이라도 방수는 해야 합니다. 비용은 방수공사 비용이 크기 때문에 크게 차이가 나지 않는다고 할 수 있습니다. 건식이라도 방수는 꼭 해야 합니다

Q8

보통 수입산 나무를 쓴다고 들었습니다. 어느 나라 나무가 가장 좋습니까?

A8

산지가 중요하지는 않습니다. 주로는 캐나다에서 수입됩니다. 목재의 수준, 또는 등급이 중요합니다. 우리나라는 보통 2등급 나무를 쓰는데 일반적인 주택을 시공하면서 이보다 낮은 등급을 쓰는 시공사는 거의 없습니다.

Q9

골조 공사에 쓰이는 나무들에 대해 궁금합니다.

A9

북미식 목조주택의 스터드는 벽체를 이루는 하나의 수직부재로 2×4, 2×6 규격의 구조재가 가장 많이 사용되며, 2×4는 16인치 간격으로만 설치가 가능하고 2×6는 16인치, 24인치 간격 모두가 가능합니다(요즘 유행하는 일본식-독일식의 목조주택의 구조재는 규격이 다름). 구조재에는

아래 그림과 같은 마크들이 새겨져 있는 것을 볼 수 있습니다. 구조재를 반입할 때 이 마크를 보고 우리 집에 사용되는 구조재가 어떤 등급인지 확인하시기 바랍니다. 목재 등급과 용도는 다음과 같습니다.

사용 부위	명칭
깔도리, 스터드에 사용	CONST(CONSTRUCTION)
	STAND(STANDARD & BETTER)
	STUD(STUD)
장선, 서까래, 헤더 사용	SEL STR(SELECT STRUCTURAL)
	NO.1
	NO. 2

UTIL 등급 목재는 스터드에 사용할 수 없습니다. 다음 표와 같이 건조 상태를 보고 함수율을 확인해볼 수 있습니다. 골조 구조재는 함수율 19% 이하의 목재만을 사용해야 합니다. 구조재로 주로 사용되는 나무는 더글라스퍼, 햄퍼, 스푸러스 등이 주로 사용됩니다.

명칭	건조 방식	함수율
S-DRY(Surfaced-DRY)	자연 건조	19% 이하
KD(Kiln Dry)	인공 건조	15% 이하
MC(Moisture Content)	자연 건조	15% 이하

Q10

단열재에 관해 자세히 알고 싶습니다.

A10

1. 비드법 단열재

비드법 단열재는 밀도에 따라 등급을 구분할 수 있으며, 30kg/m³이 가장 단단하고 열전도도 뛰어납니다. 현장에서 절단 등의 가공이 쉽고 시공방법에 따른 단열 성능의 오차가 작다는 장점이 있지만, 반면에 열에 취약하고 화재 시 인체에 해로운 가스를 발생시킬 수 있습니다. 화재 우려를 제하면 비드법은 두께가 두껍고 효율이 좋아 일반적으로 많이 사용하는 단열재입니다.

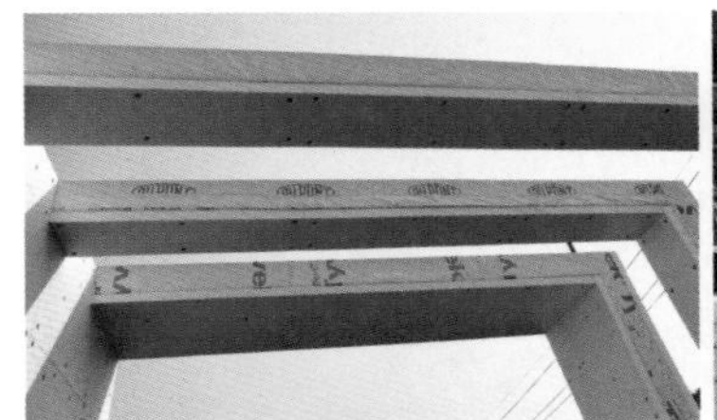
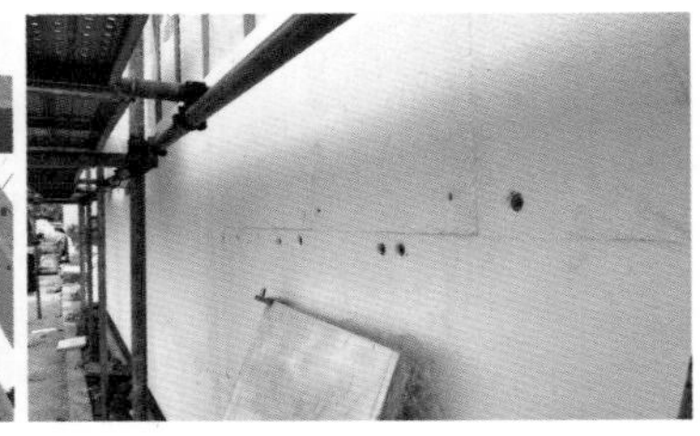

2. 압출법 보온판

XPS라고 부릅니다. 아이소핑크로 통용되기도 하나 특정 회사의 상표이므로 도면 표기할 때 주의해야 합니다. 여타의 특징은 비드법 단열재와 흡사하지만, 통상적으로 흡수율이 거의 없다는 차이가 있습니다. 따라서 직접 물에 닿는 부위에 적용하더라도 단열 성능을 보장받을 수 있어 지하층 외벽에도 시공이 가능합니다. 압출법 보온판은 일반적으로 동일한 밀도의 비드법 보온판보다 단열 성능이 높아 벽체 두께를 줄이거나 동일한 두께로 단열 성능을 더 신경 쓰는 건축주의 경우, 비용이 더 소요되더라도 압출법 보온판으로 외벽의 단열을 원하거나 설계에 반영하면 좋습니다. 그러나 압출법 보온판은 시간이 경과하면 단열 성능이 급격하게 떨어질 수 있으니 미리 인지해야 합니다.

3. 열반사 단열재

열반사 단열재는 주택에 그리 추천하지 않습니다. 열반사 단열재가 첨단우주공학 분야에서 개발되어 비행선에 쓰이는 것도 맞습니다만, 이 단열재는 복사, 대류, 전도라는 열의 세 가지 현상 가운데 '복사'에만 대응할 수 있는 단열재입니다. 그러나 우리는 진공에서 생활하는 것이 아니므로 습기, 부식 등에 어떻게 반응하는가도 대단히 중요합니다. 실제 주택 시공에서 많이 쓰이는 단열재는 부피 단열재(EPS, XPS, 글라스울)인데, 단열재 외부에 도달한 복사열이 결국은 전도열로 변경되기 때문에, 부피 단열재는 복사, 대류, 전도에 모두 효과가 있습니다.

4. 글라스울

유리섬유는 글라스울이라는 명칭으로 널리 사용되고 있으며, 단어 그대로 유리를 원료로 용융하여 만든 무기질 섬유입니다. 글라스울은 유리의 원료인 규사와 파유리 등을 원료로 최신의 공법인 텔공법으로 생산하는데요. 그 과정이 솜사탕을 만드는 과정과 유사합니다. 유리를 녹여 마치 솜사탕과 같은 가늘고 부드러운 섬유가 나오는 모습을 직접 보면 참 신기합니다. 아래의 사진은 한국하니소에서 생산하는 유리섬유 제품들입니다. 그런데 왜 모두 노란색을 띄고 있을까요? 그건 바인더 때문인데요. 바인더란 가늘고 부드러운 섬유를 적당한 형태로 고정을 시켜주기 위한 경화제인데 이 바인더의 색깔이 노란색을 띄고 있습니다. 회사별로 조금 차이는 있지만 유리섬유가 대체로 노란색을 띄는 것은 바로 이 때문입니다.

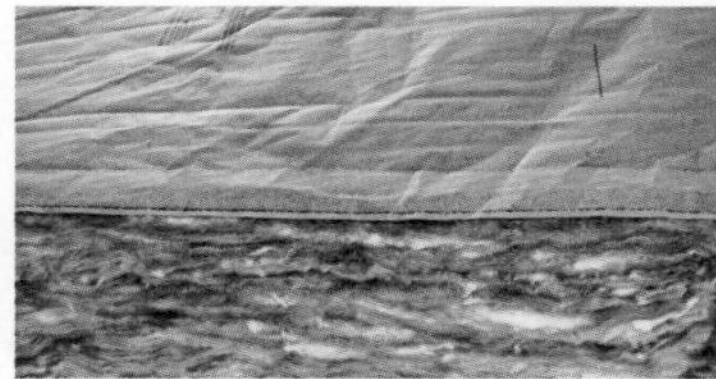

ㄴ ① 유리섬유의 친환경성

시공 중에 글라스울을 직접 피부에 접촉하면 반드시 샤워해야 합니다. 친환경적인 자재라기보다는 내화 성능과 단열 성능과 투습성 등 기능과 비용을 고려할 때 가장 적합한 단열재입니다. 대체 단열 아이템도 많습니다. 양모, 셀룰로오스, 락울 등이 있지만 비용이 높아 선택되는 경우가 드뭅니다. 캐나다, 미국의 주택 95% 이상이 글라스울을 선택합니다.

ㄴ ② 유리섬유, 발암물질인가?

커피, 자외선, 유리섬유 가운데 발암성이 가장 높은 것은 무엇일까요? '자외선>커피>유리섬유' 순입니다. IARC(국제 암 연구기관)이 발표한 아래의 표를 보면, 유리섬유가 녹차보다 발암 가능성이 낮습니다.

분류	발암성 평가	해당 물질
그룹1	인체에 대한 발암물질	석면, 담배, 카드뮴 등 87종
그룹2A	인체에 대한 발암 가능성이 높은 물질	자외선, 디젤 배기가스 등 63종
그룹2B	인체에 대한 발암 가능성이 있는 물질	커피, 우레탄, 스타렌 등 234종
그룹3	인체에 대한 발암 가능성이 있다고 분류하기 어려운 물질	글라스울, 미네랄울, 폴리에틸렌, 차(tea) 등 493종
그룹4	인체에 발암 가능성이 없는 물질	카프로락탐 1종

ㄴ ③ 글라스울과 석면은 어떻게 다른가

유리섬유와 석면의 용도는 건축자재, 방화재, 전기절연 재료로 이용되지만 만드는 재료가 다르며, 석면은 인체의 호흡기로 들어와 20~40년 정도의 잠복기를 거쳐서 폐암이나 중피종을 발병시키므로 사용이 제한되고 있습니다. 석면(石綿)은 암석에서 섬유처럼 가늘게 실을 뽑아서 만든 솜이라고 보면 됩니다. 크리소타일을 주성분으로 하는 온석면과 각섬질 석면으로 생산 방법과 용도에 따라 구분됩니다. 유리섬유는 액체 상태의 유리를 가늘고 길게 늘여서 섬유 모양으로 만들어 용도에 따라 장섬유, 단섬유가 있으며, 석면보다 용도가 더 다양합니다.

	유리섬유	석면
형태	인조 무기질 비결정체	천연 무기질 결정체
크기	5μm 이상 (흡입 불가능)	1μm 이하 (흡입 가능)
특징	분쇄 시 횡 방향으로 절단되어 직경의 변화가 없으며 섬유의 직경이 크기 때문에 인체 내 흡입이 불가능하다.	인체 내에 흡입되기 쉽고 일부는 폐에 박힌 상태로 장시간에 걸쳐 더욱 미세하게 갈라진다.

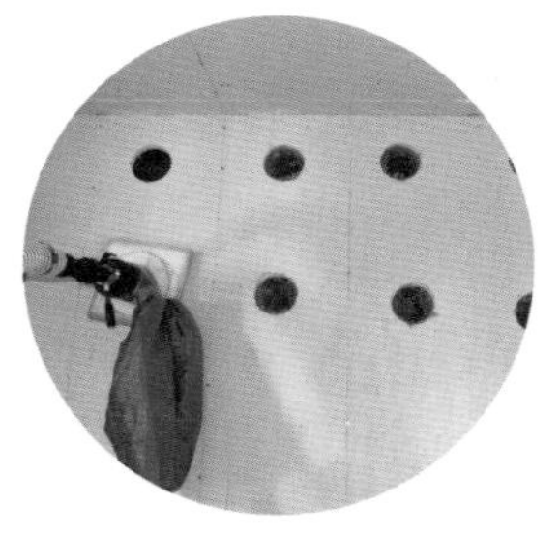

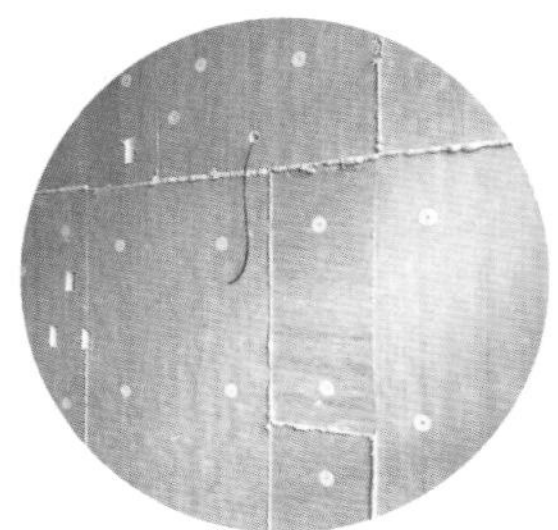

5. 셀룰로오스 단열재

우연치 않은 기회로 독일의 패시브하우스 견학을 갔다가 셀룰로오스 단열재의 막강한 파워를 경험한 후로 셀룰로오스 단열재가 약간 고가이기는 하지만 적극적으로 추천하는 자재입니다. 이 단열재는 신문지를 잘게 분쇄해서 단열재로 충진하는 것인데, 약간의 소금과 붕소를 사용하여 부패와 침하를 막기도 합니다. 셀룰로오스 단열재는 솜과 같습니다. 솜이 뭉쳐지면 단열 성능이 떨어지듯이 이 제품도 운송을 위해 압축 상태에서 판매하다 보니, 제품을 쓰기 전에 탈면 과정이 꼭 필요합니다. 이때 전문 장비가 있어야 되는데, 이 장비가 뭉쳐 있는 신문지 가루를 얼마나 잘 펴는가에 따라 단열의 성능이 좌우됩니다. 기밀성과 단열 성능에 대해서는 독일과 오스트리아에서 이미 패시브하우스에 적용되고 있기 때문에 의심할 여지가 없다고 봅니다.

6. PF 보드

페놀을 발포해 제작한 제품으로 준분연성을 지닌 고성능 친환경 내화단열재입니다. 고온에서 열변형이 적고 화재 시 유독가스의 발생이 적어 건축자재로서 우레탄이나 스티로품류 단열재보다 안전도가 높습니다.

7. 우레탄 보드

건축용 단열재 중 가장 전도율이 낮으며 단열 성능이 뛰어납니다. 다양한 표면마감재 적용이 가능해, 알루미늄 박 또는 부직포 등의 여러 제품이 있고 차음재로서도 뛰어납니다. 제작사마다 조금씩 다른 성능의 우레탄보드들을 출시하고 있으니 비교, 분석이 필요합니다.

8. 우레탄 뿜칠(수성/유성)

기존의 판상형 단열재로는 보완할 수 없는 배관, 틈새, 관통 부위 등에 정밀한 작업이 가능합니다. 수성연질폼은 친환경 단열재로서 습도 조절이 가능하고, 틈새가 없어 흡음 및 방음 효과가 뛰어납니다. 기본적으로 물을 사용하기에 안전하고 환경 변화나 온도 변화에 변형이 되지 않고 접착력이 뛰어나 강한 내구성을 지닙니다.

Q11

최근 시중에 나오는 단열 선팅 필름의 효과가 어느 정도일까요?

A11

선팅 필름은 빛을 차단하는 겁니다. 당연히 겨울엔 역효과죠. 겨울엔 빛이 들어와야 따뜻할 테니까요. 그보다는 차양을 추천합니다. 차양으로 빛 조절을 하는 편이 더 싸고 효율적입니다.

Q12

콘크리트로 집을 지을 때 가장 효율적으로 단열을 하는 방법은 무엇인가요?

A12

콘크리트는 열전달을 잘하니 봉합을 해버리면 됩니다. 내·외부를 모두 단열재를 넣어서 꽁꽁 밀봉을 해버리면 열전달이 되지 않으니 안에 있는 열이 그대로 보관되면서 보온병 같은 역할을 합니다.

2부

전문가와 경험자의 마스터클래스

건축가

조남호

도시는 거대한 주택

실용서에 해당하는 이 책에서 집의 문화적 변모, 주택의 산업화, 주거권 같은 다소 크고 넓은 주제를 끌어들인 이유는 좋은 집짓기가 한 가족의 삶을 위한 공간 만들기에서 시작해 '지속가능한 집의 세계 만들기'로 그 의미가 확장되기를 기대하기 때문입니다. 그리고 집짓기의 어려움이 오직 건축가 또는 시공자 때문만이 아니라 좋은 집을 짓기 위한 사회적 기반이 약한 데서 비롯된다는 사실을 말하고 싶었습니다.

안내서를 통해 얻을 것들

『집짓기 바이블』이 발간된 2012년은 땅콩집의 사회, 경제, 문화적 배경을 소개한 『두 남자의 집짓기』가 출간된 이듬해였습니다. 2008년 리먼 브러더스 사태가 촉발한 금융위기가 아파트 불패 신화를 흔들며 희망 어린 예측을 가능케 했고, 집은 곧 부동산이라는 관념에도 균열이 생기기 시작했습니다. 아파트 몰락이라는 거칠고 날이 선 목소리가 들끓던 당시, 세 명의 건축가와 세 명의 건축주, 한 명의 시공자가 집담회 과정을 통해 만든 『집짓기 바이블』은 2014, 2017년 증보판을 내며 집을 지으려는 독자 스스로 균형을 찾아가도록 길잡이가 되어 주었다는 평을 듣곤 했습니다.

이후로 10년이 지났습니다. 우리는 지금 다시, '거주'란 무엇이며 '좋은 집짓기'는 어떠해야 하는가 하는 질문 앞에 섰습니다. 지난 몇 년간 아파트를 앞세운 부동산 신화는 더 집요하고 더 넓게 수도권과 지방을 가리지 않고 무차별 증식을 지속하고 있습니다. 그런데 흥미로운 통계도 있습니다. 아파트 폭등이 한국사회를 뒤덮는 동안에도 단독주택 수요가 최근 10년 사이 2만 세대에서 5만 세대로 꾸준히 늘었다는 사실입니다. 이 수치는 미약하나마 집과 일상, 거주에 대한 생각을 환기시켜줍니다. 그간 집짓기의 경험이나 지식을 소개하는 책들도 다양하게 출간되었고, 그중 많은 안내서가 저자의 경험에서 비롯된 정보를 소개하고 있습니다. 그럼에도, 집 짓는 일은 여전히 무척이나 어려운 일입니다. 주택은 작은 규모이지만, 한 가족의 삶을 온전히 형상화하는 어려운 건축 유형에 속합니다. 때문에 단편적인 지식으로 내리는 결론은 성급한 오답이 되어버리기 쉽습니다. 몸에 병이 생겼다고 가정해볼까요. 병에 대해 검색하고 책도 보며 지식을 쌓지만 무엇보다 시급한 일은 도움을 줄 수 있는 전문의를 찾는 일이지요. 사전 공부가 의사 처방의 옳고 그름을 판단하는 기준이 될 수는 없는 노릇입니다. 마찬가지로 집짓기 안내서(『집짓기 바이블』을 포함해)를 통해 얻어야 할 지식은 시공법이나 단가를 낮추는 비법 등이 아닙니다. 어떤 일상을 추구하고, 가족과 이루는 삶의 형상은 어떠한가와 더불어 집의 사회적 의미까지 짚어보는 것. 즉 집짓기는 '집이 이루는 새로운 세계'를 찾아 떠나는 여행입니다. 집은 늘 새로운 장소에 한 번도 지어져본 적이 없는 형태로 처음 의견을 조율하는 사람들의 관계 속에서 지어집니다. 반복 생산되는 공산품처럼 오류를 최소화하기 어렵다 보니, 불확실성이 상존하기 마련입니다. 왜 완벽하지 못할까, 탓하기보다는 '개입하기'와 '거리두기'를 오가며 작업자들의 균질하지 않은 다양한 조합이 만들어가는 과정을 즐기는 지혜를 얻게 되길 바랍니다.

집의 특수성과 보편성

집은, 한 사람이 태어나 가족구성원과 함께 성장하며 사회의 일원으로서 살아갈 기반을 익히는 곳입니다. 자신과 가족의 삶의 형상이 물리적으로 구현된 장소이지요. 그러므로, 사는 사람이 생각하고 바라던 거주의 상(想)이 잘 투영된 집이 좋은 집입니다. 이런 측면이 집의 특수성이라고 할 수 있는데, 집의 보편성도 못잖게 중요합니다. 집은 한 사람의 생애주기, 한 세대의 삶에만 관여하지 않으니까요. 집은 지어진 후 긴 세월 존재합니다. 유럽 주택의 평균 수명이 100년 내외임을 감안하면 한 채의 집이 여러 세대에 걸쳐 얼마나 다양한 가족들의 삶과 함께 하는지 짐작해볼 수 있습니다. 좋은 집은 현재 그 집을 짓거나 고치는 한 가족의 삶을 건강하고 편안하게 담는 동시에 먼 미래의 새로운 가족들도 누릴 수 있는 '모두의 집'이기도 합니다.

건축가는 지금 설계를 의뢰한 그 가족의 특수성을 반영하되, 고유한 설계 과정을 통해 보편성을 고려해야 합니다. 세상에 하나밖에 없는 고유한 장소 만들기와 더불어 긴 세월에 걸쳐 일어날 행위까지 배려해야 좋은 설계입니다. 좋은 집은 당장의 필요에만 얽매이지 않습니다. 한정적인 개인 자산으로서 '소유'의 개념에서 사회적 자산, 즉 '존재'의 개념으로 인식의 확장이 필요합니다. 건축가 알도 반 에이크는 '집은 작은 도시, 도시는 거대한 주택'이라고 했습니다. 집이라는 세계는 한 가족의 삶을 온전히 담으면서 마을로 도시로 이어주는 작은 우주라고 할 수 있습니다.

주거권, 쾌적한 주거에 살 권리

비슷한 시기 한국과 독일에서 일어난 두 사건은 우리에게 '주거의 의미'에 대해 근원적인 질문을 던졌습니다. 첫 번째 사건은 2022년 8월 기록적인 호우로 인해 신림동 반지하에 살던 일가족이 사망하는 비극입니다. 이 사건 이후 반지하 금지법에 대한 사회적인 논의가 일었고 20년의 유예 기간을 거쳐 반지하 주거를 없앤다는 서울시의 정책이 발표되었습니다.

다른 한 사건은 2021년 9월 독일 베를린에서 벌어진 일입니다. 베를린을 중심으로 도시 임대주택들의 월 임대료가 치솟자, 다량의 주택을 소유해 임대 사업을 벌이는 기업들의 주택을 몰수해야 한다며 세입자들이 연대해 시위를 시작한 사건입니다. '도이체보넨 몰수 운동'으로 불리는 이 연대는 결국 주민투표를 거쳐 시정부의 5년간의 동결안을 이끌어냈습니다. 베를린에만 3천 호 이상 주택을 소유한 임대회사가 열두 개에 이르는데, 그중 25만 호를 소유한 '도이체보넨'(Deutsche Wohnen)을 꼽아 주택 몰수 운동이 확대되었던 것이죠. 저금리로 돈을 빌린 기업들이 부동산에 투자해 서민의 임대료를 높여 이윤을 추구하는 것은 비윤리적인 행위라고 생각한 많은 베를린의 세입자들이(베를린의 인구 85%가 세입자라고 합니다) 이 운동에 동참했다고 합니다. 세입자보호법이 엄격한 독일에서는 원래 임대계약은 무기한이 원칙이고 세입자가 원할 경우에만 해지가 가능했다고 해요. 그런데 신축과 개축을 할 경우 임대료를 인상할 수 있다는 법을 악용해 임대 회사들이 일부 개보수를 하면서 임대료를 폭등시키고 이 결과로 수십년 같은 동네에 살던 이웃들이 외곽으로 이주하는 일이 잦아지자 세입자들이 연대하기 시작한 것이지요.

현대 국가에는 '주거권'이라는 개념이 있습니다. 모든 사람이 인간다운 생활을 영위하도록 최소한의 기준을 충족시키는 적절한 정주 환경에 속할 권리를 뜻합니다. 유럽 선진국의 경우 다양한 제도와 정책을 통해 주택을 '모든 계층이 어울려 사는 사회와 지속 가능한 도시'를 이루기 위한 기반으로 인식합니다. 서민의 삶의 기반이 되는 기본권으로서 주택을 시장의 논리에만 맡겨 놓는 것을 매우 위험하다는 판단에 따라, 공공사회주택의 비중을 매우 높은 수준으로 관리합니다. 이에 반해 '주거권' 개념이 작동하지 않는 국가에서는 국민의 주거권이 보장되지 못하는 실정입니다. 우리나라도 헌법에 "국가는 주택개발 정책 등을 통하여 모든 국민이 쾌적한 주거 생활을 할 수 있도록 노력해야 한다"(제35조 제3항)고 명시되어 있지만, 국가의 경제력과 비교해 주거권에 대한 실천 의지는 미약한 수준입니다. 사유지라고 하더라도 국가가 공공의 목적으로 사적 권리를 일부 제한할 수 있는 '토지 공개념'이 있습니다. '토지의 공공성과 합리적 사용을 위하여 필요한 경우에 한해 특별한 제한 또는 의무를 부과할 수 있다'는 '토지공개념'을 반영하고자 2018년 헌법 개정 추진했으나 무산된 바 있습니다. 주거권 보장을 위한 공공임대를 늘리기 위해서는 정부가

사회적, 환경적으로 지속 가능한 도시를 만들고 인류에 적절한 주거를 제공하는 것을 목적으로 설립된 유엔인간정주계획(UN Habitat. http://www.unhabitat.org)이라는 국제기구는 1976년부터 20년을 주기로 '유엔인간정주회의'를 개최해 모든 사람의 주거권 보장과 정주 환경 개선을 위해 노력해왔다.

개입해 더 많은 공공용지를 확보해야 하는데 토지공개념이 적용되어야 가능한 일입니다.

아시다시피 성장에만 온 사회가 몰두하고 급속도로 산업화되면서 대도시의 인구 과밀 현상을 해결하기 위해 정부가 책임져야 할 주거 공급의 의무를 대기업 건설회사로, 즉 시장의 논리로 떠밀면서 우리의 주거환경은 심각한 왜곡을 초래했습니다. 그사이에 기본적인 인권의 한 영역인 '주거권' 개념은 우리 사회 속에 자리 잡지 못했고, 주거는 오직 부동산 경제 안에 정착해 나올 줄 모릅니다. 한국인이 아파트를 선호하는 이유는 편리함도 있겠지만 '환금성'이 가장 큰 요인이라는 것을 누구도 부인하기 어려울 겁니다. 대규모의 일방적인 재개발, 재건축의 방식에서 벗어난 작은 규모의 가로주택정비사업과 최근 규모를 조금 확대한 모아주택, 모아타운 등 도시재생과 재개발을 접목한 섬세한 방법들이 추진되는 것은 고무적이라고 봅니다. 단, 의도를 구현할 수 있는 방식으로 제대로 된 사업단이 꾸려진다면 말이지요. 정부와 지자체, 시민, 중소 규모의 기업이 참여하는 시스템에 의해 공공성을 갖는 주거공급 정책 및 개발이 되어야 합니다.

그래서 비선호 지역, 상업성이 낮아 보이는 동네에 작은 필지를 사서 수준 높은 디자인 주택으로 신축하거나, 구옥을 리모델링하는 젊은 세대의 시도들을 보면 무척 반갑고 희망이 보입니다. 도시에서 쇠락한 지역은 슬럼처럼 간주되어 그저 재개발 대상으로 낙인찍기 십상입니다. 그런데 방치되었던 작은 건물 하나가 멋진 외관과 효율성을 갖추면 그 골목 전체에 활기를 불어넣습니다. '어반 보이드'라는 개념이 있습니다. '버려진 지역, 건물, 장소가 황폐해져서 생산성이 부재한 상태의 지역'을 말하는데, 이런 지역이 지대와 임대료가 낮으니 오히려 변화의 원동력이 될 수 있다는 점에서 도시와 건축을 연구하고 실천하는 사람들이 신중하게 고민했으면 좋겠습니다. 관련해, 인천 강화군 능내리에 자리 잡은 '강화바람언덕 마을'을 지역의 개발과 코하우징의 바람직한 사례로 소개하고자 합니다. 강화도의 한 대안학교 학부모와 그 지인들의 염원으로 시작해, 하우징쿱주택협동조합의 지원을 받아 최종 열두 가구의 가족이 함께 부지를 물색하고 예산을 마련, 4년 여의 노력 끝에 결실을 거두며 2022년 4월 준공을 했습니다.

강화바람언덕

조합원 열두 가족이 저마다 살고 싶은 집을 일률적이지 않은 방식으로 구현하는 동시에 열두 집이 한 마을로 긴밀하게 연결되어 살아갈 수 있도록 조성하는 일이 만만찮은 과제였다. 건축가는 각 가족들과의 만남을 통해 상세한 상담을 이어가며 각 가족의 맞춤 설계로 수정, 보완하면서 동시에 서로 긴밀하게 연결되도록 설계했다.

조합원들과의 설계 미팅은 비단 평면을 선택하는 차원을 넘어, 어떤 삶을 꿈꾸는지, 어떤 마을을 만들어가고 싶은지에 대한 최종적인 비전 만들기에 가까웠다.

사진: 김재윤

위치	인천시 강화군 양도면
규모	공동주택 12세대, 각 지상 2층
구조	냉간성형 강구조, 철근콘크리트조

건축주	강화바람언덕주식회사
설계	건축사사무소 인터커드, 중앙대 윤승현 교수
시공사	아틀리에 건설(주)

각 집들은 모두 다르지만 서로의 시야를 배려하며 조형적으로 무리지어 어울리도록 배치해 모든 집들이 도로 진입이 효율적이고 공용 공간이 활성화되었다.

입주 후 열두 가족은 약 3개월간의 회의를 거쳐 "강화바람언덕 주민자치 규약"을 제정하고, 커뮤니티 센터에 작은 지역도서관을 유치해 이 마을뿐만 아니라 근방의 모든 동네 아이들과 주민들이 함께 이용할 수 있도록 개방했다. 낮에는 도서관, 저녁엔 마을의 커뮤니티 공간이 된다. 닫힌 마을이 아닌 지역과의 연계가 원활한 더 큰 동네 속의 마을이 된 것이다.

A형의 주방

B형의 실내

마을의 커뮤니티 공간

B형의 거실과 계단

주택 산업의 해법

저는 10여 년전 용인 죽전에 건축학 전공 교수 두 분을 위한 '살구나무 아랫집, 윗집'을 설계하고 지었습니다. '보통의 공사비로 건축가와 함께 도전한 실용적이고 품격 갖춘 집'을 짓고자 했고, 두 학자는 그 경험을 정리한 책『아파트와 바꾼 집』을 출간했습니다. 두 학자는 좋은 집을 "비싸지 않은 집, 냉난방비 걱정 없이 따듯한 겨울과 시원한 여름을 보낼 수 있는 집, 솜씨 있고 진지한 건축가가 설계한 품격 있는 집, 동네 풍경에 보탬이 되는 집"으로 정의했습니다. 건축가가 설계한 품격 있는 집이 동시에 동네 풍경에 보탬이 되는 집이기도 하려면 눈에 띄는 조형이나 재료보다는 보편적이고 편안한 형태이면서도 존재감을 분명하게 드러내는 집이어야 했지요. 가장 어려운 문제는 '비싸지 않은 집'이었어요. '비싸지 않은'이라는 조건이 성능과 비용의 간극을 매 순간 갈등하게 만들었는데, '싸고 좋은 것'은 어쩌면 산업화, 표준화로 대량생산이 가능한 영역으로의 편입을 뜻하니, 그것을 '독창적 설계 과정'으로 구현한다는 것이 쉽지 않았습니다. 그렇지만 저 또한 산업화 과정이 담보한 경제성과 설계자가 구현할 독창성이 섬세하게 짜인 주택이 꼭 필요하다고 생각하고 그 시장이 큰 폭으로 열려야 우리의 주거가 건강해질 수 있다고 믿어 과제를 해결하려고 애썼었습니다.

건강한 주택건설은 산업화를 기반으로 합니다. 가까운 일본의 예를 들어보죠. 일본 전통주택은 근대 산업화 시기를 거치면서 '재래 공법'으로 진화를 거쳐 현대 주택에 이르렀습니다. 연간 주택 수요량의 50%에 해당하는 40만 채가 단독주택으로 지어지는데 75%는 하우스 메이커나 공무점에 의해 지어지고, 25%는 소규모 개인 회사에 의해 지어집니다. 건축가가 참여한 특별한 단독주택이 5% 미만이라고 해도 2만 채에 이르는 겁니다. 하우스 메이커나 공무점의 경우 회사마다 고유한 공법을 갖고 있습니다. 전통목구조로부터 산업화를 거친 이른바 '재래공법'으로 디자인과 성능, 경제성 사이에서 시장에서 경쟁하며 지속적인 개선의 과정을 거친 성과물이지요. 연간 1만 채 내외의 집을 짓는 하우스 메이커나 그보다 작은 규모의 공무점이 짓는 집은 수준 높은 디자인과 공법을 산업화한 기반 위에서 만들기 때문에 공사비가 합리적이며, 성능과 디자인도 우수합니다. 대기업이 아닌 지역에 거점을 두는 중소기업이 주체가 되는 주택건설은 지역의 순환경제를 위한 건강한 기반이 되어줍니다.

'하우스 메이커'는 일본 전역에서 광범위한 규모로 단독주택을 건설하는 민간 주택건설회사를 일컫는 명칭이다. 하우스 메이커는 집을 짓기 위한 모든 프로세스를 대행하기도 하고, 설계자와 시공자를 연결해주는 서비스를 제공하기도 한다. 이와는 상대적으로 지역을 기반으로 소규모의 주택을 짓고 사후 관리를 하는 업체를 '공무점'이라고 부른다.

반면에, 우리나라의 경우 2021년 기준 주택건설 수 54만 가구 중 아파트가 차지하는 비중이 42만 가구로 78%에 이릅니다. 단독주택 건립 동수가 적게나마 증가했지만, 기준이 되는 전형적인 집짓기 방식이 없고 산업화는 묘연합니다. 품질을 일정 수준 이상으로 관리하기 어려울 뿐만 아니라 성능 대비 높은 가격일 수밖에 없는 이유입니다. 소위 집장사 주택보다 디자인과 성능을 높이고자 한다면 예상보다 훨씬 높은 가격을 지불해야 합니다. 북미의 경골목구조 또는 일본의 재래공법(중목구조) 같은 산업화와 접목되는 표준공법을 제정할 필요가 있지요. 그렇게만 된다면 좋은 디자인과 성능의 주택을 훨씬 저렴한 가격에 지을 수 있을 것입니다.

↑ 살구나무 윗집과 아랫집(2010) 실내
→ 살구나무집의 풍경
사진: 박영채

우리나라는 최근 100년 정도의 기간을 제외하면 수천 년 동안 목구조의 전통을 지닌 나라입니다. 장기적인 관점에서 우리 산의 나무를 활용한 건식목구조 공법을 개발해 산림과 목재 활용의 순환구조를 만든다면 탄소 중립에 기여할 뿐만 아니라, 품질과 경제성에서 우수한 집짓기가 가능해진다고 봅니다.

게릴라 주거, 중정형 주거, 중성적 공간

아직은 미약한 수준이지만 건축가들과 함께 짓는 단독주택의 수요가 늘어나면서 고유한 특성을 갖는 집들이 늘고 있습니다. 집을 소개하는 TV 프로그램, 대중 강연, 사적인 공간을 대중에게 공개하는 '오픈 하우스 서울' 프로그램도 나날이 인기가 높아진다고 합니다. 한 사회는 대중이 '집'과 '거주'를 의식하는 수준, 그 수준만큼의 집을 지을 수 있습니다. 그리고 대규모 아파트단지와 달리 작은 주택들로 이루어진 마을은 한 집, 혹은 한 마을 안에서 모든 것을 해결할 수 없습니다. 집과 집이, 골목과 골목이, 마을과 마을이 서로 상의하고 협력하고 도모할 수밖에 없는 이유이지요. 한 채의 집이, 작은 공동주택들이, 마을과 도시와 만나는 수많은 접점이 생길 수밖에 없는 이유입니다. 이런 측면에서 집담회에 참여한 임태병 소장의 일련의 작업은 저에게 신선한 자극이 되었습니다. 그의 생각이 더 많이 확산되는 기회가 되길 바랍니다.

문도호제 임태병 소장의 일련의 작업은 일본의 건축가 안도 다다오의 초기 작업을 떠올리게 합니다. 안도가 말한 '게릴라 주거'는 인간이 사는 주택이 어떠해야 하며, 어떤 의지로 자신의 공간에서 살아야 하며, 더 나아가 그들이 살아가는 도시로 의지를 확대하기를 요청합니다. 임태병 소장의 작업도 작은 집의 거주의 의미를 새롭게 해석하고 물리적 공간으로 구현합니다. 그가 1부에 소개한 설계 작업들은 규모는 작지만 공동체와 많은 접점을 만들며 공간의 기능과 의미를 확대합니다. 구성원들의 논의를 거친 형식은 새로운 해석을 열고, 새로운 해석은 집의 기능을 마을로 확장합니다(449, 450쪽 참고). 예를 들어, 다가구 주택의 현관이 공용 공간이 되기도 하고 우리 집 거실이 이웃의 부엌이 되기도 합니다. 그와 그의 건축주에게 집은 사회적 합의의 산물로서 주변 마을에 긍정적인 변화를 촉발합니다.

한편, SIE 정수진 소장의 작업은 어쩌면 맞은편에 있는지도 모르겠습니다. 그의 작업은 개별성에 앞서 유형화된 공간의 질을 중요하게 다룹니다. 내밀한 중정을 중심으로 각 공간들은 절제되고 지극히 정제된 형태로 다듬어집니다. 그에게 현관은 집의 내외부를 구분 짓는 단순한 경계면이 아니며, 복도, 계단과 함께 명확한 건축공간으로 역할을 수행하더군요. 초기의 작업들이 한국의 다소 번잡한 도시적 상황에서 고요하고 견고한 내부공간에 집중하는 느낌이라면 최근 작업들은 이전보다 훨씬 적극적으로 대상지와 연결된 프로그램을 다양화한다는 느낌이 듭니다. 주변과의 관계에서 장소성을 분명하게 구축하는 경향을 더해가고 있다고 생각해요. 그의 관심이 안쪽을 넘어 밖으로 향하고 있다고 할까요(488~490쪽 참고).

서리풀나무집(2018)
서울 서초구. 철근콘크리트조와 목구조를 융합한 하이브리드 구조. 2층 높이로 비워진 철근콘크리트구조물을 만들고 2층 바닥슬래브와 모든 내벽들을 목구조로 구성하는(infill) 설계로, 미래에 내부공간 구성 변화의 기반이 된다.
사진: 윤준환

제가 꾸리는 솔토지빈의 최근 주택작업은 미래와 삶의 형상 변화에 유연하게 반응하는 중성적 주택을 주제로 삼고 있습니다. 2013년 방배동 집은 칠순을 막 넘긴 건축주를 위한 집이었는데, 건축주의 남은 생애와 대지 주변의 상업적 활력과 밀도를 고려할 때, 30년 후에는 집이 아닌 갤러리 혹은 사무실 용도로 바뀌어야 할지도 모른다는 예측을 하게 되더군요. 건축주는 이 집을 잘 짓고 싶어 했고, 30년 후 동네가 온전히 주거지로 적합하지 않게 되더라도 헐리지 않기를 원했습니다. 우리는 크게 구획된 철근콘크리트구조 공간 안에 주택의 세부 공간을 구성하는 방식을 택했고, 벽에 경골목구조 벽체를 끼워 넣는 공법(skeleton & infill)을 제안했습니다. 세월이 지나면 이 벽들은 구조보강 없이 해체될 수 있고, 재구성될 수 있고, 다양한 모습으로 변주될 수 있지요. 가변적인 주택의 개념은 2018년에 지어진 '서리풀나무집'보다 적극적인 형식으로 진화하고 있습니다. 2층 높이의 볼륨을 철근콘크리트조 외피를 두르고, 2층 바닥 슬래브를 포함한 내부 모든 벽체를 목구조로 구현해, 먼 미래에 벽을 재구성할 수도, 심지어는 슬래브도 조정이 가능하지요.

2023년 준공한 광주 무등산 자락에 자리잡은 주택 '추사재'는 가변성을 적극적으로 반영한 작업입니다. 퇴임을 앞둔 법의학자인 건축주는 2만 3천 권에 이르는 장서를 정리해 연구를 지속하는 동안은 연구실로 사용하지만, 자신이 더 이상 연구를 할 수 없는 상황이 되면 후학들이 쉬 드나들며 연구를 이어가는 동시에 더 훗날에는 동네에 집을 개방해 여러 이웃과 지역민 모두가 도서관으로 이용할 수 있도록 하면 좋겠다는 의사를 표했습니다.

한 개인과 단출한 한 가족의 단독주택이었다가 여러 연구자를 위한 연구실 역할을 하다가 더 오랜 시간이 흐르면 남녀노소를 불문하고 누구나 자유롭게 이 댁을 아끼고 누릴 수 있겠구나 하는 기대로 설계하는 동안 무척 즐거웠습니다.

지속가능한 집의 세계

코로나 팬데믹 상황은 '어떤 환경에서 인류가 살 것인가' 하는 근원적인 질문을 던져줍니다. 우리 사회가 기후윤리와 '회복력'(resilient) 같은 집의 외연을 이루고 있는 담론들에 대해 더 고민해볼 기회입니다. 실용서에 해당하는 이 책에서 집의 문화적 변모, 주택의 산업화,

추사재 외관

숲으로 둘러싸인 덕분에 건폐율 20% 이하인 조건을 약점이 아닌 강점으로 만들어준다. 마당은 숲과 더불어 풍성한 공간감을 가질 수 있다.

지면으로부터 반 층 아래에 현관을 두고, 그보다 더 반 층 아래에 1.5층 높이의 서재 공간을 마련했다. 서재는 고측창으로 빛을 계획했고, 중간층인 2층에 침실, 높은 층고의 2층에 식당과 거실을 두었다. 모든 공간은 가급적 변용이 쉽도록 기둥을 제한해 사용했기 때문에 쉽게 공간을 구획하거나 통합할 수 있다.

사진: 윤준환

추사재 평면도, 단면도

땅의 속성을 재현하며 대지에 적극적으로 반응하는 방법으로, 반 층이 들어올려진 1층과 반 층이 내려간 선큰 형식의 포치를 두었다. 이 형식은 철근콘크리트조로 해석했고, 경골목구조와 가변성을 고려한 중목구조를 혼합한 두 개 층을 하부 구조로부터 수평띠 창을 경계로 올렸다. 목구조를 싸고 있는 경골목구조 외피는 다양한 폭의 동판 돌출이음으로 마감해 세월이 흐름에 따라 숲과 자연스럽게 동화되기를 기대했다.

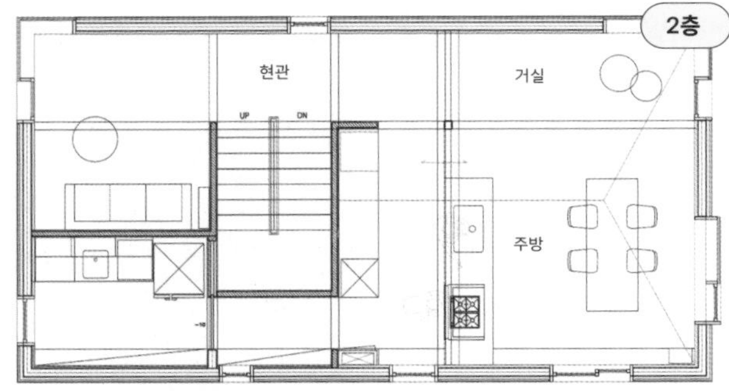

2층의 작은 방

서재

주방

거실

주거권 같은 다소 크고 넓은 주제를 끌어들인 이유는 좋은 집짓기가 한 가족의 삶을 위한 공간 만들기에서 시작해 '지속가능한 집의 세계 만들기'로 그 의미가 확장되기를 기대하기 때문입니다. 그리고 집짓기의 어려움이 오직 건축가 또는 시공자 때문만이 아니라 좋은 집을 짓기 위한 사회적 기반이 약한 데서 비롯된다는 사실을 말하고 싶었습니다. 서로의 고충을 이해하고 협력이 작동할 때, 모두가 행복한 집짓기가 가능하고, 그렇게 지어진 집이 좋은 집이라고 믿기 때문입니다.

좋은 집은 생애주기를 고려합니다. 단독주택이든 아파트든 용적률을 높여 반복되는 재개발, 재건축이 지배하는 사회는 이제 가능하지도 유용하지도 않을 겁니다. 100년 내외의 수명을 고려할 때 가변성을 높이는 방법론과 공법을 적용하고, 건축 자체를 뽐내기보다는 사람과 사람, 자연과 사람을 연결해 좋은 배경이 되어주기를 바랍니다. 인간은 스스로의 삶을 살아가는 개별적 존재이기도 하고, 이웃과 함께 살아가는 사이 존재이기도 하지요. 집의 모습도 우리의 삶의 모습과 닮았다고 할 수 있습니다. 존재감을 분명하게 드러내면서도 동네 풍경에 보탬이 되는 집이 좋은 집입니다.

좋은 집은 높은 수준의 형태와 공간으로 만들어집니다. 동시에 공동체와 주변 환경의 변화에 세심하게 반응합니다. 주변과 구별되는 재료와 형태를 특징으로 하는 우주선 같은 건축이 있지요. 어디에든 지어질 수 있는 대신 스스로 완전한 구성과 작동을 해야 합니다. 부분적으로 손상이 되면 작동을 멈춘 우주선 같아집니다. 좋은 집은 고유한 장소에서 긴 세월을 지나며 공동체와 환경의 변화에 자연스럽게 반응하며 추레해지지 않습니다.

모든 집은 다름을 짓는다

집은 저마다 물리적 조건과 법적 기준이 다른 장소에 다른 형태와 공간을 다양한 재료의 조합으로 지어지기에 '모든 집은 다르며, 짓는 과정도 다르다'라고 선언하는 게 옳을 듯합니다. 이렇다 보니 집짓기는 어떠해야 한다고 주장하는 다양한 정보들이 넘쳐나지만 나의 집짓기에 도움이 되는 꼭 맞는 정보는 만나기 어렵습니다. 당연하기도 한 어려움입니다. 제각기 다른 모든 상황에 꼭 들어맞는 정답은 존재할 수가 없습니다. 거꾸로 '어떤 것이 정답'이라고 말한다면 외려 되짚어 고민을 해보아야 할 겁니다.

『집짓기 바이블』은 첫 출간 때부터 일관되게 집담회 형식을 고수해 왔습니다. 건축주, 건축가, 시공자 삼자의 존중과 협력을 통해서 좋은 집짓기가 가능하기 때문에 삼자의 입장을 균형감 있게 드러내고자 했습니다. 같은 영역 세 명의 건축가들만 보더라도 집에 대한 견해나 작업 방식이 전혀 다르고, 그 결과도 다름을 알 수 있습니다. 독자는 화자 중 한 명의 견해에 동의할 수도 있고, 큰 틀에서 동의하지만 일부 견해는 달리할 수도 있습니다. 독자 여러분께서 약간의 상상력을 발휘한다면 집담회 맴버 중 한 명이라고 가정해 책을 읽을 수 있습니다. 다른 입장에 서보는 경험을 통해 객관적 관점을 얻고, 나아가 독자가 해나가게 될 고유한 집짓기 과정을 성공적으로 이끄는 주체가 되길 기대합니다.

건축가

임태병

유연하고 다양한 집을 향한 건축가의 궁리

소유와 임대 사이에는 여러 틈들이 존재합니다. 서로가 유연하게 부딪칠 수 있는 선택 지점들을 늘리는 것이 절실하다고 봅니다. 동네, 마을 단위뿐만 아니라 개개인의 집에도 그런 장치들이 많아졌으면 좋겠다는 생각에서 저는 '동네와 집 사이의 어딘가'라는 의미의 '중간 주거'라는 개념을 떠올리곤 합니다. '중간 주거'는 공유하지 않고 느슨하게 점유하며 함께 사는 방법을 모색하고 동네와 집 사이의 어딘가를 지향하는 '가벼운 주거'를 향합니다.

매매와 임대 사이에 드러나는 틈

살아가기 위해 반드시 필요한 집. 이 집에 머물기 위해서는 지금껏 딱 두 가지 선택밖에 없었습니다, 소유 혹은 임대. 저는 제3의 방식이 있을 수 있다는 생각을 오래전부터 해왔어요. 소유도 아니고 전·월세 같은 전형적인 방식의 임대도 아닌, 매매와 임대 사이에 어떤 다양한 틈들이 존재할 수 있다고 생각했던 거죠. 그 오랜 고민이 2019년에 입주한 '풍년빌라'를 가능하게 했고요. 더 구체적으로 말씀드려볼게요(1부 190~196쪽 참조).

일반적으로 건물주는 땅을 사서 건물을 지은 다음에야 임차인을 찾지요. '풍년빌라'는 반대로 진행됐어요. 함께 살고 싶은 사람들끼리 모여서 '우리는 이렇게 살았으면 좋겠다'는 큰 방향을 잡고 방법들을 모색한 다음 임차인들이 건물주를 찾은 격이지요. 건물주가 필요한 자금을 투자하고, 이미 구성된 예비 입주자들이 건물주가 해야 하는 소소하며 많은 일들을 대행했습니다. 그리고 건물이 지어진 후에 최소 10년 혹은 그 이상 기간 동안 임대가 100% 보장된다는 전제하에 임차인이 건물의 관리와 운영까지 담당하는 것으로 계약을 했습니다. 그 기간 동안 건물주는 건물의 유지·관리에 대한 부담 없이 지가 상승으로 인한 수익을 기대할 수 있지요. 시세 대비 절반 미만의 월세를 내면서 점진적으로 건물의 가치를 상승시키는 방식으로 (시장의 논리로는) 일종의 임대라고 할 수도 있겠지만 사실은 장기 점유에 더 가깝습니다.

가족이 달라지니 집이 달라질밖에

이제 우리나라도 1인 혹은 2인 가구의 비율이 가파르게 높아지는 추세입니다. 2022년 통계를 기준으로, 국내의 가족 구성 중 4인 가족의 비율이 약 15%인 반면 1인 혹은 2인 가구는 거의 60%에 달해요. 혈연이 아니지만 함께 사는 사람들, 반려동물과 사는 사람들 등등 다양한 형태의 가족이 생겨나면서 집, 주거의 방식과 형태에 대한 새로운 요구들이 생기고 있지요. 그럼에도 여전히 대부분의 주택이 아파트 단지의 형태로, 그리고 4인 가족을 기준으로 공급되고 있습니다. 「더 월」(If these walls could talk)이란 영화에서는 오랜 시간 함께 살아온 레즈비언 커플 중 한 사람이 병환으로 죽음을 맞게 되었는데 법적으로 인정된 가족이 아니라는 이유로 파트너가 임종을 지킬 수 없는 상황이 그려져요. 평생 반려견과 함께 살던 사람이 갑자기 세상을 떠

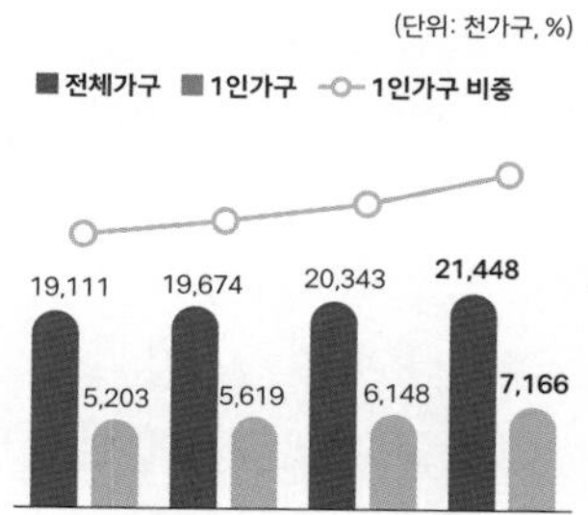

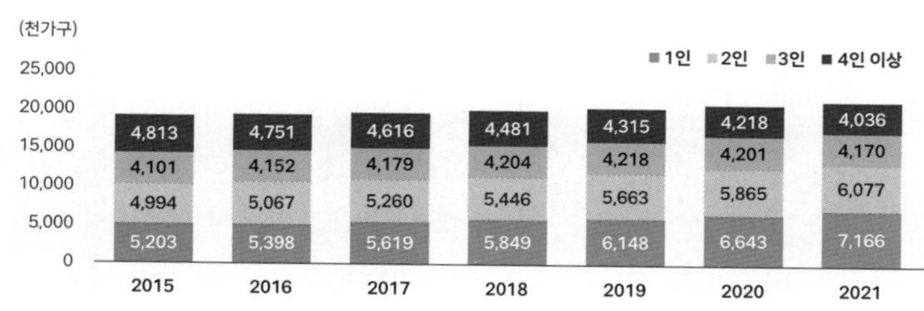

↑ 전체가구 중 1인 가구 비율
↗ 가구의 구성원 수 비중

나면서 자신의 재산을 반려동물을 위해 쓸 수 있도록 동거인에게 상속하고 싶어도 친족 이외에는 상속이 불가능한 것이 제도적 현실이지요. 이미 달라진, 변하고 있는 가족 관계를 법이 따라가지 못하는 상황입니다.

최근에 읽은 손수현 배우의 인터뷰도 떠오르네요. 현재 여성 감독과 함께 공동주택에 살고 있는데 아랫집이 비었길래 근처 사는 친구에게 들어오라 권하고 또 다른 호수가 비면 지인에게 연락해 이사 오라고 해서, 어쩌다 보니 기존의 공동주택과는 사뭇 다른 공동체를 이루게 되었다고 해요. 친구, 지인들이 한 건물에 오래도록 함께 살게 되었다는 얘기가 제가 살고 있는 '풍년빌라'와 많이 닮아 흥미로웠습니다. 많은 젊은이들이 공동체나 주거의 새로운 형식에 대해 오래 고민하고 새로운 주거 방식에 공감을 표하며 실마리를 찾고자 하는 모습들을 보며 제도적 한계, 부동산의 현실, 정책적 불균형에도 불구하고 어찌 됐든 주거는 진화하는구나 싶었어요. 『여자 둘이 살고 있습니다』라는 책을 함께 쓴 김하나, 황선우 작가가 말한 이른바 '조립식 가족'이라는 용어도 같은 고민의 연장일 듯싶고요. 이런 흐름에 건축적인 전문성과 제도적 보완이 따라준다면 훨씬 더 좋은 집, 동네를 이룰 수 있다고 오래전부터 생각하곤 했고, '주거의 형식과 방법, 새로운 집이 가능하도록, 건축가는 무엇을 할 수 있을까?' 여전히 이 주제에 몰두하곤 합니다.

'주택의 형식이 다양해지는데 제도가 유연하게 움직일 수 없다면 다른 영역에서 시도를 해보면 어떨까? 건축가가 주택의 공급 방식의 측면에서 어떤 역할을 할 수 있을까? 건축가가 사회에 영향을 미치는 방식이 꼭 설계라는 방법뿐일까?' 이 지점이 저의 관심사였던 것이죠.

현재 주택시장은 대기업에서 공급하는 아파트와 주로 개인이 공급하는 다세대 혹은 다가구주택으로 양분되어 있습니다. 건축가의 작업을 포함해 이른바 단독주택이라는 형태는 전체 주택 시장에서 극히 미미한 부분을 차지하지요. 주택이 지어지고 공급되는 과정 또한 다양성이라곤 없는 셈입니다. 그렇다면 공급 주체나 사용 방식을 다양화하면 상황을 좀 개선시킬 수 있지 않을까 생각했어요. 동시에 설계 영역에 국한해 건축물이 지어지기 이전 과정에 몰입했던 건축가의 전문성을 건물의 운영과 관리 영역까지 확장해보고 싶었고요.

지속가능성과 수익 창출이라는 두 갈래 꿈

건축가로서 경력 초반기에 저를 세상에 알린 건 사실 설계가 아니었어요. 홍대에 이른바 '카페 문화'가 번성하기 이전인 2001년도에 친구 세 명과 함께 홍대 정문 근처의 골목길에 '비하인드'(B-hind)라는 이름의 카페를 열었어요. 그 카페에서의 시간과 경험이 이 모든 생각들의 시작이라고 해도 과언이 아니지요. 친구들과 저는 음악에 관해 단순한 취미 이상의 관심과 열정을 가지고 있었고 (그중에 한 명이 지금 '김밥레코드'의 대표이니 어느 정도로 음악을 좋아했는지는 충분히 예상 가능한 수준이겠네요) 정기적인 음악모임을 통해 진지한 토론을 하고는 했었어요. 그러던 차에 십시일반 돈을 모아 그저 맘 편하게 음악 들을 작은 장소나 마련하자며 겁도 없이 시작한 일이 커져 버린거죠. 당시에는 커피 자체보다 음악을 통한 사람들의 네트워크에 훨씬 관심이 많았지만, 어쨌든 건축을 하고 있는 입장에서는 아무래도 공간 구성에 관해서도 고민을 많이 할 수밖에 없었지요. 카페 중앙에 여덟 명 정도 앉을 수 있는 큰 테이블이 있었어요. 그 시절에는 낮은 파티션으로 나뉜 카페가 대부분이었으니 이 낯선 배치에 처음에는 당연히 아무도 안 앉았죠. 한 명이 앉아 있으면 사람들은 다른 테이블에 앉았어요. 그런데 1년쯤 지나니 사람들이 적응하면서, 서로 모르는 여덟 명이어도 함께 앉더라고요. 산울림 소극장을 중심으로 주변에 인디 밴드나 홍대 미대생들이 살았어요. 그 동네는 비교적 임대료가 낮아서 작업실이 많았는데, 대부분 원룸이나 반지하에 사니까 다들 노트북을 들고 카페로 나오는 거예요. 그림 그리고 글 쓰고 디자인하는 친구들은 방이 작으니까 뭘 할 수가 없잖아요. 그래서 아침에 일어나면 다들 '비하인드'로 그냥 왔어요. 특별한 일이 없어도 오고, 작업하다 점심 먹으러 오고요. 지금 생각해보면 '비하인드'가

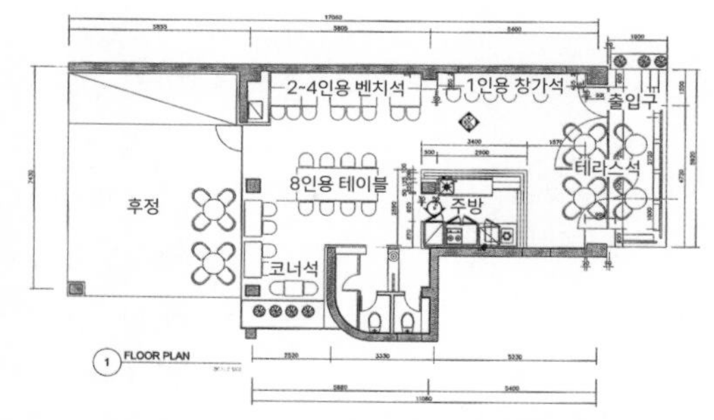

↑ '비하인드'의 상징 8인용 테이블
↗ '비하인드' 평면
→ '비하인드' 테이블 주변 분위기

동네 사람들의 공용 응접실이었다는 생각도 들어요.

'비하인드'를 운영하면서 얻은 경험과 정보들을 공유하고자 『우리 까페나 할까?』라는 책을 출간했었어요. 사실 이 책은 카페를 창업하라는 얘기가 아니에요. 각기 다른 직업을 가진 사람들이 관심과 취향, 취미 활동을 공유하며 네트워크를 이룬 이야기예요. 전공이나 직업이 달라도, 나이 상관없이, 관심과 취미를 나누면 세컨드잡으로 서로의 영역을 확장시킬 수 있다는 것이 그 책의 주제였어요. 의도했던 것은 아닌데 제가 그런 삶 속에 연결 고리가 되어 있더라고요. 예를 들자면, '비하인드'에서 저는 손님을 응대하는 일을 주로 담당했었지요. 카페를 운영하는 10여 년간 제가 커피를 내리거나 음식을 만드는 등의 직접적인 일을 한 시간은 정말 얼마 되지 않을 거예요. 하지만 '비하인드'라는 공간을 둘러싼 인적, 물적 네트워크나 사람들 간의 심리적 유대감에서는 항상 중심에 있었다는 생각이 들곤 해요. 심지어 그 시기에 태어나 어린 시절을 보낸 저희 집 딸아이는 "엄마, 아빠는 날 키운 적이 별로 없잖아"라고 말할 정도로 '비하인드'를 오고 간 많은 친구들이 공동육아하듯 아이를 돌봤어요. 실제로 저희를 잘 알고 있는 지인들은 저희 딸을 '사회가 키운 아이'라고 종종 이야기하곤 해요. 당시 전국 각지에서 홍대 부근으로 모여든 이들에게 가장 절실한 것이 '공간'이었어요. 대체로 젊은 친구들이었고 경력 초창기였거나 학생들이었지요. 그러니 구할 수 있는 주거 공간이 무척 협소하고 열악했어요. 몇몇 친구와는 저희 집에서 꽤 오래 같이 살기도 했어요. 아이가 아직 어릴 때라 저희 부부와 방을 쓰면 남는 방 한 칸을 빌려줄 수 있겠다 싶어서 제안을 했죠. 당시 반지하 원룸의 환경이 몹시 좋지 않아서 반지하 월세가 30만 원이면 그 반만 내고 같이 살자 했어요. 저와 아내가 유독 털털하고 거리낌이 없는 성격이라서 가능했던 것이 절대 아니에요. 그보다는 카페를 오래 드나들며 그 시간을 함께 지내면서 정서적으로 유대가 생기고 심리적인 안정감을 나누는 사이가 되었기 때문에 가능했던 것이지요. 서로 시간이 날 때 아이도 돌봐주고 간단한 집안일들을 함께 하기도 하면서 정말 가족이 되어갔어요. 점점 많은 친구들이 '비하인드'를 거실 삼아 부엌 삼아 생활하기 시작했어요. 너나없이 카페 일을 하고 손님을 맞고 카페 살림을 자청했어요. 손님이었다가 식구였다가 직업 특성상 멀리 떠나면 다시 손님이었다가 돌아오면 다시 식구가 되었지요. 그렇게 수없이 많은 친구들이 서로를 연결하기 시작했어요.

작가 - 피디 - 감독 - 디자이너 - 일러스트레이터 - IT개발자 - 직장인 - 법률가 - 사업가 - 파티시에 - 바리스타 - 음악가 - 연주자 - 배우 - 가수…. 끝이 없어요. 그러다가 좀 더 가까워지고 친해지는 그룹들이 생겨났고, 이왕 이럴 바에야 '같이 살아보자'까지 나아갔어요. 혈연이 아닌데 가족이 된 경험, 그 경험의 폭이 넓어지고 깊어지니 이런 사례들이 많아질 수 있겠구나 싶어졌지요.

2000년대 후반까지만 해도 한국에는 셰어하우스라는 개념이 없었어요. 아니면 제가 그러한 개념을 미처 몰랐을 수도 있구요. 그저 이 친구들과도 살아보고 저 친구들과도 살아봤으니 좀 더 큰 집을 구해서, 가령 방이 세 칸이면 주방과 욕실은 같이 쓰고 침실은 분리해서 같은 집에서 살아볼 수 있지 않을까 구상했죠. 그러다가 2012년에 평창동 토탈미술관에서 열린 한일건축 교류전(전시의 제목은 '같은 집, 다른 집')이 결심을 실행에 옮기는 계기가 되었습니다. 임재용 건축가의 총괄 아래 젊은 건축가 다섯 팀과 일본의 건축가 다섯 팀이 짝을 지어서 전시에 참여했는데 그중 나루세-이노쿠마 건축가가 제시한 셰어

하우스 다이어그램이 가히 충격적이었습니다.

"집을 구성하는 침실, 거실, 욕실 등을 합치면 큰 면적을 차지한다. 여기서 침실과 같은 프라이빗한 공간만 개별로 사용하고 거실, 부엌 등 나머지를 공유 공간으로 전환했더니 럭셔리 패칭이 되었다." 막연한 상상이 아니라 구체적인 레퍼런스를 본 셈이랄까요? 친한 사람들과 집을 공유한다는 가능성을 확인하고는 바로 사람들을 모았어요. 그렇지만 현실의 벽은 높았습니다. 저는 이런 상황을 종종 '집이 무겁다'는 표현으로 대신하고는 하는데, 이런 이유예요. 예를 들어 네 사람이 비용을 합산하면 집을 지을 자금을 마련할 수 있어요. 그런데 집을 짓기 위해서는 꽤 오랜 시간이 필요하잖아요. 토지부터 설계, 시공, 입주까지. 그런데 아무도 자신의 전 재산을 활용할 수가 없는 거예요. 왜냐면 당장 거주를 위해 쓰이고 있는 재산이니까. 한마디로, 짓는 시간 동안 살 곳이 없는데다가 집은 그 자체로 수익을 내는 구조가 아니기 때문에 실행이 불가능했어요.

내내 고민을 했어요. 이 경험을 어떻게 확대할까? 어쩌면 주거보다는 차라리 상업 공간에서 더 유연하고 쉽게 적용해볼 수 있지 않을까? 이런 막연한 상상에서 '어쩌다 가게_동교'가 시작되었지요.

어쩌다 가게

이 책을 읽는 독자분들 가운데 '어쩌다 가게'라는 이름을 들어본 분이 계실지도 모르겠습니다. 주거는 형식상 너무 무겁고 수익을 내기 어려우니 상업 시설이라면 주거에 비해 자본을 적게 투입하는 대신 수익도 창출할 수 있으므로 셰어하우스 형식을 가게에 적용해볼 수 있지 않을까, 하는 점이 첫 발상이었어요. 프로젝트의 개요는 대강 이렇습니다. 첫 가게가 위치했던 동교동 일대는 당시 경의선 숲길 공원이 아직 한창 공사 중이어서 주변이 다소 어수선한 상황이었어요. 향후 여러 가지 가능성은 있으나 아직 정리가 필요한 지역이었던 셈이죠. 이 동네에 오랫동안 빈 상태로 방치되었던 주택이 하나 있었습니다. 이 주택을 비교적 저렴하게 그리고 장기로 임대한 후, 약간의 증축과 보수를 거쳐 여러 가게가 마치 셰어하우스처럼 나누어 사용하는 거지요. 셰어하우스에는 관리자가 필요하니 여기서는 이 역할을 건축가가 할 수 있겠다 싶었고, 기회가 된 김에 프로젝트의 기획부터 브랜딩, 설계, 시공관리, 감리, 임대 구성과 추후 운영까지 전체 과정을 진행했던 것이 '어쩌다 가게_동교'였습니다. 사실 홍대 부근에서 그 정

도의 위치에 개개인이 각자 가게를 얻으려면 월세나 보증금 등의 부담이 크니, 현실적인 면에서도 제법 근사한 대안이었지요. 2014년에 문을 연 가게는 총 아홉 팀으로 구성되어 있습니다. 서점, 1인 미용실, 초콜릿 가게, 실크스크린 공방, 카페 등 절반 이상이 '비하인드' 스태프 출신이었고, 나머지 가게들은 그들의 친구였어요. 대단한 사회적인 반향을 기대했다기보다는 그냥 제가 필요하다고 느꼈고, 같이 무언가를 해볼 수 있는 실질적인 출발점이란 생각이었어요. 운이 좋았던지 이 프로젝트는 예상보다 많은 관심을 받았고 일정 부분에서 가시적인 성과를 얻었어요. 하지만 현재 저와 '어쩌다 가게'는 어떠한 관련도 없는 상태입니다.

제가 이 프로젝트에 참여한 기간은 짧았지만 '어쩌다 가게_동교' 프로젝트는 저에게 상업 시설에 셰어하우스의 개념을 도입하는 가능성을 엿보게 해주었을 뿐 아니라, 공유공간에 대한 여러 가지 고민

'어쩌다 가게_동교' 외관
사진: 조재용

과 숙제를 남긴 중요한 계기였습니다. 하지만 프로젝트를 함께 진행하는 사람들끼리 깊은 차원에서 의미를 공유하지는 못했지요. '어쩌다 가게'가 저에게는 최종 목표인 가벼운 주거를 위한 중간 단계의 프로젝트였던 반면, 다른 파트너들에게는 일종의 비즈니스 모델이었던 셈이지요. 누구의 잘못이나 문제가 아니라고 봐요. 어쩌면 저의 소통 능력 부재에서 비롯된 일인지도 모르겠습니다. 그렇게 저는 2호점인 '어쩌다 가게_망원'부터 이 프로젝트와 결별하게 되었지요. 하지만 이때의 성과나 아쉬움 같은 여러 경험들은 저에게 큰 공부가 되었고 최종적으로는 '풍년빌라'의 구상과 실현으로 이어지게 됩니다.

성장을 멈춘 지속가능성, 디앤디파트먼트

제가 일본의 건축 흐름에 관심이 많아서 일본의 사례들을 자주 접하고 공부하는데 제법 많은 영감을 얻습니다. 가령 디앤디파트먼트 모델이 그렇지요. 디앤디파트먼트 서울점의 대표들과의 인연으로 일본의 매장 몇 군데를 둘러 볼 기회가 있었습니다.

디앤디파트먼트(D&DEPARTMENT PROJECT)는 2000년에 일본의 디자이너 나가오카 겐메이가 창설한 '롱 라이프 디자인'을 테마로 한 스토어 스타일의 활동체입니다. 일본 전국의 47개 도 혹은 현에 한 곳씩 거점을 만드는 것을 목표로 상품 판매, 음식, 출판, 관광, 숙박을 통해 지역의 "개성"과 "지속가능한 디자인"을 재검토하고 전역에 소개하는 활동을 하고 있습니다. 현재는 일본 내 8개의 도(현)와 서울, 제주, 그리고 중국의 황산점을 파트너로 두고 있으며 도쿄의 경우는 스토어와 D47(뮤지엄, 식당) 그리고 club d by D&Design이라는 헤드 오피스 중심의 공간을 별도로 운영 중입니다.

디앤디파트먼트의 각 지점들은 지역별로 다르게 구성됩니다. 각 지역의 특성을 반영한 프로그램들로 전부 다르게 운영되는 거예요. 예를 들어, 교토 지점은 오래된 사찰의 일부를 빌려 교토에서 생산하는 작은 물건들을 파는 가게와 식당으로 운영되고 있어요. 식당 공간은 애초에는 동네의 마을회관처럼 쓰이던 곳으로, 동네의 중장년층(특히 50~60대 여성)들이 아침 일찍 절에 와 예불을 드리고 청소하고 식당에서 밥을 해먹고 간단히 사교 모임을 했다고 해요. 그 분들이 아침 모임을 마치는 시각인 오전 10시 이후부터는 쭉 빈 공간으로 두었던 거예요. 이 공간을 오전 11시 반부터 저녁까지 디앤디파트먼트가 빌려 쓰고 있습니다. 기존에 있던 주방 시설에 맞는 메뉴를 구성해서 식당을 운영하고요.

반면, 미에(三重) 지점은 VISON이라는 리조트 단지에 속해 있어 그에 맞는 방식으로 운영 중이죠. 이 리조트가 위치한 지역은 약초와 식자재가 유명한 곳이어서 치유와 음식을 주제로 한 상점과 레스토랑, 카페, 온천, 그리고 전시, 교육, 숙박시설이 연계된 구성의 단지입니다. 이곳에 위치한 디앤디파트먼트 역시 식자재 중심의 매장 구성과 그에 맞는 경험이 가능하도록 특화되어 있어 다른 지점과는 차별성을 갖습니다.

최근에 디앤디파트먼트는 도쿄점 내부에 있던 디자인 오피스를 독립하여 club d by d&design이라 공간을 별도로 마련했어요. 오피스 이외에도 스토어와 카페가 적절하고 자연스럽게 연계되어 있는 이곳에는 디앤디파트먼트의 활동들을 소개하는 작은 갤러리가 있습니다. 제가 이곳을 방문했던 시기에는 나가오카 겐메이가 디자인한 플라스틱 컵이 전시되어 있었습니다.

롱 라이프 디자인

플라스틱 컵을 오래 사용하면 점점 어떤 모습으로 바뀌는지를 나가오카 겐메이가 디자인한 컵과 함께 전시한 거예요. 처음에는 "응, 뭐지?" 싶었어요. 플라스틱이라는 물질을 애초에 왜 개발했는지 기억하시나요? '변형 없이 오래오래' 쓰려고 만든 물질이에요. 플라스틱은 반영구적으로 사용할 수 있는 재료인데 문제는 그 플라스틱을 일회용으로 만들어 사용하는 현재의 산업과 소비 풍토에 있는 것이지요. 플라스틱을 오래 쓰면 좋지 않다는 선입견이 굳어진 탓도 있겠고요. 유리, 나무, 금속 등이 플라스틱과 대척점에서 비교되는 방식도 그 한 예입니다. 플라스틱 제품을 오래 쓸 수 있도록 만들면 그것이 곧 친환경이지요. 제스퍼 모리슨이 디자인한 올 플라스틱 체어처럼 말이예요.

이세이 미야케의 그 유명한 '플리츠플리즈' 역시 천연 성분이 하나도 포함되지 않은 100% 폴리에스테르로 만든 것처럼 플라스틱 재질도 성분에 따라 종류가 어마어마하게 많으니 좋은 디자인으로 잘 만들면 족히 평생 쓸 수 있는 물건이 될 수 있습니다.

이 작은 갤러리에는 새 플라스틱 컵과 몇 년 지난 컵, 20여 년 된 플라스틱 컵들이 나란히 전시되어 있었어요. 경년변화되어 색이 바랜 제품들을, 나가오카 겐메이는 '플라스틱 에이징'이라고 부르면서 플라스틱의 자연스러운 아름다움이라고 말하더군요. 직접 보면 설득이 돼요. 처음 생산되었을 때와 시간의 흐름을 견딘 낡고 빛바랜 모습을 비교해보면 정말 꽤 근사하다는 생각이 들더라고요. club d by d&design 뿐만 아니라 D47이나 아구이 지점 등에 위치한 전시 공간에서는 이런 주제로 지속가능한 롱 라이프 디자인을 기획해 디앤디파트먼트 방문객들에게 좋은 경험을 안겨주고 있었어요.

또 다른 한 곳, 2021년부터 운영을 시작한 아구이 지점(d news aichi agui / 愛知県)은 클라우드 펀딩을 통한 지원금으로 기존의 방직공장을 리뉴얼한 공간이에요.

오래전에 그 자리에 있던 방직공장에서 사용하던 기계 한 대를 남겨두었는데, 첫눈에도 무엇보다 인상적인 모습이었어요. 하지만 이 방직기는 그저 장식이 아니라 실제로 가동을 해요. 정교한 패턴을 만들어내는 것은 불가능하지만 질 좋은 실로 단색의 무지 천을 만들어 내 필요한 사람에게 미터 단위로 판매하더군요. 품질이 좋아서 카페에서 물수건이나 행주로 사용한다고 해요. 지역의 정체성과 가치가 새로운 상업 공간과 얼마나 긴밀하게 상호작용하며 가치를 영속시킬 수 있는지를 보여주는 사례라서 계속 기억에 남습니다. 디앤디파트먼트는 지속가능하다는 판단이 들면 비용 면에서 비합리적으로 보

'디앤디파트먼트' 플라스틱 전시

일 수 있더라도 철학과 가치관에 합당한 쪽으로 의사 결정을 하고, 여러 궁리를 통해 실행에 옮깁니다. 최대 수익의 창출보다는 지속가능성을 중요시하는 입장이지요. 가급적이면 오래가는 모델을 찾는 겁니다.

디앤디파트먼트를 보며 이른바 '로컬문화'를 표방한다는 국내의 몇몇 카페 프로젝트들이 떠올랐습니다. 젊은 아티스트들이 참여한 작업들과 SNS에 어울릴 듯한 공간들은 분명 관광객의 발길을 모으기에 좋은 테마였지만 지역에서 활동하는 여러 분야의 아티스트들과 지역의 가치를 공유하고 있다거나 상호작용한다는 인상을 받지는 못했어요. 한 번의 이벤트로 끝나는 장소나 상업 시설은 지속가능성을 염두에 두었다고 보기 어렵습니다. 아직 국내 지역의 재생 프로젝트는 지속가능성을 확보한 사례를 보기 어려운 듯합니다. 쇠퇴한 전통시장을 부활시키는 이벤트나 축제 거리를 조성하는 행정 등등이 지역민의 상호작용과 원만하게 맞물리지 않으면 결국엔 무분별한 부동산 개발 논리가 침투해버립니다. 익선동을 비롯해 대전 소제동 프로젝트 또한 비즈니스 관점에서는 성공 사례이나 지역 측면에서는 어쩐지 의문이 들지요. 지역사회의 자생력을 높이기보다 부동산 가치를 높여 임대차익을 얻고 빠지는 기획 부동산 프로젝트가 되어 젠트리피케이션을 가속화시킵니다. 앞으로 하나씩 좋은 사례들을 만들어가야 해요. 미디어의 초점 또한 얼마나 많은 사람들이 모이느냐가 아니라 동네의 지속가능한 성장에 맞춰져야 하고요.

지역의 정체성을 직조하는 일

교토의 사찰 한편에 자리한 교토 지점, 대형 리조트단지에 입점한 미에 지점, 방직창고를 개조한 아구이 지점 등등 각각의 맥락과 방향성은 달랐으나 롱 라이프 디자인이라는 가치를 공유하고 있었어요. 디앤디파트먼트는 성장형 모델이 아닌 지속가능성에 방점을 둔 브랜드임을 확인할 수 있었던 계기였지요. 20년이 넘는 기간 동안 선택의 기로에서 언제나 '보다 오래갈 수 있는 방법'을 선택한 확고한 방향성은 서울점을 기획하면서도 파트너는 물론 전체 스태프들에게 공유되었습니다. 디앤디파트먼트는 지역에 기반을 둔 개인 혹은 기업과 협업해서 지역성을 만드는 데 방점을 두기 때문에 모든 지점에 '디앤디파트먼트 by 지역명과 지역 파트너'가 함께 붙습니다. 관리 또한 해당 지역 거주자에게만 권한을 줘요. 제품 판매를 중심으로 식당, 갤러리, 숙박 등 여러 프로그램을 통해 지역 문화를 소개하고 그 가치를 지속가능한 것으로 향상시키는 것이 이 브랜드의 목표이지요. 이런 브랜드가 한국에서도 긍정적인 방향으로 싹틀 수 있었으면 하는 바람이에요. 한국의 토지 소유자나 건물 소유자들은 여전히 성장에 대한 기대치를 버리지 못하고 있어요. 어떤 건물이 상업적으로 흥행하거나 인기가 높아지면 임대료를 단기간에 상승시킬 수 있고 마진을 높일 수 있지 않겠느냐는 이야기를 반복합니다. 안타깝기 그지없죠.

팬데믹 전까지 서울 임대시장의 평균 공실률은 10년 임대 시 2년이 부동산 업계에서 공유하는 현실적인 수치였습니다. 팬데믹 이후 재택근무가 늘고 인식의 전환이 이루어지면서 사무실 임대 수요가 줄어들었어요. 공유 오피스가 많아지고 흔해지기도 있겠지만, 노트북 하나만 펴면 어디든 일처리가 가능해진 업무 환경의 변화도 큰 이유일 것 같습니다. 특히 엘리베이터가 없는 건물의 경우 저층부를 제외한 나머지 층들의 장기 공실률이 높아졌어요. 지극히 보수적으로 팬데믹 이전의 공실률로 수익을 산출해봐도 2년의 공실기간 동안 못 받은 임대료를 회수하기 위해 임대기간 8년간 높은 임대료를 받는 것과 10년 동안 공실 없이 고정적으로 임차인에게 건물 관리를 맡기고 적정 임대료를 받는 것을 비교하면 기대수익 총량에 큰 차이가 없습니다. 오히려 8년 동안 건물주가 직접 건물 관리를 할 경우의 시간과 비용을 따져보면 낮은 임대료로 안정적으로 장기 임대를 주는 것을 택하는 편이 건물주 입장에서도 합리적입니다. 건물을 스스로 유지, 보수하고 장기적으로 거주하는 세입자에게 임대하는 것이 임대인에게도 경제적으로 유리하다는 뜻이에요.

최근 준공한 성수동 '원유로 프로젝트'를 예로 볼 수 있습니다. 건물주가 오래 비어 있는 낡은 다세대주택을 활용할 임차인을 찾고 싶은데, 자본을 투여해 리모델링을 할 수 없는 상황인 거예요. 저간의 사정을 알게 된 최성욱 건축가(오래된 미래공간 연구소)는 보마켓의 유보라 대표와 함께 흥미로운 프로젝트를 제안했어요. 이름하여 '원유로 프로젝트'! 건물 전체를 총괄한다는 조건으로 기획/운영팀이 1유로만 건물주에게 지불하고 건물 전체를 임대합니다. 그리고 그 공간을 적절하게 사용할 수 있는 결에 맞는 팀들을 모집해 각각 공간을 나뉘 쓰며 3년간 월세를 내지 않고 집을 용도대로 고치고 가꾸면서 사용하는 거예요. 몇 년 뒤 해당 세입자가 자리 잡고 나면 건물주와 재계약 여부를 결정하기로 하고요. 그 기간 동안 건물에 들어온 브랜드들이 성공하면 건물주 입장에서는 3년간 임대료를 받지 않아도 건물의 가치상승으로 인한 수익을 얻을 수 있지요. 대차대조표로 비교해 보면 건물주가 결코 손해 보지 않는 방법이에요.

'원유로 프로젝트'는 프로그램이나 공간의 구성 면에서는 '어쩌다 가게_동교'와 유사하고 자금의 운용이나 흐름 면에서는 '풍년빌라'와 상당 부분 닮아 있습니다. 물론 이전의 두 프로젝트에 비해 시간이 흐른 만큼 그에 맞는 긍정적인 변화와 또 다른 가능성을 보여주고 있다고 생각해요. 어쨌든 '풍년빌라'와 '원유로 프로젝트'는 건물주 입장에서 비록 단기간에 건물 임대 수익을 몇 배씩 얻는 것은 불가능하지만 10년 혹은 20년이 지나면 공실 걱정이나 건물 유지·관리에 대한 시간과 비용 투자 없이 그동안 투자한 비용을 손해 보지 않고 지가 상승으로 인한 적절한 이익을 거둘 수 있다는 걸 보여줍니다. 좋은 사람들이 건물을 장기간 점유하는 것에 대한 공감대만 있다면 충분히 가능한 일입니다.

이런 측면에서 건물주가 땅을 고를 때 건축가의 역할이 매우 중요할 수 있어요. 충분히 상승될 가능성이 있는 땅과 그 지역이 활성화될 가능성을 알아볼 안목이 필요하지요. 건물이 지어진 후에는 월세를 최소화해서 조금 다른 방법으로 여러 사람들이 이익을 누릴 수 있도록 하고, 장기적으로 10년 혹은 20년이 지나 땅값이 오르면 그 차액으로 그동안 받았던 월세에 버금가는 수익이 보장되는 것이 핵심입니다. 그런데 제가 이런 제안을 하면 차라리 주식을 하거나 강남에 땅을 사거나 건물을 지어 단기간에 수익을 얻는 게 낫다는 반응이 일반적이에요. 저를 비롯해 세 가족이 점유하고 있는 '풍년빌라'의 건물주가 직접 나서서 실제로 얻는 이익과 순기능을 아무리 주변에 얘기해도 이해하는 사람이 드물다고 해요. 사회 전반적으로 부동산뿐만 아니라 모든 측면에서 아직도 성장에 대한 믿음을 거두지 않는 데 그 이유가 있는 것 같습니다. '임대료는 계속 오를 수 있다' 혹은 '건물이 낡고 불편해도 임차인은 넘쳐나고 부동산의 가치는 높아진다'는 것은 이제 그저 신화일 뿐입니다.

유연한 제도가 필요

재화가 공급되는 방식과 지속가능성에 대한 고민은 상업 건물뿐만 아니라 주택에도 적용이 되어야 해요. 상업시설-주거시설의 유연한 전환을 예로 들 수 있습니다. 지방에 빈 채로 방치되어 있는 많은 상업 시설들이 유연하게 주거로 다운조닝 될 수 있어야 하는데 이를 위한 법적인 절차가 무척 까다롭습니다. 물론 반대 급부의 폐해를 예상한 법적 제한이겠지만 융통성 있고 유연한 제도로 보강될 필요가 시급해 보입니다. 현재로서는, 주택을 근린생활시설로 전환할 경우 (건물의 주요 구조부를 건드리지 않는다는 전제조건 하에) 정화조만 큰 용량으로 교체하면 나머지는 쉽게 진행할 수 있는 반면, 근린생활시설 건물을 공동주택으로 전환하기 위해서는 추가 주차대수 확보 및 인동거리와 일조사선 등 여러 법규들을 적용합니다. 건물주 입장에서는 이를 충족하는 리노베이션이나 용도변경을 진행하느니 차라리 신축이 경제적이라는 판단이 들 수밖에 없습니다. 이러한 상황에서는 비어 있는 건물조차 제대로 활용되지 못하는 경우가 허다합니다. 더욱이 부동산 시장에서 주택보다 근린생활시설이 높은 평가를 받고 세금과 임대 혜택이 크다 보니 근린생활시설을 고집하는 것인데 지금은 상황이 바뀌었으니 법도 보완적 조치가 필요하겠지요. 물론 이 과정에서 제도적 허점을 악용한 열악한 환경의 주택들이 남발되지 않도록 최소한의 테두리를 적용하는 것이 관건일 겁니다.

현재 서울의 무주택자는 절반에 이릅니다. 통계를 들여다보면 전체 가구수 대비 주택량은 충분하나 다주택자가 많고 가구가 세대 분리되면서 가구수가 늘어나 결과적으로 주택이 부족해진 것을 알 수 있어요. 그런데 조금만 더 깊이 들어가 보면, 네 식구가 살던 집이 세대 분리되어 부부만 남았을 경우, 집을 사용하는 사람은 줄고 집의 면적은 그대로 남아 있는 셈이잖아요. '주택이 부족하다'는 결론을 조금만 파고 들면 틈새들이 적잖이 보입니다. 예를 들어볼게요. 서대문구 연희동의 2층짜리 단독주택에 네 식구가 살다가 자식들이 분가하고 나면 부부 두 사람이 그 집에 살게 되는 거예요. 노부부는 1층에서 살아가고 2층은 거의 대부분 비어 있는 셈이지요. 집의 남는 공간을 누군가가 순환시켜 채워줄 수 있으면 얼마나 좋을까요? 지금은 오로지 임대 시장에만 그 역할을 기대하고 있어요. 그렇지만 조금 생각을 달리하면, 거주의 공간을 조금 다르게 활용할 수 있도록 기존의 공간을 조금 고쳐서 그 공간을 활용할 아이디어가 있는 젊은 친구들에게 위탁을 할 수도 있어요. 특히 번화가와 가까운 곳이라든가 주변에 대형 아파트 단지가 없다면 훨씬 더 자유롭게 운용할 수 있는 가능성이 높아집니다. 그 공간을 위탁받을 사람과 건물주가 시장의 방식이 아닌 더 가깝고 새롭고 유연한 방식으로 협의해서 건물의 가치를 계속적으로 상승시킬 수 있어요.

같이 사는 방식: 셰어 가나자와

일본 가나자와(金沢)에 '셰어 가나자와'라는 주택 단지가 있습니다. 대부분 단층이나 2층짜리인 작은 단지인데 이곳에는 고령층, 장애인, 대학생, 이렇게 주로 세 그룹이 입주해 있지요. 가나자와 인근에는 대학교들이 많아서 대학생들의 원룸 주택 수요가 꾸준히 높아 단지 내 지속적인 순환이 이루어집니다. '셰어 가나자와'는 각각의 그룹끼리 별동에 따로 모여 있는 대신, 흩어져서 원하는 데 집을 짓고 느슨하게 어울려 살 수 있도록 만들었어요. 단지 초입에는 레스토랑, 세탁소, 카페, 바, 키친 스튜디오, 매점, 공예품점 등 필요한 근린시설들이 있는데 여기서 수익 구조를 보완하지요. 그리고 지역 주민들도 함께 쓸 수 있는 온천을 이용한 대중목욕탕을 갖추고 있어요. 이곳에 입주한 대학생들은 주변 원룸 시세 대비 절반 이하의 월세를 내는 대신 주 30시간가량 봉사활동을 합니다. 장애인이나 고령층을 돌보는 봉사활동도 있지만 목욕탕 보일러를 아침 일찍 틀거나 매장 청소나 주차관리 등 다양한 봉사활동을 선택할 수 있어요.

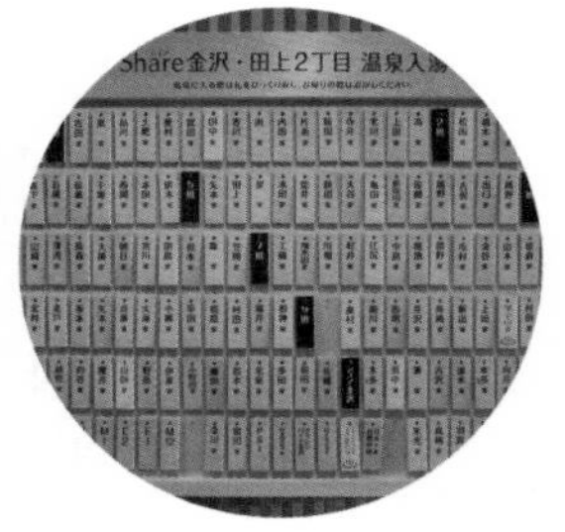

↑ 온천탕 입구의 입욕 표찰
↓ 대학생을 위한 트레일러 하우스

한 블록에서 다양한 연령층이 같이 살 수 있게 하는 도시 계획은 매우 중요합니다. 초고령화 시대 진입을 앞둔 일본 정부는 이 문제를 최대 주안점으로 잡고 있다고 합니다. 우리 사회는 여전히 고령자는 고령자들끼리, 장애인은 장애인들끼리, 그리고 학생이나 젊은 세대는 그들끼리 분리하여 지역 혹은 시설에 수용(?)하는 분위기가 일반적입니다. 그렇지만 이렇게 구별해 거주하거나 어울리는 방식으로는 고령화 시대에 도시와 지역이 건강하게 상생할 수 없어요. 셰어 가나자와 프로젝트에서도 보듯 서로 다른 그룹에 속한 사람들 간의 우연한 만남이 자연스럽고 지속적으로 일어나도록 만드는 계획이 유대감을 높이고 세대 고립으로 초래될 여러 어려움을 방지하도록 해줍니다. 일본이라고 장애인 주거단지가 환영받는 시설은 아니겠지요. 하지만 이렇듯 생활 밀착형 봉사나 마을 주민과 함께 사용하는 시설의 운영

➡ 셰어 가나자와. 1~2층의 저층 건물로 이루어진 단지로, 도로 안쪽은 주거용이며 바깥쪽은 상가건물이다.

↘ 단지 초입에 위치한 상가건물. 카페, 세탁소, 매점 등등이 모여서 가로 풍경을 만든다

사진: 김경인(브이아일랜드)

을 통해 장애인을 위한 시설이 혐오시설이 아니며, 장애인도 주민이라는 사실을 깨닫게 되었다고 합니다. 일본에서는 불특정 다수의 사람들을 적극적으로 참여하도록 하는 시설 중 목욕탕만 한 것이 없다고도 해요. 마을의 잘 관리된 깨끗한 대중목욕탕이 주는 영향력이 크다는 일본 문화의 특성을 셰어 가나자와는 잘 활용한 셈입니다. 목욕탕이나 일본의 온천에 대응하는 우리의 문화로 저는 밥집을 떠올려 봤어요. 주인 한두 명이 밥집을 유지관리하기 어려우므로 밥을 먹는 사람들이 돌아가면서 청소를 하거나 공간 유지에 보탬이 되는 일을 하면 비록 수익은 크지 않더라도 가게를 꾸준히 유지할 수 있는 동력을 만들어낼 수 있지 않을까 하고요.

프루이트 아이고 공동주택의 슬럼화

다가구 주택, 다세대 주택, 복합 상업 시설 등등 우리는 거의 항상 타인과 시설과 설비를 공유하게 마련입니다. '풍년빌라'의 코디를 할 때도, '어쩌다 가게_동교' 설계를 진행할 때도 이 '공유 공간을 어떻게 쓸 것인가'가 무척 큰 고민이었어요. 예를 들어 '어쩌다 가게_동교'에는 1층에 작은 마당이 있었는데, 입점한 두 가게에서 오후/저녁으로 시간대를 정해 마당을 번갈아가며 쓰자고 애초에 협의를 했는데도 불구하고 서로 마당을 더 길게 쓰고 싶어 해서 종종 마찰이 발생했어

↑ 프루이트 아이고, 슬럼화된 공유공간
→ 준공 직후
↘ 폭파 철거되는 단지의 모습

요. 공유 공간은 정확한 관리 주체와 매뉴얼이 없다면 유지하기가 쉽지 않습니다. 특히 주택의 경우 공유 공간 운영이 잘되려면 첫째 완벽하게 개인의 사생활이 보장되어야 하고, 둘째 구성원들이 공유 감수성을 갖추고 있어야 해요.

미국 세인트루이스의 프루이트 아이고 공동주택이 슬럼화로 폭파되었을 때 대부분의 사람들은 건축가인 야마자키 미노루를 탓했습니다. 획일적인 평면과 단지계획이 문제의 원인이라는 것이었죠. 그러나 후속 연구에 의해 그의 초기 설계안에는 다양한 유닛과 공유 공간들이 있었는데 시 예산 문제로 재료와 평면이 획일화될 수밖에 없었다는 점이 부각되었어요. 여기에 가장 최근에 이루어지는 연구와 논의는 매우 흥미로운 발견을 보여주고 있습니다. 즉, 그 단지의 슬럼화가 일시에 일어난 것이 아니라는 점이 지적되었습니다. 독특한 점은 단지 내부 곳곳에 있는 공유 공간들의 사용방식이 제각각 달랐다는 것입니다. 어떤 공유 공간은 사람들이 청소는 물론이고 꽃을 심거나 작은 모임을 갖는 등 책임의식을 갖고 관리해서 다양한 이벤트와 커뮤니티가 형성된 반면, 어떤 공유 공간은 그저 처음부터 끝까지 방치되었어요. 방치된 공유 공간에서부터 슬럼화가 시작되었고, 빈집 공동화 현상이 걷잡을 수 없이 일어나 결국 회생 불가한 단지가 되었던 겁니다. 조금 극단적이기는 하지만 프루이트 아이고 단지의 예는 공유 공간의 관리가 부실할 경우, 또 사용자의 공유감수성이 부족할 경우에 최후에는 어떤 일이 일어나는지를 상징적으로 보여줍니다.

집과 동네의 접점: 모리야마 하우스

그렇다면 공유 공간이 프라이빗한 영역과 만나는 지점을 어떻게 다르게 만들어줄 것인가 하는 점이 화두로 떠오릅니다. 많은 청년 공유 주택들의 경우 부엌을 공유하고 침실을 사적으로 설계하지요. 사용자에 따라 특정 유닛은 주방을 넣고 어떤 유닛은 주방 대신 욕실 컨디션을 좋게 만들 수도 있는데 현재 법적으로 공유 주거는 개별 유닛 안에 주방 시설을 넣지 못하게 되어 있습니다. 법적 테두리의 재설정이 절실한 부분이에요. 젊은 세대는 어쩌면 이전 세대들보다 공유 감수성이 더 높고 자연스러울지도 모르겠습니다. 카페에서, 공유 오피스에서, 무인 시설에서 자연스럽게 시간을 보내는 청년들을 만날 때 그런 생각이 자주 들어요. 그래서 우리나라에서 집약적으로 발달한 대형아파트 단지가 단지 내 구성원들로 그 혜택과 이용을 제한하는 모습에 무척 아쉬운 마음이 듭니다. 이제 2기, 3기 신도시는 아파트단지가 아닌 주택이나 시설은 아예 동네의 개념에서 삭제된 듯한 인상이 들기조차 합니다. 하지만 생각을 한 번만 더 해보면 분명해집니다. 그렇게 소외된 거주 시설들이 많은 대규모 단지일수록 좋은 이미지로 오래오래 가치가 상승할 수 없다는 것을요. 주변에서 서서히 슬럼화가 진행되는데 아파트단지만 오롯이 살기 좋은 마을이 될 수 있을까요?

공유 공간이 마을의 가치를 높인다는 생각이 구현된 사례로 니시자와 류에가 설계한 모리야마 하우스를 들 수 있습니다. 일반인이 보기에는 일단 형태부터 조금 특별합니다. 주변의 집들과 다를 바 없는 규모의 사각형 부지에 하나의 건물로 집을 짓는 대신 10여 개의 작고 하얀 박스들이 모여 한 집을 이루고 있어요. 집 주인인 모리야마 씨는

↑ 모리야마 하우스 내부
↗ 모리야마 하우스 외부
사진: 에드먼드 서머

이 건물들 중 몇 채는 본인의 집으로 사용하고 나머지는 주거나 사무실과 같은 용도로 임대를 하고 있었지요. 그러다가 2021년부터는 조금 더 적극적으로 건물 한두 채 정도를 원하는 사람들에게 자유롭게 오픈하고 있습니다. 아마도 팬데믹으로 인해 동네의 커뮤니티가 오랫동안 단절된 상황이 모리야마 씨로 하여금 용기를 내게 하지 않았나 생각해봅니다. 이 공간은 때로는 갤러리로 혹은 팝업 이벤트를 위한 장소나 커피 스탠드 등으로 활용되면서 동네와의 지속적인 접점을 만들어내고 있습니다. 적절한 관리가 수반될 경우, 가장 사적이라고 생각하는 주거의 일부도 공유 공간으로 잘 활용될 수 있고 그 공간이 동네의 커뮤니티와 환경에 긍정적인 역할을 할 수 있다는 걸 보여주지요. 필요한 사람에게 개인의 공간을 빌려준다는 것도 대단한데 모르는 사람이 방문했을 때조차 환대하고 설명해주는 모리야마 씨의 태도와 마음씨에서 큰 감동을 느꼈답니다.

따로 또 같이: 대중목욕탕, 센토

동일본 대지진을 계기로 일본 건축은 형태 논의에서 벗어났다고들 합니다. 젊은 건축가 그룹을 중심으로 중견 건축가들도 형태 만들기가 아니라 건축물이 어떻게 사회에 뿌리내리는지에 대한 근본을 다루는 것으로 관심이 옮겨간 듯 해요. 디앤디파트먼트 제주점을 설계한 조 나가사카의 경우는 일본 건축계에서는 주류라고 이야기하기 조금 힘들지도 모릅니다. 그는 건축가이긴 하나 리뉴얼이나 인테리어와 가구 작업이 많고 신축 프로젝트는 상대적으로 적습니다. 오히려 공간의 전반적 프로그램과 이 프로그램이 동네와 어떻게 어울리고 어떠한 역할을 하는지에 관심이 많다는 생각이 듭니다. 그의 이러한 관심은 작업들 중 하나인 센토(대중목욕탕) 리노베이션 프로젝트인 '고가네유'에서 잘 드러납니다. 일본은 목욕하고 나서 우유나 맥주를 마시는 문화가 있어요. (우유나 요구르트라면 한국도 마찬가지겠네요.) 보통 목욕탕에 들어가면 입구 정면에 표를 판매하는 곳이 있고 양쪽으로 남/여가 나뉘는데 '고가네유'에서는 1층 입구에 바를 두어 여기서 표를 판매하고 목욕하고 나오면서 맥주를 사서 마실 수 있게 되어 있어요. 표를 파는 기능만을 담당했던 매표소 공간이 목욕탕 이용객은 물론 동네의 활기찬 커뮤니티 장소로 변하는 순간이지요, 프로젝트의 배경에는 일본의 독특한 문화가 녹아 있습니다.

일본은 일부 허가된 편의점에서만 술을 판매할 수 있는 대신 술 도매점이 동네 곳곳에 있어요. 이런 도매점 중 일부는 도매 판매를 주로 하되 손님들이 가게에서 한두 잔씩 마실 수 있도록 좌판을 열어놓습니다. 사케나 맥주 몇 잔에 마른안주와 통조림 등 부담 없이 저렴한 메뉴로 운영 부담을 줄이고 손님들 입장에서는 많은 종류의 술을 싼 가격에 즐길 수 있다는 장점이 있지요. '구와바라쇼텐'이라는 조 나가사카의 또 다른 프로젝트는 일본의 이러한 독특한 주류 판매와 소비

↗ 조 나가사카의 고가네유
사진: 유리카 고노

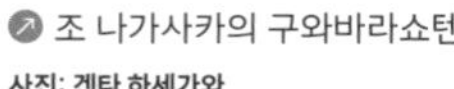
↗ 조 나가사카의 구와바라쇼텐
사진: 겐타 하세가와

문화를 공간 디자인적으로 재해석한 작업입니다.

조 나가사카가 디엔디파트먼트 제주점 작업을 시작하면서 서울에 왔을 때 "한국은 건물이 땅에서 솟아난 것처럼 보인다"는 이야기를 했다고 전해 들었어요. 일본에서는 건물을 지을 때 넓은 의미에서는 동네와 건물이 만나는 지점을, 좁은 의미에서는 건물과 도로 옆집과의 접점부를 세심하게 만들고 가꾸는 것이 일반적인데 한국의 건축물들이 주변 맥락과 상관 없이 독립적으로 불쑥 세워져 있는 듯 보였던 모양입니다. 일견 공감이 되는 의견이지요.

중간 주거

지금까지의 얘기를 통해 '어떻게 풍년빌라가 가능했고 어떤 생각들에서 비롯됐는지' 어느 정도는 짐작이 가능할 거라 봅니다. 정리하자면, 임대인이 토지 매입을 하고 임차인이 건물을 짓습니다. 임차인 그룹은 자치적으로 운영되고 건물의 질을 높이는 데 기여합니다. 금융 비용 정도를 점유비로 지불하고, 건물의 관리·보수·유지를 건물주의 개입 없이 해나갑니다. 조건은 장기 점유이고요. 저는 '풍년빌라'를 직접 설계하지는 않았어요. 저는 건축주의 역할을 대리하는 코디네이터 역할을 했습니다. 이 또한 원래는 건물주가 관여하고 투자하는 영역이지요. '풍년빌라'에서처럼 건축가가 건물에 함께 살거나 혹은 따로 살더라도 건물의 추후 운영과 관리에 참여할 수 있다면 설계 의도를 지킬 수 있고 사용자의 입장에서 보다 효율적인 관리방법들을

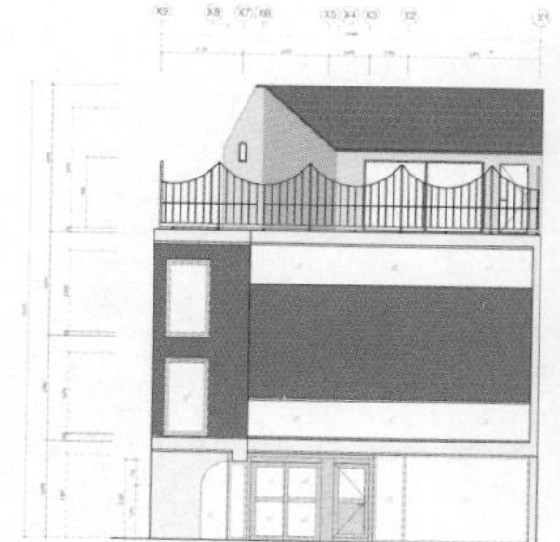

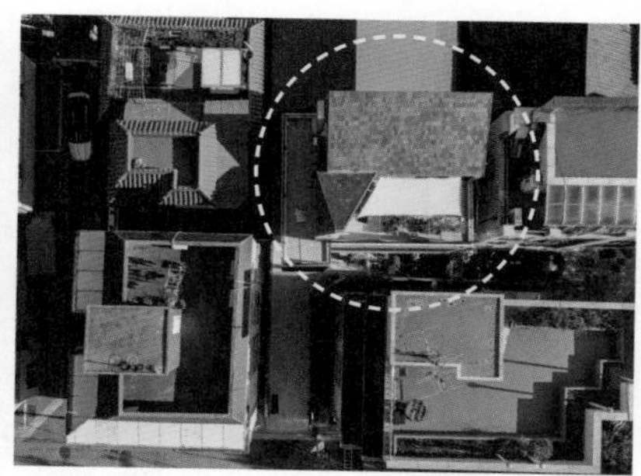

↗ '풍년빌라' 정면도
→ '풍년빌라' 드론 뷰
↘ '풍년빌라' 1층 카페
사진: 김동규

김대균
'풍년빌라'를 설계한 건축가. 인문학적 가치와 보편타당한 섬세함을 실현하는 것을 목적으로 삼는 착착스튜디오 대표.
웹사이트: chakchakchak.com

발견할 수도 있습니다. '풍년빌라'는 건물의 소유와 임대 사이의 수많은 틈들 중 하나를 발견해서 구현했다고 생각해요. 앞으로 누군가 더 많은 틈들을 발견하고 시도했으면 하고요.

소유와 임대 사이에는 여러 틈들이 존재합니다. '풍년빌라'는 공간의 점유자가 건물주를 찾는 방식을 택했던 거예요. '셰어 가나자와'는 임대의 방식이지만 한 사람이 열심히 마당 청소를 하면 월세를 얼마간 낮출 수 있는 것과 유사한 방식으로 여러 단계를 두며 임대료를 조절합니다. 조명을 예로 들자면 on/off만 존재하는 스위치가 아니라 여러 단계별로 조절이 가능한 디머처럼 말이지요. 자본주의 체제에서 소유와 임대의 구조 자체를 바꾸기 어렵다 하더라도, 충분히 다양하고 유연해질 수는 있습니다. 주택의 소유나 사용 방식에 있어 임대료를 월세로만 책정하는 대신 다른 가치들로 치환하는 것도 한 방법이 될 수 있고요. 예를 들어 방 하나를 주중에 한 사람이 카페로 사용하

고 수익의 일부를 건물주에게 주거나 혹은 매일 커피를 몇 잔씩 제공하거나 원두로 대체할 수도 있겠지요. 그리고 주말에는 주인이 직접 사용하거나 다른 방식과 용도로 누군가에게 빌려주는 것도 충분히 가능합니다. 결국 서로가 유연하게 부딪칠 수 있는 선택 지점들을 늘리는 것이 절실하다고 봅니다. 동네, 마을 단위뿐만 아니라 개개인의 집에도 그런 장치들이 많아졌으면 좋겠다는 생각에서 저는 '동네와 집 사이의 어딘가'라는 의미의 '중간 주거'라는 개념을 떠올리곤 합니다. '중간 주거'는 공유하지 않고 느슨하게 점유하며 함께 사는 방법을 모색하고 동네와 집 사이의 어딘가를 지향하는 '가벼운 주거'를 향합니다.

제가 운이 좋았을 수도 있어요. 부동산 투자가 선순환을 이룰 수 있는 방법을 모색하던 김은희 작가와 장항준 감독과의 인연이 시작이었으니까요. 그런데 지금은 김은희 작가나 장항준 감독이 오히려 이

← '풍년빌라' 각 세대의 내부 공간들
↗ '풍년빌라' 1층 마당과 4층 발코니
사진: 김동규

방식을 적극 홍보한다고 합니다. 안전하고 확실한 부동산 투자인 동시에 사회적 의미를 동시에 갖는 일이라 흡족하다고 해요.

'풍년빌라'와 동일한 개념에 수익 모델을 추가한, 이를테면 '풍년빌라'의 후속편과도 같은 건물이 '여인숙'입니다.

'풍년빌라'와 멀지 않은 같은 동네에 이번엔 제가 설계를 맡게 되었어요. 기존에 낡은 여인숙이었던 건물을 허물고 신축을 했는데, (49쪽 참고) 새 건물 이름을 그대로 '여인숙'으로 이어받았지요. 실제로 건물 안에 작은 공간 한 곳은 1인을 위한 게스트하우스로 운영 중이기도 하고요.

1층 카페, 2층은 사무실과 1인 게스트하우스, 3층은 1인 주거시설 3곳이 자리한 건물로, 1층 카페의 내외부가 자연스럽게 열려 있어 환대의 장소로 활용됩니다. 2층 사무실과 스테이 공간은 때로 공적인 공간으로, 때로 완벽히 사적인 영역으로 쓰이며 집과 동네 사이를 매개하고 조율하는 역할을 하지요. '하나의 집을 온전히 경험하는 가장 좋은 방법은 그 집에서 하룻밤을 묵는 것'이라고 합니다. '여인숙' 건물의 2층 스테이 공간은 간단한 예약 절차를 통해 집의 가장 내밀한 부분까지 경험하도록 합니다. 지금까지 스테이에 머문 손님이 (지역, 성별, 연령, 직업 등이 모두 다른) 300명이 넘으니 '여인숙'은 앞으로 아주 오래 훨씬 더 많은 이들이 경험하고 기억하는 공간이 되겠지요.

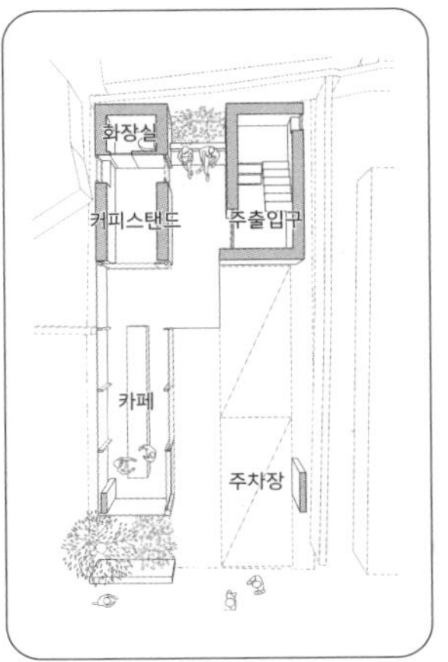

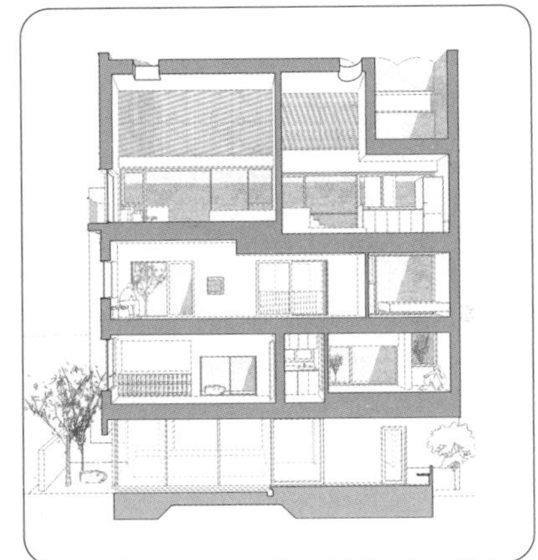

1층 카페

2층 사무실

⊖ '여인숙' 단면도
⊘ '여인숙' 실내
⊖ '여인숙' 외관
사진: 김동규

이와는 좀 다른 개인 주택이, 그것도 매우 작은 주택이 공적 영역과 사적 영역을 두루 겸비하며 다양한 역할을 해낼 수 있다는 사례로 '해방촌 해방구'를 소개하고자 합니다. '해방촌 해방구' 주택은 대지 10여 평(가장 넓은 층의 면적이 6평)에 지은 아주 작은 집입니다. 협소한 규모 탓에 집에 필요한 여러 요소들을 수평적으로 구성할 수 없어 1층에는 주방과 식당을, 2층에는 서재를, 3층에는 거실과 침실을 배치하고 다락을 별도로 두어 층별 분리를 할 수밖에 없었지요. 이 주택의 특별한 점은 1층의 출입구와 나머지 층의 출입구를 별도로 둔 것입니다. 1층의 주방과 식당은 외부인의 출입이 잦은 공적 성격을 갖는 공간으로, 2층과 3층 및 다락은 1층에 비해 사적인 영역으로 쓰이도록 의도했기 때문입니다. 그 구분은 쉽게 '신발을 벗고 신고'로 드러나는데, 1층은 손님도 주인도 모두 식당이나 카페처럼 신발을 신고 들어가는 곳이고, 2~3층은 일반적인 집처럼 신발을 벗고 생활하는 공간입니다.

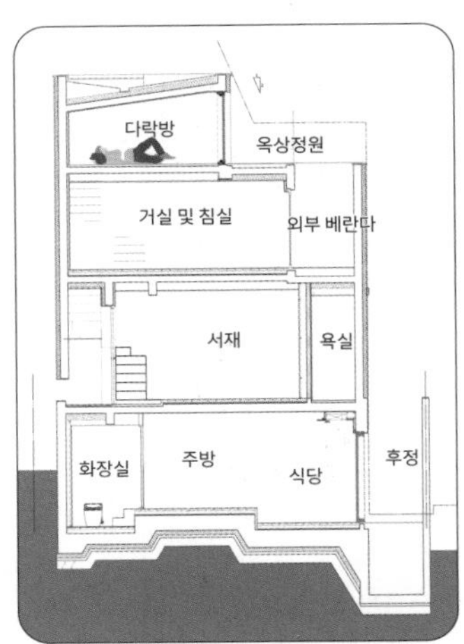

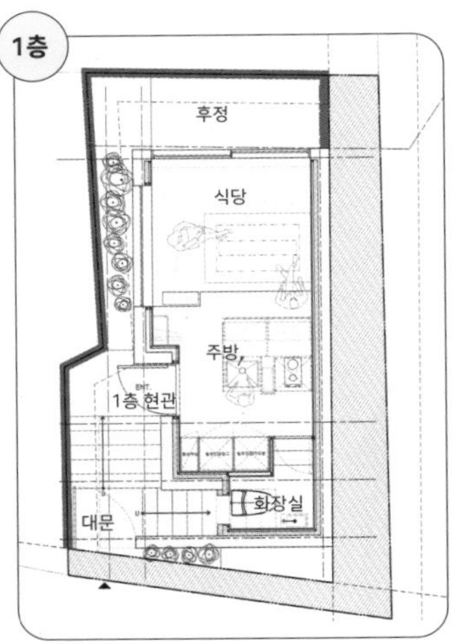

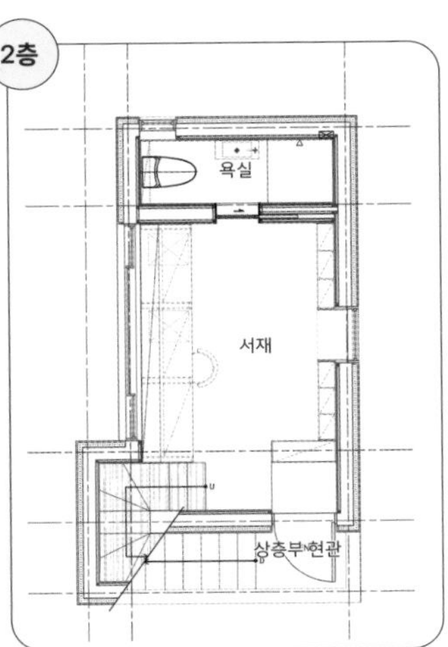

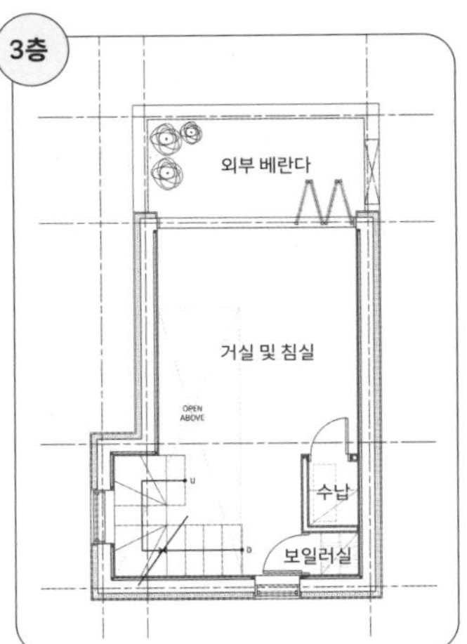

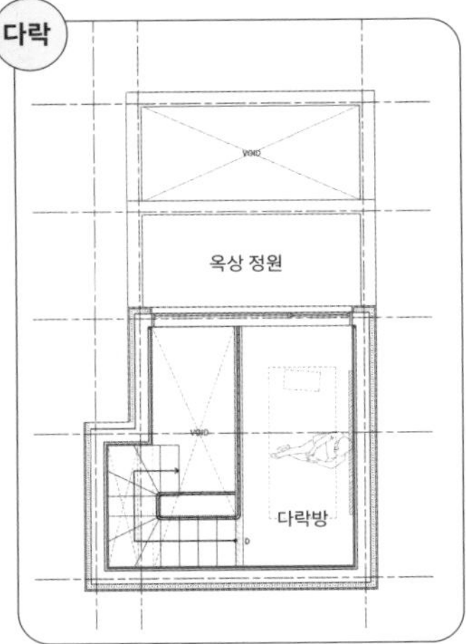

신발을 신고 들어가는 1층 식당

2층 서재

3층 거실

➔ 도로에서 본 '해방촌 해방구' 정면
사진: 텍스처온텍스처(TEXTURE ON TEXTURE)

다락방 연결 계단

계단에서 본 거실과 다락방

3층 외부 베란다

집 안은 흔히 공개하기 꺼려지는 매우 사적인 영역으로 생각하지만 동네와의 접점을 어떻게 구성하고 운영하느냐에 따라 충분히 동네의 공용 공간으로서 의미 있는 확장이 가능합니다. 완벽하게 공적이기도 하고 완벽하게 사적이기도 한 '해방촌 해방구'의 1층은 집과 동네, 그리고 도시 사이에서 서로를 연결하고 조율하는 중간적인 공간으로 의도했고, 실제로 건축주도 매주 놀러 오는 손님들과 함께 하며 계획 이상으로 오래 머물며 시끄럽고 요란한 집이 되었다고 행복해합니다.

만추 빌라

만 4년째 살아보니 '풍년빌라'는 40대~50대 중년에 어울리는 주거형식이라는 생각이 들어요. 10~20년이 더 흐르면 함께 사는 사람들이 60대, 70대가 되니 새로운 식구들이 와서 여러 세대가 함께 쓰는 집을 만들어보고 싶습니다. 엘리베이터가 없으면 노년층은 계단을 오르내리기 힘들기 때문에 2층 형태가 최대일 것 같고 지금은 각자의 생활이 중요해서 밥도 따로 해 먹고 주방도 따로 있긴 하지만 노년층의 경우 주방을 공유하는 것이 효과적일 것 같아요. 필요할 때는 요리도 같이 하지만 시간이 여유로운 누군가가 들어와서 식사를 준비하거나 집안일을 분담하며 월세를 차감받는 방식은 어떨까도 생각해봅니다. '비하인드', '어쩌다 가게_동교', '풍년빌라'에 이어 '만추빌라'를 구상 중입니다. 그간의 작업들은 모두 저에게 필요해서 오래 구상하고 결국 구체화해낸 결과물들이었어요. 그사이 조합원들 가운데 몇몇은 결혼 등으로 각자의 주거 방법을 찾아 나간 사람들도 있고, 황선우 작가처럼 친구와 조립식 가족을 만든 구성원도 있습니다. 지금 '풍년빌라'에는 세 식구가 모여 사는데 이들 모두 초창기 조합 임원들입니다. 앞으로 10년, 20년이 흘러 조합원 중에서도 아직 뜻이 있는 분들이 있다면, 혹은 우리 조합처럼 만들어 프로젝트를 구상하시는 다른 분들이 계시다면, 혹은 우리 조합원으로 함께하고 싶은 분이 있다면 언제든 품을 열어 만나고 싶어요. 또 저의 구상과 계획에 호기심이 생기는 개인 투자자가 있다면 주저 말고 연락을 달라고도 말하고 싶고요.

건축가

정수진

완벽한 집은 지을 수 없습니다

집은 기술 문명의 총합이기도 하고 자본이 촘촘하게 맞물리는 과정이자 결과이며 개인의 소유인 동시에 마을과 도시의 구성으로서 공적 가치를 지니기도 합니다. 의뢰인이 원하는 대로 바꿔주면 쉽고 편할 일을 굳이 건축가가 얼굴을 붉히면서까지 고집을 부린다면 그것은 전문가로서 안목과 도덕이 허락하지 않는 이유일 것이니 숙고하시길 바란다는 메시지입니다. 종종 "왜 그렇게까지 하세요?" 라는 질문을 받습니다. 저에게도 숙제 같은 질문입니다.

집을 짓기로 결심했다면

일반인에게 건축 과정은 낯설고 어려울 수밖에 없으며 설계와 시공이 진행되는 근 2년에 가까운 시간 동안 불거지는 논쟁과 갈등은 자칫 송사로 이어지기도 합니다. 대부분의 단독주택, 상가주택 등 작은 규모의 건축은 처음부터 끝까지 매 순간 사람의 손에 의해 완성됩니다. 제아무리 전략과 전술이 완벽하다 한들 일을 도모하고 작업하는 사람들끼리 신뢰하고 배려하지 않으면 무탈하게 마칠 수 없다는 뜻입니다. 친구가 될 것도 아니고 집을 두 번 지을 일도 없을 텐데 뭐 그리 관계가 중요할까 싶을 수 있지만 이 글을 끝까지 읽으면 왜 그것이 가장 중요하다고 말하는지 알 수 있을 겁니다.

우선은, 서점에 유통되는 적잖은 참고 서적이 있으니 집을 짓고자 결심하면 적어도 한 권은 정독을 권합니다. 조언과 팁들이 담긴 경험담은 예비 건축주들에게 상당히 도움이 될 겁니다. 그럼에도 책의 내용이 각자의 상황에 정답처럼 대입되기는 어렵고 때마다 다른 대처 방법이 필요할 때가 더 많습니다. 모든 현장은 예외 없이 새롭기 때문입니다. 땅의 조건, 예산, 설계 그리고 무엇보다 건축주와 시공자, 건축가의 조합이 모든 현장에서 처음이기 때문입니다. 그래서 저는 이 지면을 상황에 대처하는 전략이 아니라, 함께 집을 지어가는 사람들(건축주, 건축가, 시공자)끼리의 관계와 서로를 향해 어떤 태도를 지녀야 하는지에 대한 내용으로 채우려 합니다.

알면서도 놓치는 각자의 역할

좋은 집은 건축주에게 평온과 만족을 주는 집, 살수록 함께했던 건축가와 시공사가 고맙게 느껴지는 집입니다. 그런 집을 얻기 위해서는 각자의 역할에 충실해야 합니다. 건축주는 명확하게 목적지와 목표를 잊지 않는 선장 역할입니다. 조력자들을 잘 아우르고 빠른 선택과 판단을 해야 합니다. 건축가는 성실하고 정확한 설계를 바탕으로 건축주가 옳은 선택과 판단을 할 수 있도록 건축주와 시공자의 입장 간에 균형을 잡는 중심축입니다. 동시에 시공자와 함께 시공 중 발생하는 모든 상황에 합리적이고 신속하게 대처해야 합니다. 시공자는 엔지니어로서 높은 전문성을 가지고 현장을 관리해야 합니다. 시공 과정 중에는 예기치 못한 많은 사고가 생기게 마련이고 사고는 대부분 득보다는 실이 됩니다. 수시로 벌어지는 작고 큰 문제적 상황들에 어떻게 대처하는가가 시공자의 신념이자 전문성입니다.

집을 짓고 나면 10년을 늙는다는 말이 낭설은 아닙니다. 건축주의 준비 부족, 수시로 흔들리는 목표치, 궁합이 맞지 않는 파트너와의 만남(건축가, 시공자) 등이 원인입니다. 자신의 상황이 충분히 고려된 사전 계획, 주변에 난무하는 입소문과 변화에 흔들리지 않는 목표, 예기치 못한 사고나 수시로 발생하는 소소한 상황 등에 유연하게 대화하고 함께 방법을 모색하는 건축가와 시공자를 만난다면 건축주는 돈과 시간을 모두 아낄 뿐 아니라 즐거움까지 느낄 수 있을 겁니다. 이 반대라면, 지옥을 넘나드는 롤러코스터에 안전벨트 없이 탑승한 기분을 느끼게 되겠지요. 도덕적인 조력자들을 만나세요. 너무 구태의연한 가치라 여길 수 있겠습니다만, 전문가의 도덕성은 그 모든 가치들 위에 섭니다. 소신을 가진 조력자들이라면 크게 잘못될 리 없습니다.

단계마다 가장 중요한 포인트

주택을 짓는 과정은 크게 세 단계로 나눌 수 있습니다. 첫 번째는 집을 지을 대지의 확보, 두 번째는 요구 조건이 충실히 반영된 설계도서의 작성, 세 번째는 정확한 시공인데 이 모든 과정의 시작은 건축주의 치밀한 사전 계획과 예산의 확보입니다.

① 지가(地價) 대비 최적 효율의 가능성

대지를 선정하는 것은 집짓기의 실질적인 출발입니다. 토지 매입은 일반적으로 공인중개사를 통하는데, 신축을 계획하고 있다면 토지를 매입하기 전에 건축가의 자문을 받길 권합니다. 공인중개사로부터 토지의 가치나 상식선의 법률 정보는 얻을 수 있겠지만, 도심지의 작은 필지일수록 주변 밀집도가 높을수록 더 복합적인 건축법적 문제들이 얽혀 있기 때문에 전문가에게 조언을 구한다면 더 적절한 판단을 할 수 있을 겁니다.

집이 앉을 대지는 남향의 네모반듯한, 기왕이면 모퉁이가 좋다는 것은 누구나 압니다. 그러나 반듯한 남향의 대지라도 건축하기에 효율적이지 못한 대지가 있는가 하면, 다소 모가 나고 향이 불리하더라도 그 조건을 잘 이용해 더 재미있는 설계가 되는 경우도 많습니다. 지가가 높은 도시에서 모퉁이대지는 많은 장점을 가지고 있지만 상대적으로 가격이 높고, 어느 방향의 어떤 모서리인지도 설계에 지대한 영

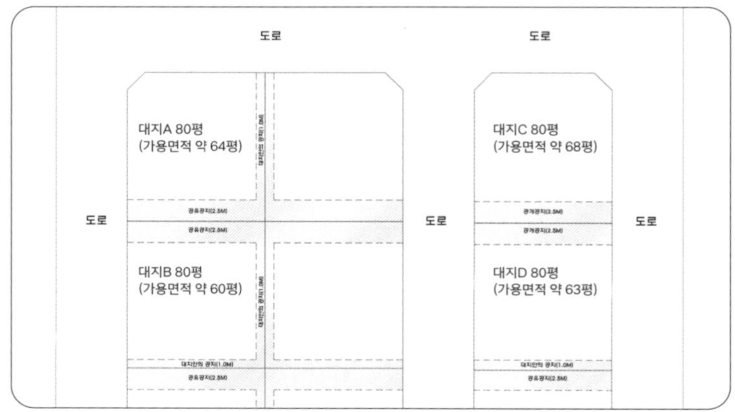

대지 비교의 예
면적이 비슷할지라도 관련 법규나 위치에 따른 실사용 면적 비교

향을 미칩니다. 우리가 상식적으로 알고 있는 대지의 조건이 반드시 좋은 집을 위한 결정적인 필수조건이 되지는 않는다는 뜻입니다.

결론적으로 대지의 선택은 지가 대비 최적 효율의 가능성을 찾는 것이 최우선입니다. 도심지의 좁은 땅이든 전원의 넓은 땅이든 그 어떤 위치이든 내세울 만한 한 가지의 특장점이 무엇인지가 중요하며 그 특장점은 당연히 어떤 집을 짓고자 하는지의 목적에 따라 달라질 겁니다.

세상에 나쁜 땅은 없습니다. 넓은 땅, 좁은 땅, 높은 땅, 낮은 땅, 경사진 땅, 평평한 땅 등 수없이 많은 조건 중 옳고 그른 것은 없습니다. 주어진 땅에 어떤 최적의 설계를 도출하느냐가 중요하지 그 생김으로 좋거나 나쁜 결과가 나오는 것은 아닙니다. 그러니 토지를 매입할 때는 목적, 가격 대비 효과, 특장점을 꼭 따져보기 바랍니다.

② 쓰고 지우면서 생각 정리하기

'디자인'은 이제 모든 이들의 일상에서 기능에 더해 개성을 표현하는 친근한 단어가 되었습니다. 연필 한 자루, 컵 하나도 허투루 고르고 싶어 하지 않지요. 생필품부터 가구나 자동차, 심지어는 먹을거리까지 그러하니 집을 짓거나 고치려 한다면 얼마나 강력히 자신의 개성과 취향을 표현하고 싶을까요. 취향의 세계에 정답과 오답, 높고 낮음은 따지기 어렵겠으나, 실현 가능한 것과 무리한 것, 남들에게는 유리할 수도 있지만 나에게는 적합지 않은 어떤 영역들은 분명히 존재합니다. 그러니 '목표와 취향을 명확히 정리'하는 것은 시행착오를 줄이고 예산을 낭비하지 않는 합리적인 집짓기의 중요한 시작입니다.

취향과 개성이 드러난 집에 살기 위해서는 우선 동거인(가족)의 바람을 정리하는 일이 선행되어야 합니다. 방 몇 개, 거실, 부엌 등등 단순한 나열이나 화장실에 창을 내어달라는 등의 일반적인 요구를 넘어, 그간 살아온 집들에서 생활하면서 불편했던 점, 어디선가 경험한 좋은 분위기의 기억, 절실하게 필요한 무엇무엇, 인생에서 가깝게 다가오는 계획 등을 기록하고 정리해야 합니다.

이미지의 스크랩은 보편화되었으며, 어떤 분들은 도면을 그려오거나 스케치를 전해주기도 하는데, 이런 식의 이미지 제공도 중요하지만 그보다는 먼저 글로 정리해보기를 권합니다. 그 이미지의 어떤 부분이 마음에 드는지에 관한 이유와 장단점을 분석해볼 필요가 있다는 말이지요. 좋아 보이는 이미지들의 막연한 조합은 자칫 전체적인 조화를 깨뜨릴 위험이 있으므로 선호하는 스타일, 유행하는 자재, 건축가의 특성 등을 치밀하게 따져보고 취사선택하는 과정은 꼭 필요합니다.

주택 설계를 의뢰하는 이들은 대부분 아니, 모두 예외없이 금슬이 좋습니다. 연세 지긋한 노부부께 금슬이 좋아 보이신다 했더니 사이가 나쁘면 집 지을 생각을 하겠냐는 참으로 당연한 답이 돌아오더군요. 부부는 살면서 서로 많은 부분이 자연스레 닮아갑니다, 심지어는 분위기까지요. 자녀도 부모의 이미지를 머금고 있어요. 집 또한 그들을 닮기 마련입니다. 가족 모두가 참여하는 진솔한 대화는 건축가가 집에 가족들의 색을 입히는 단초가 됩니다.

③ 예산 책정하기

건축에 필요한 예산은 토지매입비, 설계용역비, 감리용역비, 시공비, 각종 인입비, 가구 및 가전제품 구입비, 각종 세금 등으로 구분할 수 있습니다. 여기서 가장 비중이 큰 항목은 시공비로 건축시공비와 토목시공비로 세분됩니다. 건축 시공비란 말 그대로 건물을 짓기 위한 비용이고, 토목 시공비란 집이 앉기 위한 땅의 기반을 조성하는 데 드는 비용입니다. 예를 들면 지반이 약할 때 시행되는 지질·지반 보강공사나 지하층을 시공하기 위한 보조구축물, 경사지 등에 필요한 버팀 구조물 등에 소요되는 건물 외적 비용을 말하는데 이 두 종류의 예산은 반드시 구분되어 준비되어야 합니다.

동굴집

반구형의 이형 대지에 사각형으로 배치를 할 경우 대지의 손실이 크기 때문에 대지의 곡선에 적합한 기능의 실들을 곡면을 따라 배치해 80평 남짓의 대지를 적극 활용할 수 있었다. 덕분에 독특한 형태의 거실과 안방의 모습이 되어 건축주가 무척 만족스러워했다.

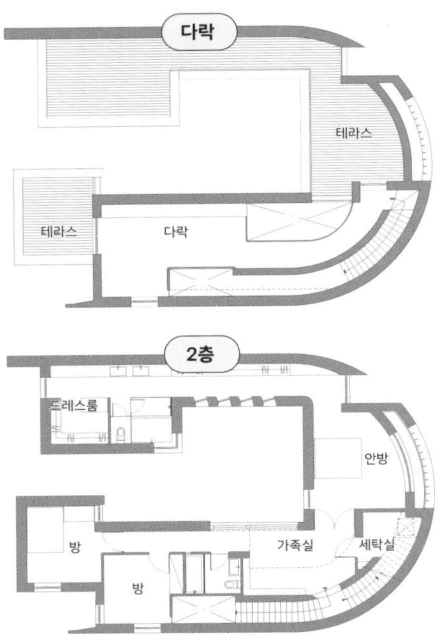

2층 가족실

거실

식당

외관

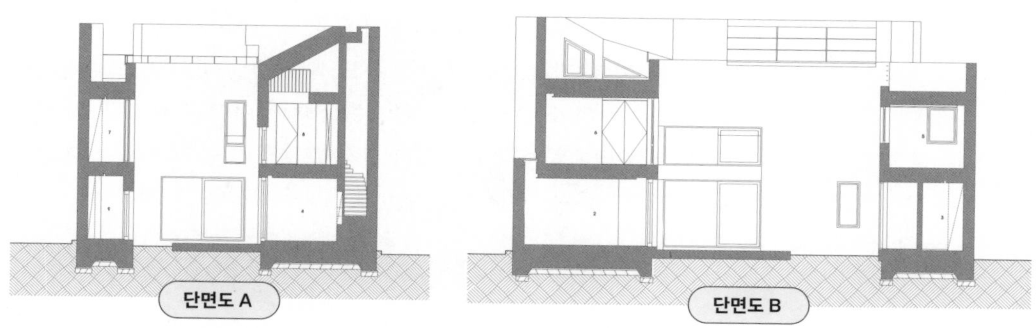

↑ 동굴집 단면도

일반인들에게 건축 시공비는 '평당 얼마'라는 기준으로 통용되는데 이 평당 단가로는 정확한 예산 수립이 어려운 경우가 더 많습니다. 예를 들어 땅에 많은 정비가 필요하다면 평당 단가와는 무관한 토목 비용이 투입됩니다. 같은 바닥 면적이라도 두 개의 층고로 높게 설계된 집은 두 배의 비용이 들고, 같은 연면적이라도 필로티 주차장이나 발코니(법정 면적에서 제외되는 면적) 등이 많으면 그 제외된 면적만큼의 공사비가 추가되는 식입니다. 이처럼 집짓기에 필요한 총공사비는 허가도서에 기재된 연면적이라는 이차원적 숫자에 의해 산출되는 것이 아니라 숫자로 표시되어 있지 않은 숨은 공사까지 포함된 시공면적으로, 즉 삼차원의 체적에 의해 산출된 금액에 대지의 조건에 따라 필요한 금액까지 더해져 산정되는 것입니다. 또 자재나 기술력도 시공사, 작업자들의 숙련도에 따라 천양지차이기 때문에 그저 평당 얼마로 예산을 잡는다면 큰 변수가 생길 것은 당연합니다.

예산을 수립할 때 가장 위험한 정보가 주변에 난무하는 '카더라' 통신입니다. 평당 얼마에 예비비 몇 퍼센트. 결과물의 차이나 컨디션을 감안하지 않은 통칭 '평당 단가'에는 건강하고 안전한 집을 위한 기본적인 내용들이 무시되는 경우가 흔합니다. '평당 단가'는 대강 어림할 수 없고 건축주 또한 그 정보를 신뢰해서는 안 됩니다. 귀에 좋은 말만을 듣지 말고, 말도 안 된다 싶은 조언에도 귀를 기울여야 객관적인 예산을 수립하는 데 도움이 됩니다. 예산에 관한 '카더라' 통신만큼 흔한 위험은 없습니다.

식사를 챙기는 두 방식을 떠올려볼까요? 시간이 없어 급히 허기를 면할 때도 있고 우아하게 천천히 즐기는 한 끼도 있습니다. 어떤 끼니든

간에 모두 몸에 해롭지는 않아야 하며 각 조건에 적절한 식사비를 소비해야겠지요. 집을 위한 예산은 규모, 자재, 전문성의 정도에 비례하는 것으로 하한가는 있지만 상한가는 정하기 어렵습니다. 내 집 짓기는 대부분 일생일대의 과업이며 가장 결정적인 문제는 결국 예산입니다. 모든 비용은 선택의 문제이고 선택은 건축주의 계획에서 비롯합니다.

코로나 팬데믹 이후 상상을 초월한 공사비의 상승이 이어지고 있습니다. 어느 분야에서든 한번 오른 가격은 쉬이 내리는 법이 없지요. 원재료비야 다소 등락이 있겠지만 인플레이션이 반영되어 상승한 인건비는 앞으로도 지속적으로 상승할 거라 예상되며, 시공 업계의 가장 큰 문제인 전문 인력 부족은 점점 더 심각해지고 있습니다. 물가와 공사 금액은 일반적으로 비례관계를 가지고 있으며, 오르는 물가만큼 착공 시기가 뒤로 갈수록 결국 공사비는 점점 높아질 것이라고 추측할 수 있겠지요.

④ 건축가 만나기

최근 각종 미디어를 통해 많은 건축가들이 소개되고 있어서 건축가의 성향을 분석하고 직접 만나 상담을 받기에도 이전보다 수월해졌습니다. 건축가를 정할 때는 인지도나 용역 금액도 중요하지만 건축 성향이나 작업 방법을 파악하는 것이 더 중요하다고 봅니다. 만남을 예정한 건축가가 있다면 관련 정보를 찾아보고 미리 질문을 정리하면 보다 유익한 시간이 될 것입니다.

건축가를 만날 때는,

① 기존 작업을 충분히 검토해야 합니다. 집과 건축, 나아가 여러 측면의 사유가 자신과 잘 맞을지 건축 작업뿐 아니라 인터뷰 기사나 건축가 개인 SNS 등을 살펴보면 도움이 될 겁니다.

② 전화 통화만으로 마음을 결정하지 말고 반드시 방문상담을 해야 합니다. 설계의 범위, 설계 기간, 진행 방법, 시공 예산의 적정성, 감리의 방법과 정도, 용역 금액 등이 상담의 주요 내용이 될 텐데, 건축가와 대화하다 보면 성향과 기질, 소통 방식, 그리고 건축사무소의 분위기도 파악할 수 있습니다.

③ 기존의 다른 작업들의 도면을 구경하는 것도 좋습니다. 도면은 건축의 근간으로 시공 조건들이 결정되는 기준입니다. 일반인이 도면의 질을 따지기는 어렵겠지만 몇몇 사무실의 결과물을 비교하다 보면 작업의 성실성 정도는 파악할 수 있을 겁니다.

④ 건축가가 설계한 집을 직접 방문해볼 것을 추천합니다. 주거 공간이라 내부를 직접 구경하기 어렵겠지만, 그럼에도 불구하고 방문 가능 여부를 확인하고 외관이나마 적어도 세 곳 이상은 꼼꼼히 살펴보길 추천합니다. 실물이 사진과 다를 수 있습니다.

호화로운 집보다 예산이 빠듯한 설계가 더 어렵습니다. 무리수다 싶은 정도의 예산에도 불구하고 건축가를 찾는 이들은 그만큼 집에 대한 깊은 고민과 애정, 앞날에 대한 기대를 가지고 있다는 뜻입니다. 건물이 갖는 사회적 책임과 전문가로서 자존감을 갖춘 건축가라면 어떤 방법으로든 답을 할 것입니다. 공사가 끝날 때까지 책무를 다하는 것이 그를 믿고 함께한 이들에 대한 답이며, 적어도 백년 이후까지 세상에 남을 미래의 환경에 대한 건축가의 자긍심일 겁니다.

⑤ 설계에 동참하기

건축가를 정하고 설계가 시작되면 집짓기는 가장 설레고 즐거운 시간이 시작되는 겁니다. 대부분의 건축주들이 이 기간을 가장 행복하게 회고합니다. 설계는 크게 계획 설계(큰 그림을 그리고 디자인을 구체화해가는 단계)와 실시 설계(시공을 위한 공사용 도면을 그리는 단계)로 구분할 수 있는데, 건축주는 주로 계획 설계 단계에 참여하게 됩니다.

계획 설계는 주어진 요구조건과 대지를 바탕으로 법규에 맞게 틀을 잡고 디자인을 발전시켜나가는 단계로 앞서 언급한 건축주의 준비물과 예산에 의해 시작됩니다. 계획 설계에 참여할 때에는 다음과 같은 항목들에 주의한다면 적어도 건축가와의 소통에 의한 문제들은 사전에 정리할 수 있습니다.

① 요구사항과 예산을 명확히 전달해야 합니다. 건축주의 의도가 건축가의 눈에 제대로 파악되지 못하면 설계가 우왕좌왕하여 시간

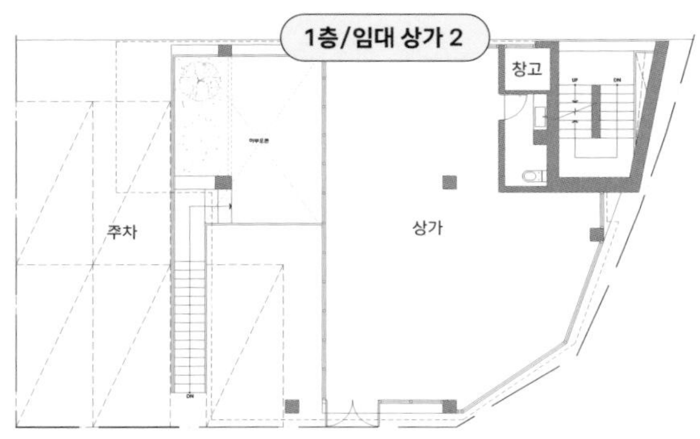

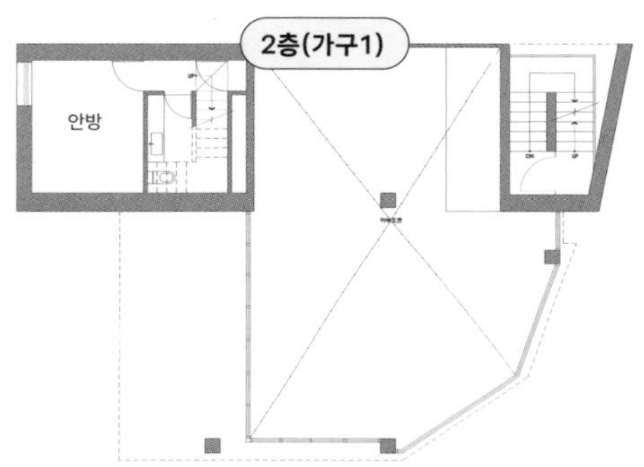

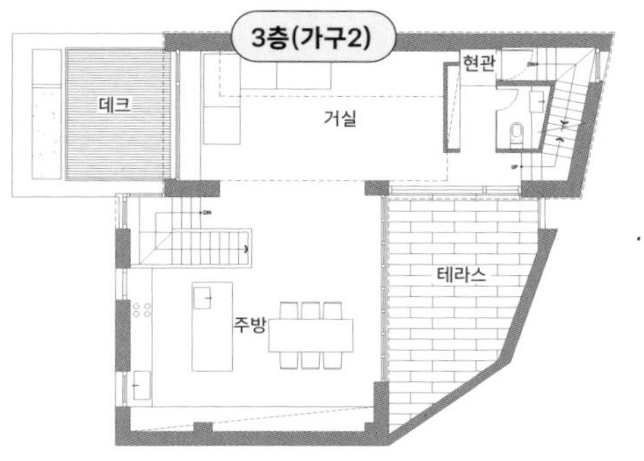

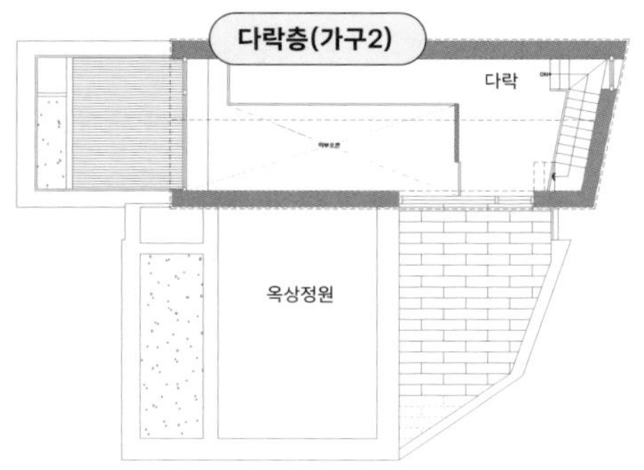

규모	지하 1층+지상3층+다락, 임대 상가 2곳+2가구
건축면적	132.13m²
연면적	441.23m²

가구2: 거실/다락

가구2: 주방

가구1: 거실/주방

외관

←↗ 붉은벽돌집
상가와 다가구를 겸한 주택으로, 진출입로의 구성, 임대할 상가와 주택 부분의 내부 구성 등 복잡한 결정들이 많았음에도 불구하고 건축허가까지 6개월 이내로 소요되었던 예. 건축주는 임대할 상가 부분의 면적과 임대할 업종, 2가구 중 1가구를 임대하고 1가구에는 건축주가 입주할 예정인데 필요한 면적이 어느 정도인지까지 빠르게 결정을 했다. 대지 선정부터 건축사무소가 개입해 사전 정보를 알고 있었고, 전체 예산과 바라는 규모가 합리적인지 등에 대해 첫 만남부터 구체적으로 건축가와 상담이 가능했다. 즉, 건축주의 계획이 구체적이었고, 동시에 정확하고 효율적으로 건축가에게 의사를 전달한 것이 비결이었던 듯하다.

만 허비하게 됩니다. 건축주의 모든 바람과 생각이 건축가에게 잘 전달되도록 건축가가 그 모든 사안을 충분히 검토할 수 있도록 해야 합니다.

② 계획안 협의 과정에서 궁금하거나 불편한 점들이 후회로 남지 않도록 의사를 분명히 밝혀야 합니다. 망설이지 마세요. 미처 하지 못한 말들을 계획이 끝날 즈음에 들춰내는 분들이 종종 있습니다. 설계는 붙였다 뗐다 하는 '땅따먹기'가 아니라, 세밀하고 섬세한 수백 수천 개의 톱니바퀴가 서로 맞물려 돌아가는 거대한 사유의 시스템입니다. 상대를 배려하거나 미안해서 그때그때 자신의 의견을 제안하지 못했다가 시간이 한참 흘러 '도저히 안 되겠다, 말해야겠다'로 바뀌면 심각한 문제를 초래합니다. 처음부터 모든 것을 새로 시작하기도 합니다. 매번의 단계마다 반드시 충분한 이해와 동의를 하고 다음 단계로 넘어가야 시간과 노력의 낭비를 줄일 수 있습니다.

③ 건축주의 의사가 무조건적으로 반영되지 않을 수 있습니다. 거꾸로 건축주의 의사를 100% 반영하는 건축가는 전문가라고 보기 어렵습니다. 동시에 건축가의 의도가 지나치게 피력되는 편파적인 설계 또한 피해야 합니다. 한쪽으로 치우쳐진 결과물은 결국 누군가에게는 불편할 수밖에 없습니다. 서로의 영역을 침범하지 않는 선에서 건축주는 사용자로서, 건축가는 설계자로서 끊임없이 소통하여 합의된 설계가 되어야 서로에게 모두 만족스러운 결과물이 나옵니다.

④ 설계 기간 내내 예산을 놓지 말아야 합니다. 설계를 진행하다 보면 면적도 금액도 증가하는 것이 보통입니다. 조금만 더 넓히고 요것만 더 좋은 것으로 재료를 변경하는데, 조금과 요것이 모여 감당할 수 없는 눈덩이가 됩니다. 예산 계획과 예산의 실제 집행을 매 순간 상기해야 합니다.

⑤ 계획 설계안을 들고 다른 건축가들의 조언을 받는 분들이 간혹 있습니다. 자신이 선택한 건축가의 개성과 전문성을 존중하려는 노력이 필요합니다. 계약 후에 의심하지 말고, 사전에 조사를 충분히 하세요(1부 78~86쪽 참조).

⑥ 중요한 것부터 지출의 순서 정하기

사람과 마찬가지로 집도 골격이 건강해야 합니다. 집의 골격이란 골조, 설비 계통, 창호 등을 말하는데 이것들이 튼튼해야 기후의 변화에 잘 대응하고 누수로 인해 고통받지 않습니다. 그런데 기본적 틀이 가장 중요하다는 상식이 실제 공사에서는 등한시되곤 합니다. 가장 전문적인 지식과 기술이 필요한 부분이지만 일반인들의 눈에는 드러나지 않기 때문입니다. 집의 외피와 내피 사이에는 무수히 많은 공정이 있습니다. 그것들이 제대로 시공되지 않으면 외피나 내피로 문제가 스며 나올 수밖에 없으며, 크고 작은 하자로 집은 골칫덩어리가 됩니다. 집의 골격은 쉽게 바꿀 수 없으며 고치려면 엄청난 시간과 경비 그리고 불편을 감내해야 합니다. 따라서 예산은 우선되어야 할 중요한 것과 그 외의 것들을 구분하여 적용되어야 합니다.

① 마감재보다는 기본 골격이 좋아야 합니다. 마감 재료는 언제고 마

음먹으면 바꿀 수 있기 때문입니다. 특히 예산이 빠듯하다면 눈이 즐거울 재료에 들이는 비용을 최소화해야 합니다. 골조나 단열, 배관, 창호 등의 하드웨어들이 단연코 우선적으로 고려되어야 합니다.

② 디자인의 강약을 따져 강조할 것과 기본에 만족할 것들에 단호해야 합니다. 좋거나 덜한 것은 상대적인 감성입니다. 따라서 모든 것이 다 좋을 수도 없고 그럴 이유도 없습니다. 좋은 것은 덜한 것들이 있어야 돋보이고 무엇보다 전체적인 조화가 가장 중요하다는 것을 기억해야 합니다.

③ '꼭 하라더라, 정말 좋다더라'에 귀를 닫으세요. 설계 과정에서 제일 골치 아픈 요구가 '이런 얘길 들었으니 꼭 반영해달라'는 제안인데 전문가로서 도저히 동의하기 어려운 요소들이 더러 있습니다. 소문이 아닌 정확한 데이터를 찾아야 하고, 그럼에도 건축가가 거듭 만류한다면 포기하길 권합니다.

⑦ 시공사 찾기

어떤 시공사를 만나야 성공적인 집짓기에 이를 수 있는지는 저조차 단번에 판단하기 쉽지 않습니다. 아니, 매우 어렵습니다. 그렇기 때문에 어떤 집이든 잘 지을 수 있고 아무런 문제 없이 모든 책임을 질 수 있으니 맡겨만 달라고 호언장담하는 시공사와 항상 문제가 생겼던 경험은 당연했구나 싶습니다. 정답이랄 수는 없지만 몇 가지라도 미리 검토한다면 조금이나마 도움이 되리라 생각합니다.

① 계약 금액의 협상에서 지나치게 후한 시공사는 문제가 있을 수 있습니다. 일면식도 없는 사람의 공사를 이득 없이, 심지어는 손해를 감내하고 진행할 사람은 이 세상 어디에도 없다는 사실을 명심해야 합니다.

② 뭉뚱그려진 항목이 많은 내역서를 제시하거나 기성금을 두세 번 정도로 크게 나누어 지불해달라고 요구하는 시공사는 피해야 합니다. 내역서는 공사의 종류, 수량, 임금비 등등의 정보가 기록된, 어떤 비용을 어떻게 쓰는지를 가늠하게 하는 공사비 관리서로써

상세하고 꼼꼼할수록 좋습니다. 공사비는 공사기간 동안 단계별로 투입되므로 최소한 6~7회로 나누어 지불하는 것이 시공사나 건축주에게 위험과 부담을 줄이는 방법입니다.

③ 해당 시공사가 진행하고 있는 현장을 방문해보세요. 한번은 동네에서 꽤 알려진 시공사에게 공사를 맡겨도 좋을지에 관한 조언을 부탁받은 적이 있어 현장을 방문했었습니다. 마감 공사가 진행 중어서 기본 골격 등의 하드웨어는 체크할 수 없었고 주로 창고, 화장실이나 각종 이음매 등 눈에 잘 띄지 않는 곳을 주로 살폈습니다. 드러나는 공간은 누구나 신경을 씁니다. 그냥 지나칠 소소한 부분을 어떻게 마무리하는지, 굳이 도면이 필요 없는 표준 공사의 정도가 어떤 수준인지를 확인하는 과정은 꽤 의미가 있었습니다. 또한 현장을 관리하는 현장대리인의 반응과 응대, 대화의 내용 등이 시공사마다 크게 다르다는 점은 인상적이었습니다. 건축가가 보는 현장과 일반인의 눈에 보이는 현장은 같을 수 없습니다. 만약 건축가의 조언을 구하기 어려운 상황이라면 시공된 모든 것들의 수평 수직이 잘 맞아 보이는지, 배관들이 색깔별로 잘 정돈되어 튼튼하게 매여 있는지, 현장 주변의 정리정돈 상태를 보는 것도 좋은 방법입니다. 특히 현장 작업자들의 분위기가 안정적이고 활기차 보인다면 즐겁게 일할 여건이 마련된 현장일 겁니다.

↑ 정돈된 철근 배근, 설비 배관의 예

④ 입주를 마치고 일정 기간 이상 살고 있는 집을 방문해 평가를 들을 수 있다면 가장 믿을 만한 정보라 할 것입니다. 어떻게 공사를 진행했는지 공사 후 하자에 어떻게 응대했는지 시공사의 관리와 태도를 미리 알 수 있으니까요.

⑤ 회사, 즉 사무실을 방문해보시길 권합니다. 주택이나 근린생활시설 등 소규모의 공사를 주로 하는 시공사에는 대부분의 직원이 현장 관리(현장대리인)를 나가고 사무실에 공석이 많을 겁니다. 사무실의 분위기는 외근 직원의 소통과 관리, 본사의 운영체계를 미루어 짐작하게 합니다.

⑥ 마지막으로 계약 전 현장대리인에 관한 검증이 필요합니다. 시공사의 공신력만큼 중요한 것이 현장대리인 개인의 능력입니다. 같

은 시공사 내에서도 현장소장의 개인차가 있습니다. 그러니 내 집의 공사를 책임질 현장대리인의 경력, 성격, 의사소통 방식 등을 미리 파악하고 대화를 나눠보는 것이 중요합니다.

⑧ 시공계약서는 충분히 검토되어야 합니다

건축가가 계약서의 법리적인 문제를 따질 수는 없으나 의뢰인보다는 경험이 많으므로 시공계약 시 주의사항에 관한 조언을 구하면 도움을 받을 수 있습니다. 저의 경우엔, 시공 관련 몇몇 조항을 특약으로 정해 시공계약서에 첨부하고 나서 감리계약을 체결합니다. 이름은 '특약'이지만 크게 낯선 내용은 아닙니다. 당연한 내용을 굳이 특약조건으로 내세우냐며 웃으며 사인하는 시공사 대표님도 있고, 어떤 곳은 부당하고 편파적이라고 언짢아하며 계약을 거부하기도 합니다. 이 특약을 대하는 시공사의 반응은 시공자의 철학, 일해온 방식 등을 미루어 짐작할 수 있는 대목입니다.

특약 내용의 요점은 다음과 같습니다.

- 공사비 총액의 확정 및 공정별 기성금 지급
- 현장대리인의 상주
- 도면에 의거한 시공 및 표준 시방의 준수
- 지정된 자재 및 인증된 자재의 사용
- 건축주의 동의 없는 시공 변경 불가
- 불가피한 공사 변경의 경우 건축주의 변경 내역 확인 후 공사

⑨ 감리의 역할과 중요성을 제대로 알아야 합니다

많은 이들이 설계와 감리를 비슷한 일로 이해하는데 큰 오해입니다. 설계는 시공을 위한 도면과 도서를 작성하고 건축허가를 받기까지의 과정이고, 감리는 공사가 시작된 후부터(착공) 공사 완료 시(사용승인)까지 설계도면대로 공사가 진행되는지를 관리하는 일입니다.

감리의 역할을 다하려면 시공도면을 충분히 깊게 숙지해야 하며 건축주나 시공자와 긴밀히 소통해야 함은 물론이고 전반적인 공정과 기간 등의 절차에 관계해야 합니다. 우리나라의 현행법은 설계자가 직접 감리를 할 수 있는 건축물의 용도가 있는가 하면, 관공서에서 지

정한 감리를 채용해야 하는 경우도 있습니다. 설계를 한 건축가가 직접 감리를 하는 것이 가장 합리적이지만 법적인 기준이 그러하니 허가권자 지정감리를 채용해야 한다면 감리의 조건들을 명확히 검토해 계약하는 것이 중요합니다. 허가권자 지정감리를 진행할 경우 '디자인 의도 구현'이라는 방법을 통해 설계자가 공사에 직접 개입을 하는 경우도 있는데 건축주의 입장으로는 이중 비용을 지불하는 셈이니 억울한 법제이지만 성공적인 공사를 바란다면 고려해볼 만합니다.

감리의 방법에는 상주감리나 비상주감리 등 여러 방법이 있으며, 주택이나 소규모의 건축물에는 비상주감리가 적당합니다. 비상주감리는 중요한 공정마다 공사를 체크하는 방법으로 간혹 현장에 상주하는 현장대리인의 역할과 혼동되는 경우도 있습니다. 감리계약 전에 감리의 역할과 방법을 충분히 확인해 각자의 역할에 관한 오해를 방지하시길 바랍니다.

또 신중하게 결정해야 할 다른 하나는, 건축주와 감리자 그리고 시공사가 서로의 의견을 전달하는 방법입니다. 공사를 시작하기 전에 어느 정도 방식을 정해 종료까지 이어가는 것이 좋습니다. 이를테면, 상호 간에 생기는 여러 요청을 감리자를 중심으로 소통 체계를 일원화한다든지, 전체 공정표를 두고 어느어느 시점에 어떤 방법으로 확인을 하자는 등의 내용을 미리 정하는 겁니다. '누가 이렇게 하라 했으니, 내 책임이 아니다'라는 흔하디흔한 갈등과 책임 회피의 문제를 사전에 차단할 수 있도록 체계적인 소통 방법을 정해두어야 합니다.

솔직함이 최고의 지름길

거의 모든 건축주들이 아는 상식 중 하나가 "시공사가 제시하는 견적의 20~30%에 해당하는 비용을 예비비로 준비해야 한다"는 기준입니다. 저의 경험을 근거로 결론부터 말씀드리자면 이것은 타당하지 않은 상식입니다. 성실한 설계를 바탕으로 정확하게 견적이 산출했다면 예비비는 10% 정도가 적정합니다. 예비비란 예상치 못한 일이 발생했을 때를 대비한 금액이기 때문에 설계도서가 빠짐없이 작성되었고 제대로 견적이 되었다면 굳이 큰 비중의 예비비(추가금액)를 준비할 이유가 없겠지요.

공사 중 추가액이 발생하는 경우는 크게 다음과 같습니다. 대지에 예측하지 못한 토질의 문제가 발견되었을 때, 견적에 제공된 설계도서가 심각하게 부실하거나 대대적인 수정을 해야 할 때, 마지막으로 건축주의 변심으로 설계나 자재 등 주요 사안이 변경될 때가 대표적인 예입니다. 그 외 드문 경우이지만 시공사가 견적 제안을 잘못한 경우도 있을 수 있는데 충분한 설계도서가 제공되었다고 전제한다면 이 차액에는 건축주의 책임이 없다고 볼 수 있습니다. 충분한 설계도서를 제공받았음에도 불구하고 미흡한 견적 총액으로 계약한 시공사의 문제라고 보는 것이 타당합니다. 그럼에도 불구하고, 이미 계약을 진행하여 공사가 진행 중이라면 서로의 입장을 이해하고 상의하며 적정한 선에서 조율하는 것이 합리적인 방법입니다.

설계가 구체화될수록 애초에 예정했던 계획 면적이 늘어나는 경우가 많습니다. 예정공사비 6억 원 이하 60여 평의 주택이라는 큰 틀에서 설계를 시작했는데, 면적이 점점 늘어 80평을 넘기고 공사비도 10억 원을 초과했던 경험이 떠오르는군요. 매번 회의 때마다 늘어나는 면적과 금액에 관해 심각하게 조언을 했지만 결국 설계는 건축주의 의지대로 진행되었는데, 놀라운 것은 늘어난 공사비를 건축주가 충분히 감안하고 있었다는 점이었습니다. 공사비를 감당할 수 있는 상황이 다행스럽긴 했으나 크게 아쉽고 안타까웠습니다. 처음부터 요구 면적과 예산을 정확히 알려주었다면 전혀 다른 방법의 설계로 접근했을 것이기 때문입니다. 30%가 넘는 공사비 차이는 설계의 방향을 완전히 달라지게 만듭니다. 공사비에 맞춰진 설계란 디자인을 더하고 덜하고의 문제가 아닙니다. 금액에 최적화된 구조와 디자인, 재료와 디테일을 적용하는 문제입니다. 디자인과 구조, 재료가 완전히 조화를 이룬 설계는 몇몇 요소들이 달라질 경우 그 비율만큼만 조율되거나 변경될 수 없습니다. 중요한 기본 조건이 정확히 전달되지 않으면 조건에 가장 이상적인 설계를 할 수가 없는데, 이 사례가 그렇다고 할 수 있겠지요.

초기 예산과 시공사로부터 받은 견적의 차이로 건축가와 언쟁이 생기거나 공사를 포기할 수밖에 없는 심각한 상황이 발생할 때도 있습니다. 건축가에게 예산과 설계의 관계는 누적된 경험치에 의한 것이기 때문에 전적으로 그에 의존해서는 안 됩니다. 도저히 감당할 수 없는 큰 금액의 초과로 공사를 포기하기에 이르는 경우라면 건축가의 욕심이나 경험 부족이 원인이 될 수 있겠지만, 일반적인 오차범위도 수용하기 힘든 빠듯한 예산으로 건축을 하고자 한다면 오히려 시공사를 먼저 선정하여 실시설계 단계에서 공사비에 관한 자문을 반영하면서 진행하는 것도 효율적인 방법일 것입니다.

건축과 인테리어는 따로 구분되지 않습니다

간혹 현장에서 '저 집은 건축비만큼을 들여 인테리어를 새로 한다네요!'라는 경탄을 듣습니다. 건축 공사비만큼을 인테리어에 재투자한다는 것은 그만큼 좋은 결과를 기대한다는 의미겠지만 이 대목에서 간과된 것이 있습니다. 특별한 이유를 따로 두지 않는 한(특수한 사용 목적이나 규모가 필요한 시설이나, 건축주와 사용자가 다른 시설 등) 건축과 인테리어가 분리되어 계획되는 것은 바람직하지 않습니다. 자칫 어울리지 않는 옷을 입게 될 위험이 높아지고, 이중 지출을 야기하는 아깝기 이를 데가 없는 비용입니다. 주택은 소규모의 설계로 애초에 구조설계에서 마감설계까지 모든 것을 감안해 계획됩니다. 인테리어를 감안하지 않은 구조설계는 공간을 낭비하여 건축주가 원하는 공간 구성이 불가능할 수 있고 자재와 비용의 낭비로 이어지기 십상입니다. 주택을 설계하는 건축가라면 응당 설계 초기부터 인테리어가 수반된 계획을, 심지어 문고리 하나 자물쇠 하나까지도 염두에 두어 설계의 전반을 조율하는 것이 당연합니다. 바람직한 주택 설계는 전체적인 공간의 톤에 맞는 각종 마감재료, 조명, 위생기기, 붙박이가구까지 고려되기에 인테리어에 별도의 신경을 쓸 필요가 없어야 합니다.

↓ 휘어진 대지의 형태에 따라 곡면부를 맞추고 목재를 내부 마감재로 활용했다.

동굴집: 살롱

↓ 안방, 드레스룸 욕실이 연결되는 구간이다. 욕조는 기성품이 아닌 현장 시공으로 욕실 바닥보다 낮게 제작했다. 욕조에 누우면 전면 창을 통해 하늘을 바라보며 쉴 수 있다. 외부에 면한 포켓 정원에 나가 샤워가 가능하다.

붉은벽돌집: 드레스룸, 화장실

⬆ 주방 벽에 상부장 대신 석재로 마감해 넓은 개방감을 주고, 정면에 보이는 짙은 갈색 마감재는 타일이고 붙박이 수납을 겸해 세면대를 두었다.

⬆ 건축주가 소장한 장서의 분량과 종류를 가늠해 서재의 책장을 디자인하면서 벽과 낮은 창을 활용해 선반을 설치했는데, 높이와 깊이가 잘 맞아 건축주가 별도로 책상을 구입하지 않았다.

도면의 완성도는 설계 변경의 부담과 반비례합니다

설계의 완성도, 즉 도면의 충실한 정도는 공사에 관련된 모든 내용을 결정짓는 기준이자 그 공사에 관계하는 모든 이들의 약속입니다. 도면에는 개요나 필수 도면을 비롯한 일반적인 내용에서 특수한 경우의 상세도와 각종 설명, 심지어는 특별한 재료의 종류나 명칭까지 건축가 나름의 방법으로 기록되어 작성됩니다. 지면이라는 한계가 있을 수밖에 없는 도면에 모든 것을 표기하기 어렵기 때문에 건축 관련 종사자라면 누구나 숙지하고 있는 보편적인 내용은 표준 시방에 의하기도 합니다.

건축가들의 한 모임에서 공사 중 현장설계(현장의 진행 상황을 보고 설계를 변경하여 시공하는 방법)는 당연하며, "공사 중임에도 불구하고 설계를 변경할 만큼 신경을 써주니 건축주가 너무 고마워하더라"라는 이해할 수 없는 대화를 들은 적이 있습니다. 이미 시공된 부분이라도 설계를 다시 하여 더 좋은 방향으로 변경한다는 측면에서 건축가의 열의를 높게 살 수도 있겠지요. 그런데 한편으로는 주택 규모의 공사에서 현장설계가 필요하다는 것은 충분히 검토되지 않은 도서임을 의심해볼 여지도 있습니다. 건축가도 사람이니 설계의 오류를 시공 중에 발견하여 공사 중이지만 수정을 해야 하는 불가피한 경우도 있지요. 또는 건축가의 자기만족을 위한 변경일 수도 있겠고요. 하지만 이 모든 이유가 자랑거리가 될 수는 없습니다. 설계 변경은 시공의 꽃이라는 말을 들은 적이 있습니다. 공사 도중 잦은 설계 변경은 불필요한 공사금액의 증가와 공기의 연장에 직접적인 요인이 되므로 충분한 시간을 가지고 설계를 하는 것이 중요합니다.

공사는 검증된 방법과 자재가 우선적으로 선택되어야 합니다

개인이 짓는 단독주택이나 소규모의 건물에는 새로운 공법이나 신재료보다는 검증된 결과치를 적용하길 권합니다. 소극적이고 진부한 태도일 수 있겠지요. 그러나 규모의 경제를 생각지 않을 수 없습니다. 새로운 시도는 그만큼의 위험부담이 지워집니다. 독일에서 들여온 중공구조브릭을 구조재료로 사용하고자 하는 건축주를 만난 적이 있습니다. 중공구조브릭은 그 자체로 단열효과가 탁월한 친환경 재료였고 조적이라는 구조적 특성상 철근콘크리트구조보다 월등히 짧은 공기가 특장점이었습니다. 그러나 그 회사가 구조적 안정성을 파악하기 위한 자료 요청에 충분히 답해주지 않아 어느 시점에 이르러 결국 설계를 중단하게 되었습니다. 구조적 안전을 검증할 방법이 없는 설계를 진행할 수 없었습니다. 결국 의뢰인은 다른 설계사무실에서 설계를 진행했는데 얼마 후 그분이 다시 찾아왔습니다. 시간과 돈을 낭비한 후 건축주가 재료의 사용을 포기한 것이지요. 집을 짓고자 하는 분들은 건축자재 박람회 등을 많이 관람하는데 그곳에는 실험과 필증을 득한 새로운 대체재가 범람합니다. 더욱이 빠듯한 예산이라면 품질이 보장된 저렴한 신소재들의 유혹을 떨치기가 쉽지 않지요. 그러나 그 많은 신제품들 가운데 살아남아 보편화된 제품이 극히 드뭅니다. 건축물의 재료는 급변하는 기후와 조건에 최소한 백년은 안전하게 사람을 보호해야 하고 강한 내구성을 확보해야 하며 하자 발생 시 보수가 용이해야 합니다. 대규모의 집합주택이나 공공 건물이 아니라 개인 소유의 주택이나 작은 건물인 경우 오로지 개인의 재산으로 관리하고 보수해야 하므로 재료는 지극히 보수적으로 선택되어야 합니다.

비싼 재료보다는 정밀한 시공이 중요합니다

엇비슷해 보이는 기능과 재질이라도 종류와 가격이 천차만별입니다. 값비싼 재료는 한눈에도 고급스럽지요. 그러나 건축 재료는 그 자체로 기능하지 않습니다. 비싼 재료든 싼 재료든 그 쓰임을 위해서는 그만큼의 시공 기술이 필요하며 재료의 특성을 살려내는 디테일한 설계와 시공이 더 가치가 있다는 것을 건축가도 시공자도 잘 압니다.

한번은 외장재 비용을 아끼기 위해 동네의 상가건물에 흔히 쓰는 화강석을 독특하게 가공하여 세로로 길게 붙이는 석재 시공을 한 적이 있습니다. 물론 표면을 다르게 가공하기 위한 비용과 디테일을 구현하기 위한 노임이 조금 더 들었지만 고가의 자재비에 견준다면 아무것도 아닌 금액이었습니다. 후일 동료 건축가로부터 그 외장재의 종류가 무엇인지 가격이 어떤지 자신의 예산과 맞는다면 사용하고 싶다는 문의를 받았는데, 그가 상상한 금액이 실제 단가의 대여섯 배가 넘는 높은 금액이었던 기억이 있습니다. 같은 자재라도 설계와 가공에 따라 전혀 다른 맛을 낼 수 있어요. 재료의 특성을 잘 표현한 디자인과 그 디자인을 살리기 위한 섬세한 시공은 특별하지 않은 재료로 특별한 요리를 만들어내는 명인의 손맛처럼 일반적인 것을 남다른 감성으로 다시 태어나게 합니다.

마지막 고집은 접어 건축가의 자리를 남겨두길

저희 사무소를 찾는 건축주들은 대부분 원하는 바가 명확합니다. 건축에 조예가 깊어 국내외의 저명한 건축가를 꿰고 있거나 세계를 여행하여 쌓은 건축적 견문이 전문가 수준에 이르는 분도 드물지 않습니다. 두꺼운 책 분량의 도면을 보여주는 경우도 있었고, 3D 이미지를 사무실 식구보다 더 멋지게 만들어 놀란 적도 있었습니다. 그럼에도 불구하고, 애호가는 전문종사자와 다릅니다. 또한 집 자체로 완벽한 집은 존재하지 않습니다. 그 집에 쌓이는 시간과 관계가 집을 완성합니다. 좋은 건축가는 시간과 관계가 쌓일 부분을 교묘하게 비워둡니다. 그것이 건축가의 의도입니다.

저의 경험을 돌아보자면, 건축주의 요구를 최대한 반영하고 거듭 수정을 거쳐 요구와 효율과 아름다움의 최대치를 향해 가다가 물러설 수 없는 어느 지점에 닿곤 합니다. 그 순간 참 묘하게 치열해지고 '나는 무엇을 추구하는가'에 깊이 파고들게 됩니다. 집은 기술 문명의 총합이기도 하고 자본이 촘촘하게 맞물리는 과정이자 결과이며 개인의 소유인 동시에 마을과 도시의 구성으로서 공적 가치를 지니기도 합니다. 집이 세워지는 오만가지 의미와 과정들 사이에 드물게 건축가가 전문가로서 기능할 수 있습니다. 설계계약서에 사인하기 직전에 저는 당부하곤 합니다. 의뢰인이 원하는 대로 바꿔주면 쉽고 편할 일을 굳이 건축가가 얼굴을 붉히면서까지 고집을 부린다면 그것은

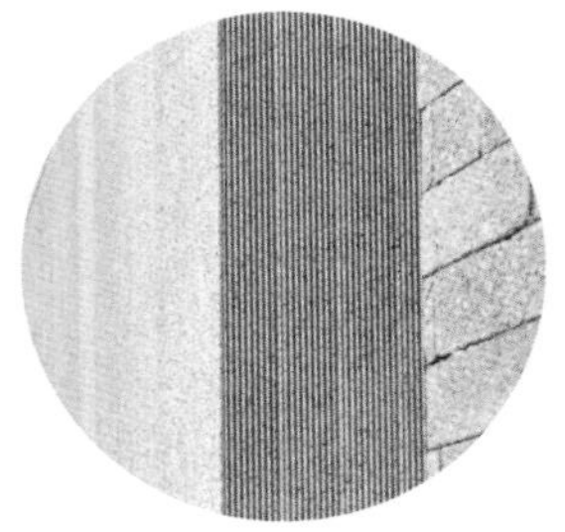

↑ 매우 흔하게 쓰이는 화강석인데 석재에 세로 패턴의 가공을 해 사용했다. 평범한 재료지만 그대로 시공하지 않고 디자인 가공을 거친 덕분에 특별한 분위기를 연출할 수 있었다.

↑ 가장 일반적인 규격의 붉은 벽돌을 건물의 디자인에 어울리도록 부위별로 다른 디테일로 시공해 특별한 분위기를 연출했다.

↑ 골강판 지붕과 샌드위치 판넬. 농가의 창고나 비거주용 건축물에 흔히 사용하는 재료들이지만, 접합 방식 등을 기존의 방식과 다르게 설계해 디테일을 살렸다.

전문가로서 안목과 도덕이 허락하지 않는 이유일 것이니 숙고하시길 바란다는 메시지입니다. 어느 사회에서든 개인의 주택을 건축가가 설계하는 일이 그리 흔치는 않습니다. 그러하니 건축가가 설계하는 집이라면 그의 자리를 남겨두시길 권합니다.

마당에는 반드시 작은 나무 한 그루라도 심으세요

선물받은 화분조차 빨리 죽기를 바랐던 삭막한 건축가가 집을 설계해왔다는 것이 지금 생각하면 우습기 짝이 없네요. 저는 아스팔트키드로 자랐고 화분에 물을 줄 여유가 없다는 핑계로 식물에 관심을 둔 적이 거의 없었습니다. 그런 이유로 저의 초기 작업들에는 나무나 풀이 잘 보이지 않지요. 몇 년 전 사무실을 자연 가까이에 두게 되면서 울며 겨자 먹기로 낙엽을 쓸고 눈을 걷어야 하는 노동이 주어졌습니다. 힘든 일이더군요. 그런데 조금씩 조금씩 제가 달라지더군요. 거친 비질이 시끄러운 머릿속을 정리해준 것인지, 무념무상의 노동이 평정을 찾는 비법이었는지 요즘은 까탈이 덜해졌다는 칭찬을 간혹 듣습니다.

주택에 사는 가장 큰 의미는 바로 자연과 친해지는 데에 있지 않을까 싶습니다. 계절을 따라 변하는 자연의 색이 얼마나 아름다운지를 지척에서 발견하고 햇볕의 따사로움과 바람의 변덕을 느끼는 것이야말로 집짓기의 지난한 과정에 대한 다디단 열매가 아닐까요. 집을 지은 가족들의 후일담은 건축가라는 직업에 자부심을 안겨줍니다. 이사하고 이전과 달리 가사일에 적극적으로 변했다는 남편, 소심해서 걱정이던 아이가 풍뎅이며 메뚜기며 자연을 스스럼없이 대한다는 엄마들의 후기에 어깨가 으쓱해진답니다. 자연은 내 아이를 용감하게 만들고 어른들에게 평온을 주며 마음의 상처를 치유합니다. 그래서 집에는 반드시 나무 한 그루가 있어야 합니다.

"왜 그렇게까지 하세요?"라는 질문을 받으며

집을 짓거나 대규모 수선을 염두에 두고 있다면 이미 상식일 내용을 이리 장황하게 강조한 이유는 우리 사회에는 아직 소규모 건축물의 아름다움으로 얻을 수 있는 풍요와 안정이 극히 드물며, 아무리 허술히 지어진 집이라도 문제점들이 한 번에 쉽게 드러나지 않기 때문입니다. 자격을 갖춘 건축가라면 당연히 제대로 설계할 것이고, 시공사라면 도면에 따라 공사하면 되는데 무엇이 문제가 되겠냐는 말을 듣기도 합니다. 당연한 의문이면서도, 즐비한 식당 가운데서도 맛집을 가리고, 많은 병원 중에서 명의를 찾듯 세상사 모든 일과 견주면 꼭 그렇지만도 않다는 것을 독자분들도 아실 겁니다. 특히 우리 사회의 주거 문제는 일반과 당위의 차원을 넘어선 지 오래이니까요. 숫자는 많은 것을 시사합니다. 총 주거 가운데 70%를 웃도는 대규모 집합주택 비율과 사전 청약이라는 놀라운 분양 방식은, 주거 문제와 주택 건설, 건축을 둘러싼 많은 것들이 일반적이지 않은 방식으로 진화를 거듭하고 있음을 보여줍니다. 즉, 아파트단지 이외에 다양한 주거 방식이 소외되면서 벌어지는 건축, 건설 분야의 왜곡과 퇴행이 오래도록 뒤따르고 있습니다.

그러니 주택을 수십 년 설계하고 감리했으면 웬만한 규모는 눈감고도 해야 마땅한데도 불구하고 프로젝트마다 새로운 상황과 애매한 문제에 골머리를 썩곤 합니다. 같은 법규도 상황에 따라 달리 해석될 수 있으니 반복해 살펴야 하고, 비슷한 디테일이라도 재료나 금액에 따라 시공이 달라져야 하며 시공사마다 다른 장점과 약점을 고려해 감리를 합니다. 종종 "왜 그렇게까지 하세요?"라는 질문을 받습니다. 저에게도 숙제 같은 질문입니다.

설계사무소를 개소한 직후에는 설계의 의도를 시공으로 구현하기 위해 지독히도 애를 썼더랬습니다. 제대로 숙지하지 못한 재료를 사용해 같은 부위를 서너 차례 이상 시공을 다시 한 적도 있고, 내부 전체를 유리로 시공해 자연과의 조화를 극대화한 집은 아름다웠으나 연교차 60도에 이르는 국내 기후 상황을 고려하지 못한 처사였음을 인정하게 되었습니다. 그럼에도 불구하고, "내가 내 가족과 살 집이라면 어떻게 할까?" 하는 물음을 여전히 맨 앞에 놓습니다. 감리 현장에서, "네, 이렇게 끝낼 수 있지요. 그런데 조금만 더 하면 안 될까요?"를 청하곤 합니다. "조금만 더"의 끝이 함께한 파트너들 모두가 느낄 만족임을 알기에 그렇습니다.

잘 지어진 집은

가격과 만족은 주관적이면서 상대적인 평가입니다. 건축가로서 아주 듣기 좋은 말이 있어요. "저 집이 더 크고 비싸 보이지만 나는 우리 집이 더 좋아요"라는 말입니다. 집을 짓는다고 하면 조언을 빙자한 참견들이 많습니다. 건축이나 시공 관련 일에 종사하는 지인이 있는 경우는 더 심하겠지요. 내내 하는 말이지만, 일단 동반자를 정하고 나면 최대한 당사자들끼리 문제를 해결하는 것이 성공의 지름길입니다. 건축주를 중심으로 시공자와 설계자가 하나로 뭉쳐야 예기치 못한 무수한 갈등을 극복해나갈 수 있습니다. 어떤 경우든 서로 예의를 지키며 조금씩 양보하는 마음이 사고 없이 맺음 할 수 있는 열쇠입니다. 저 또한 준공 이후 심각한 하자가 생겨 3년 여를 모두가 고생한 경험이 있습니다. 힘들고 짜증스러웠지만 가능한 한 감정을 자제하면서 어느 정도 수습이 되어가자 건축주의 감동적인 인사가 있었습니다. "처음에는 정말 화가 났는데 이제 와서 생각하니 시공사를 잘 선택한 것 같습니다. 누가 이렇게까지 최선을 다해 고쳐주려고 노력하겠습니까."

⬇ 전원주택은 대개 필지도 크고 자연과 닿아 있기 때문에 기존의 자연을 활용한 자연스러운 조경 설계가 필요하다. 주거 단지 내 필지가 작은 경우라도 마당이나 옥상 등을 활용해 자연이 집에 닿도록 설계해야 한다.

전원주택의 풍경

전원주택의 마당

전원주택의 전경

도심형 필지의 중정

아무리 잘 지어졌더라도 혼자 덩그러니 서 있는 건물은 집이 되지 못합니다. 단지 건물일 뿐이지요. 사람의 손길과 온기가 닿아야 콘크리트 덩어리에 생기가 스며요. 사는 사람에 맞춰지고 닮아가면서 공간 또한 생을 시작합니다. 집은 자식과 같습니다. 다소 부족하거나 미운 구석도 만지고 칭찬하고 애정을 쏟을수록 보답합니다. 제아무리 비싼 집이라도 준공 당시에 완벽한 집은 없습니다. 완벽한 집은 시간이 쌓이고 관계가 채워져야 만들어집니다.

건축주

최이수

내가 집을 지어 살려는 이유

첫 시공사 견적 이후, 우리는 두 번의 견적을 더 기다렸습니다. 결론부터 말씀드리면, '이미집'은 결국 짓지 못하게 되었어요. 영혼까지 끌어모아 내 집 마련을 한다는 20~30대가 늘고 있다는 뉴스가 연일 이어지던 시기였습니다. 저는 그 대열에 합류할 수 없었어요. 현실적으로 형편이 안 되기도 했고요. 집을 얻기 위해 영혼을 반납하고 나면 도대체 나와 아내에게 무엇이 남을까? 저희는 결국 신축을 포기했습니다.

전셋집
2014년

결혼 후 서울 마포구 망원동에 빌라를 전세로 얻었습니다. 낡은 싱크대 문짝들은 망가져 기울었고, 아무리 말리고 닦아도 며칠 사이에 군데군데서 곰팡이가 자라고, 베란다 천장의 페인트가 벗겨져 세탁기 위에 뿌옇게 가루가 쌓이는 등등 소소한 불편이 있었지만, 결혼 후 오롯이 저희 부부의 힘으로 얻은 집이라 그 집을 귀하게 애지중지 관리했어요. 좋아하는 물건들과 소중한 기억으로 채워진 안락한 보금자리였죠. 2년 뒤, 전세금 5천만 원을 올리겠다는 통보를 듣기 전까지는. 집을 얻을 당시 망원동은 그저 조용한 주택가였는데, 2년 만에 분위기가 완전히 달라져 많은 이들에게 관심을 받는 동네가 되었고, 그에 따라 전세가도 급격히 높아졌습니다. 어찌어찌 5천만 원 정도는 마련할 수 있었고, 애정을 쏟았던 그 공간, 그 동네에서 오래 살고 싶은 마음도 컸어요. 그런데 문득 두려워졌어요. 마음 편하게 살 수 있을 거라고 생각했던 동네, 그 집이 사실은 그저 2년의 계약 아래 임시로 주어진 공간이었다는 것을 실감하게 된 거죠. 전세금 5천만 원을 올리지 못하면 집을 비워야 한다는 이야기를 들은 순간부터 정들었던 동네, 반려견과 산책하며 이웃들과 인사하던 골목골목이 다르게 보이기 시작했습니다. 비단 집만 내 것이 아니었던 것이 아니라, 사실 동네도 우리 동네가 아니었구나 싶었죠. 저희는 전세금을 올려 재계약을 하는 대신 이사를 결심했습니다. 밀려나지 않고 뿌리 내릴 수 있는 안정적인 집과 동네를 찾아보기로 했습니다.

교토, 철학의 길

저와 아내의 삶에 중요한 영향을 미친 여행지가 있는데 바로 교토의 철학의 길이에요. 작은 개울이 흐르는 소담한 마을, 개울을 따라 초록빛 싱그러운 나무와 풀들이 자라는 곳, 그리고 그 길에 작고 예쁜 집들이 줄지어 서 있었습니다. 주로 2층 집이었고 1층엔 주차장과 자그마한 화단이 아기자기하고 정갈하게 가꾸어져 있었습니다. 집주인의 취향과 정성스러운 손길이 엿보이는 자그마한 집들이 한없이 부러웠어요. 누군가 어느 비싼 동네에 비싼 아파트를 가졌다 해도―현실적으로 느껴지는 금액이 아니어서인지―그다지 부럽지 않았는데, 그 작은 집들이 정말 부러웠어요. 그곳에 사는 사람들이 크기와 상관없이 온전한 자신만의 문명을 이룩하고 사는구나 싶었고, 저도 아내도 그런 집에서 살 수 있기를 꿈꾸었습니다.

↑ 교토 철학의 길

집주인이 되다
2016년

재계약을 포기하고 이사를 결심했을 때 우리는 아파트를 선택지로 두지 않았습니다. 작고 소박하게 안전한 일상을 이어갈 수 있는 곳이면 좋겠다, 다만 둘 다 서울에서 직장을 다니니 서울이기만 하면 된다는 조건이 있었어요. 예산이 넉넉지 않았지만 그간 모아둔 돈, 거기에 대출을 더해 은평구 응암동에 세모난—남들은 못생긴 땅이라고 부르는—대지에 지어진 작은 다가구주택을 샀습니다. 비록 삼각형 땅이었지만 운이 좋게도 지하철역과 아주 가까웠어요. 봄이면 잉어가 한강으로부터 거슬러 올라오는 걸 구경하고, 백로와 두루미, 물닭과 가마우지도 보고, 오리가 새끼를 낳아 졸졸 데리고 다니는 모습도 곁에서 지켜볼 수 있는 정감 있는 동네라 망설임 없이 낡은 이 주택을 구입했습니다. 저희 부부는 그 후로 6년간 우리 동네, 우리 집이라 부르며 그 집에 살았습니다. 곧장 새로 집을 지을 돈은 없었기 때문에 살면서 돈을 더 모으기로 계획했지요.

1993년 사용승인,
연와조 다가구주택

서울의 오래된 동네 이곳저곳에서 흔히 볼 수 있는 오래된 집이에요. 낡은 집이었어도 내 땅 위에 사는 기분은 공동주택에 살 때와는 조금 다른 만족감과 안정감을 주었습니다. 가을에는 골목과 작은 마당에 떨어진 낙엽을 쓸고, 겨울에는 집 앞 골목에 쌓인 눈을 쓸며 이웃들을

만나는 일도 즐거웠습니다. 동네의 시시콜콜한 이야기, 길고양이 돌보는 이야기 등을 나누며 이웃들과도 가까워졌습니다. 크게 손을 보지 않고 청소만 하고 이사를 들어갔기 때문에 사는 데 꽤 불편할 거라는 걱정도 들었지요. 물론 그랬어요. 방음이 되지 않으니 비라도 오면 유난히 빗소리가 크게 들렸고 벽돌 사이로 빗물이 스며들었어요. 그래도 머지않아 새로 짓겠다는 꿈을 품고 있었기 때문에 서글픈 감정은 들지 않았습니다. 탁 트인 옥상에서 책을 보거나 커피를 마실 때는 해방감마저 들었습니다. 아무 데나 못을 박거나 선반을 달아도 집이 상할까 걱정하지 않아도 되니 마음껏 꾸미고 살 수 있어서 좋았고, 요사이는 보기도 드문 나무 천장 장식과 영화 세트장처럼 보이는 방문 손잡이, 문지방 모양이 낭만적이기까지 했어요. 구옥을 사서 곧장 철거를 하고 신축을 시작하는 사람들을 보면 조금 부럽기는 했는데, 그럼에도 구옥을 관리하며 많은 것을 배울 수 있었기에 더할 나위 없이 좋은 기회였다고 생각합니다. 비가 오면 물과 함께 낙엽이 모여 마당 배수 구멍을 막고 물이 고인다는 것을, 그래서 비 예보가 있을 때는 미리미리 마당을 청소해 두어야 한다는 것을 직접 살아보기 전에는 몰랐습니다. 오래된 집의 반지하를 관리한다는 것이 얼마나 어려운지, 옥상에 물이 제대로 빠지지 않을 때 얼마나 당혹스러운지, 단풍나무에 매달린 송충이가 장난감인가 싶을 정도로 얼마나 거대한지, 서울 한복판 주택가에 대형 말벌집이 생길 수 있다는 것을 집을 스스로 관리하며 배우게 되었습니다. 다가구주택이라 반지하와 1층에 세입자분들이 살고 계셨는데, 한 건물에 다른 가구와 함께 살 때 무엇무엇을 신경 쓰고 배려하고 챙겨야 하는지도 알게 되었습니다.

↑ → 불광천이 흐르는 응암동 동네 풍경

지하도 없고 임차인도 없는 1가구 단독주택으로

이런 많은 경험을 바탕으로 집을 새로 지을 때 두 가지는 꼭 반영하려고 했습니다. “1. 반지하는 없애고, 새로 짓더라도 만들지 않는다. 2. (임대 소득은 포기해야겠지만) 임대 세대가 없는 우리만의 단독주택을 짓겠다.” 돌이켜보니 구옥에 살며 당한 고생의 대부분이 지하 관련된 일이더라고요. 그 다음 어려웠던 점이 임대 세대와 사는 불편함이었습니다. 솔직히 노동하지 않고 얻는 임대 수익은 달았어요. 그런데 한편에선 마음고생도 쌓였어요. 사소한 것까지 며칠이 멀다 하고 수리를 하고 임차인의 불편을 수시로 걱정하는 일상은 생각보다 번거롭고 고됐고 집을 내 맘 같지 않게 사용하는 모습을 보는 것도 고달프더라고요. 그래서 월세 소득에 대한 욕심을 내려놓고, 온전히 저희만 사는 단독주택을 짓기로 결심했습니다.

왜 아파트에 안 들어가고?

“너희는 아파트 별로니?”라는 질문을 많이 받았어요. 아파트는 단독주택에 비해 관리의 품이 훨씬 덜 들고 쾌적하고 합리적인 주거 형태라는 것이 사람들의 통념인 듯했습니다. 일면 동의하는 측면도 없지 않습니다. 단독주택은 집에 문제가 생기면 주인 혼자 모든 걸 해결하지만, 아파트는 공동의 힘으로 대처하는 일이 많으니까요. 또 한편으로는, 오래된 구옥이라도 주택을 사고 싶다고 말하며 저희 부부에게 조언을 구하는 친구들도 간혹 있습니다. 그럴 땐 거꾸로 제가 이렇게 물어요. “아파트는 별로예요? 다시 한번 생각해봐요. 아파트에 익숙하다면, 또 자산가치로 접근한다면 아파트가 아닌 주거 방식이 불안할 수도 있어요.”

그렇지만 우리 부부가 아파트를 고려하지 않은 이유는 그저 마음에 끌리지 않아서였습니다. 어디서나 비슷한 모습으로, 말끔하게 정리된 나무들 속 웅장하게 우뚝 선 아파트에 이상하게도 설렘이 없었어요. 반면에, 고추, 상추가 바람에 흔들리는 작은 마당을 품은 빨간 벽돌의 낡은 주택들에 정감이 느껴졌고 거기서 살아가는 사람들의 이야기는 궁금해지고, 또 이웃으로 지낼 수 있을 것만 같은 상상이 되더라고요. 아파트가 아닌 주택에 살고 싶은 이유는 그저 우리 부부가 주택이라는 주거 형태를 좋아해서입니다. 탈탈 먼지를 털어 햇볕에 바싹 말린 이불, 바람이 좋은 날에는 나가 앉아 있을 수 있는 사적인 야외 공간, 작아도 온전한 우리의 대지 위에 우리만 사는 느낌, 그 모든 것이 주는 해방감을 누리며 살고 싶었어요.

건축가와의 만남

2020년에 건축사무소 '문도호제'를 운영하는 임태병 소장님을 만나 신축에 관해 상담을 하게 되었어요. 그즈음 몇 군데 건축사무소를 찾아가 상담했지만, 임태병 소장님을 만난 뒤에는 다른 곳과 더 얘기할 필요가 없겠다는 생각이 들었습니다. 임 소장님의 프로젝트 해방촌 해방구, 풍년빌라, 여인숙에 한눈에 반했고, 임 소장님과 설계와 공사에 대해 이야기 나누자 집짓기가 걱정과 우려보다는 기대감으로 다가왔기 때문입니다. 그런데, 막상 자세히 상담을 해보니 예상한 금액을 훨씬 초과해 그해에는 설계도 공사도 시작할 수 없었습니다.

임 소장님과 상담을 한 후 건축비를 줄일 수 있도록 다시 계획을 세웠습니다. 4층으로 계획했던 집을 3층으로 줄이는 등 여러 욕심을 덜어내는 과정이 필요했지요. 1년 뒤 임 소장님을 다시 만났습니다.

2021년 봄이었고, 당시 예상한 건축비는 어느 정도의 대출을 더하면 감당할 수 있는 규모였기에 설계 계약을 진행하게 되었습니다. 몇 평으로 지을까, 비용이 얼마나 들까를 이야기 나누기에 앞서 임 소장님과 저희 부부는 즐기는 것, 사는 방식, 어떻게 일상을 보내는지 등 라이프스타일에 대해 세세히 대화를 나누었습니다. 만화책과 장난감을 수집하는 저와 책을 만드는 아내에게 꼭 필요한 공간이 어떤 형태인지, 집에서 가장 시간을 많이 보내는 곳은 어디인지, 티브이는 자주 보는지, 요리는 주로 누가 얼마나 즐기는지 등에 대해 얘기하다 보니 자연스럽게 우리의 일상이 정리되는 느낌이 들었어요. 얘기를 하면서 우리 스스로도 '아, 우리가 좋아하는 공간은 이러이러하겠구나' 하고 감을 잡게 되더라고요.

꿈에 부풀다

구옥에 살면서도 한겨울이 아니라면 언제나 현관을 열어 두고 싶었어요. 현관까지 이어지는 계단에 옹기종기 놓인 화분들이 보기 좋았고, 층간소음도 상관없고, 엘리베이터를 타지 않고 금방 대문을 나서는 것도 참 좋습니다. 그래서 새집을 지으면 우리만의 작은 마당을 만들고 싶었어요. 1층 주방을 통해 마당이 보이고, 음식을 하다가 기다려야 할 짬이 생기면 수시로 마당을 들락거리면 참 좋겠다 싶었어요. 수직으로 공간을 구분해 사적인 영역을 2층과 3층에 두고, 1층에서는 이웃들과 친구들을 편히 초대해 하루가 멀다 하고 어울릴 생각에 맘이 부풀었습니다.

가로주택정비사업

그 와중에 우리 동네에 달갑지 않은 이슈가 떠오릅니다. 빌라와 단독, 다가구들이 모여 있는 이곳을 가로주택정비사업으로 재개발하자는 주장이 나온 거예요. 무슨 뜻인지 정확히 몰라 인터넷으로 찾아보니 일종의 소규모 재개발로, 결론적으로는 '골목 한 블록을 작은 규모의 아파트로 탈바꿈'시키고자 하는 주장이었습니다. 가로정비사업을 시작하려면 우선 주민의 80%가 동의해야 합니다. 한마디로, 새로 집을 지어 놓고 우리 부부가 반대해도 다른 이웃들이 동의하고 동의율 80%가 달성되면 집이 다시 철거될 수 있다는 뜻입니다. 그 사실을 처음 알게 되었을 때 받은 스트레스는 그야말로 엄청났습니다. 이제야 겨우 평생 가꾸고 사랑할 공간을 짓기로 결심했는데, 아직 짓지도 않은 집이 철거될 수 있다는 상상을 해야 한다니 정말 어처구니가 없었습니다. 스트레스라는 표현으로는 부족하지요. 사실 공포였습니다.

↓ 응암동 옛집

결론부터 말하자면 우리 동네의 정비사업은 주민들의 호응을 얻지 못해 잠잠해진 상태입니다. 완전히 없던 일이 된 것은 아니지만요. 빌라에 거주하는 주민들은 우리 골목이 소규모 아파트로 재개발되는 것에 대체로 찬성하는 분위기였고, 단독이나 다가구, 상가 건물을 소유한 주민들은 그 집을 헐고 소규모 아파트로 보상받는다는 것에 그리 관심을 보이지 않았기 때문입니다. 이 일로 저는 서울에서 주택을 짓는 일에 뜻밖의 리스크가 따른다는 것을 알게 되었습니다. 저는 설계를 진행하며 비슷한 과정을 겪는 분들을 온라인과 오프라인에서 알게 되었고 서로 정보를 주고받으며 힘이 되어주었습니다. 저희처럼 갑작스러운 개발 소식을 듣고 집짓기를 계속해야 하는지, 지을 수나 있는 건지, 또 짓고 나서 타의로 철거당하지나 않을지 고민하는 분들이 적잖았습니다. 가로주택정비사업 소식으로, 또는 갑작스럽게 3080 도심복합사업 후보지로 지정되거나 그 외 여러 재개발 움직임 등으로 이미 건축허가를 받아두고 착공을 앞둔 상태임에도 신축을 이어가도 되는지 고민과 불안에 빠지는 건축주들을 만나게 된 것입니다. 더 문제는, 재개발 이슈가 발생한다고 해서 실제 사업 시행까지 되는 경우가 그리 흔치 않다는 사실입니다. 중간에 사업이 취소되거나 우리 동네처럼 어느 순간 잠잠해지는 경우가 더 많더란 사실이지요. 그러니 무작정 신축 계획을 취소하거나 미룰 수도 없는 상황이었습니다. 더불어 주택 공급이라는 공공의 대의 앞에 개인의 소중한 재산과 꿈이 보호되지 못한다는 느낌도 강하게 받았습니다. 이런 일들은 한 가구의 힘으로는 어찌 해볼 도리가 없는 문제였습니다.

다양한 가능성을 열어두기: 매매, 임대, 용도변경 등

가로정비사업의 소란에 휩쓸려보니 알겠더군요. 우리가 준비한 인생 계획에 불가피한 변화가 생길 수도 있다는 것을, 어쩔 수 없는 천재지변 같은 일들이 벌어질 수 있다는 것을 말이죠. 그래서 저는 여러 가능성을 열어 두기로 했습니다. 첫째, 우리는 이 집에서 평생을 살 수 있다. 둘째, 그렇지만 미래 어느 시점, 재개발로 인해 철거될 가능성도 있다. 셋째, 예상치 못한 신변의 변화가 생겨 집을 팔 수도 있다. 넷째, 마찬가지로 상상할 수 없는 변화로 집을 임대할 수도 있다. 물론 첫째가 가장 바라는 가능성이었으나 두 번째 여지도 고려하지 않을 수 없었죠. 그리고 이런 시기가 오면 목조주택보다는 철근콘크리트 주택이 감정평가를 더 잘 받을 수 있다는 정보를 얻게 되었습니다. 애초에 건축가와 상담할 때부터 철근콘크리트 주택으로 지을 생각이었기 때문에 기초 재료를 바꿀 필요는 없었습니다. 단독주택의 경우 주거전용 면적이 120m²가 넘으면 59m²의 아파트 두 채의 입주권, 즉 1+1 입주권 대상이 된다는 것 또한 새롭게 얻은 정보였습니다. 계획한 연면적은 123m²로 그 범위 안에 들어 다행이었지요. 현실의 잣대, 머리 아픈 계산, 끝도 없는 자산 경쟁 등에서 진심으로 벗어나고 싶어 집을 짓기로 했는데, 여러 상황에 맞닥뜨리고 나니 현실을 완전히 간과할 수가 없다는 결론에 이르게 되었습니다.

결과적으로 세 번째와 네 번째 상황까지를 염두에 두며 설계를 진행하게 되었습니다. 즉, 집을 팔거나 임대해야 할 경우까지 생각해보게 된 것이지요. 주택으로 살다가 자그마한 사옥으로 활용할 수도 있게 하면 임대도, 매매도 조금 수월할 수 있지 않을까 하는 생각을 했습니다. 추후 용도변경을 할 때 정화조 크기가 중요하다고 해서, 정화조는 시공사와 의논해 애초에 조금 큰 것으로 설치할 예정입니다. 그러면 용도변경 시 별도의 공사를 또 하지 않아도 되니까요.

↑ 외장재와 컬러를 선택하는 과정
↓ 서쪽 외관

불쑥 날아든 재개발 소식은 고통이자 불운이었지만 세상에 꼭 한쪽으로만 영향을 미치는 사건은 없는 듯합니다. 그 덕(?)에 여러 정보를 얻게 되고 좀 더 유연하게 여러 가능성을 타진할 수 있게 되었으니까요.

이미집 모형과 설계 미팅 때 본 가상의 완공 이미지들

주차장과 마당

1층: 주방에서 본 식당(다목적 공간)

3층: 가족실에서 바라본 서재

3층: 장난감 방(취미 공간)

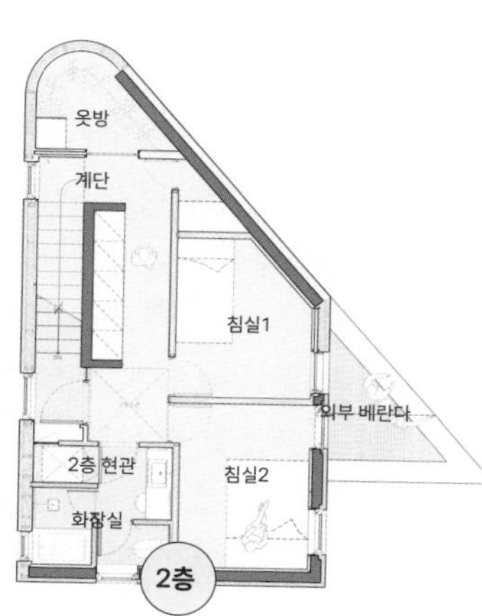

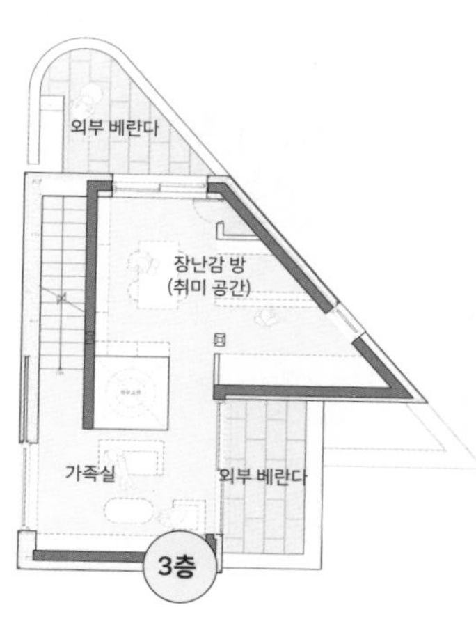

적정 수준의 빚

첫 시공사가 제시한 견적은 제가 생각한 예산의 정확히 두 배에 달했습니다. 전쟁 등 국제적 상황으로 벌어진 원자재 값 폭등, 코로나 이후 폭발한 유동성으로 인한 인플레이션이 초래한 인건비 상승 등을 고려해 저도 1억 원 정도의 상승이 있겠구나 싶었는데, 웬걸요. 정확히 두 배였습니다. 무슨 수를 내도 감당할 수 없고 융통할 수 없는 금액이었습니다.

그날 밤 제가 잠들어 있는 동안 아내가 밤새 울었다는 걸, 잠귀가 어두운 저는 알지 못했지요. 아내와 저 중에 집을 더 짓고 싶어 한 사람은 저였습니다. 한 번도 그 생각으로 미안한 적이 없었는데 그날 처음으로 아내에게 너무나 미안했습니다. 한편으로는 모든 수단을 동원해 받은 대출로 집을 지은다 한들, 행복할 수 있을까요? 정서적으로 안정을 느낄 수 있을까요? 아무리 새집이라 해도 감당하기 어려운 대출을 안고 생활비를 아끼며 빠듯하게 사는 것이 과연 낡은 집에서 큰 걱정 없이 사는 것보다 행복할까? 두려움이 커졌습니다.

다른 이들의 집 짓는 과정과 후기를 수도 없이 찾아보는 와중에 지방 도시에 작은 집을 지은 한 건축주 분의 후기가 떠올랐습니다. '예상보다 너무나도 높은 견적을 받았는데, 서울도 아닌 지방의 한적한 곳에 전 재산도 한참 초과해 대출까지 무리하게 받아 집을 지은 뒤 불가피한 상황이 닥쳤을 때 과연 누가 이 집을 그 값에 다시 사줄까?' 솔직한 우려였습니다.

일상이 피폐해지는 선까지 가서는 안 된다, 우리가 감당할 만큼만의 범위를 정확히 잡아야 한다는 의지를 첫 시공사의 견적 이후 건축가 님께 솔직히 밝혔습니다. 건축가 님도 충분히 공감하며 가능한 방법을 모색해보자고 하셨지요.

사는 공간을 두고 경쟁하지 않기

주식, 비트코인, 로또 분양, 폭락, 폭등…. 이런 단어들은 너무나도 극심한 피로를 유발합니다. 이 사회에서 살아가는 어느 누구도 그 피로로부터 평화로울 수가 없어요. 저와 아내는 사는 공간만이라도, 자고 먹고 쉬는 작은 집에서만이라도 그 경쟁의 단어들을 내려놓고 싶었습니다. 매달의 생활비, 1년에 한두 차례 잠깐의 여행, 가족과 지인에게 베푸는 소소한 인정들까지 거두어 집을 짓고 싶지는 않습니다. 이것은 자만이나 풍요가 아니라 균형이라고 생각해요. 삶의 균형을 찾고 싶어서 집을 지으려는 것인 만큼 그 집까지 가는 길 속에서도 균

형을 잃지 않으려 합니다

치솟는 공사비

첫 시공사 견적 이후, 우리는 두 번의 견적을 더 기다렸습니다. 그중 세 번째가 종합건설회사의 견적이 아니라 직영방식의 견적(연면적 약 120m²로 직영공사가 가능한 규모였어요)이었습니다. 첫 견적이 예상보다 두 배가 넘었기에 설마 이 정도나 들까 싶은 마음에 두 번째 견적을 기다렸습니다. 두 번째 견적은 오히려 첫 번째 견적보다도 더 높은 금액이었어요. 상세 견적이 나오는 데까지는 두 달 정도가 소요되었기 때문에 기다림의 시간이 짧지 않았습니다. 희망과 절망을 오가며 엄중한 심판의 날을 기다리듯 무거운 마음으로 지냈지요.

첫 시공 견적과 세 번째 시공 견적, 그사이에 거의 1년이 지나고 있었습니다. 그러니까 저희 부부는 1년간을 기대와 절망을 오가며 막막한 시간을 그저 버틴 것입니다. 무엇보다 그 기간 동안 철거비와 자재비와 인건비는 하루가 멀다 하고 치솟고 있었습니다.

새로 짓는 집에서 고쳐 쓰는 집으로

이미 살고 있던 오래된 집을 새로 지어 산다는 의미로 임태병 소장님이 지어주신 우리 집 이름은 '이미집'이었습니다. 결론을 말씀드리면, '이미집'은 결국 짓지 못하게 되었어요. 21년 가을부터 치솟은 원자재 값은 22년을 거치면서 더욱 폭등해 거의 두 배 가까이 올라버려, 그간 모은 모든 저축과 연금을 해지하고 더 많은 대출을 받는다 하더라도 감당을 하기 어려운 상황이 되어버렸던 것입니다.

몇 년을 준비하고 기대하고, 1여 년을 설계하며 꿈꿔온 집짓기 프로젝트가 허망하게 시야에서 사라져버리게 된 것이지요. 말로 표현할 수가 없습니다, 그 절망감은. 그 시기에 한국사회에 유행하기 시작한 단어가 있었어요. 바로 '영끌'입니다. 영혼까지 끌어모아 내 집 마련을 한다는 20~30대가 늘고 있다는 뉴스가 연일 이어지던 시기였습니다. 저는 그 대열에 합류할 수 없었어요. 현실적으로 형편이 안 되기도 했고요. 집을 사기(얻기) 위해 영혼을 반납하고 나면 도대체 나와 아내에게 무엇이 남을까? 저희는 결국 신축을 포기했습니다. 감당하기 어려운 빚은 결국 폭탄이 되어 우리를 파괴할 거라고 생각했습니다. 마음 편하고 행복하게 살기 위해 집을 지으려고 했는데, 폭탄을 제조할 수는 없었어요. 그렇다고 미련이 쉬이 가시지도 않았습니다. 이렇게 마음이 어지러울 때 임태병 소장님이 먼저 제안을 해주셨습니다. "리노베이션은 어떠세요?"

리노베이션으로 선회하다

신축을 위한 설계는 완전히 지웠습니다. 직영공사를 해주실 현장소장님도 임태병 소장님이 연결을 해주셨어요. 이런 변경이 흔한 일도 아닐 터인데 임태병 소장님은 리노베이션 진행 사항을 차근차근 짚어 주셨어요.

건축가도 현장소장님도 저에게는 처음부터 끝까지 든든한 의지가 되어주셨어요. 아파트든 주택이든 리모델링은 신축보다 더 힘들다는 얘기를 많이 들었는데, 저는 스트레스가 웬말이랍니까. 매일매일이 즐거운 공사기간이었습니다. 약 3개월의 공사기간이 그저 아깝고 행복하기만 했어요. 리모델링 비용은 신축의 30% 정도가 들었고, 날씨 운까지 따라주어 맑아야 하는 날엔 맑고 비가 와도 좋은 날엔 비가 왔습니다. 지독히 운이 없다고 생각한 마음은 깨끗이 사라졌습니다. 어쩌면 우리는 이렇게 운이 좋았을까요. 어떻게 이토록 고마운 분들을 만날 수 있었을까요! 1993년에 준공된 오래된 집의 갈라지고 물 새고 허름한 부분들이 모두 완벽하게 새롭게 탄생했습니다.

리노베이션의 장점

구옥에 살고 있다면 신축과 리노베이션 사이에서 갈팡질팡 고민하게 됩니다. 제가 신축으로 결정했던 첫 번째 이유는 반지하 때문이었어요. 기록적인 폭우에 자주 침수가 되는 반지하 때문에 고생이 이만저만이 아니었지요. 리노베이션을 마친 올해(2023년)도 여름 내내 많은 비가 내렸지만, 옥상의 비를 모아 내려오는 우수관과 마당의 배관을 잘 손보았기 때문에 올해는 비로 인한 문제가 없었습니다. 반지하 침수가 가장 큰 걱정이었는데 리노베이션만으로도 그 문제는 해결이 되었어요.

두 번째는 성능 개선의 문제였습니다. 리노베이션을 거쳤다 해도 30년이 지난 벽돌구조 건물이 완전할 수는 없을 거라고 생각하지만, 난방, 수도 배관을 새것으로 모두 교체했기 때문에 적어도 배관으로 인한 누수 고민은 없어졌습니다. 그런데 공간 활용과 디자인은 거의

➔ 배관 공사, 난방 공사 과정

새집처럼 마음에 쏙 듭니다. 어쩌면 당연할지도 모르겠습니다. 건축가가 이런저런 문제들과 요소들을 종합적으로 판단해 리노베이션 설계를 진행했으니까요. 이 지점이 일반적인 리모델링이나 인테리어와는 확연히 다른 지점일 것입니다.

세 번째는 경제적 측면이었습니다. 신축에 비해 70%나 비용을 절감할 수 있었고 그만큼 대출과 상환에 대한 경제적 부담을 덜 수 있어 마음이 한결 가벼워졌습니다. 재개발, 정비사업에 대한 두려움도 사라졌습니다. 지금은 건설 경기가 좋지 않아서 동네를 웅성거리게 했던 정비사업 얘기는 수그러들었지만 30년 이상된 주택들이 즐비한 이곳에 언젠가 재개발에 대한 이야기가 다시 무성해지더라도 크게 겁낼 것이 없어진 셈이지요. 예쁘게 잘 고친 집에서 신경 쓸 일 없이 살다 10년, 아니면 20년 뒤 동네 주민들 다수가 원해 재개발이 되더라도 그땐 괜찮겠구나, 안도가 되었습니다.

건축가와 시공사에게 기대다

건축가 임태병 소장님의 소개로 저희 집을 리노베이션해주신 분은 현장소장으로 모든 일을 도맡아하시는 방식으로 '중고'라는 시공사를 운영 중인 김기중 대표님이었습니다.

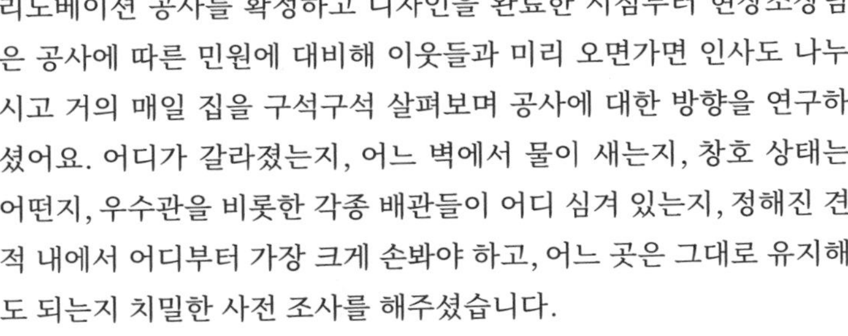

리노베이션 공사를 확정하고 디자인을 완료한 시점부터 현장소장님은 공사에 따른 민원에 대비해 이웃들과 미리 오면가면 인사도 나누시고 거의 매일 집을 구석구석 살펴보며 공사에 대한 방향을 연구하셨어요. 어디가 갈라졌는지, 어느 벽에서 물이 새는지, 창호 상태는 어떤지, 우수관을 비롯한 각종 배관들이 어디 심겨 있는지, 정해진 견적 내에서 어디부터 가장 크게 손봐야 하고, 어느 곳은 그대로 유지해도 되는지 치밀한 사전 조사를 해주셨습니다.

드디어 철거가 시작되었는데, 수도와 난방 배관이 역시나 큰 문제였습니다. 곳곳에서 물이 새다 못해 뿜어져 나오는 바람에 바닥의 모든 배관을 교체했습니다. 비가 많이 올 때마다 침수가 됐던 원인을 알게 되었지요. 건축가가 이웃이니 이보다 더 좋을 순 없었습니다. 저는 회사 일이 바빠 막상 공사현장에 자주 못 가봤는데, 소장님은 거의 매일 현장에 들러 현장소장님과 수시로 대화하고 상황을 꼼꼼하게 체크해주셨어요. 타일, 창호, 내부 마감재, 방문, 현관문, 대문 디자인과 색상, 조명과 욕실 도기들 등등 일일이 나열할 수도 없는 세세한 모든 것들을 소장님과 김 대표님이 의논해주셨어요. 저희는 감탄하고 감사하고 응원하고 기뻐하는 것 외에는 크게 할 일이 없었습니다.

↓ 리노베이션 전후 대문의 모습

기존 집

완공 후 현재

사진: 김동규

신축할까, 리노베이션할까?

원래 있던 주택을 철거하고 신축을 하려면 철거비가 발생합니다. 협소주택 규모인 저희 집만 하더라도 철거비 견적이 3,500만 원 정도였습니다(반지하가 있으면 추가). 신축 시 철거 과정에서 민원이 가장 많이 발생한다고도 합니다. 공사 때문에 우리 집이 흔들린다, 벽에 금이 갔다, 없던 누수가 생겼다 등등. 도심은 밀접하게 서로 붙어 있으니 소음을 비롯해 민원이 발생할 수밖에 없는 환경이기도 합니다. 신축을 계획하다 보면 같은 처지의 건축주들과 자연스럽게 이야기를 나누게 되는데, 철거부터 준공, 그리고 입주 후까지도 계속되는 민원 때문에 힘들어하는 경우가 많았어요. 리노베이션도 민원이 없는 것은 아닙니다. 예를 들면, 공사 중에 주차되어 있던 자동차에 흰색 페인트가 묻었으니 배상해달라고 이웃이 찾아온 적이 있었어요. 그런데 그것은 새똥이었고, 주변에도 같은 새똥이 발견되었을 뿐 아니라 다음 날, 그 다음 날에도 새로운 새똥이 같은 장소에 더 추가되어, 다행히 페인트라는 오해는 풀었습니다. 신축에 비해 공사기간이 훨씬 짧고, 철거와 콘크리트 타설 같은 과정도 없는 리노베이션도 갖가지 민원이 발생할 정도이니, 신축을 했으면 오죽했을까 싶습니다. 더구나 저희는 이 골목에 오래 살아 대부분의 이웃들과 친밀하게 지내고 있는데도 말입니다.

재개발 문제도 간과할 수 없습니다. 이제 막 집을 지어 입주를 하자마자 재개발 이슈가 생겨 걱정을 하는 사람을 여럿 보았습니다. 집을

짓고 있는 와중에 갑자기 도심정비사업 후보지로 지정되어 당황한 건축주의 소식도 들었고, 주택을 짓고 있는데 재개발을 진행할 거라며 멈추라고 엄포를 놓는 사람도 있더라는 블로그도 보았습니다. 구도심은 언제고 갑자기 재개발 소식이 날아듭니다. 어떤 사람이 개발을 간절히 원치 않는 만큼, 반대로 개발을 간절히 원하는 분들도 당연히 있을 수 있습니다. 서로의 입장이 다를 뿐 모두 정당한 바람들입니다. 그러나 재개발 논의가 시작되었다고 곧바로 진행되는 것은 아니고, 또 언제든 사라져버릴 수 있으니 시간을 갖고 천천히 생각할 여유는 충분합니다. 다만 재개발 여부는 결국 다수결에 의해 정해지는 것이라, 내가 끝까지 반대할 경우의 결말은 두 가지라는 것을 알게 됐습니다. 하나는 현금 청산, 다른 하나는 아파트 분양. 둘 다 신축을 지은 건축주에게는 경제적 이득이 적거나(혹은 없거나) 오히려 손해입니다. 저의 경우는, 이 모든 상황에 거의 무지한 채 신축을 결심했던 것입니다. 철거 비용, 공사 민원, 그리고 재개발.

리노베이션은 물론 신축만큼 완벽하지 않을 수 있습니다. 구옥의 한계를 고치는 것으로 완전히 극복할 수는 없습니다. 다만, 도심에 구옥을 소유하고 있다면 신축과 리노베이션의 장단점을 사전에 충분히 조사하고 여러 전문가에게 조언을 구하라고 얘기하고 싶습니다.

← 천장을 노출시키고 석고보드벽으로 시공하여 변화된 1층의 모습

↓ 예전 구옥의 모습을 최대한 유지하며 리노베이션을 한 2층의 모습

사진: 김동규

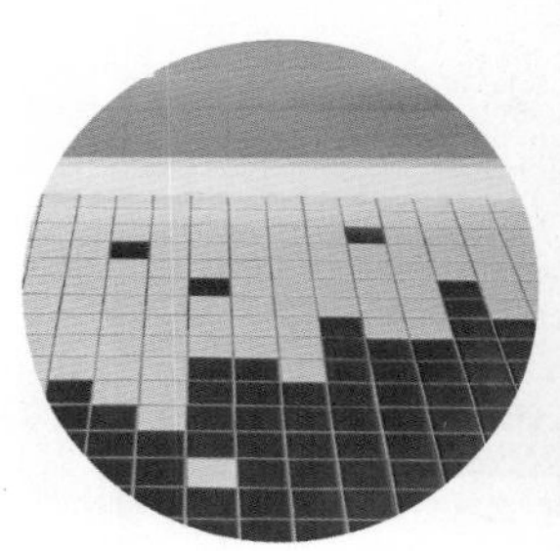

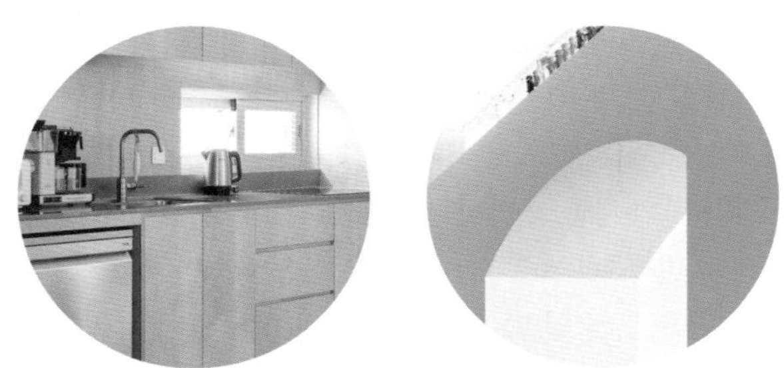

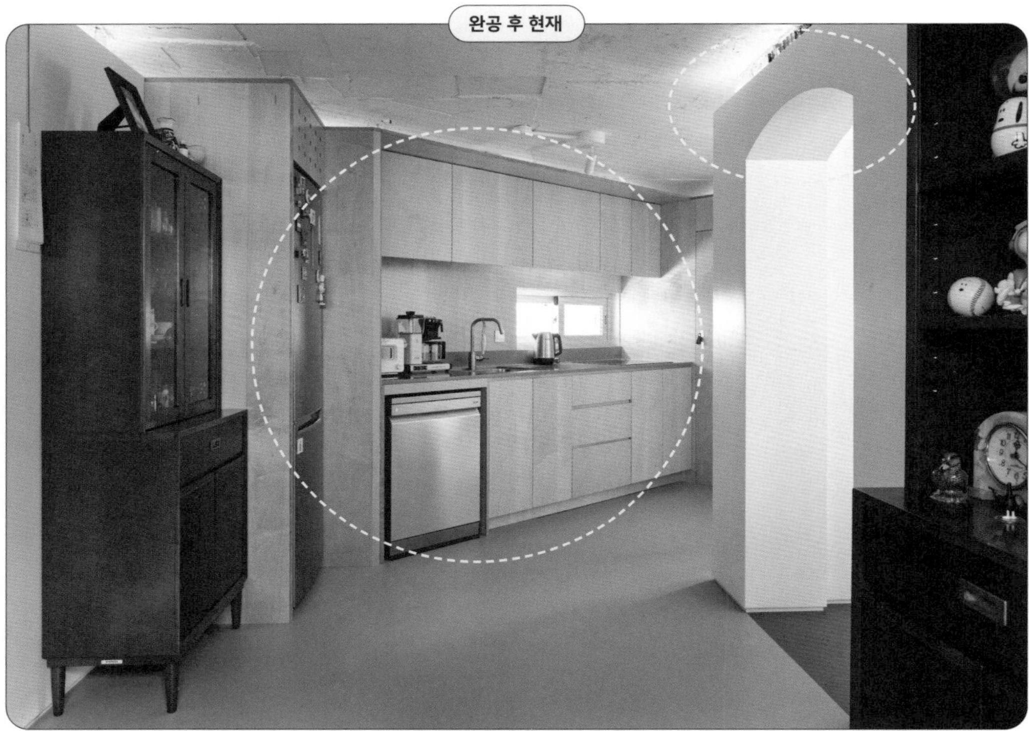

완공 후 현재

기존 집

공사 중 철거 모습

← '이미집' 1층 주방의 변화
↘ '이미집' 2층 현관의 변화
사진: 김동규

완공 후 현재

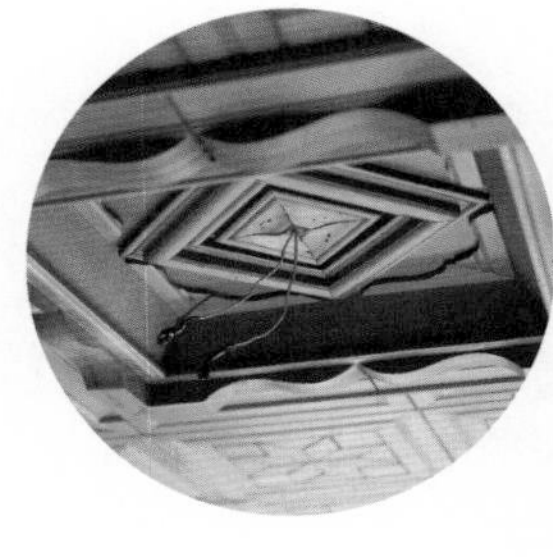

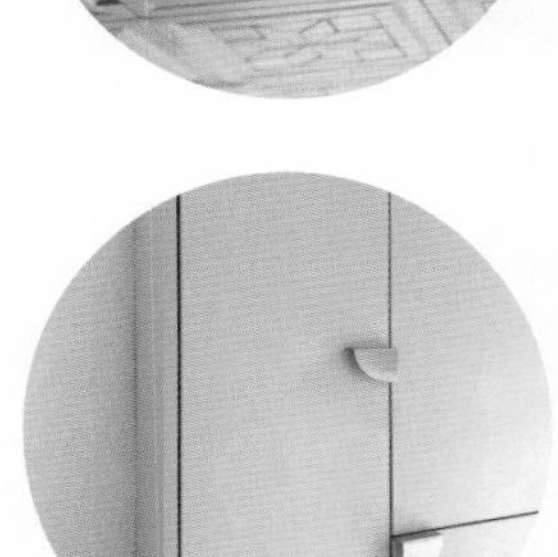

기존 집

공사 중 철거 모습

진정 갖고 싶었던 것

집을 짓겠다고 마음먹고 겪은 이 길고 긴 과정 속에서 자주 스스로에게 질문을 했습니다. '정말 갖고 싶은 것은 무엇이니?' 저는 남들 보기에 번듯한 집을 원한 것이 아니었습니다. 오래도록 떠나지 않아도 되는 나의 동네, 나와 비슷한 분위기를 가진 편안한 공간, 내가 가진 작은 것들을 소중히 다루고 오래 가꿀 수 있는 작은 집을 바랐습니다.

저는 인생이 80년 정도의 장기 여행 같습니다. 여행 중에 여권을 잃어버릴 수 있고, 열이 펄펄 끓도록 아플 수도 있고, 맘에 들지 않는 숙소에 머물다 베드버그에 물릴 수도 있겠지요. 여행 내내 마음에 쏙 드는 숙소에 머물지 못했어요. 어떤 숙소는 편리하기는 했지만 저의 취향과 달랐고, 최신 시설을 갖춘 숙소도 어쩐지 마음 편하지는 않았어요.

'이미집'에 들어온 지 두 달. 저는 이제야 비로소 마음에 쏙 드는 숙소를 찾은 기분이에요. 감당할 수 없을 정도로 비싸지도 않고, 눈과 손이 닿는 곳마다 편안하고 고요하며, 비가 오면 빗소리가 들리고, 눈이 오면 작은 마당이나 옥상에서 눈사람도 만들 수 있는 숙소. 저는 이제 여행을 마칠 때까지 이 숙소에서 여행을 계속하려 합니다.

필요한 거의 모든 서류와 계약

건축가 또한 나에게 질문을 하기 때문에 미팅 전에 최대한 효과적으로 프레젠테이션하기 위해 내가 원하는 것, 내가 갖고 있는 것이 무엇인지 정리해 준비해야 합니다. 구체적으로는, 땅에 관한 정보, 짓고자 하는 건축물의 용도와 규모, 가능한 예산 범위, 주택이라면 상시 거주할 가족구성원과 가장 중요하게 생각하는 지점들을 반드시 미리 정리하길 권합니다.

땅 매입 2005 ~ 2014년

1 땅을 찾으며 여러 조사를 시작하다

- 남편과 산책, 소풍 삼아 이리저리 여러 동네를 기웃거리며 부동산을 수시로 드나들기를 10년. 초반엔 폭넓게 부동산에 대해 조사를 하다가 수익형 부동산에 관심을 갖게 됨. 그러다가 '상가주택'이라는 목표를 정하고 바운더리를 좁혀 나가기 시작한 지 2년 만에 땅을 구입함.

- 땅을 찾으러 다니면서 막연한 걱정을 누르기 위해 공부를 시작. 신문 구독, 인터넷 채널 목록 만들기, 관련 서적 구입, 노트와 필기구 준비. 각자의 예산과 목표에 따라 구독해야 할 정기간행물, 유튜브 채널, 책들이 다르므로 특정하기가 어려움. 처음에는 범위가 넓어서 정확히 필요로 하는 정보를 찾아내기가 어려울 수 있지만, 최소한 10권 정도의 간행물과 책을 구입해서 훑어보고 요약해보면 그 다음부터는 자신에게 꼭 필요한 정보를 찾아내기가 쉬워짐.

- 땅을 찾으며 상권에 대해 조사. 공실 없는 상가 운영을 위해서는 상권을 정확히 파악할 수 있어야 함.
  └→ 예 상권 4대 특성 분석
  - 접근성(주로 교통 접근성으로 대중교통, 자가용 이용 시 편리성, 주차 상황 등)
  - 시계성(시야 내에 어떤 점포, 상가가 밀접해 있는지 분석)
  - 집객성(상업 시설, 업무 지구, 학교·학원 등 배후 시설, 인구 분포와 연령대 분석)
  - 수익성(세부 업종별 이용객들에 대한 구체적 분석, 예를 들어 대기업 위주인지 소기업·소상공 사무실 위주인지, 이용객의 연령대와 여성, 남성 비율 분석)

- 답사 노트 정리. 나의 경우엔 정말 광범위하게 거의 모든 주거지, 상가 지역을 답사함. 땅을 알아보러 다니는 초창기에는 인터넷 포털 '부동산' 메뉴가 없었기 때문에 중개소에서 연합해서 운영하는 부동산전문사이트를 주로 이용했고, 포털에서 정보를 제공하기 시작한 이후부터는 한결 수월해짐. 신사동, 논현동, 중대 앞, 상록수역 부근 등으로 매물을 둘러본 곳마다 기록하고, 대지 평수, 대지의 종류, 금액, 땅의 장점과 단점, 현재 땅이 처한 특이점, 위치 메모와 간단한 주변 그림, 내가 그 땅에 무엇을 할 수 있을지까지 1~2쪽에 걸쳐 답사 노트를 정리.

- 세법 공부. 예산을 세우기 위해서는 세법을 알아야 함. 상속세, 증여세, 양도세, 세금 중과와 한시적 혜택이 있는지 등을 모두 조사. 집이든 작은 건물이든 무엇이든 개인이 제대로 짓기 위해서는 보유하고 있는 현금만으로는 불가능. 소유한 다른 재산(주택, 동산, 전답 등)을 처분하거나 혹시 양가 부모로부터 증여를 받을 수 있다면 절세를 할 수 있는 방법을 꼼꼼히 알아봐야

함. 아파트, 오피스텔, 빌라 등 소유한 부동산을 매도할 때 비과세 방법, 증여세, 특히 양도소득세의 경우는 세율이 상황에 따라 다를 수 있고 한시적 혜택도 있으니 반드시 전문가에게 문의하고, 각자 자신의 상황에 맞추어 조사해야 함.

- 부동산법 공부. 땅의 종류에 따라 지을 수 있는 건물의 종류와 크기와 허가 기준이 다름. 임야나 전답이 아닌 도시라 하더라도 주거 지역, 상업 지역, 공업 지역, 녹지 지역 등 나뉠 수 있고, 일반 주거 지역도 주거 지역과 준주거 지역이 있고, 또 그 안에서 1, 2, 3종 등 다양하게 법적으로 구분되고 종류에 따라 건폐율과 용적률이 다름. 이에 따라 땅의 가치와 가격이 달라지니, 매물을 알아볼 때는 우선 땅의 법적 기준을 파악해야 함. 도로법에 관해서도 숙지해야 함. 도시계획 도로, 도로법에 의한 도로, 사법에 의한 도로, 농어촌정비법에 의한 도로 등 법적으로 나뉘어 있어서 도로가 처한 상황도 건축 행위에 매우 큰 영향을 끼칠 수 있음.

- 중개사무소와 안면 트기. 관심 있는 지역을 몇 곳으로 간추린 이후에는 나의 요구에 지속적으로 관심을 가져줄 중개사무소를 찾아야 함. 중개사무소에 내가 원하는 바를 미리 정리해서 전달하면 효과적. 간추린 지역에 각 두세 곳의 중개사무소와 연락을 주고받으며 매물 변화 추이를 관찰하며 수시로 현장 답사.

② 땅을 구입하기 전 체크리스트

- 2014년 9월 30일 한 일간지에 "더 나은 미래"라는 주제로 성수동이 소개된 것을 보고 남편과 함께 산책 삼아 가보았다. 서울숲을 통과해 동네로 진입했는데 마치 숲속에 숨겨진 보물을 찾은 것 같았다.

  주변을 돌아보니 담장 허물기로 집집마다 주차가 가능했고, 신도시 주택단지처럼 구획이 잘 정리되어 있었다. 소박하면서 잘 정돈된 아늑한 동네 느낌이 좋았다.

  중개사무소에 들어가 시세를 물어보니 생각보다 비싸지 않고 작은 평수도 많아 대출을 받으면 구입이 가능할 것 같았다. 가장 싸게 나와 있는 물건을 물었더니 1962년에 사용승인을 받은 단층 단독주택을 소개해주었다.

  지구단위로 묶여 신축이나 증축이 어려운 지역인데 건물이 15평으로 너무 작아 수익성이 없는 대지였다. 그래서 지난 1년간 팔리지 않은 채로 남아 있어 주변에서 가격이 제일 낮았다. 나는 그동안 공부했던 모든 지식을 총동원해 이 토지를 평가하고 관찰하고 살폈다. "토지의 입지가 제일 중요하다"는 명제를 두고 건물보다는 토지에 중점을 두고 보았다. 나만의 토지 체크리스트를 만들었다.

1. 토지의 크기가 상가주택이나 원룸을 지을 수 있는 정도의 크기인가?

☑ 대지면적 70평으로 적당했다.

2. 도로에서 토지로 진출입이 용이하고 토지와 접한 도로가 4m 이상인가?

☑ 6차선 성수동 주도로에서 한 블록만 안으로 들어오면 되고 토지와 접한 도로가 6m로 주차하기도 좋았다.

3. 도로에 접한 면적은 어느 정도인가?

☑ 도로에 길게 붙은 직사각형 토지였다.

4. 평지인가?

☑ 성수동은 전체적으로 평지이다.

5. 대중교통이 편리한가?

☑ 지하철 2호선 뚝섬역과 분당선 서울숲역이 걸어서 5분 이내 거리에 있다.

☑ 버스정류장은 주변에 세 군데 정도가 가까우며 버스노선도 다양하다.

☑ 주변에 택시 회사가 있어 택시 이용도 수월하다.

6. 간선도로 접근이 용이한가?

☑ 강변북로, 올림픽대로, 내부순환로, 북부간선도로, 동부간선도로 접근이 편했으며 성수대교와 영동대교를 통해 강남 접근성이 좋다.

7. 주변에 유해시설은 없는가?

☑ 집에서 보이지는 않지만 주변에 삼표 레미콘과 공장들이 있어 공기가 조금 좋지 않은 듯하다. 하지만 정책을 살펴보니 삼표 레미콘은 구에서 이전을 계획하고 준비하고 있었으며, 공장들이 서서히 카페 같은 상업 공간으로 전환되는 중이다.

8. 상습 침수 지역인가?

☑ 과거에는 상습 침수 지역이었지만 중랑천 공사 이후에는 침수되지 않는다는 주변의 경험들을 수집했다. 집중강수량이 많은 날 여러 차례 방문해봄.

9. 주변 환경은 어떤가?

☑ 서울숲을 앞마당처럼 이용할 수 있고 한강 산책도 가능. 이마트 본사가 성수동에 있어 장보기도 좋고 주변에 학교도 있다.

10. 임대 수요는 충분한가?

☑ 서울숲이 조성된 지 10년이 지나면서 나무들이 커지고 사람들이 몰려오기 시작하면서 주말 배후지가 되며, 주변 공장 부지들이 지식산업센터로 바뀌고, 공유업체들 창업 지원 센터들이 들어오면서 주중 배후지 역할을 한다. 주로 소비력이 강한 20~30대가 많다.

11. 전봇대가 대지를 막고 있지 않는가?

☑ 대지 모서리 끝에 있어서 크게 영향을 주지 않음.

12. 주차, 쓰레기 수거가 잘되며 지저분하지 않는가?

☑ 밤에 주차할 곳은 부족하나 소방도로를 막지는 않았으며, 이미 담장 허물기 공사로 주차 공간을 아쉬운 데로 확보했고 공영주차장도 주변에 있다. 쓰레기도 비교적 자주 치워 주변이 깨끗하다.

13. 규제는 없는가?

☑ 지난 10년간 지구단위로 묶여서 신축이 불가능한 지역이다. 그래서 규제가 풀릴 때까지 기다려야 하며 기다리는 동안 근린생활시설로 용도변경을 해서 임대를 하다가 규제가 풀린 후 집을 지어야 한다. 규제가 계속 안 풀린다면 작게 집으로 리모델링해서 주택으로 사용한다는 최후의 계획을 세웠다.

14. 불법건축물은 없는가?

☑ 건축물대장에는 없었고, 중개인이 언급했다 하더라도 소홀히 들었을 것이다. 하지만 용도변경을

하는 과정에서 제법 일이 크다는 것을 알았고 철거하고 수리를 해야만 했다. 약 8천만 원을 들여 대수선을 한 이후에야 임대가 가능했다(42~47쪽 참조).

15. 가격은 적당한가?

☑ 당시의 주변 시세를 고려했을 때 합당한 수준이라고 판단.

- 리스트를 만들어 객관적으로 평가를 하니 사지 않을 이유가 없었다. 토지에 대한 확신은 있었으나 돈이 없었다. 용기를 내서 대출을 받고 대출 이자는 근생으로 변경해 임대료로 충당하기로 했다.

③ 확인할 서류들

1. 땅 구입비에 대한 고민

- 대출: 여러 은행을 통해 얼마까지 가능한지 조사.
- 결론: 물건 소재지 근처의 은행이 가치평가를 정확하게 함. 공시지가가 아닌 실거래로 평가해줌. 결국 물건 소재지 근처 모 은행에서 대출을 받기로 결정.
- 이자 납부 계획: 지구단위로 묶여 있어 바로 신축이 불가능, 근생으로 용도변경 후 월세 수입으로 납입하기로 계획.

2. 건축물 및 토지에 대한 공부

- 해당 지역의 구청 건축과, 지속발전과, 도시계획과, 오폐수과(근생으로 변경 시 정화조 용량 확인)의 담당자들과 면담 및 서류 확인.

3. 서류 내용

- 등기부등본
- 일반건축물대장
- 토지대장
- 지적도등본
- 토지이용확인서

4. 관할 구청을 적극적으로 활용하기

- 땅을 구입하기 전에 관할 구청 가운데 관련 세부과를 세 군데 이상 다니며 물어볼 것.

5. 측량을 해볼 것

- 옛날에 지은 건축물들은 건축대장과는 다를 확률이 높음.

④ 땅 매입

- 등기부등본(계약 당일 날짜)
- 일반건축물대장
- 토지대장
- 지적도등본
- 토지이용확인서
- 부동산 거래계약 신고필증(중개인 작성)

⑤ 소유권 이전 시 지불해야 할 세금과 부대 비용

- 취득세
- 수입인지대
- 국민채권 매입
- 중개수수료
- 법무사 비용

⑥ 주택에서 근린생활 시설로 용도변경에 관한 제반 사항

▪ 작은 단층짜리 구옥을 매입한 뒤 근린 시설로 용도 변경을 했다.

▪ 성동구 성수동 숲길 일대는 그즈음 상권화가 활발하게 진행되고 있었다. 고요한 주택가였던 골목들에 작은 카페와 상점들이 들어서고 있었기 때문에 리모델링해서 임대를 하면 좋겠다는 계획도 비교적 빨리 세울 수 있었다.

▪ 지구단위계획으로 신축이 불가능해 이사를 할 수 없는 시기였기 때문에 용도를 변경한 후 리모델링을 해서 식당으로 임대를 주기로 계획했다.

▪ 용도 변경(건축사사무소에 의뢰) 과정은 1~2개월 안에 무난하게 진행되었는데, 리모델링 계획과 진행 과정에서 혹독한 시행착오를 겪어야 했다.

건축물대장 1, 2

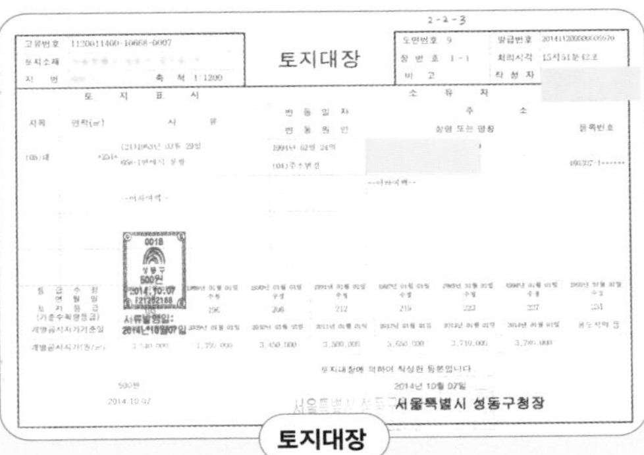
토지대장

서울특별시 성동구청장

토지대장

- 용도변경 신고필증, 사용승인 신청서, 증축 및 용도 변경 허가서(허가를 위해서는 허가 도면을 첨부해야 한다)가 필요하다.

- 인상적이었던 부분은 성동구의 행정력이었다. 성동구청장은 서울의 핫플레이스로 인기를 끌었다가 금방 사그러지는 가장 큰 원인으로 임대료 문제인 젠트리피케이션 현상에 주목했고, 성동구상가협회에 지나치게 높은 임대료, 대기업화를 지양하도록 설득했다(530쪽 서류 이미지 참조).

- 상업 시설로 증축해 임대를 하고자 한다면 그 지역의 지구단위계획서 공문을 유념해서 살펴야 한다. 수많은 공문서들을 제대로 읽고 살피면 그 지역 구청장을 비롯해 행정의 방향이 어디로 향하는지 파악할 수 있다. 허투루 공문서들을 읽지 말고, 도장만 찍거나 대행하는 업체가 서류 과정을 도와준다고 지나치게 무심해지지 않기를 권유한다.

- 리모델링을 하면서 겪은 어려움과 시행착오들, 이후 2년 뒤에 신축을 하려고 했을 때 바뀐 임대차계약법으로 고초에 대해서는 본문 159, 160쪽에 상세히 대화했다.

- 챙겨야 할 서류들
  - ☑ 건축 신고(증축 및 용도변경) 신청서
  - ☑ 건축 및 대수선 등록면허세(건축물의 용도변경)
  - ☑ 건축 및 대수선 등록면허세(건축 또는 대수선)
  - ☑ 건축물대장
  - ☑ 변경 후 건축물대장
  - ☑ 임대를 하려면 임대사업자로서 사업자등록증도 발급받아야 함

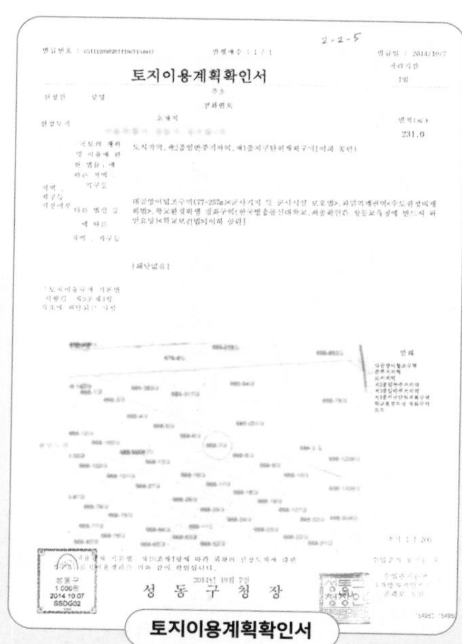

토지이용계획확인서

성 동 구 청 장

토지이용계획확인서

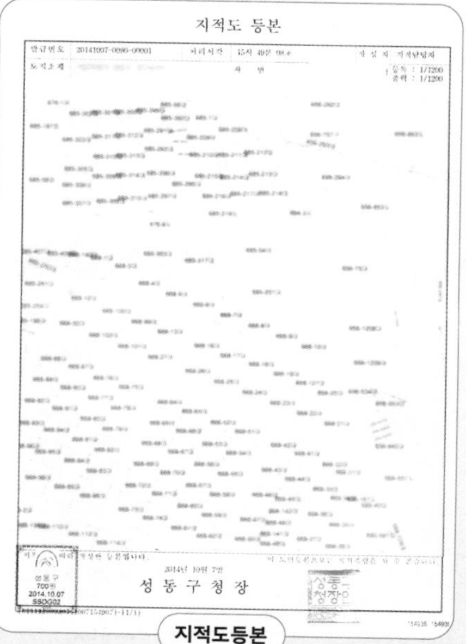

지적도 등본

성 동 구 청 장

지적도등본

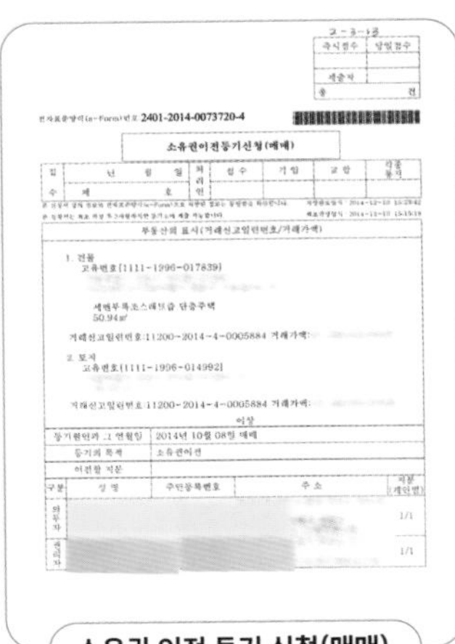

2-3-13

소유권이전등기신청(매매)

1. 건물
고유번호 [1111-1996-017639]

50.94㎡

거래신고일련번호: 11200-2014-4-0005884

2. 토지
고유번호 [1111-1996-014982]

거래신고일련번호: 11200-2014-4-0005884

등기원인과 그 연월일: 2014년 10월 08일 매매

등기의 목적: 소유권이전

소유권 이전 등기 신청(매매)

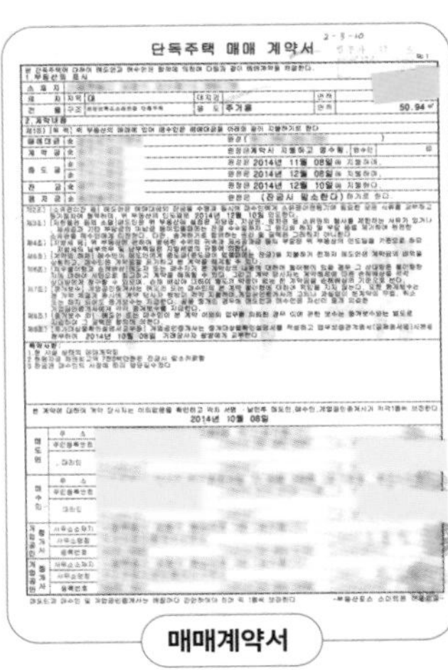

단독주택 매매 계약서

2014년 10월 08일

매매계약서

2-3-12

부동산거래계약신고필증 별지

부동산거래계약신고필증 2-3-11

성동구청장

부동산거래계약 신고필증, 필지

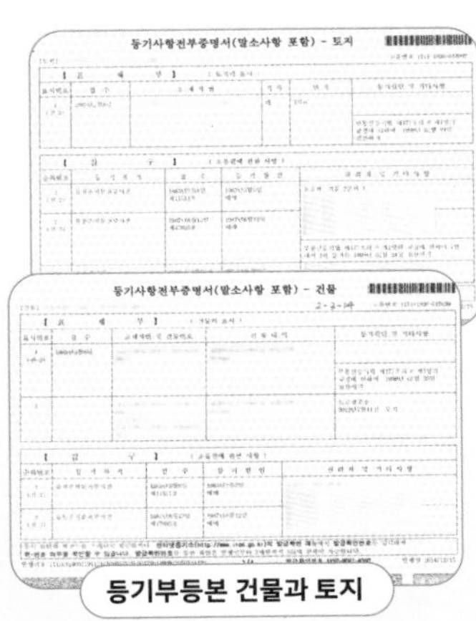

등기사항전부증명서(말소사항 포함) - 토지

등기사항전부증명서(말소사항 포함) - 건물

등기부등본 건물과 토지

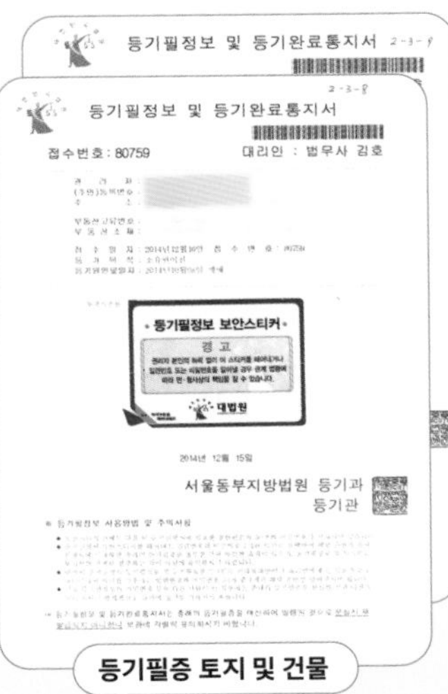

등기필정보 및 등기완료통지서

접수번호 : 80759

대리인 : 법무사 김호

등기필정보 보안스티커

경고

대법원

2014년 12월 15일

서울동부지방법원 등기과 등기관

등기필증 토지 및 건물

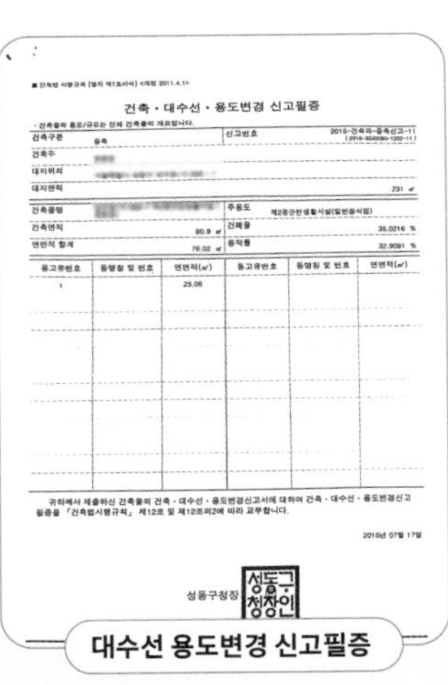

건축·대수선·용도변경 신고필증

2015년 07월 17일

성동구청장

대수선 용도변경 신고필증

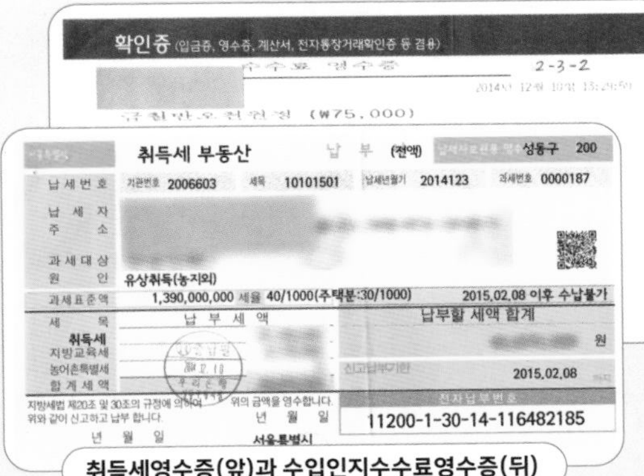

확인증 (입금증, 영수증, 계산서, 전자통장거래확인증 등 겸용)

수수료 영수증 2-3-2

2014년 12월 10일 13:26:50

금칠만오천원정 (₩75,000)

취득세 부동산 납부 (전액) 성동구 200

납세번호: 기관번호 2006603 세목 10101501 납세년월기 2014123 과세번호 0000187

과세대상 원인: 유상취득(농지외)

과세표준액: 1,390,000,000 세율 40/1000(주택분:30/1000)

2015.02.08 이후 수납불가

세목: 취득세, 지방교육세, 농어촌특별세, 합계세액

납부할 세액 합계 원

2015.02.08

지방세법 제20조 및 30조의 규정에 의하여 위와 같이 신고하고 납부 합니다.

위의 금액을 영수합니다.

전자납부번호 11200-1-30-14-116482185

서울특별시

취득세영수증(앞)과 수입인지수수료영수증(뒤)

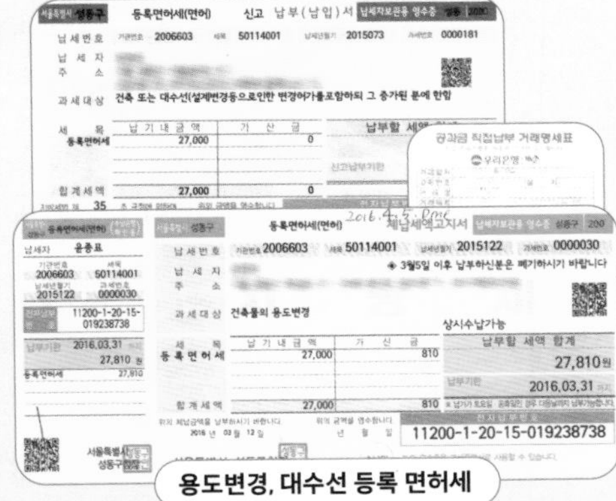

성동구 등록면허세(면허) 신고 납부(납입)서

납세번호: 기관번호 2006603 세목 50114001 납세년월기 2015073 과세번호 0000181

과세대상: 건축 또는 대수선(설계변경등으로인한 변경허가를포함하되 그 증가된 분에 한함)

등록면허세 27,000 / 합계세액 27,000

공과금 직접납부 거래명세표

우리은행

등록면허세(면허) 체납세액고지서 성동구 200

납세번호: 기관번호 2006603 세목 50114001 납세년월기 2015122 과세번호 0000030

※ 3월5일 이후 납부하신분은 폐기하시기 바랍니다

과세대상: 건축물의 용도변경

상시수납가능

등록면허세: 27,000 가산금 810

납부할 세액 합계 27,810원

납부기한 2016.03.31

합계세액: 27,000 810

11200-1-20-15-019238738

용도변경, 대수선 등록 면허세

공부 2017 ~ 2018년

1 건축가 찾기

- 벽돌집에 마음이 끌렸다. 단아하고 정갈하며 고전적인 느낌이 좋았고 무엇보다 시간이 지나도 그 모습이 어지럽게 변하지 않을 것 같았다(성동구가 외장재로 벽돌을 권장하는 측면도 있었다. 259~261쪽 참조).

- '어떻게 건축가를 찾을까? 어떤 건축가를 만나야 할까?'라는 고민을 앞에 두고 공부를 시작했다. 벽돌에 마음이 끌리니, 우선은 벽돌 건축물을 많이 지어본 건축가들을 중심으로 리스트를 작성해보았다.

- 만나보고 싶은 건축가 명단을 만들고, 그 건축가가 작업한 건축물을 가능한 한 찾아가 보았다. 내부까지 들어가 볼 수 있는 경우는 흔치 않았지만, 주의 깊게 살핀다면 외부 모습만으로도 찾아가 보지 않은 것보다는 훨씬 큰 수확을 얻을 수 있었다.

- 찾아가 본 건축물의 장, 단점을 메모했다.

- 건축가와 미팅을 한 직후 반드시 '미팅 메모'를 작성했다. 꽤 오래 대화를 하기 때문에 인상 착의와 느낌만으로는 결정을 하기 어렵기 때문이다. 어떤 대화를 했는지, 어떤 부분에서 신뢰가 됐는지, 시공에 관해서는 어떤 의견을 갖고 있는지, 주로 어떤 작업을 하고 즐기는지 등을 적었다.

- 건축가 또한 나에게 질문을 하기 때문에 미팅 전에 내가 원하는 것, 내가 갖고 있는 것을 최대한 효과적으로 프레젠테이션하기 위해 준비해야 한다. 땅에 관한 정보, 짓고자 하는 건축물의 용도와 규모, 가능한 예산 범위, 주택이라면 상시 거주할 가족구성원과 가장 중요하게 생각하는 지점들을 반드시 미리 정리해서 미팅해야 한다.

- 관련 책들도 거의 모두 구입했다. 특히 전문 잡지 2종을 정기구독 신청했다. 『집짓기 바이블』 『주거 정리 해부 도감』 『상가주택 짓기』 『예산에 맞춘 집』 등등 단행본들과 『행복이 가득한 집』 『전원생활』을 구독했다.

- 만나보고 싶은 건축가의 건축물을 답사하는 것과 병행해 신축 건물이나 상가주택이 많은 동네를 거의 모두 찾아다녔다.
  - ↳ 한남동, 판교, 광교, 분당, 용인, 위례, 하남, 파주, 가로수길, 도산공원 일대, 논현동, 연남동, 경리단길, 연희동, 망리단길, 미근동, 혜화동, 성북동, 사당동, 남현동, 상도동, 목동, 동교동, 서교동, 방배동, 장충동, 신당동, 후암동 등등.

- 상가 임대차법과 주변 상가 임대료를 조사했다.

② 집에 대해 더 깊숙이 공부해보기

- 창호와 단열재에 대해 공부했다. 일반인이 알아보고 공부한다고 무슨 도움이 될까 싶지만, 공부를 해두면 전문가들(건축가, 시공자)의 대화를 알아들을 수 있고 질문을 보다 구체적으로 할 수 있어 결정할 때 도움이 된다. 종류와 가격대, 기능도 다양하다. 조사한 내용은 언제나 노트에 메모, 정리했다.

- 사진 모으기. 정기구독하는 잡지 이외에 접하는 잡지들이나 인터넷을 통해 마음에 드는 집의 부분들을 사진으로 모았다. 공간별로 사진들을 분류해서 모으기 시작했다. 계단, 지하, 문, 욕실, 부엌, 다용도실, 정원 등등. 이 과정을 통해 막연하고 두서 없던 '내가 좋아하는 예쁜 집'의 범위를 하나둘씩 정리해나갔다. 세상의 모든 좋은 것을 모아 놓는다고(물론 그럴 수도 없겠지만) 완벽히 좋은 집, 멋진 집을 만들 수 없다는 것을 스스로 터득해야 한다(인쇄물, 견본주택, 인터넷, 방송을 통한). 다른 사람의 집을 구경하는 연습은 자신과 가족의 취향과 추구하는 가치 등에 맞는 집이 무엇인지, 어떤 공간을 원하는지, 어떤 외관을 선호하는지 등을 구체적으로 정리할 수 있도록 도와준다.

- 시간이 될 때마다 매장(건축박람회, 마감재, 타일, 위생기 전시장 등)을 방문하고, 좋은 공간을 다녀오면 반드시 메모하고, 사진을 찍었다면 바로 폴더를 정리해야 한다. 집짓기를 진행할수록 사안이 복잡해지기 때문에 기억은 점점 믿을 수 없어진다.

상도동 집 1: 작은 땅 활용이 돋보임.

상도동 집 2: 지하 입구가 좋았다.
1층에 입구를 만들어 지하의
선입견을 없앰.

상도동 집 3: 삼각형 모양의 땅 활용이
좋았다. 2층 올라가는 계단을 입면에 두고
장식을 두어 깔끔하면서도 활용도가 높아
보임.
...
망원동 집: 시공 문제. 외부 노출된 곳을
나무로 처리해 썩고 주저앉음.
...
○○ 건축가의 대지 활용이 좋고 창의성이
돋보임. 못난이땅이라면 의뢰해 볼만함.

건축가가 설계한 건물 답사 메모

단열재에 대한 조사 노트

➊ 가전과 위생도기 제품들도 틈날 때마다 알아보고 메모했다. 매장 방문 시 사진을 찍기도 하지만 즉시 폴더 정리를 하지 않으면 정작 결정할 시점에는 너무 종류가 많기 때문에 거의 기억이 나지 않는다.

○○○: 수입도기 전문점.
고급스럽고 좋은 도기와
수전, 세면대, 욕조. 모두
예뻤다.
베이지색 타일과 바닥재가
따뜻하면서도 고급스러운 느낌.
반신욕 전용 욕조가 굿.

□□: 평범했다.

○□: 탄소 배출 팬 약 3천만 원 비용.
욕실은 X, 수입, 드레스룸 가구가 강함.

가전, 위생기 알아보기

2018. 11. 15.

1차 가족회의

- 대표(우리 집의 경우 엄마이자 아내인 나)가 세운 전체적인 일정 계획 공유하기
- 자금 조달 계획의 허점이 없는지 다시 한번 검토하고 상의
- 건축가들과 미팅 후 고민하는 지점들에 대해 대화를 나누며 이후 함께 답사해볼 건축물들에 대한 대화
- 임차인의 이사 날짜를 상의한 시기, 이때 19년 12월에 퇴거하기로 합의

2018. 12. 2.

2차 가족회의

- 답사해본 건축물들에 대한 인상적인 부분들을 비롯해 장, 단점 정리
- 건축가와의 미팅을 정리해 가족과 이야기 나눔
- 설계를 맡기고 싶은 건축가를 만났다면 그 건축가가 작업한 건물 또는 주택을 꼭 답사하길 권함. 답사는 건축가와 동행할 수 있다면 최선이고, 그렇지 않다면 이후에라도 자연스럽고 편하게 질문을 할 수 있는 기회를 만들기를 추천. 나의 경우엔 아래와 같은 질문을 던졌고 그 내용들을 가족과 공유했음

❓ 건축가에게 한 질문들

1. 어떤 집을 좋은 집이라고 생각하는지
2. 함께 작업한 시공사 소개 부탁, 시공사 선택 시 기준이 무엇인지
3. 우리 집과 비슷한 규모의 건물일 경우 시공 기간이 대략 어느 정도인지
4. 건축가가 애정을 갖고 작업한 주택들이 무엇이고 어떤 연유인지
5. 예상되는 건축비
6. 나의 브리핑을 듣고 어떤 생각이 드는지
7. 작업한 주택들 가운데 동행해 답사를 할 곳이 있는지
8. 특별히 선호하는 내, 외장 재료가 있는지
9. 설계 과정 중 건축주에게 원하는 바가 무엇인지
10. 건축주의 준비사항은 무엇인지
11. 감리는 어떻게 하는지
12. 건축가가 현장 방문을 얼마나 자주 하는지
13. 내가 선택하고 싶은 집의 재료에 대해 어떻게 생각하는지, 예를 들어 벽돌에 대한 경험 등…

❓ 시공사에 한 질문들

1. 건축가와 소통이 잘되었는지
2. 건축주에게 가장 바라는 바가 무엇인지
3. 어떻게 커뮤니케이션을 하는 것이 효율적이라고 생각하는지 - 횟수, 시기, 대화 방법 등
4. 각종 민원에 어떻게 대처하는지
5. 태양열, 지열, 열교환기 등등 새로운 시스템 설비를 설치하고 활용해본 경험에 대해
6. 단열, 결로
7. 하자·보수는 어떻게 하는지
8. 현장소장이 상주하는지
9. 대표의 관심사와 운영 철학
10. 하청 업체와의 관계가 지속적인지 에둘러 질문

2018. 12. 16.

3차 가족회의

- 그간 나눈 이야기를 통해 우리 가족이 꿈꾸는 집의 형태를 구체적으로 그려봄. 가족과 정리한 '우리 집의 모습' 대화 내용을 건축가와 상담할 때 가장 기초적인 자료로 활용함.

1. IoT 시스템 등 첨단 시스템을 가급적 이용하자.
2. 건강에 좋은 설비를 가급적 설치하자.
   ㄴ 예 열병합기, 스타일러, 건조기, 친환경페인트, 원목마루, 진공 유리 등
3. 임대 공간에 대한 생각을 정리
   ㄴ 예 식당으로 임대할 경우 덕트 설치 필수. 에어컨 실외기 자리 잡기 등
4. 소방법이 강화되어 비용이 많이 든다. '다중이용업소'로 임대를 하지 않을 계획이면 굳이 강화된 소방시설을 갖출 필요가 없다. 또 다중이용시설이라도 100m² 이하면 면제가 되는 항목이 많으므로 설계 시 참고하면 좋다.
   ㄴ **입주 후 생각** **열병합기를 설치하면 소음과 천장이 낮아지는 단점 때문에 결국 포기하고 창호를 좀 더 좋은 제품으로 선택했다. 지내보니, 좋은 선택이었다.**
5. 프라이버시: 외부 공간과 차단된 우리 가족만의 공간이어야 함. 창문을 열고 지낼 수 있는 집
6. 각자의 공간 확보: 남편의 공간, 나의 작업실, 딸 아이의 독립적인 방
7. 중정: 정원이 있는 집, 햇볕이 좋은 집
8. 넓은 부엌과 커다란 식탁. 상대적으로 크지 않은 거실. 집의 중심을 식탁으로 둠
9. 넓지 않더라도 아늑한 침실
10. 화장실, 욕실: 자연채광이 되고 창문이 있는 곳.
    ㄴ **입주 후 생각** **욕실에 창문이 있으니 환기와 채광이 좋다. 또 습기가 빨리 마르니 위생에 좋다.**
11. 활용도가 높고 효율적이며 적재적소에 배치된, 부족하지 않은 수납 공간

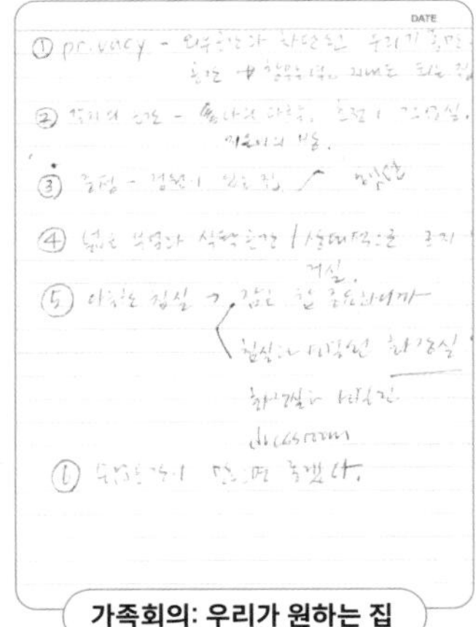

가족회의: 우리가 원하는 집

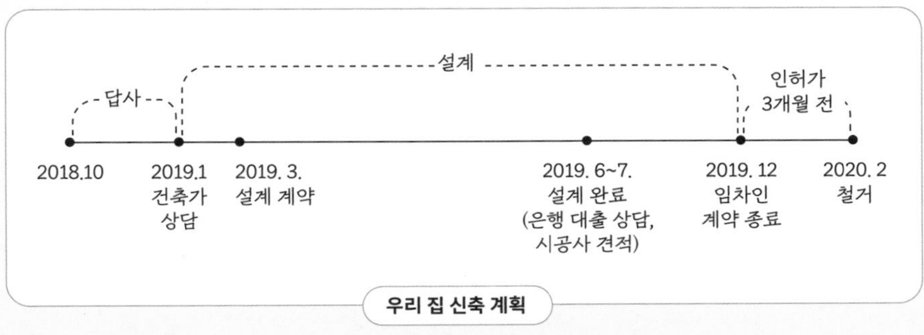

우리 집 신축 계획

- 이불장이 있었으면
- 작은방 → 드레스룸 안에 서랍장
- 드레스룸 안에 → 방문, 가방 보관, 서랍장 필요, 스타일러 대
- 열회수형 환기장치, 태양열
- 앤티크가구
- 주방가구 구입, 딤채와 세탁기는 기존 사용, 건조기 구입 14kg
- 옷 → 14자 정도 + 서랍장, 딸 4자+서랍장
- 신발 → 남편 18, 나 50, 딸 20

가족회의

← 보유자산, 처분 예정 자산과 처분 시기 대출 규모. 대출 시기와 방법, 설계계약금 등 가장 먼저 준비해야 할 현금 규모.

건축설계 용역 계약서

공사감리 용역 계약서

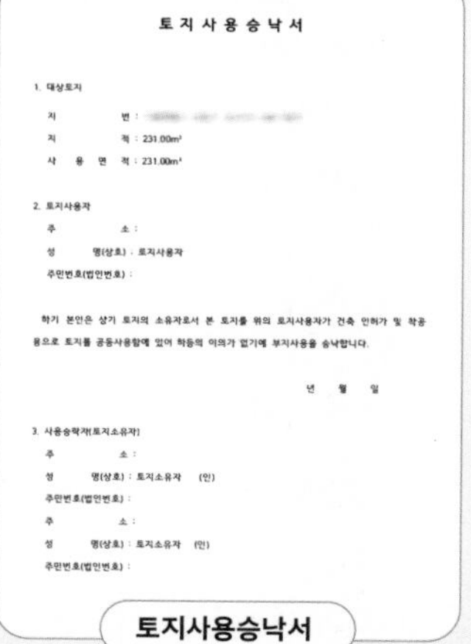

토지사용승낙서

1. 대상토지
   - 지 번 :
   - 지 적 : 231.00m²
   - 사 용 면 적 : 231.00m²
2. 토지사용자
   - 주 소 :
   - 성 명(상호) : 토지사용자
   - 주민번호(법인번호) :

하기 본인은 상기 토지의 소유자로서 본 토지를 위의 토지사용자가 건축 인허가 및 착공 용으로 토지를 공동사용함에 있어 하등의 이의가 없기에 부지사용을 승낙합니다.

년 월 일

3. 사용승락자(토지소유자)
   - 주 소 :
   - 성 명(상호) : 토지소유자 (인)
   - 주민번호(법인번호) :
   - 주 소 :
   - 성 명(상호) : 토지소유자 (인)
   - 주민번호(법인번호) :

토지사용승낙서

설계 과정

2019. 1. 14.

건축가 계약 전 상담

- 예산 범위와 대략의 항목 정하기
  - ☑ 기초, 내외장재, 창호 등은 주요 시공 과정이기 때문에 별도로 관리
  - ☑ 제작 가구들
  - ☑ 맞춤 부엌 설비들
  - ☑ 에어컨 등 규모가 큰 가전
  - ☑ 엘리베이터
- 설계비는 공사비의 10% 정도 예상
- 감리는 착공 시점부터 준공 시점까지
- 예상 기간 12개월
- 전체 예산 수립

2019. 1. 16.

건축사무소와 설계(감리 포함) 계약

- 정수진 건축가의 "일반적인, 어쩌면 값싼 재료라도 좋은 설계와 정확한 시공으로 훌륭한 건축물을 만들 수 있다"는 말이 인상적
- 계약금 입금

2019. 1. 20.

세무사 상담

- 대출의 총액만이 중요한 것이 아니다. 대출자를 가족 구성원 1인이 도맡을지, 성인 가족 구성원들이 적당한 비율로 나누어 받을지 상담받기를 권한다.
- 대출을 하는 금융기관 또한 여러 곳에서 상담을 받으면 받을수록 도움이 된다.
- 상가주택 신축을 계획할 때부터 모든 재산 내역을 가늠해보고 어떤 것을 처분하고 또 어떤 것을 보유하거나 유지할지 생각하긴 하지만, 설계 계약과 시공 계약을 진행하는 즈음 전문가에게 정확하게 다시 한번 상담을 받아보길 권한다. 주식, 채권, 다른 부동산 등의 매각 시기와 방법에 대해 다른 시각으로 조언을 받을 수 있을지 모른다.
- 총건축비의 1%는 세금으로 따로 떼어서 생각해둬야 한다.

2019. 1. 30.

1차 설계 미팅

- 이 시점부터는 모든 대화, 통화, 고민, 결정과 번복, 계약에 대한 중요 내용 등을 일기로 썼다. 아래는 일기의 일부를 발췌한 것이다.

- 우리 집의 내용과 형태가 어느 정도 보인다
- 임대 평수가 적어 걱정이 된다
- 지하의 일조권과 환기 문제 고민
- 주택 부분의 면적을 줄여 임대 면적을 넓혀달라고 요구
- 생각보다 건축비가 많이 나올 것 같아 두렵다
- 집이 동쪽을 바라보는데 동쪽 갈비 골목 냄새와 기름때 우려
- 외부 계단이 건축면적에 포함되는지 질문

2019. 2. 4.

건축가와 전화 상담

- 1층, 2층 임대면적 최대화할 수 있는지 문의
- 이불장이 따로 있으면 좋겠다.
- 열회수형 환수장치, 태양열 문의
- 입주 시 갖고 갈 가구 사진 건축사무소로 보냄, 앤티크 가구의 경우 사이즈 첨부
- 입주시 갖고 갈 부엌 가전들 정리해서 보냄
- 가족들 신발 숫자 헤아리기(나-50, 남편-18, 딸-20)
- 구입할 주방 가전 조사

2019. 2. 8.

2차 설계 미팅

- 임대 면적을 더 넓히기를 원했으나 쉽지 않아 보임
- 건축가는 주택 면적에 아쉬움을 표현
- 2층에서 3층까지 통창을 제안. 임대층의 컨디션이 좋아진다는 설명에 동의함
- 애초에 5층에 부엌을 두었는데 아무래도 불편할 것 같아 엘리베이터가 있는 층으로 옮겨달라고 제안
- 시공비를 무한정 올릴 수 없는 상황이라 적정 수준을 찾아야 함
- 건축가의 명료함과 단호함에 신뢰가 간다!

2019. 2. 14.

3차 설계 미팅

- 임대 평수와 주택 평수 조율, 조정 요구
- 주방을 현관문 있는(엘리베이터가 있는) 층으로 이동
- 4~5층 주택 공간 구성 완료
- 중정이 있으면 좋겠으나 난방비와 추위를 어떻게 해결하면 될지 상의
- 내가 변경 요청하고 싶었던 사안들을 건축가가 미리 조정을 다 해둠. 건축가의 고민과 고심이 느껴져서 정말 고맙다.

2019. 2. 25.

4차 설계 미팅

- 건축허가 접수를 위해 서류(인감증명) 전달

2019. 3. 26.

5차 설계 미팅

- 지하 선큰 마당이 지붕에 일부 덮여 있어 면적에 포함된다는 최종 연락
- 지하에 대피 계단 설치 필요
- 주차장법 변경으로 서둘러서 면적허가를 받아둠
- 1년 안에 변경 신청하면 된다고 함

2019. 4. 25.

건축가와 전화 상담

- 건축허가 완료!
- 곧 수정 설계 시작 예정
- 성동구에서 붉은벽돌 지원사업이 있다고 알려주었다. 붉은 벽돌로 외부 마감을 할 경우 4천만 원 정도의 지원금을 받을 수 있다고 한다. 이런저런 지인들과 다양한 경로로 조사한 결과 결국 이 지원금은 포기하기로 했다. 지원금을 받는 만큼 디자인에 대한 감리를 받고, 심지어 벽돌을 사용하는

면적까지 허가를 받아야 한다는 얘기를 듣고 포기했다.

2019. 4. 27.

설계까지 해주는 시공사의 연락

- 상가건물 시공을 많이 하는 한 시공사 대표가 우리 집의 신축 계획을 아시고 연락을 해옴. 설계까지 이미 마쳐서 도면까지 보내옴. 내 생각과 많이 달라 재고할 여지가 없음

2019. 7. 30.

6차 설계 미팅

- 우리 집 모양이 구체적으로 그려졌다.
- 넓은 현관을 위해 불필요한 신발장을 없애 달라고 했다.
- 다용도실 문을 미닫이문으로 요구
- 딸아이 방의 세면대가 밖에 있어서 원목 마루가 걱정되어 화장실 안으로 넣어 달라고 요청

2층 도면에서 3층까지 통창을 제안했다. 처음에는 굳이 그럴 필요가 있는가 했는데 2층 컨디션을 끌어올리는 게 더 합리적이라는 건축가의 의견이 맞는 것 같았다. 건축가는 주택 면적에 아쉬움을 갖고 있다. 조금 더 넓기를…

나는 최소한의 면적만 갖고 나머지는 임대쪽 면적을 넓히기를 원했다. 잘 설득되지 않는 부분이 있어서 아쉽긴 했다. 하지만 이 부분은 나 또한 포기할 수 없는 부분이라 좀 더 부탁을 해야될 것 같다. 내 돈 주고 설계하면서 부탁을 해야 하다니…

2019.2.8. 건축가 미팅

- 실내 계단으로 여름 겨울 냉난방의 효율이 떨어질 것 같아서 걱정된다. 중간에 문을 만들어야 하나 고민 중이다.

2019. 9. 19.

7차 설계 미팅

- 현관 입구 신발장 그대로 유지. 충분히 넓다고 함
- 다용도실 문 미닫이로
- 딸아이 방의 화장실은 아파트처럼 한 공간에 넣기로. 화장실 내부 창문 요구. 좁아서 샤워벽은 불가능
- 아이 방의 옷장 위치 변경, 책상과 화장대를 연결해서 긴 책상 제작. 책장은 선반 형태
- 주방에 두 개의 싱크볼
- 안방에 옷장 추가
- 안방(4층) 화장실 바닥 원목

2019. 10. 8.

건축가와 전화 상담

- 9월 25일에 변경 신청한 사항에 대해 구청에서 수정 지시 내려옴. 구조 변경에 따라 기둥 설치 보완을 요구함
- 훌륭한 건축가는 건축주가 어떤 요구를 할 때 "그래요? 알았어요. 다 들어줄게요" 하지 않는다는 것을 통감
- 다락의 높이를 높여 남쪽으로 창을 내면 어떨까 제안함

2019. 10. 10.

8차 설계 미팅

- 4층 게스트룸 화장실 정리
- 다락 공간 정리-다락 수납장에 대해 상의했다. 어떤 물건들을 보관할지 아주 구체적인 계획이 필요
- 주방에 선반 요구
- 안방(5층)의 정원, 안방의 욕실에 수납장 많이 넣어 달라고 얘기
- 중정, 옥상 바닥 석재로 정해두었던 것을 목재로 변경하기로(석재가 관리가 수월하지만 여름에 뜨겁고 겨울에 춥고 미끄럽기 때문에 원하는 느낌이 아니라고 설득)
- 담장 확인
- 콘센트 위치 체크
- 1층 엘리베이터홀 벽돌 벽 만들기

2019. 10. 10.

시공사 미팅

- 시공사 두 업체의 대표님과 면담

2019. 10. 20.

10차 설계 미팅

- 정수진 건축가가 설계한 위례 주택 답사
- 벽돌 사장님 만남

2019. 10. 22.

시공사에 전달할 내용 간략 메모

- 하수도 냄새, 벌레 없는 집
- 정화조 냄새 안 나게
- 미세 방충망 설치(서울숲 때문에 작은 벌레들이 많음)
- 일괄 소등 스위치 4층 현관 옆에 만들기
- 옥상 데크 설치 시 바닥에 구멍 안 뚫고 시공하기

2019. 10. 30.

시공사를 씨앤오로 결정, 첫 미팅

- 현장소장과 첫 인사
- 시공사 선정 이유-첫 브리핑 때 이 설계를 시공하고자 하는 대표님의 바람을 느낌 견적서의 꼼꼼함에서 느껴지는 신뢰
- 공사비, 도면허가 면적 증가(비용 추가)
- 공사 일정 정리
- 토목 지반 보강
- 12월 15일 경계측량 예정

어제 정 소장님과 통화를 했다.
- 9월 25일에 변경 신청한(설계) 사항 수정 지시 내려옴. 구조 변경에 따라 기둥 설치 보완 요구함.
- 외부계단 구조와 면적에 관해서는 구청 담당자와 충분한 협의 후 원만하게 해결.
- 며칠 전부터 다락과 현관 입구가 계속 걸린다. 다락은 각이 져서 조금 불편하고 남쪽 창이 없어 답답하지 않을까 생각이 든다. 높이를 더 높여서 남쪽 창을 낼 수는 없을까?
- 현관에서 들어오면 슬라이딩 한지문이 있다.
  1) 들어오는 입구가 답답해 보인다.
  2) 문이 왔다 갔다 하면서 지저분해 보일 수 있다.

이렇게 저렇게 내 생각대로 옮겨보고 바꿔봐도 내 작업실의 면적을 좁히지 않으면 불가능해 보였다. 건축가의 노력과 많은 고민도 보였다. 조금이라도 더 실용적인 공간을 배치하려고 애쓰신 걸 도면을 보면 볼수록 느껴졌다. 고마웠다.

2019.10.8. 건축사무소 통화 후 메모

- 가구 공사 재료 변경으로 비용 추가
- 상가 유리 22t 요구
- 측량 신청 비용
- 지반 공사 추가 가능성 있다고 하심
- 계속해서 비용이 추가되는 것이 느껴짐

2019. 10. 31.

시공사 대표와 통화

- 별도 공사의 간접비와 면적 증가에 따른 비용 추가가 생각보다 컸다. 하지만 솔직하게 터놓고 얘기하니 대표님이 최대한 조율을 해주셨다.

2019. 11. 1.

시공사 상담

- 담장, 주차장 등 별도 공사에 대해 토로
- 허가받은 설계와 시공을 기준으로 삼는다. 때문에 담장, 주차장 등은 이 단계에서는 거의 얘기가 되지 않는다.
- 민원
- 수장공사 - 경량구조틀
- 외부 담장(추가 금액)
- 엘리베이터 금액(금액보다는 크기가 관건)
- 토목 공사
- 인접 대지 점유 문제로 공기 지연 시 간접비 정산 요구
- 도로 재포장 공사 별도 정산
- 대지 경계에 접해 발생되는 문제 관련 비용 협의 필요
- 석면 철거 처리 비용은 별도(현장 확인 후)
- 간접비에 대해 얘기하는 시공사가 있는데, 특별히 언급하지 않는 곳도 있다. 따로 간접비를 말하지 않는다면 시공비 안에 포함된 것이다.

2019. 11. 5.

시공사와 가계약을 위해 시공사 사무실 방문

- 표준계약서를 기준으로 몇 가지 조항 수정 요구
- 착공신고를 하면 굴토 심의를 하는데 지하가 있어 토류판 공사에서 CIP 공사로 변경 요청할 가능성이 있고 그러면 금액이 상승한다고 함. 집을 짓는다는 건 수많은

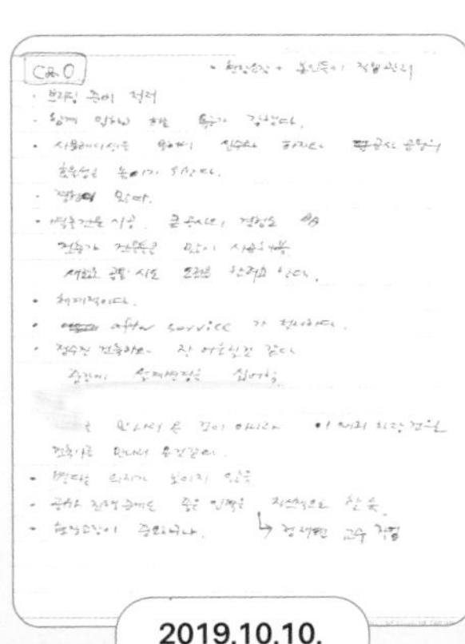
2019.10.10.
시공사 입찰

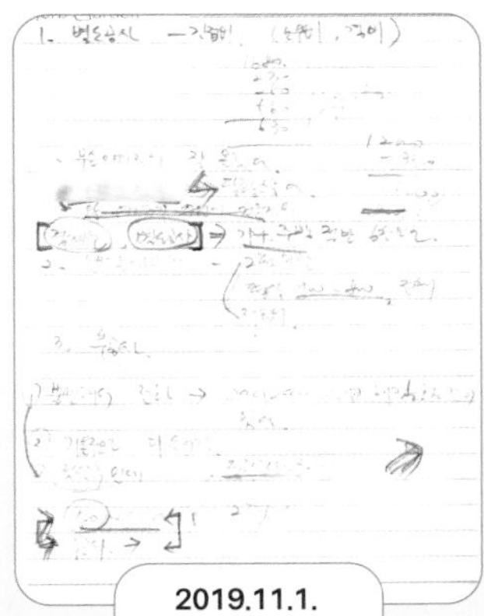
2019.11.1.
별도공사 정리1, 2

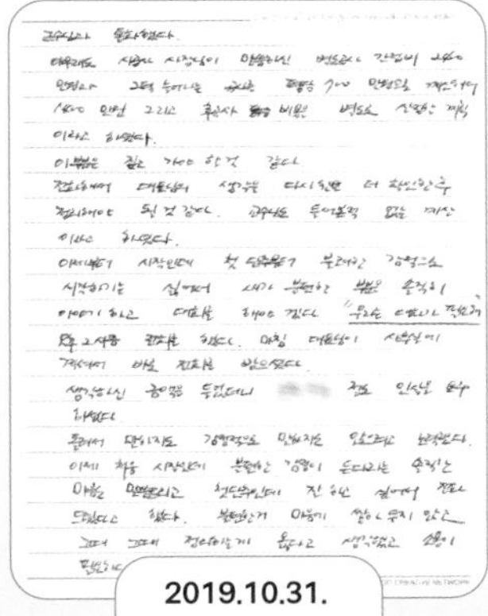
2019.10.31.
건축가와 통화

변수와의 싸움. 긍정적인 마인드 장착 필수!

- 외부 계단 시공 시 물고임 없도록 꼼꼼한 시공 당부
- 콘덴싱 보일러
- 미세 방충망
- 보통의 재료로 최고의 디테일을 요구함
- 눈에 보이지 않는 배관, 창호, 방수, 단열재에 신경 많이 써주시길 당부
- 관리가 편한 집이 중요하다고 강조
- 나의 고민-4층 계단쪽 방범, 3층 출입문, 지하1층, 1층 화장실 배관 문제

2019. 11. 7.

세무 상담

- 아파트 매매, 양도세 관련 상담
- 가족구성원 중 성인이 된 자녀의 이름으로 대출을 받는 것의 유불리 상담
- 시공 시 부가세는 환급이 가능한지 조사
- 공사기간 동안 해당 택지에서 식당 임대를 위해 만들었던 사업자등록증은 그대로 유지를 해야 할까?
- 공사 중 사용금액은 다 비용 처리가 가능한가?
- 가족들 간의 지분 배분을 어떻게 하는 것이 가장 합리적일까?
- 임대료와 관리비 부가세를 따로 받아야 하는지?
- 임대인이 직접 건물에서 사업을 하면 임대 소득에서 발생하는 세금을 감면받을 수 있는지 문의
- 상가주택 건물에서 발생되는 세금은 어떤 것이 있는지?(지역마다 다를 수 있음)
- 완공 후 취득세는 어느 정도 나올까?

2019. 11. 8.

건축 사무소와 관련한 서류

- 건축 설계 용역
- 공사 감리 용역
- 건축 허가를 위한 자료
- 대략의 일정표
- 허가 완료에 따른 면허세 고지서, 영수증 사진(착공 시 필요)

ㄴ 건축 허가 서류: 건축허가서(신축 후 세금부과와 증여에 대해 결정한 다음 소유자 이름 명기하기) / 등록면허세(하수도법, 개인하수 처리 시설 관련 완수 후) / 공작물 설치 허가 / 채권매입, 매도 / 건축 허가 변경 1차(기둥 삭제, 보 보강, 내력벽 위치 변경, 연면적 증가)

ㄴ 건축사무소 관련 서류: 건축 설계 용역(면적표, 배치도, 평면, 입면, 단면 도면들)

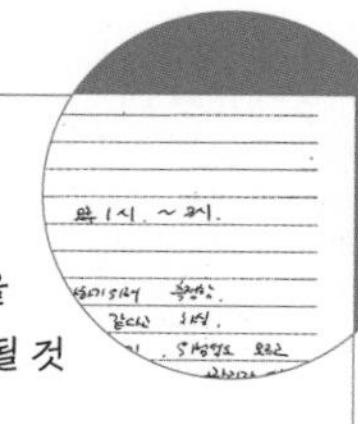

별도공사비가 생각보다 많이 추가 되었다. 이 부분은 짚고 가야 할 것 같다. 전화해서 대표님의 생각을 다시 한번 더 확인한 후 정리해야 될 것 같다.

이제부터 시작인데 첫 단추부터 불쾌한 감정으로 시작하기는 싫어서 내가 불편한 부분은 솔직히 이야기하고 대화를 해야겠다. "우리는 대화가 필요해." 오후 1시에 석면검사. 2시 측량. 시공사에서 측량부터 꼼꼼하게 신경 쓰고 체크해주시니 감사하다. 남편이 라떼 8잔을 사가지고 와서 나누어드렸다. 앞으로 우리는 많이 베풀고 인색하지 않게 하기로 했다. 우리도 즐겁고 이웃도 즐겁고 일하시는 분들도 즐겁게 일할 수 있는 그런 현장이 되고 싶다. (…) 측량 결과 나쁘지는 않았다. 오히려 우리가 다른 땅들을 약간씩 점유하고 있었다. 추후 철거한 후에 다시 한번 더 측량하기로 했다.

2019.11.12
석면검사와 측량 당시 메모

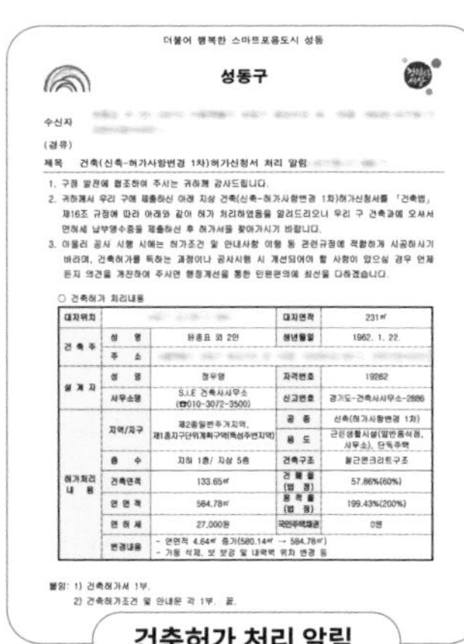

더불어 행복한 스마트포용도시 성동

성동구

수신자

(경유)

제목 건축(신축-허가사항변경 1차)허가신청서 처리 알림

1. 구정 발전에 협조하여 주시는 귀하께 감사드립니다.
2. 귀하께서 우리 구에 제출하신 아래 지상 건축(신축-허가사항변경 1차)허가신청서를 「건축법」 제16조 규정에 따라 아래와 같이 허가 처리하였음을 알려드리오니 우리 구 건축과에 오셔서 면허세 납부영수증을 제출하신 후 허가서를 찾아가시기 바랍니다.
3. 아울러 공사 시행 시에는 허가조건 및 안내사항 이행 등 관련규정에 적합하게 시공하시기 바라며, 건축허가를 득하는 과정이나 공사시행 시 개선되어야 할 사항이 있으실 경우 언제든지 의견을 개진하여 주시면 행정개선을 통한 민원편의에 최선을 다하겠습니다.

○ 건축허가 처리내용

대지위치			대지면적	231㎡
건축주	성명	류종표 외 2인	생년월일	1962. 1. 22.
	주소			
설계자	성명	정우영	자격번호	19262
	사무소명	S.I.E 건축사사무소 (☎010-3072-3500)	신고번호	경기도-건축사사무소-2886
허가처리 내용	지역/지구	제2종일반주거지역, 제1종지구단위계획구역(뚝섬주변지역)	공종	신축(허가사항변경 1차)
			용도	근린생활시설(일반음식점, 사무소), 단독주택
	층수	지하 1층/ 지상 5층	건축구조	철근콘크리트구조
	건축면적	133.65㎡	건폐율(법정)	57.86%(60%)
	연면적	584.78㎡	용적률(법정)	199.43%(200%)
	면허세	27,000원	국민주택채권	0원
	변경내용	- 연면적 4.64㎡ 증가(580.14㎡ → 584.78㎡) - 거동 삭제, 보 보강 및 내력벽 위치 변경 등		

붙임: 1) 건축허가서 1부.
2) 건축허가조건 및 안내문 각 1부. 끝.

건축허가 처리 알림

건축물 사용승인에 따른 안내문

항상 구정 발전을 위하여 적극 협조해 주시고, 많은 관심을 가울여 주신데 진심으로 감사드립니다.

건축허가(신고)를 득하여 공사를 완료하고 건축물의 사용승인을 득하신 것을 축하드리며,
사용승인 이후 건축물을 사용함에 있어서 건축물 소유자 및 관리자께서 꼭 아셔야 할 사항을 안내해 드립니다.

성동구는 전국 최고의 쾌적하고 살기 좋은 도시건설을 목표로 불법 건축행위 예방 및 근절을 위하여 건축허가 단계에서부터 사용승인까지 지속적인 안내와 홍보를 통하여 구민의 안녕을 도모하고 있으나,

건축물 소유(관리)자는 건축법 및 관계법령의 규정에 적합하게 건축물 . 대지 및 설비 등을 사용승인 내용으로 항상 유지 . 관리하셔야 함에도 불구하고 사용승인 이후 아래의 불법행위가 반복적으로 적발되고 있는 실정입니다.

♣ 사용승인 이후 주요 불법건축 행위 사례 ♣
가. 옥탑 및 지상1층 피로티 등에 무단증축 나. 불법 가구수(세대수) 증가
다. 주거용 발코니를 무단확장하여 거실 등으로 사용 라. 무단 용도변경
마. 옥내·외 주차장을 타용도 사용 또는 지장물 설치 바. 조경훼손 등

위와 같은 불법건축 행위가 적발되면 소유(관리)자 고발, 1년에 2회의 범위내 이행강제금 부과, 위반면적에 대한 취득세 부과, 재산세 합산 부과(시정될 때까지), 건축물대장에 "위법건축물" 표기 등으로,

각종 영업허가(신고) 불가 및 재산권 행사 제약 등 건축물 소유자(사용자)께서 재산상 불이익 처분을 받을 수 있으니, 변경사항이 발생할 경우에는 사전에 우리구에 신고(허가)를 득하셔야 합니다.

♣ 문 의 처 ♣
- 무단 용도변경, 조경훼손, 불법 가구수 증가, 부설주차장 유지관리 등 : 건축과(☎02-2286-5627~36)
- 옥탑 등의 무단증축 : 공동주택과(☎02-286-5610)
- 건축민원상담실 운영 : 매주 화, 목요일(14:00~17:00), 구청 전문상담실(구청1층)

참고로 사용승인 된 건축물에 대한 불법행위 점검 및 단속은,
- 연면적 2천㎡를 초과하는 건축물은 매년 정기적으로 점검하고 있고,
- 연면적 2천㎡이하인 건축물은 사용승인 후 6개월이 경과된 시기에 1차 점검하고,
1년 6개월이 경과된 시기에 2차 점검하고, 3년이 경과된 시기에 3차 점검을 실

건축물 사용승인에 따른 안내문. 성동구의 예

진행사항 (예정)

일 정	구 분	비 고
19. 01. 17	■ 용역계약	완 료
19. 04. 25	■ 건축허가 완료	완 료
19. 05~07월	■ 건축계획안 변경 - 건축계획안 수정 및 건축주 미팅 진행예정	
19. 07~09월	■ 시공도면작성 - 시공관련 도면 작성 - 협력업체 도면 작성 (구조, 기계, 전기, 통신 등)	
19. 08~09월	■ 건축허가 변경허가 진행 (성동구청) - 기존 계획안 설계변경 진행	
19. 09~10월	■ 견적도서 배포 - 건설사 견적도서 배포	건설사 견적기간 3주 이상예정
19. 11월	■ 착공준비 - 시공사 선정 및 계약 - 시공사 준비사항 진행 - 착공관련 사전 준비사항 진행	
19. 11월 말	■ 착공신고 - 착공신고 접수 (성동구청)	시공사 선정 후 착공신고 가능
19. 12월 중	■ 착공	

계약 당시 정한 대략의 일정표

확인번호: Ø1XY-ZB13-GIZ4-ABKV-GYHQ

■건축법 시행규칙 [별지 제18호서식] <개정 2018. 11. 29.>

사용승인서

· 건축물의 용도/규모는 전체 건축물의 개요입니다.

건축구분	신축	허가(신고)번호	2019-건축과-신축허가-29
건축주			
대지위치			
지번			
대지면적			231 ㎡
건축물명칭		주용도	제2종근린생활시설
건축면적	133.66 ㎡	건폐율	57.86 %
연면적 합계	583.36 ㎡	용적률	199.24 %
가설건축물 존치기간			

※ 「공간정보의 구축 및 관리 등에 관한 법률」에 따른 지번을 적으며, 「공유수면의 관리 및 매립에 관한 법률」 제8조에 따라 공유수면의 점용·사용 허가를 받은 경우 그 장소가 지번이 없으면 그 점용·사용 허가를 받은 장소를 적습니다.

그 밖의 기재사항
※ 「건축법」 제77조의4에 따른 건축협정을 체결한 건축물 또는 「건축법」 제77조의14에 따른 결합건축 협정을 체결한 건축물인지 여부를 기재합니다(해당하는 경우로 한정합니다).

귀하께서 건축·대수선 또는 용도변경한 (가설)건축물의 사용승인서를 「건축법 시행규칙」 제16조에 따라 교부합니다.

2021년 02월 10일

성동구청장 성동구청장인

210㎜ x 297㎜[보존용지(2종) 70g/㎡]

사용승인필증

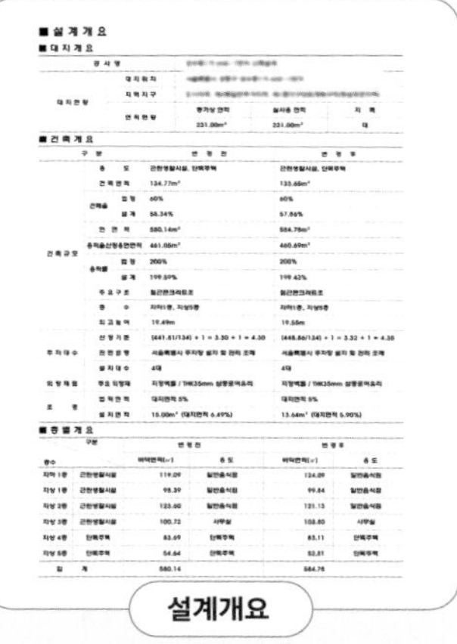

■ 설 계 개 요

■ 대 지 개 요

공사명				
대지현황	대지위치			
	지역지구			
	면적현황	공부상 면적	실사용 면적	지 목
		231.00m²	231.00m²	대

■ 건 축 개 요

구 분			변 경 전	변 경 후
건축규모	용 도		근린생활시설, 단독주택	근린생활시설, 단독주택
	건축면적		134.77m²	133.65m²
	건폐율	법정	60%	60%
		설계	58.34%	57.86%
	연 면 적		580.14m²	584.78m²
	용적률산정용연면적		461.05m²	460.69m²
	용적률	법정	200%	200%
		설계	199.50%	199.43%
	주요구조		철근콘크리트조	철근콘크리트조
	층 수		지하1층, 지상5층	지하1층, 지상5층
	최고높이		19.49m	19.55m
주차대수	산정기준		(441.81/134) + 1 = 3.30 + 1 = 4.30	(448.86/134) + 1 = 3.32 + 1 = 4.35
	관련법령		서울특별시 주차장 설치 및 관리 조례	서울특별시 주차장 설치 및 관리 조례
	설치대수		4대	4대
외장재료	주요 외장재		치장벽돌 / THK35mm 삼중로이유리	치장벽돌 / THK35mm 삼중로이유리
조 경	법적면적		대지면적 5%	대지면적 5%
	설치면적		15.00m² (대지면적 6.49%)	13.64m² (대지면적 5.90%)

■ 층 별 개 요

층수	구분	변경 전 바닥면적(㎡)	변경 전 용도	변경 후 바닥면적(㎡)	변경 후 용도
지하 1층	근린생활시설	119.09	일반음식점	124.09	일반음식점
지상 1층	근린생활시설	98.39	일반음식점	99.84	일반음식점
지상 2층	근린생활시설	123.60	일반음식점	121.13	일반음식점
지상 3층	근린생활시설	100.72	사무실	103.80	사무실
지상 4층	단독주택	83.69	단독주택	83.11	단독주택
지상 5층	단독주택	54.64	단독주택	52.81	단독주택
합 계		580.14		584.78	

설계개요

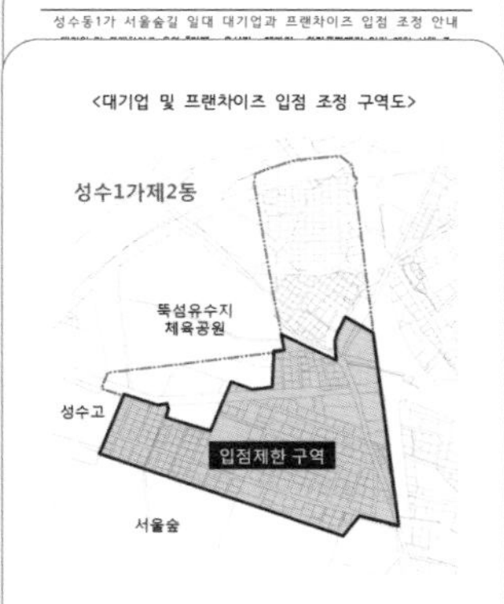

성동구의 행정력을 보여주는 공문. 입점 제한 안내문(대기업 프랜차이즈 입점 제한)(2018. 3.16.)

더불어 행복한 스마트포용도시 성동

성동구

수신자

제목 사용승인(신축) 신청서 처리 알림

1. 구정 발전에 협조하여 주시는 귀하께 감사드립니다.
2. 우리 구에 제출하신 아래 지상 건축물의 사용승인 신청서를 「건축법」 제22조 규정에 따라 사용승인 처리하였음을 알려드립니다.

○ 사용승인 처리 내용

도로명주소(대지위치)			대지면적	231.0㎡
건축주			생년월일	1962. 01. 22.
사용승인 내용	지역/지구	제2종일반주거지역, 지구단위계획구역(뚝섬주변지역)	공사종별	신 축
	층수	지하 1층/ 지상 5층	건축구조	철근콘크리트구조
	건축면적	133.66㎡	건폐율	57.86% (법정 60.0%)
	연면적	583.36㎡	용적률	199.24% (법정 200%)
	용도	제1,2근린생활시설, 단독주택	건축허가일(허가번호)	2019. 4. 25. (2019-건축과-신축허가-29)
	면허세	-	국민주택채권	-
	허가사항 변경내용(일괄신고)	- 연면적 3.1㎡ 감소(584.0㎡ → 583.36㎡) - 평면 일부 변경 등		

※ 건축물대장 추가 기재사항(기타기재사항란 기재)
○ 지구단위계획 이행사항
[뚝섬주변지역 지구단위계획(서고시 제2017-169호, 2017.5.18.) 적용]
- 생태면적률 20%이상 적용: 22.92%(옥외주차장 잔디식재, 자연지반녹지 34.04㎡, 인공지반녹지 21.05㎡, 옥상녹화 6.95㎡)

3. 사용승인된 건축물에 대하여는 사용승인일로부터 60일 이내에 우리 구 세무1과(02-2286-5302~15)에 문의하신 후 취득세를 납부(사용승인일로부터 60일 이내에 납부하지 않을 경우 20% 가산세 부과됨)하시기 바라며, 관할법원에 문의하여 등기등록 절차를 이행하시기 바랍니다.
4. 아울러, 건축물 사용승인 이후 건축물의 사용 시 붙임 「불법건축물 발생 예방 안내문」을 참조하여 건축법 등 위반사항이 발생하지 않도록 건축물 유지관리에 만전을 기하여 주시기 바랍니다.

성수동1가 ○○○번지 상가주택 사용승인필증의 예

확인번호: Ø1XY-ZB13-GIZ4-ABKV-GYHQ

■건축법 시행규칙 [별지 제18호서식] <개정 2018. 11. 29.>

사용승인서

· 건축물의 용도/규모는 전체 건축물의 개요입니다.

건축구분	신축	허가(신고)번호	2019-건축과-신축허가-29
건축주			
대지위치			
지번			
대지면적			231 ㎡
건축물명칭		주용도	제2종근린생활시설
건축면적	133.66 ㎡	건폐율	57.86 %
연면적 합계	583.36 ㎡	용적률	199.24 %
가설건축물 존치기간			

그 밖의 기재사항
※ 「건축법」 제77조의4에 따른 건축협정을 체결한 건축물 또는 「건축법」 제77조의14에 따른 결합건축 협정을 체결한 건축물인지 여부를 기재합니다(해당하는 경우로 한정합니다).

귀하께서 건축·대수선 또는 용도변경한 (가설)건축물의 사용승인서를 「건축법 시행규칙」 제16조에 따라 교부합니다.

2021년 02월 10일

성동구청장 성동구청장인

210㎜ x 297㎜[보존용지(2종) 70g/㎡]

신축 신청서 처리 알림의 예

착공 전

2019. 11. 10.

시공사 결정

- 시공사 미팅 후 고민, 결정
- 표준계약서 검토
- 시공계약서 초안 검토(2019.10.31.)
- 견적서의 분량과 내용이 굉장히 복잡함
- 원가계산서가 중요하다고 하는데, 무엇을 어떻게 체크해야 할지는 알기 어려움

2019. 11. 12.

경계측량

- 경계측량, 석면검사

2019. 11. 14.

11차 미팅, 질문들

- 실내 계단 난간
- 지하 1층 화장실 환기 설비
- 상가 화장실 난방이 따로 없어도 될지 질문
- 상가 탕비실 설치
- 외부 1층에 작은 수납공간 가능한지 여부
- 외부 수전, 우편함 설치 가능한지 여부
- 샤워공간 바닥 난방
- 정화조 환기구 지붕 위로
- 지하 1층 폴딩도어
  - ↳ **입주 후 생각** **임차인이 인테리어 공사를 진행하며 입주하자마자 제거해버려 후회스러운 기억. 임대공간에 필요 이상의 시설을 할 필요가 없고, 기본 공사 후 임차인과 계약 시 협의하는 편이 낫다. 예를 들어 월세를 조정하는 방식으로.**
- 공동전기, 공동수도 계량기 각 층 분리
- 하자 이행 증권 상의
- 배관 구배와 연결 부위 각별히 신경 써달라 부탁
- 배관 하부 처지지 않도록 시공 주의 부탁
- 우레탄 방수

어젯밤 새벽 2시까지 결정을 못 내리고 고민했었는데… 결론은, 잘한 것 같다. 오늘 바로 현장소장님을 만나 실질적인 공사 진행 이야기를 할 수 있어서 좋았다. 약 7천 만 원의 견적 차이가 있었지만 우리가 씨앤오를 선택한 이유는 이뿐이 아니다.

1. 브리핑 할 때부터 꼭 하고 싶어 하는 열망이 느껴졌으며 준비도 많이 하셨다.

2. 견적서를 보니 감사했다. 꼼꼼하게 기록하고 코멘트까지 정리해주셔서 약간 숨 막히기는 했지만 정확함이 보였고, 무엇보다 사장님부터 과장님까지 이미 우리 건물에 대해 완벽하게 이해를 하셨다.

3. 콘크리트 시공을 교수님이 신뢰하시는 분께 견적을 받으시고 그분이 직접하셨다. 콘크리트 공사가 중요하다고 하니 이도 놓치지 말아야 할 것 같다.

시공사를 결정하던 즈음 일기

- 콘센트 많이-방은 세 곳 이상, 출입문 근처, 현관, 식탁, 책상, 침대 근처
  - ㄴ **입주 후 생각　아파트에 살 때는 전기제품을 이용할 때마다 멀티탭이 정말 많이 필요했는데, 생활 패턴을 고려해 설계를 하니 별도로 연결선을 사용할 일이 없다. 전선들이 없으니 공간을 정리하는 데 굉장히 수월하고, 생활 스트레스도 줄여준다.**
- 도면 이외의 사항은 변경 조건이라고 했는데, 변경할 때마다 간접비와 노무비가 추가되는지 질문
- 철거 전에 주변에 공지 의무가 있는지 질문
- 계단을 송판 노출로 하는 이유가 있는지 질문
- 알루미늄 창호가 결로에 약하다고 하는데 괜찮을까 질문
- 엘리베이터 6인승으로 변경 가능할까 질문
- 박공지붕 빗물받이
  - ㄴ **입주 후 생각　빗물받이는 벽돌 외장이라면 무척 도움이 된다.**

2019. 11. 17.

미팅 후 정리 내용

- 1층 상가 화장실 상가 안쪽으로 이동
  - ㄴ **입주 후 생각　각 층마다 화장실을 임대 공간 안에 개별 관리하도록 하니 건물 관리가 수월하다. 공용화장실은 임대인이 관리해야 한다.**
- 지하 1층 폴딩도어 설치
- 화장실 바닥 난방
- 전기, 수도 계량기 각 층 별도 설치
  - ㄴ **입주 후 생각　초기 비용은 들어가나 임대 시 신경 쓸 일이 없어 분리 계량기 설치는 강력 추천!**
- 3층 출입문 정리
- 엘리베이터 6인승 교체는 불가?
- 지붕은 평기와로 결정

2019. 11. 20.

시공 계약

- 공정별 하자보수 기간이 다르다. 설비 2년, 방수 3년, 철근 5년, 승강기 3년 등.

- 공정별 법적 기간을 요구했으나 시공사에서 요구한 대로 모두 2년으로 계약했다.

- 가장 막강한 역향력을 행사하실, 거의 모든 범위에서 역할을 맡아주실 현장소장님과 많은 대화를 나눔.

- 공사기간 동안의 민원에 대해 누가 처리할 것인지 계약서에 "협의한다"라고 되어 있어서 시정을 요구함. 상가주택의 경우에는 이웃들과 오래 교류하며 살아야 하기 때문에 각종 민원에 응대하기가 쉽지 않다. 공사기간 중 민원은 시공사가 해결을 하기로 계약.

2019. 11. 26.

지질조사

- 물은 별로 없지만 지반이 약하다고 함
- 다음은 현장소장이 건축가에게 보낸 전갈
  - ㄴ "교수님 안녕하십니까? 성수동 현장 지질조사를 해야 하는데, 12/15 세입자 퇴거 후에 할 경우 토목 검토가 늦어질 수 있을 것 같습니다. 식당 휴무일인 다음 주 화요일(11/26)에 실시했으면 하여

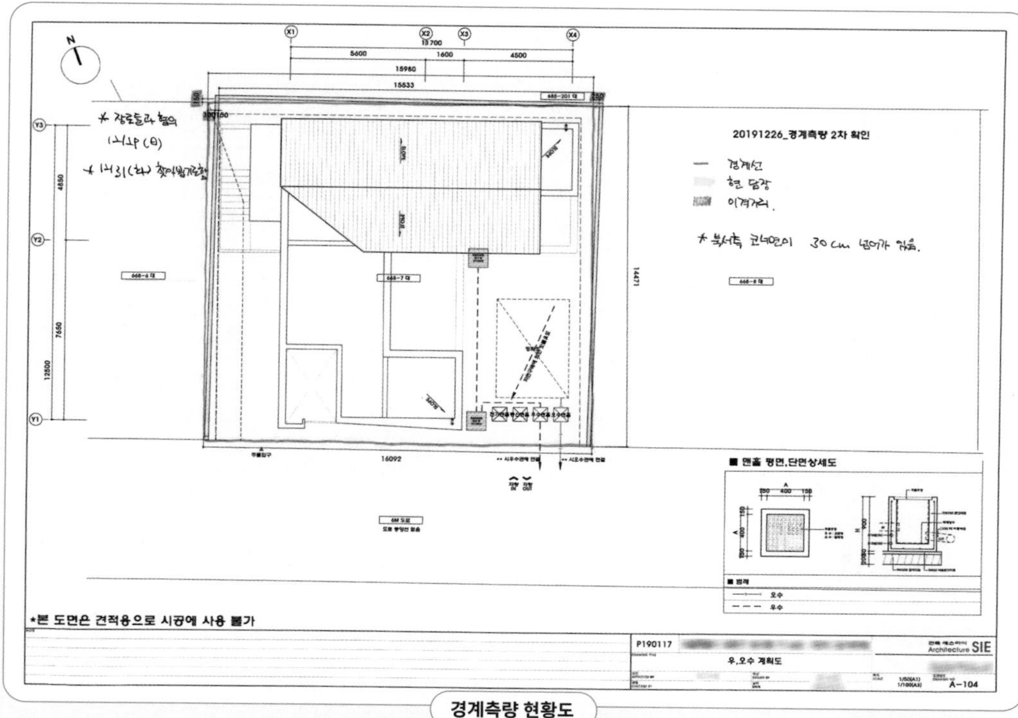

경계측량 현황도

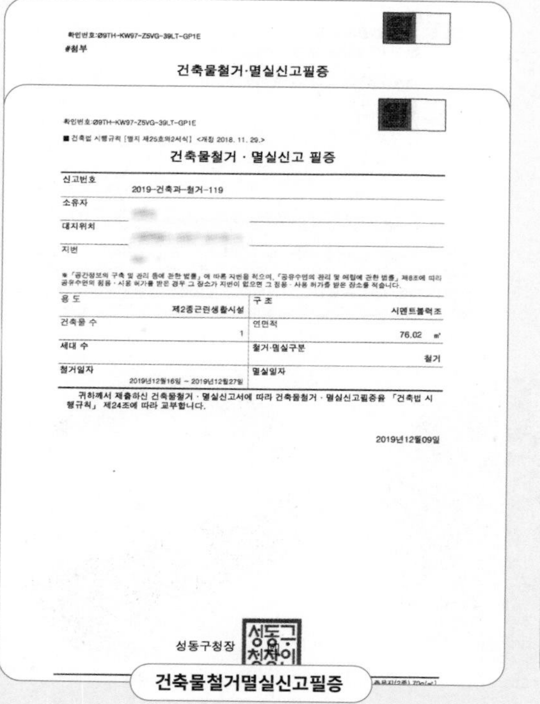

확인번호:Ø9TH-KW97-Z5VG-39LT-GP1E

#첨부

건축물철거·멸실신고필증

확인번호:Ø9TH-KW97-Z5VG-39LT-GP1E

■ 건축법 시행규칙 [별지 제25호의2서식] <개정 2018. 11. 29.>

건축물철거 · 멸실신고 필증

신고번호	
2019-건축과-철거-119	
소유자	
대지위치	
지번	

※ 「공간정보의 구축 및 관리 등에 관한 법률」에 따른 지번을 적으며, 「공유수면의 관리 및 매립에 관한 법률」 제8조에 따라 공유수면의 점용 · 사용 허가를 받은 경우 그 장소가 지번이 없으면 그 점용 · 사용 허가를 받은 장소를 적습니다.

용 도	구 조
제2종근린생활시설	시멘트블럭조
건축물 수	연면적
1	76.02 ㎡
세대 수	철거·멸실구분
	철거
철거일자	멸실일자
2019년12월16일 ~ 2019년12월27일	

귀하께서 제출하신 건축물철거 · 멸실신고서에 따라 건축물철거 · 멸실신고필증을 「건축법 시행규칙」 제24조에 따라 교부합니다.

2019년12월09일

성동구청장

건축물철거멸실신고필증

공 사 안 내

- 현장위치 :
- 공사개요 : 지하1층, 지상5층
- 공사기간 : 2019년 12월 16일 ~ 2020년 11월 20일
- 시 공 사 : 씨앤오건설 주식회사

안녕하십니까.

위 공사의 현장책임자 입니다.
본 공사를 진행함에 있어 주민 여러분의 불편을 최소화 하기 위해 최선을 다하겠습니다.

금년 12월부터 시작하여, 공사일정은 약 11개월 정도로 예상하고 있습니다.
공사 중 발생할 수 있는 소음, 분진 등으로 인한 이웃 주민 분들의 불편을 최소화 하기 위해 최대한 노력 하겠으며, 가급적 휴일은 피해서 작업 하도록 하겠습니다. 공사로 인한 도로 통행상의 불편을 줄이기 위한 노력도 지속적으로 해나갈 예정입니다.

공사를 진행함에 있어 부득이하게 발생할 수 있는 피해에 대해 미리 깊은 사과의 말씀을 드리며 넓은 아량으로 이해해 주셨으면 하는 바람입니다. 물론 최선을 다해 노력 하겠지만 불편하신 점이 있으시면, 곧 바로 아래 연락처로 전화 주십시오. 즉시 시정이 이루어 지도록 노력하겠습니다.

- **현장소장 :**

불편을 끼쳐드리는 점에 대해 다시 한번 사과 드립니다.
감사합니다.

2019년 12월 13일

씨앤오건설 주식회사
현장소장

공사 안내(착공 전)

현장소장님과 함께 과일 같은 답례품을 사서 동네 이웃들에게 인사하며 문의받을 번호로 현장소장님의 휴대전화 번호를 안내했다. 건축주가 이웃과 감정 분쟁이 생기지 않도록 배려해주셔서 감사했다.

예 정 공 정 표

[성수동 상가주택 신축공사]

프로젝트	대공종	소공종	2019년																2020년																							비고
			12월																1월																							
			월	화	수	목	금	토	일	월	화	수	목	금	토	일	월	화	수	목	금	토	일	월	화	수	목	금	토	일	월	화	수	목	금	토	일	월	화	수	목	
			16	17	18	19	20	21	22	23	24	25	26	27	28	29	30	31	1	2	3	4	5	6	7	8	9	10	11	12	13	14	15	16	17	18	19	20	21	22	23	
0065 성수동	설계	허가																																							
		실시도면				건축,전기,설비도면							토목시공도면																												
		미팅																																							
	행정	착공신고					착공신고										착공																								
		굴토심의		심의완료																																			
		현황측량												경계측량																											
	민원	민원협의		뒷집/교회/옆집 민원협의																																			
	가설공사	사무실, 화장실																																							
		가설전기, 수도, 방음벽																방음벽																								
	철거공사	본동철거								본동철거																															
		내부철거					내부철거																																		
		담장철거									앞담장철거						주변담장철거																									
		수목제거				수목제거																																			
		금속 재료 철거				금속,지붕 철거																																			
		도시가스 철거				도시가스철거																																			
		전기 철거						전기철거																																	
		정화조 청소				정화조 청소																																			
	토공사	정지/가이드빔/두부정리		토목견적협의			토목일정/백호수배 협의						폐기물반출/대지정리						대지정지/줄파기/가이드빔설치															두부정리 캡콘크리트 타설								
		CIP(대공)-36공				도근점,경계좌표점 확인																		대공																		
		CIP(사이공)-104공																						시험천공 사이공																		
		CIP(타설)																																							
		센터 파일-1개																																							
		차수(rod)-159공																																	LW천공장비반입,천공 그라우팅								
		토사반출																																							
		가시설 설치/해체																																							
		관로이설																																							
	성수동																																								

<철거일정>

- 19일 오전 수목 제거, 오후 금속재(지붕포함), 작업자 현장 확인 후 일정 변경 가능
- 20일~21일 철거용 비계설치
- 23일~24일 본동 철거예정

2019.11.17. 예정 공정표

공사 진행할 때는 수시로 좀 더 상세한 일정표를 만들어 공유한다.

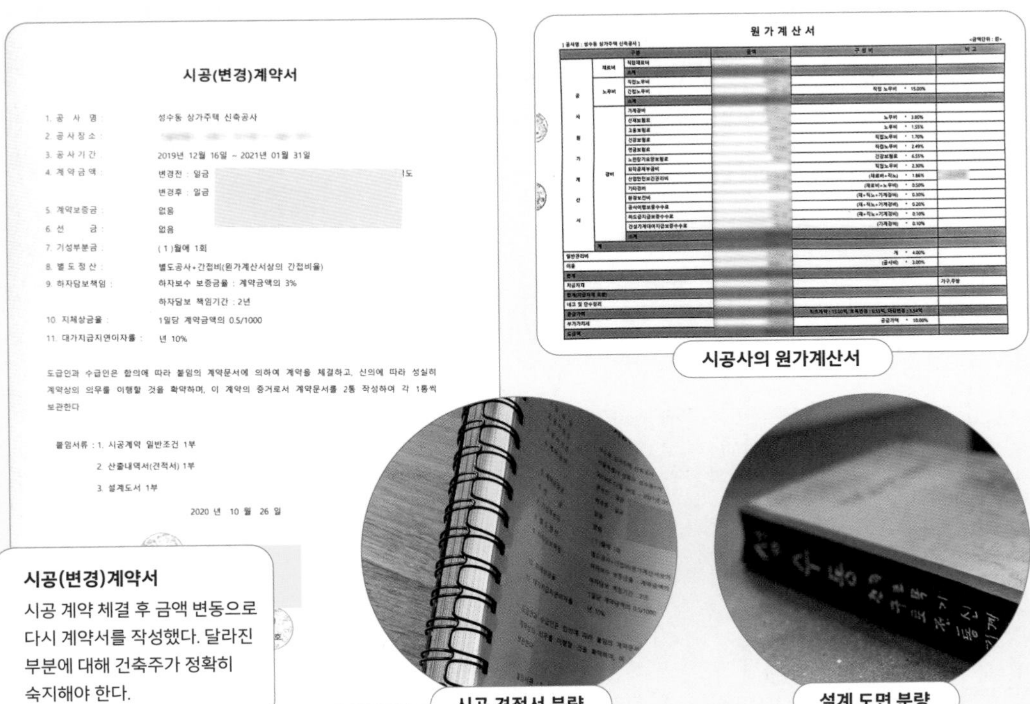

시공(변경)계약서

1. 공 사 명 : 성수동 상가주택 신축공사
2. 공 사 장 소 :
3. 공 사 기 간 : 2019년 12월 16일 ~ 2021년 01월 31일
4. 계 약 금 액 : 변경전 : 일금
   변경후 : 일금
5. 계약보증금 : 없음
6. 선 급 금 : 없음
7. 기성부분금 : (1)월에 1회
8. 별 도 정 산 : 별도공사+간접비(원가계산서상의 간접비율)
9. 하자담보책임 : 하자보수 보증금율 : 계약금액의 3%
   하자담보 책임기간 : 2년
10. 지체상금율 : 1일당 계약금액의 0.5/1000
11. 대가지급지연이자율 : 년 10%

도급인과 수급인은 합의에 따라 붙임의 계약문서에 의하여 계약을 체결하고, 신의에 따라 성실히 계약상의 의무를 이행할 것을 확약하며, 이 계약의 증거로서 계약문서를 2통 작성하여 각 1통씩 보관한다.

붙임서류 : 1. 시공계약 일반조건 1부
2. 산출내역서(견적서) 1부
3. 설계도서 1부

2020 년 10 월 26 일

시공(변경)계약서

시공 계약 체결 후 금액 변동으로 다시 계약서를 작성했다. 달라진 부분에 대해 건축주가 정확히 숙지해야 한다.

원 가 계 산 서

[공사명 : 성수동 상가주택 신축공사]　　<금액단위 : 원>

구분			금액	구성비	비고
공사원가계산서	재료비	직접재료비			
		소계			
	노무비	직접노무비			
		간접노무비		직접 노무비 * 15.00%	
		소계			
	경비	기계경비			
		산재보험료		노무비 * 3.80%	
		고용보험료		노무비 * 1.55%	
		건강보험료		직접노무비 * 1.70%	
		연금보험료		직접노무비 * 2.49%	
		노인장기요양보험료		건강보험료 * 6.55%	
		퇴직공제부금비		직접노무비 * 2.30%	
		산업안전보건관리비		(재료비+직노) * 1.86%	
		기타경비		(재료비+노무비) * 0.50%	
		환경보전비		(재+직노+기계경비) * 0.30%	
		공사이행보증수수료		(재+직노+기계경비) * 0.20%	
		하도급지급보증수수료		(재+직노+기계경비) * 0.10%	
		건설기계대여지급보증수수료		(기계경비) * 0.10%	
		소계			
	계				
일반관리비				계 * 4.00%	
이윤				(공사비) * 3.00%	
합계					
지급자재					가구,주방
합계(지급자재 포함)					
네고 및 단수정리					
공급가액				최초계약 : 15.00억, 토목변경 : 0.55억, 마감변경 : 1.54억	
부가가치세				공급가액 * 10.00%	
도급액					

시공사의 원가계산서

시공 견적서 분량

설계 도면 분량

시공계약서

국토부가 권장하는 표준계약서. 보통 시공사가 이 계약서를 기준으로 삼고, 조금씩 수정을 해서 제시하기도 함. 기성금 지급 기한과 횟수, 민원 해결에 관한 내용, 지체상금율, 하자 등에 대한 내용은 정확히 확인해야 함.

민간건설공사 표준도급계약서는 국토부에서 다운로드 받을 수 있다. 시공사마다 조금씩 수정하거나 보충하기 때문에 시간을 들여 비교해보는 것도 의미가 있을 수 있겠다. 반드시 '유의미한 비교'라고 말할 수 없는 이유는 자의적 해석, 판단을 하면 아예 모르는 것보다 좋지 않은 상황을 만들 수도 있기 때문이다. 판단하기 전에 질문을 먼저 하길 권한다.

시공계약서

1. 공 사 명 : 성수동 상가주택 공사
2. 공 사 장 소 :
3. 공 사 기 간 : 2019년 12월 16일 ~ 2021년 01월 31일
4. 계 약 금 액 : 일금 원정 (₩), VAT 별도
5. 계약보증금 : 없음
6. 선 금 : 없음
7. 기성부분금 : (1)월에 1회
8. 별 도 정 산 : 별도공사+간접비(원가계산서상의 간접비율)
9. 하자담보책임 : 하자보수 보증금율 : 계약금액의 3%
   하자담보 책임기간 : 2년
10. 지체상금율 : 1일당 계약금액의 0.5/1000
11. 대가지급지연이자률 : 년 10%

도급인과 수급인은 합의에 따라 붙임의 계약문서에 의하여 계약을 체결하고, 신의에 따라 성실히 계약상의 의무를 이행할 것을 확약하며, 이 계약의 증거로서 계약문서를 2통 작성하여 각 1통씩 보관한다

붙임서류 : 1. 시공계약 일반조건 1부
2. 산출내역서(견적서) 1부
3. 설계도서 1부

2019 년 월 일

도급인 성명 :
주 민 번 호 :
주 소 :

수급인 성명 : 씨엔오건설 주식회사 대표이사 조영묵 (인)
주 소 : 서울시 종로구 명륜동 1가 33-90번지 306호

- 1 / 11 -

● 이 이미지는 계약서의 일부이다. 계약서는 보통 10쪽이 넘는다. 전체 일독을 권하고 이해하기 어려운 부분은 솔직하게 질문하자.

시공계약 일반조건

제1조 【 총칙 】

도급인(이하 "갑"이라 한다)과 수급인(이하 "을"이라 한다)은 대등한 입장에서 서로 협력하여 신의에 따라 성실히 계약을 이행한다.

제2조 【 정의 】

이 조건에서 사용하는 용어의 정의는 다음과 같다.

1. "도급인"이라 함은 건설공사를 건설업자에게 도급하는 자를 말한다.
2. "도급"이라 함은 당사자 일방이 건설공사를 완성할 것으로 약정하고, 상대방이 그 일의 결과에 대하여 대가를 지급할 것을 약정하는 계약을 말한다.
3. "수급인"이라 함은 도급인으로부터 건설공사를 도급받는 건설업자를 말한다.
4. "하도급"이라 함은 도급받은 건설공사의 전부 또는 일부를 다시 도급하기 위하여 수급인이 제3자와 체결하는 계약을 말한다.
5. "하수급인"이라 함은 수급인으로부터 건설공사를 하도급받은 자를 말한다.
6. "설계도서"라 함은 공사시방서, 설계도면(물량내역서를 작성한 경우 이를 포함한다) 및 현장설명서를 말한다.
7. "물량내역서"라 함은 공종별 목적물을 구성하는 품목 또는 비목과 동 품목 또는 비목 의 규격·수량·단위 등이 표시된 내역서를 말한다.
8. "산출내역서"라 함은 물량내역서에 수급인이 단가를 기재하여 도급인에게 제출한 내역서를 말한다

제3조 【 계약문서 】

1. 계약문서는 시공계약서, 시공계약 일반조건, 산출내역서 및 설계도서로 구성되며, 상호 보완의 효력을 가진다.
2. 이 조건이 정하는 바에 의하여 계약당사자간에 행한 통지문서 등은 계약문서로서의 효력을 가진다.

제4조 【 공사감독원 】

1. "갑"은 계약의 적정한 이행을 확보하기 위하여 스스로 이를 감독하거나 자신을 대리하여 다음 각호의 사항을 행하는 자(이하 '공사감독원'이라 한다)를 선임할 수 있다.
   ① 시공일반에 대하여 감독하고 입회하는 일
   ② 계약이행에 있어서 "을"에 대한 지시·승낙 또는 협의하는 일
   ③ 공사의 재료와 시공에 대한 검사 또는 시험에 입회하는 일
   ④ 공사의 기성부분 검사, 준공검사 또는 공사목적물의 인도에 입회하는 일

- 2 / 11 -

   ⑤ 기타 공사감독에 관하여 "갑"이 위임하는 일
2. "갑"은 제1항의 규정에 의하여 공사감독원을 선임한 때에는 그 사실을 즉시 "을"에게 통지하여야 한다.
3. "을"은 공사감독원의 감독 또는 지시사항이 공사수행에 현저히 부당하다고 인정할 때에는 "갑"에게 그 사유를 명시하여 필요한 조치를 요구할 수 있다.

제5조 【 현장대리인의 배치 】

1. "을"은 착공전에 건설산업기본법령에서 정한 바에 따라 당해공사의 주된 공종에 상응하는 건설기술자를 현장에 배치하고, 그중 1인을 현장대리인로 선임한 후 "갑"에게 통지하여야 한다.
2. 제1항의 현장대리인은 법령의 규정 또는 "갑"이 동의한 경우를 제외하고는 현장에 상주하여 시공에 관한 일체의 사항에 대하여 "을"을 대리하며, 도급받은 공사의 시공관리, 기타 기술상의 관리를 담당한다.

제6조 【 공사현장 근로자 】

1. "을"은 당해계약의 시공 또는 관리에 필요한 기술과 경험을 가진 근로자를 채용하여야 하며 근로자의 행위에 대하여 모든 책임을 져야 한다.
2. "갑"이 "을"이 채용한 근로자에 대하여 당해계약의 시공 또는 관리상 적당하지 아니하다고 인정하여 이의 교체를 요구한 때에는 "을"은 즉시 교체하여야 하며 "갑"의 승인 없이는 교체된 근로자를 당해계약의 시공 또는 관리를 위하여 다시 채용 할 수 없다.

제7조 【 착공신고 】

1. "을"은 계약서에서 정한 바에 따라 착공하여야 하며, 착공시에는 다음 각호의 서류가 포함된 착공신고서를 "갑"에게 제출하여야 한다.
   ① 건설산업기본법령에 의하여 배치하는 건설기술자 지정서
   ② 공사예정공정표
   ③ 공사비 산출내역서
   (단, 계약체결시 산출내역서를 제출하고 계약금액을 정한 경우를 제외한다)
   ④ 계약이행보증서
   ⑤ 기타 "갑"이 지정한 사항
2. "을"은 계약의 이행 중에 제1항의 규정에 의하여 제출한 서류의 변경이 필요한 때에는 관련서류를 변경하여 제출하여야 한다.
3. "갑"은 제1항 및 제2항의 규정에 의하여 제출된 서류의 내용을 조정할 필요가 있다고 인정하는 때에는 "을"에게 이의 조정을 요구할 수 있다.

제8조 【 공사기간 】

1. 공사착공일과 준공일은 계약서에 명시된 일자로 한다.

- 3 / 11 -

연락드립니다. 지난번에 보니 앞마당이 그냥 흙바닥이라 1~2공 뚫어보는 건 큰 문제 없을 것 같습니다. 더 정밀한 조사가 필요하다면 퇴거 후에 한 번 더 하더라도 변수를 줄이는 것이 바람직해 보입니다. 다른 의견 없으시면 건축주께 협조를 요청드리고 진행하도록 하겠습니다. 의견주십시오. 감사합니다."

- 구멍 두 개만 뚫어서 하는 줄 알았는데 지하 12m까지 내려가야 한다고 함
- 사진 작가 방문. 1년간의 시공 과정을 찍고 싶다고 얘기하고 촬영을 의뢰
- 토목설계와 오늘 지질조사한 계산서 받음

2019. 12. 3.

전화 상담

- 건축가에게 엘리베이터 6인승으로 교체를 요구함(삼성동, 가락동, 구의동 등을 다니며 티센크르프의 4인승과 6인승 엘리베이터를 비교 탑승 후 결정함). 가격도 동일 가격 확인했음
  - ㄴ <u>입주 후 생각</u> **엘리베이터 사이즈 교체는 정말 잘한 것 같다. 물론 각 층마다 면적이 살짝 줄긴 했지만 입주 후 살아보니 가장 좋은 결정 중 하나였다고 생각한다.**
- 11월 19일 질문 추가 정리
- 4층 중정 외부 수도 설치 요구
- 중정-데크, 옥상-데크 또는 콘크리트 폴리싱
- 엘리베이터 홀-벽돌 또는 베이지색
- 철거/멸실신고 완료(2019. 12. 9.) 다음은 현장소장의 전갈
  - ㄴ "안○○ 과장입니다. 성수동 철거 멸실신고가 완료되었습니다. 15일 거주자 퇴거 이후 철거 공사를 진행할 예정입니다. 철거 공사는 16일 가스, 전기, 정화조 등의 점검 및 차단 후 17일 정도 건물 철거 예정입니다. 철거 공사와 관련하여 이번주 12, 13일 정도에 주변 인사를 예정하고 있으며 편하신 시간 말씀해주시면 맞춰 진행하는 것으로 일정 잡겠습니다. 확인부탁드립니다."

2019. 12. 4.

주변 민원인 인사

- 현장소장의 메일
  - ㄴ "주변 민원인 인사는 주변 민원인 현황자료와 같이 교회를 포함하여 총 4가구로 예상됩니다. 지난 인사 때 귤 1박스씩 돌렸으며, 비슷한 제품으로 여유분 2개 추가하여 6개와 공사안내문을 함께 준비하겠습니다. 추가적으로 필요하다고 생각하시는 곳 있으시면 말씀 부탁드립니다. 철거 관련 일정은 16일 현 세입자의 이주 및 원상 복귀 확인 후 진행하는 것으로 하겠습니다. 감사합니다."
- 현장소장이 알려준 민원 협의 내용
  - ㄴ 뒷집은 소유주분이 여러 분이시며, 관리 업체에서 관리 중입니다. 담장의 철거와 저희 집 쪽으로 넘어오는 관리 안 되는 나무의 철거 or 가지치기 확인 요청하였으며, 소유주분들 확인 후 연락주기로 하였습니다.
  - ㄴ 옆 교회의 목사님 뵙고 담장 철거 협의하였으며, 교회 역시 교회 관계자분들과 협의하고 목요일 오전에 연락주기로 하셨습니다.
  - ㄴ 옆집 민원인은 담장 철거 확인하셨으며, 공사로 인한 지하의 누수 부분을 걱정하여서 사전 조사 예정이며, 사전 조사 일정 확인 후 연락드리기로 하였습니다.

- 철거 일정에 관한 현장소장의 메일
  ㄴ "일정표 첨부하였으며, 수요일 거주자 퇴거 후 목요일부터 도시가스 철거, 철거팀의 수목 제거 및 금속제 분류 작업 예정으로 지붕 부분도 철거 예정입니다. 금요일, 토요일 양일간 내부 철거 및 외부 철거 비계 설치 예정이며, 다음주 월, 화 양일간 본건물 철거 예정입니다. 업무에 참고 부탁드립니다. 감사합니다."

2019. 12. 9.

관청과 기타 서류 업무들

- 그동안 미뤄 놓았던 일들을 처리했다. 행정처리가 조금 복잡하고 귀찮고 힘들었지만 앞으로 일어날 일들에 대한 기대로 수고롭게 느껴지지 않았다. 마치 여행 전 가방 싸는 느낌
- 등기부등본에서 증여를 확인함
- 세무서로 가서 사업자 등록증을 정정함
- 대출 서류에 새로 정정된 사업자 등록증 제출함
- 구청 가서 기존의 주택임대 사업자를 말소시킴
- 세무소로 다시 가서 임대 사업자 등록증 말소시킴

2019. 12. 10.

전화 상담

- 엘리베이터, 중정, 데크 등 건축가와 전화로 상담하며 결정 지음
- 남궁선 사진작가와 시공 전반에 걸쳐 촬영하기로 계약

2019. 12. 15.

12차 미팅

- 1층 현관, 4층 현관, 바닥 마감-석재 또는 대리석
- 2, 3, 4층 에어컨 실외기 설치
- 미세 방충망
- 보일러-콘덴싱, 가전제품-에너지 효율 높은 것
- 상가 창호-22T
- 4층 현관-마루 넓히고 창문 아래 신발장 없애기
- 다용도실 상부장 중간 전기 콘센트
- 주방 밥솥장 안에 콘센트
- 입식 세탁실
- 4층 중정-데크

2019. 12. 18.

옆집과의 만남

- 임대를 주던 식당 임대 종료
- 옆집 주인과 만남. 우리 신축공사로 지하의 누수나 결로를 우려함. 집을 짓는다는 건 단순히 나의 집 설계, 시공만의 문제가 아니라는 것을 다시 한번 느낌

2019. 12. 20.

대출 승인

- 은행의 전화를 받았다. 대출이 승인되었다. 이 전화를 기다렸다. 기다렸다는 것은 불안했다는 뜻. 자금계획이 가장 중요한 만큼 은행의 연락에 목을 빼기 마련이다. 은행 대출 없이 집을 짓는다는 건 불가능

견 적 서

씨엔오건설 귀중 2019 년 11 월 26 일

아래와 같이 견적 제출합니다

공 사 명

용 역 명 : 지반조사

견 적 금 액

항 목	규 격	수 량	단 위	단 가	금 액	비 고
지반조사		2	공	[illegible]	[illegible]	
- 시추작업	BX					
- 표준관입시험	1.5M 간격					
- 시료채취	1.5M 간격					
- 지하수위 측정						
- 보고서 작성						
견 적 금 액					[illegible]	

▣ 특기사항

- 부가세 별도
- 지반조사 작업용수 현장제공

TOPJUNG ENGINEERING Co. Ltd

견 적 서

SIE건축 귀중 2019 년 11 월 26 일

아래와 같이 견적 제출합니다

공 사 명 :

용 역 내 용 : 토목설계

견 적 금 액 :

항 목	규 격	수량	단위	단 가	금 액	비 고
1. 현황측량						
- 부지 현황측량		1	식	[illegible]	[illegible]	
- 지장물 조사		1	식	[illegible]	[illegible]	
	소 계				[illegible]	
2. 토목설계						
- 흙막이 설계	지하1층	1	식	[illegible]	[illegible]	
- 굴토심의		1	식	[illegible]	[illegible]	
	소 계				[illegible]	
견 적 금 액					[illegible]	

▣ 특기사항

- 부가세 별도
- 지반조사 별도

지반조사견적서 현황측량, 토목설계 비용

집 계 표

[공사명 : 성수동 상가주택 신축공사] <금액단위 : 원>

품명	계약금액	변경금액	차액			비고
			승인요청	CNO 부담	합계	
[1201 철거공사]						
<가시설공사>						
<철거공사>						기존 담장의 철거
<잔재처리공사>						기존 담장의 처리
<혼합폐기물및바닥정리>						
<기타공사>						
소계						CNO 부담
[1202 토목공사]						
<토공사>						
<가시설공사>						
가시설공사						지하 PIT 터파기 라인정리(57m->55m)
말뚝 근입,인발						H빔(토류판) 근입, 인발 감소
토류판 설치						토류판 설치비 감소
<버팀보공사>						
<CIP 및 차수공사>						공법 변경
<자재비 및 운반비>						
잡자재 및 운반비						잡자재 및 운반비 증가
강재손료						H빔(토류판)의 강재손료 제외
강재사장						H빔(CIP)의 강재사장 추가
레미콘						레미콘(CIP) 증가
철근						철근(CIP) 증가
토류판						토류판 자재비 감소
<부대공사>						
소계						승인요청(토류판 --> CIP 변경)
[1203 토목설계]						
<토목설계>						토목설계 및 지질조사, 지내력 시험비용
소계						승인
합계						

* 간접비 미포함
* 기존 담장의 철거는 견적누락으로 CNO 부담 예정입니다.
* 지반보강은 터파기 완료후 지내력시험의 결과에 따라 필요시 진행하게 될 예정으로 견적에 미포함 하였습니다.

기초공사 과정에서 함께 회의한 집계표의 내용

내 역 서

[공사명 : 성수동 상가주택 신축

품명			cno(계약) 수량	합계 단가	합계 금액	비고	변경 수량	단가	금액	노무비 단가	노무비 금액	경비 단가	경비 금액	합계 단가	합계 금액	비고
[1201 철거공사]																
<가시설공사>																
비계 설치 및																
분진망설치및						840,000										840,000
<철거공사>																
지상층 철거		m2	140.0	5,000	700,000		140.0			1,500	210,000	1,500	210,000	5,000	700,000	
지하층 철거		m2	140.0	1,000	140,000		140.0			300	42,000	300	42,000	1,000	140,000	
담장철거																
<잔재처리공사>						1,368,000										2,838,000
폐기물운반 및 처리비			76.0	18,000	1,368,000		76	9,600			410,400	5,400	410,400	18,000	1,368,000	
혼합폐기물운반 및 처리비			-	50,000	-		7.0	30,000			-	15,000	-	50,000	-	
<혼합폐기물및바닥정리>																
수작업 철거 및 분리							3.0	72,000	216,000			8,000	560,000	21,000	1,47[illegible]	
고철 분리 작업		인			[illegible]		3.0	72,000	216,000	54,000					540,000	
바닥정리		m2	231.0	3,000	693,000		231.0	1,200	277,200	900	207,900	900	207,900	3,000	693,000	
<기타공사>						3,130,000										3,130,000
석면 사전 조사비		식	1.0	400,000	400,000		1.0	200,000	200,000	80,000	80,000	120,000	120,000	400,000	400,000	
석면 제거 및 처리비		m2	-	35,000	-		-	14,000	-	10,500	-	10,500	-	35,000	-	
살수 및 정리		인	3.0	180,000	540,000		3.0	72,000	216,000	54,000	162,000	54,000	162,000	180,000	540,000	
도시가스 절단		식	1.0	500,000	500,000		1.0	100,000	100,000	400,000	400,000	-	-	500,000	500,000	
정화조 청소		식	1.0	50,000	50,000		1.0	20,000	20,000	15,000	15,000	15,000	15,000	50,000	50,000	
안전 및 신호수 배치		인	3.0	180,000	540,000		3.0	72,000	216,000	54,000	162,000	54,000	162,000	180,000	540,000	
대관 업무비		식	1.0	100,000	100,000		1.0	40,000	40,000	30,000	30,000	30,000	30,000	100,000	100,000	
철거감리비		식	1.0	1,000,000	1,000,000		1.0	400,000	400,000	300,000	300,000	300,000	300,000	1,000,000	1,000,000	
소계																
[1202 토목공사]																
<토공사>						23,283,582										23,283,582
터파기	매립토	m3	161.0	4,275	688,275		161.0	1,283	206,483	1,283	206,483	1,710	275,310	4,275	688,275	
터파기	퇴적토	m3	273.7	5,225	1,430,083		273.7	1,568	429,025	1,568	429,025	2,090	572,033	5,225	1,430,083	
터파기	풍화토	m3	483.0	5,700	2,753,100		483.0	1,710	825,930	1,710	825,930	2,280	1,101,240	5,700	2,753,100	
잔토처리	매립토	m3	193.2	11,400	2,202,480		193.2	3,420	660,744	3,420	660,744	4,560	880,992	11,400	2,202,480	
잔토처리	퇴적토	m3	328.4	11,590	3,806,620		328.4	3,420	1,123,265	3,420	1,123,265	4,750	1,560,090	11,590	3,806,620	
잔토처리	풍화토	m3	579.6	11,590	6,717,564		579.6	3,420	1,982,232	3,420	1,982,232	4,750	2,753,100	11,590	6,717,564	
크랑살상차	-5m 이하	m3	200.0	7,486	1,497,200		200.0	2,223	444,600	2,223	444,600	3,040	608,000	7,486	1,497,200	
사토장정리비		m3	1,101.2	2,831	3,117,610		1,101.2	798	878,790	798	878,790	1,235	1,360,031	2,831	3,117,610	
바닥정리비		m3	161.0	6,650	1,070,650		161.0	1,995	321,195	1,995	321,195	2,660	428,260	6,650	1,070,650	
<가시설공사>						24,488,055										14,909,441
줄파기		m	57.0	11,400	649,800		55.0	3,420	188,100	3,420	188,100	4,560	250,800	11,400	627,000	
GUIDE-BEAm설치		m	57.0	11,400	649,800		55.0	3,420	188,100	3,420	188,100	4,560	250,800	11,400	627,000	
H-PILE천공	토사 퇴적층	m	370.0	17,860	6,608,200		342.0	5,130	1,754,460	5,130	1,754,460	7,600	2,599,200	17,860	6,108,120	
케이싱설치,해체		m	284.9	2,090	595,441		263.3	570	150,104	570	150,104	950	250,173	2,090	550,381	
H-PILE 근입		m	370.0	3,135	1,159,950		342.0	855	292,410	855	292,410	1,425	487,350	3,135	1,072,170	
중앙말뚝	토사 퇴적층	m	8.0	17,100	136,800		8.0	5,130	41,040	5,130	41,040	6,840	54,720	17,100	136,800	
말뚝 근입,인발		m	373.6	8,930	3,336,248		64.0	2,565	164,160	2,565	164,160	3,800	243,200	8,930	571,520	
띠장 설치	450*450	m	57.0	23,750	1,353,750		55.0	7,125	391,875	7,125	391,875	9,500	522,500	23,750	1,306,250	
띠장해체		m	57.0	4,750	270,750		55.0	1,425	78,375	1,425	78,375	1,900	104,500	4,750	261,250	
띠장 흙 메우기		개소	37.0	11,590	428,830		36.0	3,420	123,120	3,420	123,120	4,750	171,000	11,590	417,240	
띠장연결		개소	11.4	23,180	264,252		11.0	6,840	75,240	6,840	75,240	9,500	104,500	23,180	254,980	
스티프너설치해체		개소	112.0	3,135	351,120		112.0	855	95,760	855	95,760	1,425	159,600	3,135	351,120	
앵글 BRACING 설치해체		m	100.0	8,930	893,000		100.0	2,565	256,500	2,565	256,500	3,800	380,000	8,930	893,000	
피스 브라켓트		개소	2.0	19,000	38,000		2.0	5,700	11,400	5,700	11,400	7,600	15,200	19,000	38,000	
삼각 브라켓설치, 해체		개소	18.8	11,400	214,434		18.2	3,420	62,073	3,420	62,073	4,560	82,764	11,400	206,910	
토류판 설치	6-9t	m2	342.0	22,040	7,537,680		67.5	6,270	423,225	6,270	423,225	9,500	641,250	22,040	1,487,700	
<버팀보공사>						4,579,000			-		-		-	-	-	4,579,000
버팀보단부제작	300X300	개소	28.0	25,650	718,200		28.0	7,125	199,500	7,125	199,500	11,400	319,200	25,650	718,200	
버팀보설치 및 해체		m	80.0	29,450	2,356,000		80.0	7,125	570,000	7,125	570,000	15,200	1,216,000	29,450	2,356,000	
버팀보연결	300X300	개소	16.0	47,500	760,000		16.0	14,250	228,000	14,250	228,000	19,000	304,000	47,500	760,000	
JACK설치 및 해체		개소	10.0	20,900	209,000		10.0	5,700	57,000	5,700	57,000	9,500	95,000	20,900	209,000	
보받이 보강보설치해체	300*200*9*14	m	20.0	12,540	250,800		20.0	3,420	68,400	3,420	68,400	5,700	114,000	12,540	250,800	
사보강재설치해체		개소	6.0	47,500	285,000		6.0	14,250	85,500	14,250	85,500	19,000	114,000	47,500	285,000	
<CIP 및 차수공사>						-			-		-		-	-	-	35,566,810
CIP 천공		M		-	-		756.0	6,000	4,536,000	4,500	3,402,000	4,500	3,402,000	15,000	11,340,000	
철근 조립및 근입	19mm*6ea	TON		-	-		13.8	48,000	661,349	36,000	496,012	36,000	496,012	120,000	1,653,372	
레미콘 타설		M3		-	-		137.9	6,000	827,453	4,500	620,590	4,500	620,590	15,000	2,068,632	
슬라임 처리		M3		-	-		137.9	4,800	661,962	3,600	496,472	3,600	496,472	12,000	1,654,906	
케이싱 설치 및 해체		M		-	-		680.4	400	272,160	300	204,120	300	204,120	1,000	680,400	
벽면 정리		M		-	-		247.5	1,200	297,000	900	222,750	900	222,750	3,000	742,500	
헤드 콘크리트 타설		M		-	-		55.0	26,000	1,430,000	19,500	1,072,500	19,500	1,072,500	65,000	3,575,000	
rod그라우팅		M		-	-		756.0	4,800	3,628,800	3,600	2,721,600	3,600	2,721,600	12,000	9,072,000	
밀크 주입		M		-	-		756.0	2,000	1,512,000	1,500	1,134,000	1,500	1,134,000	5,000	3,780,000	
기계기구 설치및 해체		식		-	-		1.0	400,000	400,000	300,000	300,000	300,000	300,000	1,000,000	1,000,000	
<자재비 및 운반비>						25,667,619			-		-		-	-	-	44,092,002
강재손료	300*300	ton	12.9	190,000	2,446,820		15.5		-		-	190,000	2,946,900	190,000	2,946,900	
강재사장	300*300	ton	0.8	190,000	160,740		0.8		-		-	190,000	160,740	190,000	160,740	
강재손료	300*200	ton	1.7	190,000	323,076		0.5		-		-	190,000	99,408	190,000	99,408	
강재손료	300*200	ton	25.2	285,000	7,176,015		-		-		-	285,000	-	285,000	-	
강재사장	300*200	ton					23.3					650,000	15,176,070	650,000	15,176,070	
강재운반	왕복	ton	15.4	33,250	512,861		16.9		-		-	33,250	561,233	33,250	561,233	
강재운반	편도	ton	25.2	14,250	358,801		23.3		-		-	14,250	332,706	14,250	332,706	
볼트및 잡자재		ton	0.6	836,000	538,300		0.8	836,000	648,318		-		-	836,000	648,318	
철판대외		ton	0.6	779,000	501,598		0.8	779,000	604,115		-		-	779,000	604,115	
피스브라켓트		개소	2.0	19,000	38,000		2.0	19,000	38,000		-		-	19,000	38,000	
잭손료	유압 자키	개소	10.0	19,000	190,000		14.0	19,000	266,000		-		-	19,000	266,000	
장비운반비,인양비		식	1.0	2,850,000	2,850,000		1.0	-	-		-	2,850,000	2,850,000	2,850,000	2,850,000	
레미콘	fck=240	m3	20.0	67,087	1,341,742		142.9	67,087	9,587,337		-		-	67,087	9,587,337	
철근	D19	ton	3.0	627,000	1,881,000		14.0	617,500	8,645,000		-	9,500	133,000	627,000	8,778,000	
시멘트		포	50.0	5,225	261,250		50.0	4,275	213,750		-	950	47,500	5,225	261,250	
앵글		ton	1.8	332,500	589,416		1.9	332,500	641,925		-		-	332,500	641,925	
토류판		m2	342.0	19,000	6,498,000		60.0	19,000	1,140,000		-		-	19,000	1,140,000	
<부대공사>						14,535,000			-		-		-	-	-	14,535,000
안전난간설치		m	80.0	28,500	2,280,000		80.0	8,550	684,000	8,550	684,000	11,400	912,000	28,500	2,280,000	
안전 계단 설치		식	1.0	1,710,000	1,710,000		1.0	513,000	513,000	513,000	513,000	684,000	684,000	1,710,000	1,710,000	
가설 세륜살수비		월	1.0	3,040,000	3,040,000		1.0	912,000	912,000	912,000	912,000	1,216,000	1,216,000	3,040,000	3,040,000	
도로청소비		월	1.0	3,040,000	3,040,000		1.0	912,000	912,000	912,000	912,000	1,216,000	1,216,000	3,040,000	3,040,000	
교통정리비		월	1.0	3,040,000	3,040,000		1.0	912,000	912,000	912,000	912,000	1,216,000	1,216,000	3,040,000	3,040,000	
양수비		월	1.0	1,425,000	1,425,000		1.0	427,500	427,500	427,500	427,500	570,000	570,000	1,425,000	1,425,000	
소계																
[1203 토목설계]																
<토목설계>						4,750,000			-		-		-	-	-	9,200,000
토목설계비		식	1.0	950,000	950,000		1.0	1,000,000	1,000,000	1,000,000	1,000,000	1,500,000	1,500,000	3,500,000	3,500,000	
팽이기초	필요시 별도	ea	-	114,000	-		-		-		-		-	-	-	
계측기비		식	1.0	3,800,000	3,800,000		1.0	1,140,000	1,140,000	1,140,000	1,140,000	1,520,000	1,520,000	3,800,000	3,800,000	
지질조사		공	2.0	-	-		2.0		-		-	700,000	1,400,000	700,000	1,400,000	
지내력시험		식	1.0				1.0		-	200,000	200,000	300,000	300,000	500,000	500,000	
소계																
합계																

*지내력시험 이후 지반보강 별도

비용 변경 내역서 시간이 경과해 견적 당시보다 비용이 상승했다. 구체적인 내용을 기입해 감리 사무실에 먼저 의뢰했고, 감리자가 먼저 검토한 내용을 시공사에서 건축주인 나에게도 보내주었다.

2019. 12. 27.

착공허가

- 경계 측량 결과에 대한 현장소장의 전갈
  - "다른 부분은 문제없으며, 북서측 코너(옆 교회 쪽) 부분이 30cm 정도 넘어가 있음을 확인하였습니다. 교회 목사님 방문해 확인하셨으며, 현재의 담장을 철거하고 간섭되는 실외기 부분 이동 설치하는 것으로 말씀드렸습니다. 목사님은 장로님들과 12/29(일) 협의하여 연락주기로 하셨으며, 12/31(화) 교회 찾아가 볼 예정입니다. 업무에 참고 부탁드립니다."

2019. 12. 31.

첫 기성비 입금

- 세금계산서를 사업자로 발송 요청함
- 은행에 대출 2차 기성비부터 대출 발생 예약함. 시공사 통장으로 바로 입금되며 시공사 사장님의 유치권 포기 동의서가 필요함
- 대출은 공정에 따라 분할 지급된다.
- 전체 10억 원을 대출 받는다면 8~10차로 나누어 지급되고, 1회차 시공비가 1억 원이라면 1억 원에 대한 70%의 대출이 은행에서 바로 시공사로 입금된다.

2020. 1. 2.

공사 시작

- 착공. 공사 시작!
- 시공사 사장님 왈, 일부 CIP 공법으로 변경해 비용 상승이 됐다는 전언. 지질 검사 비용, 지반 보강 시 1~2천만 원 추가 가능(진흙이 나오면 가장 최악이라고)
- 이즈음 이웃 민원이 발생했지만 시공사 대표님과 현장소장님이 의연하게 잘 대처해주셨다.

지질조사 위치도

지질조사 당시 땅의 모습

시공 과정

① 준비 단계 간략 정리

- 착공신고
- 경계측량
- 공사 준비(건축사무소, 시공사와 일정 정리, 기성비 관련 정리, 주변 인사 등)
- 가설공사(방음벽, 대문, 비계)
- 전체 공사 예정표를 받음
  - └▸ 시공사에서 견적 받을 때 공사 전 준비는 견적 제외라는 말이 무슨 뜻인지 몰랐다. 계약 이후 고지서를 받는 순간 처음 집을 짓는 나로서는 당황했다. 건축주와 시공사 간에 서로 공사비를 생각하는 범위가 너무나 달랐던 것이다. 당연히 견적 받은 계약서 안에 모든 공사가 포함되어 있을 거란 생각에 따로 예산을 잡아 두지 않았는데 이 단계에서 약 500만 원 정도의 비용이 추가로 들어갔다.

    또한 이 단계는 전체 공사 과정 가운데서 가장 예측이 불가능한 구간이다. 추가공사비가 얼마나 더 나올지, 겉으로는 보이지 않는 부분인 땅속에 어떤 문제가 있을지, 등기부와 달리 실제 땅은 어디부터 어디까지인지 정확하지 않다는 것을 이전에는 몰랐다. 착공 전까지 추가 공사비가 얼마나 올라갈지 알 수 없으니 건축주는 초긴장.

    석면검사, 지반검사, 굴토 심의, 흙막이 공사 등 여러 검사들을 해야 하며 구청 직원들이 나와서 진행하기 때문에 신청도 서둘러서 하지 않으면 기다림이 길어져 공사기간을 늦출 수 있다. 측량은 계약한 시공사에서 연락을 하기로 했고, 실제 계약 전에 시공사에서 먼저 구청에 신청을 해놓아 바로 할 수 있었다.
- 다음은 토목 공사 과정 중 현장소장의 전갈
  - └▸ "토목 공사 변경 내역서 첨부하여 보내드립니다. 토목 공사의 지반 보강공사는 터파기 완료 후 지내력 시험의 결과에 따라 필요시 진행하게 될 예정으로 견적에 미포함 되어 있습니다. 내역서는 계약 내역 기준에서 CIP 변경으로 인한 증감액을 표시하였으니 업무에 참고 부탁드립니다."

2020. 1. 6.

토목 공사 중

- 한전에서 연락 옴. 계량기 별도 공사에 대한 고지서를 받고 납부. 납부 영수증을 현장소장에게 전달
- 도로 복구에 든 비용을 납부(설비를 위해 도로를 개복해서?)
- 설계사무소에서 간략한 계획을 보내줌(설계 계약 파일)

2020. 2. 2.

토목 공사 중

- 2차 기성비 송금
- 3월까지의 일정 관리표를 현장소장이 보내줌
- 다음은 현장소장의 메일
  - └▸ "지난주 현장 사진과 일정 관리 첨부하여 보내드립니다. 현재 CIP 작업 중이며, 2월

중순까지 토목 공사가 진행될 예정입니다. 2월 중순 평판재하시험 후 결과에 따라 골조 공사 예정이오니 업무에 참고 부탁드립니다. 이번주 구정 연휴로 현장은 24(금)~27일(월) 휴무 예정입니다. 즐거운 설 명절 보내세요.^^"

2020. 2. 9.

토목 공사 중

- 주방가구 동선 고려해서 배치 요망
- 세부적으로, 수저 서랍을 식탁 가까운 쪽으로, 조리도구 양념 자리는 인덕션 근처, 쓰레기통 자리, 개수대 아래 공간 처리

2020. 2. 14.

토목 공사 중, 지질 검사, 설계 미세 상의

- 바닥 지질 검사했는데 결과는 나쁘지 않다고 연락 옴. 결과는 구조사무실에서 안전에 대한 확답을 받아야 한다고 함
- 순간 온수기 6대 설치 결정
- 엘리베이터 25일 전에 신청해야 한다고 함
- 지하 1층 선큰 마당에 나무 한 그루를 심을 정도의 화단 만들기로 함
- 엘리베이터 결정에 따른 여러 고려 사안들을 현장소장이 정리해서 알려주었음
- 다음은 현장소장이 정리해준 내용

엘리베이터 결정 시 확인할 사항

☑ **4인승 > 6인승 변경으로 금액 추가(추후 확인해보니 금액 추가가 없었음)**

☑ **엘리베이터 막판 / 문틀의 설치 유무**

ㄴ 막판은 인디케이터만도 설치 가능

☑ **엘리베이터 홀버튼의 종류**

ㄴ 블랙/그레이/화이트

☑ **엘리베이터 바닥 마감**

ㄴ 기본: 데코타일(3mm)

ㄴ 바닥 마감에 따라 3~25mm 까지 설치 가능, 발주 시 협의 필요

☑ **엘리베이터 속도**

ㄴ 기본: 1.0 m/sec

ㄴ 추가 옵션(150만 원): 1.5m/sec - 4개 층이라 큰 차이는 없어 보임

☑ **엘리베이터 카드키**

ㄴ 추가 옵션(30만 원)

ㄴ 손님 방문 시 안에서 주인이 엘리베이터 버튼을 눌러 줘야 하며 카드 없이는 진입 불가(조금 불편하기는 하지만 상가와 사용하므로 반드시 필요)

ㄴ 택배나 손님 방문 시 불편할 수 있음

ㄴ 카드키 10개 지급

☑ **엘리베이터 관리**

ㄴ 관리 업체를 선정해야 함

ㄴ 관리 품목과 옵션을 선택할 수 있음

ㄴ 공용 전기 용량을 높여 두는 것을 권장

ㄴ 우리 집의 경우 월 20만 원 정도의 유지비

☑ **미세먼지 저감장치 적용**

ㄴ 필터 주기적 교체 필요

☑ **방화 도어**

ㄴ 근린생활시설, 다중이용업소 관련 방화도어 적용 유/무 확인 필요

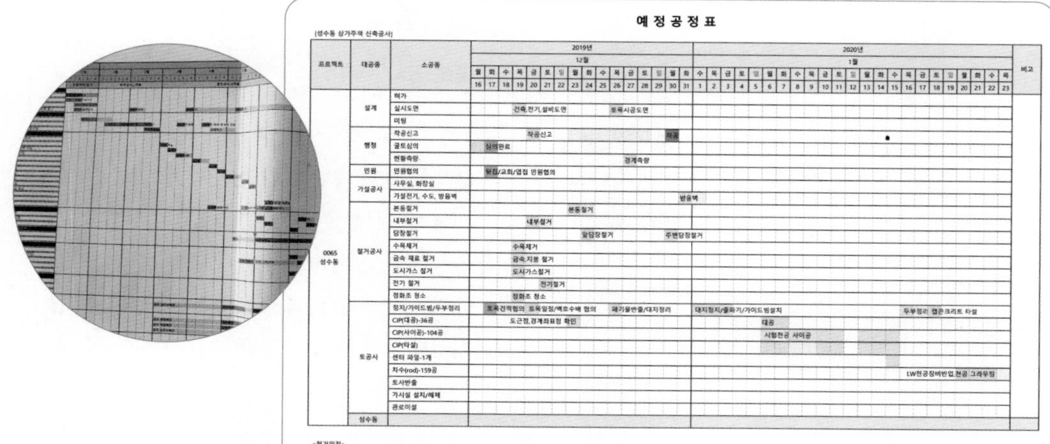

예 정 공 정 표

[성수동 상가주택 신축공사]

2019년 12월 16일(월) ~ 2020년 1월 23일(목)

프로젝트	대공종	소공종	일정	비고
0065 성수동	설계	허가		
		실시도면	건축,전기,설비도면 / 토목시공도면	
		미팅		
	행정	착공신고	착공신고 / 착공	
		굴토심의	심의완료	
		현황측량	경계측량	
	민원	민원협의	뒷집/교회/옆집 민원협의	
	가설공사	사무실, 화장실		
		가설전기, 수도, 방음벽	방음벽	
	철거공사	본동철거	본동철거	
		내부철거	내부철거	
		담장철거	앞담장철거 / 주변담장철거	
		수목제거	수목제거	
		금속 재료 철거	금속,지붕 철거	
		도시가스 철거	도시가스철거	
		전기 철거	전기철거	
		정화조 청소	정화조 청소	
	토공사	정지/가이드빔/두부정리	토목견적협의 토목일정/백호수배 협의 / 폐기물반출/대지정리 / 대지정지/줄파기/가이드빔설치 / 두부정리 캡콘크리트 타설	
		CIP(대공)-36공	도근점,경계좌표점 확인 / 대공	
		CIP(사이공)-104공	시험천공 사이공	
		CIP(타설)		
		센터 파일-1개		
		차수(rod)-159공	LW천공장비반입,천공 그라우팅	
		토사반출		
		가시설 설치/해체		
		관로이설		
	성수동			

<철거일정>

* 19일 오전 수목 제거, 오후 금속재(지붕포함), 작업자 현장 확인 후 일정 변경 가능
* 20일~21일 철거용 비계설치
* 23일~24일 본동 철거예정

예 정 공 정 표

[성수동 상가주택 신축공사]

2020년 1월 9일(목) ~ 2월 15일(토)

프로젝트	대공종	소공종	일정	비고
0065 성수동	설계	허가		
		실시도면		
		미팅		
	행정	착공신고		
		굴토심의		
		현황측량		
	민원	민원협의		
	가설공사	사무실, 화장실		
		가설전기, 수도, 방음벽		
	철거공사	본동철거		
		내부철거		
		담장철거		
		수목제거		
		금속 재료 철거		
		도시가스 철거		
		전기 철거		
		정화조 청소		
	토공사	정지/가이드빔/두부정리	두부정리(흙정리/철근배근) 캡콘크리트 타설	
		CIP(대공)-36공	천공 ## 25 33 37	
		CIP(사이공)-104공	시험천공 / cip철 10 ## cip철근가 34 ## ## ## / ##	
		CIP(타설)		
		센터 파일-1개		
		차수(rod)-159공	LW천공장비반입,천공 그라우팅 / LW 그라우팅	
		토사반출	토사반출 / 바닥정리	
		가시설 설치/해체	가시설	
	성수동			

<계략일정보고>

* 구정은 24일(금)~27일(월)까지 휴무 예정
* 구정 이후 2월 중순까지 토목공사 완료 후 2월 중순부터 골조공사 진행 예정
* 터파기 완료 후 평판재하시험 실시 예정

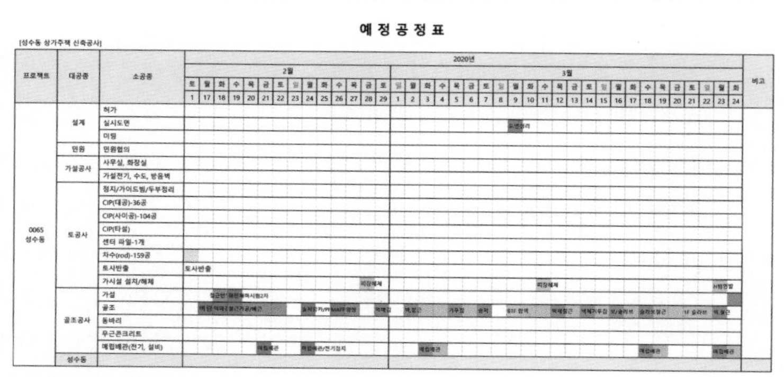

예 정 공 정 표

[성수동 상가주택 신축공사]

2020년 2월 ~ 3월 24일(화)

프로젝트	대공종	소공종	일정	비고
0065 성수동	설계	허가		
		실시도면	도면정리	
		미팅		
	민원	민원협의		
	가설공사	사무실, 화장실		
		가설전기, 수도, 방음벽		
	토공사	정지/가이드빔/두부정리		
		CIP(대공)-36공		
		CIP(사이공)-104공		
		CIP(타설)		
		센터 파일-1개		
		차수(rod)-159공		
		토사반출	토사반출	
		가시설 설치/해체	띠장해체 / 띠장해체	
	골조공사	가설		
		골조		
		동바리		
		무근콘크리트		
		매립배관(전기, 설비)	매립배관 / 매립배관/전기접지 / 매립배관 / 매립배관 / 매립배관	
	성수동			

<계략일정보고>

* 합벽구간은 나누어 타설 하는 것으로 진행예정
* 월요일부터 벽체 철근 배근 예정
* 노출마감 결정 필요

예정 공정표
12월~1월 / 1~2월 / 2~3월

예정 공정표는 현장소장이 수시로 보내준다. 보통 2개월간의 공사 내용이 정리되어 있는데, 중간에 재료가 바뀌는 상황이거나 날씨로 인해 차질이 빚어지면 상세 내용과 함께 예정 공정표를 수정해서 다시 보내주곤 했다.

2020. 2. 15.

굴토 작업 마무리

- 현장소장님의 전화. 구조사무실에서 지반 보강 공사 없이 진행해도 된다고 확인 전화 받았다고 함. 이로써 굴토 작업은 마무리

2020. 2. 16.

토목 공사 마무리 시기

- 지하 바닥에 콘크리트 처리함. 버림콘크리트
- 범주를 크게 나눠보면 철거 공사, 터파기 공사, 바닥 정리 및 버림 타설까지 '토목 공사' 단계로 본다.
  - ㄴ 메모 드디어 공사 시작. 생각보다 지하를 깊게 판다. 소음과 먼지가 많아 주변 이웃들에게 불편을 끼친다.

2020. 2. 27.

기초 타설 완료

- 다음은 현장소장의 메일
  - ㄴ "2월 기성청구서와 토목 공사 변경 관련 변경계약서 첨부하여 보내드립니다. 변경계약서는 초안으로 금액의 증액, 견적 노트의 토목 공사 내용 변경, 토목 공사견적서의 변경 항목 추가, 토목 도면 첨부입니다. 확인 부탁드립니다. 변경계약서는 다음 미팅 때 날인하는 것으로 봐주시면 되겠습니다."

2020. 3. 10.

골조 공사 시작

- 3차 기성비 송금
- 세무사 통화-1년 이내의 공사는 세금계산서를 한 번에 받고 1년 이상의 공사는 매월 처리해야 한다고. 시공사에서도 매월 처리하길 원해서 공정별이 아니라 매월 기성비 납부하고 세금계산서 발행하기로 함

2020. 3. 13.

골조 공사 중

- 건축가는 북쪽 담에 대해 고민 중. 북쪽이 많이 지저분해서 가리는 것이 좋겠다고 의견 보냄. 담을 한다면 벽돌로 한다는 전갈

2020. 3. 16.

골조 공사 중

- 건축가와 시공사와 동석해 회의. 현장소장이 회의록을 정리함. 벽체 노출 콘크리트장식 2번째-크레인까지 동원해서 작업함 / 드디어 지하 천장이 덮였다. 골조작업의 15% 정도 진행 / 창호 상부 역물매와 하부 빗물받이 플래싱 / 옥상 평지붕 패러핏에 알루미늄 플래싱. 구배 안쪽으로(건물 얼룩 방지) / 지하에 하수도와 화장실 역류 방지 시설이 있는지 문의 / 시방서에 보면 배관에 소음 방지 처리가 되었는데 무엇인지 물어봄 / CCTV 화소 높은 사양으로 야간 촬영도 가능한 제품으로 설치하기로 함

프 로 젝 트 회 의

프로젝트	성수동	참 석 자	■ 건축주
일 시	2020-03-28(토) 15:00		■ [illegible]
장 소	성수동 현장		■ [illegible]
작 성 자	[illegible]		■ 나우창호 대표
제 목	공정회의		
첨 부			

구 분	협의내용	확 인
■ 창호관련	■ 바닥마감 (근생 입주자 마감) ● 지하 1 층 : 60mm - 지하 폴딩, fix, 도어의 하부 라인은 동일하게 할 것 ● 1 층 : 100mm ● 2,3 층 : 60mm ■ 창호의 이격거리 ● 근생의 기본 창호는 양측면으로 10mm 키워서 골조 타설 ● 주거의 기본 창호는 양측면 100mm open, 상하부는 50mm 로 [illegible] 와 협의 완료 ● [illegible] 의 후레싱 덧댐을 확인 후 필요시 추가 방수 시공 가능	
■ 조적관련	■ 영롱쌓기 및 이형 조적 쌓기 방식 결정 필요 ● 4 월 중순 3 층 정토의 골조 공사 이후 조적 업체 협의 예정 ● 영롱쌓기 - 첨부도면	
■ CCTV	■ CCTV 설치 위치 ● 엘리베이터 내부 ● 지하 1 층 날개벽면 ● 3 층 오도리바 ● 4 층 외부 현관 앞 ● 1 층 외부 천장 코너 ● 북측면 뒷 공간 - 모델링 첨부 ■ 세콤(임대,구입), 일반 업체 견적 예정 ■ 사양 ● 좋은 화소, 야간촬영가능 ● 옥탑에 장비 설치	

회의록 2020.3.28.

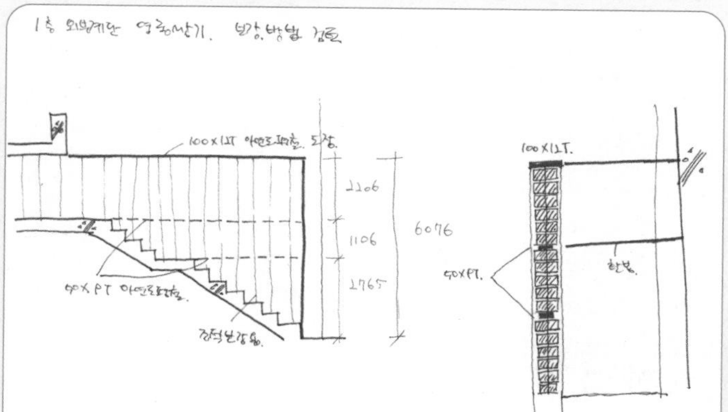

2020. 3. 31.

골조 공사 중

- 창문에 단열 간봉 22T로 요구
- 옥상 텃밭 ㄷ자로 요구
- 이행하자보증보험 서류 완료

2020. 4. 4.

골조 공사 중

- 1층 골조 공사 마무리
- 1층 계단 공사 중

2020. 4. 8.

골조 공사 중

- 단열 간봉: 주거 부분 사용. 상가 층은 벽마감까지 해야만 한다.
- 2, 3층 유리: 액자 형태 불가능, 유리가 커서 비용 상승
- 지하에 폴딩도어 설치 시 방수문제는 없는지 거듭 확인 요청

2020. 4. 9.

골조 공사 중

- 4차 기성비 납부

2020. 4. 23.

골조 공사 중

- 감리비 10개월분 송금
- 골조 공사 2층까지 완료

2020. 4. 24.

골조 공사 중

- 시공비 5,500만 원 증액 날인

2020. 5. 6.

골조 공사 중

- 골조 공사 3층까지 완료

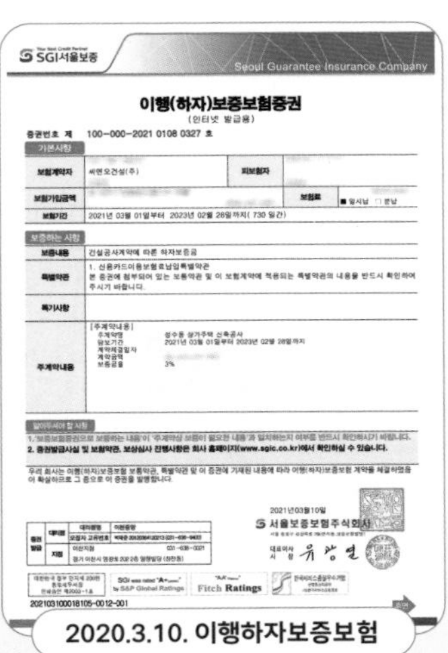

SGI서울보증 Seoul Guarantee Insurance Company

이행(하자)보증보험증권
(인터넷 발급용)

증권번호 제 100-000-2021 0108 0327 호

기본사항

보험계약자	씨엔오건설(주)	피보험자	
보험가입금액		보험료	■ 일시납 □ 분납
보험기간	2021년 03월 01일부터 2023년 02월 28일까지(730 일간)		

보증하는 사항

보증내용	건설공사계약에 따른 하자보증금
특별약관	1. 신용카드이용보험료납입특별약관 본 증권에 첨부되어 있는 보통약관 및 이 보험계약에 적용되는 특별약관의 내용을 반드시 확인하여 주시기 바랍니다.
특기사항	
주계약내용	[주계약내용] 주계약명 성수동 상가주택 신축공사 담보기간 2021년 03월 01일부터 2023년 02월 28일까지 계약체결일자 계약금액 보증금율 3%

2. 증권발급사실 및 보험약관, 보상심사 진행사항은 회사 홈페이지(www.sgic.co.kr)에서 확인하실 수 있습니다.

2021년03월10일
서울보증보험주식회사

202103100018105-0012-001

2020.3.10. 이행하자보증보험

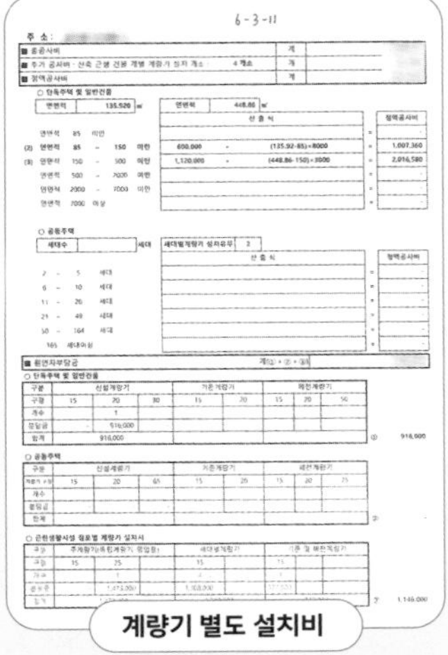

계량기 별도 설치비

1. 창호 상부, 하부 빗물받이 플래싱: 누수, 눈물자국 오염 방지 플래싱
2. 옥상 평지붕 패러핏에 알루미늄 플래싱
3. 지하: 하수도, 화장실 역류 방지 시설
4. 시방서: 소음방지 처리(무엇인지 질문), 배관 필수
5. 건물 외벽이 깨끗: 빗물, 녹물 X
6. CCTV 화소 높게

2020.3.31. 제안 메모

2020. 5. 8.

골조 공사 중

- 5차 기성비 송금

2020. 5. 25.

골조 공사 중

- 기와지붕 재료가 없어서 건축가님 걱정
- 4층에 배관 여유가 없어서 시공이 어렵다고 하소연하심
- 지붕 빗물받이, 창틀 빗물받이 요구
- 외부 수전 정리
- 주방 에어컨 위치 이동
- 작업실과 현관 옆 창고 요구

2020. 5. 27.

골조 공사 중

- 지붕 기와. 일본 제품으로 알아보고 있다는 전갈.
- 4층 계단 쪽문 폭 줄임 115cm → 90cm
- 기와가 석재로 바뀔 경우 재료비와 인건비 상승 예상

2020. 6. 5.

골조 공사 중

- 거실 천장 실링팬 설치 건의
- CCTV 추가 설치
- 현장소장이 넓은 범위에서 제품들을 조사해서 알려주심
- 보일러관 통과로 안방 단차 필요

2020. 6. 8.

골조 공사 중

- 6차 기성비 송금

2020. 6. 27.

골조 공사 중

- 옥상 콘크리트 의자와 타일 결정

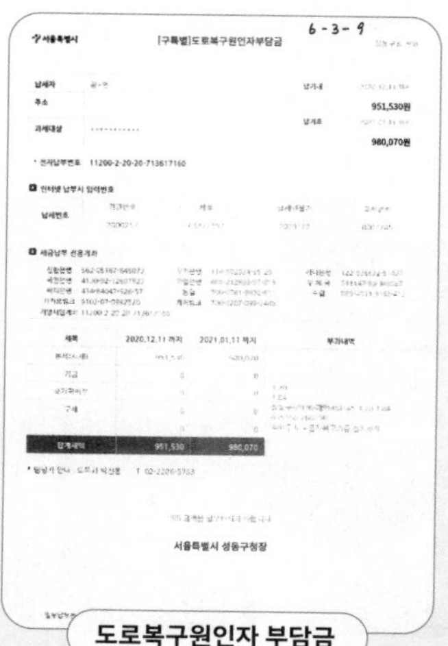

서울특별시

[구획별]도로복구원인자부담금

951,530원

980,070원

서울특별시 성동구청장

도로복구원인자 부담금

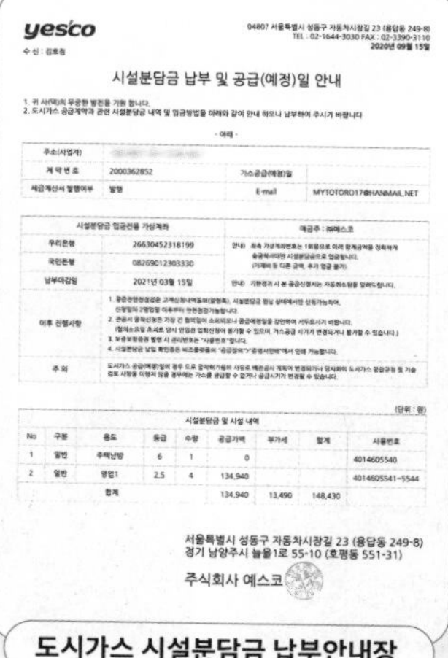

yesco

시설분담금 납부 및 공급(예정)일 안내

서울특별시 성동구 자동차시장길 23 (용답동 249-8)

경기 남양주시 늘을1로 55-10 (호평동 551-31)

주식회사 예스코

도시가스 시설분담금 납부안내장

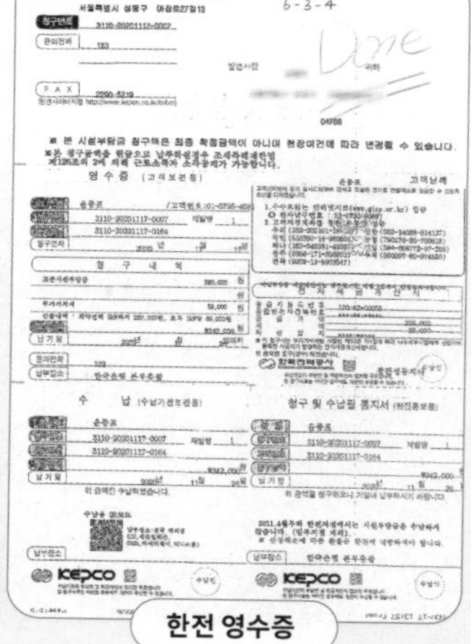

KEPCO

영 수 증

한전 영수증

2020. 7. 2.

골조 공사 중

- 3층 천장 균열 발견
- 낙뢰 대비 피뢰침 설치는 필요없는지 확인
- TV 벽에 부착할 수 있도록 시공 요청
- 욕실-샤워기 헤드와 벽에서 돌출 수전 문의
- 지붕 물받이
- 중정, 옥상 빗물 낙수 지점 배수 처리 문의
- 화장실 바닥 줄눈 최소화 요구

2020. 7. 5.

골조 공사 중

- 7차 기성비 송금

2020. 7. 17.

골조 공사 마무리 시기

- 건축사무소에서 회의
  ㄴ 오디오 위치 8월 초까지 확답하기로 / TV모니터 사이즈 / 싱크대 상판 세라믹으로 / 야외 가구비 작업실-미싱 사이즈 및 자리 체크, 콘센트 위치 결정 / 주방 가전제품-냉장고, 김치냉장고, 세탁기, 건조기, 미니세탁기, 오븐, 식기세척기, 인덕션, 정수기 / 아이 방의 수전 이동해 수납공간 확보 / 아이 방의 침대 밑 수납공간 최대 확보 / 가전제품 구입과 추가 또는 변경으로 비용 추가 예상 / 한지문-미송
- TV 사이즈를 미리 정하면 더욱 깔끔하게 벽면을 마무리할 수 있음
- 골조 공사 순서를 정리해보면,
  ㄴ **① 기초 타설**
  ② 지하 1층 합벽타설
  ③ 지하 1층 타설
  ④ 1층 타설
  ⑤ 2층 타설
  ⑥ 3층 타설
  ⑦ 4층 타설
  ⑧ 5층 타설
  ⑨ 옥탑 타설
  ⑩ 옥탑 지붕 타설
  ⑪ 골조 공사 마무리 단계-방수턱 / 외부 계단
  ㄴ 메모 한 개 층을 올리는 데 거의 1개월 정도가 소요된다. 그림으로만 보던 건물의 형태가 눈앞에 나타나고 한 층 한 층 건물이 올라갈 때마다 뿌듯하다. 실제 건물의 공간감을 느낄 수있다. 오랫동안 도면으로만 보던 상상

속의 건물이 현장에 갈 때마다 눈앞에서 성장하고 있는 느낌이다. 생각보다 많은 철근과 콘크리트가 녹아서 굳어진다. 든든하다.

2020. 7. 25.

계단과 내부 마감 시작

- 집 안에서 사용할 수많은 제품들을 최종 선택, 주문하는 시기
- 음식물 처리기에 대해 조사

2020. 7. 27.

계단과 내부 전기와 배관 공사

- 성동 세무서에서 부과세 환급을 위한 서류를 요청함
  - └ 건축허가서, 설개 개요, 시공계약서, 대금 지급 증빙서, 감리 계약서 준비해서 제출

2020. 7. 30.

계단과 내부 전기와 배관 공사

- 성동 세무서에서 추가 서류 요청
- 4, 5층 주택 부분이 국민주택 이상의 면세 주택이 아니라는 증명을 해야 부과세를 환급해주겠다고 함. 복층 사용 확인서, 4, 5층 도면 제출

2020. 8. 5.

인테리어 중

- 부엌 인테리어와 가구에 대해 상의
  - └ 주방 인덕션 옆으로 양념과 조리도구 자리 배치 / 키큰장으로 콤비 오븐 자리 이동(자주 사용하는 기계는 사용이 편하도록 눈높이 맞게 설계) / 정숙형 인버터 에어컨

2020. 8. 6.

인테리어 중

- 위생도기들 선택
- 5층 안방 화장실을 중심으로 두고 결정하기로. 타일 선택 완료
- 가구 사장님과 면담
- 안방 옷장 가구-흰색 하이그로시로 선택

2020. 8. 8.

인테리어 중

- 주방 에어컨 용량 변경 - 에어컨 사이즈에 비해 금액이 많이 증가함

2020. 8. 10.

인테리어 중

- 8차 기성비 입금
- 현장 모임, 상의한 내용
  - ㄴ 세탁기 빌트인으로 / 다용도실 수납의 디테일 정리 / 김치냉장고 큰 사이즈로 변경(아일랜드 반찬 냉장고 설치 포기 - 용량 대비 지나치게 비싸다. 가전은 일반적으로 사용하는 제품을 선택해야 가격 대비 성능이 좋음) / 다용도실 하부장 음식 쓰레기 자리 설정, 콘센트 설치 / 주방 아일랜드 서랍 안에 전기 콘센트 설치 / 냉장고에 수도 연결(얼음정수기 이용을 위해) / 손빨래 수전은 회전식으로 / 주방의 콘센트는 고급형으로 변경 / 다용도실 중간문 위치 변경 / 거실 오디오장 디자인 변경 / 안방 화장실 콘센트 위치 정함 / 나의 취미 겸 작업실 크기 축소 / 건물 외부 난간 교체 요구. 녹물 자국과 매년 페인트 관리 어려워서 스테인리스로 교체 요구

2020. 8. 11.

인테리어 중

- 가전매장 방문. 모든 가전들 사이즈 체크

2020. 8. 12.

인테리어 중

- 기존 가구 중 입주 시 가지고 갈 가구들 사이즈를 정리해서 전달

2020. 8. 14.

계단과 내부 마감 중

- 건축가님과 동행해 마루 업체 방문해 마루를 결정

2020. 8. 16.

계단과 내부 마감 중

- 양도세에 관해 다시 학습
- 부동산 양도 시 경비 처리 인정사항
  - ㄴ 취득세 / 각종 수수료(법무사, 세무사, 중개사) / 창호 설치비 최종 확인 / 발코니 개조 비용(확장비 포함) / 난방비(보일러) 교체비 / 상, 하수도 배관공사비 / 자산을 양도하는 데 있어 직접 지출한 계약서 작성 비용, 소개비, 양도세 신고서 작성 비용 / 자산 취득 과정 시 발생한 소송 비용 / 세금계산서, 카드영수증, 현금영수증, 이체 내역

2020. 8. 18.

계단과 내부 마감 중

- 현관과 발코니 석재로 변경
- 주방 도면 도착

2020. 8. 19.

계단과 내부 마감 중

- 가구 사장님과 통화
  - └▸ 세탁기와 건조기 위치 변경 요구 / 세탁기 수전 세탁기 위로 보이도록 / 음식물 건조기 사이즈 전달 / 양념장 살짝 내리기 / 다용도실 콘센트 위치 확인

2020. 8. 20.

계단과 내부 마감 중

- 도어록(이건창호 제품) - 4층 계단
- 옥상 난간 높이 조절 80cm → 1m 20cm

2020. 8. 21.

계단과 내부 마감 중

- 시공사 사장님과 통화
  - └▸ 4층 계단쪽 유리문 강화작업 문의 / 4층 계단쪽 유리문, 4층 현관에 자동 도어록 설치 / 1층 현관 출입문을 디지털 도어록으로 / 지붕 빗물받이 시공에 관해 상의 / 옥상 난간 높이 조절 / 실링팬 위한 천장 배선에 대해 말씀해주심 / 4층 작업실에 공업용 미싱 사용할 때 전기 용량 괜찮은지 체크
  - └▸ 메모 비용 때문에 계단쪽 유리문을 열쇠 방식으로 주문하셨단다. 사용하는 우리로서는 열쇠 방식은 불편할 것 같았다. 엘리베이터가 고장 나거나 카드를 지참하지 않았을 때 번호키로 언제든지 열 수 있어야 한다는 생각에 변경을 하면서 추가 비용을 지불했다.
  - └▸ **입주 후 생각 아쉽다. 미리 의논했다면 추가 비용이 지출되지 않았을 텐데.**

2020. 8. 22.

인테리어 중

- 건축가님과 통화
  - └▸ 메모 건축가님에게 1.5층 화장실 타일 좀 더 클래식한 걸로 다시 한번 보겠다고 하니 그냥 가자고 하심. 그냥 가기로.

2020. 8. 24.

계단과 내부 마감 중

- 현장 미팅(회의 결과)
- CCTV 위치 결정 6대 설치, 관리비 6만 원
- 17일 배선공사 예정(CCTV 배선은 시공 중에 미리 위치를 정해야 외부로 선이 노출되지 않도록 할 수 있음)
- 4층 전기 용량 배선 확인

- 실링팬 전기배선과 스위치
- 안방 욕실 세면대 주변 선반이나 매립장
- 방충망-미세 방충망이 아니라 촘촘망(유리섬유)
- 바뀐 도면 받음
- 상가 간판 위치 전기배선 미리 정리
- 디지털 도어록-1층 현관, 4층 계단 유리문, 4층 현관, 도어록 위치 점검
- 아이 방 화장실 선반 추가
- 4층 천장, 5층에서 내려오는 배관을 공간 여유가 없어서 6번 정도 다시 했다고 시공사 사장님이 어려움을 토로.
  - ㄴ 메모 설계사무소와 시공사가 설비 공사 과정 중 의견 차가 제일 컸던 부분. 하자보수까지 책임져야 하는 시공사에서는 간단하고 단순한 설비 시공, 관리 편한 설비 시공을 원했지만 그로 인해 층고가 낮아지고 답답해지기 때문에 건축가는 단호하게 반대했다. 현장에서 일하시는 분들도 하소연을 하셨다. 6~7번을 다시 시공해봐도 여유 공간이 없어서 힘들다고. 옳고 그르고의 문제가 아니라 선택의 문제인 것 같다. 우리 집은 시원하고 높은 부엌의 층고를 얻는 대신 4층 온수를 5층 보일러에서 데려와야 했고 점검구가 없는 매끈하고 예쁜 천장을 가진 대신에 설비공사가 무척 까다롭다. 제발 문제가 없길 빈다.
- 4층 샤워기 벽부형이 아니라 탑본형을 제시하심
- 4층 엘리베이터 천장, 1층 엘리베이터홀 센서등
- 가구 정리
- 지하공사-결로 차단 위해 단열재와 시멘트 벽돌로 한 번 더 마감함. 지하 상태가 쾌적해짐
- 아이 방 책상 길이 조금 더 연장
- 4층 게스트 화장실 수전 결정

2020. 8. 27.

계단과 내부 마감 중

- 현장 방문해서 현장소장의 설명을 들으며 배관 사진 및 동영상 찍음

2020. 9. 2.

계단 마무리 시기

- 가구 추가 금액
- 거실, 식탁 위 펜던트등, 4층 게스트 화장실 벽등, 5층 안방 벽등 싱크대와 세면대 수전 탐색-해외직구로 구입
- CCTV 2대 추가 설치-설치비 동일, 관리비 추가, 1대당 5,000원, 관리비 매월 7만 원(부가세 별도)
  - ㄴ **입주 후 생각 CCTV 배선은 고민하지 말고 달고 싶은 곳에 미리 배선 작업을 해둘 것. 입주 후에 이 고민을 하면 배선을 깔끔하게 정리하기 어렵고, 그렇게 하기 위해 적잖은 추가 비용이 든다.**

2020. 9. 4.

외부 단열과 창호 공사

- 9차 기성비 납부
- 지붕재료 변경-기와 → 석재 400만 원 정도 비용 상승
- 시스템창호, 금속/목창호, 창호철물 작업 등이 이어짐
  - ㄴ 메모 여러 공사가 조금씩 동시에

엇갈리며 진행되기 때문에 어느 한 공정씩 따로따로(예컨대, 골조 공사 다음에 방통 공사, 다음에 창호 공사 이런 식으로) 분류하기가 난감하다. 이즈음은, 골조 공사를 마치고 창호를 시작하며 한편에서는 조적 공사가 진행된다. 직후 방통 공사와 배관 공사가 부분별로 조금씩 겹쳐가며 신속하게 이어진다.

창호 비용이 전체 공사비 가운데 차지하는 비중이 생각보다 굉장히 높다. 집 주변에 유동인구가 많아 소음 등이 걱정되어 주택에는 로이 유리를 사용했다. 비용이 많이 들어 부담스럽기는 했지만 거주하면서 로이 유리를 선택하길 잘했다고 생각한다. 냉난방과 소음 차단에 매우 기능적이며 효과가 탁월하다.

ㄴ **입주 후 생각** **성수동이 인기가 높아지며 유동 인구가 급격히 늘어갔다. 창호를 로이로 선택하지 않았다면 몹시 힘들고 불편했을 것 같다. 창호 선택이 무척 만족스럽다.**

2020. 9. 5.

배관 공사, 창호 공사 중

- 실링팬을 살펴보기 위해 답사(백화점, LG, 에어리트) 에어리트 60제품 선택 - 디자인 우수(가격은 69만 원, 설치비 별도), 실링팬 선택에 만족한다. 처음에 건축가는 미관상 반대를 했지만 다른 디자인으로 선택했고, 최종적으로 좋은 선택이었다. 소음도 없고, 환기 효과가 뛰어나다.

  ㄴ **입주 후 생각** **살면서 실링팬 덕을 많이 본다. 층고가 높아 에어컨의 효율이 떨어질 텐데 실링팬이 큰 도움이 된다. 냉기를 빠르게 퍼트리고 환기에도 탁월하다. 우리 집에서 제일 바쁘다.**

- 추가 수입한 마루가 처음 마루와 약간 다르다며 수입회사에서 건축가에게 체크 요망
- 다음은 현장소장의 제안

  ㄴ "5층 안방 욕조 관련하여 타일욕조 설치 시 오염 문제로 유리 칸막이 벽체의 하단을 백페인트 글라스로 가리려고 했으나, 750폭 정도의 독립 욕조 설치가 가능하여 견적을 받아보았습니다. 독립 욕조 설치 시 백페인트 글라스의 설치가 필요 없어지며, 디자인의 완성도가 높아질 것으로 판단됩니다. 검토 부탁드립니다. 예시 욕조는 세턴바스 리오(1400 × 750 × 530) 기준입니다."

2020. 9. 7.

배관 공사, 창호 공사 중

- 인터넷 설치 조사 - CCTV와 TV, 핸드폰, 컴퓨터 연계해서 사용하기 편리한 기업 인터넷 사용하기로. 설치는 현장소장과 협의
- 4층 유리문 열쇠→ 전자도어록으로 변경 추가 비용
- 이즈음 현장소장의 메일

  ㄴ 현장은 내부 마감 중이며, CCTV 설치를 위한 배관 작업이 필요합니다. CCTV 계약 관련하여 계약서 초안 보내드립니다. 일전에 세콤, KT, ADT 캡스를 견적 비교하였으며, ADT 캡스가 가장 적합하다고 설계와 협의를 하였고, 월 사용료 6만 원, 설치비 30만 원으로 계약서 초안 보내드립니다. 확인 부탁드립니다. 확인 후 연락주시면 제가 추후 진행 관련 말씀드리겠습니다.

2020. 9. 10.

배관 공사, 창호 공사 중

- 현장소장의 전갈
- 도시가스 시설 부담금 50만 원 입금
- 인터넷 설치에 관해서 협의
- 전기 상가 용량을 각층과 주택은 5kW씩, 공용 15kW(엘리베이터)
- 변경된 부분에 추가 간접비 말씀하심
- 지붕 재료에 관해서 고민함
  - ㄴ 메모 기존 지붕 견적에서 중국에서 새로 들어오는 기와는 600만 원 추가하면 될 것 같고 석재로 하면 1,200만 원 정도 추가 비용이 나올 것 같다고. 비용 차이가 커서 건축주인 우리가 다시 선택해야 될 것 같다고 하심. 고민스럽다. 건축주는 돈과 계속 씨름이다.

2020. 9. 15.

배관 공사, 창호 공사 중

- 지하 벽 마감 공사가 마무리되었다. 생각보다 지하 컨디션이 좋다.

2020. 9. 17.

배관 공사, 창호 공사, 외부 단열 공사 중

- 주변 이웃들에게 추석 선물로 샤인머스켓 전달. 만나는 분들마다 건물이 멋지고 우아하다고 평가

2020. 9. 20.

배관 공사, 창호 공사, 외부 단열 공사 중

- 마감 재료 관련 민원: 벽돌 가루로 인한 민원 들어옴(현장소장이 대처해주심)
- 수협 신용대출 문의
  - ㄴ 메모 수협 추가 대출 확정, 아파트 담보로 마이너스 3억 통장 만듦(숨통이 트임)
- 가구 수정 도면 받음

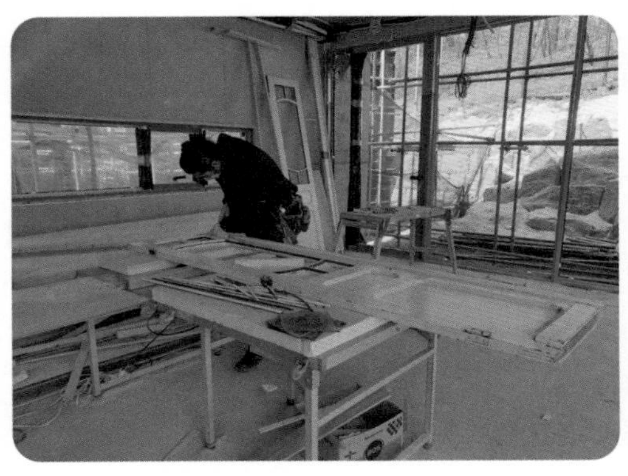

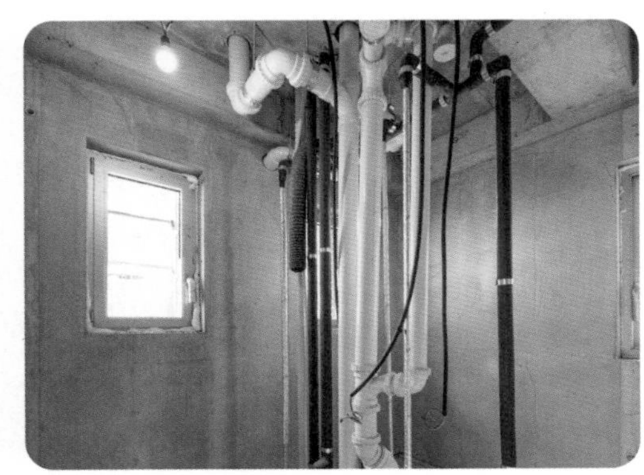

2020. 9. 23.

배관 공사, 창호 공사 중

- 건축사무소에서 건축가님, 가구사장님과 미팅
- 아이 방 침대 밑 입구 여닫이
- 주방 가전 가격 비교
- 주방가구-원목, 안방-흰색 피아노 도장, 5층 안방 화장실 원목 도장
- 싱크대 상판은 조금 더 고민하기로
- 스타일러문은 안으로 밀어 넣을 수 있는지
- 게스트 화장실 장은 벽면 색에 맞춰서
- 4층 거실 부엌 마루결 방향
- 수납장 안쪽 선반은 자유롭게 조정 가능하도록

2020. 9. 24.

배관 공사, 창호 공사 중

- 5층 화장실 타일과 욕조 결정
- TV 뒤에 구멍 1개로 연결

2020. 9. 25.

배관과 외부 단열 공사 중

- 다용도실 건조기 앞을 5cm 단차를 두고 타일로 하려 했으나 입식 세탁조를 설치하면서 의미가 없어져서 단차 두지 않고 원목으로 하기로 함
- 4층 작업실과 계단 밑 창고 문의 경첩을 안쪽으로 바꾸면서 비용 추가.
- 비용 추가-마루, 지붕, 가구

2020. 9. 28.

배관과 단열 공사 중

- 건축사 사무실과 시공사 사무실에 추석 선물로 떡 전달
- 방수 처리 몇 번 했는지 확인
- 세탁기 배관 빠지지 않도록 부탁
- 주택 전기 5kW면 충분한지 문의
- 수도 계량기도 별도로 설치 요구
- 전기 자동차 충전할 수 있도록 외부 콘센트 설치

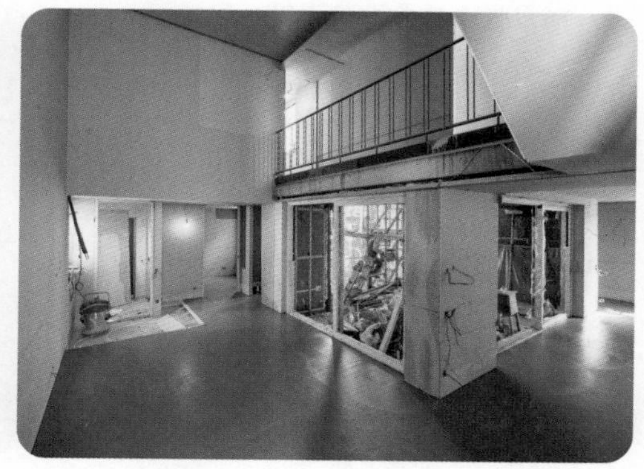

2020. 10. 5.

내부 단열 공사 시작

- 내장 마감은 배관을 마친 이후부터 서서히 조금씩 진행한다. 디테일한 조정도 있을 수 있고, 재료를 기다렸다가 진행하기도 하고, 가장 중요하게는 부분별, 재료별로 건조 시간이 다르기 때문에 내장 마감을 진행하며 동시에 외관 공사가 진행된다. 내장 마감 공사의 단계는 대강 아래와 같다.
  - ↳ ① **수장 공사**
    ② **습식 공사(방수, 조적, 미장)**
    ③ **도장 공사**
    ④ **금속 공사**
    ⑤ **목공사**
  - ↳ 메모 이번엔 목수들이 들어왔다. 내부 칸막이 벽면을 글라스울 단열재로 채우고 합판으로 내벽을 마무리한다. 시간이 흐르면 중력에 의해 글라스울이 아래로 처진다는데 괜찮은지 살짝 불안한데 작업하시는 분들께는 묻지 못하고 따로 시공사 대표님께 질문했다. 집은 다 지은 것 같은데 아직도 할 일이 많다.
- 10차 기성비 납입
- 가구 운임관리비, 시공비
- 항균 칼꽂이 필요 없음. 원목 수저함 2개
- 아일랜드 오른쪽 서랍 안에 콘센트
- 수전 결정
- 다용도실 싱크볼 대신 세탁볼 설치
- 와일드 인덕션으로 바꿀 수 있을 정도 여유가 있을까?
- 창문 앞 서랍-행주, 랩, 비닐 넣는 서랍
- 아일랜드 폭이 왜 줄었는지
- 다용도실 아래장 높이 조절
- 주방 수전 해외직구로 결정
- 외부 마당 배관 공사 시 그냥 매립하지 말고 처지지 않도록 시공
- 지하 1층 화장실 폭이 너무 좁아서 작은 세면대 선택

2020. 10. 13.

방통 공사

- 시공사 미팅-추가 부담금에 대해 논의
- 간접비 적당히 절충
- 1층 도어 유리문
- 창호 주변 방수 꼼꼼히
- 3층 바닥 미장 가격이 비싼 이유는 무엇일까?
- 도시가스 계량기 4개 추가
- 상가 화장실 순간 온수기 처음 견적 가격에 비해 비쌈
- 5층 보일러 용량 증가

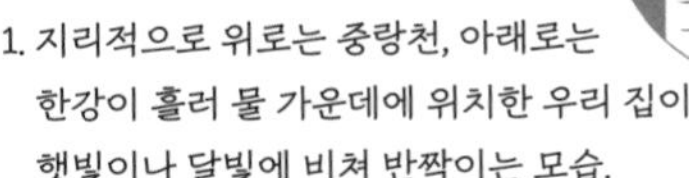

윤슬: 햇빛이나 달빛에 비치어 반짝이는 잔물결

1. 지리적으로 위로는 중랑천, 아래로는 한강이 흘러 물 가운데에 위치한 우리 집이 햇빛이나 달빛에 비쳐 반짝이는 모습.

2. 나에게 햇빛과 달빛인 주님의 빛이 비출 때 나는 더 반짝이고 아름답게 빛난다. 내 스스로 잘났다고 하는 것이 아니라 빛을 통해 나를 반짝이게 비춰주신 그분의 사랑을 느끼는 반짝임.

3. 집을 지으며 어떻게 살 것인가, 나는 무엇을 하며 살 것인가에 대해 고민을 많이 했다. 더 많은 사람들을 만나고 품고 끌어안으며 살 것이다. 우리는 관계 안에서 성장하며 관계 안에서 서로가 서로에게 영향을 준다. 상대방의 빛을 통하여 내가 영향을 받고 잔물결을 일으켜 변화되고 그 모습이 아름다우면 그 빛은 다른 사람에게 또 다른 영향을 줄 수 있다.

2020.10.30. 건물이름 윤슬

- 위생기 비용 추가
- 담장 벽돌 공사 비용 추가
- 가구-신발장 수납공간: 청소기, 다리미판 수납 가능하도록 길이 145cm
  - ㄴ **입주 후 생각** **수납공간도 미리 수납할 물품을 예상하고 사이즈를 조절하면 훨씬 유용하다.**

2020. 10. 26.

방통 공사, 외부 계단 벽 공사

- 가구-양념칸 서랍식으로 인출 가능하도록
- 저녁에 과천에서 모두 모여 회식
- 건축가님, 안 대리, 시공사 사장님, 현장소장, 장 기사, 우리 부부
- 우리 집을 위해 열심히 일해주시는 분들에게 감사한 마음 전달

2020. 10. 28.

지붕 공사, 중정, 외장 마감 공사

- 집 이름 지음 "윤슬"
- 외장 조적
  - ㄴ 메모 벽돌은 건축가님이 추천해주신 황토벽돌을 사용했는데 처음 보자마자 눈에 쏙 들어와 선택했다. 지금도 우리 집을 처음 방문한 분들은 벽돌 예쁘다고 감탄을 하신다. 이 많은 벽돌을 누군가가 한 장 한 장 쌓아 올렸다고 생각하면 감사한 마음뿐. 조적 사장님께서 다 쌓은 벽을 고작 2mm 벌어졌다고 허물고 다시 쌓으셨는데 그런 장인정신 덕분이다. 이렇게 정확하고 곧은 선을 뽐내는 건물을 지어주셔서 고맙다. 외장 공사가 끝나니 이제 다 지은 것 같다. 예상보다 건물이 크다.

- 석재 지붕

2020. 11. 3.

외부 마감 공사 중

- 비계를 걷음. 예쁘다. 각이 살아 있다. 4층 거실과 부엌 사이를 구분하는 한지문 디자인 나옴

2020. 11. 4.

외부 마감 공사, 부대 공사 시작

- 다용도실 벽 타일 결정
- 싱크대 상판 퍼플 그레이로 결정
- 빌트인 가전 제품 가격 비교(백화점, 전시장, 가구 사장님)
  - ㄴ 빌트인 제품은 가구 제작 사장님이 주신 가격이 제일 좋았다. 마진을 적게 남기신 듯하다. 감사하다.
- 부대 토목 공사
- 주차장 문 및 주변 공사
- 조경 공사
  - ㄴ 메모 건축 승인 심사 때 하는 조경공사는 정말로 쓸데없는 짓이다. 헛돈을 쓰고 생명도 죽인다. 이 한겨울에 다 죽을 걸 알면서 나무를 심고 있다니!

    주차장 바닥과 담장은 견적에 포함되지 않은 부분이다. 이쯤 되니 우리의 예산이 거의 바닥나 재료 선택에 자꾸만 소극적이 된다. 담장은 가장 싼 시멘트 벽돌로, 주차장 바닥은 검은 석재로 마무리했다. 저렴한 재료들임에도 집의 완성도가 한층 높아지는 것 같다. 설계의 안정감과 시공의 정밀함 덕이다. 주차장 바닥 비용이 조금 많이 들어가긴 했지만 주차장과

담장이 예쁘게 마무리되었다.

2020. 11. 8.

부대 공사, 각종 설비 공사 등

- 각종 소소한 설비들과 EHP 공사
- 엘리베이터 4인승에서 → 6인승 변경
- 3층 바닥 미장-비용 추가
- 옥탑 입구 가변식 처마가 시공이 가능한지 물어봄
- 4층 유리문 잠금장치-이건 도어록
- 4층 게스트 화장실 조명 결정

2020. 11. 10.

전기, 통신, 소방 공사 등

- 11차 기성비 송금
- 전기/통신 공사
- 전기소방 공사
- 기계소방 공사
- 총인입비 8,875,680원
  ㄴ 가스-148,430원 / 통신 케이블-1,221,000원 / ADT캡스-설치비 300,000원, 관리비 월 77,000원 / 하수도 공사(도로복구 원인자 부담)-951,530원 / 상수도-5,408,820원 / 전기-768,900원(철거전 25kW 이전)
- 참고-도로 점용비(인도가 없는 경우: 없다 / 인도가 있는 경우: 60~100만 원)
  ㄴ 메모 이 시기에 각 층의 용도 설정에 따른 소방시설을 해야 한다. 시공사의 "용도 설정을 어떻게 할까요"라는 질문이 당혹스러웠다. 일반음식점과 휴게음식점의 차이도 모르겠고 각 용도별 소방시설을 어떻게 해야 할지도 모르겠다. 용도에 따라 하수처리 비용이 다르다는 것도 몰랐고, 모르는 것투성이…. 이런 나에게 결정을 하라고 하니 난감하다. 누가 정확히 알려주었으면 좋겠다. 용도에 따른 설비 투자 비용과 행정적 비용, 소방법 시설 등.
- 생활시설들의 법적 기준
  ㄴ 하수도: 오수 10t 이상 300만 원
  상하수도: 세대당 계량기 60만 원
  도시가스: 상가-100만 원, 주택-80만 원
  전기: 상가용, 주거용 다르다(5kW당-25만 원, 1kW초과 시-10만 원)
- 다중이용업소의 안전 설비는 건축법에 상세하게 명시되어 있다. 업장을 운영하는 사람이 받아야 할 교육과 갖춰야 할 설치물이 있고, 건물을 짓거나 용도변경을 할 때 건물이 갖춰야 할 설비들이 따로 있다.
  특히 소방시설은 100m²를 기준으로 나뉘기 때문에 세심하게 고려해야 한다. 또 지하, 1층, 2~3층 등 층의 위치에 따라 안전 기준과 설비시설이 다를 수 있다. 학원업, 일반음식점, 휴게음식점 등 업종에 따라서도 안전기준이 많이 다르다. 무척 복잡하기도 하고, 그다지 사용할 일이 없는데 무조건 설비를 갖추는 것도 불필요하니 어떤 업종으로 임대를 할 것인지를 건축주가 혼자 정해놓고 시공사와 대화하지 말고, 면적과 업종 대비 효율적인 방법을 상담받길 권한다.

2020. 11. 16.

주변부 부대 공사, 내부 도장, 외장 공사 중

- 상가층을 부동산에 임대 매물로 내놓음
- 건축사무소에서 마당에 주차대수 확인

2020. 11. 21. ~ 12. 18.

주변부 부대 공사, 내부 도장, 외장 공사 중

- 빗물받이 위에 그물망 씌우는 것을 제안 드렸는데 부정적 반응
- 4층 현관-페인트 칠하기로. 다른 방법은 없을까 내내 아쉬움. 대안이 쉽지 않다. 타일은 차가운 느낌이 싫고, 목재, 돌은 너무 고가
- 현관 앞 석재 색이 차이가 남
- 침대, 거실 협탁, 식탁 디자인 협의
- 옆 교회와 경계 표시
- 청소 업체, 엘리베이터 관리 업체, 소방 관리 업체 탐색
- 준공용 식재 차후 계획
- 근생 에어컨 실외기 위치와 구멍
- 화장실 바닥에 보일러 배관

수도 계량기 별도 공사 비용

각 층마다 계량기를 따로 설치했다. 공유할 경우 업종에 따라 누진 적용이 될 수도 있기 때문이다.

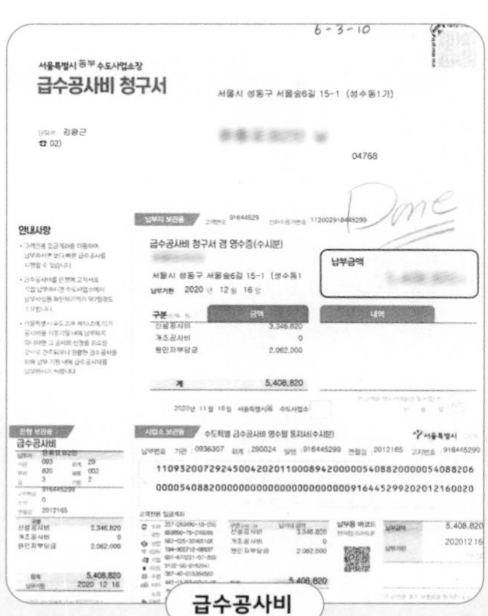

6-3-10

서울특별시 동부 수도사업소장

급수공사비 청구서

서울시 성동구 서울숲6길 15-1 (성수동1가)

김광근

☎ 02)

04768

Done

안내사항

급수공사비 청구서 겸 영수증(수시분)

서울시 성동구 서울숲6길 15-1 (성수동1

납부기한 2020 년 12 월 16 일

납부금액

구분	금액
신설공사비	3,346,820
개조공사비	0
원인자부담금	2,062,000
계	5,408,820

2020년 11월 16일 서울특별시 수도사업소

급수공사비

신설공사비	3,346,820
개조공사비	0
원인자부담금	2,062,000
합계	5,408,820
납부기한	2020 12 16

수도특별 급수공사비 영수필 통지서(수시분)

서울특별시

납부번호 기관 0936307 회계 290024 과목 916445299 연월 2012165 고객번호 916445299

110932007292450042020110008942000005408820000054088206

000054088200000000000000000000009164452992020121600020

구분	납부할 금액
신설공사비	3,346,820
개조공사비	0
원인자부담금	2,062,000
	5,408,820

납부용 바코드

납부금액 5,408,820

납부기한 20201216

급수공사비

2021. 1. 25.

준공검사 나옴

- 성동 세무서-부가세 환급을 위해 자료 요청함

2021. 2. 1.

준공검사 후 추가 공사

- 하수도 원인자 부담금: 편의상 상가 부분의 용도를 일반음식점으로 신청하자 하수도 원인자부담금이 17,300,400원 나옴. 일반음식점을 휴게음식점과 소매점으로 변경함. 건물의 용도를 정할 때 고려해야 할 사항이 많음(주차장법, 하수도법, 소방법, 건축법, 국토계획 및 이용에 관한 법, 지구단위계획)
- 준공검사 시 지적받은 4층 창문 앞 안전유리 설치
- 아직 아파트를 매도하지 못해 건축비 부족. 자금 마련 필요

2021. 2. 2.

용도변경

- 용도변경함: 지하-휴게 음식점 35t / 1, 2층-소매점 15t / 3층-사무실 15t(용도에 따라 상하수도 인입비와 소방 등 달라지는 설비, 비용의 차이가 큼)
- 12, 13차 기성비 송금

2021. 2. 6.

주변부 마감

- 건물 뒤쪽 공간 마감에 대해 의논함

시멘트보다는 흙이나 자갈로 마감하는 쪽을 추천

- 건축가님과 제작 가구 협의함. 가구 배송비 추가

2021. 2. 10.

사용승인

- 윤슬빌딩 사용승인 완료!
- 14차 기성비 송금
- 식탁 의자 구입

2021. 2. 15.

입주 관련

- 이사 날짜 정함
- 가전제품 들어오는 날 정함
- 가구 사장님께 빌트인 가전 제품비 입금
- 양파 썰어서 장 안에 넣어둠(새 가구 냄새 제거)
- 간판 사장님 소개받음 - 간판 제작 상담
- 주차장 바닥 공사함. 생각과는 조금 다르다.
  - └▸ **입주 후 생각** **건축가의 의견대로 주차장을 바닥을 어두운색으로 하니까 3년이 지나도 깨끗하고 깔끔하다.**

2021. 2. 22.

등기

- 건축물 대장
- 취득세 납부
- 명칭: 윤슬빌딩
- 해외 직구한 조명 현장에 전달
- 옥상 에어컨 실외기 가림막 설치 요구
- 등기를 위한 서류 준비
- 제작 가구 견적 확정
  - └▸ 식탁, 침대, 오디오랙, 운반 설치비
- 성동구청 - 건축물 대장 주소 변경
- 간판비(건물 전체의 간판 건축가의 디자인)
- 세무사 사무실 - 양도세 계산을 위한 각종 서류 전달

2021. 2. 24.

마무리 과정

- 건축가님께서 직구로 구입한 펜던트가 주방에 비해 크다고 함
- 남은 건축자재 어디에 보관해야 할지 살펴봄
- 주차장 스토퍼 설치하지 않기로
- 동부지법에 소유권 보존등기 신청함
- 청소 시작
- 2021년 2월 25일에 법원에서 연락 옴. 기존건물이 구청에서 말소되지 않아서 소유권 보존등기 처리가 취소됨. 내일 구청에 가서 말소 처리 후 다시 법원에 신청해야 함. 구청과 법원 사이에 호환되지 않는 일 처리로 번거롭다.
- 빌트인 가전제품 들어옴

2021. 2. 26.

조경 상담

- 남편이 구청과 법원을 다니며 소유권 보존등기 신청함
- 정원 관리 전문가와 상담
  - └▸ 서울숲에서 3년간 정원 관리 봉사를 하며 알게 된 선생님이 도와주시기로 함
- 식탁 조명 그대로 사용하기로 함

- 4층 게스트 화장실 휴지 걸이가 불가능(벽면에 유리 부착하기 전에 달았으면 좋았을 텐데 아쉽다.)

2021. 3. 1.

가전 및 인테리어 마무리

- 에이스 침대 매트리스 구입
- 옥외 2층 계단에서 떨어지는 물줄기가 지하 외부 조명으로 떨어짐. 물길을 다른 곳으로 유도할 필요가 있다고 제안함. 비가 온 후 2층 출입구 앞으로 물이 고임.

  ↳ **입주 후 생각** **계단 구배와 물고임 방지에 대해서는 처음부터 시공사에 주의 시공해 달라고 요청드렸는데, 역시 사람이 손으로 하는 일이라 결과가 썩 만족스럽지 않다. 하지만, 계단 만드신 분이 얼마나 정성스럽고 힘들게 작업하셨는지를 직접 눈으로 봤기 때문에 완전한 대수선을 하지 않고 개선이 되는 방향으로 조금만 보수하기로 상의했다.**
- 5층 세면대 수전 방향 전환, 식기세척기 아랫부분 간격이 너무 많이 벌어져서 수정 요구함. 양념칸 슬라이딩 문을 더 높이 올릴 수는 없는지 가구 사장님께 문의
- CCTV 부착 안내문을 붙여야 하는지 질문

2021. 3. 2.

인수인계

- 시공사로부터 건물 인수인계설명 들음
- 1층 계단 우수 유도 필요
- 4층 다용도실 수전 누수
- 5층 화장실 세면대 점검
- 4층 게스트 화장실 선반 정리
- 작업실 가구 철제 선반 휘어져서 교체
- 아이 방 화장대 아래 칸 수정 요구
- 남편 책상 인터넷선 수정
- 옥상 데크 오일 스테인
- 외부 청소와 한지문 교체 요구
- 주방가구 문짝에 스크래치가 많음. 보수 요구

2021. 3. 3.

의례

- 신부님 모시고 축복식

2021. 3. 5.

가구 추가

- 소파와 남편 책상, 의자 구입

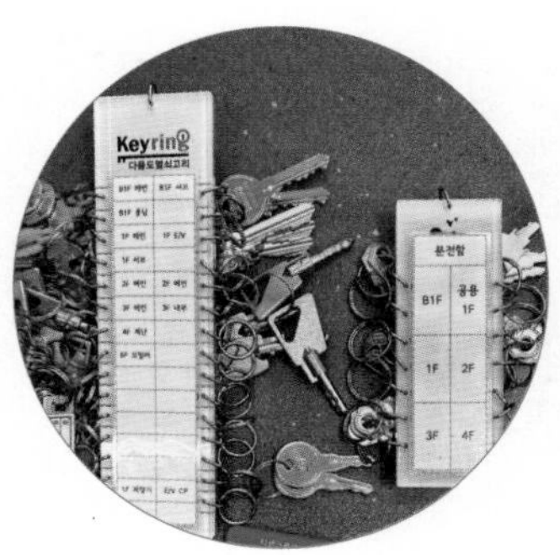

인수인계서

단순히 문서가 아니라 책등 두께가 30mm는 되는 두터운 책자 한 권을 받았다. 모든 설비 소개, 사용법, 교체 시기, AS연락처, 오작동 시 대처 요령 등이 상세해 놀랍고 감사했다.

목 차

1. 공사개요 1
2. 사용승인서 2
3. 기타필증 4
- 지적현황측량 4
- 소방시설 완공검사 증명서 10
- 전기 사용전점검 확인서 12
- 정보통신공사 사용전검사 실시확인서 18
- 도시가스 공급 확인서 19
- 보일러 납품, 설치 확인서 20
- 정화조 검사 성적서 21
- 엘리베이터 검사 성적서 22
4. 관계자 연락처 28
5. 인수인계 목록 29
- 열쇠 / 리모컨 목록 29
- 유지보수용 지급자재 목록 30
6. 시설물 관리 요령 31
- 각종계량기 31
- 동절기 관리요령(외부수전, 우수펌프) 32
- 패키지펌프 34
- 로비폰, 비디오폰, 디지털 도어락, 인터폰 35
- 보일러 난방배관 36
- 4층 E/V홀 점검구 39
- 발코니 점검구 39
- 전기분전함, 통신분전함 40
- 스위치, 안방터치식 스위치 40
- 저장식 전기온수기 41
- 조명 및 전기기구 41
6. 별첨 42
- 각종 사용설명서
- 준공도서

지하1층 외부계단 하부 우수펌프(좌,우)

- 패키지펌프

● 패키지펌프

- 패키지펌프는 지하에서 사용된 오하수를 저장하다가 일정 수위이상 올라오면 작동하여 지상으로 펌핑시키는 역할을 합니다. 위치는 지하화장실 옆 PIT 하부에 설치되어 있습니다.

※ 주의사항 : 패키지 펌프에 물티슈 등 물에 녹지 않는 물질이 들어가면 고장의 원인이 될 수 있습니다. 지하화장실에서는 물티슈 등 물에 녹지 않는 물질을 양변기에 버리지 않도록 관리 부탁드립니다.

지하화장실 옆 PIT에 위치한 패키지펌프(좌) / 패키지펌프 컨트롤판넬(우)

- 34 -

- 엘리베이터 검사 성적서

KoELSA

검 사 성 적 서

□ 승강기정보

건 물 명			
건 물 주 소			
호기(설치장소)	1(1-1)	승강기고유번호	0149-498
형식 / 종류	권상식 VVVF / 승객용	운행구간(운행층수)	B1-4(F)(5)
제 조 업 체	티케이엘리베이터코리아(주)	유지관리업체	티케이엘리베이터코리아(주)강북1
구동기 공간	MRL	적 재 하 중	450 kg
정 격 속 도	1 m/s	[illegible]	6 mm
비상정지장치	점차작동형	현수로프(가닥)	5 가닥

□ 항목별 검사결과

항목	주요내용	결과	항목	주요내용	결과
1.1	기본제원	적합	1.2	안전부품	적합
1.3	기계류 공간 일반사항	적합	1.4	승강로	적합
1.5	카, 점검운전 및 접근허용	적합	1.6	매다는 장치, 보상수단, 제동 및 권상	적합
1.7	안전회로	적합	1.8	[illegible]	적합
1.9	주행성능 측정	적합	1.10	보호장치	적합
1.11	전기적 보호	적합	1.12	기술서류	적합
1.13	장애인용 엘리베이터 추가 요건	해당없음	1.14	소방구조용 엘리베이터 추가요건	해당없음
1.15	피난용 엘리베이터 추가요건	해당없음	1.16	개별승강기안전인증을 받은 엘리베이터의 추가요건	적합

□ 검사실시정보

검 사 종 류	설치	관할검사기관	서울동부지사
검사실시일	2021.01.20	판 정 결 과	보완후합격
검 사 자	박정훈	검사유효기간(보완기간)	2021.01.20 ~ 2022.01.19

승강기 검사 합격 증명서

발 행 번 호 : 제 4013 - 1 - 2021 - 13304976 - 1 호
검 사 구 분 : [✔]설치, [ ]정기, [ ]수시, [ ]정밀안전검사
건 물 명 칭 : MKT성수동1가668-7
승강기종류 : 승객용 1호기 (1-1)
소 재 지 : 서울특별시 성동구 서울숲6길 15-1 (성수동1가)
검 사 자 : 박정훈, 유인빈
검 사 기 관 : 한국승강기안전공단이사장
승강기번호(ID) 0149-498
2021년 01월 20일
행정안전부장관

- 22 -

4. 관계자 연락처

구분	공종	세부공종	업체명	직함	성명	연락처
건축	설계	설계	SIE	소장	정수진	
건축	설계	설계	SIE	대리	안정원	
건축	시공관리	시공 총괄	씨앤오건설	소장	안정룡	
건축	시공관리	시공 관리	씨앤오건설	주임	장정인	
건축	시공관리	유지 보수	씨앤오건설	팀장	김황호	
건축	습식공사	방수		대표	이범남	
건축	습식공사	하드너		대표	오원석	
건축	습식공사	노출보수		소장	최용혁	
건축	금속공사	금속		대표	김정우	
건축	창호공사	이건창호/대승창호		대표	임장희	
건축	하드웨어	하드웨어		대표	유석호	
건축	수장공사	목공		대표	이태원	
건축	수장공사	온돌마루		과장	홍영한	
건축	도장공사	도장		대표	장삼철	
건축	기타공사	조명		실장	김성훈	
건축	기타공사	위생기		대표	이기호	
건축	석공사	석재		실장	서장완	
건축	가구공사	가구		대표	고의정	
설비	설비공사	설비/소방/기계펌프		대표	김경덕	
전기	전기공사	전기		팀장	김창동	
전기	전기공사	통신		팀장	김창동	
냉방	냉방공사	에어컨		대표	손천식	
가스	가스공사	가스		이사	이재군	
보안	기타공사	보안		영업	최용철	
자재	실링팬	에어라트론코리아			20.11.08 구입	

- 28 -

인수인계서 책자의 내용 중 일부

6. 시설물 관리 요령

- 각종계량기

● 전기계량기
- 건물 1층 동측면 외벽면에 설치
- 지하1층~4층까지 각층별 5개와 공용계량기 1개, 총 6개의 계량기 설치

● 가스계량기
- 전기계량기 옆면에 설치되어 있으며, 각층별 5개의 계량기 설치

● 수도계량기
- 주차장 바닥에 근생 메인, 주택 메인 계량기 설치
- 근생 메인계량기는 요금 부과되지 않고 각층별 근생계량기의 합계를 구하는 것으로 확인용임.
- 근생 계량기는 1층 E/V홀 P.S에 지하1층, 1층 계량기 2개가 설치 되어있으며, 2,3층 계량기는 화장실 벽면에 설치

지상1층 동측면의 전기 및 가스계량기(좌) / 주차장 바닥의 근생 메인, 주택 메인 수도계량기(우)

- 31 -

- 동절기 관리요령(외부수전, 우수펌프)

● 동절기 관리요령
- 동절기(11월 ~ 3월)에는 배관의 동파에 주의를 해주서야 합니다.
- 성수동 건물은 외부수전, 지하 우수펌프, 그리고 각층 미임대시 화장실의 동파에 주의를 기울어야 합니다.
- 1층 엘리베이터 홀의 P.S(파이프 샤프트)에는 건물공급하는 급수배관과 사용 후 배출되는 배관들이 모여 있습니다. 동절기 영하 10도 이하시에는 배관동파에 주의가 필요합니다.
- 각층 화장실과 1층 현관에는 히터등의 방열제품의 설치를 권장드립니다.

● 외부수전 퇴수
- 동절기(11월 ~ 3월) 중에는 외부수전의 물을 퇴수해야 배관의 동파를 막을 수 있습니다. 11월이 되어 최저기온이 영하로 내려가기 전에 외부수전을 퇴수해야 합니다. 외부수전과 연결되어 있는 수도배관의 밸브를 잠그고 외부수전을 반시계방향으로 돌리면 배관에 남아있는 물이 나오게 됩니다.

- 지하1층_지하선큰 (수도밸브 : 부출입구 상단 / 외부수전 : 지하선큰)

지하1층 수도밸브(좌) / 지하1층 외부수전(우)

- 지상1층_자동문 옆 (수도밸브 : 창고 하단 / 외부수전 : 전기계량기 하단)

지상1층 수도밸브(좌) / 지상1층 외부수전(우)

- 32 -

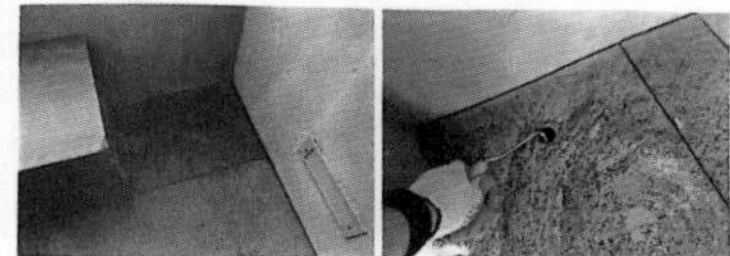

석재데크에 위치한 점검구

- 전기분전함, 통신분전함

● 전기분전함, 통신분전함
- 각 층에는 전기분전함과 통신분전함이 설치되어있고 전기분전함 안에는 차단기가 설치되어 있습니다. 지하1층부터 지상3층까지 각층 분전함은 E/V 앞쪽에 위치하고 있으며, 공용 분전함은 1층 E/V 옆 창고부분에 위치하고 있습니다. 주택 분전함은 4층 계단하부 창고에 위치하고 있습니다.

지상1층 공용분전함(좌) / 지상4층 주택분전함(우)

- 스위치, 안방터치식스위치

● 스위치, 안방 터치식스위치
- 스위치는 일반적으로 사용하는 기본 스위치가 있으며, 3로 스위치가 있습니다. 3로 스위치는 서로 다른 2개의 스위치로 하나의 조명을 ON/OFF 할 수 있는 스위치를 말합니다. 3로 스위치는 근생 부분에 설치가 되어있습니다. 또한, 5층 안방에는 터치식 스위치가 설치되어 있습니다. 이 스위치는 터치 뿐만 아니라 스마트폰을 이용하여 외부에서도 ON/OFF가 가능합니다. (Tuya Smart 어플리케이션 설치)

- 40 -

측정점의 위치 현황도

전경 현황(사진)

① 경계점표지 위치(사진)

② 경계점표지 위치(사진)

③ 경계점표지 위치(사진)

④ 경계점표지 위치(사진)

인수인계서 책자의 내용 중 일부

2021. 3. 8.

입주 직전 잔손 보기 작업

- 현황 측량 및 대관 업무
- 입주
- 소유권 보존등기 나옴
- 건축가님 - 앞으로의 일정 문의(가구, 커튼 일정)
- 시공사 추가 보수 - 내부 계단 모서리 페인트 벗겨짐 / 아이 방의 화장실 샤워 수전과 배수구 물고임 보수 / 5층 보일러실 외부 수전/ 계단 낙수와 2층 물고임/ 간판 조명 타이머
- 소방 관리원 추천받아 접수
- 남편 소방관리원 2급 교육받음

2021. 3. 9.

보험과 주변 인사

- 세무사 - 아파트 매도 시기에 따른 양도세 계산해주심
- 엘리베이터 보험과 화재보험 가입
- 간판 제작 완료!
- 시루떡 2.5말 주문해서 주변 이웃, 상가분들에게 전달하고 인사

2021. 3. 10.

잔손 보기 마무리

- 커튼 사장님과 건축가님 오셔서 커튼 주문, 식당과 딸 방만 커튼하고 나머지는 시야를 가릴 수 있는 허니콤으로.
- 시공사 직원들, 설계사 직원들, 커튼 사장님, 우리 부부 회식. 시공사 사장님이 소고기 사주심

2021. 3. 11. ~ 12.

마지막 입금

- 15차 마지막 기성비 잔금 입금
- 제작 가구비와 나머지 감리비 입금

2021. 03. 15.

이사

약 2년의 시간 동안 공들이고 노력한 우리 집의 등기가 나왔다. 속상하고 힘든 시간도 많았지만 그래도 행복하고 감동적인 시간이 더 많았다. 시공사는 마무리를 준비하고 우리는 이사를 준비하고 있다. 처음 내가 가진 생각과 요구가 많이 달라지기도 했지만 계획대로 잘된 부분도 많다.

이것도 중도인 것 같다. 결국은 내 마음에 달려 있는 것 같다. 새집. 내가 꿈꾸던 공간으로 간다는 행복한 생각에 중요한 것들을 놓치면 안 된다는 긴장도 크지만 그렇다고 그 걱정이 지금의 행복을 짓누르게 하고 싶지 않다.

많은 사람들이 노력하고 정성을 들인 집이다. 하느님 보시기에 어떤 모습이어야 하는지 잊지 말자. 어떤 마음으로 했는지….

결과가 좀 미흡하더라도 처음 마음을 잊지 않도록 노력해야 될 것 같다. 나에게 과분한 집이고 감사한 집이다.

2021.3.8. 등기완료

대략의 공사 과정 정리

0. 공사 준비

① 착공신고
② 경계 측량
③ 공사 준비
④ 가설 공사(방음벽, 대문, 비계)

1. 토목 공사

① 철거 공사
② 터파기 공사
③ 바닥 정리 및 버림 타설

2. 골조 공사

① 기초 타설
② 지하1층 합벽 타설
③ 지하1층 타설
④ 1층 타설
⑤ 2층 타설
⑥ 3층 타설
⑦ 4층 타설
⑧ 5층 타설
⑨ 옥탑 타설
⑩ 옥탑지붕 타설
⑪ 골조 공사 마무리 단계
 : 방수턱 / 외부 계단

3. 창호 및 방통, 단열공사

① 시스템창호
② 금속/목창호
③ 창호철물
④ 방통 공사
⑤ 단열 공사

4. 지붕 및 외장 마감공사

① 외장조적
② 지붕공사

5. 내장 마감 공사

① 습식 공사(방수,조적,미장)
② 도장 공사
③ 금속 공사
④ 목공사
⑤ 수장 공사

6. 부대공사

① 부대 토목 공사
② 주차장 문 및 주변 공사
③ 조경공사

7. 설비공사

① 설비 공사
② EHP 공사

8. 전기, 통신, 소방 공사

① 전기/통신 공사
② 전기소방 공사
③ 기계소방 공사

9. 사용승인

① 현황 측량 및 대관 업무
② 준공 후 공사 및 입주

조경

① 기본 방향

4층 중앙정원을 중심으로 지하층의 노지 부분, 1층의 양쪽 출입구, 5층 침실 베란다, 딸 방의 베란다, 4층 옥외 계단 출입구 앞, 옥상의 텃밭 정원 및 나무 데크 등에 각각 다른 식재를 할 계획이었다. 지하층의 노지 부분과 옥상의 텃밭 정원을 제외하고 모두 화분식재를 기본으로 했다. 그런데 각 공간의 위치나 식재의 환경조건이 너무 달라 전문가에게 의뢰하게 되었다. 양재동 화훼시장을 방문해 여러 업체를 탐방하며 우리가 지향하는 정원의 방향을 가장 잘 이해해주신 '심다' 대표에게 식재와 화분, 기본적인 정원 큐레이션을 부탁했다. 또한 지속적인 정원 관리를 위해 전문 정원사에게 정기적인 관리를 부탁했다.

② 공간별 특성 및 식재를 중심으로 한 정원 큐레이션

1. 윤슬빌딩 정원의 중심: 4층 중앙정원

4층의 중앙정원은 동쪽과 남쪽으로 뚫려 있어 외부 시선을 차단할 필요가 있고, 내부에서는 거실과 다이닝에 걸쳐 있는 큰 창을 통해 보이는 공간이어서 윤슬빌딩 정원의 중심이다. 외부 시선 차단을 위해 중앙에 키가 큰 블루엔젤을 배치하고, 오른쪽으로는 자색안개나무와 라임라이트수국을 배치해 봄과 여름, 가을까지 꽃을 볼 수 있도록 했다. 앞쪽의 키 큰 나무 뒤에는 그늘을 좋아하는 울릉바위수국과 잎이 이쁜 소사나무, 싸리나무들을 배치해 정원의 깊이를 더했다. 왼쪽으로는 미스김라일락, 수국백당을 배치하고, 처마 밑에는 반그늘식물인 알리고무나무와 치자나무를 두었다. 정원을 조성하고 1년 후, 적색의 큰 꽃이 필요해 작약을 추가로 식재했다. 겨울을 준비하기 위해 '심다'에 의뢰해 짚으로 화분들을 싸주었다. 덕분에 모든 식재들이 무사히 겨울을 보내고 더욱 튼튼한 나무들이 되었다.

2. 시행착오를 거쳤던 지하 노지 부분

시공 시 지하 선큰에 둥근 노지 부분을 만들었다. 정원 조성 시 황금회화나무를 식재했으나 필요한 만큼의 빛이 들어오지 못해 남천으로 교체했고, 매우 성공적이었다. 남천은 공간에 적응해 잘 자라고 있고, 바닥 쪽에는 호스타와 휴케라를 식재했는데 겨울을 이겨내고 현재 잘 자라고 있다.

3. 식재 환경이 가장 까다로운 옥상 정원

옥상 정원은 시공 시 조성된 텃밭 정원과 데크 부분에 조성된 화분 정원으로 분리되어 있다. 일년 내내 바람이 심하고 여름에는 햇볕이 강하고 겨울에는 차가운 북풍을 그대로 받는 부분이어서 식재가 매우 까다로웠다. 결국 작년에 옥상에 심었던 거의 모든 식재를 4층 중정으로 피난시키거나 텃밭 정원으로 옮겨

심었고, 여름에 들어설 즈음 추가로 덩치가 큰 화분을 구해 그라스인 분홍실새풀을 식재했다. 그리고 올봄에 자엽국수나무를 추가로 식재했다. 텃밭 정원의 경우 처음 심었던 식물들은 거의 모두 실패했고, 서양톱풀, 딜, 촌코민트, 애플민트, 타임, 라벤더, 로즈마리, 당귀 등의 허브류만이 적응하는 것을 확인했다. 윤슬빌딩의 다른 정원 공간과는 전혀 다른 옥상정원의 환경에 시행착오를 겪어가며 정원을 정리하고 관리 중이다.

4. 1층 출입구

건물의 출입구가 1층 주차장 안쪽으로 위치한 까닭에 1층 출입구 식재는 이곳이 출입구라는 안내의 역할과 주차하는 차량에게 주의를 요구하게 되는 스톱퍼 역할도 겸해야 했다. 사각의 시멘트 화분을 이용해 경계와 이정표 역할을 수행하도록 하고 시원한 느낌을 주는 컴팩트화살나무와 아기말발도리를 식재해 건물로 진입할 때 청량감을 선사하도록 했다.

③ 입주 후 1년

식재 선택의 원칙은 우선 화분에서 겨울을 이겨낼 수 있어야 하고 꽃보다는 잎이 멋진 품종을 우선했다. 주변에서 흔하게 볼 수 없는 친구들을 정원에 들이려고 노력했다. 덕분에 지금까지 반려식물이라는 말에 딱 맞춤한 윤슬 정원을 가꾸게 되었다.

마지막 확인 사항 정리

① 입주 전 확인해야 하는 내용과 비용들

- 가전제품 및 가구 구입과 인입 날짜 선정
- 소방시설 완공검사증명서
- 전기사용 전 점검확인서
- 정보 통신검사 사용 전 검사 실시 확인서
- 도시가스 공급확인서
- 보일러 납품, 설치확인서
- 정화조 검사 성적서
- 엘리베이터 검사 성적서
- 공사관계자 연락처
- 인수인계 목록(열쇠, 리모콘)
- 유지보수용 지급 자재 목록
- 시설물 관리 요령-계량기 / 동절기 관리 요령(외부 수전, 우수 펌프) / 지하 화장실 패키지 펌프
- 로비폰, 비디어폰, 도어록 인터폰 관리 요령
- 보일러
- 엘리베이터 점검구
- 발코니 점검구(목재 데크)
- 분전함, 온수기
- 하자이행 보증보험

② 등기 신청 서류 및 비용

- 등록 면허세
- 등기 신청 수수료
- 취득세 고지서
- 사용승인서
- 신분증
- 주민등록등본
- 건축물대장
- 유권보존등기 신청서

③ 입주 후 건물 관리에 관해

- 화재보험 가입
- 엘리베이터보험 가입
- 엘리베이터 관리 업체 선정
- 건물 청소 업체 선정
- 건물 소독 업체 선정
- CCTV 관리 업체 선정
- 연1회 정화조 청소
- 세무 대리인 선정(부가세 신고)

④ 입주 후 세금과 공과금

- 세금: 부가가치세, 소득세, 보유세(토지, 건축)
- 보험: 건물 화재 보험, 엘리베이터 보험
- 공과금: 공용 전기세, 공용 수도세, 건물 청소비, 건물 소독비, 엘리베이터 관리비, CCTV 관리비, 소방관리비, 정화조 관리, 기타 비용
- 매월 세금계산서 발행과 세금계산서를 정리해야 함

입주 후 단상

1 만족하는 점과 아쉬운 점

- 공사할 당시에는 창호 비용이 너무 높게 나와서 부담스러웠는데 살아보니 좋은 창호와 유리를 선택하길 잘했다는 생각이 든다. 동네 상권이 활성화되면서 외부의 소음이 커져 창호의 도움을 많이 받고 있다.

- 단독주택을 지었더라면 더 좋았을 테지만 현실적으로 어려워 상가주택을 지었다. 상가주택임에도 불구하고 단독주택의 장점을 그대로 누릴 수 있는 설계라서 좋다. 옥상에 이불 빨래 널어 말릴 때, 옥상텃밭에서 고추 상추 등 야채 농사를 지을 때, 식탁에 앉아 중정에 있는 꽃들을 바라볼 때 상가주택이라는 생각이 전혀 들지 않는다.

- 슬라이딩 한지문이 참 좋다. 공간의 분할과 확장이 문 하나로 자연스럽게 이루어져 활용성이 높다. 햇볕을 은은하게 들여주고, 외풍도 막아주고 문 역할도 해준다. 한지가 찢어질까 봐 조심스럽지만 정서적 안정감까지 더해줘서 다시 선택하라고 해도 같은 선택을 할 것 같다.

- 아파트에서는 즐길 수 없는 높은 층고가 시원한 개방감과 공간감을 안겨준다. 음악을 좋아하는 남편은 공명이 좋아서 음악 듣기 좋다고 한다. 다만, 다락까지 세 개 층으로 이어지는 구조이니 냉난방 효율이 다소 떨어지는 것 같다. 그래서 우리는 계절별로 거실이 좀 달라진다. 더운 공기가 위로 올라가는 성질을 지니기 때문에 우리 가족 여름 거실은 4층이다. 침실이 있는 5층도 포근해서 겨울에도 밤에만 난방을 해도 괜찮다. 이렇듯 계절별로 집을 다양하게 즐길 수 있는 것도 이 집의 매력. 그리고 집 안 온도조절에 천장의 실링팬 역할이 크다.

- 다락 양쪽 창문이 우리집 환기를 담당한다. 복층집에 살아본 적이 없는 우리 가족은 다락은 그저 덤이라고 생각했었다. 살아보니, 최상층인 다락의 양쪽 창문을 열어 놓으면 대류로 인해 집 안 전체의 환기가 저절로 된다. 그래서 거의 하루종일 다락의 창을 열어둔다.

- 화장실 시공할 때 곰팡이가 잘 생기지 않으면서 잘 깨지지도 않는 백시멘트가 있다는 것을 알게 되었다. 진작 알았더라면 비용이 높더라도 시멘트 시공이 필요한 부분에 모두 백시멘트를 사용했을 것이다. 다시 공사할 수도 없는 노릇이기에 아쉽다.

- 외부 계단의 경사가 잘 맞지 않아서 비만 오면 2층 출입구 앞에 그리고 중간중간 물이 고인다. 시공 시 현장소장에게 여러 번 경사를 잘 확인해 달라고 했지만 사람이 하는 일이라 쉽지 않았던가 보다. 준공 후 보수해주어서 지금은 많이 좋아졌다.

- 주택은 아파트보다 손이 많이 가고 신경 쓸 게 많다. 아침에 눈 뜨면 해야 되는 일이 많아 루틴이 생겼다.

- 상가 기획을 할 때 2, 3층을 웨딩숍이나 사진관 등을 생각하고 두 층을 연계한 복층구조를 설계하고 시공을 했는데 조금 실수 같다. 평수가 넓어지면 소방법도 복잡해지고, 임대도 작은 평수보다 어렵다. 3층 임대 면적을 줄이더라도 2, 3층을 완전히 분리했더라면 사무실 임대에 좀 더 수월하지 않았을까? 아쉽다.

- 우리 집은 방마다 층고가 다르고 문이 천장까지 닿는 맞춤제작 문이다. 기성품과는 다르다. 딱 들어맞지 않아서 그런지 문을 닫고 바람이 불면 약간 덜렁거리고 소리가 난다. 그리고 원목마루라 여름에 팽창하고 겨울엔 수축한다. 여름엔 빡빡한 한지문이나 방문이 겨울에는 부드럽게 열린다. 신기하다.

- 수십 번 확인해도 지나치지 않을 사안들
  - ☑ **법령 정보, 해당 지역(구청, 동주민센터를 통해) 특성 파악**
  - ☑ **소방 시설 기준(평수, 용도)**
  - ☑ **창호 제품들 철저 조사**
  - ☑ **가능한 한 설계 변경하지 말 것**
  - ☑ **지하는 신중하게**
  - ☑ **임대 공간의 크기**
  - ☑ **모든 사안은 서면, 문자 전달**
  - ☑ **구배 점검(배수 확인)**
  - ☑ **관리법 배우기**
  - ☑ **유지, 관리 비용 체크**
  - ☑ **인간관계 매일 성찰!**

② 단상들

1. 조심조심

새집에서 살게 되면 마땅히 조심스러운 것들이 있겠지만 윤슬빌딩은 특히나 조심스러운 것들이 많다. 일단 벽이 모두 하얀색이라 벽에 더러운 것이나 색깔 따위가 묻을까 봐 늘 조심스럽다. 4층 거실과 5층 부부침실에 한지문이 있다. 보기에 멋지고 인테리어 측면에서도 공간 구분 및 음식조리 시 냄새 차단 등 기능적이지만 창호지로 되어 있으니 항상 조심스럽다. 구멍이라도 나면 아주 성가셔진다. 원목마루 관리는 되도록 물을 멀리하는 것이니 물걸레질을 맘껏 못해 아쉽다. 매우 까탈스러운 집이다.

2. 다채롭다

한 예로 윤슬가옥의 옥상 텃밭정원과 4층 중앙정원은 기온차가 2~3도 정도 난다. 키울 수 있는 나무와 꽃들이 전혀 다르다. 각 층의 공간들이 각자 성격들이 다 달라서 재미있다. 아파트라는 평면으로 펼쳐진 공간에서 입체의 공간으로 생활환경이 바뀌어 여기서 저기 가기가 멀다. 돌고 꺾고 올라가야 한다. 그만큼 공간이 주는 다양성과 다름이 가끔 생경하기까지 하다.

3. 차단 및 한가로움

도시 한복판에 산다는 것은 편리함과 함께 여러 가지 불편을 감수해야만 하는데, 소음과 번잡함이 그중 대표일 것이다. 그래서 설계와 시공 단계에서 창호에 신경을 많이 썼다. 안 보고 안 들리면 되는 것이다. 결과는 아주 만족스럽다. 훌륭한 창호의 기능은 가히 놀랍다. 여름날 새벽에 창을 타고 들어오는 시원한 공기를 포기하는 것은 조금 아쉽지만 그래도 걸어서 5분 거리에 지하철역이 있으니 더는 욕심내지 않는다.

사진: 남궁선

시공사를 향한 질문들, 그 속에 숨은 오해들

시공자는 관리자보다는 기술자가 되어야 한다고 생각해요.
설계자의 의도를 파악하고 그 디자인을 현실로 구현할 수 있도록
기능적, 미적 부분을 구현하는 기술자가 되었으면 하는데,
현실적으로는 자꾸 관리자 역할에 방점이 찍히곤 해 아쉬울 때가
많습니다.

질문들

① 좋은 시공사를 어떻게 알아보나요?

1~2년 이상 준비한다면 기본적인 정보를 얻는 채널을 이미 갖고 계실 겁니다. 단행본 책들과 정기간행물 몇 종, 신뢰할 만한 유튜브 채널을 구독 중이실 수도 있고요. 그런 채널들을 통해 알게 된 정보들을 단계별로 노트에 정리해보는 것이 첫 본격적인 준비에 해당할 겁니다. '안다'고 생각했지만 막상 적어보려고 하면 쉽지 않을 거예요.

그 다음, 빠르고 수월한 길은 자신과 잘 맞는 건축가를 만나는 것입니다. 설계의 질을 믿을 만하고, 취향과 관점을 진솔하게 나눌 만한 건축가를 만나는 거예요. 물론 쉽지 않은 일일 겁니다. 낯선 만남에서 금방 마음을 터놓고 대화를 나누기 어려우니까요. 그럼에도 불구하고 건축주가 자신만의 어떤 기준, 집을 떠올릴 때 중요하게 여기는 가치랄까요, 그런 점을 잘 이야기하는 것이 중요합니다. 추상적이고 관념적인 범위로 포장하려 하기보다 솔직하고 정확히 얘기하는 게 좋습니다. 상담이 꼭 계약까지 이어지지 않더라도 많은 것을 배울 수 있습니다.

② 건축가에게 도움을 받지 않고, 시공사를 결정할 때 참고할 만한 기준은?

엄격하게 법적인 근거로만 말하자면 건축사무소를 거치지 않고 시공사와의 계약으로만 집을 지을 순 없지요. 어떤 설계든지 설계도면이 있어야 건축허가를 받을 수 있으니까요. 시공사를 통해 소개를 받은 건축가를 통해서든, 소위 '허가방'을 통해서든 도면이 있어야 건축허가가 가능하기 때문에, 이 질문은 정확하지 않지요. 이런 정도의 설계도면으로 허가를 받으면 허가 자체는 문제 없이 이루어질 거예요. 다만 건축주가 설계에 관여할 여지는 없을 겁니다. 방 3, 화장실 2의 몇몇 평면 가운데 하나를 고르게 될 가능성이 높지요. 우리가 1부에서 논의한 '건축사무소를 통한 설계'와 '허가방을 통한 설계'는 전혀 다른 집짓기 과정입니다.

건축주가 생각하고 고민하고 바라는 집의 모습을 건축가와 상담을 통해 도면화하고, 그 도면을 시공을 통해 완성도 높게 구현해내는 방식이 좋은 집짓기 과정입니다. 물론 현실적으로는 아직은 우리 사회에서 드문 일입니다.

오히려 제가 이 질문을, '시공사를 결정할 때 참고할 만한 기준은 무엇일까?'로 바꾸어 답을 드리고 싶네요.

견적을 받을 후보로 좁혀 나가고자 할 때 처음 찾아볼 것은 시공사의 홈페이지, 또는 운영 중인 블로그, 인터넷 카페 등일 테고요. 그 채널을 통해 포트폴리오를 일단 살펴보셔야겠지요.

☑ 과거 작업 내용 확인
☑ 인증제도 확인(명장, 수상 경력 등)
☑ 현재 시공 중인 현장 방문
☑ 준공한 건축물 방문 및 평판 조사

└ 후보군이 두세 곳 정도로 좁아졌다면 견적서를 요청하게 될 텐데요, 견적서를 받는 과정에서 견적서와 동시에 아래의 내용을 검토해야 합니다.

☑ 상세한 세부 내역서
☑ 원가 계산서의 항목 분류와 적정한 회사 이윤
☑ 최저가 견적서보다는 적정한 금액의 견적서인지 확인
☑ 견적 시 현장 방문 확인

└ 설계사무실과 협의 과정도 중요합니다. 견적 과정에서 설계 도면에서 보완이 필요한 점이 있는지, 혹시나 잘못된 점은 없는지, VE(Value Engineering Change Proposal)가 가능한 아이디어를 제안(건축주와 설계자가 공유한 적정한 품질에 걸맞은 새로운 시공법, 새로운 재료, 제품 등에 대해 의견을 제시)하는 등 견적을 위해 도면을 꼼꼼히 확인하는 업체가 좋은 시공사입니다.

③ 시공사에서 제공하는 설계의 평균적 품질은 어느 정도일까요?

이 경우엔, 시공사에 따라 다르다기보다 그 집을 짓는, 말하자면 총괄하는 사람의 능력치에 따라 무척 차이가 커집니다. 절대적으로 좋다, 혹은 나쁘다고 단정하기는 어렵겠지만, 보편적으로, 완성도가 높은 시공의 품질을 기대하기는 어렵지 않을까요?

왜냐하면 허가 도면에만 익숙한 작업자들이 참여할 확률이 높고,

그러니 경험치의 범위가 좁을 확률이 높고요. 한편으로는 좀 다르게 생각해볼 수도 있겠습니다. 지금까지 지냈던 집, 주변에서 흔히 보는 평면, 동네에서 흔히 지어지는 모습 정도를 원한다면 낯이 익고 성실한, 동네에서 오래 시공을 해온 업체로 결정하는 것도 좋은 방법일 수 있습니다.

다만 이 책을 읽을 정도로 정보를 수집하는 독자라면, 싸고 빠르게 짓기보다 완성도 높으면서 오래 남는 집을 원하지 않을까 싶긴 합니다. 설계자와 시공자가 각각 전문적인 영역으로 분리되어 지어지는 집은 그렇지 않은 경우보다 대체로 설계도 시공도 좀 더 오래 걸릴 수 있습니다. 비용도 조금은 더 높아질 수 있고요. 일반적으로는 건축가가 건축주에게 시공사를 소개하거나 견적을 받도록 연결을 해준다고 알려져 있는데, 반대로 시공사가 건축가를 소개할 수도 있습니다. 저 같은 경우가 그렇습니다. 건축가의 설계도면에 따른 시공을 많이 해보면, 어떤 건축주를 만났을 때 '아, 이분은 ○○○ 건축가를 만나면 잘 맞겠다' 싶은 경우가 생기더라고요. 그래서 종종 추천을 합니다. 흔한 케이스는 아니겠지요? 하지만 아예 없는 일도 아닙니다.

④ 단독주택이 아닌, 상가주택 같은 작은 거주 겸용 건물을 짓고자 할 때는 시공사의 규모가 중요할까요?

단독주택, 듀플렉스 하우스, 5층 이하의 상가주택 정도는 모두 소규모 건축물이라고 볼 수 있습니다. 즉, 주택을 짓는 시공사가 문제없이 공사할 수 있는 범주에 모두 들어갑니다. 직원 수나 도급 규모가 아닌 어느 수준까지 시공 경험을 갖고 있는지, 도면을 해석하고 현장에 반영하는 경험, 건축가와의 소통을 얼마나 해봤는지 등이 중요합니다. 특히 건축가가 설계한 주택을 시공한다는 것은 경험을 해보지 않은 시공사라면 어렵게 받아들일 수 있어요. 특수하다기보다는 특별한 경험일 텐데, 일단 흔치 않으니까요. 건설사의 규모보다는 도면을 해석하는 능력과 건축사무소와 의사소통하는 방법, 재료의 디테일을 구현하는 측면 등등 분명히 전문성을 요하는 부분입니다. 상대적으로, 규모 자체는 큰 문제가 되지 않는다고 봐요.

⑤ 견적서는 어떻게 살펴봐야 하나요?

먼저 내역서의 구성을 보세요. 구성을 보면 수량산출서, 세부내역서, 집계표, 원가계산서. 크게 이렇게 나뉘는데, 여기에서 수량산출서를 어디에서 작성하는가에 따라 살펴봐야 할 항목이 다를 수 있습니다. 수량산출서란 도면을 보고 철근, 레미콘, 벽돌, 창호 등이 얼만큼 투입되는지 물량을 산출하는 작업으로, 관공서가 발주를 하는 시공의 경우 설계서류 납품 시 같이 제출되지만 소규모 건축물에서는 시공건을 취하기 위해 시공사가 진행하게 됩니다. 물론 견적을 내는 도면은 같지만, 도면 해석 방법과 산출 방법이 시공사별로 모두 달라 수량산출서가 설계사무실에서 제공되는 것인지, 아니면 시공을 예정한 회사에서 물량을 산출하는 것인지에 따라 검토 결과가 달라집니다.

설계사무실에서 수량 산출을 한 다음에 그 내용이 시공사에 전달됐다면 원가계산서의 총액에서 재료비(40~45%), 노무비(32~38%), 경비(10~15%), 일반관리비, 이윤(10~15%)이 적절한 비율로 나뉘었는지 확인하세요.

시공사에서 낸 견적에는 변수가 많습니다. 누락된 아이템이 무엇인지 또는 수량이 다르지 않은지 확인이 필요한데 건설 영역의 지식과 경험이 없는 일반인이 확인하기에는 불가능합니다. 제대로 확인하기 위해서는 전문기관에 의뢰해야 하는데 이 또한 비용이 발생하는 일이라, 저는 설계 계약 시 수량 산출까지 계약하는 것이 좋은 방법이

↓ 세부내역서의 예

품명	규격	단위	수량	재료비		노무비		경비		합계	
				단가	금액	단가	금액	단가	금액	단가	금액
【 철근콘크리트공사 】					22,423,590		8,437,165		4,091,466		34,952,221
규준틀 설치	귀	귀	9	2,000	18,000	19,000	171,000	0	0	21,000	189,000
먹메김	골조	M2	230	500	115,000	2,000	460,000	0	0	2,500	575,000
PE필름깔기	T:0.03	M2	208	500	104,000	2,500	520,000	0	0	3,000	624,000
버림콘크리트	25-210-15,T60	M3	32	90,000	2,880,000	0	0	0	0	90,000	2,880,000
철근	HD 10, SD40	TON	0.40	1,200,000	480,000	0	0	0	0	1,200,000	480,000
철근	HD 13, SD40	TON	4.92	1,200,000	5,904,000	0	0	0	0	1,200,000	5,904,000
스페이셔,지수링,지수제	각종	식	1.00	500,000	500,000	0	0	0	0	500,000	500,000
철근가공조립	0	TON	5.32	12,000	63,840	481,500	2,561,580	42,800	227,696	536,300	2,853,116
펌프카붐타설	철근부(+α)	회	4.00	0	0	0	0	856,000	3,424,000	856,000	3,424,000
동바리	4m미만	M2	9	6,600	59,400	6,955	62,595	1,070	9,630	14,625	131,625
레미콘	25-240-15	M3	74	92,000	6,808,000	0	0	0	0	92,000	6,808,000
무근Con'c, Wier mesh	25-210-15,#8-150*150	M3	7	90,000	630,000	0	0	0	0	90,000	630,000
합판거푸집(손료포함)	유로폼	M2	201	23,100	4,643,100	19,260	3,871,260	2,140	430,140	44,500	8,944,500
합판거푸집(손료포함)	3회(스라브)	M2	8	21,000	168,000	18,190	145,520	0	0	39,190	313,520
거푸집정리비	0	M2	201	250	50,250	3,210	645,210	0	0	3,460	695,460

- 공사원가계산서
- 공정별집계표
- 수량산출서

구 분			금 액	구 성 비		비 고
순공사비	재료비	직접 재료비	285,679,604			법적요율
		간접 재료비		.		
		작업설,부산물(△)				
		1. 소 계	285,679,604			
	노무비	직 접 노 무 비	212,845,429			
		간접 노무비	20,007,470	직접노무비*	9.40%	9.40%
		2. 소계	232,852,899			
	경비	기계 경비	47,762,475			
		산재 보험료 외	4,657,057	노무비*	2.00%	3.90%
		산업안전보건관리비	2,243,362	(직.재+직.노)*	0.45%	1.86%+5,349,000원
		고용 보험료	2,561,381	노무비*	1.10%	1.39%
		환경보전비	515,806	재+직.노+산경*	0.10%	0.30%
		퇴직공제부금비	- 0	직접노무비*	0.00%	2.300%
		기타 경비	15,037,442	(재료비+노무비)*	2.90%	
		3. 소계	72,777,523			
계			591,310,026			
일반관리비			9,460,960	계*	1.60%	6%
이윤			25,207,310	(노무비+경비+일반관리비)*	8.00%	15%
총원가			625,978,296			
총원가(십만단위 절삭)			625,000,000			
부가가치세			25,000,000	부가세 10%중	40.00%	
총계			650,000,000			VAT.별도

품명	규격	단위	수량	재료비		노무비		경비		합계		비고
				단가	금액	단가	금액	단가	금액	단가	금액	
【기계,전기설비공사】												
【기계설비공사】	0	식	1	0	12,982,552		12,474,770		0		25,457,322	
【전기설비공사】	0	식	1	0	4,839,134		6,009,808		0		10,848,942	
【통신/소방설비】	0	식	1	0	753,602		1,323,079		0		2,076,681	

면적	8.80	전체길이	11.99	외벽길이	6.00	내벽길이	6.00	높이-1	3.70	높이-2	3.60			
벽체제외면적			5.61	외벽제외면적	1.67	내벽제외면적	3.94	벽체제외길이		1.95	0.00	외벽제외길이	- 0	내벽제외길이
	침실2_1	1010	0	바닥		압출법단열재"가"	T:30,특호,1호	m2			8.80	8.80		
	침실2_1	1201	0	바닥		기포콘크리트	T:60	M3			0.00	0.00		
	침실2_1	1203	0	바닥		1:3 몰탈	와이어메쉬포함 / 판넬히팅	M3			0.44	0.44		
	침실2_1	2002		바닥		강화온돌마루	T:7.5	M2			8.80	8.80		
	침실2_1	1601	0	바닥	기타	걸레받이 몰딩	DC-3306(대창),L=3	EA			3.35	3.35		
	침실2_1	1611	0	벽		목재가벽	30*30각재	M2			0.00	-		
	침실2_1	1001a	0	벽		비드법단열재"가"	T:30,2종2호	m2			0.00	0.00		
	침실2_1	1620a	0	벽		벽체석고보드	9.5T 일반 2P	M2			30.53	30.53		
	침실2_1	2010		벽	책장후면확인	한지	공간초배지	M2			30.53	30.53	61	
	침실2_1	1612	0	벽		창호주변 하지작업	T:9 PLYWOOD(W=100~200)	M			5.37	5.37		
	침실2_1	1634		벽		창호선반	T18,W:200미만,집성판(미송)	M			0.99	0.99		
	침실2_1	1913a		벽		락카	W:500미만,5회	M			0.99	0.99		
	침실2_1	1610	0	천정		천정달대설치	30*30 각재@300	M2			0.00	0.00		
	침실2_1	1621a	0	천정		천정석고보드	9.5T 일반 2P	M2			10.56	10.56		
	침실2_1	2011		벽		한지	공간초배지	M2			10.56	10.56		
	침실2_1	1602	0	천정		천정메지몰딩	DC-1740(대창),L=3(2042,2070)	EA			4.02	4.02		
	침실2_1	1733	0	천정		커튼박스	갈바T1.2,W400이하	M			0.00	0.00		
	침실2_1	1734	0	천정		간접등박스	갈바T1.2,W400이하	M			0.00	0.00	2.97	

➡ 좋지 않은 견적서의 예

➘ 별도 공사 세부내역서의 예

품목	규격	단위	수량	단가	금액
1. 기초공사					
터파기		식	1		1,200,000
되메우기		식	1		200,000
잔토처리		식	1		500,000
재생콘크리트		식	1		400,000
비닐깔기		식	1		100,000
거푸집		식	1		3,000,000
철근	hd13	ton	3	700,000	1,750,000
레미콘		m3	55	76,000	4,180,000
철근가공조립		식	1		800,000
레미콘타설		식	1		750,000
펌프카		식	2	500,000	1,000,000
소모자재		식	1		200,000
					14,080,000

품명	규격	단위	수량	재료비		노무비		경비		합계		비고
				단 가	금 액	단 가	금 액	단 가	금 액	단 가	금 액	
【별도공사】					45,450,000		4,780,000		18,700,000		68,930,000	
가구공사												
주방가구 및 붙박이장	재질:PET	식	1.00	30,000,000	30,000,000	3,000,000	3,000,000	2,000,000	2,000,000		35,000,000	
소 계											0	
ETC 공사					0		0		0	0	0	
보안시스템	CCTV, 보안시설(세콤약정체결)	식	1	0	0		0		0		0	
열교환기		식	1		0		0		0		0	
인입비	수도15mm	식	1		0		0	1,500,000	1,500,000		1,500,000	
인입비	전기10kw	식	1	350,000	350,000	280,000	280,000	1,100,000	1,100,000		1,730,000	
인입비	LPG가스(도로인입, 내부배관)	식	1	2,100,000	2,100,000	800,000			0		2,100,000	
인입비	하수우수지중연결,관경CCTV	식	1		0			4,000,000	4,000,000		4,000,000	
각종측량비	경계측량,현황측량,분할측량	회	2		0		0	1,800,000	3,600,000		3,600,000	
재세공과금	산재보험료외(직영공사시)	식	1		0			0	0		0	
재세공과금	취등록세⋯.	식	1	0	0				0		0	
집기류	벽난로,커튼, 가전, 가구 등등	식	1		0			6,000,000	6,000,000		6,000,000	
지열시스템		식	1		0				0		0	
태양광시스템		식	1	0	0				0		0	
조경공사		식	1	3,000,000	3,000,000	1,500,000	1,500,000	500,000	500,000		5,000,000	
예비비		식	1	10,000,000	10,000,000		0		0		10,000,000	
소 계					0		0		0		0	

라고 생각합니다. 위의 내용과 함께 세부내역서의 품명, 규격, 단위가 세부적으로 정리가 되어 있는지 확인하시길 바랍니다. 참고로 일식으로 된 내역서나 평당 얼마짜리 공사계약서는 피하시는 것이 좋습니다. 또한 별도 공사 내용을 꼭 확인하세요. 완공 시점에 건축주에게 납득할 만한 설명을 하지 않은 채 추가금을 요구하는 경우가 드물지 않기 때문입니다.

⑥ 시공계약서에서 특별히 유념해야 할 조항은?

정부에서 제공하는 '민간건설공사 표준 도급계약서'의 내용을 참고하시면 도움이 될 겁니다. 위에 언급했듯이, 별도공사의 내용을 특별히 꼼꼼하게 살펴보시길 바랍니다.

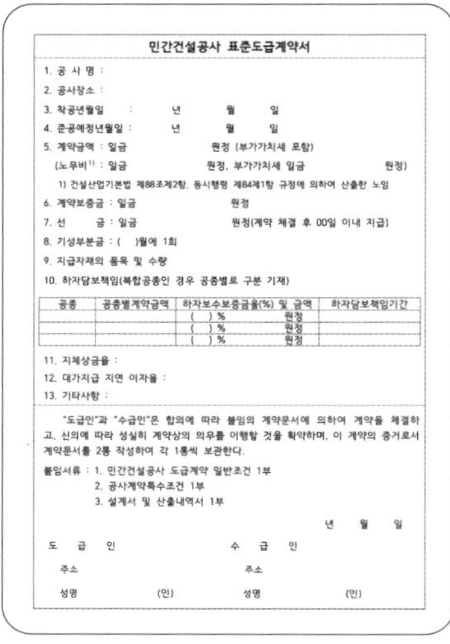

민간건설공사 표준도급계약서

1. 공 사 명 :
2. 공사장소 :
3. 착공년월일 : 년 월 일
4. 준공예정년월일 : 년 월 일
5. 계약금액 : 일금 원정 (부가가치세 포함)
(노무비[1] : 일금 원정, 부가가치세 일금 원정)
1) 건설산업기본법 제88조제2항, 동시행령 제84제1항 규정에 의하여 산출한 노임
6. 계약보증금 : 일금 원정
7. 선 금 : 일금 원정(계약 체결 후 00일 이내 지급)
8. 기성부분금 : ( )월에 1회
9. 지급자재의 품목 및 수량
10. 하자담보책임(복합공종인 경우 공종별로 구분 기재)

공종	공종별계약금액	하자보수보증금율(%) 및 금액	하자담보책임기간
		( ) % 원정	
		( ) % 원정	
		( ) % 원정	

11. 지체상금율 :
12. 대가지급 지연 이자율 :
13. 기타사항 :

"도급인"과 "수급인"은 합의에 따라 붙임의 계약문서에 의하여 계약을 체결하고, 신의에 따라 성실히 계약상의 의무를 이행할 것을 확약하며, 이 계약의 증거로서 계약문서를 2통 작성하여 각 1통씩 보관한다.

붙임서류 : 1. 민간건설공사 도급계약 일반조건 1부
2. 공사계약특수조건 1부
3. 설계서 및 산출내역서 1부

년 월 일

도 급 인 수 급 인
주소 주소
성명 (인) 성명 (인)

← 민간건설공사 표준도급계약서

⑦ 시공비 지불의 관례는 어떻게 될까요?

계약 체결 시 진행되는 선급금은 통상적으로 10% 내외입니다. 하지만 요즘같이 자재비나 환율에 변동이 심할 시 사전에 자재를 매입하기 위해 그 요율을 조정하기도 합니다. 나머지는 월 기성(납부)을 기본으로 합니다. 매월 30일 기준으로 공정률에 따라 청구 지급하는 방식입니다. 그보다 규모가 작아 4개월 이내 작업 완료되는 소규모 주택에서는 선급금 25%, 골조 완료 시 20%, 외부 창호 완료와 내장 목공 투입 시 15%, 비계 해체 시 15%, 바탕 완료 시 10%, 사용승인 접수 시 10%, 인수인계 완료 시 5%입니다.

⑧ 현장소장의 역할과 원만하게 잘 지낼 수 있는 방법이 있다면 무엇일까?

현장소장이라는 이름보다는 '현장 대리인'이라는 표현이 더 정확합니다. 건축주를 대신하여, 그리고 시공사 대표를 대신하여 현장의 전반적인 업무를 관리, 처리하는 직책이지요. 시공 관련 업무로는 공정, 원가, 외주, 품질, 안전, 노무, 자재 관리 등이 있고, 대외적인 업무로는 관공서의 담당자를 상대로 서류 관련 업무를 처리하고, 이밖에 민원 관리 등을 합니다. 정말 다양하지요.

원만하게 잘 지내는 방법은 보편적인 인간관계와 다를 바가 없어요. 상대를 신뢰하고 존중하는 자세로 의견을 듣고 자신의 의견을 제시하며 상황을 조율해나가면 되겠지요. 현장소장은 서비스직이라고 농담할 정도로 업무의 가장 큰 부분이 대면 관계에서 발생하는 갈등의 조율입니다. 아무리 큰일이 벌어져도 서로 이해와 격려, 솔직하게 상의하는 태도를 유지한다면 어떻게든 잘 마무리가 됩니다.

건축주가 집짓기에 관해 '즐겁게' 공부한다는 생각을 갖고 조언이나 질문을 한다면 현장에서 갈등이 생기지는 않을 겁니다. 전문적인 업무에 대한 지나친 간섭이나 쓸모없는 의심은 가급적 피해야 서로 효율적으로 일할 수 있어요.

⑨ 현장소장이 여러 군데 감독을 할 때 생길 수 있는 문제는?

현장의 난이도에 따라 다를 수 있겠지요. 한 현장만을 감독하는 경우도 흔하고 두세 곳을 한 소장이 감독하는 경우도 드물지는 않습니다. 비슷한 규모인데 거리가 서로 멀지 않은 경우, 예산을 최대한 줄여야 하는 경우, 설계가 비슷하거나 착공 시기가 비슷해 연계 공사가 가능한 경우 한 명의 현장소장이 복수의 현장을 지휘하기도 합니다. 이때는 두 가지가 가장 중요하고 전제되어야 합니다. 첫째는 이 상황을 건축주가 알아야 하는 것이고요. 둘째는 현장소장의 경험이 풍부해 여러 현장의 상황과 문제들을 빠르게 파악하고 확인할 수 있어야 한다는 것이죠. 현장소장이 상시 대기하고 있다고 현장에 문제가 아예 발생하지 않는다고 할 수는 없어요. 수시로 외주 업체도 들락거리고 수십 가지의 재료도 조금씩 문제를 일으킬 수 있습니다. 계절에 따라 날씨가 일으키는 문제도 클 수 있어요. 그러니 현장소장의 경험이 중요합니다. 경험이 많은 현장소장이라면 최초 건축물의 위치, 도면과 다른 골조, 마감, 누수 등등 중요 기점마다 미리 체크해야 할 내용들을 파악하고 있을 겁니다. 현재 건설법으로는 한 지역 내에서 일정 규모 미만의 현장 세 곳까지 한 명의 현장소장이 맡을 수 있습니다. 법적으로 허용하고 있는 만큼, 역량 있는 한 명의 대리인이 충분히 관리가 가능한 범위입니다. 현장소장이 공사기간 내내 본인의 집만을 담당하기를 원한다면 견적 시 조항에 적고 그에 대한 예산을 체크하길 바랍니다.

⑩ 건축주가 직접 해결해야 할 관공서 업무는?

관공서 업무라고 부르기는 적절하지 않은데, 건축주가 해결할 수밖에 없는 민원이 있습니다. 우리가 보통 '사업성 민원'이라고 부르는 종류인데, 가장 큰 사업성 민원은 집 주변에 새로운 집이 들어오는 것을 이웃이 근본적으로 거부하는 행동입니다. 합법적으로 인허가를 받아 법이 정한 규정 안에서 공사를 진행하지만 모든 공사 과정(크랙, 소음, 진동, 조망…)에 트집을 잡고 공사를 방해하는 행위의 민원입니다. 이 부분은 건축주가 관심을 가지고 적극적으로 해결하는 것이 중요합니다. 이외에 관공서에서 해결할 업무로는 착공 전 경계측량 신청, 수도계량기 및 전기 신청이 있습니다.

⑪ 가장 흔한 민원과 지혜로운 해결법은?

가장 흔하게는 소음, 분진, 진동이며, 이런 민원들을 흔히 '공사성 민원'으로 분류합니다. 공사 도중에 또는 공사 때문에 발생하는 민원이니만큼 시공사가 적극적으로 해결해나가야 하는 문제입니다.

원만한 해결을 위해서는 민원인과의 관계가 중요한데, 그래서 착공 전 건축주와 동행해 시공사가 주변에 인사를 나누고, 공사 중에도 역시 현장 대리인이 이웃과의 인사와 주변 정리, 장비 출입이나 소음 작업 시 사전 통보를 하는 등 소통을 합니다. 인사를 나누고, 현장에 자주 오가는 이웃에게 이런저런 안부를 주고받으며 스몰토크하는 습관이 좋은 관계를 맺는 효과적인 수단이지요. 또 주변 이웃의 소소한 집안 문제를 해결해 주는 것도 좋은 방법입니다.

오해들

① 시공사의 견적은 무조건 깎아야 한다?

두세 곳에서 견적을 받는다면 최종 액수가 아니라 세 곳이 얼마나 왜 어떻게 차이가 나는지 봐야 합니다. 최종 액수만 보고 섣불리 판단하지 마세요. 견적을 낸 곳의 금액이 모두 비슷하다면 고민이 수월할 텐데, 한 곳이 큰 차이로 낮으면 쉽게 그쪽으로 마음이 쏠리게 마련일 겁니다. 앞서 말한 5번의 답처럼, 견적의 상세 내역을 살펴봐야 합니다. 건축가가 함께 견적을 검토할 수 있는 상황이 아니라면, 공사의 범위, 간접비의 내용, 재료 산출서 등을 살펴봐야 합니다. 잘 모를 때는 '어디부터 어디까지 포함한 견적'인지 묻고 설명을 요구하세요. 이해하기 어려울 때는 좀 더 구체적이고 친절한 설명을 요구하고, 다른 전문가를 통해 크로스 체크를 해보는 것도 방법입니다.

특정한 단계에서 특정한 재룟값을 깎거나 예산에 맞추기 위해 일부 프로세스를 삭제하는 등의 방법은 후에 문제를 야기할 수 있습니다. 시공사 견적에서 큰 차이를 만드는 것은 대체로 인건비와 간접비입니다. 예산을 많이 초과해 감당하기 어려운 상황일 때는 건축주의 솔직한 상황을 설명하고 가능한 방법을 모색해야지, 일방적으로 '무엇을 없애면 금액이 맞을까' 하고 건축주가 혼자 가늠해서는 안 됩니다.

② 시공하는 내내 감리자가 있어야 한다?

법적인 부분과 기술적, 디자인적인 부분을 모두 완벽하게 짓기 위해서는 상주 감리자가 도움이 되겠지만, 일반적인 주택의 경우 감리자가 상주하지는 않습니다. 어마어마한 비용이 들 거예요. 감리자가 상주하기란 현실적으로 거의 불가능하기 때문에, 예를 들어 저희 회사의 경우는 메신저를 활용합니다. 수시로 메신저 창이 깜빡거려요. 방법은 사람마다 회사마다 상황마다 다를 수 있겠지요. 메신저든 카톡이든 통화든, 아무튼 잦은 소통은 만족하는 결과물을 만들 수 있는 좋은 지름길입니다. 현장소장은 현장에서 일어나는 사소한 문제라도 상호 협의하고 조정하는 자세를 기본으로 갖추어야 합니다.

③ 건축주가 현장을 방문하는 것을 현장소장이 싫어한다?

어떤 식의 방문이냐에 따라 천양지차겠지요. 주택 같은 소규모 현장에서는 정말로 현장 대리인이 눈코 뜰 새가 없이 바쁩니다. 이런 사람을 붙잡아 놓고 했던 얘기 또 하는 식으로 괴롭히면 진행에 차질이 빚어질 수밖에 없어요. 보통 어떤 분야든 막론하고 아무 기별 없이 거래처 사무실에 불쑥 들이닥치지 않잖아요. 마찬가지로, 집을 짓는 현장은 (건축주 입장에서는 자신의 집을 방문한다고 생각할 수 있지만) 작업자들에게는 일터입니다. 세부적인 작업 계획과 일정에 따라 때로는 수십 명이 역할을 분담해 움직이는 곳이에요. 그러니 어떤 이유가 있어 방문한다면 미리 현장 대리인에게 알리고 궁금한 점, 방문의 이유 등을 얘기해두세요. 문득 시간이 생겨서 현장을 보고 싶은 마음이라면 가벼운 간식, 음료 등을 들고 기별 없이 들를 수도 있겠지요. 다만 작업자들의 시간을 뺏지 않도록, 능률이 떨어지지 않도록 유의하면 좋겠습니다.

④ 일단 공사를 마치면 (잔금을 다 받으면) 시공사와 연락이 어렵다?

시공사와 계약 시 '하자보수이행보험'을 꼭 챙기세요. 기초, 설비, 내외장재 등등 공사 종류에 따라 보수 기간이 정해져 있습니다. 상식적인 시공사라면 기성금 다 받았다고 연락이 안 되는 경우는 없습니다. 입주 초창기에는 공사 마무리 단계만큼 연락을 자주 하게 될 거예요. 특히 최신 설비를 설치했다면 그에 대한 사용법, 운용에 관해 질의할 내용이 많을 테니까요. 하자나 보수 내용이 없어서 연락할 일이 없으면 참 좋겠지만, 매번 똑같이 시공하는 것이 아니기 때문에 당연히 크고 작은 문제가 발생할 수 있습니다. 시공사와의 연락이 끊긴다면 그것은 시공사가 하자 보수 책임을 회피하는 것이고, 법적인 책임을 물어야 할 것입니다.

⑤ 시공사의 말을 곧이곧대로 믿으면 안 된다?

'믿는다, 못 믿는다'는 말은 지나치게 관념적이고 추상적인 말입니다. 건축주와 시공사는 일정한 조건으로 계약을 맺은 당사자들입니다. '계약했다'는 것 자체가 신뢰의 한 방법이자 결과임을 잊지 마세요. 양쪽 모두에게 신뢰에 따른 책임이 주어집니다.

➔ 하자이행보증서, 하자이행각서

보증서확인번호 : VB17-16381-74908-73469

하 자 보 수 보 증 서

보증서번호 제 202100284319 호

보증금액	일금 일백이십구만사천이백구십이원 (W1,294,292)		
계약금액	일금 사천삼백일십사만삼천구십일원 (W43,143,091)		
계약명	일원동 다세대주택 신축공사[공동주택 해당부분](내력구조부, 지반공사)		
계약일	2020 년 09 월 17 일		
계약이행기일	2021 년 12 월 03 일		
하자담보책임기간	2021 년 12 월 03 일 부터 2031 년 12 월 02 일 까지		
보증기간	2021 년 12 월 03 일 부터 2031 년 12 월 02 일 까지		
계약자	상호 주식회사지음재건설	대표자	전은월
특기사항	1. 이 보증서에 의한 보증책임은 공동주택관리법 및 공동주택관리법시행령에서 정하고 있는 하자가 발생한 경우에만 보증책임을 부담합니다. 2. 공동주택관리법 및 공동주택관리법시행령에 의한 입주자대표회의(집합건물의소유및관리에관한법률에 의한 관리단을 포함한다)가 구성될 경우 보증채권자가 해당 입주자대표회의로 변경된 것으로 봅니다.		

위 보증금은 이 보증서에 기재된 내용과 약관에 따라 건설산업기본법에 의하여 우리조합이 이를 보증합니다.

2021 년 11 월 29 일

건설공제조합 Construction Guarantee

강남구청 귀하

발급지점 : 삼성지점, 02-3449-2160 서울특별시 강남구 테헤란로 439 12층 (삼성동, 연당빌딩)
강남보상센터 : 02-3449-8750
고객상담실 : 1588-1444

이사장 최영묵
대리인 삼성지점장 이장희
이 보증서는 대리인의 직인이 없으면 무효입니다.

※ 보증서 발급사실 및 약관은 건설공제조합 홈페이지(www.cghost.co.kr)에서 확인하실 수 있습니다. 우리 조합은 약관에 따라 보증책임을 부담하므로 약관내용을 자세히 읽어보시기 바랍니다.

하자이행각서

공사명	0000 단독주택신축공사
공사장소	
착공일	20oo년 oo월 oo일(터파기 기준)
준공일	
계약금액	
하자이행기간	

본인은 위의 공사에 대하여 하자가 발생 시 실액변상 또는 하자보수를 성실히 이행할 것을 확약하기에 각서를 제출합니다.

20 년 월 일

각서인 성명 : (인)

주민등록번호:

주 소:

공사를 진행하는 와중이라면 특히 더 그렇습니다. 건축주의 가치 판단이 절대적으로 옳을 수도 없고, 시공사의 대응이 지나치게 무심하거나 소홀할 수도 있습니다. 이럴 때는 그저 '질문'하세요. '예, 아니오'로 답할 수 있는 질문이 아닌, 현장 상황의 어떤 점이 구체적으로 궁금한지, 어떤 어려움이 있는지 듣고 함께 해결해나갈 수 있도록 돕는 질문이 필요합니다. 똑똑한 질문은 시공사를 춤추게 합니다.

요령들

① 무조건 안 된다고 하는 시공사 vs. 무조건 다 된다고 하는 시공사

둘 중 하나를 고르기는 힘들군요. 설계가 변경되거나 재료 수급에 변화가 있다면, 특히 그로 인해 비용의 변화가 생긴다면 건축주는 그 상황을 인지하고 무엇이 달라질 수 있는지 파악하고 있어야 합니다. 원래 계획보다 시간이 더 소요될 수 있고, 재료가 변경되어 생각지 못한 문제들이 발생할 수도 있으며, 이에 대한 책임을 고려해야 한다는 것까지 건축주가 인지해야 합니다. 때문에 '가능하다, 불가능하다'의 기준은 시공사가 제시하는 것이 아닙니다. 상황을 두루 파악하고 상의한 다음에 서로의 의견이 한 지점으로 자연스럽게 모아지는 거예요.

다만 전반적인 상황을 고려해 의견을 모을 수 있도록, 건축주가 의견을 낼 수 있도록, 친절하게 설명하는 시공사에 더 높은 점수를 주고 싶습니다.

② 외부에서 제품을 구입해서 시공하고자 할 때

외부에서 현장으로 반입되는 제품에 대해 건축주가 깊이 이해하고 있어야 합니다. 또한, 제품에 대한 보증이 확실해야 하고 이를 관리하고 작업하는 데 부대 비용이 필요하다면 이에 대한 상호간 협의가 충분히 이뤄져야겠지요. 가장 중요한 점은 시공 계약을 할 당시 이 제품들에 대한 상호 이해, 동의가 이루어졌는가 하는 점입니다. 만약 그렇다면 설치와 시공, 발생할 수 있는 문제들에 협의가 이루어졌을 가능성이 높겠지요. 그렇지 않고 공사 중간에 제품들이 들어올 수밖에 없

다면 며칠 전에라도 현장 대리인과 구체적으로 상의를 해야 합니다.

예를 들어, 전기 통신 관련 장비를 수입해서 현장 작업자에게 전달했는데, 설치가 어려울 수도 불가능할 수도 있습니다. 또는 설치하다가 파손이 될 위험이 있고, 설치한 이후 작동하지 않거나 보수가 필요한 경우가 있을 수 있어요. 다른 작업 일정들이 미뤄지거나 보류되는 경우도 생길 수 있지요. 예컨대 방통 공사를 앞두고 있거나 배관 공사를 진행 중이었다면 다른 공사들의 계획과 순서를 좀 바꿔야 할 수도 있어요. 이런 상황이 왜 미리 상의되어야 하느냐면, 외부 작업자들이 미리 예약되어 있기 때문입니다. 모든 작업자들이 시공사의 내부 직원일 수가 없고 외부 작업자들이 일정에 따라 예약된 현장으로 파견을 나오는 방식이기 때문에, 예정에 없던 공사가 끼어들거나 공사 순서를 바꾸는 문제는 의외로 까다롭고 현장을 마비시킬 수 있고 비용을 상승시킬 수 있습니다. 열 명이 넘는 사람이 회의 장소와 시간을 정했는데 갑자기 한 사람이 바꿔버리는 상황과 비슷합니다.

③ 건축면적에 법적 조경이 포함되나?

일반적으로는 포함되지 않습니다. 건축면적과 법적 조경은 별개의 공사 항목입니다.

④ 현장 작업자들이 가장 좋아하는 건축주는?

난센스 퀴즈 같네요. 하하하. 작업자들에게 진심으로 고마움을 갖는 건축주일 겁니다. 고맙다는 말 한마디면 충분할 것 같아요.

⑤ 현장 작업자들이 가장 힘들어하는 건축주는?

아, 이것도 난센스 퀴즈? 음…. 자신이 무엇을 궁금해하는지 무엇을 걱정하는지 정확히 알지 못한 채로 걱정이 많고 노심초사하는 건축주?! 좀 더 상세히 말씀드리자면, 걱정이 그저 걱정으로 끝나면 괜찮아요. 그런데 걱정은 의심을 낳고 의심은 불신을 낳아요. 자, 그러면 불신은 무엇을 낳는가? 바로 '변경'입니다. 사소한 문제가 있더라도 현장 작업자들은 최대한 설계대로, 도면대로 작업을 진행시키려 애써요. 그런데 순간순간 작고 사소한 문제나 상황에 사로잡힌 건축주는 전체적인 그림을 보지 못하고 알 수도 없으니 자꾸 뭔가를 바꾸려고 해요. 변경은 작업의 흐름을 깨뜨리고 현장 분위기를 어수선하게 만듭니다. 그리고 그런 걱정은 작업자들이 갖고 있던 현장에 대한 애정을 무너뜨려요. '이게 내 집도 아닌데 뭐. 내가 이렇게까지 설득하면서 해야 하나…' 회의가 들면 소통의 의지가 약해질 수 있죠.

⑥ 다시 만나고 싶은 건축주, 연락이 오면 피하고 싶은 건축주

긍정적인 건축주, 서로의 영역을 존중했던 건축주, 작업자들의 성실함에 고마워했던 건축주는 연락이 끊기지 않습니다. 반면에 수시로 경제적, 시간적으로 무리한 부탁을 하거나 현장 작업자들을 존중하지 않았던 건축주는 전화 한 통에도 인상이 찌푸려지지요.

⑦ 건축주가 현장에 꼭 있어야 하는 몇몇 단계들

현장에 꼭 동석해야만 하는 상황은 그리 잦지 않습니다. 경계측량 시, 터파기 작업 전에, (가스 또는 수도 인입이 복잡한 상황이라면) 인입 공사 시에, 공사 도중 재료 수급에 문제가 생기거나 재료 변경이 있을 때 등 시공자의 요청이 있을 때. 이외에 수장 공사 시기가 되면 아무래도 건축주가 수시로 현장에 오게 되지요. 미리 결정을 다 해둔 상황이기 때문에 선택할 일이 많아서 현장에 머문다기보다, 궁금하기도 하고 제품 인입이 많은 시기이니 오작동 여부 등을 파악해야 하니까요. 조명, 붙박이 가구 등 인입 가구, 대형 부엌 기기들과 전자 제품들은 설치한 직후에 직접 확인하면 좋습니다. 도장공사, 타일공사, 문 설치 시기에는 현장소장에게 공사 시간을 정확히 문의해 하루이틀 정도 들러서 눈으로 확인하면 좋을 것 같고, 그외 부대 공사 시기에도 현장에 들러보면 좋겠지요. 그러나 반드시 현장에 있어야 하는 것은 아닙니다. 전화와 문자, 사진 등으로 현장의 상황을 현장 대리인이 수시로 알려줄 테고, 상의가 필요한 상황이면 언제고 전화통화를 할 거예요(1부 342~344쪽 참고).

⑧ 내역서를 이해할 수 있도록 돕는 전문용어들

- 허가 면적: 허가를 받는 설계 도서상의 공식적인 면적, 즉 설계 개요에 명시된 면적

- 공사 면적: 실제로 공사를 해야 하는 면적. 예컨대, 확장형 발코니들이라든가 필로티 구조로 만들어지는 1층 주차장 면적 등이 이에 해당합니다. 바닥과 난관 기타 등등 공사를 진행하지만 허가를

받는 연면적에는 포함이 안 되는 거예요.

- 직접 재료비: 눈에 보이는 재료들. 콘크리트, 철근, 조명, 페인트 문짝 등등이 직접재료비예요.

- 간접 재료비: 직접 재료를 시공하기 위한 부자재들인데 금액을 따로 적지 않아요. 세무적인 항목들이 너무 많아서 그럴 수가 없기도 하고, 직접 재료비와 노무비 같은 경비로 처리를 하는 거예요. 말하자면, 못, 결속선, 비닐 같은 것들.

- 직접 노무비는 목수, 기능공들의 인건비라고 보면 되고요. 간접 노무비는 현장 대리인의 급여라고 생각하면 돼요. 내역서에서 경비 부분은 "기계 경비"에 해당해요. 포크레인, 펌프카 등등, 이 기계들을 운용하는 데 드는 경비지요.

- 산업안전보건관리비: 공사 진행자들이 안전하도록 안전난간대, 현장 안전모, 안전화, 안전벨트, 안전용품, 안내판 등등이 모두 안전관리비에 포함되는 거예요. 이것도 법적으로 책정을 하라고 권장해요. 환경보전비와 퇴직공제부금비는 권장하지만 별도로 금액을 적기가 어렵지요. 공사비가 높아지니까.

- 기타 경비는 의견이 분분해요. 일반 관리비, 본사 관리비로 말할 수 있는데 내역서도 뽑고, 임대료, 사무실 인력을 유지하기 위한 비용이지요. 직접 재료비, 노무비, 기타 경비만 취합한 것이 직접 공사비이고 그외의 비용을 간접비라 볼 수 있는데, 간접비가 관공서의 경우 40%가 넘어요. 민간공사의 경우는 20% 정도밖에 안 돼요. 어려운 이유이지요.

흔히 사용하는 단위를 보여드릴게요. 건축주가 도면을 직접 볼 일은 드물겠지만 알고 있으면 도움이 될 거예요.

길이의 단위	센티미터(cm), 밀리미터(mm)는 보통 내부작업에서 사용하고, 건축 현장에서는 주로 미터(m)를 사용
체적의 단위	1M3 루베. 일본식 표현. 1세제곱미터(m^3)로 바꾸어 사용 권장
면적의 단위	1M2 헤베. 일본식 표현. 1제곱미터(m^2)로 바꾸어 사용 권장
T, THK.(thick)	제품의 두께
SHT.(Sheet)	종이 또는 비닐 장수
W(wide)	폭
L(Length)	길이
@	간격
∅	지름

- 제품의 규격은 상식적으로 가로, 세로, 깊이 순으로 이해. 목조주택은 보통 인치 단위를 씀.

재료의 표시는,

비계	건물의 외관에 공사를 하기 위한 임시 작업 보행로(받침대)
SD	철문
WD	목문
AW	알루미늄 창호
PW	PVC 창호
WW	목창호
철근(HD10~22)	숫자 10~22는 지름을 의미
레미콘(25-240-15)	25는 자갈 굵기, 240은 콘크리트 강도(이 정도만 알아 두셔도 좋을 듯합니다), 15는 슬로프를 뜻하는데 일종의 농도와 같습니다. 레미콘 콘크리트 강도는 걱정할 필요가 없는데, 최근 아파트에 적용하는 법적 강도가 300으로 높아졌어요. 그런데 부실시공의 문제는 재료가 아니에요. 시공을 어떻게 하느냐의 문제이지요.

시공사를 운영하며

① 소규모 시공사를 운영한다는 것

5년 전까지는 150평 미만의 단독주택, 다가구주택, 상가주택, 상가는 종합건설업 면허 없이 건축주 직영공사로 가능했었습니다. 2018년 6월 27일부터는 60평 미만의 1가구 단독주택과 근린생활시설만이 건축주 직영공사가 가능하게 되었습니다. 따라서 동네에 지어지는 많은 건축물은 거의 모두 종합건설 면허가 있는 사업자만이 지을 수 있게 되었지요. 종합건설 면허를 취득하려면 상시 근로 자격을 충족시키는 기술자 5인 이상, 자본금 3.5억 원 보유, 독립된 사무실을 갖추어야 하는데, 간단해 보이지만 이 조건을 충족시키고 유지하기가 쉽지 않습니다. 이에 대해 시공 업계에서는 이런 소규모 주택에 적합한 면허가 신설되어야 한다는 의견이 많습니다.

거의 모든 주택과 빌딩을 대기업 건설사에서 시공하는 현실 속에서 작은 건물, 무척 드물게 지어지는 단독주택, 동네 골목마다 들어서는 작은 상가주택이 튼튼하고 아름답게 지어지기 위해서는 탄탄하고 실력 있는 작은 시공사들이 건재해야 합니다. 그러나 작은 단독주택이든 대형 아파트든 규모에 상관없이 건물을 짓는다는 것은 무척 어렵고 복잡한 과정을 거칩니다. 규모가 작은 시공사라고 해서 그 과정을 건너뛸 수도 대강 지나칠 수도 없습니다. 그러니 제한된 경제적 여건 안에서 적은 인원으로 감당해야 할 일들이 산재하기 마련입니다. 가장 어려운 고충은, 훌륭한 인력을 확보하기가 점점 어려워진다는 점일 겁니다.

규모가 작다 보니 회사 인원 구성을 분야별로 갖추기가 불가능합니다. 대표와 공무, 회계, 설계, 안전 등 많은 전문 분야에서 제대로 된 역할을 해야 회사가 어려워도 빈틈없이 꾸려나갈 수 있는데 그 많은 구성원을 모두 두고 회사를 유지하기가 쉽지 않습니다. 회계 업무를 대표가 직접하면 계약 시 법적 검토가 어려워 매번 미리 고려하지 못한 세금이 부과되기도 합니다. 회계 전문가, 법률 전문가를 사무실에 별도로 고용하기가 어려워 곤란한 상황에 처하는 작은 시공사들도 있지요.

특히 아틀리에 설계사무실과 진행하는 작업일 경우 현장에 단순 관리자가 아닌 기술자 겸 디자인 빌더의 능력을 갖춘 전문 인력이 소장을 맡아야 하는데 정말 어려운 문제입니다. 단순히 시공을 무난하게 진행하는 것이 아닌, 건축가의 설계를 이해하고 해석할 수 있는 숙련된 전문가가 국내에 거의 없다고 해도 무방합니다. 왜냐하면 각 대학의 건축과 출신 가운데 졸업 후 설계 일을 하는 사람도 드물뿐더러, 건축사 시험의 합격률은 (일단 응시하는 데만도 엄청난 자격이 필요하고요. 5년 학부제, 건축사무소 실무 경력 3년 등) 3~10% 이내에 불과합니다. 이러하니, 건설 쪽으로는 설계를 이해하고 설계를 고민하는 인력이 흡수될 리가 만무합니다. 현실이 이렇기에 대기업만을 유일한 취업의 길로 여기는 젊은 건축학도들의 풍조를 탓할 수는 없습니다.

단독주택을 비롯해 작은 건물 시공 업계는 점점 더 일도 없고 사람도 없는 특이한 시장이 되어가고 있습니다. 집이 '아파트'로 등치되어 주식과 똑같은 기능과 역할을 하는 현실 속에는 이렇듯 수많은 요소들이 얽혀 있습니다. 다만 이런 상황 속에서도 시공인으로서 전문가적 견해와 능력, 경험을 키우고자 하는 사람들이 있음을 건축주들이 밝은 눈으로 알아봐주길 바랄 뿐이지요.

② 예비 건축주에게 하고 싶은 말

너무 많은 비교 견적은 불필요하다고 전하고 싶네요. 한 곳의 견적서 작업을 위해 최소 1주에서 길게는 3주까지도 시간이 걸립니다. 얘기가 잘되어 시공을 하게 된다면야 다행이지만 그렇지 않다면 시공사로서는 굉장히 큰 리스크입니다. 바꿔 말해, 계약 가능성이 없는 견적에 내용을 검토해서 정성과 노력을 쏟아부어 서류를 만든다는 것은 불가능하다는 뜻입니다. 그러므로 많은 곳의 견적이 불필요하다는 것이지요. 공사를 진행할 것을 거의 결정하고 의뢰했다가 부득이하게 다른 시공사로 결정을 하게 된다면 그에 따른 비용을 지불받아야 한다고 봅니다. 150~200평 규모는 300~500만 원 정도로 보고 있어요.

계약서 내용은 국가에서 정한 '민간공사 표준계약서'를 참고하면 도움이 될 텐데, 모든 개별적 내용을 포괄할 수 없으니 '특약 사항'과

'별도 사항'을 두어 가급적 구체적으로 상세히 적으면 좋습니다. 아래부터는 계약을 진행하는 시점부터 사용승인까지, 시기에 따라 챙겨두면 좋을 내용을 간략히 정리해보겠습니다.

- 계약 진행 시점에 경계측량 신청 및 수도 신청 등을 사전에 해두면 좋습니다.

- 착공 시점에 주변 이웃들에게 현장소장과 동행해 두루 인사를 전하면 좋습니다. 이웃들의 민원 문제는 건축주와 이웃 간의 관계가 큰 영향을 줍니다. 소음, 진동, 먼지 등의 공사 관련 민원은 시공사가 책임지고 관리하겠지만 그렇지 않은 감정적이고 심리적인 민원들은 대체로 건축주가 나서야 하는 지점이 있기 때문에 미리 좋은 관계에서 인사를 나누면 좋습니다.

- 건설은 상당히 전문적인 분야입니다. 문제점이나 의문점은 개별 작업자에게 질문하기보다 현장소장이나 설계 감리자를 통해 전달하는 편이 좋습니다.

- 기존 계획과 다른 잦은 변경은 추후에 여러 문제 발생과 비용 증가, 품질의 저하를 일으킬 수 있으며, 공사기간이 연장되는 사태를 초래할 수 있습니다. 공사를 시작하기 전, 설계 시에 철저한 검증과 확인으로 되도록 변경이 적어야 모두에게 득이 됩니다.

- 현장에 방문 시, 현장소장님과 여러 가지 상의는 할 수 있겠지만 너무 오랜 시간을 뺏지 않는 것이 좋습니다. 작은 현장에서 현장대리인이 많은 것들을 처리해야 하며 확인해야 할 일들은 찰나에 생기기 때문에 되도록 핵심 내용만, 짧고 굵게 전달하길 바랍니다.

- 마감 공사 시기에는 서로 예민해지기 십상입니다. 직접 보고 만지고 느끼며 집의 구석구석이 모두 보이기 시작하니 건축주는 주름 하나, 티끌 하나도 하자인 것만 같고 다시 공사하고 싶은 마음이 들 수 있어요. 하지만 터파기부터 시작해 이제야 마무리 단계에 접어든 시공자의 입장에서 보면 아주 작은 요소들은 별반 문제

가 아닌 것으로 보이기 쉽습니다. 한마디로 하자를 따지는 기준이 상당히 다르다고나 할까요? 공사 정밀도가 조금 부족해서 생기는 못마땅함은 매시간, 방문할 때마다 별도 건으로 전달하기보다, 며칠 기한을 두고 전체적으로 정리해서 현장 대리인에게 전달하면 좋습니다. 설비의 기능에 문제가 있거나 누수 등과 같은 문제는 원인을 밝히는 것이 급선무이니 감정적으로 대응하기보다는 한 박자 호흡 조절을 하길 권합니다. 의외로 쉽게 해결이 되는 문제들이 많은데 섣불리 감정적으로 대응을 하면 오히려 제대로 된 원인을 찾는 데 방해가 될 수도 있으니까요. 특히 내장재, 인테리어 마무리 작업은 설사 공장에서 만든 제품을 갖고 오는 경우라 하더라도 그저 옮겨서 두는 이전 설치와 비교할 수 없습니다. 가구를 현장에서 제작하는 경우도 흔하고, 기성 제품과 현장 수작업 요소들이 정교하게 맞물리는 경우도 흔합니다. 각 조건에 맞게 작업자의 손으로 결과물을 만들어가는 작업입니다. 값비싼 수입 타일을 갖고 와도 그날 작업자가 솜씨 좋은 숙련공이 아니라면 일반적인 가격의 국내산 제품보다 완성도가 낮아 보일 수 있다는 얘기입니다. 계약 단가에 따라 자재와 작업자의 숙련도, 주변 작업의 여건이 달라집니다. 이런 부분들에 대해서는 시공 계약 때 이야기를 나눌 텐데, 계약 당시에는 전체적인 예산을 낮추느라 신경을 쓰지 않았던 부분인데 마지막 마무리 단계에 들어서면 다른 기준을 원하게 되는 것이지요. 어디까지 하자이고 어디까지가 디테일이 좀 부족한 것인지, 어디까지가 저품질이고 어디까지가 안전한 마무리인지는 매우 미묘한 지점입니다. 이럴 때 그간 신뢰하고 함께했다면 현장소장의 가이드를 따르길 권합니다. 그리고, 굉장히 많은 건축주들이 입주를 하고 1년이 지나면 사소한 문제들이 전혀 눈에 띄지 않는다고들 합니다. 신기한 노릇이지요.

○ 사용승인 시점에는 취·등록세 납부와 재산권을 행사하기 위한 등기를 준비하세요. 등기를 위해 준비할 서류가 여러 종류입니다. (560, 568쪽 참조)

○ 인수인계와 입주 시에는 모든 시설물을 점검해보세요. 살면서 하나씩 확인해도 되겠지만 기본적인 설비, 전기만이라도 점검하면 지내면서 큰 불편함은 없을 겁니다. 물론 시공자도 여러 차례 확

인하겠지만요.

- 시공사의 계약 기본 단위가 억 단위다 보니 큰 이윤을 취한다고 생각할 수 있어요. 하지만 작은 규모의 시공사는 자금을 건축주로부터 받아서 공정별로 역할을 하는 각기 다른 업체들, 다양한 많은 작업자들에게 지급하는 센터 역할을 할 뿐입니다. 말하자면 '총괄 관리'에 가까워요. 특히 건축가가 설계하는 단독주택의 경우에는 잔금의 고작 3~5%가 회사의 이윤인 경우가 대부분입니다. 이 잔금을 빌미로 가끔 시공사를 괴롭히는 건축주들이 있어요. 한숨 나오는 얘기는 그만해야겠어요. 하하.

- 유지, 보수, 관리는 애초에 '하자 이행 보증'으로 기간을 알고 계실 텐데, 그보다는 이 얘길 더 유념하시길 바랍니다. 모든 건축물은 공장에서 찍어내는 제품이 아니기에 (다 똑같이 지어지는 아파트마저 어느 집은 결로가 잦아 곰팡이가 생기고 또 어느 집은 말짱하잖아요?) 건축물이 땅 위에 어느 정도 자리를 잡기 위해서는 최소 1년의 시간을 보내야 합니다. 그러하니, 계절마다 생기는 문제점을 상반기, 후반기로 점검해 그 내용을 정리해서 시공사에 전달하고 상의하는 것이 좋습니다. 물론 생활에 밀접한 문제점(누수, 단수, 단전)은 바로 처리를 해야겠지만 그렇지 않은 실리콘 터짐, 타일 메지 탈락, 도장 코너 크랙 같은 것은 일괄로 처리하는 것이 훨씬 안전하게 잘 해결됩니다.

모두가 만족스러운 집을 짓고 싶어 하지요. 건축주뿐만이 아니라 관여하는 거의 모든 작업자들이 바라는 바입니다. 그런데 풍선을 상상해보세요. 한쪽을 누르면 다른 쪽으로 부풀어 올라요. 한쪽의 균형이 무너지면 다른 한쪽이 하중을 받아요. 그래서 가급적 처음에 냉정하게 접근하는 것이 좋아요. 그래야 끝으로 갈수록 좋아지더라고요. 추상적인 얘기인 듯하지만 그걸 놔버리면 일을 할 수가 없어요.

시공사를 운영하는 연차가 늘수록 합리적인 금액으로 견적을 산출하는 경험도 늘고 도면을 해석해서 건축가의 설계를 구현하는 정밀함도 깊어져 점점 더 작업이 수월해지는 즐거움이 있어요. 반면에 무엇을 더 보완해야 하는지, 넓은 범위에서 아쉬운 점들도 더 확실해지는 것 같습니다. 예를 들면 시공자는 관리자보다는 기술자가 되어야 한다고 생각해요. 설계자의 의도를 파악하고 그 디자인을 현실로 구현할 수 있도록 기능적, 미적 부분을 구현하는 기술자가 되었으면 하는데, 현실적으로는 자꾸 관리자 역할에 방점이 찍히곤 해 아쉬울 때가 많습니다. 현장에서 일하는 사람들은 늘, 매 순간 도면을 검토하고 확인해야 합니다. 현장에서 생기는 문제의 대부분은 도면을 제대로 파악하지 못하고 설계도서와 다르게 시공이 되어서이기 때문이지요. 최근 들어 현장 운영 시스템, 각종 재료, 공법 등이 너무나 좋아졌습니다. 좋은 도시, 좋은 동네 역할에 좋은 건설인들의 역할이 넓어지기를 바랍니다.

사진 출처

<u>김동규</u>

'여인숙' 촬영 22, 49, 175, 416, 460, 461

'풍년빌라' 촬영 23, 175, 191, 193, 204, 239, 416, 457~459

'이미집' 촬영 417, 504~509

<u>윤준환</u>

'지산돌집' 촬영 22, 57, 58

'모여가' 촬영 22, 65

'서리풀나무집' 촬영 175, 202, 429

'단풍나무집' 촬영 201

'도예가의 집' 185

'추사재' 촬영 416, 431, 432

<u>김재윤</u>

'강화바람언덕' 촬영 424, 425

<u>김용관</u>

수직마을입주기 전시 촬영 188

<u>박영채</u>

'살구나무집' 촬영 366, 427

<u>이한율</u>

'영주 뜬마당집' 촬영 23, 232, 233

<u>텍스처온텍스처</u>

'해방촌 해방구' 촬영 462, 463

<u>남궁선</u>

'윤슬 빌딩' 촬영 92, 120, 337, 417, 567, 570, 571

'붉은벽돌집' 촬영 475, 782, 486

이 밖에 341, 417, 470, 475, 482, 483, 486, 489

<u>김경인</u>

'셰어 가나자와' 촬영 450, 451

<u>에드먼드 서머(Edmund Summer)</u>

'모리야마 하우스' 454

<u>유리카 고노(Yurika Kono)</u>

'고가네유' 455

<u>겐타 하세가와(Kenta Hasegawa)</u>

구와바라쇼텐 456

* 수록을 허락해주신 사진가 분들께 감사드립니다.
미처 연락이 닿지 못한 작업과 관련해서는 추후 조처를 취하도록 노력하겠습니다.

대담자 소개

건축주
김호정

아파트가 아닌 집에서 살고 싶다는 일념으로 20여 년간 집짓기를 공부하고 부지와 예산을 마련해 2021년 성수동에 상가주택을 지었다. 오랜 시간 홀로 분투하면서, 집짓기를 먼저 경험한 선배 건축주를 한 명이라도 알고 있었으면 좋겠다고 생각했다. 자신과 꼭 맞는 집, 동네와 잘 어울리는 집을 짓는 과정과 방법이 더 많이 공개되고 이야기되길 바라며 이번 대담에 참여했다.

건축주
최이수

오래된 다가구 주택을 매입, 주택을 관리하며 5년간 살다가 2021년 동네 이웃인 건축가에게 설계를 맡기며 집짓기를 준비하기 시작했다. 자라나는 아이의 키를 기록한 벽 모서리나, 낡았지만 깔끔하게 관리된 집과 동네 골목, 시간의 냄새가 나는 가구 등을 동경해온 만큼, 지금의 집에서 오래도록 삶과 시간을 차곡차곡 쌓아가길 바라고 있다. 내 집을 너머 이웃, 동네, 지역사회를 가꾼다는 마음으로 이 책에 참여했다.

건축가
임태병

건축을 전공하고 여러 설계 사무소 및 (주)SAAI건축의 공동 대표를 거쳐 2016년 독립했다. 현재 문도호제(文圖戶製) 대표 건축가이자 기획자이며 운영자로 일한다. 문도호제는 짓기와 만들기를 넘어 조율하기(기획, 운영, 관리)까지를 건축가의 영역으로 확장하고 싶어 하는 사무실로 이를 위해 일반적인 건축설계사무소의 시스템이 아닌 인테리어, 시공, 그래픽, F&B, 부동산 운영 등을 담당하는 각각의 팀들과 네트워크를 구성하는 방식으로 프로젝트를 진행하고 있다.

2000년대 초반부터 상업적인 공간이면서 동시에 문화 기반 커뮤니티의 활동 기반으로 쓰였던 B-hind·D'avant을 비롯해 홍대 지역의 여러 카페들을 직접 디자인/운영했고, 이천 SKMS 연구소·메종 키티버니포니(maison kittybunnypony)·A.P.C 홍대·KWANI Flagship Store·라이브러리 티티섬·리브랩 등의 작업을 진행했고, 2022 Korea House Vision의 기획위원으로 활동했다. 한편, 건국대학교 산업디자인학과 겸임교수를 거쳐 지금은 PaTI(파주타이포그라피학교)에서 수업을 진행하며, 해방촌 해방구·풍년빌라·여인숙·현관을 확장하는 집·이미집 등등 일련의 작업을 통해 '중간 주거'라는 가볍고 유연한 새로운 주거 실험을 확장해 나가는 중이다.

건축가 정수진

영남대학교와 홍익대학교 대학원, 파리-벨빌 건축대학교(DPLG/프랑스 건축사)에서 건축을 수학했다. 현재 에스아이 건축사사무소(A. SIE)의 대표 건축가이며, 경희대학교 건축학과 겸임교수로 재직 중이다. 하늘집·노란돌집·횡성공방·펼친집·이-집·빅-마마·동굴집 등의 주택과 붉은벽돌-두번째 이야기·미래나야 사옥·윤슬하다·카페 피어라 등 다수의 건축 작업이 있으며, 경기도 건축문화상·2015 엄덕문 건축상 및 2017 한국건축문화대상 등을 수상했다.

또한 제작 가구나 조명 등을 디자인하는 D. SIE(Design SIE)의 대표이며, 헝가리 수교 30주년 건축 전시 '한국 현대 건축, 세계인의 눈' '제주도 여미지 아트 페어' '사람의 향기 공간의 향기' '건축과 가구적 묘색' 등에서 공간과 가구에 관련된 전시 작업들을 하고 있다.

건축가 조남호

(주)솔토지빈 건축사사무소 대표 건축가이다. 최근 아파트를 중심으로 한 대규모 주거지 개발이 사회적·경제적 측면에서 한계점에 이르고, 아파트의 가격 하락과 더불어 시작된 단독주택에 대한 관심이 좋은 주거문화를 만드는 긍정적인 작용점이 되기를 기대하고 있다. 특수성과 더불어 보편성과 품격을 함께 갖춘 집이 건강한 도시를 만든다는 믿음을 갖고 있다. 최근에는 주택을 포함하는 다양한 영역에서 '코로나 팬더믹 이후, 기후 윤리와 건축'이라는 주제로 작업을 시도하고 있다.

2007년 독일건축박물관(DAM), 한국현대건축전(Megacity Network)에 전시작가이자 전시코디네이터로 참여해 '현대건축의 보편적 구법과 전통으로부터 수용한 구법을 새로운 건축 유형에 융합하는 작업'을 주제로 전시했다. 2023년 광주폴리 작가로 선정되어 「숨쉬는 폴리」를 설치했다. 2000년 한국건축문화대상 대상, 한국건축가협회상(2004, 2006, 2011, 2013, 2021)과 2010년 교보생명환경문화상 환경예술부문 대상을 수상했다. 이어 2013년 서울특별시 건축상 최우수상(방배동집) 등을 수상했다.

시공자
전은필

정림건축을 거쳐, 2017년에 지음재를 창업했다. 영주 뜬 마당집, 내포 자연놀이뜰, 이리제일교회 100주년기념교육관, 춘천 화산당, 장안동 사회주택 등 폭넓은 주택들과 상가주택, 유니버설디자인 사회주택 등 다양한 규모의 건축물을 시공해 왔다. 특히 건축가와의 협업을 통해 설계 의도를 정확하게 구현하는 데 집중하며 설계 가치 실현과 시공의 완성도를 동시에 추구한다. 대한민국목조건축대전 우수상(2019년, 2021년), 대한민국목조건축대전 최우수상(2020년), 한국건축문화대상(주택 부문) 본상(2022년) 등 다수의 상을 수상했고, 2022년과 2023년 연속 새건축사협의회의 건축명장에 선정되었다. 관리자가 아닌, 기술자로서 완성도 높은 디자인하우스를 추구한다.

집짓기 바이블 2.0
건축주, 건축가, 시공자가 털어놓는 모든 것

김호정, 최이수, 임태병, 정수진, 조남호, 전은필

초판 1쇄 인쇄 2024년 2월 15일
초판 1쇄 발행 2024년 3월 15일
ISBN 979-11-90853-53-8 (13540)

발행처 도서출판 마티
출판등록 2005년 4월 13일
등록번호 제2005-22호
발행인 정희경
편집 서성진
디자인 조정은

주소 서울시 마포구 잔다리로 101, 2층 [04003]
전화 02-333-3110

이메일 matibook@naver.com
홈페이지 matibooks.com
인스타그램 matibooks
엑스 twitter.com/matibook
페이스북 facebook.com/matibooks